普通高等教育"十一五"国家级规划教材
（高职高专教材）

WUJI HUAXUE

无机化学

第三版

王建梅　旷英姿　主编

化学工业出版社
·北京·

本书是《无机化学》的第三版，内容包括：绪论，化学反应速率和化学平衡，酸碱平衡，沉淀溶解平衡，氧化还原平衡和电化学基础，原子结构和元素周期律，化学键、分子间力和晶体结构，配位平衡，重要非金属元素及其化合物、重要金属元素及其化合物，定性分析。

全书注重基础理论、基本知识和基本技能的教学及对能力和学习兴趣的培养，章后的小结、思考题与习题及实验有利于知识的巩固、实验操作技能和学习能力的培养。

本书适用于高职高专工业分析专业及化工类其他各专业使用。

图书在版编目（CIP）数据

无机化学/王建梅，旷英姿主编. —3版. —北京：化学工业出版社，2017.9（2022.9重印）
ISBN 978-7-122-30488-9

Ⅰ.①无… Ⅱ.①王… ②旷… Ⅲ.①无机化学 Ⅳ.①061

中国版本图书馆CIP数据核字（2017）第203189号

责任编辑：蔡洪伟 陈有华　　装帧设计：王晓宇
责任校对：宋 夏

出版发行：化学工业出版社（北京市东城区青年湖南街13号 邮政编码100011）
印　　装：北京七彩京通数码快印有限公司
787mm×1092mm 1/16 印张20 彩插1 字数543千字 2022年9月北京第3版第5次印刷

购书咨询：010-64518888　　售后服务：010-64518899
网　　址：http://www.cip.com.cn
凡购买本书，如有缺损质量问题，本社销售中心负责调换。

定　　价：46.00元

前言

FOREWORD

本教材是根据高职高专学生的特点及培养目标，结合国家和行业职业标准、就业岗位实际，专业课的要求，编者的教学实践，综合教材使用者意见，在第二版的基础上进行修订的。

此次修订，保持了第二版的特点、系统及基本格局，对有关内容及其深广度作了适当的精选、调整和充实。

通过修订，使教材内容更加简明扼要、通俗易懂，注重与国家职业资格证书体系和技能大赛题库的衔接，突出了对学生学习能力、知识的应用能力及综合素质的培养。

参加本次修订工作的有：南京科技职业学院王建梅（第一章、第二章、第三章、第五章和第八章）；山西综合职业技术学院杨海栓（第四章和第十一章）；山东临沂技术学院杜克生（第六章和第七章）；湖南化工职业技术学院旷英姿（第九章）；辽宁石化职业技术学院马超（第十章）。全书由王建梅、旷英姿担任主编，王建梅统稿。

在本次教材修订中，兄弟院校提出了许多宝贵建议和意见，化学工业出版社给予了大力的支持，在此一并表示衷心感谢！

限于修订者的水平，教材修订后仍难免有疏漏或不妥之处，敬请读者批评指正。

编者

2017 年 5 月

第一版前言

FOREWORD

本教材是根据高职高专工业分析专业无机化学的教学基本要求及高等职业教育的特点，结合该层次学生的实际而编写的。教材在原子结构和元素周期律、分子结构、晶体结构、化学平衡、酸碱平衡、沉淀溶解平衡和配位平衡等理论基础上，介绍了分析化学中常用元素及其化合物的组成、结构、性质、制备及其变化规律和应用，并介绍了定性分析的基本理论及方法。依据高职高专人才培养目标，强调基础理论以够用为度，以掌握概念、强化应用为重点，突出在分析化学中具有实用价值的基础理论、基础知识和基本技能的教学。每章前有学习指南，章后有相应的阅读材料、本章小结、思考题与习题、实验等内容，有利于提高学生的学习兴趣、开阔视野，有利于培养学生的动手能力并为学习后继课程和从事专业实践打下坚实的基础。本教材适用于高职高专分析专业及化工类各专业使用。

全书共分十一章，第一、五、八章由王建梅（南京化工职业技术学院）编写；第二、三章由朱权（扬州工业职业技术学院）编写；第四、十一章由杨海栓（山西综合职业技术学院）编写；第六、七章由杜克生（山东临沂技术学院）编写；第九章由旷英姿（湖南化工职业技术学院）编写；第十章由马超（辽宁石化职业技术学院）编写。本书由王建梅、旷英姿担任主编、统稿，林俊杰（湖南化工职业技术学院）主审。

本书的编写得到了同行们的帮助，以及化学工业出版社的大力支持，在此谨表谢意！

由于编者水平有限，书中不尽完善之处，敬请读者批评指正。

编　者

2004 年 4 月

第二版前言

FOREWORD

《无机化学》教材第一版于2004年出版以来，受到广大师生的欢迎，使用效果良好。第二版是根据高职高专学生特点和培养目标，结合国家和行业职业标准及企业生产实际，综合教材使用者意见，在第一版的基础上进行修订的。

此次修订，保持了第一版的特点、系统及基本格局，结合学生、专业课程教学及生产实际等，对有关内容及其深广度作了适当的精选、调整和充实。

1. 精减了第二章化学反应速率中的部分理论推导内容，突出了化学反应速率在专业课程教学和生产实际中的应用。

2. 对第六章原子结构和元素周期律、第七章化学键、分子间力和晶体结构中有关内容作了适当调整。将其中理论性较强的部分作为拓展知识进行介绍，如描述原子核外电子运动规律的薛定谔方程、波函数与原子轨道、σ 键和 π 键形成、杂化轨道理论等。

3. 增加了阅读材料：元素周期表和元素周期律的发现和发展。

通过修订，使教材内容更加简明扼要、通俗易懂，注重了与国家职业资格证书体系相衔接，更突出对学生综合素质及能力的培养。

参加本次修订工作的有：王建梅（第一章、第二章、第三章、第五章和第八章）；杨海栓（第四章和第十一章）；杜克生（第六章和第七章）；旷英姿（第九章）；马超（第十章）。全书由王建梅、旷英姿任主编，王建梅统稿。

在本次教材的修订中，兄弟院校提出了许多宝贵建议和意见，化学工业出版社给予了大力的支持，在此一并表示衷心感谢！

限于修订者的水平，教材修订后仍难免有疏漏或不妥之处，衷心希望读者批评指正。

编者

2008年11月

目 录

CONTENTS

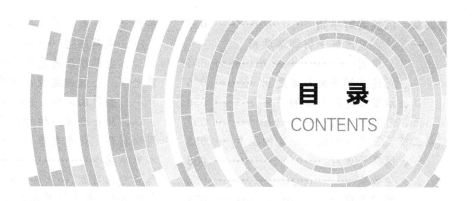

本书常用符号的意义和单位

符号	意　　义	单　　位	符号	意　　义	单　　位
v	化学反应速率	mol/（L·s），mol/（L·min），mol/（L·h）	Q_i	难溶电解质溶液的离子积	
Δt	时间间隔	s，min，h	F	法拉第常数	96485C/mol
f	能量因子		c（Ox）	电对氧化态的浓度	mol/L
R	气体常数	0.00831kJ/mol·K	c（Red）	电对还原态的浓度	mol/L
T	绝对温度	$T=273+t$℃	$\varphi^{\ominus}$(Ox/Red)	电对的标准电极电势	
E_a	反应活化能	kJ/mol	γ（Ox）	氧化态的活度系数	
P	取向因子		γ（Red）	还原态的活度系数	
k	反应速率常数		α（Ox）	氧化态的副反应系数	
A	指前因子		α（Red）	还原态的副反应系数	
p	混合气体总压	Pa	$\varphi^{\ominus\prime}$(Ox/Red)	条件电极电势	
p_i	各组分气体的分压	Pa	n	氧化还原电对的电子转移数	
K_c	浓度平衡常数		K'	条件平衡常数	
K_p	压力平衡常数		λ	光的波长	nm
$K^{\ominus}$	标准平衡常数		E	光子的能量	eV
c	总浓度	mol/L	h	普朗克常数	6.626×10^{-34}J·s
c（B）	平衡浓度	mol/L	n	主量子数	
Q_c	浓度商		l	角量子数	
$K_w^{\ominus}$	水的离子积常数		m	磁量子数	
$K_a^{\ominus}$	弱酸的离解平衡常数		m_s	自旋量子数	
$K_b^{\ominus}$	弱碱的离解平衡常数		Z^*	有效核电荷数	
δ	分布系数		E	电池电动势	V
α	离解度		$E^{\ominus}$	标准电池电动势	V
$K_{sp}^{\ominus}$	难溶电解质溶度积常数		$K_{不稳}^{\ominus}$	配合物的不稳定常数	
s	难溶电解质溶解度		$K_{稳}^{\ominus}$	配合物的稳定常数	

第一章 绪 论

学习指南

1. 了解无机化学研究的对象。
2. 了解无机化学的发展趋势。
3. 了解无机化学与人类社会发展的关系。
4. 了解无机化学课程的任务、内容及学习方法。

化学是一门对人类社会的发展起着重要作用的实用科学。现代人类的衣、食、住、行和健康都离不开化学。化学科学研究和应用的范围非常广泛，一般可分为无机化学、有机化学、分析化学、物理化学、高分子化学等分支学科。其中，无机化学是化学科学中最早形成的学科，也是最基础的学科。随着科学的发展和进步，化学与其他学科结合，产生了许多新的交叉学科，如生物化学、农业化学、地球化学、土壤化学、环境化学、食品化学等。很多学科和专业都与化学有着紧密的联系，而化工类各专业与化学的联系则更为紧密。

一、无机化学研究的对象

人类生活在纷繁复杂的物质世界之中，物质是由分子、原子或离子等微观粒子组成的，并且处在不停的运动和变化之中。人们要认识世界、改造世界，就必须研究物质的组成、运动及其变化规律等。

化学的主要研究对象是物质和物质的化学变化。在化学变化中，分子组成或原子、离子等结合方式发生了质变，产生了新物质，但各元素原子核均不改变。这种质变是由于分子中原子或离子的外层电子运动状态改变而引起的。

物质的性质是由它的组成和结构决定的，研究化学变化必须研究物质的组成和结构。而在化学变化过程中往往伴随着能量的变化，所以研究化学变化还必须了解变化与能量的关系。因此说，化学是一门在分子、原子或离子的层次上研究物质的组成、结构、性能、相互变化以及变化过程中能量关系的科学。

无机化学是一门研究所有元素的单质及其化合物（碳氢化合物及其衍生物除外）的组成、结构、性质、制备及其变化规律和应用的科学。

化学研究的目的在于，通过对实验的观察、认识，探明物质的化学变化规律，并将这些规律应用于人类生活、生产和科学研究各领域。

二、无机化学的发展

在18世纪后半叶到19世纪初期，化学尚未形成分支学科，可以说一部化学发展史就是无机化学发展史。后来，随着有机工业的发展，有机化学得到蓬勃发展，相比之下，在19世纪中叶以后，无机化学的发展相对滞后。20世纪50年代以来，随着原子能、电子、航天、激光等新兴工业的发展，对具有特殊电、磁、声、光、热或力性能的新型无机材料的需求日益增加，从而出现了无机新材料工业体系，并且日益壮大；此外，随着化学结构理论（化学键、配合物）的发展、现代物理方法的引入及无机化学与其他学科的相互渗透，无机化学又得到了新的发展，同时产生了一系列新的边缘学科，如生物无机化学、固体无机化学和金属有机化学等。

1. 生物无机化学

生物无机化学是无机化学和生物化学相互渗透而形成的一门边缘学科，它应用无机化学的理论和方法，研究元素及其化合物与生物体系及其模拟体系的相互作用、结构及生物活性的关系。

生物无机化学正在拓宽它的覆盖面。除了早已为人们所熟悉的Fe、Cu、Zn、Co等金属蛋白以及宏量元素Mg、Ca、K、Na等生物分子外，近年来，人们相继发现和分离了一系列新的金属蛋白，其中包括镍酶、锰酶、含钼酶、含钨酶及硒酶等。与此同时，正如传统的生物化学发展经历了从氨基酸、肽、蛋白质到核酸的历程一样，生物无机化学已全面开展了对核酸中金属离子作用的研究。该研究几乎涉及核酸的结构、稳定性，基因转录与表达，信息的传递与调制，细胞分裂、分化与发育等各个核酸研究领域。这必将为解决基因组工程、蛋白质组工程中的问题以及理解大脑的功能与记忆的本质等重大问题做出贡献。

2. 固体无机化学

固体化学是研究固体物质（包括材料）的制备、组成、结构和性质的科学。固体无机化学是跨越无机化学、固体物理、材料科学等学科的交叉领域。现代科学技术，如空间技术、激光、能源、计算机、电子技术等都需要特殊性能的新的固体材料，即具有耐高温、耐辐射、耐腐蚀、耐老化、高韧性的结构材料，以及具有特殊光、电、磁、声、气或力性能的功能材料。这些材料多为无机物。固体无机化学就是研究它们的制备和性质。例如，人工合成的硼氮聚合物$(BN)_x$比金刚石还硬，人工合成的一系列Nb_3M金属间化合物具有超导性等。目前合成的固体无机化合物，已在高温超导、激光、发光、高密度存储、永磁、结构陶瓷、太阳能、核能利用与传感等领域取得了重要的应用。

3. 金属有机化学

金属有机化学是无机化学与有机化学相互渗透的边缘领域，金属有机化合物是指金属与有机基团的碳原子直接键合的化合物。这类化合物具有独特的键合和结构方式。20世纪初，法国化学家格林里亚合成了有机化合物RMgX，这在有机合成中有着重要的应用。RMgX称为格林试剂，格林里亚并因此而获得1912年诺贝尔化学奖。从1951年二茂铁的合成开始，这一学科有了飞速的发展。1963～1979年间先后有7位化学家在这一领域获得诺贝尔化学奖，可见金属有机化学的重要性。金属有机化合物在催化剂、半导体、医药、农药、能源等方面也得到了广泛的应用。

三、化学与人类社会发展的关系

化学是一门实用性很强的科学，它与社会生产和人类生活有着广泛而密切的关系。

材料是人类赖以生存和发展的物质基础，新材料的开发和应用，往往是社会发展和人类进步的一种标志。科学技术的进一步发展，对材料提出了越来越高的要求，为适应科技迅猛发展所需要的如耐高温、耐腐蚀、耐辐射、耐磨损的结构材料，以及敏感、记忆、半导体、光导纤维、液晶高分子等信息材料和超导体、离子交换树脂与交换膜等高功能材料的研制，都需要化学进一步参与研究的重要课题。

能源是人类社会活动的物质基础，现在我们使用的能源主要来自化石燃料——煤、石油和天然气等。但化石燃料是一种不可再生、贮藏量有限的能源，而且在开采和利用过程中会对环境造成污染。为了更好地解决能源问题，人们一方面在研究如何提高燃料的燃烧效率，另一方面也在寻找新的能源(如太阳能、氢能、核能等)，发展多元结构的能源系统，使用高效、清洁的能源技术，是世界能源发展战略的需要，也是化学正在加以重点研究的课题。

环境问题是当今世界各国都非常关注的问题。在世界人口不断增长、生产不断发展、生活水平不断提高的过程中，由于人们对环境与生产发展的关系认识不够以及对废弃物的处理不当，使环境受到了不同程度的破坏，如臭氧层的破坏、酸雨、水资源危机、土地的沙漠化、有毒化学物质造成的污染等，已严重威胁到人类和动植物的生存与生长。因此，保护环境已成为当今和未来全球性的重大课题之一，也是我国的一项基本国策。环境污染问题的解决主要还得靠化学等方法。

健康问题同样是人类关注的重要课题。大家知道，用于保证人体健康的各种营养物质、药品的研究、疾病的诊断治疗以及揭示生命现象的奥秘等，都离不开化学。

在科学技术飞跃进步的21世纪，化学科学的发展将在设计、合成和生产医药、农药新产品及各种特异性能材料方面，在发展新的分析方法和检测仪器，使测定更灵敏、更准确、更快速，在更深入地探讨和了解物质的微观结构、反应的历程等自然奥秘方面，在改进生产过程，使工艺更合理、更节能、更高效，同时还要减少排放对环境的污染方面为人类做出贡献。

四、无机化学课程的任务、内容及学习方法

无机化学是化工类各专业首要的基础课。课程的主要任务是：使学生掌握无机化学的基本知识、基础理论和基本技能，为后续课程的学习及提高学生的综合素质打下必要的基础。

无机化学课程由基础理论和元素各论两部分组成。基础理论部分包括酸碱理论基础、化学反应速率和化学平衡、沉淀-溶解平衡、氧化还原平衡和电化学基础、配位平衡、原子结构和元素周期律、分子结构、晶体结构及物质的定性分析。元素各论包括元素及其主要化合物的性质及其变化规律。这两部分内容相辅相成，缺一不可。学好基础理论，有利于理解众多的化学事实。有了丰富的元素知识，才能深化对理论的认识。因此，不仅要学好基础理论，还要掌握重要的单质和化合物的性质，并能运用学过的基础理论去阐明单质及化合物性质的变化规律。

基础理论又分为宏观理论和微观理论。学习宏观理论时，应注意弄清有关概念、定律的意义、应用条件与范围，弄清它们的区别及联系；学习微观理论时，要通过自己的想象力，在头脑中建立起一套微观体系模型，使通常认为抽象难懂的原子、分子结构理论迎刃而解。对于元素各论的学习，则应注重在基础理论的指导下，以元素周期系为基础，充分理解，用来解释各族、各周期元素性质变化的规律。

无机化学是一门实验属性极强的科学，其理论来源于实验，同时又为实验所检验。因此，要重视实验课的学习。要认真做好化学实验，掌握实验操作的基本技能，以巩固、深化理论知识，学会用有关化学理论知识分析和解释化学现象，解决实际问题。通过接受实验训练，培养实事求是的科学态度和严谨的科学作风，为今后的学习和工作打下良好的基础。

第二章

化学反应速率和化学平衡

学习指南

1. 了解化学反应速率的概念、表示方法和反应速率方程及速率的实验测定。

2. 了解基元反应、复杂反应、反应级数、反应分子数的概念。

3. 掌握浓度、温度及催化剂对反应速率的影响。了解速率方程的实验测定和阿伦尼乌斯公式的有关计算。

4. 初步了解活化能的概念及其与反应速率的关系。了解化学平衡的概念，理解平衡常数的意义，掌握有关化学平衡的计算。

5. 掌握化学平衡移动原理。

任何化学反应都涉及两个重要问题：一是在一定条件下反应进行的快慢，即化学反应速率问题；二是在一定条件下反应进行的方向和程度，即有多少反应物转化为生成物，也就是化学平衡问题。它们之间既有区别，又有联系。讨论化学反应速率和化学平衡问题，是为了通过改变反应条件、控制反应速率、调节反应进行的程度，提高主反应速率，抑制或降低副反应速率，减少原料消耗，提高产品质量和数量，也可以避免危险品的爆炸、材料的腐蚀、产品的老化和变质等。

第一节　化学反应速率

一、化学反应速率及其表示方法

化学反应速率是衡量化学反应进行快慢的物理量，它反映了在单位时间内反应物或生成物量的变化情况。不同的化学反应，其反应速率的差异很大。有些反应瞬间完成，如爆炸反应、酸碱中和反应等；而有些反应则非常缓慢，如煤、石油的形成，室温下氢气和氧气化合成水的反应等。即使是同一反应，在不同的条件下反应速率也不相同。例如，钢铁在室温下氧化缓慢，在高温下则迅速被氧化。

对于恒容条件下的均相反应，可用单位时间、单位体积内反应物浓度的减小或生成物浓度的增加表示其化学反应速率。浓度单位常以 mol/L 表示，根据具体反应的快慢，时间单位可用秒(s)、分(min)或小时(h)表示，则化学反应速率(v)的单位为 mol/(L·s)、mol/(L·min)或 mol/(L·h)。

在表示反应速率时，可选择参与反应的任一物质（反应物或生成物）。但用不同物质表示同一反应速率时，其数值不同。因此，在表示化学反应速率时，必须指明具体物质。例如，N_2O_5 在气相或四氯化碳溶剂中的分解反应为

$$2N_2O_5 \longrightarrow 4NO_2 + O_2$$

其反应速率可分别表示为

$$v(N_2O_5) = -\frac{\Delta c(N_2O_5)}{\Delta t} \tag{2-1}$$

$$v(NO_2) = \frac{\Delta c(NO_2)}{\Delta t} \tag{2-2}$$

$$v(O_2) = \frac{\Delta c(O_2)}{\Delta t} \tag{2-3}$$

式中　Δt——时间间隔；

$\Delta c(N_2O_5)$——Δt 时间内反应物 N_2O_5 的浓度变化；

$\Delta c(NO_2)$——Δt 时间内生成物 NO_2 的浓度变化；

$\Delta c(O_2)$——Δt 时间内生成物 O_2 的浓度变化。

当用反应物浓度变化表示反应速率时，由于随着反应的进行，反应物不断被消耗，浓度不断减小，浓度的变化为负值，为使其速率为正值，可在浓度变化符号前加一负号。

在 298K 时，上述 N_2O_5 的分解反应中，各物质的浓度与反应时间的对应关系见表 2-1 所列。

表 2-1　各物质的浓度与反应时间的对应关系

t/s	0	100	300	700
$c(N_2O_5)$/(mol/L)	2.10	1.95	1.70	1.31
$c(NO_2)$/(mol/L)	0	0.30	0.80	1.58
$c(O_2)$/(mol/L)	0	0.08	0.20	0.40

在反应开始后的 300s 内，用不同物质浓度的变化表示的该反应速率为

$$v(N_2O_5) = -\frac{\Delta c(N_2O_5)}{\Delta t} = -\frac{1.70-2.10}{300-0} = 1.33\times10^{-3}[\text{mol/(L·s)}]$$

$$v(NO_2) = \frac{\Delta c(NO_2)}{\Delta t} = \frac{0.80-0}{300-0} = 2.66\times10^{-3}[\text{mol/(L·s)}]$$

$$v(O_2) = \frac{\Delta c(O_2)}{\Delta t} = \frac{0.20-0}{300-0} = 6.67\times10^{-4}[\text{mol/(L·s)}]$$

虽然，用不同物质表示同一时间内反应速率的数值不等，但其比值恰好等于反应中各物质的化学计量系数之比，即

$$v(N_2O_5) : v(NO_2) : v(O_2) = 2:4:1 \tag{2-4}$$

实际上，大部分化学反应都不是等速率进行的。反应过程中，体系中各组分的浓度和反应速率均随时间而变化。上述所表示的反应速率实际上是在一段时间间隔内的平均速率（$\bar{v}$）。在这段时间间隔内的每一时刻，反应速率是不同的。要确切地描述某一时刻的反应速率，必须使时间间隔尽量的小，当 $\Delta t \to 0$ 时，反应速率就趋近于瞬时速率。

$$v(N_2O_5) = \lim_{\Delta t \to 0} \frac{-\Delta c(N_2O_5)}{\Delta t} = \frac{-dc(N_2O_5)}{dt} \tag{2-5}$$

只有瞬时速率才能代表化学反应在某一时刻的实际速率。

二、化学反应速率的测定

化学反应速率是通过实验测得的，其测定方法主要有化学分析法和物理法。

1. 化学分析法

化学分析法是在某一时刻取出反应体系的一部分物质，并设法迅速使反应停止（用骤冷、稀释、加阻化剂或除去催化剂等方法），然后进行化学分析，即可直接得到不同时刻某物质的浓度，而求得反应速率。例如，在 340K 时，将 0.160mol N_2O_5 放在 1L 容器中，实验测定浓度随时间变化数据见表 2-2 所列。

表 2-2　实验测定浓度随时间变化数据

t/min	0	1	2	3	4
$c(N_2O_5)$/(mol/L)	0.160	0.113	0.080	0.056	0.040
v/[mol/(L·min)]	0.056	0.039	0.028	0.020	0.014

以 N_2O_5 浓度为纵坐标，时间为横坐标，可以得到反应物浓度随时间的变化曲线，如图 2-1 所示。在曲线上任一点作切线，其斜率为

$$斜率=\frac{dc(N_2O_5)}{dt}$$

在图 2-1 的曲线上任一点斜率的负值，即为该点对应时间的化学反应速率。如在该曲线上 2min 时，曲线斜率为 -0.028mol/(L·min)，该时刻的反应速率为

$$v(N_2O_5)=-(-0.028)=0.028[\text{mol/(L·min)}]$$

用相同的方法可以求得其他时刻的反应速率（见表 2-2 所列），由表中数据可见，该反应的速率是逐渐下降的。

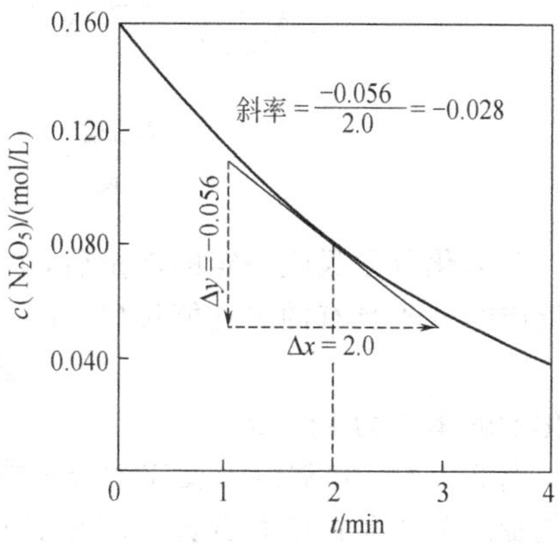

图 2-1　N_2O_5 浓度随时间的变化曲线

化学分析法测定的操作往往较繁琐，且误差较大。

2. 物理方法

物理方法是在反应过程中对某一种与物质浓度有关的物理量进行连续监测，获得不同时刻的反应数据。常用的物理性质和测定方法有测定压力、体积、旋光度、折射率、吸收光谱、电导、电动势、介电常数、黏度、热导率和进行比色等。对于不同的反应可选用不同的方法和不同的仪器。

由于物理方法不是直接测量浓度，所以首先需要知道浓度与这些物理量间的依赖关系，最好是选择与浓度变化呈线性关系的一些物理量。

对于一些反应时间很短（在秒以下）的快速反应，必须采用某些特殊的装置才能进行测量。否则在反应物尚未完全混匀之前，已混合的部分已经开始反应甚至可能已经接近反应完全，这给准确记录反应时间带来困难或根本无法计算反应时间，对于这类快速反应常采用快速流动法进行测量。在流动法中，反应物迅速混合并在长管式反应器的一端以一定速度输入，产物在反应器的另一端流出，用物理方法测定反应管不同位置反应物的浓度，也可获得绘制浓度随时间变化曲线的必要数据，工业上常用此技术。

第二节　反应速率理论简介

研究化学反应速率的理论主要有分子碰撞理论和过渡状态理论。

一、分子碰撞理论

分子碰撞理论认为，反应物分子(原子或离子)间的相互碰撞是化学反应进行的先决条件。但是，并不是反应物分子间的每一次碰撞都能发生化学反应。大多数化学反应中，只有少数或极少数分子的碰撞能发生化学反应。能发生化学反应的碰撞称为有效碰撞，而发生有效碰撞必须具备以下两个条件。

1. 化学反应发生的首要条件

反应物分子必须具有足够的能量，才能克服分子无限接近时电子云间的斥力，以很高的速率相互碰撞，使旧的化学键断裂，形成新的化学键，即进行化学反应。碰撞理论将这些具有足够能量的分子称为活化分子。

2. 化学反应发生的充分条件

活化分子只有以适当的方向相互碰撞时，反应才有可能发生，即并非所有活化分子间的碰撞都能发生化学反应。例如，反应 $CO+NO_2 \longrightarrow CO_2+NO$，活化分子 CO、$NO_2$ 必须以合适的方向碰撞才能发生反应。如图 2-2 所示，只有当 CO 分子中的碳原子与 NO_2 中的氧原子相碰撞时，才能发生重排反应。而碳原子与氮原子相碰撞的这种取向，则不会发生氧原子的转移。

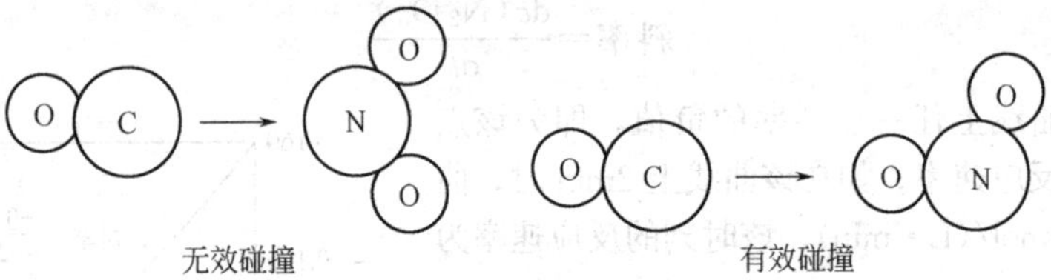

图 2-2 CO 与 NO_2 不同方向的碰撞

非活化分子吸收一定的能量后，也可转变为活化分子。活化分子具有的最低能量($E_{最低}$)与反应物分子具有的平均能量($E_{平均}$)的差称为活化能(E_a)，即

$$E_a=E_{最低}-E_{平均} \tag{2-6}$$

活化能的单位为 kJ/mol。

图 2-3 为一定温度下反应物分子能量分布图，其横坐标为分子的能量，纵坐标是具有一定能量的分子所占的百分数，阴影部分为活化分子。

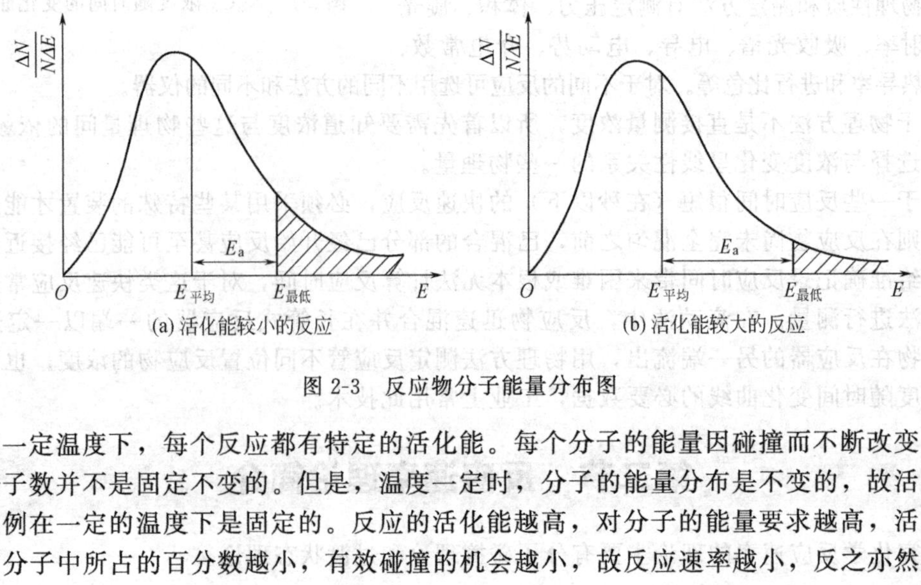

图 2-3 反应物分子能量分布图

在一定温度下，每个反应都有特定的活化能。每个分子的能量因碰撞而不断改变，所以活化分子数并不是固定不变的。但是，温度一定时，分子的能量分布是不变的，故活化分子数的比例在一定的温度下是固定的。反应的活化能越高，对分子的能量要求越高，活化分子在所有分子中所占的百分数越小，有效碰撞的机会越小，故反应速率越小，反之亦然。

对于不同的反应，其活化能不同，不同类型反应活化能的差别很大。一般化学反应的 E_a 在 40～400kJ/mol；E_a<40kJ/mol 的反应可在瞬间完成；若 E_a>400kJ/mol 的反应，其反应速率非常慢；大多数反应的 E_a 在 60～250kJ/mol。

二、过渡状态理论

碰撞理论比较直观，对简单反应的解释较为合适。但对结构复杂分子的反应，该理论的适用性则较差。其原因是碰撞理论简单地把分子看成没有内部结构和内部运动的刚性球。随着原子和分子结构理论的发展，20 世纪 30 年代艾林(Eyring)在量子力学和统计力学的基础上，提出了化学反应速率的过渡状态理论。

1. 活化配合物

过渡状态理论认为，化学反应不只是通过反应物分子之间简单碰撞就能完成的，而是当两个具有足够能量的分子相互接近时，要经过一个中间过渡状态，即首先形成一种活化配合物。如 NO_2 与 CO 的反应，当具有较高能量的 CO 和 NO_2 分子彼此以适当的取向相互靠近到一定程度时，电子云便可相互重叠而形成活化配合物[ONOCO]，如图 2-4 所示。在活化配合物中，原有的 N—O 键部分地断裂，新的 C—O 键部分地形成，反应物 NO_2 和 CO 的动能暂时转变为活化配合物[ONOCO]的热能，所以活化配合物[ONOCO]很不稳定。它既可分解成反应物 NO_2 和 CO，又可以分解成生成物 NO 和 CO_2。反应速率取决于活化配合物的浓度、分解概率及分解速率。

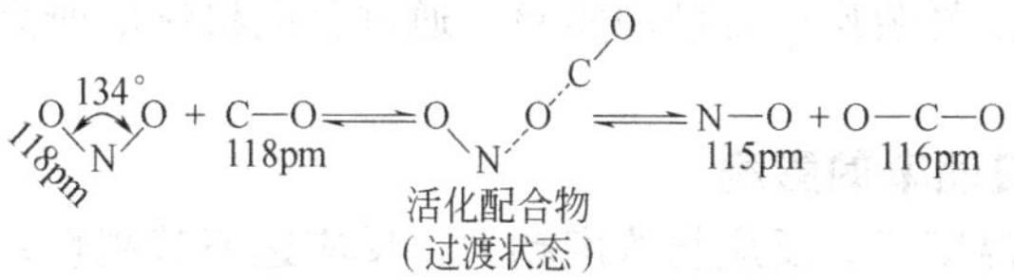

图 2-4　NO_2 与 CO 的反应过程

2. 反应历程

过渡状态理论认为，在发生化学反应的过程中，从反应物到生成物，反应物必须越过一个能垒，反应过程中的能量变化如图 2-5 所示。活化配合物能量与反应物分子的平均能量之差为正反应的活化能($E_{a,正}$)。即具有平均能量的反应物分子，如果吸收了相当于活化能的能量，就可以转化为活化分子，也才有可能参与化学反应。显然，反应活化能越大，能垒越高，超过这一能垒的分子百分数就越少，反应速率也越小。可见，活化能 E_a 是决定化学反应速率的重要因素。

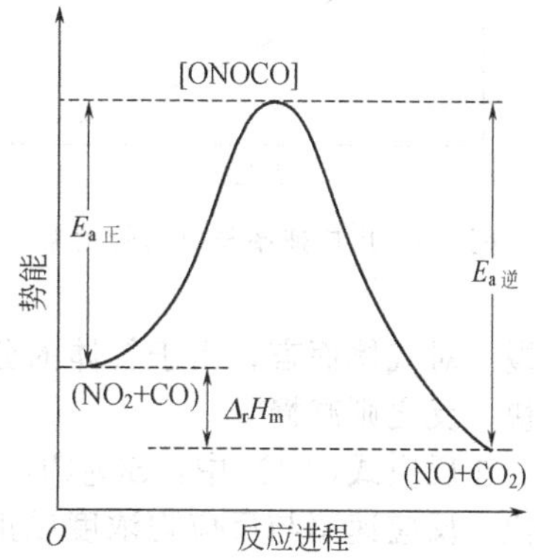

图 2-5　反应过程中的能量变化

对于可逆反应，逆反应同样具有活化能($E_{a,逆}$)，正反应与逆反应活化能的差值为该反应的热效应($\Delta_r H_m$)，即

$$\Delta_r H_m = E_{a,正} - E_{a,逆} \tag{2-7}$$

当 $E_{a,正} > E_{a,逆}$ 时，$\Delta_r H_m > 0$，正反应为吸热反应；当 $E_{a,正} < E_{a,逆}$ 时，$\Delta_r H_m < 0$，正反应为放热反应。

第三节　影响化学反应速率的因素

化学反应速率除了与反应自身的性质有关外，还受外界条件如浓度、压力、温度及催化剂等的影响。

一、浓度(压力)对化学反应速率的影响

大量实验事实表明，在一定温度下，增加反应物的浓度可以增大反应速率。此现象可用碰撞理论进行解释。因为在一定的温度下，对某一化学反应，反应物中活化分子的数目是一定的。增加反应物浓度时，单位体积内活化分子数目增多，从而增加了单位时间内在体积中反应物分子有效碰撞的频率，故导致反应速率加大。

1. 基元反应和复杂反应

基元反应是指反应物分子在有效碰撞中一步直接转化为产物分子的反应。基元反应又称简单反应，例如

$$SO_2Cl_2 \longrightarrow SO_2 + Cl_2 \tag{2-8}$$

$$NO_2 + CO \longrightarrow NO + CO_2 \tag{2-9}$$

$$2NO_2 \longrightarrow 2NO + O_2 \tag{2-10}$$

这些反应都是基元反应，但此类反应为数很少。

经若干基元反应步骤才能由反应物分子转化为产物分子的反应称为复杂反应或非基元反应。复杂反应是由若干基元反应组成的。例如 $H_2(g)+I_2(g) \longrightarrow 2HI(g)$ 为复杂反应。它是由以下两基元反应或基元步骤组成的。

$$I_2(g) \rightleftharpoons I(g)+I(g) \quad （快）$$

$$H_2(g)+I(g)+I(g) \rightleftharpoons 2HI(g) \quad （慢）$$

一个反应是基元反应还是复杂反应需借助实验，通过反应机制的研究才能确定，由反应方程式不能确定。

2. 浓度对化学反应速率的影响

实验证明：在一定温度下，反应物浓度越大，反应速率就越快；反之，浓度越低，反应速率就越慢。例如，可燃物质在纯氧中的燃烧速率就比在空气中要快得多。通常随着反应时间的延长，反应物浓度不断减少，反应速率也相应减慢，如图 2-6 所示。

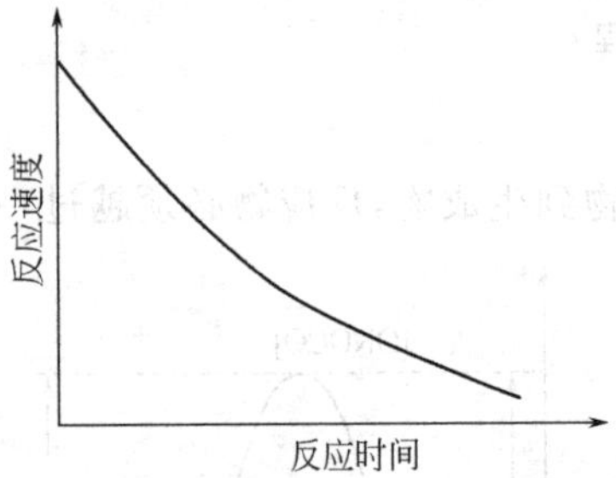

图 2-6 反应速率与时间的关系

这是因为对某一反应来讲，活化分子的数目与反应物浓度和活化分子的百分数有关。

活化分子数目＝反应物浓度×活化分子百分数，而在一定温度下，反应物的活化分子百分数是一定的，所以增加反应物浓度，即增加活化分子数目，单位时间内有效碰撞的次数也随之增多，因而反应速率加快。相反，若反应物浓度降低，活化分子数目减少，反应速率减慢。对气体而言，由于气体的分压与浓度成正比。因而增加反应物气体的分压，反应速率加快，反之则减慢。

在反应式(2-1) 中，SO_2Cl_2 分解为 SO_2 和 Cl_2，增大反应物 SO_2Cl_2 的浓度，反应速率加快。反应速率与反应物浓度成正比。其数学表达式为

$$v \propto c(SO_2Cl_2)$$

或

$$v = k_1 c(SO_2Cl_2)$$

式中 $c(SO_2Cl_2)$——SO_2Cl_2 的浓度；

k_1——反应速率常数，是指在给定温度下，单位浓度时的反应速率。

上式说明了反应物浓度与反应速率的关系，称为反应的速率方程。反应的速率方程也称为反应的动力学方程。

在反应式(2-2) 中，$c(NO_2)$增加多少倍，NO_2 与 CO 相碰撞的频率也将增加相同的倍

数。因此，有效碰撞及反应速率也将扩大相同的倍数，即反应速率与 $c(NO_2)$ 成正比；同理，反应速率与 $c(CO)$ 也成正比。故有

$$v \propto c(NO_2)c(CO)$$

或

$$v = k_2 c(NO_2)c(CO)$$

这是反应式(2-2) 的速率方程。

在反应式(2-3) 中，反应速率由 2 个 NO_2 相碰撞的频率来决定。设某单位体积中有 n 个 NO_2 分子，它们相互间的碰撞方式有 $n(n-1)/2$ 种，当 n 相当大时，近似有 $n \approx n-1$，故碰撞方式有 $n^2/2$ 种。若 NO_2 分子个数扩大到原来的 2 倍，变成 $2n$ 个，碰撞方式将有 $\frac{1}{2}(2n)(2n-1)$ 种，约为 $2n^2$ 种。可见当 NO_2 分子个数扩大到原来的 2 倍时，碰撞的方式将扩大 2^2 倍。单位体积内，NO_2 分子个数扩大到原来的 2 倍，等于 NO_2 浓度扩大到原来的 2 倍。总之，总碰撞频率及有效碰撞频率与 $c(NO_2)$ 的平方成正比。故有反应速率与 $c^2(NO_2)$ 成正比。

$$v \propto c^2(NO_2)$$

或

$$v = k_3 c^2(NO_2)$$

这是反应式(2-3) 的速率方程。

根据上述三个典型反应的讨论，对于一般基元反应可得出如下结论。设基元反应为

$$aA + bB \longrightarrow gG + hH$$

则该反应的速率方程可写为

$$v = kc^a(A)c^b(B) \tag{2-11}$$

式中　v——反应的瞬时速率；

$c(A)$——A 物质的瞬时浓度，mol/L；

$c(B)$——B 物质的瞬时浓度，mol/L；

a——反应式中 A 物质的化学计量数；

b——反应式中 B 物质的化学计量数；

k——反应的速率常数。

大量实验证明，基元反应的速率与反应物浓度以其计量数为指数的幂的乘积成正比。这就是质量作用定律，又称基元反应的速率方程式或称动力学方程式。

式中，k 为反应速率常数。当反应物的浓度等于单位浓度，即 1mol/L 时，反应速率与速率常数相等。所以速率常数就是反应物浓度为单位浓度时的反应速率。在相同的条件下，可以通过比较不同反应的 k 值，大致确定反应速率的快慢。k 值越大，反应速率越快。k 是化学反应的本性。在恒温下，反应速率常数 k 不因反应物浓度的改变而变化。温度变化时，k 值也随之变化。不同的反应有不同的速率常数，k 值可通过实验测定。

例如，对于基元反应

$$NO_2 + CO \longrightarrow NO + CO_2$$

其动力学方程式为

$$v = kc(NO_2)c(CO)$$

许多化学反应不是基元反应，而是由两个或多个基元步骤完成的复杂反应。假设反应

$$A_2 + B \longrightarrow A_2B$$

是分两个基元步骤完成的，即

第一步　$A_2 \longrightarrow 2A$　慢反应

第二步　$2A + B \longrightarrow A_2B$　快反应

对于总反应来说，决定反应速率的肯定是第一个基元步骤。即对于前一步反应产物是后

一步反应物的连串反应，决定反应速率的是其中最慢的那个基元步骤。故速率方程是 $v=kc(A_2)$ 而不是 $v=kc(A_2)c(B)$。

在表述动力学方程时，应注意以下几点。

① 若是稀溶液中的溶剂也作为反应物的反应，在动力学方程中可以不标出溶剂的浓度。因为溶剂的量很大，反应中消耗的量很小，可将溶剂看作不变的量，并入速率常数中。例如，蔗糖在稀溶液中水解为葡萄糖和果糖的反应。

$$C_{12}H_{22}O_{11}+H_2O \xrightarrow{H^+} C_6H_{12}O_6+C_6H_{12}O_6$$

将

$$v=k'c(C_{12}H_{22}O_{11})c(H_2O)$$

写为

$$v=kc(C_{12}H_{22}O_{11})$$

同理，对反应过程中浓度维持恒定的反应物，其浓度也不必在动力学方程中标出。

② 固态物质为反应物的反应，可将固态物质的浓度看作常数，不必在动力学方程中标出。例如，在一定条件下，煤燃烧反应

$$C(s)+O_2(g) \longrightarrow CO_2(g)$$

其动力学方程式为

$$v=kc(O_2)$$

③ 气态反应物的反应，在动力学方程中以气态物质的分压来代替其浓度。这样上例煤燃烧反应的动力学方程式为

$$v=kp(O_2)$$

动力学方程式中反应物浓度幂的方次之和称为该反应的反应级数，用 n 来表示。对动力学方程

$$v=kc^a(A)c^b(B)$$

反应级数 $n=a+b$，此反应称为 n 级反应。反应级数既适用于基元反应，也适用于非基元反应。只是基元反应的反应级数都是正整数，而非基元反应的反应级数则有可能不是正整数。

由于反应速率的单位是 mol/(L·s)，浓度的单位是 mol/L，所以速率常数 k 的单位为 $(mol^{1-n}\cdot dm^{n-1})/s$。由给出的反应速率常数的单位可以判断出反应的级数。但因为反应的基元步骤往往难以被确定，所以反应级数实际上常常是要通过实验测定的。

3. 浓度对化学反应速率影响的应用

在固体表面上发生的反应有不少是零级反应。这类反应以匀速进行，其速率与反应物浓度的变化及反应时间的长短无关，例如

$$N_2O \xrightarrow{Au} N_2+\frac{1}{2}O_2$$

$$v=kc(N_2O)=k$$

此反应进行时，每一单位时间内反应物浓度下降的数量是等同的。

【例 2-1】 某气体反应的实验数据如下：

序　号	起始浓度/(mol/L)		起始速率/[mol/(L·min)]
	c(A)	c(B)	
1	1.0×10^{-2}	0.5×10^{-3}	0.25×10^{-6}
2	1.0×10^{-2}	1.0×10^{-3}	0.50×10^{-6}
3	2.0×10^{-2}	0.5×10^{-3}	1.00×10^{-6}
4	3.0×10^{-2}	0.5×10^{-3}	2.25×10^{-6}

求该反应的动力学方程表达式及反应级数 n。

解　令该反应的动力学方程式为

$$v=kc^{a}(\mathrm{A})c^{b}(\mathrm{B})$$

由实验 1 和实验 2 可得

$$v_1=kc_1^{a}(\mathrm{A})c_1^{b}(\mathrm{B})$$

$$v_2=kc_2^{a}(\mathrm{A})c_2^{b}(\mathrm{B})$$

两式相除得

$$\frac{v_1}{v_2}=\left(\frac{c_1(\mathrm{B})}{c_2(\mathrm{B})}\right)^{b}$$

即

$$\frac{0.25\times10^{-6}}{0.50\times10^{-6}}=\left(\frac{0.5\times10^{-3}}{1.0\times10^{-3}}\right)^{b}$$

$$b=1$$

再由实验 3 和实验 4 得

$$v_3=kc_3^{a}(\mathrm{A})c_3^{b}(\mathrm{B})$$

$$v_4=kc_4^{a}(\mathrm{A})c_4^{b}(\mathrm{B})$$

两式相除得

$$\frac{v_3}{v_4}=\left(\frac{c_3(\mathrm{A})}{c_4(\mathrm{A})}\right)^{a}$$

即

$$\frac{1.00\times10^{-6}}{2.25\times10^{-6}}=\left(\frac{2.0\times10^{-2}}{3.0\times10^{-2}}\right)^{a}$$

$$a=2$$

故反应的动力学方程式为

$$v=kc^{2}(\mathrm{A})c(\mathrm{B})$$

反应级数

$$n=2+1=3$$

对应已确定的某化学反应，可以测知反应级数，找出对该反应速率影响大的反应浓度。通过改变此反应物的浓度，即可达到所需要的反应速率。例如

$$\mathrm{CO}+\mathrm{Cl_2}\longrightarrow\mathrm{COCl_2(g)}$$

该反应为 2.5 级，$v=kc(\mathrm{CO})c^{3/2}(\mathrm{Cl_2})$。

显然，对该反应影响较大的反应物为 Cl_2，因而可以通过改变浓度比例，达到所需的反应速率。

二、温度对化学反应速率的影响

1. 温度对化学反应速率的影响简介

温度对化学反应速率的影响特别显著。以氢气和氧气化合成水的反应为例，在常温下氢气和氧气作用十分缓慢，以致几年都观察不到有水生成。如果温度升高到 600℃，它们立即起反应，并发生猛烈的爆炸。一般来说，化学反应都随着温度的升高而反应速率增大。归纳许多实验结果，发现如反应物浓度恒定，温度每升高 10℃反应速率大约增大 2～3 倍。

可以认为，温度升高时分子运动速率增大，分子间碰撞频率增加，反应速率加快。但是根据计算温度升高 10℃，分子的碰撞频率仅增加 2%左右。反应速率增大 2～3 倍的原因不仅是分子间碰撞频率增加，更重要的是由于温度升高，活化分子组的百分数增大，有效碰撞的百分数增加，使反应速率大大地加快。

无论对于吸热反应还是放热反应，温度升高时反应速率都是加快的。这是由于化学反应的反应热是由反应前反应物的能量与反应后生成物的能量之差来决定的，若反应物的能量高于产物的能量，反应放热；反之则反应吸热。不论反应吸热还是放热，在反应过程中反应物必须爬过一个能垒反应才能进行。升高温度有利于反应物能量的提高，可加快反应的进行。

1889 年阿伦尼乌斯(Arrhenius)总结了大量实验事实，指出反应速率常数和温度间的定量关系为

$$k = A\mathrm{e}^{-E_a/RT} \tag{2-12}$$

式中，A 是碰撞频率因子，其单位与 k 相同，对一定的反应，可视作常数。

对式(2-12)取自然对数得

$$\ln k = \ln A - \frac{E_a}{RT} \tag{2-13}$$

对式(2-12)取常用对数，得

$$\lg k = \lg A - \frac{E_a}{2.303RT} \tag{2-14}$$

式(2-12)、式(2-13)和式(2-14)三个式子均称为阿伦尼乌斯公式。阿伦尼乌斯公式给出了速率常数与反应温度的定量关系。A、E_a 是表征化学反应特征的常数，与温度无关。实验证明式(2-12)对几乎所有均相基元反应和大多数复杂反应在一定温度范围内都是相当符合的。K 与 T 呈指数关系。因而温度的变化对反应速率常数的影响是非常大的。

2. 温度对化学反应速率影响的应用

【例 2-2】 对于如下反应

$$C_2H_5Cl(g) \longrightarrow C_2H_4(g) + HCl(g)$$

其碰撞频率因子 $A=1.6\times10^{14}/s$，$E_a=246.9kJ/mol$，求其 427℃时的速率常数 k。

解 反应速率常数与热力学温度之间的关系符合阿伦尼乌斯公式。

$$\lg k = \lg A - \frac{E_a}{2.303RT}$$

将数据代入公式中得

$$\lg k = \lg(1.6\times10^{14}) - \frac{246900}{2.303\times8.314\times700} = -4.22$$

$$k = 6.0\times10^{-5}(1/s)$$

从式(2-12) 可以看出，E_a 的单位为 kJ/mol，与 RT 之积的单位一致，故碰撞频率因子无单位，因此 k 的单位取决于 A。［例 2-2］ 中 A 的单位为 1/s，k 的单位亦为 1/s，由此可以看出该反应为一级反应。

用同样的方法可以算出 437℃和 527℃时的速率常数分别为 $1.1\times10^{-1}/s$ 和 $1.2\times10^{-2}/s$。可看出当温度升高 10℃时，k 变成原来 2 倍左右；升高 100℃时，k 变成原来的 200 倍左右。

阿伦尼乌斯公式不仅说明了反应速率与温度的关系，而且还可以说明活化能对反应速率的影响。这种影响可以通过图 2-7 看出。

从式(2-14) 可知，$\lg k$ 对 $1/T$ 作图应为一直线，直线的斜率为$-\frac{E_a}{2.303R}$，截距为 $\lg A$。图 2-7 所示为两条斜率不同的直线，分别代表活化能不同的两个化学反应。斜率较小的直线Ⅰ代表活化能较小的反应，斜率较大的直线Ⅱ代表活化能较大的反应。

由图 2-7 可以说明，活化能较大的反应，其反应速率随温度升高增加较快，所以升高温度更有利于活化能较大的反应进行。例如，当温度从 727℃升高到 1727℃（图中横坐标 1.0

到0.5)，活化能较小的反应Ⅰ，k 值从1000增大到10000，扩大10倍；而活化能较大的反应Ⅱ，k 值从10增大到1000，扩大100倍。

对一给定反应例如反应Ⅰ，如果要把反应速率扩大10倍，在低温区使 k 值从1000增加到10000，则需升温1000℃。这说明一个反应在低温时速率随温度变化比在高温时显著得多。

利用上面的作图方法，可以求得反应的活化能，因为直线的斜率是 $-\dfrac{E_a}{2.303R}$，知道了图中直线的斜率，便可求出 E_a。

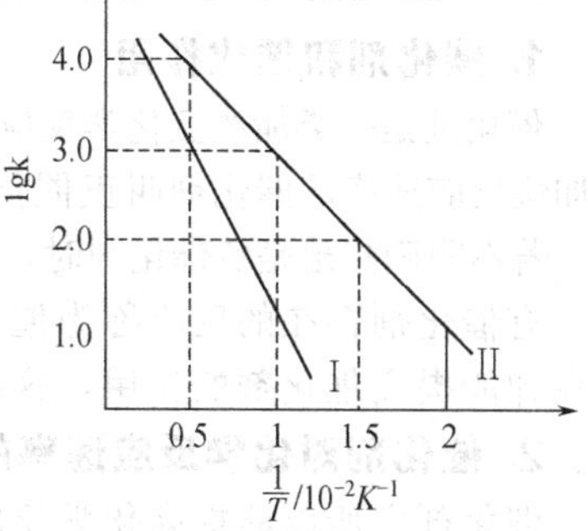

图2-7 温度与反应速率常数的关系

活化能也可以根据实验数据运用阿伦尼乌斯公式计算得到。若某反应在温度 T_1 时反应速率常数为 k_1，在温度 T_2 时反应速率常数为 k_2，则

$$\lg k_1 = \lg A - \frac{E_a}{2.303RT_1}$$

$$\lg k_2 = \lg A - \frac{E_a}{2.303RT_2}$$

两式相减得

$$\lg\frac{k_2}{k_1} = \frac{E_a}{2.303R}\left(\frac{1}{T_1}-\frac{1}{T_2}\right) = \frac{E_a}{2.303R}\left(\frac{T_2-T_1}{T_1T_2}\right)$$

故有

$$E_a = \frac{2.303RT_1T_2}{T_2-T_1}\lg\frac{k_2}{k_1} \tag{2-15}$$

将求得的 E_a 数据代入到阿伦尼乌斯公式中，又可以求得碰撞频率因子 A 的数值。

【例2-3】 反应 $N_2O_5(g) \longrightarrow N_2O_4(g) + \frac{1}{2}O_2(g)$

在25℃时反应速率常数 $k_1 = 3.4\times10^{-5}/s$，在55℃时反应速率常数 $k_2 = 1.5\times10^{-3}/s$，求反应的活化能和碰撞频率因子 A。

解 由式(2-15)

$$E_a = \frac{2.303RT_1T_2}{T_2-T_1}\lg\frac{k_2}{k_1}$$

将上述数据代入式中，得

$$\begin{aligned} E_a &= \frac{2.303\times8.314\times298\times328}{328-298}\lg\frac{1.5\times10^{-3}}{3.4\times10^{-5}} \\ &= 102597(\text{J/mol}) \\ &= 103(\text{kJ/mol}) \end{aligned}$$

由公式 $\lg k = \lg A - \dfrac{E_a}{2.303RT}$ 可得

$$\lg A = \lg k + \frac{E_a}{2.303RT}$$

将 $T = 298K$，$k = 3.4\times10^{-5}/s$，$E_a = 103kJ/mol$ 代入式中

$$\lg A = \lg(3.4\times10^{-5}) + \frac{103\times1000}{2.303\times8.314\times298} = 13.6$$

$$A = 3.98\times10^{13}(1/s)$$

三、催化剂对化学反应速率的影响

1. 催化剂和催化作用

催化剂是一类能改变化学反应速率，而反应前后其化学组成和质量均不发生变化的物质。凡能加快反应速率的催化剂叫正催化剂，凡能减慢反应速率的催化剂叫负催化剂。一般提到催化剂，若不明确指出是负催化剂时，则是指正催化剂。催化剂对化学反应速率的影响叫催化作用。

有催化剂存在的反应称为催化反应。有些物质在反应中自身不起催化作用，但由于它的存在却能提高催化剂的作用，这样的物质称为助催化剂。

2. 催化剂对化学反应速率的影响

催化剂之所以能提高化学反应速率，是由于催化剂改变了反应历程。反应历程，即基元步骤，也称反应机理。如图 2-8 所示，有催化剂参加的新的反应历程和无催化剂时的原反应历程相比，降低了反应的活化能。图中 E_a 是原反应的活化能，E_{ac} 是加催化剂后反应的活化能，$E_a > E_{ac}$。

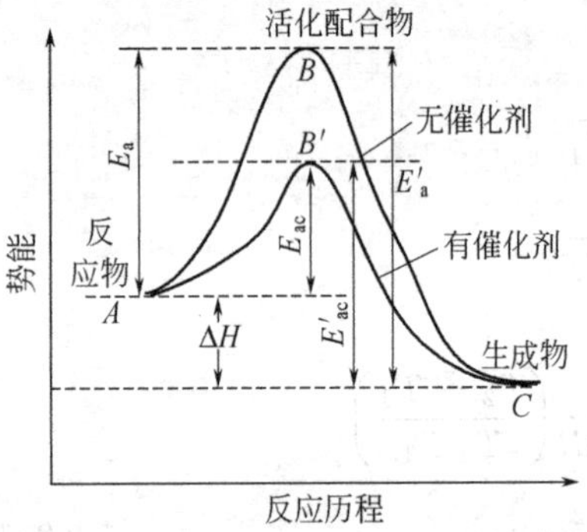

图 2-8　催化反应和原反应的能量图

加催化剂使活化能降低，活化分子的百分数增加，有效碰撞次数增多，从而使反应速率大大提高。例如，合成氨反应，没有催化剂时反应的活化能为 326.4kJ/mol。加 Fe 作催化剂时，活化能降低至 175.5kJ/mol。计算结果表明，在 500℃时加入催化剂后，正反应的速率增加到原来的 1.57×10^{10} 倍。

由图 2-8 还可以看到，加入催化剂后，正反应的活化能降低的数值 $\Delta E = E_a - E_{ac}$，与逆反应的活化能降低数值 $\Delta E' = E'_a - E'_{ac}$ 是相等的。这表明催化剂不仅加快正反应的速率，同时也加快逆反应的速率。

由图 2-8 还可以看到，催化剂的存在并不改变反应物和生成物的相对能量。也就是说一个反应有无催化剂，反应过程中体系的始态和终态都不发生改变，所不同的只是具体途径。催化剂除了具有改变反应速率的作用外，还具有一定的选择性，即一种催化剂只对某一个反应或某类反应有催化作用，对其他反应没有催化作用，所以不同的反应要选择不同的催化剂。

3. 催化剂对化学反应速率影响的应用

催化剂具有加快反应速率和选择性等特点。在化工生产中被广泛应用，石油化工、新能源、新材料和新药物的合成都离不开催化剂。为减缓某些反应速率的负催化剂常用于橡胶、塑料的防老化、钢铁的防腐蚀上。即使在日常生活中，催化剂也是十分重要的，例如为防止食品变质而加入的保鲜剂和防腐剂，为减少汽车尾气对空气的污染使用的附在氧化铝、氧化硅和氧化铁上的铂-铑催化剂等。

四、影响多相反应速率的因素

以上讨论的主要是均相反应。由于多相反应中参与反应的物质处于不同的相，化学反应只能在相的界面上完成。例如

$$3Fe(s) + 2O_2(g) \longrightarrow Fe_3O_4(s) \qquad \text{气-固反应}$$

$$2NaOH(aq) + CO_2(g) \longrightarrow Na_2CO_3(aq) + H_2O(aq) \qquad \text{气-液反应}$$

$$MgO(s) + 2HCl(aq) \longrightarrow MgCl_2(aq) + H_2O(g) \qquad \text{固-液反应}$$

对于多相反应来说，影响反应速率的因素除了以上讨论的浓度（压力）、温度和催化剂外，还有扩散速率及接触面积大小等因素。反应物之间的接触面积越大，有效碰撞机会越多，反应速率也越快。此外，提高扩散速率，既可以使反应物充分接触，也可以帮助生成物离开反应界面。所以在化工生产中，常采用适当的方法来增加反应物分子间的相互接触机会。例如，使固态物质

破碎成颗粒或研磨成粉末，使液态物质淋洒成线流、滴流或喷成雾状，使气态物质成为气泡等方法来扩大反应的接触面积，利用搅拌、鼓风、振荡等方法来强化扩散作用等。

多相催化在化工生产和科学实验中大量被应用，最常见的催化剂是固体，反应物为液体或固体。重要的化工生产如合成氨、接触法生产硫酸、氨氧化法生产硝酸、原油裂解及有机合成的诸多生产等几乎都是气相反应应用固体物质作催化剂。例如合成氨的反应

$$N_2(g)+3H_2(g) \longrightarrow 2NH_3(g)$$

用铁作催化剂，反应历程有所改变。如图2-9所示，首先气相中的氮分子被吸附在铁催化剂的表面上，使氮分子的化学键减弱，继而化学键裂解为氮原子，继而气相中的氢气分子同表面上的氮原子作用，逐步生成═NH、—NH_2 和 NH_3。

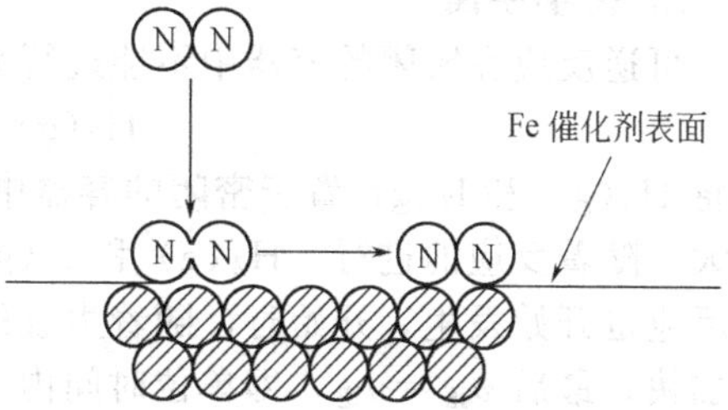

图 2-9　通过吸附作用催化合成 NH_3

由于各步反应的活化能都较低，所以反应速率大大加快。

由于多相催化反应与表面吸附有关，所以表面积越大，催化效果越高。但是整个固体催化剂表面上只有一小部分具有催化活性，被称为活性中心。许多催化剂常因加入少量某种物质而使表面积增大许多。例如，在用 Fe 催化合成氨时，加入 1.03%的 Al_2O_3，即可使 Fe 催化剂的表面积由 $0.55m^2/g$ 增加到 $9.44m^2/g$。也有的物质会使催化剂表面电子云密度增大，使催化剂的活性中心的效果增强。例如在 Fe 中加入少量 K_2O，即可达此目的。虽然 Al_2O_3 和 K_2O 自身对合成氨反应并无催化作用，但却可以使 Fe 催化剂的催化能力大大增强。这是典型的助催化剂的例子。

有时在反应体系中含有少量某些杂质，就会严重降低甚至完全破坏催化剂的活性。这种物质称为催化毒物，这种现象称为催化剂中毒。这可能是毒物与催化剂形成化合物的缘故。例如在 SO_2 的接触氧化中，Pt 是高效催化剂，但少量的 As 会使 Pt 中毒失活。在合成氨反应中，O_2、CO、CO_2、水蒸气、PH_3 以及 S 及其化合物等杂质都可使 Fe 催化剂中毒。因此多相催化应用于工业生产中，保持原料的纯净是十分重要的。

第四节　化学平衡

在研究物质的变化时，人们不仅注意反应的方向和反应的速率，而且十分关心化学反应可以完成的程度，即在指定条件下，反应物可以转变成产物的最大限度，这就是化学平衡问题。

化学平衡是本课程基本理论的重要部分。它是后面有关章节所要讨论的水溶液中，酸碱、沉淀溶解、配位、氧化还原等平衡的理论基础。研究化学平衡，在理论和实践上都有重要意义。

一、可逆反应和化学平衡

1. 可逆反应（对峙反应）

化学反应可分为可逆反应和不可逆反应。不可逆反应是在一定条件下向一个方向几乎能进行完全的反应，如 MnO_2 作催化剂的 $KClO_3$ 的分解。实际上这类反应是很少的，大多数化学反应都是可逆反应。例如，CO 与 H_2O 在高温下，一方面 $CO+H_2O \longrightarrow CO_2+H_2$；另一方面 $CO_2+H_2 \longrightarrow CO+H_2O$，可将这两个反应合并写为

$$CO+H_2O \rightleftharpoons CO_2+H_2$$

向右进行的反应叫正反应，向左进行的反应叫逆反应。用两个相反的箭头“$\rightleftharpoons$”表示可逆符号。

在同一条件下，既能向正反应方向又能向逆反应方向进行的反应，称为可逆反应。可逆反应的进行必然导致化学平衡的实现。

2. 化学平衡

可逆反应在密闭的容器中不能进行完全。例如，425℃时，氢气与碘蒸气的反应

$$H_2(g)+I_2(g) \rightleftharpoons 2HI(g)$$

当将 $H_2(g)$ 和 $I_2(g)$ 置于密闭的容器中加热至 225℃时，起初只有反应物，正反应速率 $v_{正}$ 最大，随着反应的进行，$H_2(g)$ 和 $I_2(g)$ 不断减少，$v_{正}$ 逐渐减慢，而且由于 HI 的生成，逆反应也开始发生，开始时，随着生成的 HI 量不断增多，正反应速率减慢，逆反应速率逐渐加快，最后 $v_{正}=v_{逆}$，即单位时间内，HI 的生成量和分解量相等。此时反应系统中，各物质的量不再发生变化，反应处于平衡状态。

对于可逆反应，当正、逆反应速率相等时，各物质的浓度不再发生变化，系统所处的状态叫做化学平衡。在这种状态下，正、逆反应仍在进行着，所以化学平衡是动态平衡。若反应条件不改变，这种平衡可以一直持续下去，然而一旦条件发生变化，平衡便被破坏，直至建立新的平衡。

化学平衡状态有以下几个重要特点。

① 在恒温条件下，封闭体系中进行的可逆反应才能建立化学平衡。

② 正逆反应速率相等是平衡建立的条件。

③ 平衡状态是封闭体系中可逆反应进行的最大限度。各物质浓度都不再随时间改变。这是建立平衡的标志。

④ 化学平衡是相对的、暂时的、有条件的平衡。当外界条件改变时，正逆反应速率发生变化，原平衡将受到破坏，直到建立新的动态平衡。

二、化学平衡常数

1. 气体分压定律

混合气体中各组分气体的分压之和等于该混合气体的总压力。可表示为

$$p=p_1+p_2+\cdots+p_i=\sum p_i$$

式中　p——混合气体总压，Pa；

　　p_i——各组分气体的分压，Pa。

2. 化学平衡常数

平衡常数是反映可逆反应进行程度的重要参数。以质量作用定律为基础或通过实验测量平衡态时各组分的浓度或分压而求得的平衡常数为实验常数。以热力学为基础，根据热力学函数关系求得的平衡常数叫标准平衡常数。

(1) 实验平衡常数　可逆反应达到平衡时，体系中各物质的浓度不再改变。例如，恒温1200℃时，在四个密闭容器中分别充入配比不同的 CO_2、H_2、CO 和 H_2O 的混合气体，其实验的各数据见表 2-3。

表 2-3　$CO_2(g)+H_2(g) \rightleftharpoons CO(g)+H_2O(g)$ 的实验数据（1200℃）

编号	起始浓度/(mol/L)				平衡浓度/(mol/L)				$\frac{c(CO)c(H_2O)}{c(CO_2)c(H_2)}$
	CO_2	H_2	CO	H_2O	CO_2	H_2	CO	H_2O	(平衡时)
1	0.01	0.01	0	0	0.004	0.004	0.006	0.006	2.3
2	0.01	0.02	0	0	0.022	0.00122	0.0078	0.0078	2.3
3	0.01	0.01	0.001	0	0.0041	0.0041	0.0069	0.0059	2.4
4	0	0	0.02	0.02	0.0082	0.0082	0.0118	0.0118	2.1

分析表 2-3 的数据，可以得出如下结论。

在恒温下，可逆反应无论从正反应开始，或是从逆反应开始，最后达到平衡时，尽管每种物质的浓度在各个体系中并不一致，但生成物平衡浓度的乘积与反应物平衡浓度的乘积之比却是一个恒定值。

上述反应的反应式中各物质的计量数都是 1，对于计量数不是 1 或不全是 1 的可逆反应情况，可参见表 2-4。

表 2-4　$2HI(g) \rightleftharpoons H_2(g)+I_2(g)$ 的实验数据（425℃）

编号	起始浓度/(mol/L×10^2)			平衡浓度/(mol/L×10^3)			$\frac{c(H_2)c(I_2)}{c^2(HI)}$（平衡时）
	I_2	H_2	HI	I_2	H_2	HI	
1	0	0	4.4888	0.4789	0.4789	3.5310	1.840×10^{-2}
2	0	0	10.6918	1.1409	1.1409	8.4100	1.840×10^{-2}
3	7.5098	11.3367	0	0.7378	4.5647	13.5440	1.836×10^{-2}
4	11.9642	10.6663	0	3.1292	1.8313	17.6710	1.835×10^{-2}

大量实验结果表明，对任一可逆反应

$$aA+bB \rightleftharpoons gG+hH$$

在一定温度下，达到平衡时，体系中各物质的浓度间有如下关系

$$\frac{c^g(G)c^h(H)}{c^a(A)c^b(B)}=K_c$$

式中，K_c 是通过实验测得的，所以称为实验平衡常数或经验平衡常数。由上式可见，在一定温度下，可逆反应达到平衡时，生成物的浓度以反应方程式中计量数为指数幂的乘积与反应物浓度以反应方程式中的计量数为指数幂的乘积之比是一常数。

实验平衡常数 K_c 一般是有单位的，只有当反应物的计量数之和与生成物的计量数之和相等时 K_c 才是无量纲的量。

如果化学反应是气相反应，则用分压代替浓度。即上式可写成

$$\frac{p^g(G)p^h(H)}{p^a(A)p^b(B)}=K_p$$

(2) 标准平衡常数　根据热力学函数计算得到的平衡常数称为标准平衡常数，又称为热力学平衡常数，用符号 $K^{\ominus}$ 来表示。其表示方式与实验平衡常数相同，只是相关物质的浓度要用相对浓度（$c/c^{\ominus}$）、分压要用相对分压（$p/p^{\ominus}$）来代替，其中 $c^{\ominus}$ 为标准浓度（$c^{\ominus}=$ 1mol/L）、$p^{\ominus}$ 为标准压力（$p^{\ominus}=100kPa$）。例如，对于任一可逆化学反应

$$bB=dD \rightleftharpoons eE+fF$$

① 溶液中的反应

$$K^{\ominus}=\frac{[c(E)/c^{\ominus}]^e[c(F)/c^{\ominus}]^f}{[c(B)/c^{\ominus}]^b[c(D)/c^{\ominus}]^d}=\frac{c^e(E)c^f(F)}{c^b(B)c^f(D)}\left(\frac{1}{c^{\ominus}}\right)^{\Sigma\nu}=K_c\left(\frac{1}{c^{\ominus}}\right)^{\Sigma\nu}$$

$$\Sigma\nu=e+f-b-d$$

② 气体反应

$$K^{\ominus}=\frac{[p(E)/p^{\ominus}]^e[p(F)/p^{\ominus}]^f}{[p(B)/p^{\ominus}]^b[p(D)/p^{\ominus}]^d}=\frac{p^e(E)p^f(F)}{p^b(B)p^d(D)}\left(\frac{1}{p^{\ominus}}\right)^{\Sigma\nu}=K_p\left(\frac{1}{p^{\ominus}}\right)^{\Sigma\nu}$$

$$\Sigma\nu=e+f-b-d$$

③ 对于多相反应　多相反应是指反应系统中存在两个以上相得反应，例如

$$CaCO_3(s)+2H^+(aq) = Ca^{2+}(aq)+CO_2(g)+H_2O(l)$$

由于固相和纯液相的标准态就是它本身的纯物质，故固相和纯物液相均为单位浓度，即 $c=1$，在平衡常数的表达式中不必带入。故上述反应的标准平衡常数表达式为

$$K^{\ominus}=\frac{[c(Ca^{2+})/c^{\ominus}][p(CO_2)/p^{\ominus}]}{[c(H^+)/c^{\ominus}]^2}$$

与实验平衡常数不同的是，标准平衡常数 $K^{\ominus}$ 是一个无量纲的量。

3. 平衡常数表达式的书写规则

化学平衡的规律不仅适用于气体反应，也适用于纯液体、固体参加的反应及在水溶液中进行的反应。在书写一般反应的平衡常数关系式时，必须注意以下几点。

① 如果反应中有固体或纯液体物质参与反应，它们的浓度是固定不变的，可视作常数，不必写入 K_c 的表达式中。化学平衡关系式中只包括气态物质和溶液中各溶质的浓度。例如

$$CaCO_3(s) \rightleftharpoons CaO(s)+CO_2(g) \qquad K_c=c(CO_2)$$

$$CO_2(g)+H_2(g) \rightleftharpoons CO(g)+H_2O(l) \qquad K_c=\frac{c(CO)}{c(CO_2)c(H_2)}$$

② 稀溶液中进行的反应，如有水参加，水的浓度也不必写在平衡关系中。例如

$$Cr_2O_7^{2-}+H_2O \rightleftharpoons 2CrO_4^{2-}+2H^+ \qquad K_c=\frac{c(CrO_4^{2-})c(H^+)}{c(Cr_2O_7^{2-})}$$

但是，非水溶液中的反应，如有水生成或有水参加反应，此时水的浓度不可视为常数，必须表示在平衡关系中。如乙醇和醋酸的液相反应：

$$C_2H_5OH+CH_3COOH \rightleftharpoons CH_3COOC_2H_5+H_2O$$

$$K_c=\frac{c(CH_3COOC_2H_5)c(H_2O)}{c(C_2H_5OH)c(CH_3COOH)}$$

③ 同一化学反应，可以用不同的化学反应方程式来表示，每个化学方程式都有自己的平衡常数关系式及相应的平衡常数。例如，100℃时，N_2O_4 和 NO_2 的平衡体系

$$N_2O_4(g) \rightleftharpoons 2NO_2(g) \qquad K_1=\frac{c^2(NO_2)}{c(N_2O_4)}=0.36$$

$$\frac{1}{2}N_2O_4(g) \rightleftharpoons NO_2(g) \qquad K_2=\frac{c(NO_2)}{c^{1/2}(N_2O_4)}=0.60$$

$$2NO_2(g) \rightleftharpoons N_2O_4(g) \qquad K_3=\frac{c(N_2O_4)}{c^2(NO_2)}=2.78$$

显然，$K_1=(K_2)^2=1/K_3$，虽有关系但不相等。因此，要注意使用与反应方程式相对应的平衡常数。

还应指出，若是非标准平衡常数，同一个化学平衡体系，化学方程式的写法不同，不仅可有不同的平衡常数表达式和不同的平衡常数值，而且它们各自给出的平衡常数在单位上也互不相同。但它们之间可有一定的关系。

4. 平衡常数的作用

(1) 平衡常数的大小可以衡量反应进行的程度　因为平衡状态是反应进行的最大限度，而平衡常数关系式是以产物浓度系数次方的乘积为分子，以反应物浓度系数次方的乘积为分母，所以它可以衡量反应进行的程度。

K_c 很小的平衡体系，说明平衡时产物的浓度很小。例如

$$N_2(g)+O_2(g) \rightleftharpoons 2NO(g)$$

$$K_c=\frac{c^2(NO)}{c(N_2)c(O_2)}=1\times10^{-30}\,(0℃时)$$

设　$c(N_2)=c(O_2)=1$

则　$c^2(NO)=1\times10^{-30}$，$c(NO)=1\times10^{-15}$

平衡混合物中几乎全部是未反应的 N_2 和 O_2，而仅有极微量的 NO 生成。这意味着在 0℃时，N_2 和 O_2 的化合反应基本上没有进行。

反之，如果开始用纯 NO，则在 0℃平衡时，逆反应几乎进行完全，NO 几乎全部分解为 N_2 和 O_2。

可见，一个反应的 K_c 较小，意味着反应可以达到的限度较浅，正向反应进行的程度较小。

平衡常数很大的反应，如

$$2Cl(g) \rightleftharpoons Cl_2(g)$$

$$K_c=\frac{c(Cl_2)}{c^2(Cl)}=1\times10^{38}\text{(0℃时)}$$

设　$c(Cl_2)=1$

则　$c^2(Cl)=1\times10^{-38}$；$c(Cl)=1\times10^{-19}$

由于平衡常数很大，平衡混合物中几乎全部是 Cl_2 分子，Cl 原子的浓度非常非常小，就是说，0℃时，氯原子的化合反应实际上已进行很完全，Cl 原子基本上转化为 Cl_2 分子。反之，逆反应几乎不发生。

可见，一个可逆反应的 $K^{\ominus}$ 较大意味着反应可以达到的限度较深，正反应进行的程度较大。

平衡常数不太大也不太小的反应，如前面讨论过的

$$N_2O_4(g) \rightleftharpoons 2NO_2(g)$$

$$K_c=\frac{c^2(NO_2)}{c(N_2O_4)}=0.36\text{(0℃时)}$$

因为反应的平衡常数接近 1，所以，平衡体系中，反应物和产物的浓度不会太悬殊，二者都不可忽略。

平衡常数不大不小的反应，不论反应从哪边开始，正向反应和逆向反应都进行不完全。

在用平衡常数大小来判断反应限度时，一般来说有个人为规定的大致界限：$K>10^7$ 和 $K<10^{-7}$分别是“限度很深，反应很完全”及“限度很浅，几乎不能反应”的判据。

平衡常数非常大 $K>10^7$ 或非常小 $K<10^{-7}$ 的反应，通常就认为是向一个反向进行的不可逆反应。而平衡常数在 $10^{-7}\sim10^7$ 之间的反应，是典型的可逆反应。由于不同反应方程式的化学计量数不一定相同，同一个化学反应也可以用不同的化学方程式来表示。因此，这只是一个非常粗略的大致界限。

另外还有两点必须指出，如下所述。

① 平衡常数数值的大小，只能告诉我们一个可逆反应的正向反应所能进行的最大程度，并不能预示反应达到平衡所需要的时间。有的反应虽然平衡常数数值极大，正反应可进行完全，但因反应速率太慢，反应并无现实意义。如 $2SO_2(g)+O_2(g) \rightleftharpoons 2SO_3(g)$ 0℃时，$K_c=3.6\times10^{19}$，虽然平衡常数很大，但由于速率太慢，常温时，几乎不发生反应。

② 平衡常数数值极小的反应，说明在该条件下不可能进行。如 $N_2+O_2 \rightleftharpoons 2NO$，$K_c=10^{-30}$由于平衡常数数值极小，说明常温下，用这个反应固定氮是不可能的。这时在该条件下进行实验已无意义。但这绝不意味着该反应根本不能进行了，若设法改变条件，仍可使反应在新的条件下进行得比较完全。

(2) 浓度商判据　平衡常数表达式表明了平衡体系的状况。一个化学反应是否达到平衡状态，它的标志就是各物质的浓度将不随时间改变，而且其产物浓度系数次方的乘积与反应物浓度系数次方的乘积之比是一个常数。

$$aA+bB \rightleftharpoons gG+hH$$

只有当$\frac{c(\mathrm{G})^g c(\mathrm{H})^h}{c(\mathrm{A})^a c(\mathrm{B})^b}=K_c$时，体系才处于平衡状态。可以改变各组分的浓度来改变平衡点，但在一定温度下平衡常数不会改变。

如果$\frac{c(\mathrm{G})^g c(\mathrm{H})^h}{c(\mathrm{A})^a c(\mathrm{B})^b}\neq K_c$，说明这个体系未达到平衡状态，此时可能有以下两种情况。

① $\frac{c(\mathrm{G})^g c(\mathrm{H})^h}{c(\mathrm{A})^a c(\mathrm{B})^b}<K_c$，则反应向正向进行。随着正反应的不断进行，反应物浓度不断减小（即分母不断减小），产物浓度不断增大（分子不断增大），直到正反应速率等于逆反应速率。产物浓度系数次方的乘积与反应物浓度系数次方的乘积之比等于平衡常数为止。这时正反应进行到最大限度，达到平衡状态。

② $\frac{c(\mathrm{G})^g c(\mathrm{H})^h}{c(\mathrm{A})^a c(\mathrm{B})^b}>K_c$，则反应向逆向进行。随着逆反应的不断进行，反应物浓度不断增大（即分母不断增大）；产物浓度不断减小（分子减小），直到上述比值等于平衡常数为止。这时逆反应也进行到最大限度，达到平衡状态。

可见，只要知道某温度下某反应的平衡常数，并且知道反应物及产物的浓度，就能判断该反应是处于平衡状态还是向某一方向进行着。为了简化起见，将某一化学反应生成物浓度系数次方的乘积与反应物浓度系数次方的乘积之比称为浓度商，用符号Q_c表示。

$$\frac{c(\mathrm{G})^g c(\mathrm{H})^h}{c(\mathrm{A})^a c(\mathrm{B})^b}=Q_c$$

这里必须着重指出Q_c和K_c的表达式形式虽然相同，但两者的概念是不同的。Q_c表达式中各物质的浓度是任意状态下的浓度，其商值是任意的；而K_c表达式中各物质的浓度是平衡时的浓度，其商值在一定温度下为一常数。

有了浓度商和平衡常数的概念，可以得出可逆反应进行的方向和限度的判据。

$Q_c<K_c$ 正向反应自发进行；

$Q_c=K_c$ 反应处于平衡状态（即反应进行到最大限度）；

$Q_c>K_c$ 逆向反应自发进行。

（3）平衡转化率　用平衡常数估计反应进行的可能性，判断反应的限度，只能得到一个大致的结果。用了一定量的反应物，最后得到多少产物，这还要通过计算才能具体了解。

中学化学里，已经学过有关化学方程式的计算，但那类计算的应用是以将反应视为完全反应为前提的。在可逆反应中，由于反应物不能全部转化为产物，只能应用平衡常数来计算平衡体系中反应物和产物的浓度，从而了解某反应物转化为产物的比率。

反应平衡时已转化了的某反应物的量与转化前反应物的量之比，称为平衡转化率。

平衡转化率又叫理论转化率，与指定反应物有关，通常以α表示。

$$\alpha=\frac{\text{平衡时已转化的指定反应物的量}}{\text{指定反应物起始总量}}\times 100\%$$

平衡转化率α越大，表示达到平衡时反应进行的程度越大。平衡常数和平衡转化率都可反映反应进行的程度，但平衡转化率与反应物的起始量有关，也可能随指定反应物的选择不同而不同，因此，平衡转化率不能确切表示反应进行的程度。

三、有关平衡常数的计算

化学反应达到平衡状态时，体系中各物质的浓度不再随时间而改变。这时反应物已最大限度地转变为生成物。平衡常数具体体现着各平衡浓度之间的关系。因此平衡常数与化学反应完成的程度之间必然有着内在的联系。

【例 2-4】 反应$CO(g)+H_2O(g)\rightleftharpoons H_2(g)+CO_2(g)$在某温度$T$时，$K=9$。若CO

和 H_2O 的起始浓度皆为 0.02mol/L，求 CO 的平衡转化率。

解 设反应达到平衡时体系中 H_2 和 CO_2 的浓度均为 x。

$$CO + H_2O \rightleftharpoons H_2 + CO_2$$

	CO	H_2O	H_2	CO_2
起始时浓度/(mol/L)	0.02	0.02	0	0
平衡时浓度/(mol/L)	$0.02-x$	$0.02-x$	x	x

$$K_c = \frac{c(H_2)c(CO_2)}{c(CO)c(H_2O)} = \frac{x^2}{(0.02-x)^2} = 9$$

解得 $x = 0.015$

即平衡时 $c(H_2) = c(CO_2) = 0.015(\text{mol/L})$

此时 CO 转化掉 0.015mol/L，CO 的平衡转化率为

$$\frac{0.015}{0.020} \times 100\% = 75\%$$

此例题若设定不同的 K_c，利用同样的方法，可以求得如 $K=4$ 和 $K=1$ 时，CO 的平衡转化率分别为 67% 和 50%。可以看出，在其他条件相同时，K 越大，平衡转化率越大。

第五节 化学平衡的移动

在讨论化学平衡的时候，已经强调指出，化学平衡是暂时的、有条件的。当外界条件如浓度、压力和温度等改变时，化学平衡就会被破坏，系统中各物质的浓度也将随之发生改变，直到在新条件下建立新的平衡为止。在新的平衡状态，系统中各物质的浓度与原平衡时各物质的浓度不再相同，这种由于条件的改变使可逆反应从一种平衡状态向另一种平衡状态转变的过程叫化学平衡的移动。

研究化学平衡，就是要使化学平衡向着有利于过程需要的方向移动。

前面已经讨论过，一个可逆反应在一定温度下进行的方向和限度仅由 Q_c 和 K 的相对大小来决定，当 $Q_c=K$ 时，反应达到平衡状态。如果要使平衡向正反应的方向移动，只要改变条件，使 $Q_c<K$，正反应就能自发进行，平衡即向正反应方向移动。这可以采取两个途径来实现。第一，改变反应物或产物的浓度（或分压），使 Q_c 的值小于 K。第二，改变温度，使 K 的数值增大而大于 Q_c，因为 K 是随温度而变化的。可见，浓度、压力和温度都可以影响化学平衡，引起平衡移动。

一、浓度对化学平衡的影响

以合成氨反应为例，来讨论浓度改变对平衡移动的影响。

$$3H_2 + N_2 \rightleftharpoons 2NH_3$$

这个反应在一定温度下达到平衡时，$Q_c = \frac{c^2(NH_3)}{c^3(H_2)c(N_2)} = K_c$，当加大 N_2 或 H_2 的浓度时分母增大。这时 $Q_c<K_c$，体系不再处于平衡状态，化学反应向正向进行。随着反应的进行，当 Q_c 再重新等于 K_c 时，体系又达到一个新的平衡状态。反之，若加大 NH_3 的浓度，分子增大，$Q_c>K_c$，平衡状态破坏，反应向逆向进行，直至 Q_c 重新等于 K_c，建立新的平衡。新平衡建立后，NH_3、N_2 和 H_2 的浓度已与前一个平衡状态下各自的浓度不一样了。

浓度对化学平衡的影响可以概括如下：在其他条件不变的情况下，增加反应物浓度或减小生成物浓度，化学平衡向正反应方向移动；增加生成物浓度或者减小反应物的浓度，化学平衡向着逆反应的方向移动。

通过计算，可以进一步理解改变浓度对化学平衡的影响。

【例 2-5】 反应 $CO(g) + H_2O(g) \rightleftharpoons H_2(g) + CO_2(g)$

在某温度下 $K_c=9$，若反应开始时 $c(CO)=0.02mol/L$，$c(H_2O)=1.0mol/L$，求平衡时CO的转化率。

解 设反应达到平衡时体系中 H_2 和 CO_2 的浓度均为 x。

	CO	+ $H_2O \rightleftharpoons$	H_2	+ CO_2
起始时浓度/(mol/L)	0.02	1.00	0	0
平衡时浓度/(mol/L)	$0.02-x$	$1.00-x$	x	x

$$K_c=\frac{c(H_2)c(CO_2)}{c(CO)c(H_2O)}=\frac{x^2}{(0.02-x)(1.00-x)}=9$$

解得 $x=0.01995(mol/L)$

CO 的平衡转化率为 $\frac{0.01995}{0.020}\times100\%=99.8\%$

将此例与［例 2-4］比较，当CO和 H_2O 的起始浓度都为0.02mol/L时，CO的平衡转化率为75%。当 H_2O 的起始浓度增加到1.00mol/L时，CO的平衡转化率增大到99.8%。

这说明增大一种反应物的浓度，可以使另一种反应物的转化率增大。这样的实例在工业上很多。如制造硫酸时，存在可逆反应

$$2SO_2+O_2 \rightleftharpoons 2SO_3$$

为了尽量利用成本较高的 SO_2，就要用过量的氧（空气中的氧）。按方程式它们的计量系数之比是1∶0.5，实际工业上采用的比值是1∶1.6。

不难理解，若不断将生成物从反应体系中分离出来，则平衡将不断地向生成产物的方向移动。

例如，通氢气与红热的 Fe_3O_4 上时，把生成的水蒸气不断从反应体系中移去，Fe_3O_4 就可以全部变成金属铁。

$$Fe_3O_4+4H_2(g) \rightleftharpoons 3Fe+4H_2O(g)$$

但是，如果反应在密闭容器中进行，到一定时候就达到平衡了，Fe_3O_4 就不会全部变成Fe。

由此可见，在恒温下增加反应物的浓度或减小生成物的浓度，平衡向正反应方向移动；相反，减小反应物浓度或增大生成物浓度，平衡向逆反应方向移动。

二、压力对化学平衡的影响

压力对化学平衡的影响比较复杂。首先，对于溶液中进行的反应，压力对平衡几乎没有什么影响。因为压力对液体的体积影响极小。笼统地讲，压力固然会对有气体参与的反应体系的化学平衡产生影响，但因情况不同，影响会各异。需要将总压的影响和分压的影响分开来讨论。

1. 总压的影响

（1）对反应前后气体分子数不等的反应

有气体参加，但反应前后气体分子数不等的反应。例如

$$N_2(g)+3H_2(g) \rightleftharpoons 2NH_3(g)$$

从反应式可以知道，反应物的总分子数为4，生成物的总分子数为2，反应前后分子总数是有变化的。

在一定温度下，当上述反应达到平衡时，各组分的平衡分压为 $p(NH_3)$、$p(H_2)$、$p(N_2)$。那么

$$\frac{p^2(NH_3)}{p^3(H_2)p(N_2)}=K_p$$

如果平衡体系的总压力增加到原来的2倍，这时，各组分的分压也增加2倍，分别为 $2p(NH_3)$、$2p(H_2)$、$2p(N_2)$。类同浓度商可引入压力商 Q_p。

$$Q_p=\frac{[2p(NH_3)]^2}{[2p(H_2)]^2 2p(N_2)}=\frac{4}{16}\times\frac{p^2(NH_3)}{p^3(H_2)p(N_2)}=\frac{1}{4}K_p$$

此时体系已经不再处于平衡状态，反应朝着生成氨（即气体分子数减小）的正反应方向进行。随着反应的进行，$p(NH_3)$不断增高。$p(H_2)$和$p(N_2)$下降。最后当Q_p的值重新等于K_p，体系在新的条件下达到新的平衡。

如果将平衡体系的总压力降低到原来的一半，这时，各组分的分压也分别减为原来的一半，分别为$\frac{1}{2}p(NH_3)$、$\frac{1}{2}p(H_2)$、$\frac{1}{2}p(N_2)$，则

$$Q_p=\frac{\left[\frac{1}{2}p(NH_3)\right]^2}{\left[\frac{1}{2}p(H_2)\right]^3\frac{1}{2}p(N_2)}=\frac{16p^2(NH_3)}{4p^3(H_2)p(N_2)}=4K_p$$

此时体系也已经不再处于平衡状态，反应向逆向进行，平衡向氨分解为氮和氢的方向（即气体分子数增加的方向）移动。在反应进行的过程中，随着NH_3不断分解，$p(NH_3)$不断下降，$p(H_2)$、$p(N_2)$不断增大。最后当Q_p的值重新等于K_p，体系在新条件下达到新的平衡。

由此可见，在恒温下，增大总压，平衡向气体分子数目减少的方向移动；减小总压，平衡向气体分子数目增加的方向移动。

（2）对反应前后气体分子数相等的反应　有气体参加，但反应前后气体分子数相等的反应。如

$$CO(g)+H_2O(g)\rightleftharpoons H_2(g)+CO_2(g)$$

等温下达平衡时，各组分的平衡分压为$p(CO)$、$p(H_2O)$、$p(CO_2)$和$p(H_2)$。

$$\frac{p(CO_2)p(H_2)}{p(CO)p(H_2O)}=K_p$$

当体系压力增加到原来的2倍时，各组分的压力各增加为原来分压的2倍，分别为$2p(CO)$、$2p(H_2O)$、$2p(CO_2)$和$2p(H_2)$。

$$Q_p=\frac{2p(CO_2)2p(H_2)}{2p(CO)2p(H_2O)}=\frac{4p(CO_2)p(H_2)}{4p(CO)p(H_2O)}=K_p$$

平衡并未移动。反之，减小系统总压，结果亦然。

由此可见，在有气体参加的可逆反应中，如果气态反应物的总分子数和气态生成物总分子数相等，在等温下，增加或降低总压对平衡没有影响。因为在这种情况下，压力改变将同等程度地改变了正反应和逆反应的速率。所以，改变压力只能改变达到平衡的时间，而不能使平衡移动。

2. 分压的影响

以合成氨反应为例，说明分压变化将对化学平衡产生影响。

450℃时，合成氨反应的平衡常数$K_p=6.37\times10^{-7}kPa^{-2}$。

$$3H_2(g)+N_2(g)\rightleftharpoons 2NH_3(g)$$

若三种气体分压分别为$p(H_2)=1000kPa$、$p(N_2)=606kPa$、$p(NH_3)=606kPa$。将其混合，则压力商为

$$Q_p=\frac{p^2(NH_3)}{p^3(H_2)p(N_2)}=\frac{(606)^2}{(1000)^3\times606}=6.06\times10^{-7}(kPa^{-2})$$

因为$Q_p<K_p$，反应自发地向右进行，即化学平衡向增加NH_3的方向移动。当反应进行到一定程度后，$Q_p=K_p$，反应达到新的平衡。

若三种气体以分压$p(H_2)=202kPa$、$p(N_2)=505kPa$和$p(NH_3)=606kPa$混合，则压力商为

$$Q_p=\frac{p^2(NH_3)}{p^3(H_2)p(N_2)}=\frac{(606)^2}{(202)^3\times505}=8.82\times10^{-5}(kPa^{-2})$$

因为$Q_p>K_p$，反应自发地向左进行，即平衡向减少NH_3的方向移动，当反应进行到一定程度后，$Q_p=K_p$，反应又达到新的平衡。

可见，当加大气态反应物分压时，平衡向生成物方向移动，当减小气态反应物分压时，平衡向反应物方向移动。同理，当加大气态生成物分压时，平衡向反应物方向移动，当减小气态生成物分压时，平衡向生成物方向移动。不难比照，分压对化学平衡的影响与浓度对化学平衡的影响相类同。

【例 2-6】 在 400℃时，将氢气和氮气按 $V(H_2):V(N_2)=3:1$ 的比例混合，加入催化剂使反应达到平衡，平衡时总压力为 5050kPa，其 $K_p=1.6\times10^{-8}$，求平衡时 NH_3 在混合气体中所占的百分率；若将总压力增加到 10100kPa，求平衡时 NH_3 在混合气体中所占的百分率。

解 反应方程式和平衡常数表示式为

$$3H_2(g)+N_2(g)\rightleftharpoons 2NH_3(g)$$

$$K_p=\frac{p^2(NH_3)}{p(N_2)p^3(H_2)}$$

因为混合气体中氢气和氮气的体积比与反应方程式中的计量系数比相同，因此平衡时氢气和氮气的体积比与反应方程式中两反应物的计量系数比相同，故有关系式

$$p(H_2)=3p(N_2)$$

$$p(H_2)+p(N_2)+p(NH_3)=p_{总}=5050\text{kPa}$$

由两个关系式得

$$p(NH_3)=p_{总}-4p(N_2)=5050-4p(N_2)$$

将平衡时各分压代入平衡常数表达式

$$K_p=\frac{[5050-4p(N_2)]^2}{[3p(N_2)]^3p(N_2)}=1.6\times10^{-8}$$

解方程式得

$$p(N_2)=1070.6(\text{kPa})$$

$$p(NH_3)=5050-4p(N_2)=5050-4\times1070.6=767.6(\text{kPa})$$

平衡时，氨占的百分率为

$$\frac{767.6}{5050}\times100\%=15.2\%$$

当总压增加到 10100kPa 时，照上面的方法，得

$$K_p=\frac{[10100-4p(N_2)]^2}{[3p(N_2)]^3p(N_2)}=1.6\times10^{-8}$$

解方程式得

$$p(N_2)=1917.8\text{kPa}$$

$$p(NH_3)=10100-4p(N_2)=10100-4\times1917.8=2428.8(\text{kPa})$$

平衡时，氨在混合气体中所占的百分率为

$$\frac{2428.8}{10100}\times100\%=24.04\%$$

三、温度对化学平衡的影响

温度对化学平衡的影响与前两种情况有本质的区别。改变浓度或压力只能使平衡点改变，而温度的变化却导致了平衡常数数值的改变。其结论是：升高温度，平衡向吸热反应方向移动；降低温度平衡向放热反应方向移动。

合成氨是放热反应，当温度升高，K 减小，平衡向分解的方向移动，不利于生产更多的 NH_3。因此从化学平衡角度来看，这个可逆反应适宜于在较低的温度下进行。当然在实际生产中考虑到低温时反应速率小、生产周期长，所以应综合化学平衡和反应速率两方面因素，选择最佳温度，以提高合成氨的产率。

四、催化剂与化学平衡

对于可逆反应，催化剂可同等程度提高正、逆反应速率。因此，在平衡体系中加入催化剂后，正、逆反应的速率仍然相等，不会引起平衡常数的变化，也不会使化学平衡发生移动。但在未达到平衡的反应中，加入催化剂后，由于反应速率的提高，可以大大缩短达到平衡的时间，加速平衡的建立。

综合浓度、压力和温度等条件的改变对化学平衡的影响，可以得出一个概括的规律。这就是法国科学家勒夏特列（Le Chatelier，1850—1936）在1887年提出的定性解释化学平衡移动的原理：假如改变平衡系统的条件之一，如浓度（分压）、总压或温度等，平衡将向减弱这个改变的方向移动。

勒夏特列原理是一条普遍的规律，它对于所有动态平衡（包括物理平衡）都适用。必须注意：它只能应用在已经达到平衡的体系，对于未达到平衡的体系是不能被应用的。

本 章 小 结

1. 重要的基本概念

化学反应速率，质量作用定律，基元反应与非基元反应，化学平衡的特征，平衡常数，平衡转化率，化学平衡的移动。

2. 基本公式

经验速率方程如下：

基元反应

$$aA+bB \longrightarrow cC+dD$$

$$v=kc^{a}(A)c^{b}(B)$$

非基元反应

$$aA+bB \longrightarrow cC+dD$$

$$v=kc^{a'}(A)c^{b'}(B)$$

速率常数与温度的关系

$$k=Ae^{-E_a/RT}$$

活化能的求算

$$E_a=\frac{2.303RT_1T_2}{T_2-T_1}\lg\frac{k_2}{k_1}$$

平衡常数及浓度商、压力商表达式

对于气相可逆反应

$$aA+bB \rightleftharpoons cC+dD$$

平衡时

$$K_p=\frac{p^{c}(C)p^{d}(D)}{p^{a}(A)p^{b}(B)}$$

对于溶液中可逆反应

$$aA+bB \rightleftharpoons cC+dD$$

$$K_c=\frac{c^{c}(C)c^{d}(D)}{c^{a}(A)c^{b}(B)}$$

未平衡时的 Q_p、Q_c 表达式与 K 相同，但表达式中的浓度（或分压）的意义不同：K 表达式中的浓度（或分压）是平衡状态下的，而 Q 表达式中的浓度（或分压）是任意状态下的。根据 Q 与 K 的大小可以判断化学平衡的移动方向。

$Q<K$ 平衡相右移动；

$Q=K$ 体系处于平衡状态；

$Q>K$ 平衡相左移动。

3. 外界因素对反应速率及化学平衡的影响

条　　件	反应速率		平衡移动方向
	$v_{正}$	$v_{逆}$	
增加反应物浓度（或分压）	增加	不变	正向（向右）
增大生成无浓度（或分压）	不变	增大	逆向（向左）
增加总压（体积减小）	增加	增加	向气体分子数减少的方向
减小总压（体积增大）	减慢	减慢	向气体分子数增加的方向
升高温度	增加	增加	向吸热方向
降低温度	减慢	减慢	向放热方向
加入催化剂	增加	增加	不变

思考题与习题

1. 以各组分浓度的变化率表示下列反应的瞬时速率。并找出各速率间的相互关系。

$$4HBr + O_2 \longrightarrow 2Br_2 + 2H_2O$$

2. $(CH_3)_2O$ 分解反应的实验数据如下：

时　间/s	0	200	400	600	800
浓度/(mol/L)	0.01000	0.00916	0.00839	0.00768	0.00703

(1) 计算 600～800s 间的平均速率。

(2) 用浓度对时间作图，求 600s 时的瞬时速率。

3. A(g)⟶B(g)为二级反应。当 A 的浓度为 0.050mol/L 时，其反应速率为 1.2mol/(L·min)。

① 写出该反应的速率方程。

② 计算反应速率常数。

③ 温度不变时，欲使反应速率加倍，A 的浓度应是多大？

4. 为什么反应速率通常随反应时间的增加而减慢？反应物分子在碰撞时要符合什么条件才能发生有效碰撞？

5. 光气 $COCl_2$ 在 350℃可由 CO 和 Cl_2 合成，根据以下实验数据写出该反应的速率方程式，并计算反应速率常数。

实验序数	1	2	3	4
$c(CO)$/(mol/L)	0.10	0.10	0.05	0.050
$c(Cl_2)$/(mol/L)	0.10	0.050	0.10	0.050
v/(mol/L·s)	1.2×10^{-2}	4.26×10^{-3}	6.0×10^{-3}	2.12×10^{-3}

6. 某反应 25℃时速率常数为 $1.3\times10^{-3}s^{-1}$，35℃时为 $3.6\times10^{-3}s^{-1}$。根据范特霍夫规则，估算该反应 55℃时的速率常数。

7. 气态反应物的分压变化对反应速率有何影响？

8. 催化剂使反应速率加快的原因是什么？

9. 反应 A+B⟶ 生成物，其速率方程为 $v=kc(A)c(B)$，若反应在 $c(B)$比 $c(A)$大很多的条件下进行，其速率方程又可如何表示？

10. 写出下列可逆反应的 K 表达式。

(1) $2NO(g) + O_2(g) \rightleftharpoons 2NO_2(g)$

(2) $CaCO_3(s) \rightleftharpoons CaO(s) + CO_2(g)$

(3) $Fe_3O_4(s) + 4H_2(g) \rightleftharpoons 3Fe(s) + 4H_2O(g)$

(4) $CaO(s) + H_2O(l) \rightleftharpoons Ca^{2+}(aq) + 2OH^-(aq)$

11. 计算下列反应在1500℃时的平衡常数 K_c 和 K_p。已知 $c(N_2)=0.05mol/L$，$c(O_2)=0.05mol/L$，$c(NO)=0.00055mol/L$。

$$2NO(g) \rightleftharpoons N_2(g)+O_2(g)$$

12. 25℃时，下列反应的平衡常数 K_c 如下

$N_2(g)+O_2(g) \rightleftharpoons 2NO(g)$	1×10^{-30}
$2H_2(g)+O_2(g) \rightleftharpoons 2H_2O(g)$	2×10^{81}
$2CO_2(g) \rightleftharpoons 2CO(g)+O_2(g)$	4×10^{-92}

问常温下 NO、H_2O、CO_2 这三个化合物哪个分解放出氧气的倾向最大？

13. 反应 $4NH_3(g)+7O_2(g) \rightleftharpoons 2N_2O_4(g)+6H_2O(g)$ 在某一温度下达到平衡，在以下两种情况下，向该平衡系统中通入氩气，将会有什么变化？

(1) 总体积不变，总压增加；

(2) 总体积改变，总压不变。

14. 426℃时，反应 $H_2(g)+I_2(g) \rightleftharpoons 2HI(g)$ 的平衡常数 K_c 为55.3，若将2.00mol H_2 和2.00mol I_2 在4.00L的容器中反应，达到平衡时生成多少HI?

15. 反应 $CO(g)+H_2O(g) \rightleftharpoons H_2(g)+CO_2(g)$ 在密闭容器中建立平衡，476℃时平衡常数 $K_c=2.60$。

(1) 计算物质的量之比（H_2O/CO）为1时CO的理论转化率。

(2) 计算物质的量之比（H_2O/CO）为3时CO的理论转化率。

(3) 根据计算结果说明浓度对化学平衡移动的影响。

16. 反应 $Fe_3O_4(s)+4H_2(g) \rightleftharpoons 4H_2O(g)+3Fe(s)$ 在一定温度下建立平衡，若用0.80mol H_2 与过量 Fe_3O_4 反应，平衡时生成16.76g Fe，求该反应的平衡常数 K_c、K_p。

17. N_2O_4 的离解反应 $N_2O_4(g) \rightleftharpoons 2NO_2(g)$

已知52℃达到平衡时有一半 N_2O_4 离解，并已知平衡系统的总压力为100kPa，问 K_p、K_c 各为多少？

18. 下列说法是否正确？为什么？

(1) 质量作用定律适用于任何化学反应。

(2) 活化能越大，反应进行得越快。

(3) 催化剂不但可以加快化学反应速率，还大大增大反应的转化率。

(4) 有气体参加的反应达到平衡时，改变总压后，不一定使平衡产生移动，而改变其中任一气体的分压，则一定引起平衡移动。

(5) 勒夏特列原理是一普遍规律，可适用于任何过程。

19. 设有可逆反应 $A+B \rightleftharpoons C+D$，已知在某温度下，$K_c=2$，问

(1) 平衡时，生成物浓度幂的乘积大还是反应物浓度幂的乘积大？

(2) A、B、C、D四种物质的浓度都为1mol/L时，此反应系统是否处于平衡状态？正、逆反应速率哪一个大？

20. 为了在较短时间内达到化学平衡，对于大多数气相化学反应来说，适宜的方式是哪种，试选择。

(1) 减少产物的浓度。　(2) 增加温度和压力。

(3) 使用催化剂。　(4) 降低温度和减少反应物的浓度。

实验2-1　化学反应速率和化学平衡

一、实验目的

1. 了解浓度、温度和催化剂对化学反应速率的影响。

2. 测定过二硫酸铵与碘化钾反应的反应速率，并计算反应级数，反应速度常数及反应的活化能。

3. 了解浓度、温度、压力和酸度对化学平衡的影响。

二、实验用品

1. 仪器

量筒20mL 14只，试管若干，烧杯（100mL、250mL），秒表1只，玻璃棒，温度计，

一端弯成直角的U形管，100mL注射器。

2. 实验药品（未注明的单位均为mol/L）

KI(0.02)，$Na_2S_2O_3$(0.01)，淀粉(0.2%)，$(NH_4)_2S_2O_8$(0.20)，KNO_3(0.20)，$Cu(NO_3)_2$(0.02)，$FeCl_3$(0.1)，KSCN(0.1)，$Hg(NO_3)_2$(0.1)，KCl(0.1)，K_2CrO_7(0.1)，NaOH(0.1)，$BaCl_2$(0.1)，$CoCl_2 \cdot 6H_2O$(s)，乙醇(95%)，HNO_3(0.1)。

三、实验内容

1. 浓度对化学反应速率的影响　求反应级数

在室温下，用量筒准确量取20.00mL 0.02mol/L KI溶液，8.0mL 0.01mol/L $Na_2S_2O_3$溶液，4.0mL 0.2%淀粉溶液，都加到100mL烧杯中混合均匀。再用另一支量筒准确量取20.0mL 0.20mol/L$(NH_4)_2S_2O_8$溶液，快速加到烧杯中，同时用秒表计时，并适当搅拌。当溶液刚出现蓝色时，立即停秒表。记下反应时间及室温。此为表一中实验Ⅰ。

用同样的方法按照表一中的用量进行另外四次实验。为了使每次实验中溶液的离子强度和总体积保持不变，不足的量分别用0.20mol/L KNO_3溶液和0.20mol/L $(NH_4)_2S_2O_8$溶液补足。$(NH_4)_2S_2O_8$溶液加到另一个烧杯中（或40mL大试管中），并把它们同时放在冰水中冷却，等到烧杯中（或大试管）的溶液达到约0℃时，把$(NH_4)_2S_2O_8$迅速加到KI等的混合溶液中。

完成表一，并借助表四求反应级数。

表一　浓度对反应速率的影响　　　　（室温______℃）

实验编号		Ⅰ	Ⅱ	Ⅲ	Ⅳ	Ⅴ
试剂用量/mL	0.20mol/L$(NH_4)_2S_2O_8$	20.0	10.0	5.0	20.0	20.0
	0.20mol/L KI	20.0	20.0	20.0	10.0	5.0
	0.010mol/L $Na_2S_2O_3$	8.0	8.0	8.0	8.0	8.0
	0.2%淀粉液	4.0	4.0	4.0	4.0	4.0
	0.2mol/L KNO_3	0	0	0	10.0	15.0
	0.2mol/L$(NH_4)_2S_2O_8$	0	10.0	15.0	0	0
溶液中各反应物的起始浓度/(mol/L)	$c[(NH_4)_2S_2O_8]$					
	c(KI)					
	$c(Na_2S_2O_3)$					
反应时间/s	Δt					
反应速率	$v=\frac{c(Na_2S_2O_3)}{2\Delta t}$					

2. 温度对化学反应速率的影响　求活化能

按表一实验Ⅳ中的用量，把KI、$Na_2S_2O_3$、KNO_3和淀粉溶液加到100mL烧杯中。把$(NH_4)_2S_2O_8$溶液加到另一个烧杯中(或40mL大试管中)，并把它们同时放在冰水中冷却，等到烧杯中(或大试管)的溶液达到约0℃时，把$(NH_4)_2S_2O_8$迅速加到KI等的混合溶液中，开始计时，至溶液出现蓝色。记下反应时间Δt填入表二中。

用同样的量在10℃、20℃、30℃条件下重复以上实验，记录于表二中，并作图求得E_a。

也可以按表一实验Ⅳ中的用量分别在低于室温约10℃和高于约10℃两处再各做一次实验，把三个点数据填入表二中。

表二　温度对反应速率的影响

项目	实验编号			
	1	2	3	4
反应温度/℃				
反应时间 $\Delta t/s$				

续表

项　目	实 验 编 号			
	1	2	3	4
反应速率 v				
反应速率常数 k				
$\lg k$				
$\frac{1}{T}$				
活化能 E_a/(kJ/mol)				

3. 催化剂对反应速率的影响

$Cu(NO_3)_2$ 可以使 $(NH_4)_2S_2O_8$ 氧化 KI 的反应加快。按表一实验Ⅳ的用量，把 KI、$Na_2S_2O_3$、KNO_3 和淀粉溶液加到 100mL 烧杯中，再加入 1 滴 0.02mol/L $Cu(NO_3)_2$ 溶液，搅匀。然后迅速加入 $(NH_4)_2S_2O_8$ 溶液，计时，并搅匀，至出现蓝色为止。记下反应时间。将 1 滴 0.02mol/L $Cu(NO_3)_2$ 溶液改为 2 滴，再做一次，记下反应时间，填入表三中。

表三　催化剂对反应速率的影响

实验编号	加入 0.02mol/L $Cu(NO_3)_2$ 滴数	反应时间/s
1	1	
2	2	

表四　求反应级数和反应速率常数

项　目	实 验 编 号				
	Ⅰ	Ⅱ	Ⅲ	Ⅳ	Ⅴ
$\lg v$					
$\lg c(S_2O_8^{2-})$					
$\lg c(I^-)$					
m					
n					
$k=\frac{v}{c^m(S_2O_8^{2-})c^n(I^-)}$					

4. 浓度对化学平衡的影响

(1) 在试管中滴入几滴 0.1mol/L $FeCl_3$ 溶液和同量的 0.1mol/L KSCN 溶液、振荡注水至透明，得红橙色溶液为止。另取试管 4 支，把此溶液分成大约相等的 5 份。

(2) 用第一支试管作为颜色标准，分别在其他四支试管中，注入 1mL 0.1mol/L $FeCl_3$ 溶液、1～2g KCl 晶体、1mL 0.1mol/L KSCN 溶液、1mL 0.1mol/L $Hg(NO_3)_2$ 溶液。振荡每支试管并与标准比较颜色，观察颜色有何变化，并加以解释。

5. 酸度对化学平衡的影响

(1) 在试管中，注入 5mL 0.1mol/L K_2CrO_7 溶液，然后注入 0.1mol/L NaOH 溶液，直到颜色改变为止，观察颜色有何变化，加以解释。

(2) 在试管中，注入 5mL 0.1mol/L K_2CrO_7 溶液，然后注入 0.1mol/L HNO_3，直到颜色改变为止，观察颜色有何变化，加以解释。

(3) 在试管中，注入 5mL 0.1mol/L K_2CrO_7 溶液，然后注入 2mL 0.1mol/L $BaCl_2$ 溶液，振荡后放置片刻，小心倾去上面溶液，观察沉淀颜色。

在另一支试管中注入 4mL 0.1mol/L K_2CrO_7 溶液和 1mL 0.1mol/L HNO_3，然后注入 2mL 0.1mol/L $BaCl_2$ 溶液，振荡后放置片刻，小心倾去上面溶液，观察沉淀颜色。解释这两次沉淀颜色为何不同。

6. 温度对化学平衡的影响

(1) 在试管中放入 0.3g 研碎了的 $CoCl_2 \cdot 6H_2O$ 晶体，再注入 5mL 乙醇，剧烈振荡直到大部分晶体溶解为止，如果溶液不呈粉红色，则滴入水直到溶液刚好转红色，用小火缓缓加热（如果酒精着火，可用石棉网盖在试管口上使火熄灭），观察颜色的变化，加以解释。

(2) 把上面的试管浸在冷水中，观察颜色的变化，加以解释。

7. 压力对化学平衡的影响

将一端弯成直角的 U 形管中，倒入水银，使水银柱高约 20cm，取一只 100mL 注射器，拉出活塞，停在 50mL 刻度处，内贮空气 50mL。用塑料管将 U 形管与注射器紧密相连，推动活塞至 30mL 刻度处，气体体积减小约 2/5，U 形管两边水银柱产生一高度差 h_1。取下注射器，吸入 50mL NO_2 与 N_2O_4 混合气体，再与 U 形管相连。推动活塞至相同刻度，U 形管两边水银柱也产生一高度差 h_2。但 h_2 与 h_1 不等，对此现象加以解释。

四、思考题

1. 根据实验说明浓度、温度和催化剂对化学反应速率的影响。

2. 化学平衡在什么情况下发生移动？如何判断平衡移动的方向？

第三章 酸碱平衡

学习指南

1. 了解酸碱的定义、酸碱的强度及其影响因素、酸碱反应的实质。
2. 掌握 pH 的意义，学会测定溶液 pH 的方法。
3. 掌握弱电解质的离解平衡原理及有关离子浓度的计算。
4. 了解缓冲溶液的组成及作用、缓冲容量和缓冲范围，能选择及配制缓冲溶液。

第一节 酸碱理论基础

酸碱理论是无机化学研究的重要内容。大量的化学变化都属于酸碱反应，在科学实验和生产实际中有着广泛的应用。酸碱反应的本质和规律是酸碱理论研究的重要内容。

人类很早就发现并使用了酸和碱。盐酸、硫酸、硝酸等强酸是炼丹术家在公元 1100～1600 年间发现的，但是当时人们并不知道酸、碱的组成。

人们对于酸、碱的认识经历了一个由浅入深、由低级到高级的过程。最初，人们是根据物质的性质来区分酸和碱的。有酸味、能使蓝色石蕊试液或试纸变红的物质是酸；有涩味、滑腻感，使红色石蕊试液或试纸变蓝的物质是碱。酸、碱能相互反应，反应后酸、碱的性质便消失了。

为什么酸类或碱类物质都有某些共同的特征呢？当时人们知道的酸为数不多，且先后提出了一些说法，随着生产和科学的发展，19 世纪后期电离理论产生后，才出现了近代的酸碱理论。

一、酸碱电离理论

酸碱电离理论是 1887 年瑞典科学家阿伦尼乌斯在电离学说的基础上提出的，也被称为阿伦尼乌斯酸碱理论。

阿伦尼乌斯电离理论认为：电解质在水溶液中电离时，产生的阳离子全都是 H^+ 的化合物叫做酸；电离时产生的阴离子全都是 OH^- 的化合物叫做碱。如 HCl、H_2SO_4、H_3PO_4、HAc 等都是酸，而 NaOH、KOH、$NH_3 \cdot H_2O$ 等都是碱。

电解质一般可分为强电解质和弱电解质两类。强电解质在水溶液中能完全电离。强酸（HCl、H_2SO_4、$HClO_4$ 等）、强碱［NaOH、KOH、$Ba(OH)_2$ 等］及大部分盐类（KCl、

KNO_3、$BaCl_2$ 等）都属于强电解质。弱电解质在水溶液中仅部分电离，其电离过程是可逆的。弱酸（H_3PO_4、HAc、H_2S、HCN 等）、弱碱（NH_3 的水溶液等）及水都是弱电解质。

酸碱电离理论从物质的化学组成上揭露了酸碱的本质，明确指出 H^+ 是酸的特征，OH^- 是碱的特征。它很好地解释了酸碱反应的中和热都相同等实验事实，从而揭示了中和反应的实质是 H^+ 与 OH^- 反应而生成水。电离理论还应用化学平衡原理找到酸碱的定量标度。因此，它是人们对酸碱认识由现象到本质的一次飞跃，对化学科学发展起了积极的作用，直到现在仍然被应用。

酸碱电离理论也有其局限性。科学实验中在许多情况下使用非水溶剂（如液氨、乙醇、丙酮等）。按照酸碱电离理论，离开水溶液就没有酸、碱及酸碱反应，也不能用 H^+ 浓度和 OH^- 浓度的相对大小来衡量物质在非水溶剂中的酸碱性的强弱，即电离理论无法说明物质在非水溶液中的酸碱性问题。此外，酸碱电离理论把碱限制为氢氧化物，因此对氨水表现碱性这一事实也无法说明。这曾使人们长期误认为氨溶于水生成 NH_4OH，氢氧化铵能电离出 OH^-，因而显碱性。但是 NH_4^+ 的离子半径（143pm）与 K^+ 半径（133pm）很接近，这样 NH_4OH 应该和 KOH 一样是强电解质，完全电离而表现强碱性，实际上氨水是一种弱碱。经过长期的实验测定，也从未分离出 NH_4OH 这种物质。这说明酸碱电离理论尚不完善，需要进一步补充和发展。

1923 年丹麦物理化学家布朗斯特和英格兰化学家劳莱同时提出了酸碱质子理论，从而扩大了酸碱的范围，更新了酸碱的含义。所以酸碱质子理论又叫朗斯特-劳莱理论。

二、酸碱质子理论

1. 酸碱的定义和共轭酸碱对

酸碱质子理论认为：凡能给出质子（H^+）的物质都是酸；凡能接受质子的物质都是碱。例如，HCl、HCO_3^-、NH_4^+ 是酸；Cl^-、CO_3^{2-}、NH_3 是碱。酸碱质子理论中的酸和碱不是孤立的，而是相互依存的。酸（HB）给出质子后生成了碱（B^-），碱（B^-）接受质子后生成了酸（HB）。酸和碱的这种相互依存的关系叫做共轭关系，可用下式表示

$$HB \rightleftharpoons H^+ + B^-$$
$$HCl \rightleftharpoons H^+ + Cl^-$$
$$HAc \rightleftharpoons H^+ + Ac^-$$
$$NH_4^+ \rightleftharpoons H^+ + NH_3$$
$$[Fe(H_2O)_6]^{3+} \rightleftharpoons H^+ + [Fe(H_2O)_5OH]^{2+}$$

式中一对相互依存的物质（HB—B^-）称为共轭酸碱对，酸（HB）是碱（B^-）的共轭酸，碱（B^-）是酸（HB）的共轭碱。例如，HAc 是 Ac^- 的共轭酸，而 Ac^- 是 HAc 的共轭碱。共轭酸碱之间彼此只相差一个质子，质子理论中的酸碱可以是分子或离子。常见的共轭酸碱对见表 3-1。

有些物质既能给出质子又能接受质子，如表 3-1 中的 $H_2PO_4^-$、HCO_3^-、H_2O 等物质，这类物质称为两性物质。

2. 酸碱反应的实质

根据酸碱质子理论，酸碱反应的实质是两个共轭酸碱对之间的质子传递反应，即质子从一种物质传递到另一种物质反应。因为，质子的半径很小，正电荷密度很高，很不稳定，不能以游离态的形式存在。因此，它一出现，便立即被水（或另一碱性分子或离子）接受。例如，HAc 在水溶液中的离解反应

$$HAc + H_2O \rightleftharpoons Ac^- + H_3O^+ \quad (H^+ \text{ 由 HAc 传递给 } H_2O)$$

酸$_1$　　碱$_2$　　　碱$_1$　　酸$_2$

式中，酸$_1$、碱$_1$ 表示一对共轭酸碱；酸$_2$、碱$_2$ 表示另一对共轭酸碱。该反应中，若没有

表 3-1 常见共轭酸碱对

酸		碱	
名　称	化学式	名　称	化学式
高氯酸	$HClO_4$	高氯酸根离子	ClO_4^-
硫酸	H_2SO_4	硫酸氢根离子	HSO_4^-
硫酸氢根	HSO_4^-	硫酸根离子	SO_4^{2-}
氢碘酸	HI	碘离子	I^-
氢溴酸	HBr	溴离子	Br^-
硝酸	HNO_3	硝酸根离子	NO_3^-
水合质子	H_3O^+	水	H_2O
水	H_2O	氢氧根离子	OH^-
磷酸	H_3PO_4	磷酸二氢根离子	$H_2PO_4^-$
磷酸二氢根	$H_2PO_4^-$	磷酸氢根离子	HPO_4^{2-}
磷酸氢根	HPO_4^{2-}	磷酸根离子	PO_4^{3-}
亚硝酸	HNO_2	亚硝酸根离子	NO_2^-
碳酸	H_2CO_3	碳酸氢根离子	HCO_3^-
碳酸氢根	HCO_3^-	碳酸根离子	CO_3^{2-}
氢硫酸	H_2S	硫氢根离子	HS^-
氢氰酸	HCN	氢氰酸根离子	CN^-
铵离子	NH_4^+	氨	NH_3
氨	NH_3	氨基离子	NH_2^-

水（或另一碱性分子或离子）接受质子，HAc 就不能转变为它的共轭碱 Ac^-。可见，单独的一对共轭酸碱对是不能进行反应的。

质子的传递过程，可以在水溶液、非水溶剂或无溶剂等条件下进行。例如，HCl 和 NH_3 的反应，无论是在水溶液中还是在苯溶液或气相条件下进行，其实质都是一样的。HCl 是酸，给出质子转变成为它的共轭碱 Cl^-；NH_3 是碱接受质子转变成它的共轭酸 NH_4^+。

由此可见，酸碱质子理论不仅扩大了酸碱的范围，也扩大了酸碱反应的范围。从质子传递的观点看，电离理论中的电离作用、中和反应、盐类水解等都属于酸碱反应。质子酸碱反应与经典酸碱反应的比较见表 3-2。

表 3-2 质子酸碱反应与经典酸碱反应的比较

质子酸碱反应	经典酸碱反应	质子酸碱反应	经典酸碱反应
$HCl+H_2O \rightleftharpoons H_3O^++Cl^-$	强酸在水中电离	$NH_4^++H_2O \rightleftharpoons H_3O^++NH_3$	阳离子的水解
$HAc+H_2O \rightleftharpoons H_3O^++Ac^-$	弱酸在水中电离	$CO_3^{2-}+H_2O \rightleftharpoons HCO_3^-+OH^-$	阴离子的水解
$NH_3+H_2O \rightleftharpoons NH_4^++OH^-$	弱碱在水中电离	$H_3O^++OH^- \rightleftharpoons H_2O+H_2O$	中和反应
$HCO_3^-+H_2O \rightleftharpoons H_3O^++CO_3^{2-}$	酸式盐的水解		

3. 酸碱的强度

质子传递反应的方向，与酸和碱的强度有关。一般来说，质子传递反应总是向着生成更弱的酸和碱的方向进行。质子酸或碱的强度，是指它们给出或接受质子的能力。但因质子必须在两个共轭酸碱对之间传递，所以，不能根据酸或碱本身确定其给出或接受质子的能力，必须与其他共轭酸碱对比较确定，通常是在水溶液中与水进行比较。酸或碱的相对强度常用其在水溶液中的离解平衡常数 $K_a^\ominus$ 或 $K_b^\ominus$（以标准平衡常数表示）表示。

例如，HAc 在水溶液中的离解平衡

$$HAc+H_2O \rightleftharpoons H_3O^++Ac^-$$

通常为了书写方便，水合质子 H_3O^+ 简写为 H^+，上式可写为

$$HAc \rightleftharpoons H^+ + Ac$$

离解平衡常数为

$$K_a^{\ominus}=\frac{[c(H^+)/c(H^+)][c(Ac^-)/c^{\ominus}]}{c(HAc)/c^{\ominus}} \tag{3-1}$$

HAc 离解平衡常数是 H^+ 的相对平衡浓度和 Ac^- 的相对平衡浓度乘积与 HAc 相对平衡浓度的比值。

为简便起见，将 H^+、Ac^-、HAc 的相对浓度分别用 $c(H^+)$、$c(Ac^-)$、$c(HAc)$表示。故式(3-1) 可表示为

$$K_a^{\ominus}=\frac{c(H^+)c(Ac^-)}{c(HAc)} \tag{3-2}$$

本书后面的相对浓度都用类似简便方式表示。

又如，NH_3 在水溶液中的离解平衡

$$NH_3 \cdot H_2O \rightleftharpoons NH_4^+ + OH^-$$

离解平衡常数为

$$K_a^{\ominus}=\frac{c(NH_4^+)c(OH^-)}{c(NH_3)} \tag{3-3}$$

利用酸或碱的离解常数可以比较酸或碱的相对强弱。一般其 $K_a^{\ominus}$ 或 $K_b^{\ominus}$ 值大于 10 时为强酸或强碱，$K_a^{\ominus}$ 或 $K_b^{\ominus}$ 值小于 10 时为弱酸或弱碱。离解常数 $K_a^{\ominus}$ 或 $K_b^{\ominus}$ 越大，酸或碱的强度越大，反之亦然。常见弱酸及弱碱的离解平衡常数见附录一。

对于共轭酸碱对，酸的 $K_a^{\ominus}$ 值越大，酸的酸性越强，其相应的共轭碱的碱性就越弱，即 $K_b^{\ominus}$ 值越小。

【例 3-1】 比较水溶液中 HAc、NH_4^+、HS^- 三种酸的酸性及其共轭碱的碱性强弱。

解

$$HAc \rightleftharpoons H^+ + Ac^-$$

$$K_a^{\ominus}=\frac{c(H^+)c(Ac^-)}{c(HAc)}=1.76\times10^{-5}$$

$$NH_4^+ \rightleftharpoons H^+ + NH_3$$

$$K_a^{\ominus}=\frac{c(H^+)c(NH_3)}{c(NH_4^+)}=5.64\times10^{-10}$$

$$HS^- \rightleftharpoons H^+ + S^{2-}$$

$$K_a^{\ominus}=\frac{c(H^+)c(S^{2-})}{c(HS^-)}=1.1\times10^{-12}$$

由 $K_a^{\ominus}$ 值的大小可知这三种酸的酸性顺序为

$$HAc > NH_4^+ > HS^-$$

上述三种酸的共轭碱分别为 Ac^-、NH_3、S^{2-} 共轭碱的碱性强弱计算如下。

$$Ac^- + H_2O \rightleftharpoons HAc + OH^-$$

$$K_b^{\ominus}=\frac{c(HAc)c(OH^-)}{c(Ac^-)}=\frac{c(HAc)c(OH^-)c(H^+)}{c(Ac^-)c(H^+)}=\frac{K_w^{\ominus}}{K_a^{\ominus}}=\frac{1.00\times10^{-14}}{1.76\times10^{-5}}=5.68\times10^{-10}$$

式中 $K_w^{\ominus}$——水的离子积常数(见本章第二节)。

$$NH_3 \cdot H_2O \rightleftharpoons NH_4^+ + OH^-$$

$$K_b^{\ominus}=\frac{c(NH_4^+)c(OH^-)}{c(NH_3)}=1.77\times10^{-5}$$

$$S^{2-} + H_2O \rightleftharpoons HS^- + OH^-$$

$$K_b^{\ominus}=\frac{c(HS^-)c(OH^-)c(H^+)}{c(S^{2-})c(H^+)}=\frac{K_w^{\ominus}}{K_{a2}^{\ominus}(H_2S)}=\frac{1.00\times10^{-14}}{1.1\times10^{-12}}=0.009$$

由 $K_b^{\ominus}$ 值的大小可知这三种共轭碱的碱性顺序为

$$S^{2-} > NH_3 > Ac^-$$

从本例可见酸的酸性越强，则其相应的共轭碱的碱性越弱。

4. 区分效应和拉平效应

酸碱的强度首先取决于物质的本性，其次与溶剂的性质等因素也有关系。例如在 HAc 水溶液和 HCN 水溶液中，存在如下反应

$$HAc + H_2O \rightleftharpoons H_3O^+ + Ac^-$$

$$HCN + H_2O \rightleftharpoons H_3O^+ + CN^-$$

HAc、HCN 给出质子，是酸；H_2O 接受质子，是碱。通过比较 HAc 和 HCN 在水溶液中的 $K_a^\ominus$ 值（见附录一），可以确定 HAc 是比 HCN 较强的酸。以 H_2O 这个碱作为比较标准，可以区分 HAc 和 HCN 给出质子能力的差别，这就是水的"区分效应"。具有区分效应的溶剂称为"区分性溶剂"，如上例中的 H_2O。

再如 $HClO_4$、HCl 和 HNO_3 在无水醋酸溶剂中，质子的传递反应进行的程度不大。

$$HB + HAc \rightleftharpoons B^- + H_2Ac^+ \text{（HB 表示 } HClO_4\text{、}HCl\text{、}HNO_3\text{）}$$

和 H_2Ac^+ 相比这三种酸都表现为弱酸，H_2Ac^+ 是非常强的酸，而 HAc 的碱性较 H_2O 弱。因此这三种酸就不能全部将其质子转移给 HAc 了，从质子传递反应进行的程度可以确定这三种酸的强度以及差别。由它们在无水醋酸溶剂中的导电能力可以得到这三种酸的强度按 $HClO_4 \rightarrow HCl \rightarrow HNO_3$ 顺序减弱。即无水醋酸是这三种酸的区分性溶剂。

在碱性比无水醋酸强的溶剂（如水）中，这三种酸的质子传递反应在稀溶液中几乎进行完全。

$$HB + H_2O \rightleftharpoons B^- + H_3O^+ \text{（HB 表示 } HClO_4\text{、}HCl\text{、}HNO_3\text{）}$$

强酸在水中完全解离，即水中并不存在这些酸的分子，这就是说，它们的强度大体上被溶剂水"拉平"了，这种现象叫"拉平效应"，具有拉平效应的溶剂称为"拉平性溶剂"。因为 HB 都比 H_3O^+ 强，在稀水溶液的情况下，是不能确定这些强酸的强度差别的。

酸碱质子理论扩大了酸碱及酸碱反应的范围，加深了人们对酸碱反应的认识。

第二节 溶液的酸碱性和 pH

一、溶液的酸碱性和 pH

水是最重要的溶剂，本章讨论的离子平衡都是在水溶液中建立的。水溶液的酸碱性取决于溶质和水的离解平衡，这里首先讨论水的离解。

1. 水的离解

纯水是一种很弱的电解质，既可以是质子酸又可以是质子碱，能自身发生酸碱反应

$$H_2O + H_2O \rightleftharpoons H_3O^+ + OH^-$$

这种水分子之间的质子传递作用叫做质子的自递作用。

上式可简写为

$$H_2O \rightleftharpoons H^+ + OH^-$$

根据实验测知，在 25℃时，1L 纯水中仅有 10^{-7} mol 水分子离解，所以 H^+ 和 OH^- 浓度均为 1.00×10^{-7} mol/L。由于水的离解度很小，因此离解前后水的浓度几乎不变，仍可看作常数$\left[c(H_2O)=\dfrac{1000}{18}=55.6(\text{mol/L})\right]$，所以

$$c(H^+)c(OH^-) = K^\ominus c(H_2O) = K_w^\ominus = 1.0\times10^{-14}$$

式中，$K_w^\ominus$ 称为水的离子积常数，简称水的离子积。不同温度时水的 $K_w^\ominus$ 及其负对数即 $pK_w^\ominus$ 见表 3-3。

表 3-3　不同温度时水的 $K_w^\ominus$ 及 $pK_w^\ominus$

t/℃	$K_w^\ominus$	$pK_w^\ominus$	t/℃	$K_w^\ominus$	$pK_w^\ominus$
0	0.93×10^{-14}	14.53	50	5.5×10^{-14}	13.26
15	0.46×10^{-14}	14.34	60	9.55×10^{-14}	13.02
20	0.69×10^{-14}	14.16	70	15.8×10^{-14}	12.80
25	1.00×10^{-14}	14.00	80	25.1×10^{-14}	12.60
30	1.48×10^{-14}	13.83	90	38.0×10^{-14}	12.42
35	2.09×10^{-14}	13.68	100	55.0×10^{-14}	12.26
40	2.95×10^{-14}	13.53			

$K_w^\ominus$ 的意义是：在一定温度时，水溶液中 $c(H^+)$ 和 $c(OH^-)$ 之积为一常数。水溶液中 $c(H^+)$ 或 $c(OH^-)$ 的大小反映了溶液的酸度或碱度的大小。

水的离解是吸热反应，温度升高，$K_w^\ominus$ 增大，常温时 $K_w^\ominus=1.0\times10^{-14}$。

2. 溶液的酸碱性

不仅在纯水中存在水的离解平衡，在任何以水为溶剂的稀溶液中都存在水的离解平衡，并且均符合 $c(H^+)c(OH^-)=K_w^\ominus$ 的关系式。溶液的酸碱性取决于溶液中 $c(H^+)$ 和 $c(OH^-)$ 的相对大小。

$K_w^\ominus$ 反映了水溶液中 $c(H^+)$ 和 $c(OH^-)$ 间的相互关系，知道 $c(H^+)$ 就可以计算出 $c(OH^-)$，反之亦然。

【例 3-2】 纯水中加入盐酸，使其浓度为 0.1mol/L。求该溶液的 $c(OH^-)$。

解　盐酸为强电解质。在水中完全离解，所以 HCl 提供的 H^+ 浓度为 0.1mol/L。由于 H^+ 浓度增大，使水的离解平衡向左移动，H_2O 离解产生的 H^+ 浓度小于 10^{-7} mol/L，与 0.1mol/L 相比可忽略不计。通常当 $c(H^+)\geqslant10^{-6}$ mol/L 时，可忽略水离解产生的 H^+，因此，平衡时水溶液中总的 $c(H^+)\approx0.10$mol/L

根据　$$c(H^+)c(OH^-)=1.0\times10^{-14}$$

因此　$$c(OH^-)=\frac{1.0\times10^{-14}}{0.10}=1.0\times10^{-13}(\text{mol/L})$$

答：0.10mol/L HCl 水溶液中的 $c(OH^-)=1.0\times10^{-13}$(mol/L)

从以上讨论可知，任何物质的水溶液，不论是中性酸性或碱性，都同时含有 H^+ 和 OH^-，只是它们的相对大小不同而已。同一溶液中，始终保持着 $c(H^+)c(OH^-)=K_w^\ominus$ 的关系，知道溶液中 H^+ 的浓度，也就知道了 OH^- 的浓度。

根据 H^+ 和 OH^- 相互依存相互制约的关系，可以统一用 $c(H^+)$ 或 $c(OH^-)$ 来表示溶液的酸碱性。溶液是酸性还是碱性，主要是由溶液中 $c(H^+)$ 和 $c(OH^-)$ 的相对大小来决定，在室温范围内：

酸性溶液　　$c(H^+)>c(OH^-)$，$c(H^+)>1.0\times10^{-7}$mol/L

中性溶液　　$c(H^+)=c(OH^-)$，$c(H^+)=1.0\times10^{-7}$mol/L

碱性溶液　　$c(H^+)<c(OH^-)$，$c(H^+)<1.0\times10^{-7}$mol/L

溶液中 $c(H^+)$ 越大，表示溶液的酸性越强；$c(OH^-)$ 越大，表示溶液的碱性越强。由于 $c(H^+)$ $c(OH^-)$ 为一定值。$c(H^+)$ 的大小既可以表示溶液酸性的强弱，也可以表示溶液的碱性强弱。在强酸或强碱性溶液中，其酸度可直接用 $c(H^+)$ 或 $c(OH^-)$ 表示。

3. 溶液的 pH

实际上常用到一些 H^+ 浓度很小的溶液，如果直接用 H^+ 浓度表示溶液的酸碱性，使用和记忆都很不方便，这时常用 pH 来表示溶液的酸碱性。

溶液中 H^+ 浓度的负对数叫做 pH，即

$$pH=-\lg c(H^+)$$

如果 $c(H^+)>1$，则 pH 为负值，应用起来反而不方便，仍然直接用实际浓度表示溶液的酸碱性。一般所使用的 pH 范围在 1～14，不用负值或大于 14 的。在实际应用中还可以将这种负对数关系推广到 $c(OH^-)$或其他平衡常数如 $K_w^\ominus$、$K_a^\ominus$ 中，得到相应的 pOH、$pK_w^\ominus$、$pK_a^\ominus$，并有关系式

$$pH+pOH=pK_w^\ominus=14$$

二、溶液 pH 的测定

测定溶液 pH 范围时可用酸碱指示剂（见定量化学分析中的酸碱滴定法）。肉眼能观察到指示剂发生颜色变化的 pH 范围称为指示剂的变色范围。各种指示剂的变色范围不同，常用酸碱指示剂的变色范围见表 3-4。

表 3-4　常用酸碱指示剂的变色范围

指示剂	变色范围	颜色		
		酸色	中间色	碱色
甲基橙	3.1～4.4	红	橙	黄
甲基红	4.4～6.2	红	橙	黄
石蕊	5.0～8.0	红	紫	蓝
酚酞	8.0～10.0	无	粉红	玫瑰红
百里酚蓝（酸范围）	1.2～2.8	红	橙	黄

利用酸碱指示剂的颜色变化，可以判断溶液大致的 pH 范围。例如，某溶液使甲基橙显黄色，说明该溶液 pH>4.4，但还不能确定是酸性还是碱性。如果该溶液使酚酞显无色，说明 pH<8.0，即该溶液 pH 在 4.4～8.0 之间。

测定溶液 pH 最简便的方法是使用 pH 试纸。pH 试纸是用多种酸碱指示剂的混合溶液浸制而成，它能在不同的 pH 时显示不同的颜色，将欲测定溶液滴在此试纸上，然后将试纸呈现的颜色与标准比色板对照，可迅速确定溶液的酸碱性。pH 试纸可以分为广泛 pH 试纸和精密 pH 试纸。广泛 pH 试纸的 pH 范围为 0～14，精密 pH 试纸的范围较窄，但其测定准确度较差，只能用于测定溶液大致的 pH。如果精确测定溶液的 pH，可使用各种类型的酸度计，其测定方法见仪器分析方法中的电位分析法。

第三节　酸碱平衡中有关浓度的计算

一、总浓度、平衡浓度及物料平衡

从酸（或碱）离解反应式可知，当共轭酸碱对处于平衡状态时，溶液中存在着 H^+ 和不同的酸碱形式。这时它们的浓度称为平衡浓度，各种存在形式平衡浓度之和称为总浓度（也称为分析浓度）；在一个化学平衡体系中，某一给定组分的总浓度，等于各有关组分平衡浓度之和叫做物料平衡。

例如 HAc，设它的总浓度为 c，它在溶液中以 HAc 和 Ac^- 两种形式存在，其平衡浓度分别为 $c(HAc)$和 $c(Ac^-)$，物料平衡为

$$c=c(HAc)+c(Ac^-) \tag{3-4}$$

二、水溶液中酸碱组分不同形体的分布

酸（或碱的）某一存在形式的平衡浓度占总浓度的分数，即为该存在形式的分布系数，以 δ 表示。当溶液的 pH 发生变化时，平衡随之移动，以致酸碱存在形式的分布情况也跟着变化，其变化规律可用分布曲线即分布系数 δ 与溶液 pH 间的关系曲线表示。根据分布曲线

可对在不同 pH 时，各组分存在形式有所了解。现对一元酸、二元酸、三元酸的分布系数计算和分布曲线讨论如下。

1. 一元酸

例如 HAc，设它的总浓度为 c，它在溶液中以 HAc 和 Ac^- 两种形式存在。它们的平衡浓度分别为 $c(HAc)$ 和 $c(Ac^-)$，则 $c=c(HAc)+c(Ac^-)$。又设 HAc 所占分数为 δ_1，Ac^- 所占的分数为 δ_0，则

$$\delta_1=\frac{c(HAc)}{c}=\frac{c(HAc)}{c(HAc)+c(Ac^-)}=\frac{1}{1+\dfrac{c(Ac^-)}{c(HAc)}}=\frac{1}{1+\dfrac{K_a^{\ominus}}{c(H^+)}}=\frac{c(H^+)}{c(H^+)+K_a^{\ominus}}$$

同样可得
$$\delta_0=\frac{c(Ac^-)}{c}=\frac{K_a^{\ominus}}{c(H^+)+K_a^{\ominus}}$$

显然各种组分分布系数之和等于 1，即

$$\delta_0+\delta_1=1$$

如果以 pH 为横坐标，各存在形式的分布系数为纵坐标，可得如图 3-1 所示的分布曲线。

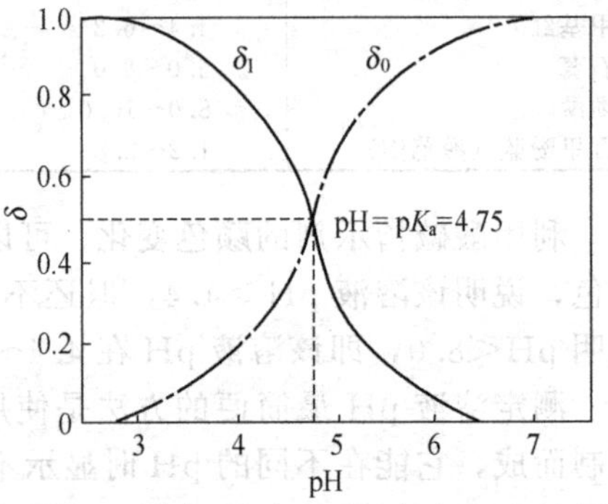

图 3-1　HAc、Ac^- 分布系数与溶液 pH 的关系曲线

从图 3-1 中可以看到：当 $pH=pK_a^{\ominus}$ 时，$\delta_1=\delta_0=0.5$，即溶液中 HAc 和 Ac^- 两种形式各占 50%；当 $pH>pK_a^{\ominus}$ 时，$\delta_0>\delta_1$，溶液中 Ac^- 为主要存在形式；而 $pH<pK_a^{\ominus}$ 时，$\delta_1>\delta_0$，溶液中 HAc 为主要存在形式。

【例 3-3】 在含有 HAc 和 Ac^- 的溶液中，计算溶液 pH＝3.00 和 pH＝7.00 时，HAc 和 Ac^- 各占百分之几？假设总浓度为 0.100mol/L，HAc、Ac^- 的平衡浓度各为多少？

解　已知 $K_a^{\ominus}(HAc)=1.76\times10^{-5}$，$c=0.100$mol/L。

当 pH＝3.00 时，$c(H^+)=1.00\times10^{-3}$ mol/L

$$\delta(HAc)=\frac{c(H^+)}{c(H^+)+K_a^{\ominus}}=\frac{1.00\times10^{-3}}{1.00\times10^{-3}+1.76\times10^{-5}}=0.983$$

$\delta(Ac^-)=1-0.983=0.017$

即 pH＝3.00 时，HAc 占 98.3%，Ac^- 占 1.7%。

$$c(HAc)=0.983\times0.100\text{mol/L}=0.0983\text{mol/L}$$
$$c(Ac^-)=0.017\times0.100\text{mol/L}=0.0017\text{mol/L}$$

当 pH＝7.00 时，$c(H^+)=1.00\times10^{-7}$ mol/L

$$\delta(HAc)=\frac{1.00\times10^{-7}}{1.00\times10^{-7}+1.75\times10^{-5}}=5.68\times10^{-3}$$
$$\delta(Ac^-)=1-5.68\times10^{-3}=0.994$$

即 pH＝7.00 时，HAc 占 0.568%，Ac^- 占 99.4%。

$$c(HAc)=5.68\times10^{-3}\times0.100\text{mol/L}=5.68\times10^{-4}\text{mol/L}$$
$$c(Ac^-)=0.994\times0.100\text{mol/L}=0.0994\text{mol/L}$$

2. 二元酸

以草酸为例，在溶液中的存在形式是 $H_2C_2O_4$、$HC_2O_4^-$、$C_2O_4^{2-}$。根据物料平衡，草

酸的总浓度 c 应为上述三种存在形式的平衡浓度之和，即

$$c=c(H_2C_2O_4)+c(HC_2O_4^-)+c(C_2O_4^{2-})$$

如果以 δ_2、δ_1、δ_0 分别代表 $H_2C_2O_4$、$HC_2O_4^-$、$C_2O_4^{2-}$ 的分布系数，则

$$\delta_2=\frac{c(H_2C_2O_4)}{c}=\frac{c(H_2C_2O_4)}{c(H_2C_2O_4)+c(HC_2O_4^-)c(C_2O_4^{2-})}=\frac{1}{1+\frac{c(HC_2O_4^-)}{c(HC_2O_4)}+\frac{c(C_2O_4^{2-})}{c(H_2C_2O_4)}}$$

$$=\frac{1}{1+\frac{K_{a1}^{\ominus}}{c(H^+)}+\frac{K_{a1}^{\ominus}K_{a2}^{\ominus}}{c^2(H^+)}}=\frac{c^2(H^+)}{c^2(H^+)+K_{a1}^{\ominus}c(H^+)+K_{a1}^{\ominus}K_{a2}^{\ominus}}$$

同理

$$\delta_1=\frac{K_{a1}^{\ominus}c(H^+)}{c^2(H^+)+K_{a1}^{\ominus}c(H^+)+K_{a1}^{\ominus}K_{a2}^{\ominus}}$$

$$\delta_0=\frac{K_{a1}^{\ominus}K_{a2}^{\ominus}}{c^2(H^+)+K_{a1}^{\ominus}c(H^+)+K_{a1}^{\ominus}K_{a2}^{\ominus}}$$

于是可得图 3-2 所示的分布曲线。由图 3-2 可知：

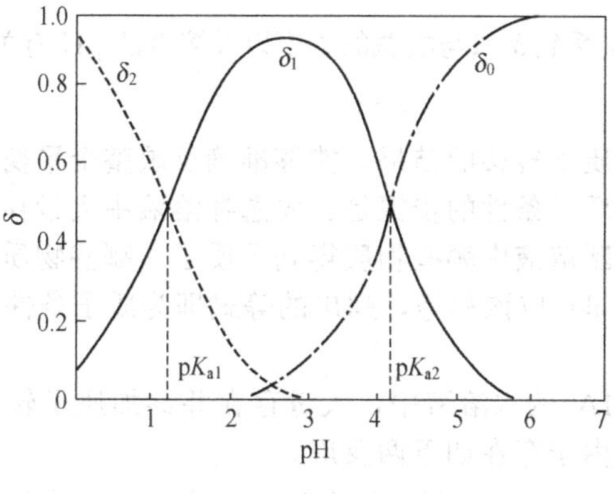

图 3-2 草酸溶液各种存在形式的分布系数与溶液 pH 的关系曲线

当 $pH<pK_{a1}$ 时，$\delta_2>\delta_1$ 溶液中 $H_2C_2O_4$ 为主要的存在形式；

当 $pK_{a1}^{\ominus}<pH<pK_{a2}^{\ominus}$ 时，$\delta_1>\delta_2$ 和 $\delta_1>\delta_0$，溶液中 $HC_2O_4^-$ 为主要的存在形式；

当 $pH>pK_{a2}^{\ominus}$ 时，$\delta_0>\delta_1$，溶液中 $C_2O_4^{2-}$ 为主要的存在形式。

3. 三元酸

例如 H_3PO_4，情况更复杂，以 δ_3、δ_2、δ_1 和 δ_0 分别表示 H_3PO_4、$H_2PO_4^-$、HPO_4^{2-} 和 PO_4^{3-} 的分布系数，仿照二元酸分布系数的推导方法，可得下列各分布系数的计算公式。

$$\delta_3=\frac{c(H_3A)}{c}=\frac{c^3(H^+)}{c^3(H^+)+c^2(H^+)K_{a1}^{\ominus}+c(H^+)K_{a1}^{\ominus}K_{a2}^{\ominus}+K_{a1}^{\ominus}K_{a2}^{\ominus}K_{a3}^{\ominus}}$$

$$\delta_2=\frac{c(H_2A^-)}{c}=\frac{c^2(H^+)K_{a1}^{\ominus}}{c^3(H^+)+c^2(H^+)K_{a1}^{\ominus}+c(H^+)K_{a1}^{\ominus}K_{a2}^{\ominus}+K_{a1}^{\ominus}K_{a2}^{\ominus}K_{a3}^{\ominus}}$$

$$\delta_1=\frac{c(HA^{2-})}{c}=\frac{c(H^+)K_{a1}^{\ominus}K_{a2}^{\ominus}}{c^3(H^+)+c^2(H^+)K_{a1}^{\ominus}+c(H^+)K_{a1}^{\ominus}K_{a2}^{\ominus}+K_{a1}^{\ominus}K_{a2}^{\ominus}K_{a3}^{\ominus}}$$

$$\delta_0=\frac{c(A^{3-})}{c}=\frac{K_{a1}^{\ominus}K_{a2}^{\ominus}K_{a3}^{\ominus}}{c^3(H^+)+c^2(H^+)K_{a1}^{\ominus}+c(H^+)K_{a1}^{\ominus}K_{a2}^{\ominus}+K_{a1}^{\ominus}K_{a2}^{\ominus}K_{a3}^{\ominus}}$$

同理，各种组分分布系数之和也等于 1，即

$$\delta_0+\delta_1+\delta_2+\delta_3=1$$

H_3PO_4 分布曲线如图 3-3 所示。

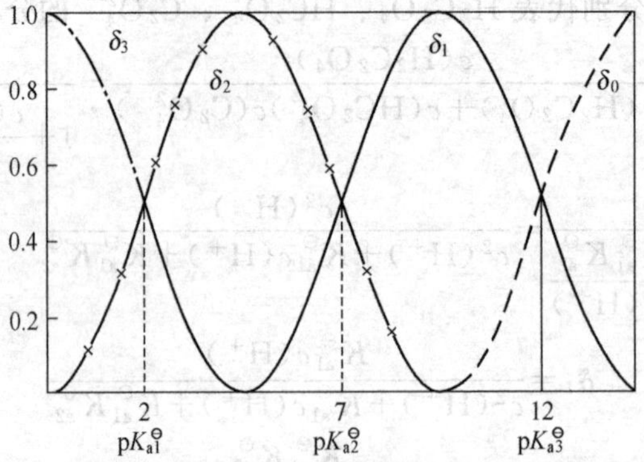

图 3-3　磷酸溶液各种存在形式分布系数与溶液 pH 的关系曲线

每一共轭酸碱对的分布曲线相交于 $\delta=0.5$ 处，此时的 pH 分别与 $pK_{a1}^{\ominus}$、$pK_{a2}^{\ominus}$、$pK_{a3}^{\ominus}$ 相对应。

由以上讨论可知，分布系数 δ 只与酸碱的强度以及溶液的 pH 有关，而与其分析浓度无关。

三、质子条件

酸碱反应都是物质间质子转移的结果，能够准确反映整个平衡体系中质子转移数量的关系式称为质子条件。列出质子条件的步骤是：先选择溶液中大量存在并且参加质子转移的物质作为参考水平，然后判断溶液中哪些物质得到了质子，哪些物质失去了质子；当然，得失电子的物质的量（单位 mol）应该相等，列出的等式即为质子条件。由质子条件即可求算出溶液中的 $c(H^+)$。

例如，在一元弱酸(HA)的水溶液中，大量存在并参加质子转移的物质是 HA 和 H_2O，选择两者作为参考水平。由于存在如下两反应。

HA 的离解反应　　$HA+H_2O \rightleftharpoons H_3O^+ + A^-$

水的质子自递作用　　$H_2O+H_2O \rightleftharpoons H_3O^+ + OH^-$

因而溶液中除 HA 和 H_2O 外，还有 H_3O^+、A^- 和 OH^-，从参考水平出发考察得失质子情况，可知 H_3O^+ 是得质子的产物（以下简写为 H^+），而 A^- 和 OH^- 是失质子的产物，得失质子的物质的量应该相等，可列出质子条件

$$c(H^+)=c(A^-)+c(OH^-)$$

又如对于 Na_2CO_3 的水溶液，可以选择 CO_3^{2-} 和 H_2O 作为参考水平，由于存在如下反应

$$CO_3^{2-}+H_2O \rightleftharpoons HCO_3^-+OH^-$$

$$CO_3^{2-}+2H_2O \rightleftharpoons H_2CO_3+2OH^-$$

$$H_2O \rightleftharpoons H^++OH^-$$

将各种存在形式与参考水平相比较，可知 OH^- 为失质子的产物，而 HCO_3^-、H_2CO_3 和第三个反应式中的 H^+(即 H_3O^+)为得质子的产物。但应注意其中 H_2CO_3 得到 2 个质子，在列出质子条件时应在 $c(H_2CO_3)$前乘以系数 2，以使得失质子的物质的量相等，因此 Na_2CO_3 溶液的质子条件为

$$c(H^+)+c(HCO_3^-)+2c(H_2CO_3)=c(OH^-)$$

也可以通过溶液中各存在形式的物料平衡（某组分的总浓度等于其各有关存在形式平衡浓度之和）与电荷平衡（溶液中正离子的总电荷数等于负离子的总电荷数）得出质子条件。仍以 Na_2CO_3 水溶液为例，设 Na_2CO_3 的总浓度为 c。

物料平衡　　$c(CO_3^{2-})+c(HCO_3^-)+c(H_2CO_3)=c$

$c(Na^+)=2c$

电荷平衡　　$c(H^+)+c(Na^+)=c(HCO_3^-)+2c(CO_3^{2-})+c(OH^-)$

将上列三式进行整理，也可得到前面所述的质子条件。

【例 3-4】 列出 Na_2HPO_4 水溶液的质子条件。

解 根据参考水平的选择标准，确定 H_2O 和 HPO_4^{2-} 为参考水平，溶液中质子转移反应有

$$HPO_4^{2-}+H_2O \rightleftharpoons H_2PO_4^-+OH^-$$

$$HPO_4^{2-}+2H_2O \rightleftharpoons H_3PO_4+2OH^-$$

$$HPO_4^{2-} \rightleftharpoons H^+ + PO_4^{3-}$$

$$H_2O \rightleftharpoons H^+ + OH^-$$

质子条件为 $c(H^+)+c(H_2PO_4^-)+2c(H_3PO_4)=c(PO_4^{3-})+c(OH^-)$

【例 3-5】 列出 NH_4HCO_3 水溶液的质子条件。

解 选择 NH_4^+、HCO_3^- 和 H_2O 为参考水平溶液中的质子转移反应有

$$HCO_3^-+H_2O \rightleftharpoons H_2CO_3+OH^-$$

$$HCO_3^- \rightleftharpoons H^+ + CO_3^{2-}$$

$$NH_4^+ \rightleftharpoons H^+ + NH_3$$

$$H_2O \rightleftharpoons H^+ + OH^-$$

质子条件为　　$c(H^+)+c(H_2CO_3)=c(CO_3^{2-})+c(NH_3)+c(OH^-)$

四、酸碱溶液 pH 的计算

1. 强酸强碱溶液 pH 的计算

强酸、强碱在水中几乎全部离解，在一般情况下，酸度的计算比较简单。如 0.1mol/L HCl 溶液，其酸度（H^+ 浓度）是 0.1mol/L，pH＝1.00。但如强酸或强碱溶液浓度小于 10^{-6}mol/L 时，求算溶液的酸度还必须考虑水的质子传递作用所提供的 H^+ 或 OH^-。

2. 一元弱酸弱碱溶液 pH 的计算

对于一元弱酸 HA 溶液，存在如下两个离解平衡

$$HA \rightleftharpoons H^+ + A^-$$

$$H_2O \rightleftharpoons H^+ + OH^-$$

一元弱酸中的 H^+ 来自两部分，即来自弱酸的离解和水的离解，因此 H^+ 浓度的计算将十分复杂，做合理的近似处理是非常重要的通常当酸离解出的 H^+ 浓度远大于 H_2O 离解出的 H^+ 浓度时，水的离解可以被忽略，即水溶液中的 $c(H^+)\approx c(Ac^-)$，则可得

$$c(H^+)=\frac{K_a^\ominus c(HA)}{c(H^+)}+\frac{K_w^\ominus}{c(H^+)}$$

$$c(H^+)=\sqrt{K_a^\ominus c(HA)+K_w^\ominus} \tag{3-5}$$

式（3-5）为计算一元弱酸溶液中 H^+ 浓度的精确公式。由于式中 $c(HA)$ 为 HA 的平衡浓度，也是未知项，还需利用分布系数的公式求得 $c(HA)=c\delta_1$（c 为 HA 的总浓度），$\delta_1=\dfrac{c(H^+)}{c(H^+)+K_a^\ominus}$，再代入式(3-5) 中，则将导出一个三次方程。

$$c^3(H^+)+K_a^\ominus c^2(H^+)-(cK_a^\ominus+K_w^\ominus)c(H^+)-K_a^\ominus K_w^\ominus=0 \tag{3-6}$$

显然，解上述方程的计算相当麻烦。考虑到计算中所用的常数，一般来说，其本身即有百分之几的误差，而且又来使用活度，仅以浓度代入计算，因此这类计算通常允许 $c(H^+)$ 有

5%的误差，所以对于具体情况，可以合理简化，做近似处理。

若考虑到弱酸的浓度不是太稀，HA 虽有部分离解，但 HA 的平衡浓度 $c(HA)$ 可近似等于总浓度 c，即略去弱酸本身的离解，以 c 代替 $c(HA)$，通过计算可知，若允许有 5%误差，需满足 $c/K_a^\ominus \geqslant 500$，式(3-5) 可简化为近似式：

$$c(H^+)=\sqrt{cK_a^\ominus+K_w^\ominus} \tag{3-7}$$

另一方面，如果弱酸的 $K_a^\ominus$ 不是非常小，可以推断，由酸离解提供的 H^+，将多于水离解所提供的 H^+，对于 5%的允许误差可计算出当 $cK_a^\ominus \geqslant 10K_w^\ominus$ 时，可忽略水的质子自递产生的 H^+，则得

$$c(H^+)=\sqrt{K_a^\ominus c(HA)}=\sqrt{K_a^\ominus[c-c(H^+)]}$$

即

$$c(H^+)=\frac{1}{2}(-K_a^\ominus+\sqrt{K_a^{\ominus 2}+4cK_a^\ominus})$$

如果同时满足 $c/K_a^\ominus \geqslant 500$ 和 $cK_a^\ominus \geqslant 10K_w$ 两个条件，则式(3-7) 可进一步简化为

$$c(H^+)=\sqrt{cK_a^\ominus} \tag{3-8}$$

这就是常用的最简式。同理可以求得一元弱碱溶液中 OH^- 浓度最简式为

$$c(OH^-)=\sqrt{cK_b^\ominus} \tag{3-9}$$

【例 3-6】 计算下列溶液的 pH。

(1) 0.10mol/L HAc　(2) 0.10mol/L NH_4Cl　(3) 0.10mol/L NaCN

解　(1)

$$K_a^\ominus(HAc)=1.76\times10^{-5}$$

$$c/K_a^\ominus=0.10/1.76\times10^{-5}=5.7\times10^3>500$$

可用最简式(3-8) 计算

$$c(H^+)=\sqrt{K_a^\ominus c}=\sqrt{0.10\times1.76\times10^{-5}}=1.3\times10^{-3}(mol/L)$$

$$pH=2.89$$

(2) NH_4^+ 是 NH_3 的共轭酸，可按一元弱酸处理，$K_a^\ominus(NH_4^+)=5.64\times10^{-10}$

$$c/K_a^\ominus=0.10/(5.64\times10^{-10})>500$$

$$c(H^+)=\sqrt{K_a^\ominus c}=\sqrt{0.10\times5.64\times10^{-10}}=7.5\times10^{-6}(mol/L)$$

(3) CN^- 是 HCN 的共轭碱，可按一元弱碱处理。根据 $K_a^\ominus(HCN)$ 的值，可求得 $K_b^\ominus(CN^-)$。$K_a^\ominus(HCN)=4.93\times10^{-10}$

$$K_b^\ominus(CN^-)=K_w^\ominus/K_a^\ominus=10^{-14}/(4.93\times10^{-10})=2.03\times10^{-5}$$

因

$$c/K_b^\ominus>500$$

故

$$c(OH^-)=\sqrt{cK_b^\ominus}=\sqrt{0.10\times2.03\times10^{-5}}=1.4\times10^{-3}(mol/L)$$

$$pOH=2.85$$

$$pH=11.15$$

【例 3-7】 计算 10^{-4}mol/L H_3BO_3 溶液的 pH，已知 $pK_a^\ominus=9.24$。

解　由题意可知

$$c/K_a^\ominus=10^{-4}/10^{-9.24}=5.8\times10^{-14}<10K_w^\ominus$$

因此水解产生的 H^+ 不能被忽略。

另一方面

$$c/K_a^\ominus=10^{-4}/10^{-9.24}>500$$

可以用总浓度 c 代替平衡浓度 $c(H_3BO_3)$，利用式(3-4) 计算

$$c(H^+)=\sqrt{cK_a^\ominus+K_w}=\sqrt{10\times10^{-9.24}+10^{-14}}=2.6\times10^{-7}(mol/L)$$

$$pH=6.59$$

如按最简式计算，则

$$c(H^+)=\sqrt{10^{-4}\times10^{-9.24}}=2.4\times10^{-7}(mol/L)$$

$$pH=6.62$$

$c(H^+)$的相对误差约为-8%，可见计算前根据条件正确列出算式至关重要。

3. 多元弱酸弱碱溶液 pH 的计算

多元弱酸、多元弱碱在水溶液中是分级离解的，每一级都有相应的质子转移平衡，如H_2S在水溶液中有二级离解

$$H_2S \rightleftharpoons H^+ + HS^- \qquad K^\ominus_{a1}=9.1\times10^{-8}$$

$$HS^- \rightleftharpoons H^+ + S^{2-} \qquad K^\ominus_{a2}=1.1\times10^{-12}$$

由于$K^\ominus_{a1}\gg K^\ominus_{a2}$，说明二级离解比一级离解困难得多。因此在实际计算中，当$c/K^\ominus_{a1}>500$时，可按一元弱酸作近似计算，即

$$c(H^+)=\sqrt{cK^\ominus_{a1}}$$

【例 3-8】 计算 25℃时，0.10mol/L H_2S水溶液的 pH 及S^{2-}的浓度。

解 已知 25℃时，$K^\ominus_{a1}(H_2S)=9.1\times10^{-8}$ $K^\ominus_{a2}(H_2S)=1.1\times10^{-12}$

$K^\ominus_{a1}\gg K^\ominus_{a2}$，计算$H^+$浓度时只考虑一级离解

$$H_2S \rightleftharpoons H^+ + HS^-$$

又$c/K^\ominus_{a1}=0.10/9.1\times10^{-8}>500$可用近似公式计算

$$c(H^+)=\sqrt{0.10\times9.1\times10^{-8}}=9.5\times10^{-5}(mol/L)$$

$$pH=4.02$$

因S^{2-}是二级离解产物，设$c(S^{2-})=x$ mol/L

	HS^-	$\rightleftharpoons$	H^+	+	S^{2-}
平衡时	$9.5\times10^{-5}-x$		$9.5\times10^{-5}+x$		x

由于$K^\ominus_{a2}(H_2S)$极小，$9.5\times10^{-5}\pm x\approx9.5\times10^{-5}$，则有

$$K^\ominus_{a2}(H_2S)=\frac{c(H^+)c(S^{2-})}{c(HS^-)}=\frac{9.5\times10^{-5}c(S^{2-})}{9.5\times10^{-5}}=1.1\times10^{-12}$$

故 $$c(S^{2-})=K^\ominus_{a2}(H_2S)=1.1\times10^{-12}$$

对二元弱酸如果$K^\ominus_{a1}\gg K^\ominus_{a2}$，则其酸根离子浓度近似等于$K^\ominus_{a2}$。

多元弱碱溶液 pH 的计算与此类似。

4. 两性物质溶液 pH 的计算

有一类物质如$NaHCO_3$、Na_2HPO_4、NaH_2PO_4及邻苯二甲酸氢钾等在水溶液中，既可给出质子，而显出酸性，又可接受质子，而显出碱性，因此其酸碱平衡较为复杂，但在计算$c(H^+)$时仍可以从具体情况出发，作合理简化处理。

以 NaHA 为例，溶液中的质子转移反应有

$$HA^- + H_2O \rightleftharpoons H_2A + OH^-$$

$$HA^- \rightleftharpoons H^+ + A^{2-}$$

一般来说，当 NaHA 浓度较高时，溶液的H^+浓度可按式(3-10) 作近似计算

$$c(H^+)=\sqrt{K^\ominus_{a1}K^\ominus_{a2}} \qquad (3\text{-}10)$$

式中 $K^\ominus_{a1}$,$K^\ominus_{a2}$——分别为H_2A的第一、第二级离解常数。

计算NaH_2PO_4和中H^+浓度可按式(3-11)和式(3-12)作近似计算

NaH_2PO_4溶液 $$c(H^+)=\sqrt{K^\ominus_{a1}K^\ominus_{a2}} \qquad (3\text{-}11)$$

$$Na_2HPO_4 \text{ 溶液} \quad c(H^+)=\sqrt{K_{a2}^{\ominus}K_{a3}^{\ominus}} \tag{3-12}$$

式中　$K_{a1}^{\ominus}$，$K_{a2}^{\ominus}$，$K_{a3}^{\ominus}$——分别为 H_3PO_4 的第一、第二、第三级离解常数。

【例 3-9】 计算 0.20mol/L NaH_2PO_4 溶液的 pH。

解　查附录一得 H_3PO_4 的 $K_{a1}^{\ominus}=7.52\times10^{-3}$，$K_{a2}^{\ominus}=6.23\times10^{-8}$，$K_{a3}^{\ominus}=4.4\times10^{-13}$

根据式(3-11)

$$c(H^+)=\sqrt{K_{a1}^{\ominus}K_{a2}^{\ominus}}=\sqrt{7.52\times10^{-3}\times6.23\times10^{-8}}=2.2\times10^{-5}(\text{mol/L})$$

$$pH=4.66$$

又如 NH_4Ac 亦是两性物质，它在水中发生下列质子转移平衡。

$$NH_4^+ + H_2O \rightleftharpoons NH_3 + H_3O^+$$

$$Ac^- + H_2O \rightleftharpoons HAc + OH^-$$

以 $K_a^{\ominus}$ 表示正离子酸（NH_4^+）的离解常数，$K_a^{\ominus\prime}$ 表示负离子碱（Ac^-）的共轭酸（HAc）的离解常数，这类两性物质的 H^+ 浓度可按类似于上式计算，即：

$$c(H^+)=\sqrt{K_a^{\ominus}K_a^{\ominus\prime}} \tag{3-13}$$

$$pH=\frac{1}{2}pK_a^{\ominus}+\frac{1}{2}pK_a^{\ominus\prime} \tag{3-14}$$

【例 3-10】 计算 0.10mol/L $HCOONH_4$ 溶液的 pH。

解
$$K_a^{\ominus}(NH_4^+)=\frac{K_w^{\ominus}}{K_b^{\ominus}(NH_3\cdot H_2O)}=5.64\times10^{-10}\text{，}pK_a^{\ominus}=9.25$$

$$HCOOH \quad K_a^{\ominus\prime}=1.77\times10^{-4}\text{，}pK_a^{\ominus\prime}=3.75$$

根据式(3-14)　$pH=\frac{1}{2}(pK_a^{\ominus}+pK_a^{\ominus\prime})=\frac{1}{2}(9.25+3.75)=6.50$

第四节　酸碱缓冲溶液

一、酸碱平衡的移动——同离子效应

酸碱平衡即质子转移平衡和其他平衡一样，都是动态的，有条件的。条件一旦改变，平衡被破坏并发生移动，直至建立新的平衡。

以弱酸 HA 在水中的离解平衡为例

$$HA \rightleftharpoons H^+ + A^-$$

达到平衡后，如向溶液中加入 HA 使其浓度增大，则平衡向右移动，即 H_3O^+ 和 A^- 的浓度增大。但这并不意味着 HA 的离解度 α 增大。

$$\text{离解度}(\alpha)=\frac{\text{已离解的分子总数}}{\text{离解前分子总数}}\times100\%$$

设 HA 的浓度为 c，则平衡时 $c(HAc)=c-c\alpha$，$c(H^+)=[A^-]=c\alpha$

$$K_a^{\ominus}=\frac{c(H^+)c(A^-)}{(HA)}=\frac{c\alpha\times c\alpha}{c-c\alpha}=\frac{c\alpha^2}{1-\alpha}$$

当 $c/K_a\geqslant500$ 时，$1-\alpha\approx1$

则上式改写为
$$K_a^{\ominus}=c\alpha^2\text{，}\alpha=\sqrt{\frac{K_a^{\ominus}}{c}} \tag{3-15}$$

该式为弱电解质离解度、离解常数和浓度三者之间的定量关系式。它表明对某一给定的弱电解质，在一定温度下（$K_a^\ominus$ 为定值），离解度随溶液的稀释（浓度减小）而增大。故这个关系式被称为稀释定律。该式同样适用于弱碱的离解，只将 $K_a^\ominus$ 换成 $K_b^\ominus$。

如在弱酸或弱碱溶液中，加入其他物质，酸碱平衡也会发生移动。

在弱酸 HAc 水溶液中，加入少量 NaAc（或 KAc）固体，因 NaAc 在水中完全离解，使溶液中 Ac^- 的浓度增大，HAc 的质子平衡向左移动。

$$HAc \rightleftharpoons H^+ + Ac^-$$

达到平衡时，溶液中 $c(H^+)$ 要比原平衡的 $c(H^+)$ 小，而 $c(HAc)$ 要比原平衡的大，表明 HAc 的解离度减小了。同理，若在 $NH_3 \cdot H_2O$ 溶液中加入少量铵盐（如 NH_4Cl）或强碱（如 NaOH），也会使 $NH_3 \cdot H_2O$ 的离解度减小。

这种在弱酸或弱碱溶液中，加入含有相同离子的易溶强电解质，使弱酸或弱碱的离解度减小的现象称为同离子效应。

【例 3-11】 在 0.1mol/LHAc 溶液中，加入少量 NaAc 晶体，使其浓度为 0.1mol/L（忽略体积变化）。比较加入 NaAc 晶体前后 H^+ 浓度和 HAc 的离解度变化。

解 （1）加入 NaAc 晶体前

$$c/K_a^\ominus = 0.10/1.76\times10^{-5} \gg 500$$

$$\alpha = \sqrt{\frac{K_a^\ominus}{c}} = \sqrt{\frac{1.76\times10^{-5}}{0.10}} = 1.3\%$$

$$c(H^+) = c\alpha = 0.10\times1.3\% = 1.3\times10^{-3}(mol/L)$$

（2）加入 NaAc 晶体后，设溶液中 H^+ 浓度为 x/（mol/L）

$$HAc \rightleftharpoons H^+ + Ac^-$$

平衡浓度/（mol/L）　$0.10-x$　　x　　$0.10+x$

$$K_a^\ominus = \frac{c(H^+)c(Ac^-)}{c(HAc)} = \frac{x(0.10+x)}{0.10-x}$$

由于 HAc 的 α 很小，加 NaAc 后，α 变得更小，

则

$$0.10+x=0.10$$

$$0.10-x=0.10$$

上式变为

$$K_a^\ominus = \frac{0.10x}{0.10} = 1.76\times10^{-5}$$

得

$$c(H^+) = 1.76\times10^{-5} = 1.8\times10^{-5}(mol/L)$$

$$\alpha = \frac{c(H^+)}{c(HAc)} = \frac{1.8\times10^{-5}}{0.10}\times100\% = 0.018\%$$

同离子效应的实质是浓度对化学平衡的影响。在科学实验和生产实际中，可以利用同离子效应调节溶液的酸碱性；选择性地控制溶液中某种离子浓度，进而可达到分离提纯的目的。

若在 HAc 溶液中加入不含相同离子的易溶强电解质，如 NaCl，由于溶液中离子的数目增多，不同电荷的离子之间相互牵制作用增强，从而使 H^+ 和 Ac^- 结合成 HAc 分子的机会减小，结果表现为弱电解质 HAc 的离解度增大。这种在弱电解质溶液中加入易溶强电解质使弱电解质离解度增大的现象称为盐效应。

同离子效应和盐效应是两种完全相反的作用。在发生同离子效应的同时，必然伴有盐效应的发生。只是同离子效应影响比盐效应强得多，在一般计算中可以忽略盐效应。

二、酸碱缓冲溶液

1. 缓冲溶液及其缓冲作用

含有弱酸及其共轭碱或弱碱及其共轭酸的溶液体系能够抵抗外加少量酸、碱或加水稀

释，而本身 pH 基本保持不变的溶液，称为缓冲溶液。缓冲溶液的重要作用是控制溶液的 pH。

2. 缓冲溶液的类型和组成

缓冲溶液包含有弱酸及其共轭碱或弱碱及其共轭酸，如 HAc-Ac^-、NH_3-NH_4^+、$H_2PO_4^-$-HPO_4^{2-} 等缓冲溶液体系。缓冲溶液体系中酸、碱物质的浓度较大（一般为 0.1～1mol/L），而且彼此接近。下面以 HAc-Ac^- 缓冲溶液体系为例说明缓冲原理。

根据 HAc 的离解，$HAc \rightleftharpoons H^+ + Ac^-$ 得

$$c(H^+)=K_a^\ominus \frac{c(HAc)}{c(Ac^-)} \tag{3-16}$$

$$pH=pK_a^\ominus+\lg\frac{c(Ac^-)}{c(HAc)} \tag{3-17}$$

因此，$c(H^+)$取决于 K_a 和 $c(HAc)$与 $c(Ac^-)$的比值。当加入少量强酸时，$c(HAc)$略有增加，$c(Ac^-)$略有降低，但其比值几乎不变；当加入少量强碱时，$c(HAc)$ 略有降低，$c(Ac^-)$ 略有增加，但比值几乎不变；溶液适当稀释时，$c(HAc)$、$c(Ac^-)$以相同的比例减小，其比值亦基本不变。因此缓冲溶液的特点是在一定范围内既能抗酸又能抗碱，当适当稀释时或浓缩时，溶液的 pH 都改变很小。当然如果加入强酸的浓度接近 Ac^- 的浓度，或加入强碱浓度接近 HAc 浓度时，或过分稀释，缓冲溶液将失去缓冲作用，也就是说缓冲溶液的缓冲能力是有限的。

【例 3-12】 已知 HAc-Ac^- 缓冲溶液 10mL，HAc，Ac^- 的浓度皆为 1mol/L，当加入 0.20mol/L NaOH 溶液 0.50mL 后，计算 pH 改变值。

解 根据式(3-16)，求出未加 NaOH 时缓冲溶液的 pH

$$K_a^\ominus=\frac{c(H^+)c(Ac^-)}{c(HAc)}=\frac{c(H^+)\times 1.0}{1.0}=1.76\times10^{-5}$$

$$c(H^+)=1.76\times10^{-5}\,\text{mol/L}$$

$$pH=-\lg c(H^+)=-\lg(1.76\times10^{-5})=4.75$$

由题意可知，加入 OH^- 的物质的量为

$$0.50\times10^{-3}\times0.20=1.0\times10^{-4}\ (\text{mol})$$

由 OH^- 与 HAc 反应的方程式可知，HAc 将减少 1.0×10^{-4} mol，而 Ac^- 增加 1.0×10^{-4} mol，加入 NaOH 后溶液中 HAc 和 Ac^- 的浓度分别为

$$c(HAc)=\frac{9.9\times10^{-3}\,\text{mol}}{10.5\times10^{-3}\,\text{L}}=0.943\text{mol/L}$$

$$c(Ac^-)=\frac{10.1\times10^{-3}\,\text{mol}}{10.5\times10^{-3}\,\text{L}}=0.962\text{mol/L}$$

将 $c(HAc)$、$c(Ac^-)$ 代入式(3-16) 得

$$c(H^+)=K_a^\ominus\frac{c(HAc)}{c(Ac^-)}=1.76\times10^{-5}\times\frac{0.943}{0.962}=1.72\times10^{-5}\ (\text{mol/L})$$

$$pH=-\lg c(H^+)=-\lg(1.72\times10^{-5})=4.76$$

计算结果表明，pH 只改变了 0.01 个单位，基本保持不变。（同样可计算出在 10mL 纯水中加入 0.20mol/L NaOH 溶液 0.50mL 后，溶液 pH 改变了 4.98 个单位。）

当加少量水稀释时，溶液中 H^+ 浓度和其他离子浓度相应地降低，这促使 HAc 的离解平衡向右移动，达到新的平衡时，H^+ 浓度几乎保持不变。

弱碱及其共轭酸体系的缓冲作用也基于同样的道理。

除一元弱酸及其共轭碱，一元弱碱及其共轭酸可组成缓冲溶液外，多元弱酸及其共轭碱

如 $NaHCO_3$-Na_2CO_3、NaH_2PO_4-Na_2HPO_4、Na_2HPO_4-Na_3PO_4 等也都可以组成缓冲溶液。

由上面讨论可知，缓冲溶液中都含有两种物质，一种能抵消外加的酸（H^+），另一种能抵消外加的碱（OH^-），这两种物质为一对共轭酸碱。不同的共轭酸碱对组成缓冲溶液具有不同的 pH。

3. 缓冲溶液的 pH 的计算

（1）由弱酸及其共轭碱组成的缓冲溶液

$$c(H^+)=K_a^\ominus \frac{c(酸)}{c(碱)}$$

$$pH=pK_a^\ominus+\lg\frac{c(碱)}{c(酸)}$$

（2）由弱碱及其共轭酸组成的缓冲溶液

$$c(OH^-)=K_b^\ominus \frac{c(碱)}{c(酸)}$$

$$pOH=pK_b^\ominus+\frac{c(酸)}{c(碱)}$$

【例 3-13】 在 90mL 浓度为 0.10 mol/L HAc-NaAc 缓冲溶液中，分别加入（1）10mL 0.010mol/L HCl 溶液，（2）10mL 水，试比较加入前后溶液的 pH 变化。

解　加入前

$$pH=pK_a^\ominus+\lg\frac{c(Ac^-)}{c(HAc)}=4.75+\lg\frac{0.10}{0.10}=4.75$$

（1）加 HCl 后溶液总体积为 100mL，HCl 离解的 H^+ 与溶液中 Ac^- 结合成 HAc，HAc 浓度略有增大，Ac^- 浓度略有减小。

$$c(HAc)=0.10\times\frac{90}{100}+0.01\times\frac{10}{100}=0.091(mol/L)$$

$$c(Ac^-)=0.1\times\frac{90}{100}-0.01\times\frac{10}{100}=0.089(mol/L)$$

$$pH=pK_a^\ominus+\lg\frac{c(Ac^-)}{c(HAc)}=4.75+\lg\frac{0.089}{0.091}=4.71$$

（2）加 10mL H_2O，HAc 和 Ac^- 浓度改变相同。

$$c(HAc)=c(Ac^-)=0.10\times\frac{90}{100}=0.090(mol/L)$$

$$pH=pK_a^\ominus+\lg\frac{c(Ac^-)}{c(HAc)}=4.75+\lg\frac{0.090}{0.090}=4.75$$

此例说明：①外加少量强酸（强碱）或加水稀释时，缓冲溶液的 pH 基本不变；②缓冲溶液的 pH（或 pOH）与 $pK_a^\ominus$（或 $pK_b^\ominus$）值和 c（酸）/c（碱）的比值有关，对某一确定的缓冲溶液，其 $pK_a^\ominus$ 或 $pK_b^\ominus$ 是一常数，若在一定范围内改变 c（酸）/c（碱）的比值，可配制不同 pH 的缓冲溶液；③当 c（酸）/c（碱）＝1 时，缓冲溶液 $pH=pK_a^\ominus$ 或 $pH=pK_b^\ominus$。

4. 缓冲容量和缓冲范围

缓冲溶液的缓冲能力有一定的限度。当加入酸或碱量较大时，缓冲溶液就失去缓冲能力，缓冲能力的大小由缓冲容量来衡量。所谓缓冲容量就是指单位体积缓冲溶液的 pH 改变极小值所需的酸或碱的物质的量。缓冲容量是衡量缓冲溶液缓冲能力大小的尺度。缓冲能量的大小取决于缓冲组分的浓度以及缓冲组分浓度的比值。

通常缓冲溶液的两组分的浓度比控制在 0.1～10 之间较为合适，超出此范围则认为失去缓冲作用。由式 $pH=pK_a^\ominus+\lg\dfrac{c(碱)}{c(酸)}$ 和 $pOH=pK_b^\ominus+\lg\dfrac{c(酸)}{c(碱)}$ 可知，缓冲溶液的缓冲能力一般约在 $pH=pK_a^\ominus\pm1$ 或 $pOH=pK_b^\ominus\pm1$ 的范围内，这就是缓冲范围，不同缓冲对组成的缓冲溶液，由于 $pK_a^\ominus$ 或 $pK_b^\ominus$ 不同，它们的缓冲范围也不同。

缓冲能力是有限度的，当缓冲溶液中弱酸或共轭碱（弱碱或其共轭酸）与外来酸、碱大部分作用后，溶液的 pH 就会发生很大的变化。

5. 缓冲溶液的选择

选择缓冲溶液时，首先应注意选用的缓冲溶液除与 H^+ 或 OH^- 反应外，不能与系统中其他物质反应。其次，应根据实际需要选择不同的缓冲溶液。因为不同的缓冲溶液其缓冲作用的 pH 范围不一样。因此在实际工作中，若要配制某一 pH 范围的缓冲溶液，可选择其 $pK_a^\ominus$ 与 pH 相近的弱酸及其共轭碱或 $pK_b^\ominus$ 与 pOH 相近的弱碱及其共轭酸。例如，如果需要一种 pH＝5.0 的缓冲溶液，可选用 HAc-NaAc，因为 HAc 的 $pK_a^\ominus=4.75$；如果需要 pH＝9.0（即 pOH＝5.0）的缓冲溶液，可选用 $NH_3\cdot H_2O$-NH_4Cl，因为 $NH_3\cdot H_2O$ 的 $pK_b^\ominus=4.75$。对于某一确定的缓冲溶液，由于 $pK_a^\ominus$ 或 $pK_b^\ominus$ 是一个常数，所以在一定的范围内通过改变弱酸和对应共轭碱（或弱碱和对应共轭酸）的浓度，可以调节缓冲溶液本身的 pH。第三，应考虑缓冲溶液的缓冲能力。

6. 缓冲溶液的应用

缓冲溶液有两类。一类用作控制溶液的酸度，通常由弱酸及其共轭碱（如 HA-Ac^-）或弱碱及其共轭酸（如 NH_3-NH_4^+）组成；另一类作标准缓冲溶液，用作酸度计的参比液。由一种或两种两性物质组成，pH 由实验测得。如 25℃时，饱和酒石酸氢钾 pH＝3.56。

在工业、农业、生物科学、医学、化学等方面，缓冲溶液具有很重要的意义。如土壤中，由于含有 H_2CO_3-$NaHCO_3$ 和 NaH_2PO_4-Na_2HPO_4 以及其他有机酸及其共轭碱类组成的复杂缓冲体系，使土壤维持一定的 pH，以保证农作物的正常生长。又如甲酸 HCOOH 分解生成 CO 和 H_2O 的反应是一个酸催化反应，H^+ 可作为催化剂加快反应。为了控制反应速率，就必须用缓冲溶液控制反应的 pH。

人体的血液也是缓冲溶液，其主要的缓冲系统有：NaH_2PO_4-Na_2HPO_4、H_2CO_3-$NaHCO_3$、血浆蛋白-血浆蛋白盐、血红朊-血红朊盐等。这些缓冲体系的相互作用、相互制约使人体血液的 pH 保持在 7.35～7.45 范围内，从而保证人体的正常生理活动。

阅读材料　酸碱理论简介

酸和碱都是重要的化学物质。人类对它们的认识经历了一个由浅入深、由感性到理性的漫长过程。开始人们把具有酸味的物质称为酸、具有涩味和滑腻感的物质称为碱。后来随着科学的不断发展，人们提出了不同的酸碱理论，如阿伦尼乌斯（S. A. Arrhenius）的电离理论、富兰克林（E. C. Franklin）的溶剂理论、布朗斯特德和劳瑞（J. N. Brosted-T. M. Lowry）的质子理论、路易斯（G. N. Lewis）的电子理论等，使酸碱的范围越来越广泛。

一、酸碱溶剂理论

酸碱溶剂理论把水溶液中的酸碱扩大到非水溶液体系中。它认为：凡能离解出溶剂阳离子的物质为酸，能离解出溶剂阴离子的物质为碱。酸碱反应就是阳离子与阴离子结合成溶剂分子。如液态氨为溶剂时的离解为

$$2NH_3 \rightleftharpoons NH_4^+ + NH_2^-$$

NH_4Cl 在液氨中为酸，因为它在液氨中产生了溶剂（NH_3）的阳离子 NH_4^+

$$NH_4Cl \longrightarrow NH_4^+ + Cl^-$$

$NaNH_2$ 在液氨中为碱，因为它在液氨中产生了溶剂（NH_3）的阴离子 NH_2^-

$$NaNH_2 \longrightarrow Na^+ + NH_2^-$$

酸碱反应就是 NH_4^+ 和 NH_2^- 结合为 NH_3 的反应

$$NH_4Cl + NaNH_2 \longrightarrow NaCl + 2NH_3$$
$$\quad 酸 \qquad 碱 \qquad 盐 \quad 溶剂$$

该理论虽然扩大了酸碱范围，但对于不能离解的溶剂及没有溶剂的情况就不适用了。

二、酸碱电子理论

凡能接受电子对的物质称为酸，凡能给出电子对的物质称为碱。即酸是电子对的接受体，碱是电子对的给予体。酸碱反应的实质是酸碱通过配位键结合形成加合物。例如

$$:NH_3 + H^+ \longrightarrow \left[\begin{matrix} H \\ | \\ H-N\rightarrow H \\ | \\ H \end{matrix} \right]^+$$

$$:F^- + BF_3 \longrightarrow \left[\begin{matrix} F \\ | \\ F-B\leftarrow F \\ | \\ F \end{matrix} \right]^+$$

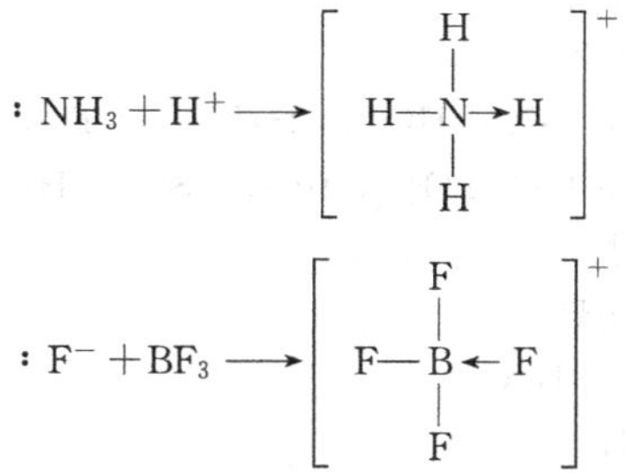

$$:OH^- + H^+ \longrightarrow HO \longrightarrow H$$

电子理论在质子理论的基础上又扩展了酸碱的范围，因此适用范围很广。但是这个理论过于笼统，适用面太广泛，不易掌握酸碱的特征，这是它的不足之处。

本 章 小 结

一、重要的基本概念

酸碱的定义，溶液的酸碱性，同离子效应，缓冲溶液。

二、基本公式及原理

1. 水的离解及溶液的 pH

$$H_2O \rightleftharpoons H^+ + OH^-$$
$$c(H^+)c(OH^-) = K_w^\ominus$$
$$pH = -\lg c(H^+)$$
$$pH + pOH = 14$$

2. 一元弱酸或一元弱碱溶液中离解常数与离解度的关系

$$\alpha \approx \sqrt{\frac{K_a^\ominus}{c}} \text{ 或 } \alpha \approx \sqrt{\frac{K_b^\ominus}{c}} \qquad \left(\frac{c}{K_a^\ominus} \geqslant 500\right) \text{ 或 } \left(\frac{c}{K_b^\ominus} \geqslant 500\right)$$

3. 一元弱酸、弱碱溶液的 $c(H^+)$ 及 $c(OH^-)$

$$c(H^+) \approx \sqrt{K_a^\ominus c} \qquad \left(\frac{c}{K_a^\ominus} \geqslant 500\right)$$

$$c(OH^-)\approx\sqrt{K_b^\ominus c} \qquad \left(\frac{c}{K_b^\ominus}\geqslant 500\right)$$

4. 多元弱酸离解是分步进行的。但溶液中的 $c(H^+)$ 主要来自第一步离解，可按照一元弱酸近似计算。多元弱碱溶液 pH 的计算与此类似。

5. 两性物质溶液 pH 的计算

NaHA 溶液 $c(H^+)=\sqrt{K_{a1}^\ominus K_{a2}^\ominus}$

NaH_2PO_4 溶液 $c(H^+)=\sqrt{K_{a1}^\ominus K_{a2}^\ominus}$

Na_2HPO_4 溶液 $c(H^+)=\sqrt{K_{a2}^\ominus K_{a3}^\ominus}$

6. 缓冲溶液的 pH

弱酸及共轭碱组成的缓冲溶液 $pH=pK_a^\ominus+\lg\frac{c(共轭碱)}{c(酸)}$

弱碱及共轭酸组成的缓冲溶液 $pOH=pK_b^\ominus+\lg\frac{c(共轭酸)}{c(碱)}$

思考题与习题

1. 酸碱电离理论的酸碱定义是什么？

2. 酸碱质子理论的酸碱定义是什么？

3. 指出下列各酸的共轭碱：HAc，H_2CO_3，HCO_3^-，H_3PO_4，$H_2PO_4^-$，NH_4^+，H_2S，HS^-。

4. 指出下列各碱的共轭酸：Ac^-，CO_3^{2-}，PO_4^{3-}，HPO_4^{2-}，S^{2-}，NH_3，NH_4^+，CN^-，OH^-。

5. 根据下列反应标出共轭酸碱对。

(1) $H_2O+H_2O \rightleftharpoons H_3O^+ + OH^-$

(2) $H_3PO_4+OH^- \rightleftharpoons H_2PO_4^- + H_2O$

(3) $CN^- + H_2O \rightleftharpoons HCN + OH^-$

(4) $HAc + H_2O \rightleftharpoons H_3O^+ + Ac^-$

6. 指出下列物质中的共轭酸、共轭碱，并按照强弱顺序排列起来：HAc，Ac^-；NH_4^+，NH_3；HF，F^-；H_3PO_4，$H_2PO_4^-$；H_2S，HS^-。

7. 什么是水的离子积？溶液中 $c(H^+)$ 和 $c(OH^-)$ 的相对大小与溶液酸碱性有何关系？

8. 已知下列各弱酸的 $pK_a^\ominus$ 和弱碱的 $pK_b^\ominus$ 值，求它们的共轭碱和共轭酸的 $pK_b^\ominus$ 和 $pK_a^\ominus$。

(1) HCN $pK_a^\ominus=9.31$　　(2) NH_4^+ $pK_a^\ominus=9.25$

(3) HCOOH $pK_a^\ominus=3.75$　　(4) 苯胺 $pK_b^\ominus=9.34$

9. 计算下列溶液的 pH

(1) 0.05mol/L HCl　　(2) 0.10mol/L CH_3COOH

(3) 0.10mol/L $NH_3\cdot H_2O$　　(4) 0.50mol/L $NaHCO_3$

(5) 0.20mol/L Na_2CO_3　　(6) 0.20mol/L Na_2HPO_4

10. 离解度和离解常数有何区别和联系？

11. 氨水有哪些离解平衡？溶液中有哪些离子？其中哪种离子浓度最小？

12. 什么是同离子效应，什么是盐效应？它们对弱酸弱碱的离解平衡有何影响？

13. 何谓缓冲溶液？缓冲作用的基本原理是什么？如何选择缓冲溶液？

14. 在纯水中加入少量酸或碱，水的 pH 是否改变？水的离子积常数是否改变？

15. 计算室温下饱和 CO_2 水溶液(即 0.04mol/L) $c(HCO_3^-)$，$c(H^+)$，$c(CO_3^{2-})$。

16. 欲配制 pH=3 的缓冲溶液，有下列三组共轭酸碱对。

(1) $HCOOH\text{-}HCOO^-$ (2) $HAc\text{-}Ac^-$ (3) $NH_4^+\text{-}NH_3$，问选哪组较为合适？

17. 往 100mL 0.10mol/L HAc 溶液中加入 50mL 10mol/L NaOH 溶液，求此混合溶液的 pH。

18. 欲配制 pH=10.0 的缓冲溶液，如用 500mL 0.10mol/L $NH_3\cdot H_2O$ 溶液，问需加入 0.10mol/L HCl 溶液多少？或加入固体 NH_4Cl 多少克（假设体积不变）？

19. 有两种一元酸溶液，它们的体积相同，但溶液中 H^+ 浓度不同，以 NaOH 分别中和之，用量不同，H^+ 浓度较大的溶液用量较小，试说明之。

20. 高碘酸能以 HIO_4 和 H_5IO_6 存在，在水溶液中存在如下平衡

$$H_4IO_6^- \rightleftharpoons IO_4^- + 2H_2O$$

已知其平衡常数为 40，$K_{a1}^{\ominus}(H_5IO_6)=5.1\times10^{-4}$，试计算 $c(H_3O^+)=1mol/L$、$c(H_5IO_6)=0.5mol/L$ 的水溶液中 IO_4^- 的浓度。

21. 某弱碱 MOH 的相对分子质量为 125，25℃时，取 5.00g 溶于 50mL 水中，所得溶液的 pH =11.30，试计算 MOH 的 $K_b^{\ominus}$。

22. 计算下列缓冲溶液的缓冲 pH 范围。

(1) HCO_3^--CO_3^{2-}　(2) $H_2PO_4^-$-HPO_4^{2-}　(3) NH_4^+-NH_3

23. 人体中的 CO_2 在血液中以 H_2CO_3 和 HCO_3^- 存在，若血液的 pH 为 7.4，求血液中 $c(HCO_3^-)$，$c(H_2CO_3)$各占的百分数。

24. 血液中存在 H_2CO_3-HCO_3^{2-} 缓冲溶液，其作用是除去乳酸 Hlac，试写出反应方程式，并求反应的平衡常数 $K^{\ominus}$。[$K_{a(Hlac)}^{\ominus}=8.4\times10^{-4}$]

实验 3-1　缓冲溶液的配制

一、实验目的

1. 掌握同离子效应对弱电解质离解平衡的影响。

2. 学会缓冲溶液的配制及缓冲作用。

二、实验仪器

移液管 10mL，试管。

三、实验药品（未经注明的单位均为 mol/L）

HAc (0.1)，甲基橙试液，NaAc（固体），$NH_3 \cdot H_2O$ (0.1)，酚酞试液，石蕊试液，醋酸铅试纸，NaOH (2)，HCl (2)，NH_4Cl（固体），$MgCl_2$ (0.1)，NaH_2PO_4 (0.1)，Na_2HPO_4 (0.1)，精密 pH 试纸，百里酚蓝指示剂。

四、实验内容

1. 同离子效应

(1) 在试管中加入 1mL 0.1mol/L HAc 溶液，加 1 滴甲基橙试液，观察溶液的颜色；再加入少量固体 NaAc，观察溶液颜色的变化。

(2) 在试管中加入 1mL 0.1mol/L $NH_3 \cdot H_2O$，加 1 滴酚酞试液，观察溶液的颜色；再加入少量固体 NH_4Cl，观察溶液颜色的变化。

(3) 在试管中加入 2mL 饱和 H_2S 水溶液及 1 滴石蕊试液，观察溶液的颜色，并用湿润的醋酸铅试纸检查有无 H_2S 气体放出；再向溶液中滴加 2mol/L NaOH 溶液，至溶液呈碱性，观察溶液的颜色的变化，并检验有无 H_2S 气体放出。再向溶液中滴加 2mol/L HCl 溶液，至溶液呈酸性，溶液颜色又有什么变化？有无 H_2S 气体放出。

(4) 在试管中加入 2mL 0.1mol/L $MgCl_2$ 溶液，滴加 0.1mol/L $NH_3 \cdot H_2O$，有什么现象？在试管中加入少许 NH_4Cl 固体，又有什么变化？

解释上述现象。根据实验结果，总结同离子效应对弱电解质离解平衡的影响。

2. 缓冲溶液的配制

(1) 用移液管分别取 7.5mL 0.1mol/L NaH_2PO_4 和 Na_2HPO_4 溶液于一试管中，充分混合后用精密 pH 试纸（pH 范围 6.5～8.5）测定所配缓冲溶液的 pH 并与理论值进行比较。

(2) 用 0.1mol/L HAc 和 0.1mol/L NH_4Ac 溶液配制 pH 为 4.0 的缓冲溶液 10mL（自

行计算），用精密 pH 试纸（pH 范围 3.8～5.4）测定所配缓冲溶液的 pH。

3. 缓冲溶液的性质

(1) 抗酸和抗碱作用

在三支试管中分别加入 4mL 上面配制的两种缓冲溶液和蒸馏水，各加入 1 滴甲基橙指示剂，摇匀并记录溶液颜色，用广泛 pH 试纸测试其 pH。之后各加入 1 滴 1mol/L HCl，观察各试管中的颜色变化，用广泛 pH 试纸测试其 pH。向盛有缓冲溶液的试管中继续滴加 1mol/L HCl 至溶液颜色与盛水的试管一致时为止，记录再次加入 HCl 的滴数，将结果填入表一中。

分别取上述两种缓冲溶液及蒸馏水各 4mL，以酚酞为指示剂，用 1mol/L NaOH 按上述抗酸作用的实验操作步骤进行，验证缓冲溶液的抗碱作用，将有关数据填入表一中。

表一　缓冲溶液抗酸抗碱实验

组　成	加 1 滴甲基橙		加 1 滴 HCl		继续加 HCl 滴数	加 1 滴 NaOH		继续加 NaOH 滴数
	颜色	pH	颜色	pH		颜色	pH	
NaH_2PO_4-Na_2HPO_4								
HAc-NaAc								
H_2O								

(2) 抗稀释作用

在两支试管中各加入上面配制的 NaH_2PO_4-Na_2HPO_4 缓冲溶液 2mL、4mL，再向盛 2mL 缓冲溶液的试管中加 2mL 水，混匀后加 1 滴百里酚蓝指示剂，比较两支试管中颜色有无变化，解释实验现象。

五、思考题

1. 选择和配制缓冲溶液，缓冲溶液的缓冲范围是多少？
2. 在弱电解质溶液中加入含有相同离子的强电解质对弱电解质离解平衡有什么影响？

第四章 沉淀溶解平衡

学习指南

1. 掌握溶度积和沉淀溶解平衡的意义。
2. 熟悉溶度积规则，并能运用溶度积规则判断沉淀溶解平衡的移动方向，及进行计算。
3. 了解影响沉淀溶解平衡的因素。
4. 掌握分步沉淀和沉淀转化的原理。
5. 了解胶体及其性质。

在科学实验和化工生产中，经常要利用沉淀反应来制取难溶化合物、进行离子分离和离子鉴定、除去溶液中的杂质以及定量化学分析等。如何判断沉淀反应是否发生？怎样才能使沉淀更加完全？什么条件下沉淀可以溶解？如果溶液中同时存在几种离子又如何控制条件使指定的离子沉淀？这些都是实际工作中常常遇到的问题。

第一节　沉淀溶解平衡和溶度积规则

不同的物质在水中的溶解度不同。例如 25℃ 时，$ZnCl_2$ 在水中的溶解度为 432g/100gH_2O，而 HgS 的溶解度仅为 1.47×10^{-23} g/100gH_2O。通常把溶解度大于 0.1g/100gH_2O 的物质称为易溶物，溶解度小于 0.01g/100gH_2O 的物质称为难溶物，而溶解度在 0.01～0.1g/100gH_2O 的物质称为微溶物。

一、沉淀溶解平衡与溶度积

严格地讲，在水中绝对不溶的物质是不存在的，只不过是溶解的多少而已。如在一定温度下，把难溶电解质 AgCl 放入水中，AgCl 晶体表面的 Ag^+ 和 Cl^- 因受到水分子的吸引，逐渐离开晶体表面进入溶液中，成为自由运动的水合离子。同时，已溶解的 Ag^+ 和 Cl^- 在不断的运动中又撞击到晶体表面，受到晶体表面离子的吸引，又重新回到晶体表面，如图 4-1所示。可见溶解和沉淀是互为可逆的过程。

在一定条件下，当溶解和沉淀速率相等时，便建立了难溶电解质固体与溶液中相应离子间的多相平衡，称为沉淀溶解平衡。AgCl 沉淀与溶液中的 Ag^+ 和 Cl^-之间的多相平衡可以

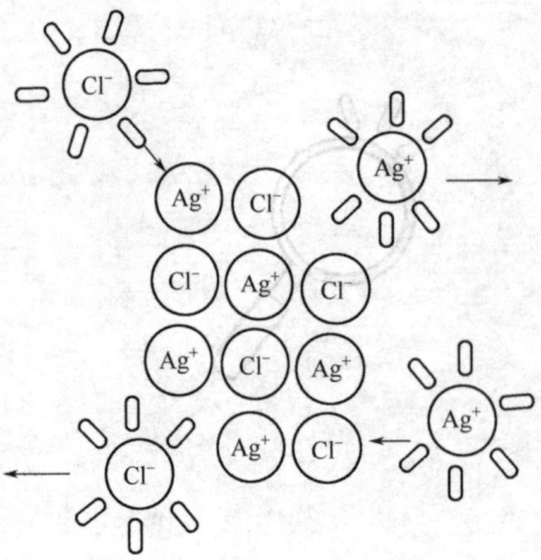

图 4-1 AgCl 的溶解和沉淀

表示为

$$\underset{\text{未溶解固体}}{AgCl(s)} \underset{\text{沉淀}}{\overset{\text{溶解}}{\rightleftharpoons}} \underset{\text{已溶解的水合离子}}{Ag^{+}(aq)+Cl^{-}(aq)}$$

其平衡关系表达式为

$$K_{sp}^{\ominus}(AgCl)=\frac{c(Ag^{+})c(Cl^{-})}{c(AgCl)}$$

因为 AgCl 是固体，其浓度为常数可合并于 $K_{sp}^{\ominus}$ 中，上述平衡关系式则表示为

$$K_{sp}^{\ominus}(AgCl)=c(Ag^{+})c(Cl^{-})$$

对于一般的难溶强电解质的沉淀溶解平衡均可表示为

$$A_mB_n(S) \underset{\text{沉淀}}{\overset{\text{溶解}}{\rightleftharpoons}} mA^{n+}(aq)+nB^{m-}(aq) \quad (4\text{-}1)$$

$$K_{sp}^{\ominus}(A_mB_n)=c^m(A^{n+})c^n(B^{m-})$$

式中 m——A^{n+} 的系数；

n——B^{m-} 的系数。

这表明，在一定温度下，难溶电解质在其饱和溶液中各离子浓度幂的乘积是一个常数，该常数被称为沉淀溶解平衡常数，又称溶度积常数，简称溶度积。$K_{sp}^{\ominus}$ 的大小反映了难溶电解质溶解能力的相对强弱。和其他平衡常数一样，只与难溶电解质的本性和温度有关，与沉淀量的多少和溶液中离子浓度的变化无关。常见难溶电解质的 $K_{sp}^{\ominus}$ 值列于附录二中。

严格地讲，溶度积是沉淀溶解平衡时各离子活度的乘积。对于难溶电解质溶液而言，离子浓度较低，离子强度小，离子活度与浓度差别也小，因此，可以用离子浓度代替活度进行有关溶度积的计算。

二、溶度积与溶解度的关系

溶度积和溶解度的数值都可用于衡量物质的溶解能力。因此，二者之间必然有着密切的联系。即在一定条件下，二者之间可以相互换算。换算时，以 $g/100gH_2O$ 表示的溶解度必须换算成物质的量浓度，其单位用 mol/L 表示。由于难溶电解质的溶解度很小，溶液很稀，可以认为饱和溶液的密度近似等于纯水的密度，由此可使计算简化。

【例 4-1】 已知 25℃时 $BaSO_4$ 的溶解度为 $0.00242g/100gH_2O$。试计算在该温度下 $BaSO_4$ 的溶度积。

解 已知 $BaSO_4$ 的摩尔质量为 233.4g/mol。将 $BaSO_4$ 的溶解度换算成物质的量浓度。

$$c(BaSO_4)=0.00242\times\frac{1000}{100}\times\frac{1}{233.4}=1.04\times10^{-5}(mol/L)$$

因为 $$BaSO_4(s) \rightleftharpoons Ba^{2+}(aq)+SO_4^{2-}(aq)$$

所以 $$K_{sp}^{\ominus}(BaSO_4)=c(Ba^{2+})c(SO_4^{2-})=(1.04\times10^{-5})^2=1.1\times10^{-10}$$

【例 4-2】 已知 25℃时，AgCl 的溶解度为 $1.9\times10^{-3}g/L$，计算该温度下 AgCl 的溶度积，并与 25℃时 $BaSO_4$ 的溶度积和溶解度做比较。

解 设 25℃时，AgCl 的溶解度为 s(mol/L)，已知 AgCl 的摩尔质量为 143.3g/mol，则

$$s=1.9\times10^{-3}/143.3=1.33\times10^{-5} \quad (mol/L)$$

$$AgCl(s) \rightleftharpoons Ag^{+}(aq)+Cl^{-}(aq)$$

平衡浓度/(mol/L) $\qquad s \qquad s$

$$K_{sp}^{\ominus}(AgCl)=c(Ag^{+})c(Cl^{-})=s^2=(1.33\times10^{-5})^2=1.8\times10^{-10}$$

由比较可知，AgCl 和 $BaSO_4$ 均属于 $K_{sp}^{\ominus}$值大时，其溶解度也大的情况。

【例 4-3】 已知 25℃时，$K_{sp}^{\ominus}$（AgCl）$=1.8\times10^{-10}$，$K_{sp}^{\ominus}$（Ag_2CrO_4）$=1.1\times10^{-12}$，试比较两种银盐在水中的溶解度。

解 设 AgCl 在水中的溶解度为 s（mol/L），则平衡时，

$$\begin{array}{lccc} & AgCl(s) \rightleftharpoons & Ag^+(aq) & +\ Cl^-(aq) \\ 平衡浓度/(mol/L) & & s & s \end{array}$$

$$K_{sp}^{\ominus}(AgCl)=c(Ag^+)c(Cl^-)=s^2$$

$$s=\sqrt{K_{sp}^{\ominus}(AgCl)}=\sqrt{1.8\times10^{-10}}=1.33\times10^{-5}(mol/L)$$

同理，设 Ag_2CrO_4 在水中的溶解度为 s（mol/L），则平衡时有

$$\begin{array}{lccc} & Ag_2CrO_4(s) \rightleftharpoons & 2\,Ag^+(aq) & +\ CrO_4^{2-}(aq) \\ 平衡浓度/(mol/L) & & 2s & s \end{array}$$

$$K_{sp}^{\ominus}(Ag_2CrO_4)=c^2(Ag^+)c(CrO_4^{2-})=(2s)^2s=4s^3$$

$$s=\sqrt[3]{\frac{K_{sp}^{\ominus}(Ag_2CrO_4)}{4}}=\sqrt[3]{\frac{1.12\times10^{-12}}{4}}=6.5\times10^{-5}(mol/L)$$

计算表明，虽然 AgCl 的溶度积（1.8×10^{-10}）比 Ag_2CrO_4 的溶度积（1.12×10^{-12}）大，但 AgCl 的溶解度却比 Ag_2CrO_4 的溶解度小，即常温下 AgCl 的溶解能力比 Ag_2CrO_4 的弱。

难溶电解质按其离子组成，可有 AB 型、A_2B 型、AB_2 型等的不同。如以 AB 为一个类型，权且把 A_2B 和 AB_2 归为另一个类型的话，由［例 4-1］、［例 4-2］、［例 4-3］的计算和比较，不难得出如下两点结论。

① 同类型的难溶电解质的 $K_{sp}^{\ominus}$越大，其溶解度就越大；$K_{sp}^{\ominus}$越小，其溶解度也越小。

② 不同类型的难溶电解质则不能直接用 $K_{sp}^{\ominus}$来比较溶解度大小，必须经过计算方可比较。

尤其应当指出，溶度积与溶解度之间的换算，不适用于显著发生水解的难溶电解质和发生配合反应的难溶电解质。

三、溶度积规则

改变难溶电解质的溶解沉淀平衡的条件，平衡会发生移动。例如，在 AgCl 的饱和溶液中

$$AgCl(s) \rightleftharpoons Ag^+(aq)+Cl^-(aq)$$

如果增加平衡体系中 Ag^+或 Cl^-的浓度，平衡就会被打破，反应向左进行，有新的沉淀析出，直到建立新的平衡。若降低平衡体系中 Ag^+或 Cl^-的浓度，平衡同样被破坏，反应向右进行，使 AgCl 沉淀溶解，直至建立新的平衡。

若以 Q_i 表示任意浓度下难溶电解质 A_mB_n 的离子积，则

$$Q_i=c^m(A^{n+})c^n(B^{m-}) \tag{4-2}$$

由式（4-2）可见，Q_i 与 $K_{sp}^{\ominus}$的表达形式相同，但 Q_i 中的离子浓度不一定是平衡浓度。所以，离子积 Q_i 不一定是常数。

难溶电解质溶液的离子积 Q_i 和溶度积 $K_{sp}^{\ominus}$之间的关系有三种情况：

$Q_i>K_{sp}^{\ominus}$，溶液呈过饱和状态，有沉淀生成；

$Q_i=K_{sp}^{\ominus}$，溶液呈饱和状态，沉淀和溶解处于平衡状态；

$Q_i<K_{sp}^{\ominus}$，溶液呈不饱和状态。若体系中原有沉淀存在，沉淀会溶解，直至溶液呈饱和状态。

上述三种情况是难溶电解质多相离子平衡移动的规律，称作溶度积规则。由此不难看出，通过控制离子的浓度，便可使沉淀溶解平衡发生移动，从而使平衡向着需要的方向进行。

第二节　影响沉淀溶解平衡的因素

一个已达到沉淀溶解平衡的体系，若改变条件可使平衡发生移动。影响沉淀溶解平衡的因素较多，本节重点讨论以下几种因素。

一、同离子效应

根据化学平衡移动规律，在难溶电解质体系中加入含有相同离子的易溶强电解质时，由于降低了难溶电解质的溶解度，使得体系中多相离子平衡向生成沉淀的方向移动，此影响称为沉淀溶解平衡中的同离子效应。例如 $BaSO_4(s)$ 的沉淀平衡

$$BaSO_4(s) \rightleftharpoons Ba^{2+}(aq)+SO_4^{2-}(aq)$$

此体系中，若加入强电解质 $Na_2SO_4(s)$，由于 SO_4^{2-} 的同离子效应，降低了体系中 Ba^{2+} 的浓度，从而降低了 $BaSO_4$ 的溶解度，使平衡向左移动。通过计算可定量地说明同离子效应对沉淀平衡影响的大小。

【例 4-4】 已知 25℃时 $BaSO_4(s)$在纯水中的溶解度为 1.04×10^{-5} mol/L。若在此饱和溶液中加入 SO_4^{2-}，并使其浓度为 0.100mol/L，忽略离子强度的影响，问此时 $BaSO_4$ 的溶解度为多少？并与 $BaSO_4$ 在纯水中的溶解度作比较。[$K_{sp}^{\ominus}(BaSO_4)=1.08\times10^{-10}$]

解 设 $BaSO_4$ 在 0.100mol/L 的 SO_4^{2-} 溶液中的溶解度为 s mol/L。

$$BaSO_4(s) \rightleftharpoons Ba^{2+}(aq)+SO_4^{2-}(aq)$$

平衡浓度/(mol/L)　　　　　　s　　　　$s+0.100$

由溶度积规则有

$$K_{sp}^{\ominus}(BaSO_4)=c(Ba^{2+})c(SO_4^{2-})=s(s+0.100)=1.08\times10^{-10}$$

因 $K_{sp}^{\ominus}(BaSO_4)$ 很小，$s+0.100\approx0.100$。

则
$$s=\frac{K_{sp}^{\ominus}(BaSO_4)}{0.100}=\frac{1.08\times10^{-10}}{0.100}=1.08\times10^{-9}(mol/L)$$

计算结果表明，平衡体系中 SO_4^{2-} 浓度增加时，Ba^{2+} 浓度从溶于纯水中的 1.04×10^{-5} mol/L 降低到 1.08×10^{-9} mol/L，减少约一万倍，可见，同离子效应使得 $BaSO_4$ 的溶解度明显降低。

二、盐效应

在难溶电解质的饱和溶液中，加入与难溶电解质组成不同的易溶强电解质，使难溶电解质溶解度比同温度下纯水中的溶解度增大的现象称为盐效应。

例如 25℃时，AgCl 沉淀在纯水中的溶解度为 1.33×10^{-5} mol/L，而在 0.010mol/L 的 KNO_3 溶液中，AgCl 的溶解度增至 1.43×10^{-5} mol/L。

产生盐效应的原因是：由于加入强电解质后，溶液中离子浓度增大，带相反电荷的离子间相互吸引，牵制作用增强，妨碍了离子的自由运动。生成难溶电解质的离子同样受到牵制，其有效浓度减小，在单位时间内沉淀构成离子与沉淀表面的碰撞次数减少，使沉淀速率减慢。因而难溶电解质的溶解速率大于沉淀速率，原来的沉淀溶解平衡被破坏。当新的平衡建立时，已有更多的沉淀被溶解，因此溶解度增大了。

值得注意的是，在难溶电解质的饱和溶液中加入具有相同离子的强电解质时，会同时出现同离子效应和盐效应。当加入的具有同离子强电解质的浓度较低时，主要表现为同离子效应，使沉淀溶解度降低，有利于沉淀的生成；当加入具有同离子强电解质的浓度较高时，则主要表现为盐效应，使沉淀溶解度增加，不利于沉淀的生成，使沉淀不完全。例如，某温度

下，在 $PbSO_4$ 的饱和溶液中加入 Na_2SO_4，溶液中平衡为

$$PbSO_4(s) \rightleftharpoons Pb^{2+}(aq)+SO_4^{2-}(aq)$$

当 Na_2SO_4 的浓度较低时，主要表现为同离子效应，使沉淀溶解度降低，平衡向左移动；当 Na_2SO_4 的浓度较高且大到一定值时，则盐效应起主导作用，使沉淀溶解度增加，平衡向右移动，直到建立新的平衡。表 4-1 列出 $PbSO_4$ 于室温时在不同浓度 Na_2SO_4 溶液中的溶解度。

表 4-1　25℃时 $PbSO_4$ 在 Na_2SO_4 溶液中的溶解度

Na_2SO_4 浓度/(mol/L)	0	0.001	0.01	0.02	0.04	0.10	0.20
$PbSO_4$ 溶解度/(mg/L)	45	7.8	4.9	4.2	3.9	4.9	7.0

由表 4-1 可见，当 Na_2SO_4 浓度为 0.04mol/L 时，$PbSO_4$ 沉淀的溶解度最小，此时同离子效应影响最大。此后，若逐渐增加 Na_2SO_4 浓度，盐效应的影响程度大于同离子效应，$PbSO_4$ 沉淀的溶解度也逐渐增大。

三、配位效应

在沉淀平衡体系中，若加入适当的配位剂，被沉淀的离子与配位剂发生配位反应，也会使沉淀平衡朝着沉淀溶解的方向移动，从而使沉淀溶解度增大。这种因加入配位剂使沉淀溶解度改变的作用称为配位效应。

许多金属离子在水溶液中生成溶解度极小的氢氧化物、硫化物等沉淀，但是，当加入某种配位剂时，沉淀溶解度明显增大，甚至完全溶解。例如 AgCl 沉淀在体系中的平衡为

$$AgCl(s) \rightleftharpoons Ag^+(aq)+Cl^-(aq)$$

当加入氨水时，发生了如下配位反应

$$Ag^+(aq)+2NH_3(aq) \rightleftharpoons [Ag(NH_3)_2]^+(aq)$$

由于 Ag^+ 与 NH_3 生成可溶性的 $[Ag(NH_3)_2]^+$ 配离子，使得溶液中 Ag^+ 浓度降低，促使 AgCl 沉淀逐渐溶解，若加入 NH_3 的浓度足够大，AgCl 沉淀会全部被溶解。

配位效应对沉淀溶解度的影响与配位剂的浓度以及形成配合物的稳定性有关，配合物的稳定性越高，则沉淀越易被溶解。

如果沉淀反应中的沉淀剂又是配位剂时，则同时存在同离子效应和配位效应，这样沉淀剂的加入量必须适当。例如，室温时 AgCl 沉淀在不同浓度的 NaCl 溶液中的溶解度见表4-2。

表 4-2　NaCl 对 AgCl 溶解度的影响

NaCl 浓度/(mol/L)	0	0.0039	0.0092	0.036	0.082	0.35	0.50
AgCl 溶解度/(mg/L)	2.0	0.10	0.13	0.27	0.52	2.4	4.0

由表 4-2 可见，在 NaCl 浓度为 0.0039mol/L 时，AgCl 的溶解度最小。随着 NaCl 浓度的增加，因 AgCl 与配位剂 Cl^- 发生了配位反应

$$AgCl(s)+Cl^-(aq) \rightleftharpoons AgCl_2^-(aq)$$

故使 AgCl 的溶解度反而增加。

四、酸效应

溶液的酸度对沉淀溶解度的影响称为酸效应。对于 $BaSO_4$、AgCl 等强酸盐沉淀，酸效应对其溶解度的影响较小；对于 $CaCO_3$、CaC_2O_4、ZnS、SnS、FeS 等弱酸盐沉淀和金属氢氧化物沉淀，酸效应对其溶解度影响较大，有的可完全被酸溶解，在其溶解反应的产物中有弱电解质生成。

1. 生成弱酸

由弱酸所形成的难溶盐沉淀如 $CaCO_3$、FeS 等，当溶液中 H^+ 浓度较大时，生成相应的

弱酸，使平衡体系中弱酸根离子浓度减小，从而满足了 $Q_i < K_{sp}^{\ominus}$，沉淀溶解。例如，在 $CaCO_3$ 溶液中加入酸，其反应为

$$CaCO_3(s) \rightleftharpoons Ca^{2+}(aq) + CO_3^{2-}(aq)$$

$$CO_3^{2-}(aq) + 2H^+(aq) \rightleftharpoons H_2CO_3 \rightarrow H_2O + CO_2\uparrow$$

因 CO_3^{2-} 浓度下降，沉淀平衡向着 $CaCO_3$ 溶解的方向移动。若溶液中 H^+ 浓度足够大，可致使 $CaCO_3$ 全部溶解。

即 $$CaCO_3(s) + 2H^+(aq) \rightleftharpoons Ca^{2+}(aq) + H_2O + CO_2\uparrow$$

又如，FeS 在盐酸溶液中有下列多相平衡

$$FeS(s) \rightleftharpoons Fe^{2+}(aq) + S^{2-}(aq)$$

$$S^{2-}(aq) + H^+(aq) \rightleftharpoons HS^-(aq)$$

$$HS^-(aq) + H^+(aq) \rightleftharpoons H_2S$$

即 $$FeS(s) + 2H^+(aq) \rightleftharpoons Fe^{2+}(aq) + H_2S$$

由于 H^+ 的作用，降低了溶液中的 S^{2-} 浓度，促使 FeS 沉淀溶解。

2. 生成水

金属氢氧化物，在酸性溶液中发生溶解反应，生产难电离的水。例如

$$Fe(OH)_3(s) \rightleftharpoons Fe^{3+}(aq) + 3OH^-(aq)$$

$$OH^-(aq) + H^+(aq) \rightleftharpoons H_2O$$

即 $$Fe(OH)_3(s) + 3H^+(aq) \rightleftharpoons Fe^{3+}(aq) + 3H_2O$$

由于 H^+ 与 OH^- 结合生成水，降低了溶液中 OH^- 的浓度，破坏了沉淀平衡，使平衡向 $Fe(OH)_3$ 溶解的方向移动。若溶液中的 H^+ 浓度足够大，$Fe(OH)_3$ 沉淀将被全部溶解。

3. 生成弱碱

一些溶度积较大的金属氢氧化物沉淀能溶于铵盐中，就是由于生成弱碱 NH_3 的缘故。如 $Mg(OH)_2$、$Mn(OH)_2$ 等。其酸溶反应为

$$Mg(OH)_2(s) + 2NH_4^+(aq) \rightleftharpoons Mg^{2+}(aq) + 2NH_3 + 2H_2O$$

对于 $Fe(OH)_3$、$Al(OH)_3$，由于溶度积很小，则不能溶于铵盐中。

总之，溶液的酸度对于弱酸盐沉淀、金属氢氧化物沉淀和一些硫化物沉淀的溶解度影响很大。因此，要使这些沉淀反应进行完全，应尽可能地控制反应在适当的酸度条件下进行。

第三节　溶度积规则的应用

利用溶度积规则，不仅可以通过改变离子的浓度控制沉淀反应的方向，还可以将混合溶液中的离子进行分离。

一、判断沉淀的生成和沉淀的完全程度

1. 判断沉淀的生成

根据溶度积规则，在难溶电解质溶液中，若 $Q_i > K_{sp}^{\ominus}$ 时，则沉淀生成。这是沉淀生成的必要条件。

【例 4-5】 将 0.020mol/L 的 Na_2CO_3 溶液与 0.020mol/L 的 $CaCl_2$ 溶液等体积混合，是否有 $CaCO_3$ 沉淀析出？[$K_{sp}^{\ominus}(CaCO_3) = 2.8\times10^{-9}$]

解　两种溶液等体积混合后，可认为体积增大了一倍，而各自的浓度减小至原来的一半。由于 Na_2CO_3 和 $CaCl_2$ 全部电离，故 CO_3^{2-} 和 Ca^{2+} 的浓度为 0.010mol/L。

$$CaCO_3(s) \rightleftharpoons Ca^{2+}(aq)+CO_3^{2-}(aq)$$

$$Q_i=c(Ca^{2+})c(CO_3^{2-})=0.010\times0.010=1.0\times10^{-4}$$

因为 $Q_i>K_{sp}^{\ominus}$，则有 $CaCO_3$ 沉淀生成。

2. 判断沉淀的完全程度

在实际工作中，当利用沉淀反应来制备物质或分离杂质时，沉淀是否完全是引人关注的问题。由于难溶电解质溶液中始终存在着沉淀溶解平衡，不论加入的沉淀剂如何过量，被沉淀离子的浓度也不可能等于零。所谓"沉淀完全"并不是说溶液中某种离子绝对不存在了，而是指其含量少至某一标准而言，通常要求残留离子浓度小于 1×10^{-5} mol/L（在定量分析中，一般要求残留离子浓度小于 1×10^{-6} mol/L)，即可认为沉淀达到完全。

【例 4-6】 以 Na_2SO_4 为沉淀剂，沉淀溶液中的 Ba^{2+}，若将 0.020mol/L 的 $BaCl_2$ 与 0.040mol/L 的 $NaSO_4$ 溶液等体积混合，试问 Ba^{2+} 能否沉淀完全？

解 由题意可知 Na_2SO_4 是过量的，假设二溶液混合后，Ba^{2+} 完全被沉淀，剩余的 SO_4^{2-} 浓度为：

$$c(SO_4^{2-})=\frac{0.040-0.020}{2}=0.010(mol/L)$$

$$BaSO_4(s) \rightleftharpoons Ba^{2+}(aq)+SO_4^{2-}(aq)$$

平衡浓度/(mol/L)　　　　s　　　　$s+0.010$

由于平衡时 s 值很小，可以认为 $s+0.010\approx0.010$，因此将 $c(SO_4^{2-})=0.010$mol/L 代入 $K_{sp}^{\ominus}$的关系式中，则

$$K_{sp}^{\ominus}(BaSO_4)=c(Ba^{2+})c(SO_4^{2-})$$

$$c(Ba^{2+})=\frac{K_{sp}^{\ominus}(BaSO_4)}{c(SO_4^{2-})}=\frac{1.08\times10^{-10}}{0.010}=1.08\times10^{-8}(mol/L)$$

由计算可知，$1.08\times10^{-8}<1.0\times10^{-5}$，故可认为此时 Ba^{2+} 已沉淀完全。

在前面曾经讨论过溶液的酸碱度对沉淀溶解度的影响。对于某些沉淀（如难溶的弱酸盐、金属氢氧化物和金属硫化物）反应，沉淀能否生成取决于溶液的 pH，而且开始沉淀和沉淀完全的 pH 也不相同。以金属氢氧化物为例，在 $M(OH)_n$ 型难溶氢氧化物的多相离子平衡中

$$M(OH)_n(s) \rightleftharpoons M^{n+}(aq)+nOH^-(aq)$$

$$K_{sp}^{\ominus}[M(OH)_n]=c(M^{n+})c^n(OH^-)$$

$$c(OH^-)=\sqrt[n]{\frac{K_{sp}^{\ominus}[M(OH)_n]}{c(M^{n+})}} \tag{4-3}$$

若要使 M^{n+} 开始生成氢氧化物沉淀，溶液中 OH^- 的最低浓度为

$$c(OH^-)\geqslant\sqrt[n]{\frac{K_{sp}^{\ominus}[M(OH)_n]}{c(M^{n+})}} \tag{4-4}$$

若要使 M^{n+} 沉淀完全，即 $c(M^{n+})\leqslant1\times10^{-5}$ mol/L，则 OH^- 的最低浓度为

$$c(OH^-)\geqslant\sqrt[n]{\frac{K_{sp}^{\ominus}[M(OH)_n]}{c(M^{n+})}}=\sqrt[n]{\frac{K_{sp}^{\ominus}[M(OH)_n]}{1\times10^{-5}}} \tag{4-5}$$

由此可见，难溶金属氢氧化物在溶液中开始沉淀和沉淀完全的 pH 主要取决于其溶度积 $K_{sp}^{\ominus}$的大小。不同金属氢氧化物的 $K_{sp}^{\ominus}$不同，因此，调节溶液的 pH，可将金属离子以氢氧化物的形式进行分离或提纯。

二、沉淀的溶解

在室温时，难溶电解质可通过不同的方法使之溶解。在大多数情况下，可通过化学反

应，以降低溶液中一种或两种离子的浓度，从而使溶液中离子浓度满足 $Q_i < K_{sp}^{\ominus}$，达到难溶电解质溶解的目的。常用的方法一般有酸碱溶解法、氧化还原溶解法和配位溶解法。

1. 酸碱溶解法

所谓酸碱溶解法是指外加强酸或强碱，与难溶物质的离子反应，形成可溶性弱电解质，使难溶物质的沉淀平衡向溶解方向移动，导致沉淀的溶解。此法适用于难溶的氢氧化物、碳酸盐和硫化物。因为它们的阴离子是强的质子碱，可与 H_3O^+ 结合形成弱的共轭酸，促使沉淀溶解。

例如，要溶解金属硫化物沉淀，可向其饱和溶液中加入强酸 HCl，则溶液中 S^{2-} 与 H_3O^+ 发生如下反应

$$S^{2-}(aq) + H^+(aq) \longrightarrow HS^-(aq)$$

$$HS^-(aq) + H^+(aq) \longrightarrow H_2S$$

溶解过程中同时存在着两个平衡，即

$$MS(s) \rightleftharpoons M^{2+}(aq) + S^{2-}(aq) \qquad K_{sp}^{\ominus}$$

$$S^{2-}(aq) + 2H^+(aq) \rightleftharpoons H_2S \qquad K_a^{\ominus} = K_{a1}^{\ominus} K_{a2}^{\ominus}$$

两式相加得溶解反应

$$MS(s) + 2H^+(aq) \rightleftharpoons M^{2+}(aq) + H_2S$$

由平衡规则得

$$K^{\ominus} = \frac{c(M^{2+})c(H_2S)}{c^2(H^+)} = \frac{K_{sp}^{\ominus}(MS)}{K_a^{\ominus}}$$

在通常条件下，H_2S 饱和溶液的浓度为 0.10mol/L。如果已知金属离子的浓度，即可以根据金属硫化物的 $K_{sp}^{\ominus}$ 和 H_2S 的电离常数，计算出硫化物沉淀溶解时溶液中的 H^+ 浓度：

$$c(H^+) = \sqrt{\frac{c(M^{2+})c(H_2S)K_a^{\ominus}}{K_{sp}^{\ominus}(MS)}} \tag{4-6}$$

可见，难溶弱酸盐溶于酸的难易程度与难溶物的 $K_{sp}^{\ominus}$ 和 $K_a^{\ominus}$ 有关。$K_{sp}^{\ominus}$ 越大，$K_a^{\ominus}$ 值越小，溶解所需的 H^+ 浓度越小，溶解反应越易进行；反之，所需 H^+ 浓度就越大，则溶解反应越难进行。

2. 氧化还原溶解法

利用氧化还原反应来降低溶液中难溶电解质组分离子的浓度，从而使难溶电解质溶解的方法，称为氧化还原溶解法。一些很难溶的金属硫化物，如 CuS、PbS、HgS，由于其溶解度非常小，即使外加高浓度的 HCl 或 H_2SO_4，都不足以将它们溶解。在这种情况下，往往利用氧化性酸（如 HNO_3 或王水），通过氧化还原反应来溶解。例如

$$3CuS + 8HNO_3 \rightleftharpoons 3Cu(NO_3)_2 + 3S\downarrow + 2NO\uparrow + 4H_2O$$

非常难溶的 HgS 单利用降低 S^{2-} 浓度的方法，不足以使其溶解，必须使用王水 [$V(HCl) : V(HNO_3) = 3 : 1$] 溶解：

$$3HgS + 12HCl + 2HNO_3 \rightleftharpoons 3H_2[HgCl_4] + 3S\downarrow + 2NO\uparrow + 4H_2O$$

该反应，一方面利用 HNO_3 的氧化性，使 S^{2-} 氧化为游离硫，降低了 S^{2-} 的浓度。另一方面 Cl^- 与 Hg^{2+} 转化为 $[HgCl_4]^{2-}$ 配离子，降低了 Hg^{2+} 浓度，最终使 $Q_i < K_{sp}^{\ominus}$，导致 HgS 溶解。

3. 配位溶解法

配位溶解法是指在难溶电解质的饱和溶液中，加入一定量的配位剂，与难溶电解质组分离子形成配离子，使得溶液中组分离子浓度降低，从而达到溶解的目的。例如 $Cu(OH)_2$ 难溶于水，但易溶于 $NH_3 \cdot H_2O$ 中，其原理是

$$Cu(OH)_2(s) \rightleftharpoons Cu^{2+}(aq)+2OH^-(aq)$$

$$Cu^{2+}(aq)+4NH_3 \cdot H_2O \rightleftharpoons [Cu(NH_3)_4]^{2+}(aq)+4H_2O$$

由于 Cu^{2+} 与 NH_3 结合成稳定的 $[Cu(NH_3)_4]^{2+}$ 配离子，使溶液中 $c(Cu^{2+})$ 降低，致使 $Q_i=c(Cu^{2+})c^2(OH^-)<K_{sp}^{\ominus}[Cu(OH)_2]$，所以 $Cu(OH)_2$ 沉淀被溶解。

三、分步沉淀

如果有多种离子同时存在于混合溶液中，加入某种沉淀剂时，这些离子可能均会发生沉淀反应，生成难溶电解质。但因沉淀溶解度的不同，发生沉淀的先后次序就不同。这种混合离子溶液中，离子发生先后沉淀的现象称为分步沉淀。

例如在浓度均为0.010mol/L的 Cl^-、I^- 混合溶液中，逐滴加入 $AgNO_3$ 溶液，哪种离子先沉淀？第一种离子沉淀到什么程度，第二种离子开始沉淀？为此，需要计算AgCl和AgI开始沉淀所需的 Ag^+ 浓度。

AgI 开始沉淀时 $c'(Ag^+)=\dfrac{K_{sp}^{\ominus}(AgI)}{c(I^-)}=\dfrac{8.52\times10^{-17}}{0.010}=8.52\times10^{-15}(mol/L)$

AgCl 开始沉淀时 $c''(Ag^+)=\dfrac{K_{sp}^{\ominus}(AgCl)}{c(Cl^-)}=\dfrac{1.8\times10^{-10}}{0.010}=1.8\times10^{-8}(mol/L)$

可见沉淀 I^- 所需 Ag^+ 浓度比沉淀 Cl^- 小得多，显然AgI先沉淀。随着 I^- 不断被沉淀为AgI，溶液中 I^- 浓度不断减小，若要使AgI继续沉淀，必须不断加入 $AgNO_3$，以提高溶液中 Ag^+ 的浓度，满足AgI不断析出的要求。当 Ag^+ 浓度增加到 1.8×10^{-8}mol/L时，AgCl开始沉淀。这时由于AgI和AgCl处在同一饱和溶液，故溶液中 Ag^+ 浓度必然同时满足下列两个关系式。

$$c(Ag^+)c(I^-)=K_{sp}^{\ominus}(AgI)$$

$$c(Ag^+)c(Cl^-)=K_{sp}^{\ominus}(AgCl)$$

即

$$\frac{K_{sp}^{\ominus}(AgI)}{c(I^-)}=\frac{K_{sp}^{\ominus}(AgCl)}{c(Cl^-)}$$

得

$$c(I^-)=\frac{K_{sp}^{\ominus}(AgI)}{K_{sp}^{\ominus}(AgCl)}\times c(Cl^-)=\frac{8.52\times10^{-17}}{1.8\times10^{-10}}\times0.010=4.73\times10^{-9}(mol/L)$$

计算说明，当 Cl^- 开始沉淀时，I^- 已沉淀完全，故两者可以被定性分离。

由此可见，影响难溶电解质分步沉淀的主要因素是沉淀的溶度积和被沉淀离子的浓度。如果是同一类型的难溶电解质，$K_{sp}^{\ominus}$ 小的先沉淀，而且溶度积相差越大混合离子越容易被分离。但对于不同类型的难溶电解质，因有不同浓度的幂次关系，则不能直接根据 $K_{sp}^{\ominus}$ 来判断沉淀的次序。在两种沉淀的 $K_{sp}^{\ominus}$ 差别不大时，改变溶液中被沉淀离子浓度可以改变沉淀的次序。

总之，在混合离子溶液中，如果加入沉淀剂，沉淀开始所需沉淀剂浓度低的离子先沉淀，所需沉淀剂浓度高的离子后沉淀。如果生成各沉淀所需的沉淀剂浓度相差较大，就能运用分步沉淀原理进行混合离子的分离，并达到提纯的目的。

【例 4-7】 (1) 已知某溶液含有 Pb^{2+} 和 Ba^{2+} 两种离子，浓度均为0.10mol/L，在此溶液中加入 Na_2SO_4 试剂，哪一种离子先沉淀？两者能否被完全分离？

(2) 若溶液中 Pb^{2+} 的浓度为0.0010mol/L，Ba^{2+} 的浓度仍为0.10mol/L，两者是否可以被完全分离？

解　查表得　$K_{sp}^{\ominus}(PbSO_4)=2.53\times10^{-8}$，　$K_{sp}^{\ominus}(BaSO_4)=1.08\times10^{-10}$

(1) Pb^{2+} 开始沉淀时所需 SO_4^{2-} 的浓度为

$$c'(SO_4^{2-})=\frac{2.53\times10^{-8}}{0.10}=2.53\times10^{-7}(mol/L)$$

Ba^{2+} 开始沉淀时所需 SO_4^{2-} 的浓度为

$$c''(SO_4^{2-})=\frac{1.08\times10^{-10}}{0.10}=1.08\times10^{-9}(mol/L)$$

因为沉淀 Ba^{2+} 所需 SO_4^{2-} 浓度小，所以 Ba^{2+} 先沉淀。当 $PbSO_4$ 沉淀析出时，满足

$$\frac{K_{sp}^{\ominus}(BaSO_4)}{K_{sp}^{\ominus}(PbSO_4)}=\frac{c(Ba^{2+})}{c(Pb^{2+})} \quad 或 \quad \frac{c(Ba^{2+})}{c(Pb^{2+})}=\frac{c''(SO_4)}{c'(SO_4)}=4.27\times10^{-3}$$

这时溶液中 $c(Ba^{2+})=4.27\times10^{-3}c(Pb^{2+})=4.27\times10^{-3}\times0.10=4.27\times10^{-4}(mol/L)$

由于 $PbSO_4$ 开始沉淀时，$c(Ba^{2+})>1\times10^{-5}$ mol/L，所以 Ba^{2+} 尚未沉淀完全。因此，用 Na_2SO_4 作为沉淀剂在上述条件下不能将 Pb^{2+} 和 Ba^{2+} 完全分离。

(2) 当 $PbSO_4$ 开始沉淀时，由 (1) 知，$\frac{c(Ba^{2+})}{c(Pb^{2+})}=4.27\times10^{-3}$

即 $c(Ba^{2+})=4.27\times10^{-3}\times0.0010=4.27\times10^{-6}(mol/L)$，此值小于 1×10^{-5} mol/L，所以，在此条件下，Ba^{2+} 已沉淀完全，可将 Pb^{2+} 和 Ba^{2+} 完全分离。

【例 4-8】 在粗制的 $CuSO_4$ 溶液中往往含有少量的 Fe^{3+}，在 0.10mol/L 的 $CuSO_4$ 的溶液中，含有 0.010mol/L 的 Fe^{3+}，应控制溶液的 pH 为多大时，才能除去 Fe^{3+}？

解 Fe^{3+} 可通过形成 $Fe(OH)_3$ 沉淀除去。对 0.01mol/L 的 Fe^{3+}，沉淀完全时的 pH 应满足 Cu^{2+} 不沉淀的要求。

$$Fe(OH)_3(s)\rightleftharpoons Fe^{3+}(aq)+3OH^-(aq)$$

$$c(Fe^{3+})c^3(OH^-)=K_{sp}^{\ominus}[Fe(OH)_3]$$

欲使 $Fe(OH)_3$ 沉淀完全，溶液中 Fe^{3+} 的浓度应达到 1.00×10^{-5} mol/L，此时

$$c(OH^-)=\sqrt[3]{\frac{K_{sp}^{\ominus}[Fe(OH)_3]}{c(Fe^{3+})}}=\sqrt[3]{\frac{2.97\times10^{-39}}{1.00\times10^{-5}}}=6.38\times10^{-12}(mol/L)$$

$$pOH=11.18$$

则

$$pH=2.82$$

即 $Fe(OH)_3$ 沉淀完全的 pH 是 2.82。增大 pH 可进一步使 Fe^{3+} 沉淀，但同时应考虑 Cu^{2+} 产生沉淀的 pH。

$$Cu(OH)_2(s)\rightleftharpoons Cu^{2+}(aq)+2OH^-(aq)$$

根据溶度积规则，当 Cu^{2+} 开始沉淀时，应满足

$$c(Cu^{2+})c^2(OH^-)=K_{sp}^{\ominus}[Cu(OH)_2]$$

$$c(OH^-)=\sqrt{\frac{K_{sp}^{\ominus}[Cu(OH)_2]}{c(Cu^{2+})}}=\sqrt{\frac{2.20\times10^{-20}}{0.10}}=4.69\times10^{-10}(mol/L)$$

即

$$pOH=9.33，pH=4.67$$

由计算可知，溶液的 pH 应控制在 3.0～4.0 之间，才可达到除去 Fe^{3+} 的目的。

四、沉淀的转化

有些沉淀既不溶于水又不溶于酸，也不能用氧化还原反应和配位反应直接溶解，却可以使其转化为另一种沉淀，然后再将其溶解。这种由一种沉淀转化为另一种沉淀的过程称为沉淀的转化。例如，锅炉锅垢中的 $CaSO_4$，它既不溶于水也不溶于酸，很难清除。但是，可用 Na_2CO_3 将其转化为 $CaCO_3$，而达到除去的目的。

$$CaSO_4(s)\rightleftharpoons Ca^{2+}(aq)+SO_4^{2-}(aq) \quad K_{sp}^{\ominus}(CaSO_4)=4.93\times10^{-5}$$

$$Ca^{2+}(aq)+CO_3^{2-}(aq) \rightleftharpoons CaCO_3(s) \quad K_{sp}^{\ominus}(CaCO_3)=3.36\times10^{-9}$$

总反应　　$CaSO_4(s)+CO_3^{2-}(aq) \rightleftharpoons CaCO_3(s)+SO_4^{2-}(aq)$

$$K^{\ominus}=\frac{c(SO_4^{2-})}{c(CO_3^{2-})}=\frac{K_{sp}^{\ominus}(CaSO_4)}{K_{sp}^{\ominus}(CaCO_3)}=\frac{4.93\times10^{-5}}{3.36\times10^{-9}}=1.47\times10^{4}$$

可见$K^{\ominus}$值很大，反应向右进行的趋势相当大，故当加入沉淀剂后，易生成$CaCO_3$沉淀，使溶液中Ca^{2+}浓度逐渐降低，从而促使$CaSO_4$不断溶解。

沉淀间能否发生转化及转化的程度如何，完全取决于两种沉淀的$K_{sp}^{\ominus}$的相对大小。一般$K_{sp}^{\ominus}$大的沉淀容易转化成$K_{sp}^{\ominus}$小的沉淀，而且两者的$K_{sp}^{\ominus}$相差越大则转化越完全。相反，欲使$K_{sp}^{\ominus}$小的沉淀转化成$K_{sp}^{\ominus}$大的沉淀，则较为困难；如果两者的溶解度相差太大，溶解度小的沉淀则不可能转化成溶解度大的沉淀。

【例 4-9】 在 1.0L 浓度为 1.6mol/L Na_2CO_3 溶液中，能否使 0.10mol/L 的 $BaSO_4$ 沉淀完全转化为 $BaCO_3$？若要使 $BaSO_4$ 完全转化为 $BaCO_3$ 沉淀，至少应加多少 Na_2CO_3？

解　(1) 已知 $K_{sp}^{\ominus}(BaSO_4)=1.08\times10^{-10}$，$K_{sp}^{\ominus}(BaCO_3)=2.58\times10^{-9}$

沉淀转化反应为

$$BaSO_4(s)+CO_3^{2-}(aq) \rightleftharpoons BaCO_3(s)+SO_4^{2-}(aq)$$

$$K^{\ominus}=\frac{c(SO_4^{2-})}{c(CO_3^{2-})}=\frac{K_{sp}^{\ominus}(BaSO_4)}{K_{sp}^{\ominus}(BaCO_3)}=\frac{1.08\times10^{-10}}{2.58\times10^{-9}}=0.042$$

设能转化 $BaSO_4$ 为 x mol，则平衡时

$$c(SO_4^{2-})=x \qquad c(CO_3^{2-})=(1.6-x)$$

$$K^{\ominus}=\frac{K_{sp}^{\ominus}(BaSO_4)}{K_{sp}^{\ominus}(BaCO_3)}=\frac{c(SO_4^{2-})}{c(CO_3^{2-})}=\frac{x}{1.6-x}=0.042$$

得　　$x=0.064$，　即 $c(SO_4^{2-})=0.064mol/L$

可见在给定条件下，只有 0.064mol 的 $BaSO_4$ 沉淀转化为 $BaCO_3$ 沉淀。

(2) 欲使 $BaSO_4$ 完全转化成 $BaCO_3$，则应提高 CO_3^{2-} 的浓度，其转化条件为

$$\frac{c(CO_3^{2-})}{c(SO_4^{2-})}=\frac{K_{sp}^{\ominus}(BaCO_3)}{K_{sp}^{\ominus}(BaSO_4)}=\frac{2.58\times10^{-9}}{1.08\times10^{-10}}=23.9$$

当 0.10mol 的 $BaSO_4$ 完全被转化后，SO_4^{2-} 的浓度为 0.10mol/L，则有

$$c(CO_3^{2-})=23.9\times c(SO_4^{2-})=23.9\times0.10=2.39(mol/L)$$

即要使 0.10mol 的 $BaSO_4$ 全部转化为 $BaCO_3$，在 1L 溶液中至少应加入 2.39mol 的 Na_2CO_3。从 (1) 的计算可看出，转化反应的平衡常数$K^{\ominus}$不是很小，只要改变条件，转化是可以实现的。实际中，为了保证转化完全，可以将沉淀转化后的溶液分离出去，在沉淀中继续加入 1.6mol/L Na_2CO_3 重复处理，如此只要经过二次处理，便能将 0.10mol 的 $BaSO_4$ 完全转化为 $BaCO_3$ 沉淀。

第四节　胶体溶液

在科学技术飞速发展的今天，沉淀反应的应用越来越广泛，其重要性日益显现。在沉淀生成的过程中，形成胶体的现象经常遇到，然而胶体的形成时有利弊。例如，化学分析中，在沉淀分离和重量分析时，它常常是不利因素，需要防止胶体形成或破坏已形成的胶体；在色谱测定中，它常常又是有利因素，因为使难溶性有色质点保持胶体状态便于测定。那么，何为胶体，其性质如何？怎样保护或防止胶体的生成呢？在此就有关内容作简单讨论。

一、胶体的概念

胶体并不是一种特殊类型的物质，而是物质以某种分散形式存在的一种状态。胶体溶液中分散相的颗粒直径一般为1～100nm，是一种多相共存体系，是介于分子分散系（分散相颗粒直径为0.1～1nm）和粗分散系（颗粒度大于100nm）之间的一种分散体系。其分散相和分散介质之间有界面。分散相可形成多分子或离子的聚集粒子，即每个颗粒均由许多分子聚集而成，能透过滤纸。胶体分散系比较稳定，但不如分子分散系稳定。

胶体中最普遍的是溶胶（固体粒子分散在液体中），其次为凝胶（液体粒子悬浮在固体中），又称固溶胶，另外还有乳胶（液体粒子悬浮在另一种不相溶的液体中）和气溶胶（固体或液体粒子悬浮在气体中）。

二、胶体的重要性质

从外观看胶体与真溶液类似，实质上两者差异极大。真溶液中溶质是以单个分子或单个离子状态存在着，属于单相体系；而胶体中的分散相是以较多分子聚集一起而形成的多相体系。胶体具有许多独特的性质，这里只作重点介绍。

1. 丁铎尔效应——胶体的光学性质

英国物理学家丁铎尔发现，将一束聚集的光线通过胶体溶液或高分子溶液时，在光束的垂直方向上可观察到一条明亮的光带，这种现象称为丁铎尔效应。真溶液中的粒子极小，没有这种效应。究其原因不难发现，由于胶体粒子比较大，当光线照射时会产生散射现象，从而使每个胶粒都成了类似光源的光点，成千上万个胶粒光点汇集成了光柱。而真溶液中粒子较小，散射能力弱，只能产生透射，无光柱出现，不存在散射现象。

丁铎尔效应在日常生活中也屡见不鲜，如在晴朗的夜晚观察探照灯的光线，光束细淡；在云雾迷漫的夜晚，探照灯的光束就显得粗亮，这就是由于云雾为气溶胶，对光线产生了丁铎尔效应的结果。

2. 电泳现象——胶体的电学性质

在外加电场的作用下，带电胶粒在分散介质中作定向运动的现象称为电泳。这种现象可用实验来证明：向胶体溶液中通入直流电时，可观察到有的胶粒（如金属硫化物带负电荷）向阳极移动，有的胶粒（如金属氢氧化物带正电荷）向阴极移动。根据胶粒移动的方向，可以判断胶粒带什么样的电荷。实验证明：金属氢氧化物、钛酸、碱性染料、Bi、Pb、Fe等金属胶粒带阳电荷；金属硫化物、硅酸、酸性染料、Pt、Au、Ag等金属胶粒带负电荷。电泳现象证明了胶体粒子是带电的这一重要特性。

在工业生产上常利用电泳技术分离带不同电荷的溶胶。如在陶瓷工业中，为除去黏土中的氧化铁杂质，就采用了电泳技术。先将含氧化铁的黏土与水混合成悬浮液，然后通电，带正电荷的 Fe_2O_3 粒子向阴极移动，带负电荷的黏土粒子向阳极移动，这样在阳极附近可积聚纯净的黏土，达到了纯化的目的。

3. 布朗运动——胶体的动力学性质

胶体中的胶粒除自身的热运动外，另一种是每个胶粒在分散介质中受到周围分散介质分子的不均匀的撞击而不断改变运动方向和运动速率，使胶粒处于无规则的运动状态。这种运动状态称为布朗运动。胶粒的布朗运动随胶粒的大小、温度的高低不同而不同，胶粒越小、温度升高运动越快。胶粒的这种特性，是胶体溶液不易凝聚而保持均匀分散的原因之一，体现出胶体的动力学稳定性。

三、胶体的结构

胶体的特性是由胶体的结构所决定的。在大量实验基础上，科学家们提出了有关胶体的扩散双电层结构理论。胶体颗粒带有电荷是胶体的重要特性，而讨论胶粒电荷的来源，对于认识胶体的扩散双电层结构具有十分重要的意义。

1. 胶体粒子带电的原因

任何溶胶粒子表面总带有电荷，有的带正电，有的带负电，电荷的来源主要有以下几种机理。

(1) 胶粒表面的吸附作用使之带电　在胶体内部的粒子处于被其他粒子包围的状况，并均衡地承受着周围来自各个方向的其他离子的作用力，而处于受力平衡状态。然而位于胶粒表面的粒子仅受到内部粒子的作用力，处于未平衡状态，使其有一种将胶体溶液中某些离子或分子吸附在表面而求得平衡的趋势。由此使得胶粒带上了与被吸附离子有相同符号的电荷。

(2) 胶粒表面的基团电离作用而带电　有些溶胶粒子本身就是一个可以电离的大分子，例如蛋白质一类的高分子物质，它含有许多羧基（$—COOH$）和氨基（$—NH_2$）。当介质的 pH 大于某一数值时，它就带负电荷（$—COO^-$）；介质的 pH 小于某一数值时，它就带正电荷（$—NH_3^+$）。

(3) 晶格取代作用　这种情况比较特殊。例如黏土晶格中的 Al^{3+} 往往有一部分被 Mg^{2+} 或 Ca^{2+} 取代，从而使黏土晶格带负电。为了维持电中性，黏土胶粒表面必然吸附一些如 K^+、Na^+ 等正离子，而这些正离子又因水化作用而进入溶液，使粒子带负电，并形成双电层。

除了上述原因外，尚有其他带电机理，如金属释出自由电子而使表面带正电荷，吸附表面活性剂离子或其他杂质离子等原因，都会使胶体粒子表面带有电荷。

应当说明的是，胶粒的吸附能力不仅与胶粒表面积大小有关，而且也与介质中离子的种类和离子的价态有关。胶粒表面积越大，吸附作用越强烈。胶粒对离子的吸附是有选择性的，首先吸附与胶粒组成相关、大小相近、电荷相等、量比较多的离子。例如，在 $AgNO_3$ 稀溶液中加入 KI，形成 AgI 质点，当 I^- 过剩时，碘化银首先吸附 I^-；当 Ag^+ 过量时，碘化银首先吸附 Ag^+。

2. 胶团的结构

溶胶的性质与其结构有关，大量实验证明溶胶具有扩散双电层结构，可以认为胶团是由胶核和周围的扩散双电层所构成。扩散双电层又分内外两层，内层叫吸附层，外层叫扩散层。把构成胶粒的分子或原子的聚集体，称为胶核，它是胶团的核心部分。胶核可以从周围的介质中选择性地吸附某种离子，或者通过表面分子的离解而使之成为带电体。带电的胶核与介质中的反离子存在着静电引力作用，使一部分反离子紧靠在表面，与电势离子牢固地结合在一起，形成吸附层。另一部分反离子则呈扩散状态分布在介质中，即为扩散层。吸附层与扩散层的分界面就称为滑动面，滑动面所包围的带电体，称为胶粒。溶胶在外加电场作用下，胶粒向某一电极移动；而扩散层的反离子与介质一起则向另一电极移动。胶粒和扩散层结合在一起就形成电中性的胶团。

以 AgI 溶胶为例，当 $AgNO_3$ 的稀溶液与 KI 的稀溶液作用时，假如其中有任何一种适当过量，就能制成稳定的 AgI 溶胶。实验表明：胶核由 m 个 AgI 分子所构成，当 $AgNO_3$ 过量时，它的表面就吸附 Ag^+，可制得带正电的 AgI 胶体粒子；而当 KI 过量时，它的表面就吸附 I^-，得到带负电的 AgI 胶体粒子。这两种情况的胶团结构式如图 4-2 所示。

图 4-2 中，m 表示胶核中物质的分子数，一般为很大的数目；n 表示胶核所吸附的离子数，n 的数字要小得多；$(n-x)$ 是包含在吸附层中的过剩反离子数。这种溶胶胶团的结构示意图可用图 4-3 来表示，小圆表示胶核，第二个圆表示由核和吸附层所组成的粒子，最外

面的圆表示扩散层的范围与整个胶团。

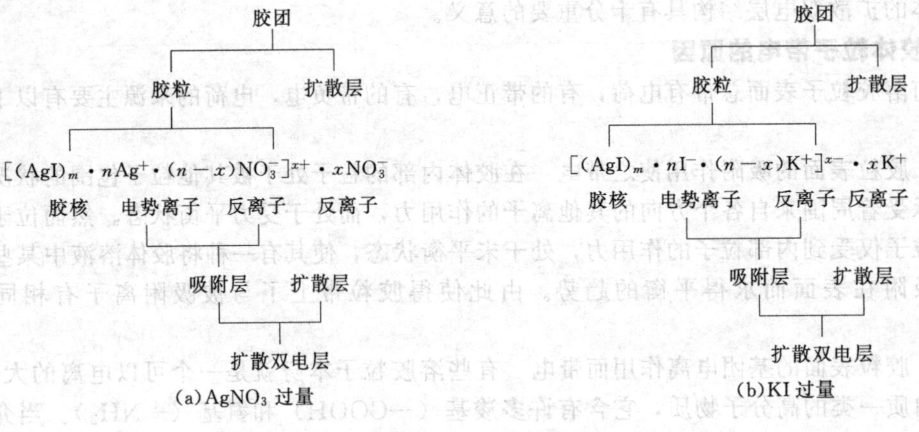

图 4-2　AgI 胶团结构式

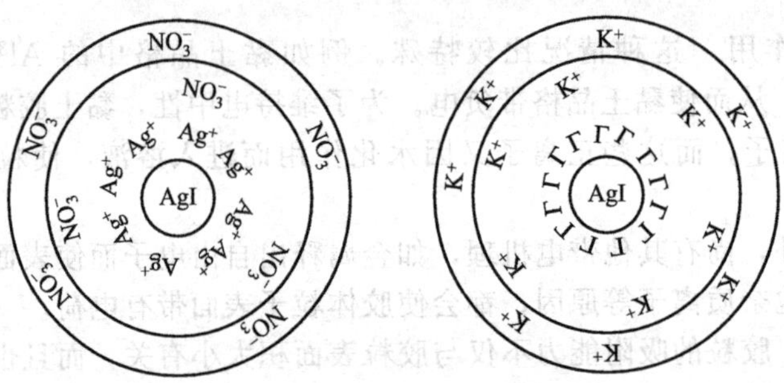

图 4-3　AgI 溶胶胶团的结构示意图

四、胶体的保护与破坏

1. 胶体的稳定性

由于胶体是分子的聚集体，故在胶粒之间存在两种作用力。一种是由范德华力引起的胶粒间的吸引力。它的大小与胶粒间距和胶粒大小有关。一般胶粒越大，胶粒间距越小时，吸引力越强。第二种是胶粒之间的排斥力，同一胶体溶液中胶粒带有相同的电荷，当两个胶团接近至扩散层相互重叠时，扩散层中反离子浓度增大，原来的电荷分布的对称性被破坏，胶粒间就产生了排斥力。

胶体的稳定性取决于胶粒间吸引力和排斥力的相对强弱。若吸引力大于排斥力，则胶粒会因聚积而不稳定；若胶粒间以排斥力为主，则胶粒间不会聚积，在一定时间内可保持相对稳定。另外，胶体粒子在溶剂中因能吸引溶剂分子，使每个胶粒都被溶剂分子所包围而形成溶剂膜（如水化膜），胶粒之间不易靠近，从而阻碍胶粒相互聚积，使得胶体保持稳定状态。

综合上述因素，虽然胶体具有相当的稳定性，但不同的胶体其稳定性也不尽相同。因此，胶体的稳定性是相对的，当胶体稳定存在的条件改变后，其稳定性也将随之被破坏。

2. 胶体的保护

在工业生产和科研中，有时希望胶粒稳定分散而不凝聚，有时又希望胶粒聚沉。如在无机金属材料研究中，常常需要将某些超细粉料在净水中沉淀下来，以备后续生产之用。而对于人体血液中以胶态存在的钙盐和镁盐，却希望其稳定分散在血液中。因为一旦这些盐的溶胶被破坏而出现凝聚，就会形成疾病（如结石症），故需加以保护。又例如，在比色分析中，有时显色产物不是真溶液而是胶体溶液，如果胶体发生凝聚，就会影响比色测定，故应设法保护胶溶状态不被破坏。

一般为了保护胶体，可在胶体中加入一些高分子物质（如明胶、蛋白质、淀粉、纤维素等）作保护剂。高分子化合物所以能起保护胶体的作用，是由高分子化合物的结构和性质决定的。带电高分子物质被胶粒吸附后，增加了胶粒之间的静电斥力，使其胶粒不易聚积；其次胶粒吸附大分子的高聚物后，形成一定的空间位阻，使扩散双电层变厚，高聚物吸附层越厚，胶体就越稳定；再者就是高分子链状卷曲的线形分子结构极易包住胶粒形成“屏障”，使胶粒不易接近，从而增加胶体的稳定性。但如何选择和使用保护剂应根据具体情况而定。

3. 胶体的破坏

在实际的生产和科研中，许多情况下不需要生成胶体，为防止胶体的形成，可采取与保护胶体相反的一些措施使胶体聚沉。常用的方法有以下几种。

(1) 电解质聚沉法　向溶胶中加入电解质，以增加溶液中离子的总浓度，电解质中与扩散层反离子电荷符号相同的离子，可将反离子“压入”（排斥）吸附层，中和电位离子所带电荷，从而降低了胶粒的带电量，这样胶粒间的斥力减小，胶体稳定性下降，胶粒就会聚积沉降。同时，电解质也可使胶粒的水化膜变薄，也有利于胶体的聚沉。

电解质对胶体稳定性的影响不仅取决于其浓度，还与离子价态有关。浓度越大，聚沉作用力也越大；相同浓度时，离子价态越高，聚沉能力越大。

(2) 溶胶相互聚沉法　若将两种电性不同的溶胶按一定比例混合，由于电性被中和而使胶粒聚沉。例如用明矾净水，就是利用明矾中 Al^{3+} 水解生成带正电的 $Al(OH)_3$ 溶胶，使得带负电的胶体污物聚沉，从而使水获得净化。

(3) 加热　加热加剧了胶粒的热运动，增加了胶粒间的碰撞机会，削减了胶粒对离子的吸附作用，降低胶粒电荷，减小了胶粒和分散介质之间的结合力，降低水化程度，溶胶的稳定性随之降低，从而使胶体聚沉下来。

阅读材料　胶体化学及其应用

胶体化学是研究胶体体系的科学，是一门独立的学科。胶体现象很复杂，有其独特的规律性。它与人类的生产与生活有着密切的联系。在工农业生产和日常的衣、食、住、行等各方面，都会遇到与胶体化学有关的各种问题。

早在胶体化学产生之前，我国古代已有了利用胶体的悠久历史，如在制陶、造纸、制墨业，以及在豆类食品、药物制剂等方面。

传统的胶体化学研究的对象是溶胶和高分子真溶液。近年来，有人把表面活性剂中的皂类视为第三类胶体体系。胶体化学不仅要研究体系本身的许多基本性质，而且要研究与这些基本性质相联系的许多实际问题。例如明矾为何能净水？肥皂因何去污？鱼汤肉汤因何而成“冻”？人工降雨是何道理？原油怎样脱水等，都要靠胶体化学来解答。要回答这些问题，就涉及胶体分散体系的形成、破坏以及它们的物理化学性质。这些都是胶体化学研究的对象。

胶体化学应用性极强，它与许多科学领域、国民经济各个部门及日常生活都密切相关。例如，分析化学中的吸附指示剂、离子交换色谱，物理化学中的成核作用、液晶，生命学科的核酸和蛋白质，化学制造中的催化剂、洗涤剂、胶黏剂，环境科学中的气溶胶、污水处理，材料学中的陶瓷、水泥、塑料，石油工业中原油的开采、加工、储运等，以及日常生活中的牛奶、啤酒、雨衣、电子器件、药剂等都要用到胶体化学的原理和方法。特别是20世纪90年代以来，国内外对纳米材料的研究，更加显示出胶体化学及表面化学的发展前景的灿烂与光明。纳米级或分子（原子）级具有多功能、高效能的新产品和新技术，大有呼之欲出之势。

胶体化学的基础知识，在实际工作中能帮助我们广开思路，打开眼界。在我国，胶体化学作为一门基础性的应用科学已十分明确，有众多从事胶体化学研究的机构和研究人员。可以预期我国的胶体化学将会获得飞速的发展。

本章小结

本章运用化学平衡原理重点讨论了难溶电解质的沉淀溶解平衡规律，同时对胶体体系的有关知识做了一些介绍。

一、沉淀溶解平衡

1. 难溶电解质的沉淀溶解平衡的特点

（1）沉淀溶解平衡是一种多相平衡，表示为

$$A_mB_n(s) \rightleftharpoons mA^{n+} + nB^{m-}$$

其平衡常数，$K_{sp}^{\ominus}(A_mB_n) = c^m(A^{n+})c^n(B^{m-})$称为溶度积常数。

（2）沉淀溶解平衡是一种动态平衡，是相对的、暂时的、有条件的。

2. 溶度积常数（$K_{sp}^{\ominus}$）的意义。

$K_{sp}^{\ominus}$大小反映了难溶电解质的溶解能力。同一类型的电解质可直接用$K_{sp}^{\ominus}$的大小来衡量其溶解度的大小；不同类型的难溶电解质可换算成溶解度再进行比较。

3. 溶度积规则

当$Q_i > K_{sp}^{\ominus}$时，为过饱和溶液，平衡向生成沉淀方向移动，直至建立新的平衡；

当$Q_i = K_{sp}^{\ominus}$时，为饱和溶液，处于动态平衡状态；当$Q_i < K_{sp}^{\ominus}$时，为未饱和溶液，平衡向沉淀溶解的方向移动，直至再次建立平衡。

4. 溶度积规则的应用

利用溶度积规则可判断沉淀的生成或溶解、判断沉淀完全的程度、判断沉淀生成的次序和沉淀转化的难易程度，从而实现物质的分离和提纯。

5. 分步沉淀与沉淀的转化

（1）分步沉淀　难溶电解质的溶解度相差越大，分离离子的效果就越佳。

（2）沉淀转化　沉淀间的转化是相对的有条件的，溶解度大的沉淀易转化为溶解度小的沉淀，且溶解度相差越大，越易发生转化。

6. 影响沉淀溶解平衡的因素

因为平衡是暂时的、相对的、有条件的，一旦条件发生改变平衡就会被破坏。

影响沉淀平衡的因素很多，除温度、浓度外，还有同离子效应、盐效应、配位效应、酸效应以及氧化还原效应等。

同离子效应的结果使得沉淀的溶解度降低，有利于沉淀的生成，而盐效应、配位效应、酸效应则恰好相反。

二、胶体溶液

① 胶体是一种分散相的颗粒在1～100nm之间的多相的不均匀分散体系。

② 胶体具有对光的散射性、动力学稳定性和定向移动的电学性质，即丁铎尔效应，电泳现象和布朗运动。

③ 胶团具有扩散双电层结构。胶核与吸附层构成胶粒，胶粒与扩散层构成胶团。

④ 胶体的稳定性是相对的，当使其稳定的条件发生改变时，胶体的稳定性则被破坏。

思考题与习题

1. 何为溶度积？何为离子积？二者有何区别与联系？

2. 可否由溶度积的大小来比较不同类型的难溶电解质溶解度的大小？为什么？举例说明。

3. 欲使沉淀完全，可使沉淀剂适当过量，沉淀剂过量越多越好吗？

4. 某难溶物质开始沉淀和沉淀完全时，溶液的状态和被沉淀离子的浓度有何不同？

5. 影响沉淀溶解平衡的因素有哪些？区别在哪里？

6. 分步沉淀的顺序与哪些因素有关？

7. 决定沉淀转化的因素是什么？

8. 按溶度积规则说明下列事实。

(1) $CaCO_3$ 沉淀能溶于 HAc 溶液中；

(2) AgCl 不溶于 2.0mol/L 的 HCl 中，但可适当溶于浓 HCl 中；

(3) $Fe(OH)_3$ 沉淀溶于 H_2SO_4 溶液中；

(4) $BaSO_4$ 难溶于稀 HCl 中。

9. 胶体有哪些性质？这些性质与胶体的结构有何关系？

10. 胶体为何有动力学稳定性？如何使胶体聚沉？用何种方法保护胶体？

11. 由下列物质的溶解度计算相应的溶度积。

(1) CuS 的溶解度为 2.3×10^{-16}g/L；

(2) $Ca_3(PO_4)_2$ 的溶解度为 8.00×10^{-4}g/L；

(3) Ag_2CrO_4 的溶解度为 2.80×10^{-2}g/L；

(4) PbI_2 的溶解度为 5.60×10^{-1}g/L。

12. 由 $K_{sp}^{\ominus}$ 计算下列物质的溶解度（以 g/L 表示）

(1) $Al(OH)_3$ 的 $K_{sp}^{\ominus}=4.60\times10^{-23}$；

(2) $Fe(OH)_3$ 的 $K_{sp}^{\ominus}=2.79\times10^{-23}$；

(3) FeS 的 $K_{sp}^{\ominus}=1.59\times10^{-19}$。

13. 已知 $K_{sp}^{\ominus}$（AgI）$=8.51\times10^{-17}$，试求其在下列条件时的溶解度。

(1) 纯水中的溶解度；

(2) 在 0.100mol/L 的 KI 溶液中的溶解度。

14. $FeCO_3$ 和 CaF_2 的溶度积分别为 3.13×10^{-11} 和 3.45×10^{-11}，计算它们的溶解度(mol/L)，并说明为什么溶解度相差很大。

15. 某溶液中含有 Pb^{2+} 和 Ba^{2+} 的浓度分别为 0.0100mol/L 和 0.100mol/L，当逐滴加入 K_2SO_4 溶液（视溶液体积不变）时，问哪种离子先沉淀？Pb^{2+} 和 Ba^{2+} 有无分离的可能？

16. 硬水中的 Ca^{2+} 可以用加入 CO_3^{2-} 的办法使其沉淀为 $CaCO^3$ 而除去。问使 Ca^{2+} 沉淀完全，CO_3^{2-} 浓度应至少保持在多少？

17. 某溶液中含 Fe^{3+} 为 0.02mol/L。试计算 $Fe(OH)_3$ 开始沉淀和沉淀完全时的 pH。

18. 在含有 Cl^- 和 CrO_4^{2-} 浓度均为 0.100mol/L 的溶液中逐滴加入 $AgNO_3$ 溶液，并视体积不变，问：

(1) AgCl 与 Ag_2CrO_4 哪一种先沉淀？

(2) 当 Ag_2CrO_4 开始沉淀时，溶液中 Cl^- 的浓度是多少？

19. 要使 0.10mol/L AgI 完全转化成 Ag_2S 沉淀，问需 1L$(NH_4)_2S$ 溶液的最初浓度为多少？[已知 $K_{sp}^{\ominus}$（AgS）$=6.3\times10^{-50}$]

20. 已知 HgS 的 $K_{sp}^{\ominus}=6.44\times10^{-53}$，MnS 的 $K_{sp}^{\ominus}=3.00\times10^{-10}$，在含有 HgS 沉淀的溶液中，加入 Mn^{2+}，能否将 HgS 沉淀转化为 MnS 沉淀？

21. 通过计算说明下列情况有无沉淀产生。

(1) 浓度均为 0.010mol/L 的 $Pb(NO_3)$ 和 KI 溶液等体积混合；

(2) 20mL 0.050mol/L $BaCl_2$ 溶液和 30mL 0.50mol/L Na_2CO_3 溶液混合；

(3) 在 100mL 0.010mol/L $AgNO_3$ 溶液中加入 NH_4Cl 0.533g；

(4) 在 1L 含 Mg^{2+} 浓度为 1.0×10^{-7}mol/L 的水中，加入 1.0mol/L NaOH 溶液 1 滴（约 1/20mL)。

22. 计算下列沉淀转化的平衡常数：

(1) $ZnS(s)+2Ag^+(aq) \rightleftharpoons Ag_2S(s)+Zn^{2+}(aq)$

(2) $ZnS(s)+Pb^{2+}(aq) \rightleftharpoons PbS(s)+Zn^{2+}(aq)$

(3) $PbCl_2(s)+CrO_4^{2-}(aq) \rightleftharpoons PbCrO_4(s)+2Cl^-(aq)$

实验 4-1　沉淀反应

一、实验目的

1. 加深对难溶电解质沉淀的生成与溶解平衡理论的理解，运用溶度积规则实现沉淀的生成、溶解、转化。

2. 掌握离心试管和电动离心机的使用方法。

3. 引导学生准确观察实验现象，勤于思考，善于分析，提高实验效果。着重训练学生写实验报告的能力，培养正确叙述、归纳、综合和提炼的思维能力。

二、实验原理

在难溶电解质的饱和溶液中，未溶解的固体与溶液中相应离子之间建立了多相离子平衡。例如，在一定温度下，PbS 的沉淀平衡：

$$PbS(s) \rightleftharpoons Pb^{2+}(aq)+S^{2-}(aq)$$
$$K_{sp}^{\ominus}(PbS)=c(Pb^{2+})c(S^{2-})$$

在难溶电解质溶液中可存在三种不同状态：

$Q_i=K_{sp}^{\ominus}$时，动态平衡，溶液是饱和状态；

$Q_i>K_{sp}^{\ominus}$时，溶液是过饱和状态，平衡向沉淀生成的方向移动，直至 $Q_i=K_{sp}^{\ominus}$；

$Q_i<K_{sp}^{\ominus}$时，溶液呈不饱和状态，平衡向沉淀溶解的方向移动（或没有沉淀生成）。

当溶液中同时含有数种离子时，加入一种共同沉淀剂，离子按照达到溶度积的先后顺序依次沉淀。即分步沉淀。

两种沉淀之间，溶解度大的易转化成溶解度小的沉淀，溶解度差别越大，越易转化。同类型沉淀，$K_{sp}^{\ominus}$大的易转化为 $K_{sp}^{\ominus}$小的，二者的 $K_{sp}^{\ominus}$相差越大，越易发生转化。例如，

$$\underset{(A_2B型)}{Ag_2CrO_4(s)}+2Cl^-(aq) \rightleftharpoons \underset{(AB型)}{2AgCl(s)}+CrO_4^{2-}(aq)$$

$$K^{\ominus}=\frac{K_{sp}^{\ominus}(Ag_2CrO_4)}{[K_{sp}^{\ominus}(AgCl)]^2}=3.6\times10^7$$

在纯水中 Ag_2CrO_4 的溶解度大于 AgCl 的溶解度，则上述反应达到平衡时 K 值很大，砖红色 Ag_2CrO_4 极易转化为 AgCl 白色沉淀，但逆向转化极难。

三、实验用品

仪器：常规试管，离心试管，水浴锅，电动离心机，玻璃棒，毛细滴管，5mL 量筒。

试剂：（未注明的单位均为 mol/L）

$AgNO_3$(0.1)，$Pb(NO_3)_2$(0.1)，NaCl(0.1)，K_2CrO_4(0.1)，H_2O_2(5%)，$MnSO_4$(0.1)，$ZnSO_4$(0.1)，$CdSO_4$(0.1)，$CuSO_4$(0.1)，Na_2S(0.1)，$CaCl_2$(0.1)，Na_2CO_3(0.1)，H_2SO_4(2)，HCl(2，浓)，HAc(2)，HNO_3(2)。

四、实验内容

1. 沉淀的生成

取 4 支常规试管，两支各加入 $AgNO_3$ 溶液 5 滴，又分别加入各 NaCl、K_2CrO_4 各 2 滴；另两支各加入 5 滴 $Pb(NO_3)_2$ 溶液，且分别加入 K_2CrO_4、Na_2S 溶液各 2 滴；观察每支试管中沉淀的颜色，放置，留作下面沉淀转化使用。

2. 沉淀的溶解

取 4 支常规试管，编号①②③④，分别加入 0.10mol/L 的 $MnSO_4$、$ZnSO_4$、$CdSO_4$、$CuSO_4$ 溶液 2 滴，再依次加入 2 滴 0.10mol/L Na_2S 溶液，观察各沉淀的颜色；依编号顺序分别加入稀 HAc、稀 HCl、浓 HCl、HNO_3 各 2mL，振荡每支试管，若沉淀未完全溶解，可微微加热。

3. 分步沉淀

取 1 支洁净离心试管，滴加 0.10mol/L 的 NaCl 和 K_2CrO_4 各 5 滴，稀释至 2mL，然后滴加 5 滴 0.10mL/L 的 $AgNO_3$；用玻璃棒轻缓搅拌均匀，用离心机沉降，观察沉淀颜色，用洁净毛细滴管吸取上层清液到另一试管中，再加数滴 Ag^+ 溶液，观察沉淀颜色。

4. 沉淀的转化

(1) 取开始实验制得的 Ag_2CrO_4 沉淀，向其中滴加 0.10mol/L 的 NaCl 溶液，边滴加边振荡试管，直到砖红色沉淀全部转化为白色沉淀为止。

(2) 上面制得的 PbS 沉淀中加入 H_2O_2 氧化剂（协同转化剂）1mL，振荡试管，观察黑色沉淀转化为白色沉淀，如仍未转化，再加 1mL H_2O_2。

(3) 取 2 支试管，各加入 0.10mol/L $CaCl_2$ 0.5mL，再各加入 0.5mL 稀 H_2SO_4，分别用 2mL 纯水稀释。待沉淀沉降后，吸取清液弃去，观察沉淀性状，留下备用。然后在其中一支试管中加入 0.10mol/L Na_2CO_3 溶液 1mL，观察沉淀性状，再加纯水冲稀到 3mL，待沉淀沉降后，弃去清液，再加入 0.5mL 稀 HCl，观察沉淀是否溶解。再取另一支试管，向沉淀中同样加入 0.5mL 稀 HCl，看沉淀是否溶解。

五、思考题

1. 从沉淀溶解实验中总结金属硫化物的溶解效应有哪几种？它们分别受到哪种效应的作用？

2. 在实验 3 中，为什么 AgCl 和 Ag_2CrO_4 不会同时沉淀？

3. Ag_2CrO_4 为什么能转化为 AgCl 沉淀？

4. 在 PbS 转化为 $Pb(OH)_2$ 沉淀时，为什么要加 H_2O_2？

5. 为什么 $CaCO_3$ 能溶于 HCl 溶液而 $CaSO_4$ 则不能？$CaSO_4$ 转化为 $CaCO_3$ 的实验意义何在？

第五章 氧化还原平衡和电化学基础

学习指南

1. 掌握氧化数、氧化还原反应、氧化剂、还原剂等概念及它们间的联系。
2. 熟练掌握氧化还原反应的配平方法（氧化数法及离子电子法）。
3. 能运用标准电极电势或条件电极电势判断氧化还原反应的方向和次序，计算反应的平衡常数。
4. 熟练掌握能斯特方程式的应用。
5. 能利用元素电势图判断歧化反应的进行及计算电对未知的标准电极电势。
6. 掌握原电池和电解池的作用原理及应用，离子的放电规律。
7. 了解金属腐蚀的原理及防护方法。

化学反应可分为两大类。一类是非氧化还原反应，其反应过程中只有离子的交换，原子或离子没有氧化数的变化。酸碱反应和沉淀反应都属于非氧化还原反应。另一类是氧化还原反应，在其反应过程中，某些原子或离子的氧化数发生了变化。氧化还原反应不仅在工农业生产和日常生活中具有重要意义，而且也是人体内营养物质代谢供给机体能量的主要方式，是一类非常重要的化学反应。

第一节　氧化还原反应

一、氧化还原反应的基本知识

1. 氧化数

氧化数是指某元素一个原子的表观电荷数。其数值取决于原子形成分子时的得失电子数或偏移的电子数。在化学反应中，当原子的价电子失去或偏离它时，此原子具有正氧化数。当原子获得电子或有电子偏向它时，此原子具有负氧化数。确定元素氧化数一般应遵循以下原则。

① 在单质中，元素的氧化数为零。如在 H_2、O_2、N_2、P_4、Fe 等物质中，H、O、N、P、Fe 的氧化数都为零。

② 在一般化合物（如 H_2O、HCl 等）中，氢的氧化数为 +1。但在活泼金属的氢化物（如 NaH、CaH_2 等）中氢的氧化数为 −1。

③ 氧的氧化数一般为 −2，但在过氧化物（如 H_2O_2、Na_2O_2 等）中，氧的氧化数为

-1,在超氧化物（如 KO_2 等）中，氧的氧化数为$-\frac{1}{2}$，在氟氧化物 O_2F_2 和 OF_2 中，氧的氧化数分别为$+1$和$+2$。

④ 氟在化合物中的氧化数皆为-1。

⑤ 简单离子的氧化数等于离子所带的电荷数。如 Mg^{2+}、Cl^- 中镁和氯的氧化数分别为$+2$和-1。

⑥ 在化合物中，各元素氧化数的代数和必等于0；在多原子离子中，各元素氧化数的代数和等于该离子所带的电荷数。

⑦ 在共价化合物中，共用电子对偏向于电负性较大的原子，两原子表现出的形式电荷即为它们的氧化数。如 HCl 中 H 和 Cl 原子的形式电荷数分别为$+1$和-1，所以 H 和 Cl 的氧化数分别为$+1$和-1。

⑧ 在混价化合物中，元素的氧化数为平均氧化数。如 $S_2O_3^{2-}$、Fe_3O_4 中，硫的氧化数（$+2$）和铁的氧化数（$+8/3$）均为平均氧化数。

⑨ 有些元素的氧化数必须在了解物质的结构后才能被确定。如过二硫酸（$H_2S_2O_8$，$HO_3S—O—O—SO_3H$）中存在着过氧键，硫的氧化数为$+7$，而不是$+6$。

依据以上各点，可以确定分子中任一元素的氧化数。

【例 5-1】 试求 MnO_4^- 中 Mn 的氧化数。

解　已知 O 的氧化数为-2，设 Mn 的氧化数为 x

则　$x+4\times(-2)=-1$，$x=+7$

即 MnO_4^- 中 Mn 的氧化数为$+7$。

【例 5-2】 试求 $Na_2S_4O_6$（连四硫酸钠或四硫磺酸钠）中 S 的氧化数。

解　设 S 的氧化数为 x

则　$2\times(+1)+4x+6\times(-2)=0$，$x=+2.5$

所以 S 的氧化数为$+2.5$

【例 5-3】 试求三溴苯酚[$C_6H_2(OH)Br_3$]中 C 的氧化数。

解　设 C 的氧化数为 x，则

$$6x+2\times(+1)+1\times(-1)+3\times(-1)=0,\quad x=\frac{1}{3}$$

所以　三溴苯酚中 C 的氧化数为 1/3。

【例 5-4】 试求 C_2H_6、C_2H_4、C_2H_2 中 C 的氧化数。

解　设 CH_4、C_2H_6、C_2H_4、C_2H_2 中 C 的氧化数分别为 x_1、x_2、x_3、x_4。

CH_4	$x_1+4\times(+1)=0$	$x_1=-4$
C_2H_6	$2x_2+6\times(+1)=0$	$x_2=-3$
C_2H_4	$2x_3+4\times(+1)=0$	$x_3=-2$
C_2H_2	$2x_4+2\times(+1)=0$	$x_4=-1$

由计算可知，CH_4、C_2H_6、C_2H_4、C_2H_2 中 C 的氧化数分别为-4、-3、-2和-1，而 C 的化合价皆为 4。

必须注意，对于共价化合物，其氧化数和化合价的概念是不同的。氧化数是一个有人为规定性的概念，用以表示元素在化合状态时的形式电荷数，它可以是正数、负数或零，也可以是整数或分数（小数）。而化合价是共价化合物的共价数（即某元素的原子形成共价键时共用的电子对数），只能是整数。

2. 氧化还原反应

（1）氧化还原反应　金属钠和氯气的反应为

氧化数升高

$$\overset{0}{2Na} + \overset{0}{Cl_2} \longrightarrow 2\overset{+1}{Na}\overset{-1}{Cl}$$

氧化数降低

反应中，Na 原子失去电子，氧化数升高，发生了氧化反应，所以金属钠是还原剂；Cl 原子得到电子，氧化数降低，发生了还原反应，氯气是氧化剂。故此反应为氧化还原反应。

H_2 与 Cl_2 的反应为

氧化数升高

$$\overset{0}{2H_2} + \overset{0}{Cl_2} \longrightarrow 2\overset{+1}{H}\overset{-1}{Cl}$$

氧化数降低

在此反应中，没有电子的得失，只有共用电子对的偏移。氯化氢分子中的共用电子对偏向了氯原子，偏离了氢原子。氯元素的氧化数从 0 降低到－1，氯气发生了还原反应，氯气是氧化剂；氢元素的氧化数从 0 升高到＋1，氢气发生了氧化反应，氢气是还原剂。这是一个由共用电子对偏移引起元素氧化数变化的反应。此反应也属于氧化还原反应。

综上所述，在化学反应中，凡反应前后元素的氧化数发生变化的反应称为氧化还原反应。元素氧化数的变化是由原子间电子的转移（即得失）或偏移（即偏向或偏离）引起的。元素的氧化数升高（失去电子或共用电子对偏离）的反应称为氧化反应，元素的氧化数降低（得到电子或共用电子对偏向）的反应称为还原反应。氧化还原反应中，氧化数升高的物质称为还原剂，氧化数降低的物质称为氧化剂。

在氧化还原反应中，一种元素的氧化数升高时，必有另一种元素的氧化数降低。即氧化反应和还原反应总是同时发生的，而且元素氧化数升高的总数一定等于元素氧化数降低的总数。

（2）氧化还原反应的分类

① 一般氧化还原反应。元素氧化数的变化发生于不同物质的不同元素的反应称为一般氧化还原反应。其氧化剂和还原剂是不同的物质，如上述 Na 与 Cl_2 的反应中，Na 是还原剂，Cl_2 是氧化剂。

② 自身氧化还原反应。元素氧化数的变化发生在同一物质的不同元素的反应称为自身氧化还原反应。这类反应的氧化剂和还原剂是同一物质，如 $KClO_3$ 的受热分解反应

$$2KClO_3 \longrightarrow 2KCl + 3O_2\uparrow$$

$KClO_3$ 中氯的氧化数由＋5 降为－1，氧的氧化数由－2 升为 0。$KClO_3$ 既是氧化剂又是还原剂。

③ 歧化反应和反歧化反应。元素氧化数的变化发生在同一物质的同一元素的反应称为歧化反应。例如，氯气与水的反应

氧化数升高

$$\overset{0}{Cl_2} + H_2O \rightleftharpoons H\overset{-1}{Cl} + H\overset{+1}{Cl}O$$

氧化数降低

反应中，Cl 元素的氧化数既升高又降低了，氧化剂和还原剂都是 Cl_2，该反应称为氯气在水中的歧化反应。

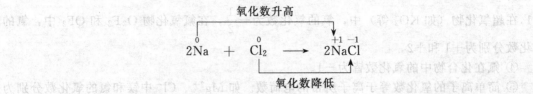

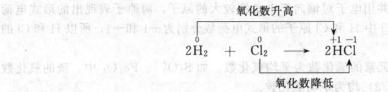

歧化反应的逆过程称为反歧化反应，如反应

氧化数降低

$$\overset{+5}{Br}O_3^- + 5\overset{-1}{Br}^- + 6H^+ \rightleftharpoons 3\overset{0}{Br}_2 + 3H_2O$$

氧化数升高

3. 氧化还原电对

在氧化还原反应中，氧化剂与其还原产物、还原剂与其氧化产物各组成为电对，称为氧化还原电对。例如下列反应中存在着两个电对，即氯电对和溴电对。

$$Cl_2 + 2Br^- \rightleftharpoons 2Cl^- + Br_2$$

在氧化还原电对中，氧化数较高的物质称为氧化态物质，如上述反应中的 Cl_2 和 Br_2；氧化数较低的物质称为还原态物质，如上述反应中的 Cl^- 和 Br^-。

书写电对时，氧化态物质写在左侧，还原态物质写在右侧，中间用斜线"/"隔开。如上述反应中的氯电对和溴电对，可分别表示为 Cl_2/Cl^- 和 Br_2/Br^-。

每个电对中，氧化态物质与还原态物质之间存在着共轭关系：

$$\text{氧化态} + ne \rightleftharpoons \text{还原态}$$

或

$$Ox + ne \rightleftharpoons Red$$

如

$$Cl_2 + 2e \rightleftharpoons 2Cl^-$$

$$Br_2 + 2e \rightleftharpoons 2Br^-$$

这种关系与质子酸碱中共轭酸碱对的关系相似。这种共轭关系式称为氧化还原半反应。每一个电对都对应一个氧化还原半反应。如

Cu^{2+}/Cu	$Cu^{2+} + 2e \rightleftharpoons Cu$
S/S^{2-}	$S + 2e \rightleftharpoons S^{2-}$
H_2O_2/OH^-	$H_2O_2 + 2e \rightleftharpoons 2OH^-$
MnO_4^-/Mn^{2+}	$MnO_4^- + 8H^+ + 5e \rightleftharpoons Mn^{2+} + 4H_2O$

由上述氧化还原半反应可以看出，电对中氧化态物质得电子，在反应中作氧化剂；还原态物质失电子，在反应中作还原剂。氧化态物质的氧化能力与还原态物质的还原能力的强弱关系与共轭酸碱强弱关系相似，即氧化态物质的氧化能力越强，对应还原态物质的还原能力越弱；反之，氧化态物质的氧化能力越弱，对应还原态物质的还原能力越强。如 MnO_4^-/Mn^{2+} 中，MnO_4^- 的氧化能力很强，是强氧化剂，而 Mn^{2+} 的还原能力很弱，是弱还原剂。再如 Zn^{2+}/Zn 电对中，Zn 是强还原剂，Zn^{2+} 是弱氧化剂。

同一物质在不同的电对中可表现出不同的性质。如 Fe^{2+} 在 Fe^{3+}/Fe^{2+} 电对中为还原态，反应中作还原剂；Fe^{2+} 在 Fe^{2+}/Fe 电对中为氧化态，反应中做氧化剂。再如 Cl_2 在 Cl_2/Cl^- 电对中是氧化态，而在 ClO^-/Cl_2 电对中是还原态。这说明物质的氧化还原能力的大小是相对的。有些物质与强氧化剂作用时，表现出还原性；与强还原剂作用时，则表现出氧化性。如 H_2O_2 与 $KMnO_4$ 作用时表现出还原性，其反应为

$$2MnO_4^- + 5H_2O_2 + 6H^+ \rightleftharpoons 2Mn^{2+} + 5O_2\uparrow + 8H_2O$$

当 H_2O_2 与 KI 作用时，表现出氧化性，其反应为

$$2H^+ + H_2O_2 + 2I^- \rightleftharpoons 2H_2O + I_2$$

在无机物的分析中常见的氧化剂一般是活泼的非金属单质和一些高氧化数的化合物，常见的还原剂一般是活泼的金属和低氧化数的化合物，处于中间氧化数的物质常既具有氧化性又具有还原性。常见氧化剂、还原剂及其酸性条件下的反应产物见表 5-1。

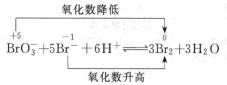

表 5-1 常见的氧化剂、还原剂及其产物

氧化剂	还原产物	还原剂	氧化产物
活泼非金属单质		活泼金属单质	
X_2（卤素）	X^-（卤离子）	M(Na,Mg,Al 等)	Al^{3+} 等 M^{n+}(Na^+,Mg^{2+},Al^{3+} 等)
O_2	H_2O 或氧化物		
氧化物、过氧化物		某些非金属单质	
MnO_2	Mn^{2+}	H_2	H^+
PbO_2	Pb^{2+}	C(高温)	CO_2
H_2O_2	H_2O	氧化物、过氧化物	
含氧酸、含氧酸盐		CO	CO_2
浓 H_2SO_4	SO_2	SO_2	SO_3（或 SO_4^{2-}）
浓 HNO_3	NO_2	H_2O_2	O_2
稀 HNO_3	NO	氢化物	
H_2SO_3	S	H_2S（或 S^{2-}）	S（或 SO_4^{2-}）
$NaNO_2$	NO	HX（或 X^-）	X_2(X=Cl,Br,I)
$(NH_4)_2S_2O_8$	SO_4^{2-}	含氧酸、含氧酸盐	
NaClO	Cl^-	H_2SO_3	SO_4^{2-}
$KMnO_4$	Mn^{2+}	$NaNO_2$	NO_3^-
$K_2Cr_2O_7$	Cr^{3+}	低氧化态金属离子	
$NaBiO_3$	Bi^{3+}	Fe^{2+}	Fe^{3+}
高氧化态金属离子		Sn^{2+}	Sn^{4+}
Fe^{3+}	Fe^{2+}		
Ce^{4+}	Ce^{3+}		

二、氧化还原反应方程式的配平

氧化还原反应往往比较复杂，因为涉及电子的得失或共用电子对的偏移。参加反应的物质比较多，反应产物也因反应物和介质、反应条件的不同而不同，例如溶液的酸度、温度、浓度都会影响反应产物，因此其反应方程式也比较复杂，有时很难用直观法实现反应方程式的配平。

配平氧化还原反应方程式，常用的方法有氧化数法和离子电子半反应法（简称离子电子法）。

1. 氧化数法

氧化数法配平的原则是：元素原子的氧化数升高的总数等于元素原子的氧化数降低的总数，反应前后各元素的原子总数相等。其配平步骤如下。

① 写出未配平的反应式。例如

$$KMnO_4 + HCl \longrightarrow MnCl_2 + Cl_2 + KCl + H_2O$$

② 确定有关元素氧化数的变化值。

氧化数降低 5

$$K\overset{+7}{Mn}O_4 + 2H\overset{-1}{Cl} \longrightarrow \overset{+2}{Mn}Cl_2 + \overset{0}{Cl_2} + KCl + H_2O$$

氧化数升高 1×2

③ 求出氧化数升高与降低的最小公倍数，以确定氧化剂和还原剂化学式前的相应系数，即化学计量系数。

氧化数降低 5×2

$$K\overset{+7}{Mn}O_4 + 2H\overset{-1}{Cl} \longrightarrow \overset{+2}{Mn}Cl_2 + \overset{0}{Cl_2} + KCl + H_2O$$

氧化数升高 1×2×5

则得　$2KMnO_4 + 10HCl \longrightarrow 2MnCl_2 + 5Cl_2 + KCl + H_2O$

④ 用观察法配平氧化数未改变的元素的原子数目，则得

$$2KMnO_4 + 16HCl \rightleftharpoons 2MnCl_2 + 5Cl_2 + 2KCl + 8H_2O$$

氧化数法的优点是简捷，既适用于水溶液中的氧化还原反应，也适用于非水体系的氧化还原反应。

2. 离子电子法

离子电子法配平的原则是：反应过程中氧化剂得到的电子数必等于还原剂失去的电子数，反应前后各元素的原子总数相等。其配平步骤如下所述。

① 写出未配平的离子反应式。例如

$$MnO_4^- + SO_3^{2-} + H^+ \longrightarrow Mn^{2+} + SO_4^{2-} + H_2O$$

② 把离子反应式分成两个氧化还原半反应式（即两个离子电子式），并分别配平其原子数及电荷数。

还原半反应　$MnO_4^- + 8H^+ + 5e \longrightarrow Mn^{2+} + 4H_2O$

氧化半反应　$SO_3^{2-} + H_2O - 2e \longrightarrow SO_4^{2-} + 2H^+$

③ 两个半反应式各乘以适当系数，使其得失电子数相等，将两式相加，消去电子，必要时消去重复项，即得配平的离子方程式。

$$(1)\times 2 \quad MnO_4^- + 8H^+ + 5e \longrightarrow Mn^{2+} + 4H_2O$$

$$+)\quad (2)\times 5 \quad SO_3^{2-} + H_2O - 2e \longrightarrow SO_4^{2-} + 2H^+$$

$$2MnO_4^- + 5SO_3^{2-} + 6H^+ \rightleftharpoons 2Mn^{2+} + 5SO_4^{2-} + 3H_2O$$

在配平中，如果反应物和生成物所含的氧原子数不相等，可根据介质的酸碱性，在反应方程式中加 H^+、OH^- 或 H_2O，使反应式两边的氧原子数相等，其经验规则见表 5-2。

表 5-2　不同介质条件下配平氧原子的经验规则

介质条件	比较方程式两边氧原子数	配平时左边应加入物质	生成物
酸性	左边 O 多	H^+	H_2O
	左边 O 少	H_2O	H^+
碱性	左边 O 多	H_2O	OH^-
	左边 O 少	OH^-	H_2O
中性(或弱碱性)	左边 O 多	H_2O H_2O(中性)	OH^- H^+
	左边 O 少	OH^-(弱碱性)	H_2O

上述两种配平方法中，对于简单的氧化还原反应，用氧化数法配平较迅速，应用范围较广，且不限于水溶液中的反应。离子电子法对于配平水溶液中有介质参加的复杂反应比较方便，且能清楚地反映水溶液中氧化还原反应的实质，但此法仅适用于配平水溶液中的氧化还原反应方程式，对于气相或固相反应式的配平则无能为力。

第二节　原电池和电极电势

一、原电池

1. 原电池的组成及工作原理

【演示实验 5-1】 锌与硫酸铜溶液的反应。将锌片插入硫酸铜溶液中，观察现象。

实验现象：实验中锌片缓慢地溶解，红色的铜在锌片上不断析出，硫酸铜溶液的蓝色逐渐变浅。

锌和硫酸铜之间发生了氧化还原反应，其离子方程式及电子的转移方向可表示为

$$\overset{2e}{\overbrace{Zn+Cu^{2+}}} \rightleftharpoons Zn^{2+}+Cu$$

此反应发生了电子的转移，但由于 Zn 和 $CuSO_4$ 溶液直接接触，电子从 Zn 原子直接转移给了 Cu^{2+}，此时电子的流动是无序的，无法直接观察这一现象的发生。但从溶液温度升高的宏观现象可知，反应过程中的化学能转变成了热能。

【演示实验 5-2】 铜锌原电池的反应。在一烧杯中放入 $ZnSO_4$ 溶液和锌片，另一烧杯中放入 $CuSO_4$ 溶液和铜片，将两个烧杯的溶液用一个充满电解质溶液（通常用含有琼脂的 KCl 饱和溶液）的倒置 U 形玻璃管（即盐桥）联系起来，并按图5-1装置好。此时反应物 Zn 和 $CuSO_4$ 溶液分隔在两个容器中，互不接触，观察电流计指针的变化。

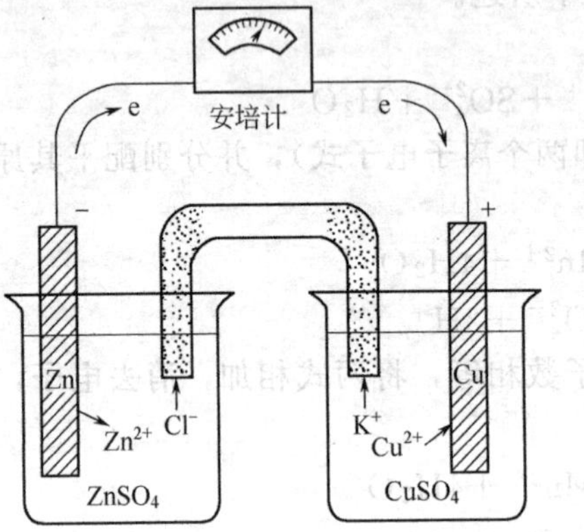

图 5-1 铜锌原电池示意图

实验现象及分析：

① 电流计指针发生偏转，说明导线中有电流通过。

② 从电流计指针偏转的方向可知，电子是从锌片经过导线流向铜片，锌是负极，铜是正极。

③ 锌片不断溶解，而铜不断沉积在铜片上。

④ 若取出盐桥，电流计指针回至零点；放入盐桥，电流计指针偏转，说明盐桥起构成通路的作用。同时，盐桥中的 Cl^- 流到 $ZnSO_4$ 溶液中，可以中和反应中产生的 Zn^{2+} 所带的正电荷，K^+ 流到 $CuSO_4$ 溶液中补充由于 Cu^{2+} 还原为 Cu 原子而减少的正电荷，使两个烧杯中的溶液始终呈中性，反应得以持续进行。

实验中，反应物 Zn 和 $CuSO_4$ 溶液虽然分开了，但反应中的电子通过导线由 Zn 转移给了 Cu^{2+}，电子形成了定向运动，从而产生了电流，使化学能转变成了电能。这种借助于氧化还原反应将化学能转变为电能的装置叫做原电池。

原电池中，电子流出的电极为负极（如锌片），负极发生氧化反应。流入电子的电极为正极（如铜片），正极发生还原反应。原电池两极上发生的反应称为电极反应。原电池的总反应称为电池反应。原电池中的溶液通常是电解质溶液。例如，上述原电池中，电子由锌片通过导线转移到了铜片上，发生了如下反应

负极（锌片） $Zn-2e \rightleftharpoons Zn^{2+}$（氧化反应）

正极（铜片） $Cu^{2+}+2e \rightleftharpoons Cu$（还原反应）

电池反应 $Zn+Cu^{2+} \rightleftharpoons Zn^{2+}+Cu$

原电池中正、负极发生的反应与前面的氧化还原半反应相同，每个半反应都对应着一个电对，因此也可用电对来代表电极。例如，电极发生半反应 $Fe^{3+}+e \rightleftharpoons Fe^{2+}$，其对应的电对为 Fe^{3+}/Fe^{2+}；电对 MnO_4^-/Mn^{2+} 代表的是发生半反应 $MnO_4^-+8H^++5e \rightleftharpoons Mn^{2+}+4H_2O$ 的电极。

2. 原电池符号及电极的类型

(1) 原电池符号 原电池是由两个半电池组成。上述铜锌原电池中，锌和锌盐组成一个半电池，铜和铜盐组成另一个半电池。

为了方便起见，原电池可用符号表示。如铜锌原电池可表示为

$(-)Zn(s) \mid ZnSO_4(c_1) \parallel CuSO_4(c_2) \mid Cu(s)(+)$

电池符号书写的规则如下：

① 写出正极和负极符号，负极写在左边，正极写在右边。

② 用“|”表示物质间的相界面。如 $Zn(s) \mid ZnSO_4(c_1)$。

③ 用“‖”表示盐桥，盐桥左右分别为原电池的负极、正极。

④ 电极物质为溶液时，要注明其浓度，若为气体要注明其分压。

⑤ 某电极需插入惰性电极（不参加电极反应，仅起导电作用。常用的惰性电极是铂和石墨），如 Fe^{3+}/Fe^{2+}、O_2/OH^- 等。惰性电极在电池符号中要表示出来。

【例 5-5】 将下列氧化还原反应设计成原电池，并写出其原电池符号。

$$2Fe^{2+}(1.0mol/L)+Cl_2(100kPa) \rightleftharpoons 2Fe^{3+}(0.1mol/L)+2Cl^-(2.0mol/L)$$

解 正极 $Cl_2+2e \rightleftharpoons 2Cl^-$

负极 $Fe^{2+}-e \rightleftharpoons Fe^{3+}$

原电池符号为

$(-)Pt \mid Fe^{2+}(1.0mol/L),Fe^{3+}(0.1mol/L) \parallel Cl^-(2.0mol/L),Cl_2(100kPa) \mid Pt(+)$

（2）电极的类型 电极是电池的基本组成部分，众多的氧化还原反应对应着各种各样的电极。根据电极组成的不同，常见的电极可分为四类。

① 金属-金属离子电极。这类电极是由金属及其离子的溶液组成。如 Ag^+/Ag 对应的电极属于这类电极。

电极反应 $Ag^+ + e \rightleftharpoons Ag$

电极符号 $Ag(s) \mid Ag^+(c)$

② 气体-离子电极。这类电极是由气体与其饱和的离子溶液及惰性电极材料组成。如氢电极属于这类电极。

电极反应 $2H^+ + 2e \rightleftharpoons H_2$

电极符号 $Pt, H_2(g) \mid H^+(c)$

③ 均相氧化还原电极。这类电极是由同一元素不同氧化数对应的物质、介质及惰性电极组成。如电对 $Cr_2O_7^{2-}/Cr^{3+}$ 对应的电极。

电极反应 $Cr_2O_7^{2-} + 14H^+ + 6e \rightleftharpoons 2Cr^{3+} + 7H_2O$

电极符号 $Pt \mid Cr_2O_7^{2-}(c_1),Cr^{3+}(c_2),H^+(c_3)$

④ 金属-金属难溶盐电极（又称固体电极）。这类电极是将金属表面涂上该金属的难溶盐（或氧化物），再插入该金属难溶盐的阴离子溶液中构成的。如银-氯化银电极、甘汞电极。

银-氯化银电极 电极反应 $AgCl+e \rightleftharpoons Ag+Cl^-$

电极符号 $Ag(s),AgCl(s) \mid Cl^-(c)$

甘汞电极 电极反应 $Hg_2Cl_2+2e \rightleftharpoons 2Hg+2Cl^-$

电极符号 $Hg(l),Hg_2Cl_2(s) \mid Cl^-(c)$

这类电极制作容易、应用方便、性质稳定，常用作参比电极。

从理论上讲，任何一个自发的氧化还原反应都可以构成原电池。但对于一些比较复杂的氧化还原反应，实际上却很难构成原电池，所以真正实用的化学电池并不很多。原电池的出现不仅使化学能转变成电能成为现实，同时证明了氧化还原反应中有电子的转移。原电池把电现象与化学反应联系起来，使人们利用电学探讨化学反应成为可能，从而形成了化学的一个重要分支——电化学。

二、电极电势

1. 电极电势的产生

铜锌原电池能产生电流，说明两电极间有电势差，这种电势差称为原电池电动势，用符

号 E 表示，单位为伏特，用符号 V 表示。若用 φ_+ 和 φ_- 分别表示正极和负极的电极电势(单位为 V)，则有

$$E=\varphi_+-\varphi_- \tag{5-1}$$

铜锌原电池中，电子由锌极流向铜极，说明锌极的电极电势低于铜极的电极电势。而电极电势的不同是由于物质的氧化还原能力不同而引起的。

金属晶体是由金属阳离子（M^{n+}）、金属原子（M）和自由电子以金属键联系起来的。当把金属片插入其盐溶液时，由于极性很大的水分子强烈吸引构成晶格的金属离子，而使部分金属离子脱离金属晶格，以水合离子的形式进入金属表面附近的溶液中，电子仍留在金属片上，使金属带负电荷。

$$M(金属)\longrightarrow M^{n+}(进入溶液)+ne(留在金属片上)$$

金属片刚插入溶液时，溶液中过量的金属离子浓度较小，溶解较快。随着金属的不断溶解，溶液中金属离子的浓度不断增加，同时金属片上的电子也不断增加，于是阻碍了金属的继续溶解。另外，溶液中的金属离子由于受到其他金属离子的排斥和金属片上负电荷的吸引，从金属表面获得电子，而沉积在金属片上。

$$M^{n+}(溶液中)+ne\longrightarrow M(沉淀在金属上)$$

随着水合金属离子浓度和金属片上电子数目的增加，沉淀速率不断增大。上述两个相反过程速率的相对大小主要取决于金属的本性和溶液中金属离子的浓度。金属越活泼，溶液越稀，金属离子化的倾向越大；反之，金属越不活泼，溶液越浓，离子沉积的倾向越大。当金属的溶解速率和沉积速率相等时，达到动态平衡。

$$M^{n+}（溶液中）+ne\underset{沉积}{\overset{溶解}{\rightleftharpoons}}M（沉淀在金属上）$$

如果溶解倾向大于沉积倾向，达到平衡时，金属片带负电荷，在金属片附近的溶液中有较多的 M^{n+} 吸引在金属附近，使金属表面附近的溶液所带的电荷与金属本身所带的电荷恰好相反，形成一个双电层，如图 5-2（a）所示。如果沉积倾向大于溶解倾向，则在金属和溶液之间的界面上形成了溶液带负电、金属带正电的双电层，如图 5-2（b）所示。双电层之间存在着电势差，这种由于双电层的作用在金属和其盐溶液间产生的电势差，称为金属的电极电势。

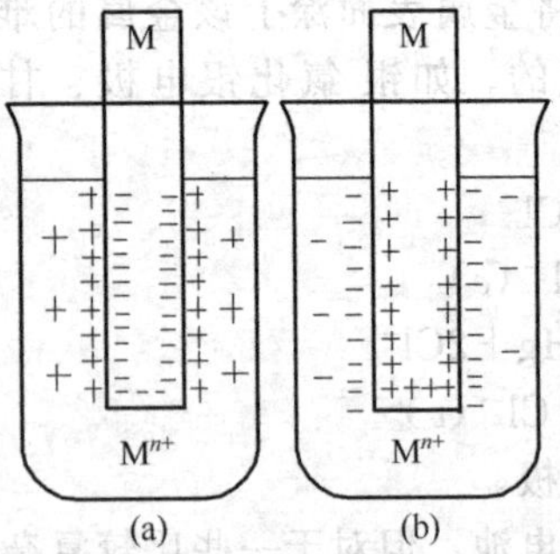

图 5-2 金属的电极电势

当外界条件一定时，电极电势的高低取决于电极物质的本质。对于金属电极，金属越活泼，离子沉积的倾向越小，极板上的负电荷越多，平衡时电极电势越低；反之，金属越不活泼，其离子沉积的倾向越大，极板上的正电荷越多，电极电势越高。当用导线将两个半电池连接时，因两极间存在着电势差，电子由负极流向正极，电流由正极流向负极。由于两极的双电层遭到破坏，活泼金属不断溶解，而不活泼金属的离子不断还原沉积到金属表面。

综上所述，原电池电流的产生是由于构成电池的两个电极间存在着电势差所致。在相同条件下，各种金属的电极电势的差别，是由于内部结构的不同以及金属活泼性大小的不同所致。因此，在水溶液中，电极电势的大小标志着电对物质的氧化还原能力的强弱。电极电势低，说明在水溶液中金属的还原能力强。电极电势高，说明金属离子的氧化能力强。所以人们常用电极电势来衡量物质氧化还原能力的强弱，以判断氧化还原反应的方向和顺序。

2. 标准电极电势

单个电极的电极电势的绝对值至今仍无法被测定。通常选择标准氢电极（SHE）作为

基准，在标准态（温度为25℃，气体的分压为100kPa，液态或固态物质皆为纯物质，组成电极的离子的浓度均为1mol/L）下，将待测电极和标准氢电极组成原电池，通过测定该电池的电动势，即可求出待测电极电极电势的相对值。犹如海拔高度是将海平面的高度作为比较标准一样。

如果参加电极反应的物质均处于标准态，这时的电极称为标准电极，对应的电极电势称为标准电极电势，用符号 $\varphi^{\ominus}$ 表示，单位为伏特（V）。如果原电池的两个电极均为标准电极，这时的电池称为标准电池，对应电池的电动势为标准电池电动势，用 $E^{\ominus}$ 表示

$$E^{\ominus}=\varphi_{+}^{\ominus}-\varphi_{-}^{\ominus} \tag{5-2}$$

式中 $\varphi_{+}^{\ominus}$——正极的标准电极电势，V；

$\varphi_{-}^{\ominus}$——负极的标准电极电势，V。

（1）标准氢电极的结构　标准氢电极是将表面镀有一层铂黑的铂片浸入氢离子浓度（严格讲是活度）为1mol/L的水溶液中，在25℃时不断通入标准压力[$p(H_2)=100kPa$]的纯氢气，使铂黑吸附氢气达到饱和，即制成了标准氢电极。其电极电势称为标准氢电极的电极电势，记作 $\varphi^{\ominus}(H^+/H_2)$，并规定在25℃时，$\varphi^{\ominus}(H^+/H_2)=0.0000V$。标准氢电极的结构如图5-3所示。

半电池表示式　　　$Pt|H_2(100kPa)|H^+(1mol/L)$

电极反应　　　$2H^+(1.0mol/L)+2e \rightleftharpoons H_2(100kPa)$

（2）标准电极电势的测定　测定锌电极的标准电极电势时，首先将标准锌电极和标准氢电极组成原电池，如图5-4所示。

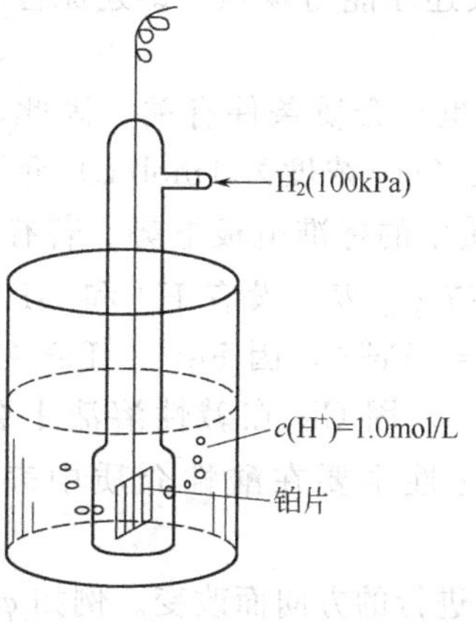

图5-3　标准氢电极结构示意图

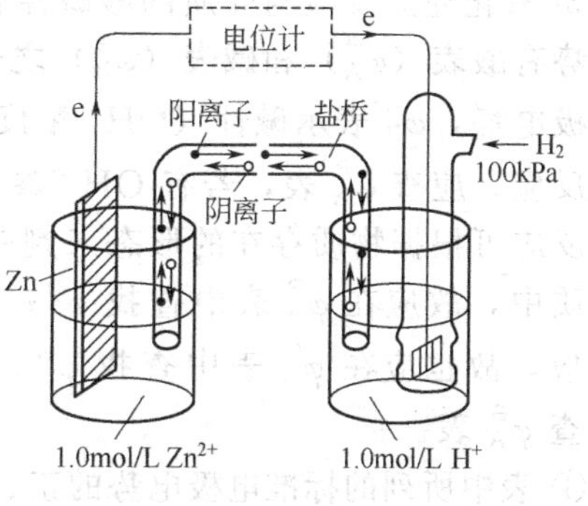

图5-4　测定锌电极标准电极电势装置示意图

用电位计测得该电池的电动势为0.7618V。从电位计指针偏转的方向或由锌的还原能力较氢大可知，电子是由锌电极流向氢电极，所以锌电极为负极、氢电极为正极。电池符号为

$$(-)Zn(s)|ZnSO_4(1mol/L)\|H^+(1mol/L)|H_2(100kPa)|Pt(+)$$

电池反应　　　$Zn+2H^+ \rightleftharpoons Zn^{2+}+H_2$

因为　　$E^{\ominus}=\varphi^{\ominus}(H^+/H_2)-\varphi^{\ominus}(Zn^{2+}/Zn)$，$\varphi^{\ominus}(H^+/H_2)=0.0000V$，

$$E^{\ominus}=0.7618V$$

所以　　$\varphi^{\ominus}(Zn^{2+}/Zn)=\varphi^{\ominus}(H^+/H_2)-E^{\ominus}$

$$=0-0.7618=-0.7618\ (V)$$

标准氢电极要求氢气纯度很高，压力稳定，并且铂在溶液中易吸附其他组分而中毒，失去活性。实际中常用易于制备、电极电势稳定且使用方便的甘汞电极、银-氯化银电极作为电极电势的参比标准，称为参比电极。

(3) 标准电极电势表　利用上述类似的方法，可以测得一系列金属的标准电极电势。若按其代数值由小到大的次序排列，即得金属活动顺序：

Li、K、Ba、Ca、Na、Mg、Al、Mn、Zn、Fe、Ni、Sn、Pb、H、Cu、Hg、Ag、Pt、Au

不难理解，对于金属活动顺序的认识，由于对其本质的揭示而更深化了，并且定量化了。

基于同样原理，还可以测出非金属及其离子或同一金属不同价态离子所构成电对的标准电极电势。测量时仍要求待测电极处于标准态。某些电对目前尚不能测定，则可用间接方法来推算。实验测得的一些水溶液中氧化还原电对的标准电极电势，按其数值由小到大的顺序排列成标准电极电势表。常见电对的标准电极电势表，见附录三。

标准电极电势表的编制有多种方式，常见的有两种：一种是按元素符号的英文字母顺序排列，特点是便于查阅；另一种是按电极电势的大小排列，或从正到负，或从负到正，其优点是便于比较电极电势的大小，有利于寻找合适的氧化剂或还原剂。此外，还有按反应介质的酸、碱分成酸表和碱表编排的。

使用标准电极电势表时应注意以下几点。

① $\varphi^{\ominus}$是在标准状态下的水溶液中测定的，对非水溶液、高温下固相及液相反应不适用。例如，欲判断反应 $2CO+O_2 \longrightarrow 2CO_2$ 能否进行，$\varphi^{\ominus}$则无能为力。

② 按国际惯例，电池半反应一律用还原过程 $M^{n+}+ne \rightleftharpoons M$ 表示，因此电极电势是还原电势。数值越“正”，说明氧化态物质获得电子或氧化能力越强，即氧化性自上而下依次增强。反之，数值越“负”，说明还原态物质失去电子或还原能力越强，即还原性自下而上依次增强。

③ 氧化还原反应与介质的酸碱性有关，电对的 $\varphi^{\ominus}$ 也与介质条件有关。因此，标准电极电势有酸表（$\varphi_A^{\ominus}$）和碱表（$\varphi_B^{\ominus}$）之分。$\varphi_A^{\ominus}$ 表示酸性（H^+浓度为 1mol/L）介质中的标准电极电势，$\varphi_B^{\ominus}$ 表示碱性（OH^- 浓度为 1mol/L）介质中的标准电极电势。若有 H^+ 参加电极反应，应查 $\varphi_A^{\ominus}$ 表，若有 OH^- 参加电极反应，应查 $\varphi_B^{\ominus}$ 表，没有 H^+ 和 OH^- 参加的电极反应可根据物质存在的形态来判断。如 $Fe^{3+}+e \rightleftharpoons Fe^{2+}$，因 Fe^{3+}、Fe^{2+} 只存在酸性介质中，故应在 $\varphi_A^{\ominus}$ 表中查找 $\varphi^{\ominus}$；$Cl_2+2e \rightleftharpoons 2Cl^-$，因 Cl_2 在碱性溶液中会发生歧化反应，故也应在 $\varphi_A^{\ominus}$ 表中查找 $\varphi^{\ominus}$。有些物质的氧化性主要在酸性介质中表现出来，故应查 $\varphi_A^{\ominus}$ 表。

④ 表中所列的标准电极电势的正、负不因电极反应进行的方向而改变。例如 $\varphi^{\ominus}(Zn^{2+}/Zn)=-0.7618V$，不管电极反应是按 $Zn^{2+}+2e \rightleftharpoons Zn$，还是 $Zn \rightleftharpoons Zn^{2+}+2e$ 进行，该电对的标准电势总是负值，即$-0.7618V$。表示该电极与标准氢电极组成原电池时为负极，与其他的电极组成原电池时，$\varphi^{\ominus}$不变，但未必作负极。因此，$\varphi^{\ominus}$与电极反应的写法无关。

⑤ 标准电极电势是强度性质，无加合性，因此与电极反应中物质的数量（反应系数）无关。例如

$$Cu^{2+}+2e \rightleftharpoons Cu \qquad \varphi^{\ominus}=0.345V$$
$$2Cu^{2+}+4e \rightleftharpoons 2Cu \qquad \varphi^{\ominus}=0.345V$$

3. 能斯特方程

标准电极电势是在标准态下测定的，而条件改变时，电极电势也随之而变。所以，标准电极电势只能用于判断物质在标准态时的氧化还原能力。实际电极不可能总处于标准态，因此，必须得到实际反应条件下的电极电势，以衡量物质在实际条件下的氧化还原能力，判断

实际的氧化还原反应的方向。

影响电极电势的主要因素是温度、浓度（或压力）、溶液的酸度等。德国科学家能斯特（H. W. Nernst）从理论上推导出电极电势与反应温度、反应物浓度（或压力）、溶液的酸度之间的定量关系式，称为能斯特方程式。

对于任意给定的电极反应 $Ox + ne \rightleftharpoons Red$

能斯特方程式为

$$\varphi(Ox/Red) = \varphi^{\ominus}(Ox/Red) + \frac{RT}{nF}\ln\frac{c(Ox)}{c(Red)} \tag{5-3}$$

式中 $\varphi(Ox/Red)$——非标准态下电极的电极电势，V；

$\varphi^{\ominus}(Ox/Red)$——电极的标准电极电势，V；

R——气体热力学常数，8.314J/(mol·K)；

T——反应的热力学温度，K；

F——法拉第常数，96487C/mol；

n——电极反应中电子转移的物质的量；

$c(Ox)$，$c(Red)$——分别为氧化态和还原态的浓度，严格讲是活度。

一般情况下，不考虑离子强度的影响，离子的活度可近似地以物质的浓度代替。

若将有关常数代入式(5-3)，并取常用对数，则在25℃时，能斯特方程式可表示为

$$\varphi(Ox/Red) = \varphi^{\ominus}(Ox/Red) + \frac{0.0592}{n}\ln\frac{c(Ox)}{c(Red)} \tag{5-4}$$

使用能斯特方程时应注意以下几点。

① 在能斯特方程式中，当 $c(Ox)=c(Red)$ 时，或氧化态、还原态浓度均为1mol/L时，$\varphi(Ox/Red)=\varphi^{\ominus}(Ox/Red)$。

② 有气体参加电极反应时，应以其分压代入浓度项。如

$$Cl_2(g) + 2e \rightleftharpoons 2Cl^-$$

$$\varphi(Cl_2/Cl^-) = \varphi^{\ominus}(Cl_2/Cl^-) + \frac{0.0592}{2}\lg\frac{p(Cl_2)}{c^2(Cl^-)}$$

③ 有纯固体或纯液体（包括水或其他溶剂）参与电极反应时，则不列入方程式中。如

$$Br_2(l) + 2e \rightleftharpoons 2Br^-$$

$$\varphi(Br_2/Br^-) = \varphi^{\ominus}(Br_2/Br^-) + \frac{0.0592}{2}\lg\frac{1}{c^2(Br^-)}$$

④ 式中Ox和Red是广义的氧化态物质和还原态物质，除氧化态、还原态物质外，还包括参加电极反应的其他物质如 H^+、OH^- 等。所以，式中的 $c(Ox)$ 和 $c(Red)$ 分别表示电极反应中氧化态一侧各物质（不包括电子）浓度的乘积和还原态一侧各物质浓度的乘积，其浓度均应以对应的计量数为指数。如

$$MnO_2 + 4H^+ + 2e \rightleftharpoons Mn^{2+} + 2H_2O$$

$$\varphi(MnO_2/Mn^{2+}) = \varphi^{\ominus}(MnO_2/Mn^{2+}) + \frac{0.059}{2}\lg\frac{c^4(H^+)}{c(Mn^{2+})}$$

4. 条件电极电势

由上述能斯特方程式可知，电极电势与氧化态和还原态的浓度有关。但当溶液的离子强度较大时，用浓度代替活度会产生较大误差。因此，必须用活度代入能斯特方程式进行计算，则式（5-4）应写成

$$\varphi(Ox/Red) = \varphi^{\ominus}(Ox/Red) + \frac{0.0592}{n}\lg\frac{a(Ox)}{a(Red)} \tag{5-5}$$

即

$$\varphi(Ox/Red) = \varphi^{\ominus}(Ox/Red) + \frac{0.0592}{n}\lg\frac{\gamma(Ox)c(Ox)}{\gamma(Red)c(Red)} \tag{5-6}$$

式中　$a(\mathrm{Ox})$ ——氧化态的活度；
$a(\mathrm{Red})$ ——还原态的活度；
$\gamma(\mathrm{Ox})$ ——氧化态的活度系数；
$\gamma(\mathrm{Red})$ ——还原态的活度系数。

当氧化态或还原态因水解或配位等副反应使浓度发生改变时，可在更大程度上影响电极电势，则必须引入副反应系数 α。

综合考虑活度系数 γ 和副反应系数 α 的影响，式(5-4) 应写成

$$\varphi(\mathrm{Ox/Red})=\varphi^{\ominus}(\mathrm{Ox/Red})+\frac{0.0592}{n}\lg\frac{\gamma(\mathrm{Ox})\alpha(\mathrm{Red})c(\mathrm{Ox})}{\gamma(\mathrm{Red})\alpha(\mathrm{Ox})c(\mathrm{Red})} \tag{5-7}$$

式中　$\alpha(\mathrm{Ox})$ ——氧化态的副反应系数；
$\alpha(\mathrm{Red})$ ——还原态的副反应系数。

例如，以 HCl 为介质的电极反应

$$Fe^{3+}+e \rightleftharpoons Fe^{2+} \tag{5-8}$$

可发生副反应，生成一系列 Fe^{3+} 的羟基配合物[$FeOH^{2+}$、$Fe(OH)_2^+$…]和氯配合物($FeCl^{2+}$、$FeCl_2^+$…)等。此时有

$$c(Fe^{3+})=\frac{c[\mathrm{Fe(III)}]}{\alpha[\mathrm{Fe(III)}]} \tag{5-9}$$

$$c(Fe^{2+})=\frac{c[\mathrm{Fe(II)}]}{\alpha[\mathrm{Fe(II)}]} \tag{5-10}$$

式中　$c[\mathrm{Fe(III)}]$——Fe(Ⅲ)的总浓度；
$c[\mathrm{Fe(II)}]$——Fe(Ⅱ)的总浓度；
$\alpha[\mathrm{Fe(III)}]$——HCl 溶液中 Fe(Ⅲ)的副反应系数；
$\alpha[\mathrm{Fe(II)}]$——HCl 溶液中 Fe(Ⅱ)的副反应系数。

综合考虑 γ 和 α，对于式 (5-8) 的电极反应有

$$\varphi(Fe^{3+}/Fe^{2+})=\varphi^{\ominus}(Fe^{3+}/Fe^{2+})+0.0592\lg\frac{a(Fe^{3+})}{a(Fe^{2+})}$$

$$=\varphi^{\ominus}(Fe^{3+}/Fe^{2+})+0.0592\lg\frac{\gamma(Fe^{3+})c[\mathrm{Fe(III)}]\alpha[\mathrm{Fe(II)}]}{\gamma(Fe^{2+})c[\mathrm{Fe(II)}]\alpha[\mathrm{Fe(III)}]}$$

或 $\varphi(Fe^{3+}/Fe^{2+})=\varphi^{\ominus}(Fe^{3+}/Fe^{2+})+0.0592\lg\frac{\gamma(Fe^{3+})\alpha[\mathrm{Fe(II)}]}{\gamma(Fe^{2+})\alpha[\mathrm{Fe(III)}]}+0.0592\lg\frac{c[\mathrm{Fe(III)}]}{c[\mathrm{(Fe(II)}]}$

在特别条件下，γ 和 α 是一固定值，因而上式中 $\varphi^{\ominus}(Fe^{3+}/Fe^{2+})+0.0592\lg\frac{\gamma(Fe^{3+})\alpha[\mathrm{Fe(II)}]}{\gamma(Fe^{2+})\alpha[\mathrm{Fe(III)}]}$ 项为常数，以 $\varphi^{\ominus\prime}(Fe^{3+}/Fe^{2+})$ 表示，即

$$\varphi(Fe^{3+}/Fe^{2+})=\varphi^{\ominus\prime}(Fe^{3+}/Fe^{2+})+0.0592\lg\frac{c[\mathrm{Fe(III)}]}{c[\mathrm{Fe(II)}]} \tag{5-11}$$

$$\varphi^{\ominus\prime}(Fe^{3+}/Fe^{2+})=\varphi^{\ominus}(Fe^{3+}/Fe^{2+})+0.0592\lg\frac{\gamma(Fe^{3+})\alpha[\mathrm{Fe(II)}]}{\gamma(Fe^{2+})\alpha[\mathrm{Fe(III)}]} \tag{5-12}$$

一般通式为

$$\varphi(\mathrm{Ox/Red})=\varphi^{\ominus\prime}(\mathrm{Ox/Red})+0.0592\lg\frac{c(\mathrm{Ox})}{c(\mathrm{Red})} \tag{5-13}$$

$$\varphi^{\ominus\prime}(Ox/Red)=\varphi^{\ominus}(Ox/Red)+0.0592\lg\frac{\gamma(Ox)\alpha(Red)}{\gamma(Red)\alpha(Ox)} \quad (5\text{-}14)$$

式(5-14)中，$\varphi^{\ominus\prime}$(Ox/Red)称为条件电极电势，简称条件电势，它表示在一定介质条件下，氧化态和还原态以各种形式存在的总浓度均为1mol/L或它们的浓度比为1时的实际电极电势。其数值的大小，反映了在离子强度和副反应等外界因素影响下，氧化还原电对的实际氧化还原能力。应用条件电极电势比用标准电极电势更能正确地判断氧化还原反应的方向、次序和反应的完全程度。但是，当溶液中离子强度较大时，活度系数不易求得，$\varphi^{\ominus\prime}$(Ox/Red)也不便计算，现有的条件电极电势均为实验测得值，故目前数据较少，实际应用受到限制。附录四中列出了部分氧化还原电对的条件电极电势，当缺乏相应条件下的$\varphi^{\ominus\prime}$(Ox/Red)时，可采用相近条件下的$\varphi^{\ominus\prime}$(Ox/Red)进行计算，其结果仍比用$\varphi^{\ominus}$(Ox/Red)值计算更准确、更符合实际情况。但是，当缺乏相同或相近条件下的条件电极电势时，只能用标准电极电势$\varphi^{\ominus}$(Ox/Red)代替作近似计算。

第三节　氧化还原反应的方向和次序

一、影响氧化还原反应方向的因素

氧化还原反应的方向，可以根据反应中两个电对的条件电极电势或标准电极电势的大小来确定。当反应的条件发生变化时，氧化还原电对的电极电势也将受到影响，从而影响氧化还原反应进行的方向。

影响氧化还原反应方向的因素有氧化剂和还原剂的浓度、溶液的酸度、生成沉淀和形成配合物等。

1. 氧化剂和还原剂浓度的影响

由能斯特方程式可以看出，当增加电对氧化态的浓度时，电对的电极电势增大；增加电对还原态的浓度时，电对的电极电势降低。因此，当改变各电对物质（或离子）的浓度时，氧化还原反应的方向也将改变。

【例 5-6】 试分别判断反应 $Pb^{2+}+Sn \rightleftharpoons Pb+Sn^{2+}$
在标准态和 $c(Sn^{2+})=1$mol/L、$c(Pb^{2+})=0.1$mol/L 时反应进行的方向。

解　已知 $\varphi^{\ominus}(Pb^{2+}/Pb)=-0.13V$，$\varphi^{\ominus}(Sn^{2+}/Sn)=-0.14V$

标准态时

$$c(Sn^{2+})=c(Pb^{2+})=1mol/L$$

$$\varphi(Pb^{2+}/Pb)=\varphi^{\ominus}(Pb^{2+}/Pb)=-0.13V$$

$$\varphi(Sn^{2+}/Sn)=\varphi^{\ominus}(Sn^{2+}/Sn)=-0.14V$$

此时，$\varphi(Pb^{2+}/Pb)>\varphi(Sn^{2+}/Sn)$，即 Pb^{2+} 的氧化能力大于 Sn^{2+} 的氧化能力。因此，上述反应向右进行。

当 $c(Sn^{2+})=1$mol/L，$c(Pb^{2+})=0.1$mol/L 时

$$\varphi(Sn^{2+}/Sn)=\varphi^{\ominus}(Sn^{2+}/Sn)=-0.14V$$

$$\varphi(Pb^{2+}/Pb)=\varphi^{\ominus}(Pb^{2+}/Pb)+\frac{0.0592}{2}\lg c(Pb^{2+})$$

$$=-0.13+\frac{0.0592}{2}\lg 0.1$$

$$=-0.16\ (V)$$

此时，$\varphi(Pb^{2+}/Pb)<\varphi(Sn^{2+}/Sn)$，即 Pb^{2+} 的氧化能力小于 Sn^{2+} 的氧化能力。因此，上述反应向左进行。

必须指出，只有当两电对的 $\varphi^{\ominus}$ 相差不大时，才能通过改变物质的浓度来改变氧化还原反应的方向。

2. 溶液酸度的影响

有些氧化还原反应，有 H^+ 或 OH^- 参与反应时，溶液的酸度直接影响氧化还原电对的电极电势；有些氧化剂或还原剂是弱酸，溶液的酸度影响它们在溶液中的存在形式。因此，当溶液的酸度发生变化时，就有可能改变氧化还原反应的方向。

【例 5-7】 试判断溶液中 $c(H^+)=1mol/L$ 和 pH=8 时，反应

$$2I^- + AsO_4^{3-} + 2H^+ \rightleftharpoons I_2 + AsO_3^{3-} + H_2O$$

进行的方向。两电对中各物质的浓度均为 1mol/L，且不考虑离子强度的影响。已知 $\varphi^{\ominus}(AsO_4^{3-}/AsO_3^{3-})=0.557V$，$\varphi^{\ominus}(I_2/I^-)=0.545V$。

解 当溶液的 $c(H^+)=1mol/L$ 时

$$\varphi(AsO_4^{3-}/AsO_3^{3-})=\varphi^{\ominus\prime}(AsO_4^{3-}/AsO_3^{3-})=0.557V$$

$$\varphi(I_2/I^-)=\varphi^{\ominus\prime}(I_2/I^-)=0.545V$$

因为 $\varphi(AsO_4^{3-}/AsO_3^{3-})>\varphi(I_2/I^-)$，所以上述反应向右进行。

当溶液的 pH=8 时

$$\varphi(I_2/I^-)=\varphi^{\ominus\prime}(I_2/I^-)=0.545V$$

$$\begin{aligned}\varphi(AsO_4^{3-}/AsO_3^{3-})&=\varphi^{\ominus\prime}(AsO_4^{3-}/AsO_3^{3-})+\frac{0.0592}{2}\lg c^2(H^+)\\&=0.557+\frac{0.0592}{2}\lg(10^{-8})^2\\&=0.087\ (V)\end{aligned}$$

此时 $\varphi(AsO_4^{3-}/AsO_3^{3-})<\varphi(I_2/I^-)$，故上述反应向左进行。

必须注意，只有当两电对的 $\varphi^{\ominus}$ 值相差很小时，才能利用改变溶液酸度的方法来改变反应进行的方向。

3. 形成配合物的影响

当溶液中存在着能与电对的氧化态或还原态形成配合物的配位剂时，也能改变电对的电极电势，从而影响氧化还原反应的方向。

例如，若在反应 $2Fe^{3+}+2I^- \rightleftharpoons 2Fe^{2+}+I_2$ 中加入氟化物，Fe^{3+} 与 F^- 形成了 $[FeF]^{2+}$、$[FeF_2]^+$、…、$[FeF_6]^{3-}$ 等配合物，致使 Fe^{3+} 的浓度大为降低，Fe^{3+}/Fe^{2+} 的电极电势也减小，Fe^{3+} 的氧化能力变弱而不能将 I^- 氧化。

4. 生成沉淀的影响

在氧化还原反应中，若加入一种能与电对的氧化态或还原态生成沉淀的沉淀剂时，同样会改变氧化态或还原态的浓度，从而改变相应电对的电极电势，最终有可能改变氧化还原反应的方向。

例如，在下列反应中

$$2Cu^{2+} + 4I^- \rightleftharpoons 2CuI\downarrow + I_2$$

已知 $\varphi^{\ominus}(Cu^{2+}/Cu^+)=0.16V$，$\varphi^{\ominus}(I_2/I^-)=0.545V$，$c(Cu^{2+})=c(I^-)=1mol/L$，$K_{sp}^{\ominus}$，CuI=$1.1\times10^{-12}$。仅从两个电对的标准电极电势看，$\varphi^{\ominus}(I_2/I^-)>\varphi^{\ominus}(Cu^{2+}/Cu^+)$，似乎 Cu^{2+} 并不能氧化 I^-，反应不能向右进行。但实际上，上述反应不仅能向右进行，而且进行得很完全。其原因是，在反应中 Cu^+ 与 I^- 生成了溶解度较小的 CuI 沉淀，从而改变了 Cu^{2+}/Cu^+ 电对的电极电势：

$$\varphi(Cu^{2+}/Cu^+)=\varphi^{\ominus}(Cu^{2+}/Cu^+)+0.0592\lg\frac{c(Cu^{2+})}{c(Cu^+)}$$

$$=\varphi^{\ominus}(Cu^{2+}/Cu^{+})+0.0592\lg\frac{c(Cu^{2+})c(I^{-})}{K_{sp}(CuI)}$$

$$=\varphi^{\ominus}(Cu^{2+}/Cu^{+})+0.0592\lg\frac{1}{K_{sp}(CuI)}+0.0592\lg c(Cu^{2+})c(I^{-})$$

$$=\varphi^{\ominus}(Cu^{2+}/CuI)+0.0592\lg c(Cu^{2+})c(I^{-})$$

$$=0.865V$$

即 $\varphi(Cu^{2+}/Cu^{+})>\varphi(I_2/I^{-})$，使 Cu^{2+} 成为较强的氧化剂，因而反应能向右进行。

二、氧化还原反应的次序

在复杂的氧化还原体系中，常常需要依据电对的电极电势选择合适的氧化剂或还原剂，选择性地氧化或还原某些还原剂或氧化剂。

氧化还原反应总是由较强的氧化剂（$\varphi^{\ominus}$代数值较大）和较强的还原剂（$\varphi^{\ominus}$代数值较小）相互作用，向着生成较弱的还原剂和较弱的氧化剂方向进行。即在标准状态下 $\varphi^{\ominus}$ 较大的氧化态物质可以氧化 $\varphi^{\ominus}$ 较小的还原态物质，或者说，$\varphi^{\ominus}$ 较小的还原态物质可以还原 $\varphi^{\ominus}$ 较大的氧化态物质；反之，则不能进行。

例如，工业上常采用氯气通入苦卤（卤水），使溶液中的 Br^{-} 和 I^{-} 氧化以制取 Br_2 和 I_2，利用标准电极电势可以判断哪种离子先被氧化。

查表得 $\varphi^{\ominus}(Cl_2/Cl^{-})=1.36V$，$\varphi^{\ominus}(Br_2/Br^{-})=1.09V$，$\varphi^{\ominus}(I_2/I^{-})=0.545V$。可见在上述三种物质中，$Cl_2$ 是最强的氧化剂，I^{-} 是最强的还原剂。因此，Cl_2 先与 I^{-} 反应。

【例 5-8】 现有 Cl^{-}、Br^{-}、I^{-} 三种离子的混合溶液。欲使 I^{-} 被氧化成 I_2，而 Cl^{-}、Br^{-} 不被氧化，下列哪种氧化剂符合该条件？

$$Fe_2(SO_4)_3 \qquad KMnO_4 \qquad SnCl_4$$

解　查表得

$$\varphi^{\ominus}(I_2/I^{-})=0.545V,\ \varphi^{\ominus}(Br_2/Br^{-})=1.066V,\ \varphi^{\ominus}(Cl_2/Cl^{-})=1.36V,$$

$$\varphi^{\ominus}(Fe^{3+}/Fe^{2+})=0.77V,\ \varphi^{\ominus}(MnO_4^{-}/Mn^{2+})=1.51V,\ \varphi^{\ominus}(Sn^{4+}/Sn^{2+})=0.15V$$

要使 I^{-} 氧化，而 Cl^{-}、Br^{-} 不被氧化，所选择的氧化剂的 $\varphi^{\ominus}$ 必须大于 $\varphi^{\ominus}(I_2/I^{-})$，小于 $\varphi^{\ominus}(Cl_2/Cl^{-})$ 和 $\varphi^{\ominus}(Br_2/Br^{-})$，上述氧化剂中只有 $Fe_2(SO_4)_3$ 符合条件，应选择 $Fe_2(SO_4)_3$ 作为氧化剂。

第四节　氧化还原反应的程度

氧化还原反应进行的程度可用平衡常数的大小来衡量。而氧化还原反应的平衡常数可根据能斯特方程式，从有关电对的标准电极电势或条件电极电势求得。若引用的是条件电极电势，则求得的是条件平衡常数，用 $K^{\ominus\prime}$ 表示。

例如，对于下列氧化还原反应

$$n_2Ox_1+n_1Red_2 \rightleftharpoons n_2Red_1+n_1Ox_2 \qquad (5\text{-}15)$$

式中　Ox_1/Red_1——氧化剂电对；

Ox_2/Red_2——还原剂电对；

n_1——氧化剂电对的电子转移数；

n_2——还原剂电对的电子转移数。

两电对的半反应及电极电势分别为

$$Ox_1+n_1e \rightleftharpoons Red_1 \qquad \varphi(Ox_1/Red_1)=\varphi^{\ominus}(Ox_1/Red_1)+\frac{0.0592}{n_1}\lg\frac{c(Ox_1)}{c(Red_1)}$$

$$Ox_2+n_2e \rightleftharpoons Red_2 \qquad \varphi(Ox_2/Red_2)=\varphi^{\ominus}(Ox_2/Red_2)+\frac{0.0592}{n_2}\lg\frac{c(Ox_2)}{c(Red_2)}$$

$$E=\varphi(Ox_1/Red_1)-\varphi(Ox_2/Red_2)$$

$$E=\varphi^{\ominus}(Ox_1/Red_1)-\varphi^{\ominus}(Ox_2/Red_2)-\frac{0.0592}{n_1n_2}\lg\left[\frac{c(Red_1)}{c(Ox_1)}\right]^{n_2}\left[\frac{c(Ox_2)}{c(Red_2)}\right]^{n_1} \tag{5-16}$$

$$E=\varphi^{\ominus}(Ox_1/Red_1)-\varphi^{\ominus}(Ox_2/Red_2)-\frac{0.0592}{n}\lg Q_c \tag{5-17}$$

即
$$E=E^{\ominus}-\frac{0.0592}{n}\lg Q_c \tag{5-18}$$

式中 n——n_1、n_2 的最小公倍数。

当氧化还原反应达到平衡时，$Q_c=K^{\ominus}$，且 $E=0$。

所以
$$\lg K^{\ominus}=\lg\left(\frac{c(Red_1)}{c(Ox_1)}\right)^{n_2}\left(\frac{c(Ox_2)}{c(Red_2)}\right)^{n_1}=\frac{n[\varphi^{\ominus}(Ox_1/Red_1)-\varphi^{\ominus}(Ox_2/Red_2)]}{0.0592} \tag{5-19}$$

即
$$\lg K^{\ominus}=\frac{n[\varphi^{\ominus}(Ox_1/Red_1)-\varphi^{\ominus}(Ox_2/Red_2)]}{0.0592} \tag{5-20}$$

或
$$\lg K^{\ominus\prime}=\frac{n[\varphi^{\ominus\prime}(Ox_1/Red_1)-\varphi^{\ominus\prime}(Ox_2/Red_2)]}{0.0592} \tag{5-21}$$

由上两式可知，条件平衡常数 $K^{\ominus\prime}$（或平衡常数 $K^{\ominus}$）的大小，是由氧化剂和还原剂两电对的条件电极电势（或标准电极电势）的差值及电子转移数决定的。一般来说，两电对的条件电极电势（或标准电极电势）的差值越大，$K^{\ominus\prime}$（或 $K^{\ominus}$）越大，反应进行得越完全。

对于一般的氧化还原反应，$K^{\ominus\prime}$（或 $K^{\ominus}$）、条件电极电势（或标准电极电势）的差值达到多大时，反应才能进行完全，这可由反应完全程度不低于 99.9%，即反应不完全程度不超过 0.1%的要求来推算。

设
$$\frac{c(Red_1)}{c(Ox_1)}=\frac{c(Ox_2)}{c(Red_2)}=\frac{99.9}{0.1}\approx 10^3$$

将其代入式(5-19)得

$$\lg K^{\ominus}=\lg\left[\frac{c(Red_1)}{c(Ox_1)}\right]^{n_2}\left[\frac{c(Ox_2)}{c(Red_2)}\right]^{n_1}\geqslant 3(n_1+n_2) \tag{5-22}$$

$$\varphi^{\ominus}(Ox_1/Red_1)-\varphi^{\ominus}(Ox_2/Red_2)\geqslant 3(n_1+n_2)\frac{0.0592}{n_1n_2} \tag{5-23}$$

或
$$\lg K^{\ominus\prime}\geqslant 3(n_1+n_2) \tag{5-24}$$

$$\varphi^{\ominus\prime}(Ox_1/Red_1)-\varphi^{\ominus\prime}(Ox_2/Red_2)\geqslant 3(n_1+n_2)\frac{0.0592}{n_1n_2} \tag{5-25}$$

根据式（5-22）、式（5-23）或式（5-24）、式（5-25）即可判断氧化还原反应能否进行完全。

第五节　元素电势图及其应用

一、元素电势图

许多非金属元素和过渡元素存在着三种或三种以上氧化数的物质，这些物质可以组成不同的电对，且都有相应的标准电极电势。例如，铁有 0、+2、+3 等氧化数，所组成的电对及相应的电极电势为

$$Fe^{2+}+2e \rightleftharpoons Fe \qquad \varphi^{\ominus}(Fe^{2+}/Fe)=-0.440V$$

$$Fe^{3+}+e \rightleftharpoons Fe^{2+} \qquad \varphi^{\ominus}(Fe^{3+}/Fe^{2+})=0.771V$$

$$Fe^{3+}+3e \rightleftharpoons Fe \qquad \varphi^{\ominus}(Fe^{3+}/Fe)=-0.0363V$$

为了表示同一元素各不同氧化数物质的氧化或还原能力及它们相互间的关系，可将元素各种不同氧化数物质按氧化数降低的顺序从左到右排列，每相邻两种物质之间用线段相连，并在线上标出相应氧化还原电对的标准电极电势。这种表明元素各种氧化数物质间标准电极电势关系的图叫做元素标准电势图，简称为元素电势图。如上述铁的元素电势图为

$$\underbrace{Fe^{3+}\overset{0.771}{\text{———}}Fe^{2+}\overset{-0.440}{\text{———}}Fe}_{-0.0363}$$

二、元素电势图的应用

1. 歧化反应的判断

将某元素不同氧化数的三种物质（A、B、C）组成两个电对，按其氧化数由高到低排列，组成元素电势图

$$A\xrightarrow{\varphi^{\ominus}_{左}}B\xrightarrow{\varphi^{\ominus}_{右}}C$$

$$\xrightarrow[\text{氧化数降低}]{\qquad\qquad\qquad}$$

若 B 能发生歧化反应，B 转变成 C 是获得电子的过程，应是电池的正极；B 变成 A 是失去电子的过程，应是电池的负极，所以有下列关系

$$\varphi^{\ominus}_{右}>\varphi^{\ominus}_{左}$$

反之，若 $\varphi^{\ominus}_{右}<\varphi^{\ominus}_{左}$，则 B 不能发生歧化反应，只能发生反歧化反应。

根据此原则，可以判断物质在水溶液中能否发生歧化反应。例如，在酸性介质中，铜的元素电势图为

$$\varphi^{\ominus}_{A} \qquad \underbrace{Cu^{2+}\overset{0.16}{\text{———}}Cu^{+}\overset{0.521}{\text{———}}Cu}_{0.337}$$

因为 $\varphi^{\ominus}_{右}>\varphi^{\ominus}_{左}$，故 Cu^{+} 能发生歧化反应

$$2Cu^{+} \rightleftharpoons Cu+Cu^{2+}$$

生成 Cu^{2+} 和 Cu，所以 Cu^{+} 在酸性溶液中不能稳定存在。

又如，在上述铁的元素电势图中的 $\varphi^{\ominus}_{右}<\varphi^{\ominus}_{左}$，$Fe^{2+}$ 不能发生歧化反应，但 Fe^{3+} 能与 Fe 发生反歧化反应生成 Fe^{2+}。由此可以推测，金属铁在非氧化性酸中主要被氧化为 Fe^{2+}，而不是 Fe^{3+}。Fe^{2+} 不稳定，易被空气中的 O_2 氧化为 Fe^{3+}，绝不是 Fe^{2+} 歧化而生成 Fe^{3+}。实验室常利用 Fe^{3+} 能与 Fe 发生反歧化反应这一性质，在 Fe^{2+} 的水溶液中加入少量铁钉或铁屑，以防止 Fe^{2+} 的氧化。

Au^{+} 在水溶液中几乎不存在，也是因为它会严重地歧化为 Au^{3+} 和 Au，Au^{+} 只能存在于配合物中。

2. 求算某电对未知的标准电极电势

通过已知相邻电对的标准电极电势，可以计算另一个电对的未知标准电极电势。例如，对于下列元素电势图

$$\underbrace{A\underset{n_1}{\overset{\varphi_1^{\ominus}}{\text{———}}}B\underset{n_2}{\overset{\varphi_2^{\ominus}}{\text{———}}}C\underset{n_3}{\overset{\varphi_3^{\ominus}}{\text{———}}}D}_{\varphi^{\ominus},\ n}$$

从理论上可以导出下列公式

$$n\varphi^{\ominus}=n_1\varphi_1^{\ominus}+n_2\varphi_2^{\ominus}+n_3\varphi_3^{\ominus}$$

$$\varphi^{\ominus}=\frac{n_1\varphi_1^{\ominus}+n_2\varphi_2^{\ominus}+n_3\varphi_3^{\ominus}}{n} \tag{5-26}$$

式中的 n_1、n_2、n_3、n 分别为相应电对的电子转移数，其中 $n=n_1+n_2+n_3$。

【例 5-9】 根据碱性介质中溴的下列电势图，求 $\varphi^{\ominus}(BrO_3^-/Br^-)$ 和 $\varphi^{\ominus}(BrO_3^-/BrO^-)$。

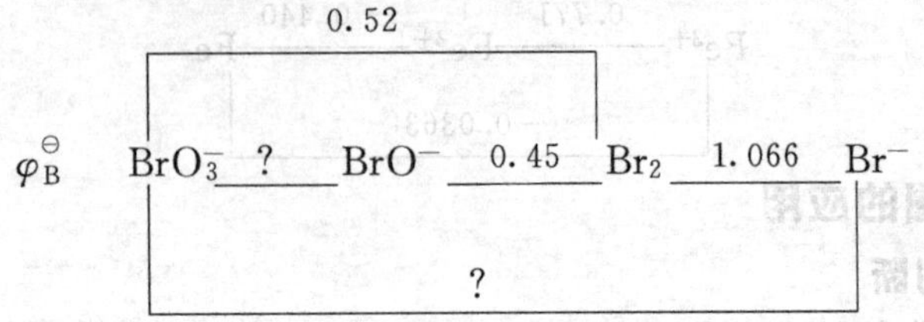

解

$$\varphi^{\ominus}(BrO_3^-/Br^-)=\frac{5\varphi^{\ominus}(BrO_3^-/Br_2)+\varphi^{\ominus}(Br_2/Br^-)}{6}$$

$$=\frac{5\times 0.52+1.066}{6}=0.61(V)$$

$$\varphi^{\ominus}(BrO_3^-/BrO^-)=\frac{5\varphi^{\ominus}(BrO_3^-/Br_2)-\varphi^{\ominus}(BrO^-/Br_2)}{4}$$

$$=\frac{5\times 0.52-0.45}{4}=0.54(V)$$

第六节 电解及其应用

原电池是利用两电极上发生氧化还原反应而产生电流的装置。电解是直流电通过电解质溶液或熔盐而引起化学反应的过程。实现电解反应使电能转化为化学能的装置叫电解池或电解槽。原电池和电解池通称为电化学电池。

一、电解原理

1. 电解过程

【演示实验 5-3】电解氯化铜溶液

操作过程：如图 5-5 所示，在 U 形管中注入 $CuCl_2$ 溶液，两端分别插入碳棒作电极，接通直流电源。把湿润的 KI-淀粉试纸放在与电源正极相连的碳棒附近，观察管内发生的现象。

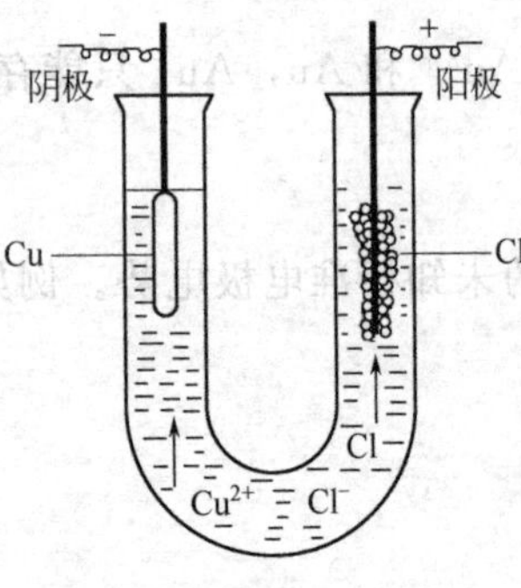

图 5-5 电解氯化铜溶液装置示意图

现象分析：通电一段时间后，可以看到与电源负极相连的一极（即阴极）碳棒上有一层红棕色的铜覆盖在其表面，说明有铜析出。与电源正极相连的一极（即阳极）碳棒上有气泡放出，放出的气体有刺激性气味，并能使 KI-淀粉试纸变蓝，证明有 Cl_2 产生。

$CuCl_2$ 属于强电解质，在水溶液中完全电离

$$CuCl_2 \longrightarrow Cu^{2+}+2Cl^-$$

通电前，Cu^{2+} 和 Cl^- 在水中做自由移动；通电后，在电场的作用下，这些离子做定向移动，Cl^- 移向阳极，Cu^{2+} 移向阴极。Cl^- 在阳极失去电子，氧化成 Cl 原子后结合成

Cl_2，从阳极放出；Cu^{2+}在阴极获得电子，还原成单质 Cu 沉积在阴极上。两电极反应式为

阳极　　$2Cl^- - 2e \longrightarrow Cl_2\uparrow$（氧化反应）

阴极　　$Cu^{2+} + 2e \longrightarrow Cu\downarrow$（还原反应）

在电流的作用下，$CuCl_2$ 不断分解成 Cu 和 Cl_2

$$\underset{（溶液中）}{CuCl_2} \xrightarrow{通电} \underset{（阴极）}{Cu\downarrow} + \underset{（阳极）}{Cl_2\uparrow}$$

综上所述，在电解池中，与电源负极相连的电极叫阴极，与电源正极相连的电极叫阳极。电子从电源的负极流向阴极，使阴极上电子过剩；电子从阳极离开，使阳极上缺乏电子。因此，电解质溶液或熔盐中的阳离子移向阴极，在阴极上得到电子发生还原反应；阴离子移向阳极，在电极上失去电子发生氧化反应。电解时，阳离子得到电子或阴离子失去电子的过程均称为放电。

2. 影响离子放电的因素

通电于电解质溶液时，溶液中不同的阴离子、阳离子在两极上放电的能力是不同的。影响离子在电极上放电能力的主要因素是标准电极电势、离子的浓度及电极材料等。

（1）标准电极电势　电解时，当控制电源电压慢慢增大，最容易失去电子的物质首先在阳极放电，即 $\varphi^{\ominus}$ 最小的还原态物质最容易在电极上失去电子而氧化。常见阴离子失去电子的顺序一般是 $I^- > Br^- > Cl^- > OH^- >$ 含氧酸根。而阴极上，是 $\varphi^{\ominus}$ 最大即氧化能力最强的氧化态物质首先得到电子而还原。一般，当离子浓度相差不大时，阳离子在阴极获得电子的顺序由金属元素的活动顺序决定，金属元素活动性较差的金属，其离子获得电子的能力较强。

（2）离子的浓度　如果两种金属离子获得电子的能力相差不大时，它们获得电子的顺序可以由离子的浓度来决定。离子浓度越大，越容易在电极上放电。

（3）电极材料　电极材料常常起着阻碍离子放电的作用，尤其当电解产物为气体时它使产生气体的放电速度大大减小，结果使得这种放电实际上极难发生。此外，如果阳极材料不是惰性材料，电极本身也可能在阳极失去电子而被氧化。

例如，用惰性电极电解 K_2SO_4 溶液时，在 K_2SO_4 溶液中，存在着 K^+、H^+、SO_4^{2-} 和 OH^-。电解时 K^+ 和 H^+ 移向阴极，因为 $\varphi^{\ominus}(K^+/K) \ll \varphi^{\ominus}(H^+/H_2)$，虽然 K^+ 浓度远大于 H^+ 浓度，但 $\varphi^{\ominus}$ 起主要作用，即使考虑 H^+ 在电极上放电受到一定阻碍，结果仍是 H^+ 在阴极上被还原

$$2H^+ + 2e \rightleftharpoons H_2$$

随着 H^+ 的放电，溶液中水分子不断地电离，所以在阴极附近 OH^- 浓度大于 H^+ 浓度，溶液呈碱性。

OH^- 和 SO_4^{2-} 移向阳极，SO_4^{2-} 失去电子的半反应为

$$SO_4^{2-} - 2e \rightleftharpoons S_2O_8^{2-} \quad \varphi^{\ominus}(S_2O_8^{2-}/SO_4^{2-}) = 2.01V$$

而 OH^- 的 $\varphi^{\ominus}(O_2/OH^-) = 0.401V$，因此，尽管 OH^- 浓度很低，且电极材料对 O_2 的产生有阻碍作用，结果仍是 OH^- 放电

$$4OH^- - 4e \rightleftharpoons O_2 + 2H_2O$$

随着 OH^- 的放电，H_2O 分子不断电离补充 OH^- 的消耗，故在阳极附近 H^+ 浓度较高，溶液呈酸性。

由此可见，电解 K_2SO_4 水溶液实际上是电解水，其总反应为

$$2H_2O \xrightarrow{通电} \underset{（阴极）}{2H_2} + \underset{（阳极）}{O_2}$$

又如，以金属 Ni 为阳极电解 $NiSO_4$ 溶液时，移向阴极的 Ni^{2+} 和 H^+ 可能得电子

$$Ni^{2+} + 2e \rightleftharpoons Ni \quad \varphi^{\ominus}(Ni^{2+}/Ni) = -0.250V$$

$$2H^{+} + 2e \rightleftharpoons H_2 \quad \varphi^{\ominus}(H^{+}/H_2) = 0.000V$$

从$\varphi^{\ominus}$看，H^+比Ni^{2+}易得电子，但得电子能力相差不大，而Ni^{2+}浓度远远大于H^+浓度，且电极材料对H^+放电有阻碍，故实际上Ni^{2+}首先得到电子被还原为Ni。

在阳极除了OH^-和SO_4^{2-}可能放电外，金属Ni也可能失去电子而被氧化。它们电对的$\varphi^{\ominus}$如下

$$\varphi^{\ominus}(Ni^{2+}/Ni) = -0.250V$$

$$\varphi^{\ominus}(O_2/OH^-) = 0.401V$$

$$\varphi^{\ominus}(S_2O_8^{2-}/SO_4^{2-}) = 2.01V$$

可见，Ni最容易失去电子氧化成Ni^{2+}而溶解

$$Ni - 2e \rightleftharpoons Ni^{2+}$$

用Ni作阳极电解Ni盐溶液，在阴极上析出Ni，而阳极上Ni溶解。这一原理被广泛用于工业上金属的精炼和电镀。

二、电解原理的应用

电解是一种强有力的氧化还原手段，当生产上用一般的氧化剂或还原剂无法实现的氧化还原反应，往往借助于电解的方法来进行。因此，电解合成、电解冶炼、电解精炼等在工业上获得了极其广泛的应用，虽然每种产品的电解工艺各有所异，但它们都遵循一些共同规律。

1. 电解饱和食盐水制取烧碱、氯气和氢气

【演示实验5-4】 电解饱和食盐水 在一个U形管中注入NaCl饱和溶液，插入两根碳棒作电极，同时在两边管中各滴入几滴酚酞试液，并用湿润的KI-淀粉试纸检验阳极放出的气体，实验装置如图5-6所示。通电观察管内的现象。

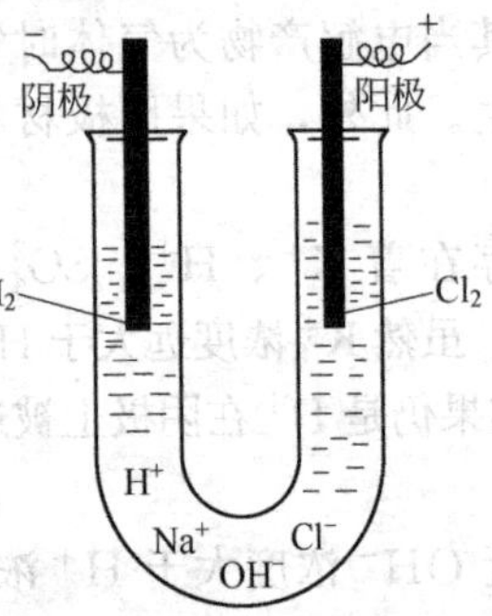

图5-6 电解饱和食盐水实验装置示意图

现象分析：从实验可以看到两极都有气体放出，阳极放出的气体，有刺激性气味，且能使湿润的KI-淀粉试纸变蓝，证明是Cl_2；阴极放出的气体可证明是H_2。同时发现阴极附近溶液变红，说明溶液中有碱性物质生成。

电解食盐水的原理和电解$CuCl_2$溶液的原理相似。通电前，溶液中有四种离子。

$$NaCl \longrightarrow Cl^- + Na^+$$

$$H_2O \rightleftharpoons H^+ + OH^-$$

通电后，阴极 $2H^+ + 2e \rightleftharpoons H_2\uparrow$（还原反应）

阳极 $2Cl^- - 2e \rightleftharpoons Cl_2\uparrow$（氧化反应）

由于H^+在阴极上不断得到电子而生成H_2放出，破坏了周围水的电离平衡，水分子继续电离成H^+和OH^-，H^+又不断得到电子成为H_2放出，使得溶液中OH^-浓度大于H^+浓度，在阴极区就形成了NaOH溶液。电解总反应为

$$2NaCl + 2H_2O \xrightarrow{通电} 2NaOH + H_2\uparrow + Cl_2\uparrow$$

此反应是氯碱工业的主要反应，氯碱工业是指以食盐为主要原料生产氯气、烧碱（NaOH）、盐酸、聚氯乙烯等一系列化工产品的工业。

2. 电冶

应用电解原理从金属化合物中制取金属的过程叫电冶。金属活泼性在Al之前（包括Al）的金属，它们的阳离子不易获得电子，很难用其他方法冶炼，在工业上采用电解它们

的熔融化合物来制取。例如电解熔融的 NaCl 制取金属 Na。

通电前　　　　$NaCl \longrightarrow Cl^- + Na^+$

通电后　阴极　$2Na^+ + 2e \rightleftharpoons 2Na\downarrow$（还原反应）

　　　　阳极　$2Cl^- - 2e \rightleftharpoons Cl_2\uparrow$（氧化反应）

电解总反应

$$\underset{(熔融态)}{2NaCl} \xrightarrow{通电} 2Na\downarrow + Cl_2\uparrow$$

3. 电镀

应用电解原理在某些物质表面镀上一层其他金属或合金的过程叫做电镀。电镀的主要目的是增强金属或合金表面的硬度、耐腐蚀性及美观性，如在其表面镀上一层 Cr、Zn、Sn、Ag、Au、Ti 等。

电镀仍然是利用电解原理，不同的是电解时电极用 C、Pt 等不发生反应的惰性电极。而电镀是把被镀的物体作阴极、镀层金属作阳极，用含有镀层金属离子的溶液作为电解液（又叫电镀液）。通电后，溶液中的金属离子在阴极获得电子，成为金属薄膜均匀地覆盖在待镀物件（如器皿或零件）上。例如，在铁件上镀锌。

【演示实验 5-5】 按图 5-7 装置，在大烧杯中加入含主要成分为 $ZnCl_2$ 的电镀液，把待镀的铁片作阴极，镀层金属锌片作阳极。接通直流电源，观察现象。

现象分析：通电几分钟后，可看到铁片表面被镀上了一层锌。

通电前　　　　$ZnCl_2 \longrightarrow Zn^{2+} + 2Cl^-$

通电后　阴极　$Zn^{2+} + 2e \rightleftharpoons Zn$

　　　　阳极　$Zn - 2e \rightleftharpoons Zn^{2+}$

电镀结果是阳极的锌逐渐减少，阴极的铁片表面上不断有锌析出，两极上减少和生成锌的量相等。因此，溶液里的 $ZnCl_2$ 的浓度保持不变。除 Zn^{2+}、Cl^- 外，电镀液中还有由水离解出来的 H^+ 和 OH^-，但在一定的控制条件下，这些离子一般不发生反应。

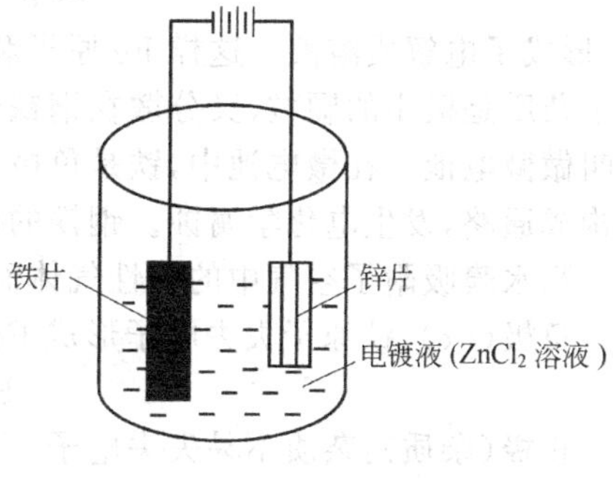

图 5-7　电镀锌实验装置示意图

第七节　金属的腐蚀及防护

一、金属的腐蚀

在日常生活中，常常见到这样一些现象：钢铁在潮湿的空气中生锈，铝制品在使用后表面会出现白色斑点，铜制品久置后会产生铜绿等。这类现象的出现是由于金属或合金与周围接触到的气体或液体等介质发生化学反应，造成金属或合金的腐蚀损耗，这一过程称为金属的腐蚀。

金属腐蚀的现象是十分普遍的。金属制成的日用品、生产工具、机器部件、海轮船的船壳、水中金属设施等一切金属制品，在金属发生腐蚀后，轻者使外形、色泽以及力学性能等发生变化，使机械设备、仪器、仪表的精密度和灵敏度降低，严重时会因设备腐蚀损坏而造成停工停产、产品质量下降、污染环境，甚至造成严重事故。

根据与金属接触的介质的不同，金属的腐蚀分为化学腐蚀和电化学腐蚀。

1. 化学腐蚀

金属与干燥的气体（如 O_2、SO_2、H_2S、Cl_2 等）或非电解质（如汽油、润滑油、酒精等）接触，发生化学作用而引起的腐蚀，叫做化学腐蚀。

化学腐蚀的特点是：腐蚀只发生在金属表面，在金属表面形成一层化合物，如氧化物、硫化物、氯化物等。如果所生成的化合物是一层致密的膜覆盖在金属表面，还可以保护金属内部，使腐蚀速率降低。例如铝、铬等金属，其表面被氧化而形成的氧化膜结构紧密而坚固，覆盖在金属表面，能够阻止金属继续氧化。这种氧化膜的保护作用叫做钝化。正是钝化现象，使这些金属在常温下的中性环境中耐腐蚀性能极强。

化学腐蚀的化学反应比较简单，仅仅是金属与氧化剂之间直接发生氧化还原反应。在常温时腐蚀比较慢，其反应速率随温度升高而加快，高温时比较显著。

2. 电化学腐蚀

不纯的金属（或合金）与电解质溶液接触，由于发生原电池反应，比较活泼的金属作为原电池的负极失去电子被氧化而腐蚀的过程，叫做电化学腐蚀。

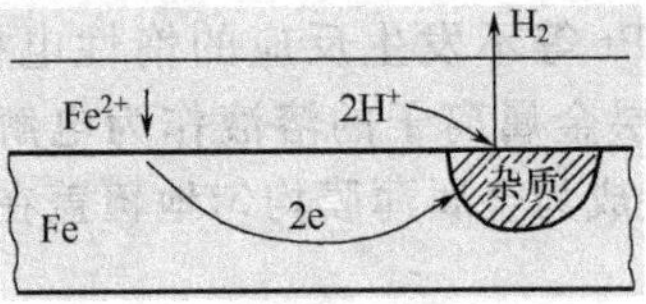

图 5-8　钢铁的电化学腐蚀示意图

电化学腐蚀比化学腐蚀更普遍，危害性更大，造成大量的金属损耗。例如钢铁在潮湿空气里发生的腐蚀就是电化学腐蚀。钢铁中除含铁外，还含有 Si、Mn、渗碳体等杂质。这些杂质都比铁不易失去电子（即比铁的电极电势高），但都能导电，与铁构成原电池的两极。钢铁暴露在潮湿的空气中，它的表面会吸附水汽，形成一层极薄的水膜，这层水膜又溶有空气中的 CO_2、SO_2、H_2S 等气体，使水膜中 H^+ 浓度增加，形成了电解质溶液。这样 Fe 原子和可导电的杂质与电解质溶液接触正好构成了原电池。由于杂质是极小的颗粒，又分散在钢铁各处，所以在钢铁表面同时形成了无数微小的原电池，又叫做微电池。在微电池中，铁是负极，杂质是正极。铁与杂质直接接触，相当于导线连接两极构成通路，发生电化学腐蚀。钢铁的电化学腐蚀示意如图 5-8 所示。

当水膜吸附了空气中的酸性气体而显酸性（pH 为 4 左右）时，即腐蚀在酸性介质中进行。

负极（Fe）：铁原子失去电子形成 Fe^{2+} 进入水膜中，同时将电子转移到杂质（正极）上。

$$Fe-2e \rightleftharpoons Fe^{2+}$$

正极（杂质）：杂质不易失去电子，只能起传递电子的作用。所以，水膜中的 H^+ 从正极获得电子成为 H_2 放出。

$$2H^+ + 2e \rightleftharpoons H_2\uparrow$$

腐蚀过程有氢气放出，故称为析氢腐蚀。这是第一种情况。

其腐蚀过程还有第二种情况，即水膜呈中性，但水膜中溶解有氧。此时，负极的铁被氧化成 Fe^{2+}。

$$2Fe-4e \rightleftharpoons 2Fe^{2+}$$

正极即杂质，溶解在水膜中的氧气从正极获得电子，而后与水结合成 OH^-。

$$O_2+2H_2O+4e \rightleftharpoons 4OH^-$$

腐蚀总反应为　$2Fe+O_2+2H_2O \rightleftharpoons 2Fe(OH)_2$

该腐蚀过程中，溶解在介质中的氧参加了反应，叫做吸氧腐蚀。实际上钢铁的腐蚀主要是吸氧腐蚀。

腐蚀生成的 $Fe(OH)_2$，继续被空气中的 O_2 氧化为 $Fe(OH)_3$，$Fe(OH)_3$ 不稳定，脱水生成铁锈（$Fe_2O_3 \cdot xH_2O$）。

在电化学腐蚀中，腐蚀速度的快慢很大程度上取决于电解质溶液的导电能力。电解质溶液导电能力越强，金属腐蚀速度越快，如钢铁在潮湿的土壤中、海水中都会因腐蚀而很快生锈。即使耐腐蚀能力较强的铝制品，较长时间与食盐水接触也会被腐蚀穿孔。同样，不锈钢餐具也不宜用来长时间盛装含 NaCl 的食物，否则虽然看不见生锈，但不锈钢中较活泼的金属铬会溶解进入食物中，对人体构成危害。

化学腐蚀和电化学腐蚀的本质都是金属原子失去电子成为阳离子的氧化过程。在一般情况下，这两种腐蚀往往同时发生。高温下主要是化学腐蚀。常温下在潮湿的环境中电化学腐蚀极普遍，破坏作用也最强。所以，金属的腐蚀主要是电化学腐蚀。

二、防止金属腐蚀的方法

金属的腐蚀主要是由于金属与周围物质发生氧化还原反应引起的。因此要防止金属腐蚀，必须设法阻止金属与周围的物质发生反应。除了保持金属表面的洁净和干燥外，还可采用下列方法。

1. 改变金属内部的组织结构

不锈钢是在普通钢里加了少许铬、镍等元素制成的，改变了钢内部的组织结构。不锈钢制品具有较强的抗腐蚀性能，不易生锈，常用它制作医疗器械、反应釜、厨房用具等。

2. 在金属表面覆盖保护层

在金属表面涂上矿物性油脂、油漆或覆盖搪瓷、塑料等物质，或通过电镀、喷镀等方法，在金属表面镀一层不易被腐蚀的金属，如锌、锡、铬、镍等，可以使金属制品与周围介质隔开。例如，机器常涂矿物性油脂，汽车外壳常喷油漆，自行车的钢圈是用电镀的方法镀上了一层铬或镍，白铁皮是在薄钢板上镀了一层锌。锌虽然是活泼金属，但它在空气中具有钝化现象，从而保护了内部金属不受腐蚀。

3. 电化学保护法

电化学保护法是在被保护的金属上连接一种更为活泼的金属或合金。活泼金属或合金作为原电池的负极被腐蚀，被保护的金属作为正极受到了保护。如在轮船尾部和船壳的水线以下部分，焊上一定数量的锌块，当轮船在水中航行时，船壳和锌块就构成了原电池。活泼金属锌块作为原电池的负极，不断被腐蚀损耗，船壳作为原电池的正极而得到了保护。

目前，电化学保护法广泛应用于海水或河道中钢铁设备的保护，以及电缆、石油管道、地下设备的防护。

除以上方法外，还有化学处理法、缓蚀剂法等。根据不同的金属及所处的不同环境，采取适当的防护措施，可以减缓或基本消除金属的腐蚀。

阅读材料　化学电源

1. 干电池

干电池是常见的化学电源，它是根据原电池原理制成的，其构造如图5-9所示。干电池外壳是用Zn制成的圆筒作负极，筒内装有NH_4Cl、$ZnCl_2$和淀粉的糊状混合物作为电解液(目的是防止一旦Zn筒损坏后，大量电解质溶液流出来而损坏所用电器)，并用多孔性纸将其与Zn筒隔开(目的是使Zn筒能有效地与电解质溶液接触)，用涂有MnO_2和C粉混合物的碳棒插在圆筒中央作为正极，最后用沥青或蜡加盖密封，即制成了干电池。

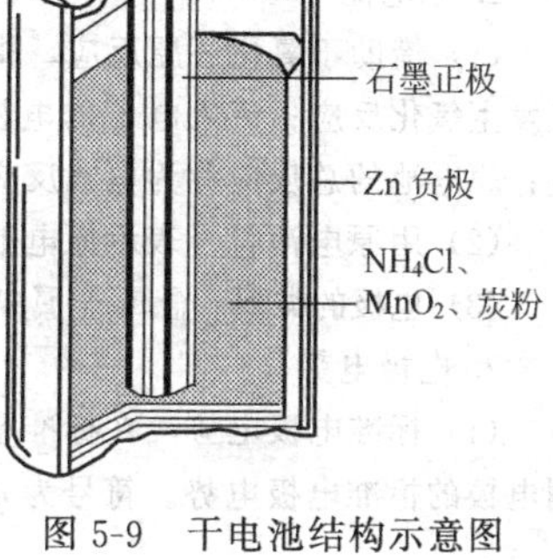

图5-9　干电池结构示意图

干电池使用时发生如下电极反应。

负极　$Zn-2e \rightleftharpoons Zn^{2+}$

$2NH_4^+ + 2e \rightleftharpoons 2NH_3 + H_2$

正极　$H_2 + 2MnO_2 \rightleftharpoons Mn_2O_3 + H_2O$

电池总反应

$Zn + 2NH_4^+ + 2MnO_2 \rightleftharpoons Zn^{2+} + 2NH_3 + Mn_2O_3 + H_2O$

干电池正极反应产生的H_2用MnO_2清除，NH_3会与

Zn^{2+}结合为复杂离子进入溶液，这样就不会使干电池在使用过程中因体积膨胀而损坏。

干电池的电压约为1.5V，在使用过程中，电阻会逐渐增大，使电流逐渐减小，故不宜长时间使用，一般应用于使用时间较短的器件中，如手电筒、电铃、收音机和电信仪表等。不用时，应从电器中取出。它只能被一次性使用。

2. 热敷袋

市场上出售的医用热敷袋，其主要成分是铁屑、炭粉、食盐及少量水等，用塑料袋密封包装。使用时打开袋口，轻轻揉搓，即可放出大量热，敷于病人患处，起到治疗作用。热敷袋以铁作负极，碳作正极，食盐水作为电解液。电极反应为

负极　　$4Fe - 12e \rightleftharpoons 4Fe^{3+}$

正极　　$3O_2 + 12e \rightleftharpoons 6O^{2-}$

总反应　　$4Fe + 3O_2 \rightleftharpoons 2Fe_2O_3$

3. 心脏起搏电池

以铂、锌为电极材料，埋入人体内作为心脏病人的心脏起搏能源。它依靠人体体液内含有的一定浓度的溶解氧进行工作。锌作负极，铂作正极，人体体液作电解液。电极反应为

负极　　$2Zn + 4OH^- - 4e \rightleftharpoons 2Zn(OH)_2$

正极　　$O_2 + 2H_2O + 4e \rightleftharpoons 4OH^-$

总反应　　$2Zn + O_2 + 2H_2O \rightleftharpoons 2Zn(OH)_2$

本章小结

一、氧化还原反应的基本概念

1. 氧化数——元素一个原子的表观电荷数。

2. 氧化还原反应

(1) 反应前后元素的氧化数有变化的反应称为氧化还原反应。元素的氧化数升高的反应称为氧化反应，元素的氧化数降低的反应称为还原反应。氧化数升高的物质称为还原剂，氧化数降低的物质称为氧化剂。氧化反应和还原反应总是同时发生的，元素氧化数升高的总数等于元素氧化数降低的总数。

(2) 氧化还原反应的类型　一般氧化还原反应、自身氧化还原反应、歧化反应和反歧化反应。

(3) 氧化还原电对　氧化剂与其还原产物、还原剂与其氧化产物组成的电对，称为氧化还原电对，用Ox/Red表示。

3. 氧化还原反应方程式的配平

(1) 氧化数法配平的原则　元素原子的氧化数升高的总数等于元素原子的氧化数降低的总数；反应前后各元素的原子总数相等。

(2) 离子电子法配平的原则　反应过程中氧化剂得到的电子数必等于还原剂失去的电子数；反应前后各元素的原子总数相等。

二、原电池和电极电势

1. 原电池

(1) 借助于氧化还原反应，将化学能转变为电能的装置，叫做原电池。电子流出的电极为负极，负极发生氧化反应；流入电子的电极为正极，正极发生还原反应；原电池两极上发生的反应称为电极反应；原电池的总反应称为电池反应。

(2) 用原电池符号表示原电池的组成。

(3) 电极的类型　金属-金属离子电极、气体-离子电极、均相氧化还原电极、金属-金属难溶盐电极。

2. 电极电势

(1) 标准电极电势　在标准态下，将待测电极和标准氢电极组成原电池，测得的电池电动势即为待测电极的标准电极电势。符号为$\varphi^{\ominus}$，单位为V。$\varphi^{\ominus}(H^+/H_2)=0.0000V$。

（2）标准电极电势表的使用

① $\varphi^{\ominus}$是在标准状态下的水溶液中测定的，对非水溶液、高温下固相及液相反应不适用。

② 电极电势是还原电势。数值越"正"，氧化态物质氧化能力越强，即氧化性自上而下依次增强。反之，数值越"负"，还原态物质还原能力越强，即还原性自下而上依次增强。

③ 标准电极电势表中，$\varphi_A^{\ominus}$ 表示酸性介质中的标准电极电势，$\varphi_B^{\ominus}$ 表示碱性介质中的标准电极电势。

④ 准电极电势的正、负不因电极反应进行的方向而改变。

⑤ 标准电极电势是强度性质，无加合性，与电极反应中物质的反应系数无关。

3. 能斯特方程

（1）不考虑离子强度和副反应影响时的能斯特方程

$$\varphi(\mathrm{Ox/Red})=\varphi^{\ominus}(\mathrm{Ox/Red})+\frac{0.0592}{n}\lg\frac{c(\mathrm{Ox})}{c(\mathrm{Red})}$$

（2）条件电极电势 $\varphi^{\ominus}(\mathrm{Ox/Red})$

$$\varphi(\mathrm{Ox/Red})=\varphi^{\ominus\prime}(\mathrm{Ox/Red})+0.0592\lg\frac{c(\mathrm{Ox})}{c(\mathrm{Red})}$$

$$\varphi^{\ominus\prime}(\mathrm{Ox/Red})=\varphi^{\ominus}(\mathrm{Ox/Red})+0.0592\lg\frac{\gamma(\mathrm{Ox})\alpha(\mathrm{Red})}{\gamma(\mathrm{Red})\alpha(\mathrm{Ox})}$$

三、氧化还原反应的方向和次序

1. 氧化还原反应的方向

（1）根据氧化还原反应中两电对的条件电极电势或标准电极电势可判断氧化还原反应的方向。

（2）影响氧化还原反应方向的因素有氧化剂和还原剂的浓度、溶液的酸度、生成沉淀和形成配合物等。其影响符合化学平衡移动原理。

2. 氧化还原反应的次序

在标准状态下 $\varphi^{\ominus}$较大的氧化态物质可以氧化 $\varphi^{\ominus}$较小的还原态物质；$\varphi^{\ominus}$较小的还原态物质可以还原 $\varphi^{\ominus}$较大的氧化态物质。

四、氧化还原反应程度的判别

$$\lg K^{\ominus}=\frac{n_1n_2[\varphi^{\ominus}(\mathrm{Ox_1/Red_1})-\varphi^{\ominus}(\mathrm{Ox_2/Red_2})]}{0.0592}\geqslant 3(n_1+n_2)$$

$$\lg K^{\ominus\prime}=\frac{n_1n_2[\varphi^{\ominus\prime}(\mathrm{Ox_1/Red_1})-\varphi^{\ominus\prime}(\mathrm{Ox_2/Red_2})]}{0.0592}\geqslant 3(n_1+n_2)$$

$$\varphi^{\ominus}(\mathrm{Ox_1/Red_1})-\varphi^{\ominus}(\mathrm{Ox_2/Red_2})\geqslant 3(n_1+n_2)\frac{0.0592}{n_1n_2}$$

$$\varphi^{\ominus\prime}(\mathrm{Ox_1/Red_1})-\varphi^{\ominus\prime}(\mathrm{Ox_2/Red_2})\geqslant 3(n_1+n_2)\frac{0.0592}{n_1n_2}$$

五、元素电势图及其应用

1. 元素电势图

表明元素各种氧化数物质间标准电极电势关系的图叫做元素电势图。

2. 元素电势图的应用

（1）歧化反应的判断

当 $\varphi^{\ominus}_{右}>\varphi^{\ominus}_{左}$时，能发生歧化反应。

当 $\varphi^{\ominus}_{右}<\varphi^{\ominus}_{左}$时，不能发生歧化反应，能发生反歧化反应。

（2）电对未知标准电极电势的求算 $n\varphi^{\ominus}=n_1\varphi_1^{\ominus}+n_2\varphi_2^{\ominus}+n_3\varphi_3^{\ominus}$

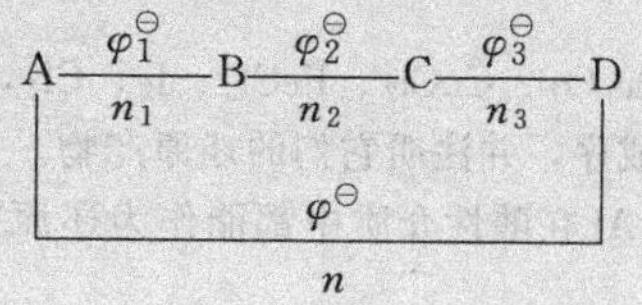

六、电解及其应用

1. 电解过程

通直流电于电解质溶液或熔盐而引起氧化还原反应的过程称为电解。实现电解反应使电能转化为化学能的装置叫电解池。电解池中与电源负极相连的电极叫阴极，阴极发生还原反应；与电源正极相连的电极叫阳极，阳极发生氧化反应。电解时，阳离子得到电子或阴离子失去电子的过程均称为放电。

2. 影响离子放电的因素

(1) $\varphi^{\ominus}$最小，即还原能力最强的还原态物质最容易在电极上失去电子而氧化；$\varphi^{\ominus}$最大，即氧化能力最强的氧化态物质首先得到电子而还原。

(2) 当离子浓度相差不大时，阳离子在阴极获得电子的顺序由金属元素的活动顺序决定。常见阴离子失去电子的顺序一般为 $I^- > Br^- > Cl^- > OH^-$ > 含氧酸根。

(3) 两种金属离子获得电子的能力相差不大时，离子浓度越大，离子越容易在电极上放电。

(4) 电极材料常常起着阻碍离子放电的作用，尤其当电解产物为气体时，会使产生气体的放电速度大大减小。非惰性的阳极材料也会被氧化。

3. 电解原理的应用

电解原理被广泛用于电冶、电镀和氯碱工业等。

七、金属的腐蚀及防护

1. 金属的腐蚀是金属或合金与周围的气体或液体接触发生化学反应而损耗的过程。金属的腐蚀可分为化学腐蚀和电化学腐蚀。化学腐蚀是纯化学反应，而电化学腐蚀因形成微电池而有电流产生。金属腐蚀的本质是金属原子失去电子被氧化的过程。

2. 防止金属腐蚀的方法主要是使金属与周围气体或液体隔离。

思考题与习题

1. 标出下列反应中元素氧化数的变化情况，并指出氧化剂和还原剂。

(1) $2KMnO_4 + 5Na_2C_2O_4 + 16HCl \rightleftharpoons 2MnCl_2 + 10CO_2 + 2KCl + 10NaCl + 8H_2O$

(2) $4Cl_2 + KI + 8KOH \rightleftharpoons 8KCl + KIO_4 + 4H_2O$

(3) $3KNO_2 + H_2SO_4 \rightleftharpoons KNO_3 + K_2SO_4 + 2NO\uparrow + H_2O$

(4) $4P + 3NaOH + 3H_2O \rightleftharpoons 3NaH_2PO_2 + PH_3$

2. 用氧化数法配平下列氧化还原反应

(1) $KMnO_4 + Na_2SO_3 \longrightarrow MnO_2 + K_2SO_4 + Na_2SO_4$

(2) $KOH + Br_2 \longrightarrow KBrO_3 + KBr + H_2O$

(3) $K_2Cr_2O_7 + KI + HCl \longrightarrow CrCl_3 + I_2 + H_2O + KI$

(4) $As_2S_3 + HNO_3 \xrightarrow{\triangle} H_3AsO_4 + H_2SO_4 + NO_2\uparrow + H_2O$

3. 用离子-电子法配平下列氧化还原反应式

(1) $KMnO_4 + KNO_2 + KOH \longrightarrow K_2MnO_4 + KNO_3 + H_2O$

(2) $PbO_2 + Mn(NO_3)_2 + HNO_3 \longrightarrow Pb(NO_3)_2 + HMnO_4 + H_2O$

(3) $K_2MnO_4 + H_2SO_4 \longrightarrow KMnO_4 + K_2SO_4 + MnO_2$

(4) $Zn + HNO_3 \longrightarrow Zn(NO_3)_2 + NH_4NO_3 + H_2O$

4. 在 Sn^{2+} 和 Fe^{2+} 的酸性混合溶液中，加入 $K_2Cr_2O_7$ 溶液，其氧化顺序如何？为什么？试写出有关化学方程式。

5. 在酸性溶液中含有 Fe^{3+}、$Cr_2O_7^{2-}$ 和 MnO_4^-，通入 H_2S 时，还原的顺序如何？试写出有关化学方程式。

6. 现有下列物质，$KMnO_4$、$K_2Cr_2O_7$、$CuCl_2$、$FeCl_2$、I_2、Cl_2，在酸性介质中它们都能作为氧化剂。试将这些物质按氧化能力的大小排列成序，并注明它们的还原产物。

7. $FeCl_2$、$SnCl_2$、H_2、KI、Li、Al 在酸性介质中都能作为还原剂。试将这些物质按还原能力的大小排列成序，并注明它们的氧化产物。

8. 计算下列电极在 25℃时的电极电势

(1) $Pt\mid H^+(1.0\times10^{-2}\,mol/L)$，$Mn^{2+}$，$MnO_4^-$ $(0.10\times10^{-2}\,mol/L)$

(2) $Ag(s)\mid AgCl(s)\mid Cl^-$ $(1.0\times10^{-2}\,mol/L)$

(3) $Pt\mid O_2$ $(100kPa)$ $\mid H_2O_2$ $(1.0\,mol/L)$，H^+ $(0.5\,mol/L)$

(4) $Pt\mid H_3AsO_4(1.0\,mol/L)$，$H_3AsO_3(1.0\,mol/L)$，$H^+(1\times10^{-9}\,mol/L)$

9. 写出下列各原电池的电极反应和电池反应，并计算各原电池的电动势（25℃时）。

(1) $Zn(s)\mid Zn^{2+}(1.0\,mol/L)\parallel Cd^{2+}(1.0\,mol/L)\mid Cd(s)$

(2) $Pt\mid H_2(100kPa)\mid H^+(0.1\,mol/L)\parallel Cr_2O_7^{2-}(0.1\,mol/L)$，$Cr^{3+}(0.1\,mol/L)$，$H^+(1.0\times10^{-2}\,mol/L)\mid Pt$

(3) $Pt\mid Fe^{2+}(1.0\,mol/L)$，$Fe^{3+}(0.1\,mol/L)\parallel NO_3^-(1.0\,mol/L)$，$HNO_2(0.010\,mol/L)$，$H^+(1.0\,mol/L)\mid Pt$

(4) $Pt\mid H_2(50kPa)\mid H^+(0.5\,mol/L)\parallel Sn^{4+}(0.7\,mol/L)$，$Sn^{2+}(0.5\,mol/L)\mid Pt$

10. 根据标准电极电势，判断下列反应能否发生，若能发生反应，写出反应方程式。

(1) $Zn+Ni^{2+}\longrightarrow$

(2) $H_2O_2+MnO_4^-+H^+\longrightarrow$

(3) $Cl_2+Br^-\longrightarrow$

(4) $Cr_2O_7^{2-}+I^-+H^+\longrightarrow$

(5) $Br^-+Fe^{3+}\longrightarrow$

(6) $Sn^{2+}+Hg^{2+}\longrightarrow$

(7) $I^-+IO_3^-+H^+\longrightarrow$

(8) $Ag+Cu(NO_3)_2\longrightarrow$

11. 根据电极电势解释下列现象。

(1) 金属铁能置换铜离子，而三氯化铁溶液又能溶解铜板。

(2) 配制的 $SnCl_2$ 溶液，储存时易失去还原性，通常需要加入 Sn 粒。

(3) 硫酸亚铁溶液存放会变黄。

(4) 在标准态下，MnO_2 与 HCl 不能反应产生 Cl_2，但可用 MnO_2 与浓 $HCl(12mol/L)$作用制取 Cl_2。

12. 将铂丝插入盛有 0.85mol/L Fe^{2+} 和 0.01mol/L Fe^{3+} 溶液的烧杯中，Cd 片插入盛有 0.5mol/L Cd^{2+} 溶液的烧杯中，组成原电池。

(1) 写出该原电池的符号；

(2) 写出电极反应和电池反应；

(3) 计算该电池的电动势；

(4) 计算该电池反应的平衡常数。

13. 对于反应 $H_3AsO_3+I_3^-+H_2O\Longleftrightarrow H_3AsO_4+3I^-+2H^+$，已知 $\varphi^\ominus(AsO_4^{3-}/AsO_3^{3-})=0.557V$，$\varphi^\ominus(I_2/I^-)=0.545V$，求该反应的平衡常数。如果溶液的 pH＝7，反应向什么方向进行？如果溶液中的 $[H^+]=6mol/L$，反应向什么方向进行？

14. 试根据元素电势图说明 H_2O_2 不稳定的原因。

15. 根据下列元素电势图中的已知标准电极电势，计算 $\varphi^\ominus(IO^-/I_2)$。$I_2$ 能否发生歧化反应？为什么？

$$\varphi_B^\ominus \quad IO^- \underset{\underline{\quad 0.49 \quad}}{\overset{?}{\rule{2cm}{0.4pt}}} I_2 \xrightarrow{\ 0.54\ } I^-$$

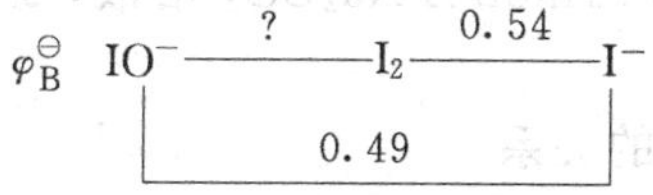

实验 5-1　氧化还原反应与电化学

一、实验目的

1. 掌握几种重要氧化剂、还原剂的氧化还原性质。

2. 掌握电极电势、反应介质的酸度、反应物浓度、沉淀平衡、配位平衡等对氧化还原反应的影响。

3. 掌握原电池、电解池装置及其作用原理。

二、实验原理

氧化还原反应是一类很重要的化学反应，其本质特征是在反应过程中有电子的转移，因而使元素的氧化数发生变化。影响氧化还原反应方向的主要因素有电极电势、反应介质的酸度、反应物浓度、沉淀平衡、配位平衡等。

原电池和电解池装置的作用原理在实际中，特别是在分析化学中有着非常重要的应用。

三、实验用品

1. 仪器

量筒（100mL、10mL），烧杯（100mL、250mL），洗瓶，表面皿（7cm、9cm），滴管，试管，离心机，水浴锅，酒精灯，盐桥，电位差计（万用表），导线，U形玻璃管，石墨电极，直流电源，锌片，铜片。

2. 药品（未注明的单位均为 mol/L）

H_2SO_4(3)，HNO_3(浓,2)，KI(0.1)，HCl(浓,2,6)，$FeCl_3$(0.1)$FeSO_4$(0.1)，NaOH(6,1)，$SnCl_2$(0.2)，KBr(0.1)，$CuSO_4$(1,0.2)，H_2O_2(10%)，$FeSO_4$(0.1)，$KMnO_4$(0.1)，$K_2Cr_2O_7$(0.1)，Na_2SO_3(0.1)，$Na_2S_2O_3$(0.1,0.5)，H_2O_2(10%)，MnO_2(固体)，Na_3AsO_4(0.1)，$NaHCO_3$(固体)，NH_4F(饱和)，$ZnSO_4$(1)，$NH_3 \cdot H_2O$(浓)，饱和溴水，饱和碘水，CCl_4，锌粒，酚酞（0.2%乙醇溶液），KI-淀粉试纸，红色石蕊试纸，淀粉(1%)。

四、实验内容

1. 几种常见氧化剂和还原剂的氧化还原性质

（1）Fe^{3+} 的氧化性与 Fe^{2+} 的还原性　在试管中加入 5 滴 0.1mol/L $FeCl_3$ 溶液，再逐滴加入0.2mol/L $SnCl_2$ 溶液，边滴边摇动试管，直到溶液黄色褪去。再向该无色溶液中滴加 4～5 滴 10% H_2O_2，观察溶液颜色的变化。写出有关离子方程式。

（2）I^- 的还原性与 I_2 的氧化性　在试管中加入 2 滴 0.1mol/L KI 溶液，再加入 2 滴 3mol/L H_2SO_4 及 1mL 蒸馏水，摇匀。再逐滴加入 0.1mol/L $KMnO_4$ 溶液至溶液呈淡黄色。然后滴入 0.1mol/L $Na_2S_2O_3$ 溶液，至黄色褪去。写出有关离子方程式。

（3）H_2O_2 的氧化性和还原性

① H_2O_2 的氧化性。在试管中加入 2 滴 0.1mol/L KI 溶液和 3 滴 3mol/L H_2SO_4 溶液，再加入 2～3 滴 10%H_2O_2 溶液，观察溶液颜色的变化。再加入 15 滴 CCl_4，振荡，观察 CCl_4 层的颜色，并解释之。

② H_2O_2 的还原性。在试管中加入 5 滴 0.1mol/L $KMnO_4$ 溶液和 5 滴 3mol/L H_2SO_4 溶液，再逐滴加入 10% H_2O_2，直至紫色褪去。观察是否有气泡产生，并写出离子方程式。

（4）$K_2Cr_2O_7$ 的氧化性　在试管中加入 2 滴 0.1 mol/L $K_2Cr_2O_7$ 溶液，再加入 2 滴 3mol/L H_2SO_4 溶液，然后加入 0.1mol/L Na_2SO_3 溶液，观察溶液颜色的变化。写出离子方程式。

2. 电极电势与氧化还原反应的关系

（1）在试管中加入 10 滴 0.1mol/L KI 溶液、5 滴 0.1mol/L $FeCl_3$ 溶液，混匀。再加入 20 滴 CCl_4 溶液，充分振荡后，静置片刻，观察 CCl_4 层的颜色。

用 0.1mol/L KBr 代替 0.1mol/L KI 溶液，进行上述同样实验，观察现象。

（2）向试管中加入 1 滴溴水、5 滴 0.1mol/L $FeSO_4$ 溶液，混匀。再加入 1mL CCl_4 溶液，振荡后观察 CCl_4 层的颜色。

以碘水代替溴水进行上述同样实验，观察现象。

根据以上四个实验的结果，比较 Br_2、Br^-、I^2、I^- 及 Fe^{3+}、Fe^{2+} 三个电对的标准电

极电势的高低，指出其中最强的氧化剂和最强的还原剂，并说明电极电势与氧化还原反应方向的关系。

3. 介质的酸碱性对氧化还原反应的影响

（1）取三支试管，分别加入1滴0.1mol/L $KMnO_4$ 溶液。再在第一支试管中加入4滴3mol/L H_2SO_4 溶液，第二支试管中加入4滴6mol/L NaOH 溶液，第三支试管中加入4滴蒸馏水。然后在三支试管中各加入4～5滴0.1mol/L Na_2SO_3 溶液，摇匀，观察各试管有何变化。观察并说明其结果，写出有关离子方程式。

（2）在试管中加入4滴0.1mol/L $K_2Cr_2O_7$ 溶液，再加入1滴1mol/L NaOH 溶液，再加入10滴0.1mol/L Na_2SO_3 溶液，观察溶液颜色变化，并说明原因。再继续加入10滴3mol/L H_2SO_4 溶液，观察溶液颜色的变化，写出有关离子方程式。

（3）在试管中加入5滴0.1mol/L Na_3AsO_4 溶液、2滴0.1mol/L KI 溶液，混匀，微热。再加入2滴6mol/L HCl 和1滴1%淀粉溶液，观察现象。然后加入少许 $NaHCO_3$ 固体，以调节溶液至微碱性，观察溶液颜色的变化。再加入1滴6mol/L HCl 溶液，观察溶液颜色的变化，并加以解释。

4. 浓度对氧化还原反应的影响

（1）取少量固体 MnO_2 于试管中，滴入5滴2mol/L HCl 溶液，观察现象。用湿润的淀粉-KI 试纸检查是否有 Cl_2 产生。

以浓 HCl 代替2mol/L HCl 进行试验，并检查是否有 Cl_2 产生（此反应应在通风橱中进行）。

（2）向两支分别盛有2mL 浓 HNO_3 和2mL 2mol/L HNO_3 溶液的试管中各加入一小粒 Zn，观察现象，产物有何不同？浓 HNO_3 的还原产物可以从气体颜色来判断，稀 HNO_3 的还原产物可以用检验溶液中有无 NH_4^+ 的方法来确定。

NH_4^+ 的气室法检验：取一小块用水浸湿的红色石蕊试纸贴在7cm 表面皿的凹心上，备用。在9cm 表面皿的中心，滴加5滴待检液，再加5～6滴6mol/L NaOH 溶液，摇匀，迅速用贴有湿润石蕊试纸的7cm 表面皿扣上，构成气室。将此气室放在水浴上微热2～3min，若石蕊试纸变蓝或边缘部分微显蓝色，即表示有 NH_4^+ 存在。

5. 沉淀对氧化还原反应的影响

在试管中加入20滴0.2mol/L $CuSO_4$ 溶液、4滴3mol/L H_2SO_4 溶液，混匀。再加入10滴0.1mol/L KI 溶液。然后逐滴加入0.5mol/L $Na_2S_2O_3$ 溶液，以除去反应中生成的碘。离心分离后观察沉淀的颜色，并用 $\varphi^{\ominus}(I_2/I^-)$、$\varphi^{\ominus}(Cu^{2+}/Cu^+)$、$K_{sp}^{\ominus}(CuI)$ 解释此现象。写出反应方程式。

6. 配合物的形成对氧化还原反应的影响

向试管中加入10滴0.1mol/L $FeCl_3$ 溶液，再逐滴加入饱和 NH_4F 溶液至溶液恰为无色。然后滴入10滴0.1mol/L KI 溶液及5滴 CCl_4，充分振荡，静置片刻，观察 CCl_4 层的颜色。与实验2.(1)的实验结果比较，并解释之。

7. 原电池

（1）在两个100mL 烧杯中分别加入50mL 1mol/L $CuSO_4$ 和50mL 1mol/L $ZnSO_4$ 溶液，再分别插入铜片和锌片，组成两个电极。两烧杯用盐桥连接，并将锌片和铜片通过导线分别与伏特计的负极和正极相连接，测量两极间的电势差。

（2）在 $CuSO_4$ 溶液中加入浓 $NH_3 \cdot H_2O$ 至生成的沉淀溶解，此时 Cu^{2+} 与 NH_3 配合

$$Cu^{2+} + 4NH_3 \rightleftharpoons [Cu(NH_3)_4]^{2+}\text{（深蓝色）}$$

测量此时两极间的电势差，观察有何变化。

（3）在 $ZnSO_4$ 溶液中加入浓 $NH_3 \cdot H_2O$ 至生成的沉淀全部溶解。此时，Zn^{2+} 与 NH_3

配合

$$Zn^{2+}+4NH_3 \rightleftharpoons [Zn(NH_3)_4]^{2+}(\text{无色})$$

测量电势差，观察又有何变化。

以上结果说明了什么？（提示由于配合物的形成，Cu^{2+}，Zn^{2+}浓度大大降低）

8. 电解

在一U形玻璃管中加入饱和食盐水，用石墨作电极，分别与直流电源的正极和负极相接。在阳极附近的液面滴加1滴1%淀粉和1滴0.1mol/L KI溶液，阴极附近的液面滴加1滴酚酞试液。观察现象，并写出电极反应和电解总反应方程式。

五、思考题

1. Fe^{3+}能将Cu氧化成Cu^{2+}，而Cu^{2+}又能将Fe氧化成Fe^{2+}，这两个反应是否矛盾？为什么？

2. H_2O_2为什么既有氧化性又有还原性？反应后可生成何种产物？

3. 以$KMnO_4$为例，说明pH对氧化还原反应产物的影响。

4. 说明$K_2Cr_2O_7$和K_2CrO_4在溶液中的相互转化，比较它们的氧化能力。

第六章 原子结构和元素周期律

学习指南

1. 了解原子核外电子运动的特征。

2. 了解波函数、概率密度、电子云和原子轨道等概念。

3. 掌握四个量子数的意义和取值规则，熟悉量子数的取值与原子轨道和电子云形状的关系。

4. 掌握原子核外电子排布的原理，能熟练书写1～36号元素的原子及其简单离子的电子排布式，会用轨道图和四个量子数表示某些原子或离子的电子结构。

5. 掌握核外电子排布与元素周期系的关系，明确周期与能级组、族与价电子构型的关系及周期表中的元素分区。

6. 理解元素周期表中元素的原子半径、电离能、电子亲和能、电负性、金属性和非金属性的变化规律。

第一节　原子核外电子运动的特征

一、核外电子运动的量子化特征

1. 氢原子光谱

氢原子光谱是最简单的一种原子光谱，测定氢原子光谱的实验如图 6-1(a)所示。一只装有氢气的放电管，通过高压电流，使氢原子受到激发，发出的光经过分光棱镜，即得到氢原子光谱，简称为氢光谱，如图 6-1(b)所示。

由图 6-1(b)可见，氢原子在可见光区的光谱具有一定的特征。第一，氢光谱是不连续的线状光谱。第二，氢原子在可见光区有 H_{α}、H_{β}、H_{γ}、H_{δ}、H_{ε} 五条比较明显的谱线，从 H_{α} 至 H_{ε} 谱线间的距离越来越小，表现出明显的规律性。H_{α} 至 H_{ε} 称为巴尔麦(J. J. Balmer 瑞士科学家)系。

2. 玻尔理论

1913 年，玻尔(N. Bohr　丹麦物理学家)提出了原子模型的假设。其要点是：第一，核外电子运动取一定的轨道，在此轨道上运动的电子不放出能量也不吸收能量；第二，在一定轨道上运动的电子具有一定的能量,其能量只能取由某些量子化条件决定的正整数值。此假设成功地解释了上述氢原子线状光谱的成因和规律,被称为玻尔理论。

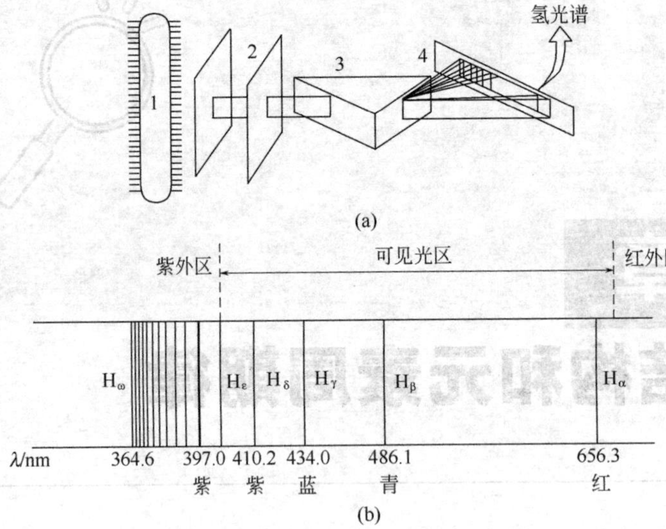

图 6-1 氢原子可见光谱的实验示意图

1—气放电管;2—狭缝;3—棱镜;4—屏幕

所谓量子化,是指表征微观粒子运动状态的某些物理量只能是不连续的变化。核外电子运动能量的量子化,是指电子运动的能量只能取一些不连续的能量状态,又称为电子的能级。这一概念是和经典物理不相容的,因为在经典力学中,一个体系的能量(或其他物理量),应取连续变化的数值。

玻尔把量子条件引入原子结构中,得到了核外电子运动的能量是量子化的结论。由玻尔理论的第一个要点,能够解释原子稳定存在的问题。原子在正常即稳定状态时,电子尽可能地处于能量最低的轨道,这种状态称为基态。氢原子处于基态时,电子在第一电子层的轨道上运动,能量最低(13.6eV 或 2.179×10^{-18}J),其半径为 52.9pm,称为玻尔半径。

由玻尔理论的第二个要点可以说明氢原子光谱的成因。当激发到高能级的电子跳回到较低能量的能级时,以光的形式释放出能量,从而形成光谱。电子激发后所处的能级的能量(E_2)和跳回的能级的能量(E_1)之差(E_2-E_1)不同时,放出的能量不同,释放出频率(ν)不同的光子,从而形成波长(λ)不同的光谱。

二、波粒二象性

玻尔理论冲破了经典物理中能量连续变化的束缚,用量子化解释了经典物理无法解释的原子结构和氢光谱的关系。指出原子结构量子化的特性,是玻尔理论正确的、合理的内容。而它的缺陷恰恰又在于未能完全冲破经典物理的束缚,勉强地应用了一些假定。由于没有考虑电子运动的另一重要特性即波粒二象性,使电子在原子核外的运动采取了宏观物体的固定轨道,致使玻尔理论在解释多电子原子的光谱和光谱线在磁场中的分裂、谱线的强度等实验结果时遇到了难以解决的问题。例如,若将玻尔理论应用于氢原子,算出的能量和波长的误差高达百分之五左右。这就告诉人们,要找到更符合微观粒子运动规律的理论,必须建立新的理论体系。

所谓波粒二象性,是指物质既具有波动性又具有粒子性。波动性是物质在运动中呈现波的性质。波的特性主要表现在具有一定的波长和频率,能产生干涉、衍射等现象。粒子性则是指物质在运动中具有动量或动能。

微观粒子的波粒二象性是从光的本性得出的。光既是波（电磁波）又是粒子（光子），即光兼有波动性和粒子性。在某些场合光主要表现出波动性，在传播中产生干涉、衍射等现象；而在另一些场合，光主要表现出粒子性，光与实物作用时产生光压、光电效应。

波粒二象性的关系可用下式表示

$$E = h\nu = h\frac{c}{\lambda} \quad p = \frac{h}{\lambda}$$

式中 E——光子的能量，J；

ν——光子的频率，s^{-1}；

λ——光子的波长，m；

c——光速，3×10^8 m/s；

h——普朗克常数，其值为 6.626×10^{-34} J·s；

p——光子运动时的动量。

光的波动性和粒子性通过普朗克常数 h 定量地联系起来。式中左边表示微粒的特征，右边表示波动的特征。

1924 年法国物理学家德布罗意根据光的二象性大胆假设核外电子等实物粒子（静止质量不为零的粒子）也具有波粒二象性。其波长公式为

$$\lambda = \frac{h}{p} = \frac{h}{mv}$$

式中 p——电子的动量；

m——电子的质量；

v——电子运动速度。

上式称为德布罗意关系式，由此式可计算电子的波长。

不仅电子具备波粒二象性，质子、中子、α 粒子、原子、分子等射线也具有波粒二象性。

至于用肉眼就可以看见的宏观物体，与微观粒子相比，其质量太大、速度太小，产生的波长太短而无法被测到，因而认为无波动性。例如，质量为 19g、直径为 1×10^{10} pm 的子弹，以 10^3 m/s 的速度运动，如果计算出它的波长，可以看出波动对它已没有意义。

三、测不准关系

对于宏观物体，如绕地球运行的人造卫星、飞行的导弹以及运行的火车等，由于它们有确定的运行轨道，根据经典力学理论，可以同时准确确定它们在某一瞬间所在的位置和速度。但是，原子核外的电子，由于质量小、速度快，具有波粒二象性，因此不可能同时被准确测定它的空间位置和速度，而是符合海森堡（W. Heisenberg）提出的测不准关系。即

$$\Delta x \Delta p \geqslant \frac{h}{2\pi}$$

式中 Δx——确定粒子位置时的测不准量；

Δp——确定粒子动量时的测不准量。

由测不准关系可知，Δx 越小（粒子位置测定准确度越大），则其 Δp 越大（粒子动量测定准确度越差）。反之亦然。

应注意，测不准关系不是说电子等微观粒子的运动是虚无缥缈的、不可认识的，它只是指出了微观粒子运动具有波粒二象性，不符合经典力学运动的规律。

由此可见，在经典力学中，质点运动时的能量、动量是连续变化的，质点的运动可以同时有确定的坐标和动量（或速度）。而微观粒子的运动其能量是不连续的，具有量子化的特征。此外，作为微观粒子的电子，其运动还具有波粒二象性，而且不能同时确定其位置和动

量（或速度）。

第二节　原子核外电子运动状态的描述

一、波函数与原子轨道

1. 波函数

如果拿住一条绳子的一头进行上下抖动，就会得到在一维空间伸展的波。若在瞬间给这条绳子照一张相，相片上就会出现许多波峰和波谷，如图 6-2(a) 所示。这个波沿着绳子朝一个方向伸展，在纵坐标的方向可以度量出波的振幅的大小，在横坐标方向则不存在什么波动。每个波的振幅是其位置坐标的函数，此函数称为波函数，常用符号 Ψ 表示。波函数的数值在波峰的区域为正值，在波谷的区域为负值。若用（+）、（−）号把波函数数值的图形表示出来，则得图 6-2(b)。

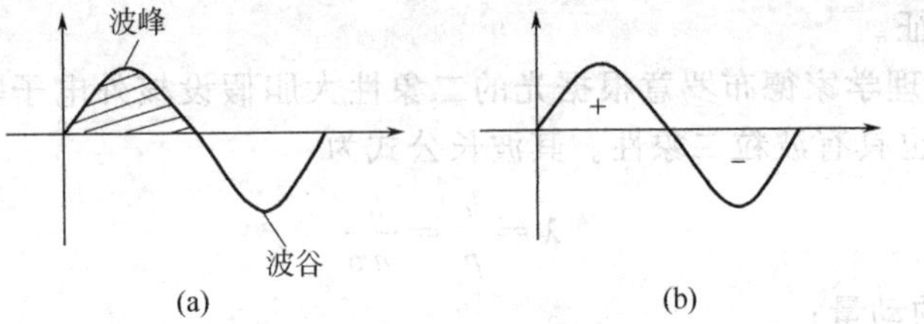

图 6-2　一维空间伸展的波

图 6-3 是海水的波，它是在两维空间伸展的，朝前后（y 轴方向）和左右（x 轴方向）运动。而在第三维（z 轴）的方向就可量度波的形状和大小。

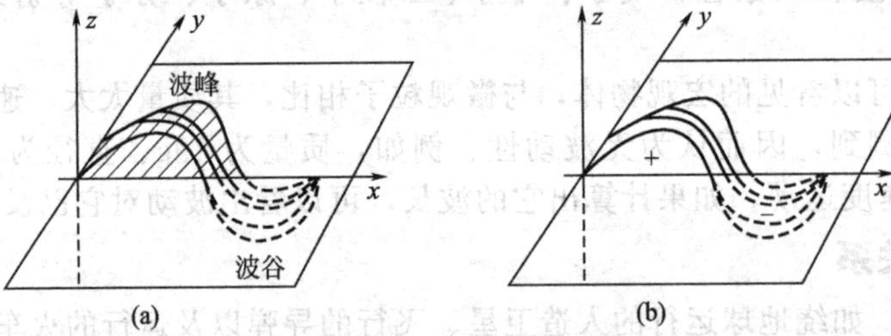

图 6-3　两维空间伸展的波

电子在原子核外空间运动的波动性，也可以用波函数来描述，但它又与机械波不同，由于电子是具有波粒二象性的微观粒子。

【拓展知识】　　**薛定谔波动方程**

为了描述电子的运动规律，1926 年奥地利物理学家薛定谔（schrodinger，Erwin，1887—1961）提出了一种波动方程，称为薛定谔波动方程，简称薛定谔方程。

$$\frac{\partial^2 \Psi}{\partial x^2}+\frac{\partial^2 \Psi}{\partial y^2}+\frac{\partial^2 \Psi}{\partial z^2}=-\frac{8\pi^2 m}{h^2}(E-V)\Psi$$

式中，$\partial\Psi$ 为波函数；E 为总能量；等于势能与动能之和；V 是势能；m 是电子的质量；h 是普朗克常数；x、y 和 z 是空间坐标。

2. 原子轨道

波函数是描述原子核外电子运动状态的数学函数，每一个波函数代表电子的一种运动状态，决定电子在核外空间的概率分布，相似于经典力学中宏观物体的运动轨道。因此，量子力学中通常把原子中电子的波函数称为原子轨道或原子轨函。每一个波函数代表一个原子轨道。可以把波函数视为原子轨道的同义语。但要注意，这里的轨道指的是电子在核外运动的空间范围而不是绕核一周的圆。

二、电子云

为了形象地表示出电子的概率密度分布，可以将其看作为带负电荷的电子云。电子出现概率密度大的地方，电子云密集一些；概率密度小的地方，电子云稀薄一些。因此，电子云是电子在核外空间出现概率密度分布的形象化描述，是 $|\Psi^2|$ 的具体图像。电子云的正确意义并不是说电子真的像云那样分散，不再是一个粒子，而只是电子行为统计结果的一种形象表示。这也正是有些书刊中将“电子云”称为“概率云”的原因。

例如，氢原子核外的一个电子，经常出现在核外空间一个球形区域，电子云是球形对称的，越接近原子核，概率密度越大。

三、四个量子数

不同电子的运动状态是不同的，因而求解一个原子的薛定谔方程时，会得出多个波函数 Ψ。在量子力学中，为了得到电子运动状态的合理的解，必须引用只能取某些整数值的三个参数，称它们为量子数。

1. 主量子数（n）

它是描述电子所属电子层（这里所称的电子层是指电子在核外空间出现概率最大的一个区域）离核远近的参数。取值为 1，2，3，…，n 等正整数，有∞多个。在光谱学中，常用大写英文字母表示电子层。

n	1	2	3	4	5	6	7
电子层	K	L	M	N	O	P	Q

主量子数是决定电子能量高低的主要因素。对单电子原子（氢原子），电子的能量完全由 n 来决定，n 值越大（电子层离核越远），电子的能量越高。对于多电子原子，电子的能量除与 n 值有关外，还与原子轨道形状有关。

2. 角量子数（l）

它是描述电子所处能级（或亚层）的参数。取值 0，1，2，…，$(n-1)$，有 n 个。光谱学中用小写英文字母表示。

l	0	1	2	3	4	5	6
亚　层	s	p	d	f	g	h	i

角量子数表示原子轨道（或电子云）的形状，如 s 和 p 亚层，其原子轨道的形状分别为球形和无柄哑铃形。在多电子原子中，l 还影响电子的能量。需要说明的是：在同一电子层中，电子的能量随角量子数 l 的增加而增加，即 $E_{ns}<E_{np}<E_{nd}\cdots$；电子的能量虽然由 n 和 l 共同决定，但前者是主要的，后者较为次要；角量子数为零时，代表电子的一种状态，即 s 状态。

3. 磁量子数（m）

它是描述电子所属原子轨道的参数。取值 0，±1，±2，±3，…，±l，共 $(2l+1)$ 个。磁量子数决定原子轨道（或电子云）在空间的伸展方向，如 $l=1$，$m=0$、±1，即 p 轨道在空间有三个方向 p_x、p_y、p_z。

电子的能量与磁量子数 m 无关，即 n 和 l 相同而 m 不同的各原子轨道，其能量完全相同。这种能量相同的原子轨道，称为简并轨道（或等价轨道）。例如 $2p_x$、$2p_y$、$2p_z$ 三个轨道的能量相同，属于简并轨道。由此可知，同一亚层的三个 p 轨道，五个 d 轨道，七个 f 轨道都属于简并轨道。

综上所述，n、l、m 三个量子数的组合必须满足取值相互制约的条件。它们的每一合理组合即确定一个原子轨道，其中 n 决定它所在的电子层，l 确定它的形状（即角度分布），m 确定它的空间伸展方向，n 和 l 共同决定它的能量（氢原子的能级只由 n 决定）。

精密观察强磁场下的原子光谱，发现大多数谱线其实是由靠得很近的两条谱线组成的。这是因为电子在核外运动可以取数值相同而方向相反的两种运动状态，由此引入了自旋量子数 m_s。

4. 自旋量子数（m_s）

它是描述电子自旋状态的参数。实验证明，电子除了在核外作高速运动外，本身还作自旋运动。电子自旋运动的方向用 m_s 来确定。m_s 取值只有两个，即 $\pm 1/2$，这说明电子的自旋方向只有两个，即顺时针方向或者逆时针方向，一般用向上和向下的箭头（“↑”，“↓”）表示。由于 m_s 只有两个取值，因此，每一个原子轨道最多只能容纳两个电子，其能量相等。

通过以上讨论可知，根据四个量子数 n、l、m 和 m_s 就能全面地确定原子核外每一个电子的运动状态，其中 n、l、m 三个量子数确定电子所处的原子轨道；m_s 确定电子的自旋状态。例如，基态钠原子最外电子层中的一个电子，其运动状态为 $n=3$，$l=0$，$m=0$，$m_s=+\frac{1}{2}$（或 $-\frac{1}{2}$）。此外，根据四个量子数还可以推算出各电子层有多少个亚层（能级），每个亚层有多少个原子轨道以及每个电子层或电子亚层最多能容纳多少个电子（亦即有多少个运动状态）。

由本节内容可以看出，所谓电子的运动状态，对于给定电子来说，一般指该电子离核的平均距离的远近、能量的大小、电子云或原子轨道的形状以及它们的伸展方向等内容。

电子在空间的运动状态用波函数来描述，以四个量子数来确定。

【拓展知识】 **波函数与原子轨道**

一定的波函数描述电子一定的运动状态。如 Ψ_{1s}、Ψ_{2s}、Ψ_{2p_x}、Ψ_{2p_y}、Ψ_{2p_z}、Ψ_{3d}、Ψ_{4f}…分别表示电子处于不同的运动状态。处于一定运动状态下的电子，有一定的概率密度分布；某些物理量有一定值，如能量有一定值。例如，氢原子核外的电子处在基态时，用 Ψ_{1s} 描述，其概率密度分布是球形对称的，能量为 2.179×10^{-18}J 等。这就像在经典力学中掌握了物体运动轨道的情况一样，所以量子力学中常常借用经典力学中“轨道”这个名词，称原子中一个电子的可能的空间运动状态为原子轨道，而这些原子轨道是各由一个波函数来描述的，如 Ψ_{1s}，表示 1s 原子轨道，其含义则是指电子处在 1s 的空间运动状态。应该注意，原子轨道的含义与行星轨道、火车的铁轨等宏观物体轨道的概念是不同的。例如，氢原子 1s 原子轨道的空间图形是球形，其电子在空间出现的概率密度分布是球形对称的，而不应理解为电子绕核旋转的轨迹是个圆圈，这是因为电子有波粒二象性，它的运动轨道是测不准的。

第三节　原子核外电子的排布

一、多电子原子体系轨道的能级

1. 近似能级图

在多电子原子中，原子轨道的能级除了取决于主量子数 n 外，还与角量子数 l 有关。能级高低的基本规律如下所述。

第一，角量子数相同时，主量子数越大，轨道的能量（或能级）越高。例如

$$E_{1s}<E_{2s}<E_{3s}<E_{4s}<\cdots$$

$$E_{2p}<E_{3p}<E_{4p}<E_{5p}<\cdots$$

第二，主量子数相同时，角量子数越大，轨道的能量（或能级）越高。例如

$$E_{2s} < E_{2p}$$
$$E_{3s} < E_{3p} < E_{3d}$$

第三，主量子数和角量子数都不相同时，轨道的能级变化比较复杂。当 $n \geqslant 3$ 时，可能发生主量子数较大的某些轨道的能量反而比主量子数小的某些轨道能量低的现象，这一现象称为能级交错。例如

$$E_{4s} < E_{3d}$$
$$E_{5s} < E_{4d}$$

结构化学中，根据光谱实验的结果，总结出多电子原子中轨道能级高低的近似情况（图 6-4），称为近似能级图。

图中每个小圆圈代表一个原子轨道，小圆圈位置高低，表示能级高低，处在同一水平高度的几个小圆圈，表示能级相同的等价轨道。图中还把能量相近的能级合并为一组（虚线方框部分），称为能级组，共分为七个能级组，相邻两能级组之间的能量差较大。

对于多电子原子中出现的能级交错现象，如 $E_{4s}<E_{3d}$、$E_{5s}<E_{4d}$、$E_{6s}<E_{4f}$、…，可用屏蔽效应和钻穿效应来解释。

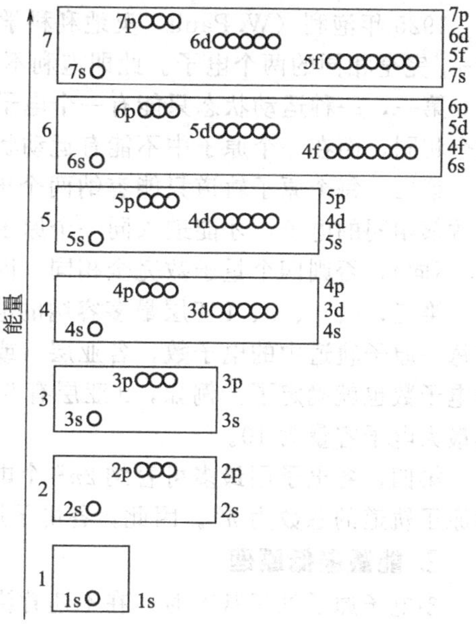

图 6-4　原子轨道近似能级图

2. 屏蔽效应和钻穿效应

（1）屏蔽效应　原子核与电子之间存在着静电引力，该引力与原子核所带的正电荷数成正比。对于氢原子，核外只有一个电子，其能量仅由主量子数 n 决定。

在多电子原子中，外层电子（主量子数较大，离核平均距离较远的电子）既受到原子核的吸引，又受到其他电子的排斥，前者使电子更靠近原子核，后者使电子离原子核更远。因此，对某一电子来说，其他电子的存在势必会削弱核对这个电子的吸引力，相当于抵消了一部分核电荷。由于其余电子的存在减弱了核对该电子吸引作用的现象称为屏蔽效应。屏蔽效应使得核对电子的吸引力减小，因而电子具有的能量增大。

由以上分析可以看出：核电荷（Z）由于屏蔽效应而被抵消掉一部分，所剩余的部分正电荷称为有效核电荷，以 Z^* 表示。实质上，有效核电荷是指多电子原子中某一电子实际受到的核电荷的吸引力。有效核电荷越大，核对该电子的吸引力越大，电子的能量越低；有效核电荷越小，核对该电子的吸引力越小，电子的能量越高。

（2）钻穿效应　钻穿是指电子（一般指价电子）具有渗入原子内部空间而靠核更近的本领。电子钻穿的结果，避开了其他电子的屏蔽，起到增加有效核电荷、降低轨道能量的作用。这种外层电子钻到内层空间，靠近原子核，避开内层电子的屏蔽，使其能量降低的现象称为钻穿效应。

对于钻穿效应，$ns>np>nd>nf$，因而轨道能量的高低顺序为 $E_{ns}<E_{np}<E_{nd}<E_{nf}$。故在多电子原子中，$n$ 相同 l 不同时，l 越大电子能量越高。

对于多电子原子，屏蔽效应和钻穿效应是影响轨道电子能量的两个重要因素，两者互相

联系又相互制约。一般说来，钻穿效应大的电子受其他电子的屏蔽作用较小，电子的能量较低；反之，则电子的能量较高。

应当指出，图 6-4 中的能级顺序和能级交错的情况，表示了各原子电子数目增加时，核外电子排布的规则，这对多电子原子的电子填充次序是十分有用的。但这种能级的高低顺序不是固定不变的。例如，在钾、钙原子中，4s 轨道的能量低于 3d 轨道，但在原子序数更大的原子中却不一样。从钪开始，4s 轨道的能量高于 3d，从钇开始，5s 轨道的能量高于 4d。因此，一些过渡元素的原子参加反应时，先失去 ns 电子，然后再失去$(n-1)$ d电子。

二、基态原子电子的排布原理

根据对光谱实验结果和元素周期系的分析，归纳出基态原子中电子分布的三条原理。

1. 泡利不相容原理

1925 年泡利（W. Pauli　奥地利科学家）指出，在一个原子中没有四个量子数 n、l、m 和 m_s 完全相同的两个电子。此即泡利不相容原理。由此可以推出四点结论。

第一，一种运动状态只能有一个电子。因为四个量子数完全相同，意味着电子运动状态完全相同，而在一个原子中不能有运动状态完全相同的电子共存。

第二，每个原子轨道只能容纳两个电子，且自旋方向相反。因为只有 n、l、m 三个量子数都相同的电子，才能进入同一个原子轨道，进入同一原子轨道的电子必须自旋相反（即 m_s 不同），否则四个量子数完全相同。因而每一个原子轨道的电子数不超过 2 个。

第三，s、p、d、f 亚层最多容纳的电子数分别为 2、6、10 和 14。泡利不相容原理限制了每一原子轨道中的电子数，各亚层（或能级）的轨道数又一定，则每一亚层中可容纳的最多电子数也就确定了。例如，d 亚层有 5 个原子轨道，每一个原子轨道可容纳 2 个电子，故其最大电子容量为 10。

第四，各电子层最多可容纳 $2n^2$ 个电子。根据本书介绍的知识可以推知：每一个电子层中原子轨道的总数为 n^2。因此，各电子层中电子的最大容量为 $2n^2$ 个。

2. 能量最低原理

多电子原子处于基态时，在不违背泡利不相容原理的前提下，电子尽可能先占据能量较低的轨道，而使原子体系的总能量最低，处于最稳定状态。

根据以上两个原理，H、He、Li、Be、B 几种元素原子的电子排布如下（每一个框格表示一个“轨道”）：

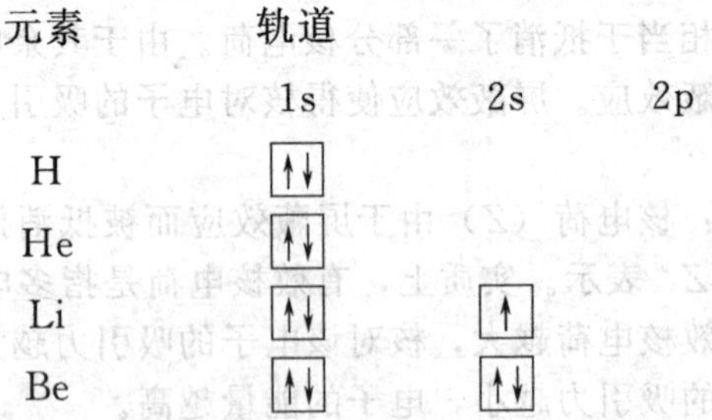

碳原子核外有 6 个电子，前面 5 个电子可照硼原子的方式排布，但第 6 个 2p 电子在不违背泡利不相容原理和能量最低原理下有三种排布方式：

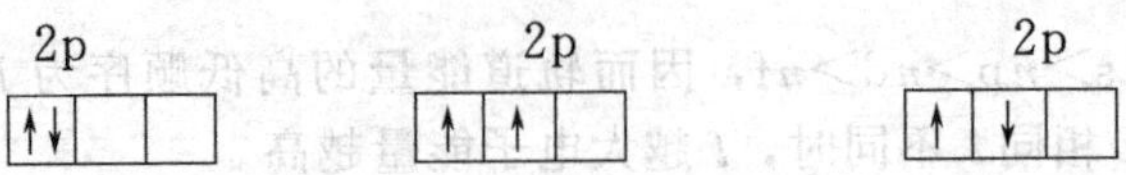

究竟是哪种排布方式则由洪德规则确定。

3. 洪德规则

1925 年洪德（F. Hund 法国化学家）根据大量的光谱实验数据总结出一条规律：等价轨道上的电子尽可能分占不同轨道且自旋平行。所以碳原子的 2p 电子的排布是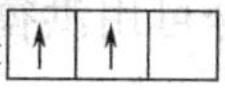，而不是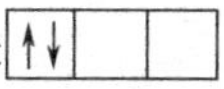和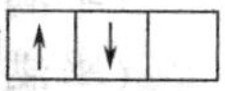。

实验证明，洪德规则符合能量最低原理。这是由于电子之间存在静电斥力，当某一轨道上已有一个电子时，要使另一个电子与之成对，必须提供能量（称为电子成对能）以克服其斥力。因此，各占据一个轨道的两个成单电子的能量低于处于同一轨道的一对电子的能量。

光谱实验的结果还表明，当等价轨道中的电子处于半充满、全充满或全空的状态时，能量比较低，因而是比较稳定的状态。即

半充满　　p^3、d^5、f^7

全充满　　p^6、d^{10}、f^{14}

全　空　　p^0、d^0、f^0

此规则称为全满、半满、全空规则。例如，铬（Cr）原子的外层电子排布是 $3d^54s^1$，而不是 $3d^44s^2$。铜（Cu）原子的外层电子排布是 $3d^{10}4s^1$，而不是 $3d^94s^2$。

三、基态原子核外电子的排布

根据近似能级图和基态原子中电子分布的三个原理，可以确定各元素基态原子的电子排布情况，电子在原子轨道中的排布方式称为电子层结构，简称电子构型。表示原子的电子构型通常有三种形式。

1. 轨道表示式（或轨道图式）

它是用框格（圆圈或短线）代表原子轨道，在框格上方或下方注明轨道的能级，框格内用向上或向下的箭头表示电子的自旋状态。例如，氮原子的轨道表示式为

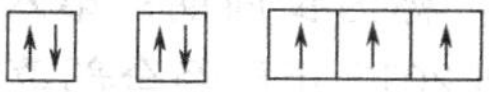

1s　2s　2p

这种形式形象而直观。

2. 电子排布式（或电子结构式）

是在电子层或亚层（能级）符号的右上角用数字注明所排列的电子数。

例如氮原子的电子排布式为

$$1s^2 \quad 2s^2 \quad 2p^3$$

人们最重视最外层的电子构型，因为它参与化学反应。外层电子除外，其余电子被称为原子实电子。在原子序数大的原子中，部分内层电子构型常用“原子实”表示。“原子实”是指原子内层电子构型中与某一稀有气体电子构型相同的那一部分实体，常用方括号内写上该稀有气体的符号表示。例如

$_{12}Mg$	$1s^22s^22p^63s^2$	表示为 [Ne] $3s^2$
$_{26}Fe$	$1s^22s^22p^63s^23p^63d^64s^2$	表示为 [Ar] $3d^64s^2$

3. 价电子层结构式

价电子层结构（或外电子层构型），是价电子（即能参与成键的电子）所排布的电子层结构。

主族　　$ns^{1\sim2}np^{1\sim6}$

副族　　$(n-1)d^{1\sim10}ns^{1\sim2}$

例如，磷和铁的价电子层结构式分别为 $3s^2 3p^3$ 及 $3d^6 4s^2$。

大多数原子的电子构型能根据图 6-4 的顺序进行填充，但有十多种元素例外。其中一部分可用洪德规则的特例加以说明。例如

Cr（铬）	[Ar] $3d^5 4s^1$	（半满）
Mo（钼）	[Kr] $4d^5 5s^1$	（半满）
Cu（铜）	[Ar] $3d^{10} 4s^1$	（全满）
Ag（银）	[Kr] $4d^{10} 5s^1$	（全满）
La（镧）	[Xe] $4f^0 5d^1 6s^2$	（全空）
Ac（锕）	[Rn] $5f^0 6d^1 7s^2$	（全空）

另一部分暂时还得不到满意的解释。例如

Nb（铌）	[Kr] $4d^4 5s^1$
Ru（钌）	[Kr] $4d^7 5s^1$
Rh（铑）	[Kr] $4d^8 5s^1$
Pt（铂）	[Xe] $5d^9 6s^1$

上述事实说明，与任何原理一样，基态原子核外电子排布原理只具有相对意义，尚需进一步研究。

第四节　元素周期律

一、元素周期表简介

1. 周期与能级组

到目前为止，人们已发现了 118 种元素（包括人造元素），它们在元素周期表中处于七个周期中。第一周期有 2 种元素，称为特短周期；第二、第三周期各有 8 种元素，称为短周期；第四、第五周期各有 18 种元素，称为长周期；第六周期有 32 种元素，称为特长周期；第七周期以前称为不完全周期，但到 2017 年已经全部填满，也有 32 种元素，故现在也应称为特长周期。周期与能级组的关系如下。

第一，周期表中的周期数就是能级组数。有七个能级组，相应就有七个周期。元素的周期划分，实质上是按原子结构中能级组能量高低顺序划分元素的结果。

第二，元素所在的周期序数，等于该元素原子外层电子所处的最高能级组序数，也等于该元素原子最外电子层的主量子数。例如钙原子的外层电子构型为 $4s^2$，$n=4$，故钙位于第四周期；银原子的外层电子构型为 $4d^{10} 5s^1$，$n=5$，故银位于第五周期。

第三，各周期元素的数目，等于相应能级组内各轨道所能容纳的电子总数。例如，第四能级组内包含 4s、3d 和 4p 轨道，共可容纳 18 个电子，故第四周期共有 18 种元素。第六能级组内包含 6s、4f、5d 和 6p 轨道，共可容纳 32 个电子，故第六周期共有 32 种元素。

此外，周期表中每一新周期的出现，相当于原子中一个新的能级组的建立；每一周期的完成，是原子中一个能级组被电子所饱和。每一能级组中电子的填充都是从 ns^1 开始到 np^6 结束，对应于每个周期都是从碱金属开始，到稀有气体结束。如此循环重复。按理论推断，第七周期最末一种元素（第 118 号）也将是一种稀有气体。由此充分证明，元素性质的周期性变化，是各元素原子中核外电子周期性排布的结果。

2. 族与价电子构型

在周期表中，共有 18 个纵行。把元素分为 16 个族：八个 A 族（A 族也称为主族），ⅠA～ⅧA；八个 B 族（B 族也称为副族），ⅠB～ⅧB。副族元素又称过渡元素，其中ⅢB

族的第 57 号元素镧（La）的位置实际上代表着 57～71 号的 15 种元素，称为镧系元素；第 89 号元素锕（Ac）的位置亦代表 89～103 号的 15 种元素，称为锕系元素。镧系和锕系元素统称为内过渡元素。还有三个纵行作为 1 个族，即ⅧB。

周期表中的族，实际上是外电子层构型的分类。

(1) 同族元素具有相同或相似的外电子层构型　由于元素性质主要取决于原子的外电子构型，所以导致同族元素的性质相似。同一主族元素的外电子层构型完全相同，“原子实”的各亚层电子具有全满的特点。因此，同一主族元素的性质相似。同一副族元素的外电子层构型也基本相同，即 ns 和 $(n-1)$d 能级构型相同，故同一副族元素也具有相似的性质。

(2) 族序数与外电子层的电子数密切相关　主族元素的族数等于最外层 ns 和 np 轨道的电子数之和。副族元素的族数等于最外层 ns 和次外层 $(n-1)$d 轨道的电子数之和（若电子数之和为 8～10，则为ⅧB 族）。ⅠB 族和ⅡB 族例外，其族序数只取决于最外层 ns 轨道的电子数。例如

	外电子层构型	族序数
K	$4s^1$	ⅠA
Cl	$3s^2 3p^5$	ⅦA

3. 周期表中的元素分区

根据原子中最后一个电子填充的轨道（或亚层）的不同，把周期表中的元素划分为五个区，如表 6-1 所示。各区元素在性质上各有一定的特征。

表 6-1　周期表中元素的分区

区	外电子层构型	包含的元素
s	$ns^{1\sim2}$	ⅠA 和ⅡA
p	$ns^2np^{1\sim6}$	ⅢA～ⅧA
d	$(n-1)\ d^{1\sim10}ns^{1\sim2}$	ⅢB～ⅧB
ds	$(n-1)\ d^{10}ns^{1\sim2}$	ⅠB～ⅡB
f	$(n-2)\ f^{1\sim14}\ (n-1)\ d^{0\sim2}ns^2$	La 系和 Ac 系

从以上的讨论表明，元素在周期表中的位置与其基态原子的电子层构型密切相关，元素周期表实质上是元素原子电子层构型周期性变化的反映。掌握了这种关系，就可以从元素在周期表中的位置推算出原子的电子层构型；反之，知道了原子的电子层构型，就能确定元素在周期表中的位置（周期和族）。

【例 6-1】 已知某元素位于第四周期第ⅥA 族，试写出它的价电子构型和电子层构型。

解　根据周期数＝最外电子层的主量子数，主族元素族数＝$(ns+np)$轨道电子数之和，可知该元素的 $n=4$，具有 6 个价电子，故价电子构型为 $4s^2 4p^4$。根据主族元素“原子实”各亚层具有全满的特点和电子层最大容纳电子数 $2n^2$，可知该元素的各层电子数为 2、8、18、6，故其电子层构型为 $1s^2 2s^2 2p^6 3s^2 3p^6 3d^{10} 4s^2 4p^4$ 或 [Ar] $3d^{10} 4s^2 4p^4$，该元素是硒(Se)。

二、元素性质的周期性

元素性质取决于原子的结构，原子的电子层结构有周期性规律，从而使元素的基本性质变化亦呈现出周期性规律。这里主要介绍原子半径、电离能、电子亲和能和电负性等的变化

规律。

1. 原子半径

由于电子在核外空间并非在离核的确定距离就突然消失，而是离核逐渐蔓延，在相当远处趋于零，加之原子也不能单个存在于化学体系中，总是以其他原子为邻，所以单个原子的真实半径是很难被测得的。但是，通过X射线衍射等方法可以测定两原子的核间距离。因此，规定以单质的晶体中相邻两原子核间距的一半作为元素的原子半径，单位是nm或pm。

同一周期中，从左到右，原子半径逐渐减小。这是因为同一周期元素的电子层（n值）相同，随着原子序数的增大，核电荷数递增，有效核电荷（Z^*）增加，原子核对外层电子的引力逐渐增强，所以原子半径逐渐减小。其中主族元素的原子半径递减较明显，副族元素（d区）的原子半径递减缓慢，镧系和锕系的原子半径递减更加缓慢。这是因为，主族元素新增加的电子填充在最外电子层上，同层电子的屏蔽作用较小，有效核电荷递增幅度大。副族元素新增加的电子填充在次外层（$n-1$）d轨道，（$n-1$）d电子对ns电子的屏蔽作用较大，致使有效核电荷增加的幅度不大。镧系元素新增加的电子填充在次外层的（$n-2$）f轨道上，对外层电子屏蔽作用更大，有效核电荷递增极小，致使整个镧系元素的原子半径减小非常缓慢。镧系元素的原子半径随原子序数的递增而逐渐减小的现象，称为镧系收缩。其结果使ⅥB族到ⅠB族的第五周期与第六周期同族元素的原子半径相差不大，它们的外层电子构型也相同，因而化学性质极为相似，以至很难分离它们。

在族中，从上到下，主族元素的原子半径依次增大；副族元素的原子半径略有增大，但副族中位于第五、第六周期的原子半径很接近。这是由于同族元素从上到下电子层依次增加，原子半径增大，虽然核电荷数亦同时增加，将使原子半径缩小，但前者的影响占优势，所以总的结果是原子半径递增。至于ⅢB族以后各副族元素位于第五、第六周期的原子半径非常接近，则是镧系收缩所造成的。

总之，原子半径随原子序数的递增而变化的情况，具有明显的周期性。

2. 电离能

电离能是使一个基态的气态原子失去电子成为气态正离子时所需要的能量。符号为I，单位常用kJ/mol。

对于多电子原子，失去第一个电子所需的能量称为第一电离能（I_1）；失去第二个电子所需的能量称为第二电离能（I_2）；依次还有第三、第四电离能等。例如

$$M(g) \longrightarrow M^+(g) + e \qquad I_1$$

$$M^+(g) \longrightarrow M^{2+}(g) + e \qquad I_2$$

元素的逐级电离能是依次增大的：$I_1 < I_2 < I_3 < \cdots$其原因是离子电荷越多，半径越小，有效核电荷明显增大，核对外层电子的吸引力增强，失去电子所需消耗的能量也就依次增大。通常所说的电离能均指第一电离能。

电离能的大小主要取决于有效核电荷、原子半径以及电子层构型。一般说来，有效核电荷越大，原子半径越小，核对外层电子的引力越强，电离能就越大；反之，电离能就越小。此外，电子层构型越稳定，电离能也越大。例如，稀有气体具有最稳定的电子层构型，所以在同一周期元素中它的电离能最大。在元素的电离能中，氦的电离能最大，铯的最小。

周期表中各元素的第一电离能变化呈现出明显的周期性。

同一周期从左到右，电离能总的趋势是逐渐增大。这是因为同周期元素的电子层数相同，从左到右有效核电荷数依次增大，原子半径逐渐缩小，核对外层电子的引力依次增强，

所以电离能逐渐增大。但有些元素的电离能比相邻元素的电离能高些，出现了异常。如铍的电离能比硼的大、氮的电离能比氧的大，这些次序的颠倒，主要是这些元素的外电子层构型达到了全充满或半充满的稳定构型，使它们的电离能突然增大。

同一主族元素，自上而下电离能依次减小。其原因是：同一主族元素的外电子层构型相同，从上到下虽然有效核电荷逐渐增加，但由于电子层数递增，使原子半径显著增大，核对外层电子的引力逐渐减弱，所以电离能逐渐减小（有少数例外）。

同一副族中，自上而下电离能的变化幅度不大，而且不甚规则。

电离能是元素性质的一个重要参数。元素的第一电离能具有特殊重要性，可作为原子失去电子难易的量度标准。第一电离能愈小，表示该元素原子愈容易失去电子。反之，第一电离能愈大，则原子失去电子愈困难。原子失去电子的难易体现了元素金属活泼性的强弱。因此，第一电离能常用于定量表示元素金属性的强弱。此外，根据电离能可以了解元素通常呈现的氧化态，同一元素逐级电离能的变化规律也是原子中电子层状结构的实验佐证。

3. 电子亲和能

非金属元素一般电离能较大，难以失去电子，但它有得到电子成为负离子的倾向。气态的基态原子得到一个电子变成气态负离子时所放出的能量称为第一电子亲和能，符号为 E，单位常用 kJ/mol 表示。例如

$$F(g)+e \longrightarrow F^-(g) \qquad E=-332\text{kJ/mol}$$

影响电子亲和能大小的因素，主要是有效核电荷、原子半径和电子构型。一般来说，有效核电荷数大、原子半径小的原子容易得到电子，电子亲和能大；而最外电子层具有比较稳定构型（如 ns^2、np^3、np^6）的原子，较难得到电子，电子亲和能小。例如氮，电子必须加到已被一个电子占据的 2p 轨道，其结果不仅是电子间排斥力增大，而且使氮原子失去原来半充满的 2p 亚层的额外稳定性，使得氮的亲和能减小，是吸热的。

电子亲和能在周期表中大致变化规律是：同周期元素从左到右电子亲和能一般逐渐增大。这是因为有效核电荷递增，原子半径递减，核对电子的引力增强，使其得到电子的能力增强。

同族元素（卤族，其他族数据不全）自上而下，电子亲和能逐渐减小。但第二周期元素的电子亲和能一般均小于同族的第三周期元素。这是因为第二周期的元素（氟、氧等）原子半径最小，核外电子云密度最大，电子之间的斥力很强，当结合一个电子时由于排斥力而使放出的能量减小。

电子亲和能是衡量元素非金属性强弱的一个重要参数。电子亲和能越大（指放出的能量），表示元素的原子越容易得到电子，非金属性就越强；反之，电子亲和能越小，元素的原子越难得到电子，元素的非金属性越弱。金属元素的电子亲和能都很小。另外，所有元素的第二电子亲和能均为正值，表明由气态－1 价离子再结合一个电子变成－2 价离子时，都必须吸收能量，以克服第一个电子的斥力。

应当指出，电子亲和能难以被直接测定，而且可靠性也较差。

4. 元素的电负性

电离能、电子亲和能适用于孤立的原子，分别从不同的侧面反映原子失去或得到电子的能力。但是，仅从电离能和电子亲和能的大小来量度金属和非金属的活泼性，都有一定的局限性。因为原子结合成分子时，成键电子的分布情况既与原子的电离能有关，也与电子亲和能有关。为了较全面地反映原子在分子中争夺电子能力的大小，结构化学中引入了电负性的概念。

所谓电负性 x 是指原子在分子中吸引成键电子的能力，并指定最活泼的非金属元素氟

(F) 的电负性为4.0，然后通过对比再求出其他元素的电负性。可见，元素的电负性是一个相对数值，没有单位。元素的电负性列于表 6-2。

表 6-2 某些元素的电负性

H 2.1																
Li 1.0	Be 1.5											B 2.0	C 2.5	N 3.0	O 3.5	F 4.0
Na 0.9	Mg 1.2											Al 1.5	Si 1.8	P 2.1	S 2.5	Cl 3.0
K 0.8	Ca 1.0	Sc 1.3	Ti 1.5	V 1.6	Cr 1.6	Mn 1.5	Fe 1.8	Co 1.9	Ni 1.9	Cu 1.9	Zn 1.6	Ga 1.6	Ge 1.8	As 2.0	Se 2.4	Br 2.8
Rb 0.8	Sr 1.0	Y 1.2	Zr 1.4	Nb 1.6	Mo 1.8	Tc 1.9	Ru 2.2	Rh 2.2	Pd 2.2	Ag 1.9	Cd 1.7	In 1.7	Sn 1.8	Sb 1.9	Te 2.1	I 2.5
Cs 0.7	Ba 0.9	La～Lu 1.0～1.2	Hf 1.3	Ta 1.5	W 1.7	Re 1.9	Os 2.2	Ir 2.2	Pt 2.2	Au 2.4	Hg 1.9	Tl 1.8	Pb 1.9	Bi 1.9	Po 2.0	At 2.2
Fr 0.7	Ra 0.9	Ac 1.1	Th 1.3	Pa 1.4	U 1.4	Np～No 1.4～1.3										

从表 6-2 可以看出，元素的电负性在周期系中具有明显的变化规律。

同周期主族元素，自左向右，电负性递增，表示元素的非金属性逐渐增强、金属性逐渐减弱。

同一主族元素，自上而下，电负性一般表现为递减，表示元素的金属性逐渐增强、非金属性逐渐减弱。

副族元素电负性的变化规律性较差，同周期从左到右，总的趋向于增大。同族元素的电负性变化很不一致，这与镧系收缩有关。另外，对同一元素的不同氧化态有不同的电负性值，通常随氧化态升高，电负性值增大。

元素电负性在化学中有广泛的应用。它是全面衡量元素金属性和非金属性强弱的一个重要数据。电负性越大，元素的非金属性越强，金属性则越弱；电负性越小，元素的金属性越强，非金属性则越弱（一般金属的电负性小于 2.0，非金属大于 2.0，但并非绝对界限）。电负性还可定性判断化学键的性质以及分子中元素的正负氧化态等。

5. 元素的金属性和非金属性

有关元素的金属性和非金属性的知识高中已有介绍，这里讨论元素周期表中元素金属性和非金属性的变化规律。

在短周期中，从左到右，由于核电荷逐渐增多，原子半径逐渐减小，最外层电子数也逐渐增多，因此，元素的金属性渐弱，而非金属性渐强。以第三周期为例，从活泼金属钠到活泼非金属氯，递变情况很明显。

在长周期中总的递变情况和短周期一致。但长周期从第 3 种元素开始出现了副族元素，这时，增加的电子出现在次外层，所以在长周期前半部分各元素的原子中，最外层的电子数不多于 2 个，因而表现出以金属性为主的特征。在这些元素中，由于对化学性质影响较大的最外层电子数几乎不变，但对化学性质影响较小的次外层电子数有改变，原子半径也依次略有改变，因此金属性减弱很慢。以第四周期为例，钛、钒、铬、锰、铁、钴、镍等元素，性质相近，原子半径变化也不大。只有长周期的后半部分的各元素的原子中，最外层电子数才和相应短周期元素一样，依次逐一增加，原子半径也逐渐减小，金属性、非金属性的递变情况又复明显。镧系元素具有十分相似的性质，这一事实说明在倒数第 3 层上电子数目不同，对于化学性质只产生极微弱的影响，所以在周期表中纳入一格。锕系元素和镧系元素的情况相似。

在同一主族内，以第Ⅴ主族元素为例，从非金属元素氮到金属元素铋，元素金属性自上而下递增。其原因是，自上而下核电荷是增加，但同时原子中电子层数也随着增加，原子半径也就增大，且其影响超过了核电荷这一因素，总的结果使原子核对最外层电子的吸引逐渐减弱，原子失去电子的能力逐渐加大，金属性加强。

综上所述，在元素周期表里，主族元素金属性和非金属性的递变规律如表 6-3 所示。

表 6-3 主族元素金属性和非金属性的递变规律

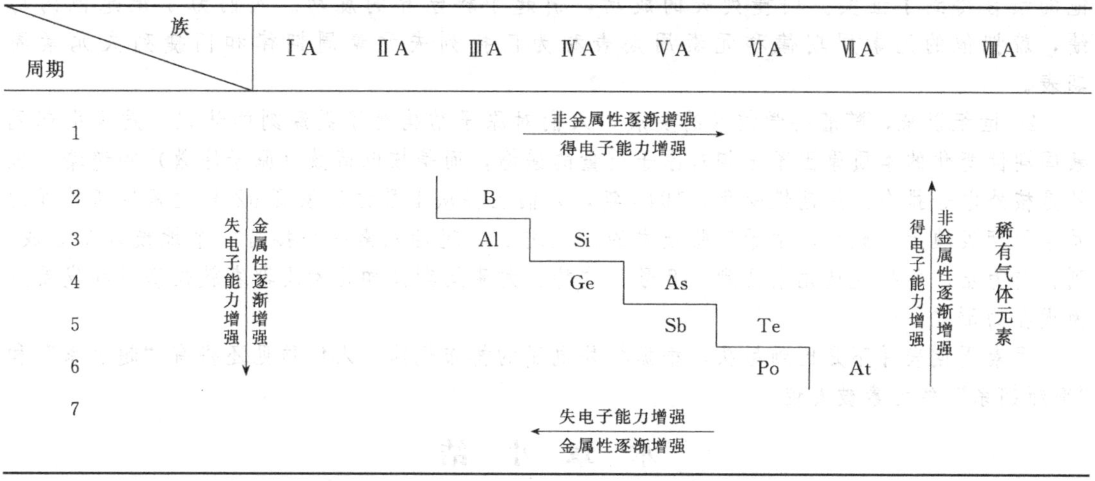

从表 6-3 可以看出，金属元素集中在周期表的左下方，非金属元素集中在右上方。如果在周期表中沿着硼、硅、砷、碲、砹与铝、锗、锑、钋之间划一条虚线。虚线的左面是金属元素，右面是非金属元素。左下方（如钫）是金属性最强的元素，右上方（如氟）是非金属性最强的元素。最后的一个纵行是稀有气体元素。由于金属性和非金属性没有严格的界线，所以位于虚线附近的一些元素，如硅、锗、砷等，既表现出某些金属性质，又表现出某些非金属性质，它们多是半导体的材料。

同一副族及第Ⅷ族元素，自上而下，除钪副族以外，其他各族元素金属活泼性有所减弱。以第ⅠB 副族为例，从铜到金，金属的活泼性减弱。其原因要比主族元素复杂很多。

阅读材料 元素周期表和元素周期律的发现和发展

从 18 世纪中叶至 19 世纪中叶的 100 年间，由于生产和科学技术的发展，新的元素不断被发现。到 1869 年，人们已经知道了 63 种元素，并积累了不少对这些元素的物理性质、化学性质的研究材料。因此，人们产生了整理和概括这些感性材料的迫切要求。在寻找元素性质间内在联系的同时，人们提出了将元素进行分类的各种学说。

1829 年，德国化学家德贝莱纳（1780—1849）根据元素性质的相似性，提出了“三素组”学说。他归纳出五个“三素组”：Li、Na、K；Ca、Sr、Ba；P、As、Sb；S、Se、Te；Cl、Br、I。在每个“三素组”中，中间元素的相对原子质量约是其他两种元素相对原子质量的平均值，而且性质也介于其他两种元素之间。但是，在当时已经知道的 54 种元素中，他却只能把 15 种元素归入“三元素”，因此不能揭示出其他大部分元素之间的关系。但这是探索元素之间内在联系的一次富有启发性的尝试。

1864年，德国化学家迈耶尔（1830—1895）发表了《六元素表》。他根据相对原子质量递增的顺序，把性质相似的元素六种、六种地进行分类，并列成表。但《六元素表》包括的元素并不多，还不及当时已经知道的元素的一半。

1865年，俄国化学家门捷列夫（1834—1907）在批判和继承前人的基础上，对大量实验事实进行了修正、分析和概括，成功地对元素进行了分类。他总结出一条规律：元素及其化合物的性质随着相对原子质量的递增而呈周期性变化。这就是元素周期律。他还根据元素周期律编制了一张元素周期表，把当时已经发现的63种元素全部列入表中。他预言了一些类似硼、铝、硅的未知元素（门捷列夫称它们为类硼、类铝、类硅元素，也就是以后发现的钪、镓、锗）的性质，并为这些元素在表中留下了空位。若干年后，他的预言得到了证实。门捷列夫的成功，引起了科学界的震动。人们为了纪念他的功绩，就把他的元素周期律和元素周期表称为门捷列夫元素周期律和门捷列夫元素周期表。

20世纪以来，随着科学技术的发展，人们对原子结构有了更深刻的认识，发现引起元素周期性变化的本质原因不是相对原子质量的递增，而是核电荷数（原子序数）的递增，也就是核外电子排布的周期性变化。1945年，人们已将从1号元素氢到92号元素铀所构成的元素周期表填满。此后，由于实验技术的巨大进步，超铀元素一个接着一个地被人工合成。到目前为止，包括人造元素已到118号。这样，元素周期律和元素周期表就被修正和发展成为现在的形式。

元素周期表并不是已到尽头，根据核外电子的排布规律，人们预见还将有“超锕系”和“新超锕系”的元素被发现。

本 章 小 结

一、核外电子运动的特征

1. 核外电子的运动是量子化的，不连续的。

2. 光的波粒二象性的关系为 $E=h\nu=h\dfrac{c}{\lambda}$

二、核外电子运动状态的描述——四个量子数

1. 主量子数（n）

主量子数是描述电子所处的电子层离核远近的参数，取值为

n	1	2	3	4	5	6	7
电子层	K	L	M	N	O	P	Q

n 值越大，电子层离核越远，其能量越高。

2. 角量子数（l）

角量子数是描述电子所处能级（或亚层）的参数，用以表示原子轨道的形状，其取值及所表示的原子轨道或亚层为

l	0	1	2	3	4	5	6
亚　层	s	p	d	f	g	h	i

在同一电子层中，电子的能量关系为 $E_{ns}<E_{np}<E_{nd}<\cdots$

3. 磁量子数（m）

磁量子数决定了原子轨道在空间的伸展方向，取值为 0，±1，±2，±3，…，±l，共（$2l+1$）个。s、p、d、f 轨道分别有1个、3个、5个及7个伸展方向。

4. 自旋量子数（m_s）

自旋量子数是描述电子自旋状态的参数。电子的自旋方向只有两个，即顺时针方向和逆时针方向，决定了每个原子轨道最多只能容纳自旋相反、能量相等的两个电子。

三、屏蔽效应

多电子原子中，由于内层电子对外层电子的排斥作用，减弱了核对外层电子吸引作用的现象称为屏蔽效应。

四、钻穿效应

电子克服其他电子的屏蔽作用而钻穿到原子内部空间靠核更近的本领，称为电子的钻穿效应。

五、原子核外电子的排布规则

1. 泡利不相容原理
2. 能量最低原理
3. 洪德规则

六、基态原子核外电子的排布的表示方法

1. 轨道表示式
2. 电子排布式（电子结构式）
3. 价电子层结构式

七、核外电子排布与元素周期律

1. 周期与能级组　周期数＝能级组数＝核外电子层数

2. 族与价电子构型

主族元素的族数等于最外层 s 轨道和 p 轨道的电子总数。副族元素的族数等于最外层 s 轨道和次外层 d 轨道的电子总数。

3. 周期表中的元素分区与原子的外层电子构型

区	外电子层构型	区	外电子层构型
s	$ns^{1\sim2}$	ds	$(n-1)\ d^{10}ns^{1\sim2}$
p	$ns^2np^{1\sim6}$	f	$(n-2)\ f^{1\sim14}\ (n-1)\ d^{0\sim2}ns^2$
d	$(n-1)\ d^{1\sim10}ns^{1\sim2}$		

4. 元素性质的变化规律

基本性质	同周期（左→右）	同族（上→下）
有效核电荷数	增　大	减　小
原子半径	减　小	增　大
电离能	增　大	减　小
电子亲和能	增　大	减　小
电负性	增　大	减　小
非金属性	增　强	减　弱
金属性	减　弱	增　强

思考题与习题

1. 微观粒子运动有哪些不同于宏观物体的特征？

2. 何谓物质的二象性？哪些实验事实说明电子具有二象性？

3. 原子轨道与哪些量子数有关？原子轨道的能量主要取决于哪些量子数？

4. 区别下列概念

（1）原子轨道和电子云；

（2）核电荷和有效核电荷。

5. 已知某原子中的电子具有下列各组量子数（n，l，m，m_s），试排出它们能量高低的顺序。

（1）3，2，1，＋1/2　　（2）2，1，1，－1/2　　（3）2，1，0，＋1/2

(4) 3，1，−1，−1/2　(5) 3，1，0，+1/2　(6) 2，0，0，−1/2

6. 写出原子序数为 24 的元素名称、符号及电子构型。并用四个量子数表示每个价电子的运动状态。

7. 下列说法是否正确？不正确的应如何改正？

(1) “s”电子绕核旋转，其轨道是个圆，而“p”电子是走∞字形。

(2) 主量子数为 1 时，有自旋相反的两个轨道。

(3) 主量子数为 4 时，有 4s、4p、4d 和 4f 四个原子轨道。

(4) 第三电子层中最多能容纳 18 个电子 ($2n^2$)，则在第三周期中有 18 种元素。

8. 回答下列问题。

(1) 在氧原子和其他多电子原子中，3s、3p、3d 轨道的能量是否相同？

(2) s、p、d、f 各轨道最多能容纳多少个电子？

(3) 当主量子数 $n=4$ 时，有几个能级？各能级有几个轨道？最多能容纳多少个电子？

9. 某元素有 6 个电子处于 $n=3$、$l=2$ 的能级上，推测该元素的原子序数，并根据洪德规则指出 d 轨道上有几个未成对电子？

10. 在以下四种元素的电子构型中，违背了哪个原理？写出它们正确的电子构型。

(1) 铍 $1s^2 2p^2$

(2) 碳 $1s^2 2s^2 2p_x^2 2p_y^0 2p_z^0$

(3) 铝 $1s^2 2s^2 2p^6 3s^3$

(4) 钪 $1s^2 2s^2 2p^6 3s^2 3p^6 3d^3$

11. 满足下列条件之一的是什么元素？

(1) 某元素 +2 价离子和氩的电子构型相同。

(2) 某元素 +3 价离子和氟的 −1 价离子的电子构型相同。

(3) 某元素 +2 价离子的 3d 轨道为全充满。

12. 回答下列问题。

(1) 主族、副族元素的电子构型各有什么特点？

(2) 周期表中 s 区、p 区、d 区和 ds 区元素的电子构型各有什么特点？

(3) 3d 为全充满、4s 有 1 个电子是什么元素？

13. 已知 A、B、C 和 D 元素的原子序数分别为 6、9、13 和 19。

(1) 推测下表有关项目，并填充。

元　素	原子序数	电子构型	周　期	族	最高正价	金属或非金属
A	6					
B	9					
C	13					
D	19					

(2) 写出 A 与 B、B 与 C 及 B 与 D 元素组成化合物的化学式。

(3) 哪一种元素通常形成双原子分子？

(4) 哪一种元素氢氧化物的碱性最强？

(5) 推测 A、B、C、D 四种元素的电负性高低顺序。

14. 已知 A、B、C、D 四种元素原子的价电子构型为

A	$4s^2 4p^5$
B	$3d^8 4s^2$
C	$4d^{10} 5s^2$
D	$3s^2 3p^6$

(1) 各元素属于哪一周期？哪一族？哪一区？

(2) 各元素原子的电子构型及原子序数。

(3) 各元素的主要性质（金属或非金属）。

15. 简单准确解释下列问题。

（1）$_{6}C$的价电子构型是$2s^22p^2$，而不是$2s^12p^3$。

（2）$_{29}Cu$的价电子构型是$3d^{10}4s^1$，而不是$3d^94s^2$。

（3）Cu的原子半径比Ni大。

（4）Fe^{2+}的离子半径比Fe^{3+}大。

（5）P的第一电离能比S的大。

16. 在硼、氧、碳、氮四种元素中，哪一种元素的第一电离能最大？哪一种元素的电负性最大？为什么？

17. 有A、B、C三种元素。A元素最高价态氧化物对应水合物的分子式为HAO_3，它能和氢生成气态氢化物，其中含氢17.64%；B元素的+2价离子的电子构型与氦原子相同；C元素的核外电子数比B元素的核外电子数多4个。

（1）A、B、C各为何种元素？写出它们的电子构型。

（2）指出A、B、C在周期表中的位置（周期、族）。

（3）比较A、B、C三种元素的原子半径和第一电离能的大小，并扼要说明理由。

实验6-1　元素性质的周期性

一、实验目的

掌握同周期、同主族元素性质递变规律。

二、实验用品

试管、试验夹、烧杯、酒精灯、药匙、砂纸、玻璃片。

金属钾和钠、镁条、铝片、氢氧化钠溶液、酚酞试液、硫酸镁溶液、硫酸铝溶液、氢硫酸、氯水、溴水、0.5mol/L NaCl溶液、0.5mol/L NaBr溶液、0.5mol/L KI溶液。

三、实验内容

1. 同周期元素性质的递变

（1）在一个100mL的烧杯里注入40mL水，然后将一块绿豆大小的金属钠投入烧杯里，观察反应的现象，并写出反应的化学方程式。

（2）在两支试管中，分别注入约5mL水。取一段镁条，用砂纸擦去表面的氧化物后，放入一支试管里，再取一个铝片，浸入氢氧化钠溶液中以除去表面的氧化膜，然后取出，用水洗净后，放入另一支试管里。观察在室温下两支试管里的反应情况。再用酒精灯加热，观察反应情况。写出反应的化学方程式。

（3）向上述反应后的烧杯和两支试管里，分别滴入2～3滴酚酞试液，比较所发生的现象。

（4）在两支试管中，各加入3mL硫酸镁溶液和硫酸铝溶液。然后逐滴滴入过量的氢氧化钠溶液，观察现象。写出反应的化学方程式。

（5）在一支试管里加入约3mL氢硫酸（新制的），然后滴入氯水，观察有什么现象？写出反应的化学方程式。

根据上述实验结果，对同周期元素性质的递变可得出什么结论？

2. 同主族元素性质的递变

（1）在一个100mL的烧杯中，加入约40mL水。然后加入一块绿豆大小的金属钾，并用玻璃片将烧杯盖住。注意观察反应的剧烈程度，并与实验内容1（1）中金属钠与水的反应作比较。

（2）在三支试管里分别注入2mL 0.5mol/L NaCl、0.5mol/L NaBr、0.5mol/L KI溶液，然后分别加入1mL氯水（新制的），注意观察溶液颜色的变化。写出反应的化学方程式。

（3）另取三支试管，用溴水代替上述实验中的氯水，做相同的实验。观察溶液颜色的变化，并解释这些现象。写出反应的化学方程式。

根据上述实验结果，比较Cl、Br、I哪一种最活泼？哪一种次之？对同主族元素性质的递变，得出什么结论？

第七章 化学键、分子间力和晶体结构

学习指南

1. 掌握化学键的基本类型——离子键、共价键、金属键。
2. 理解离子键的形成过程、特征，学会用电负性差值判断离子键。
3. 掌握共价键的形成条件和本质、共价键的特征和类型，了解共价键的键参数及其应用。
4. 掌握杂化轨道的理论的要点，sp、sp^2、sp^3 杂化所组成分子的几何构型。
5. 了解分子间力和氢键产生的原因，掌握分子间力和氢键对物质某些性质的影响。
6. 了解无定形体和晶体的区别。
7. 掌握晶体的基本类型、结构特征及性质特点。
8. 理解离子晶体的晶格能、金属晶格中的金属键等概念，及其与离子晶体、金属晶体性质的关系。
9. 理解离子极化的基本概念，离子极化对物质结构和性质的影响。

第一节 化 学 键

一、离子键的形成及特征

离子键是靠阴阳离子间的静电作用而形成的化学键。

讨论离子键的形成过程，可以近似地将正负离子视为球形电荷。根据库仑定律，两种带有相反电荷（q^+和q^-）的离子间的静电引力 F 与离子电荷的乘积成正比，与离子的核间距 d 的平方成反比。即

$$F=\frac{q^+\,q^-}{d^2}$$

可见，离子电荷越大，离子电荷中心间的距离越小，离子间的引力越强。但是，正、负离子之间除了有静电吸引力之外，还有电子与电子、原子核与原子核之间的斥力。当正、负离子彼此接近到小于离子间平衡距离时，这种斥力会上升成为主要作用；斥力又把离子推回

到平衡位置。因此，在离子晶体中，离子只能在平衡位置振动。在平衡位置振动的离子，吸引力和排斥力达到暂时的平衡，整个体系的能量会降到最低，正负离子之间就是这样以静电作用形成了离子键。由离子键形成的化合物叫做离子型化合物，简称为离子化合物。

由于离子的电荷分布是球形对称的，因此，只要空间条件许可，它可以从不同方向同时吸引若干带有相反电荷的离子。如在食盐晶体中，每个 Na^+ 以尽可能近的距离同时吸引着 6 个 Cl^-；每个 Cl^- 周围吸引着 6 个 Na^+。离子周围最邻近的异号离子的多少，取决于离子的空间条件。从离子键作用力的本质看，离子键的特征是：既没有方向性又没有饱和性。只要空间条件允许，正离子周围可以尽可能多地吸引负离子，反之亦然。

二、现代价键理论

1. 现代价键理论的基本要点

原子之间通过共用电子对所形成的化学键叫做共价键。这是经典的共用电子对理论确立的概念。现代价键理论是在用量子力学处理氢分子取得满意结果的基础上发展起来的。初看起来，它与经典的共用电子对理论没有什么差别，但是，它是以量子力学为基础的，对经典价键理论不足之处能给予较好的解释。现代价键理论的基本要点如下。

第一，自旋相反的未成对电子的原子相互接近时，可形成稳定的共价键。若原子中没有未成对电子，一般不能形成共价键。例如 He 原子不能形成“He_2”分子。

第二，共价键的数目取决于原子中未成对电子的数目。例如，H 原子有 1 个未成对电子只能形成共价 H—H 或 H—Cl 单键。N 原子有 3 个未成对电子，则可形成共价 N≡N 三键或三个氮氢共价单键 $\mathrm{H{-}\overset{\overset{\displaystyle H}{|}}{N}{-}H}$。

第三，两原子成键时，若双方原子轨道重叠越多，成键能力越强，所形成的共价键越牢固，这称为轨道最大重叠原理。例如，成键原子具有相同的主量子数，在给定的核间距条件下，利用 p 轨道形成的键要比 s 轨道形成的键牢固。这是因为 s 轨道的分布无方向性，而 p 轨道的分布有方向性，电子较密集地分布于其对称轴的方向上。因此，原子轨道沿键轴方向重叠形成的 p-p 键重叠效果要比 s-s 键为好，此时两原子核间电子云密度增大更明显，形成的键更牢固。

第四，若成键时仅由一方单独提供孤电子对，另一方提供空轨道，这样形成的共价键称为配位共价键，简称配位键（参见第八章第二节）。

2. 共价键的特征

根据价键理论的要点，共价键具有两个特征。

（1）饱和性　一个原子含有几个未成对电子，就可以和几个自旋量子数不同的电子配对成键，或者说，原子能形成共价键的数目是受原子中未成对电子数目限制的，这就是共价键的饱和性。例如，H 原子只有一个未成对电子，它只能形成 H_2，而不能形成 H_3；N 原子有 3 个未成对电子，N 和 H 只能形成 NH_3，而不能形成 NH_4。由此可见，一些元素的原子（如 N、O、F 等）的共价键数等于其原子的未成对电子数。

（2）方向性　原子形成共价键时，在可能的范围内一定要采取沿着原子轨道最大重叠方向成键。轨道重叠越多，两核间电子的概率密度越大，形成的共价键就越牢固。例如，在形成氯化氢分子时，氢原子的 1s 电子与氯原子的一个未成对的 $2p_x$ 电子形成一个共价键，但 s 电子只能沿着 p_x 轨道的对称轴（如 x 轴）方向才能发生最大程度的重叠，如图 7-1(a)，才能形成稳定的共价键，而图 7-1(b) 和图 7-1(c) 表示原子轨道不重叠或很少重叠。由此可知，共价键的方向性是由原子轨道的方向性（s 轨道除外）和轨道最大重叠原理所决定的。

三、共价键的键参数

表征原子间所形成的化学键的各种性质的物理量称为键参数。它们主要是对共价键而

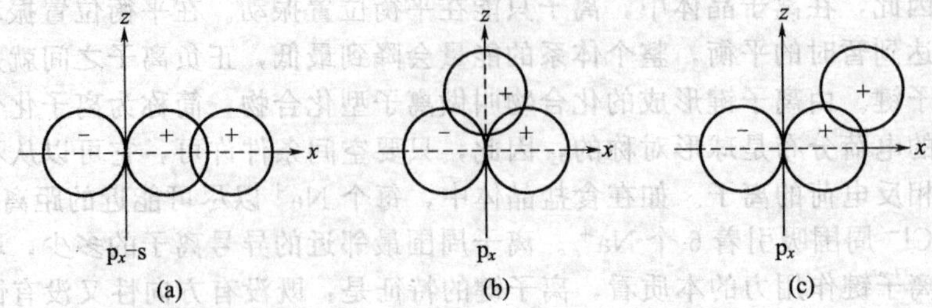

图 7-1 共价键的方向性示意图

言，所以也被称为共价键的键参数。

1. 键能

在 25℃和 100kPa 条件下，把气态的 AB 分子（严格地说是指理想气体）分离成气态的 A 和 B 原子所需的能量称为键能。

$$AB(g) \longrightarrow A(g) + B(g)$$

键能的符号是 E，其单位是 kJ/mol。例如

$$HCl(g) \longrightarrow H(g) + Cl(g) \qquad E = 431\text{kJ/mol}$$

双原子分子的键能即是它的离解能（D）。例如

$$H_2(g) \longrightarrow H(g) + H(g) \qquad D_{H-H} = E_{H-H} = 436\text{kJ/mol}$$

多原子分子的键能是各个键离解能的平均值。例如 H_2O

$$H_2O(g) \longrightarrow H(g) + OH(g) \qquad D_1 = 502\text{kJ/mol}$$

$$OH(g) \longrightarrow H(g) + O(g) \qquad D_2 = 424\text{kJ/mol}$$

$$E_{O-H} = (D_1 + D_2)/2 = (502 + 424)/2 = 463\text{kJ/mol}$$

各种键能值可用热化学方法或光谱实验数据求得，还可以从反应热间接估计而得。表 7-1 列出了一些常见化学键的键能。

表 7-1 常见共价键的键能（298K）

键	键能 /(kJ/mol)	键	键能 /(kJ/mol)	键	键能 /(kJ/mol)	键	键能 /(kJ/mol)
H—H	436	O—O	146	N—H	388	C═O	743
C—C	348	O═O	496	P—H	322	C—N	305
C═C	612	S—S	264	O—H	463	C═N	613
C≡C	837	F—F	158	S—H	338	C≡N	890
Si—Si	176	Cl—Cl	242	F—H	562	C—F	484
N—N	163	Br—Br	193	Cl—H	431	C—Cl	338
N═N	409	I—I	151	Br—H	366	C—Br	276
N≡N	944	C—H	412	I—H	299	C—I	238
P—P	172	Si—H	318	C—O	360		

从表 7-1 可知，有些原子间（如 C—C、N—N 等）除形成单键外，还能形成双键或三键，其键能是逐一增加的。另外，同一种键在不同分子中所处的状况（指相邻原子的种类和组合方式）不尽相同，通常的平均键能只是近似地反映了键的强度。

键能是化学键最重要的参数，它表示化学键牢固的程度。键能越大，键越牢固，分子越稳定。一般化学键的键能在 125～630kJ/mol 的范围内。

2. 键长

键长是分子或晶体中成键原子（离子）的核间平均距离。键长可以根据理论或经验方法

计算而得。但现在可用 X 射线衍射、电子衍射、光谱等实验技术精确地测定各种键长。表 7-2 列出一些共价键的键长。

表 7-2 一些共价键的键长

键	键长/pm	键	键长/pm	键	键长/pm	键	键长/pm
C—C	154	N≡N	110	Br—Br	228	H—I	160
C═C	134	H—H	74	I—I	267	H—O	96
C≡C	120	Si—Si	235	H—F	92	H—S	135
N—N	146	F—F	142	H—Cl	128		
N═N	120	Cl—Cl	199	H—Br	141		

从表中数据可以看出，同一族元素的单质或同类化合物的双原子分子，键长随原子序数的增大而增加；相同原子间形成的键数越多，则键长越短。一般地说，两原子间所形成的键长越短，表示键越牢固。

3. 键角

键角是分子中键与键之间的夹角。它是决定分子空间构型的主要因素。例如 H_2O 分子中，两个 O—H 键之间的键角为 104.5°，则可断定 H_2O 分子的空间构型为角型（成 V 字形）结构。根据分子中键的键角和键长，不但可以推测分子的空间构型，还可推断出其他的物理性质。例如，已知 NH_3 分子中 H—N—H 键角为 107.3°，N—H 键长为 101.9pm，就可以断定 NH_3 分子是一个三角锥形的极性分子。如图 7-2(a) 所示。又如，已知 CO_2 分子中 O—C—O 键角为 180°，C—O 键长为 116.2pm，就可以断定 CO_2 分子是一个直线形的非极性分子，如图 7-2(b) 所示。

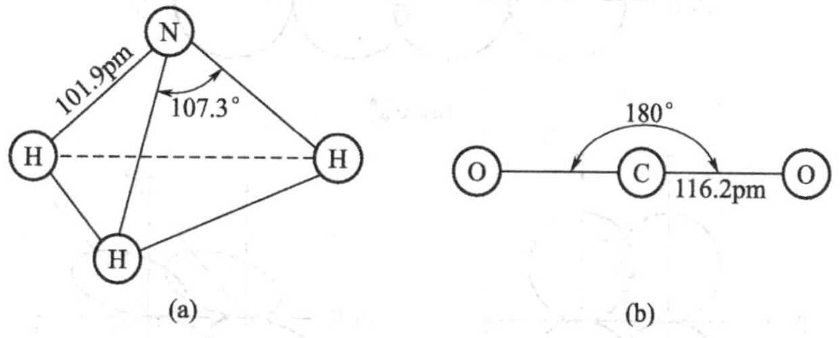

图 7-2 NH_3 和 CO_2 分子的键角和键长

键角数据也是通过光谱、衍射等实验方法测得的。

四、金属键

金属键的“自由电子”理论（又叫“电子气”理论）认为金属原子的特征是外层价电子和原子核的联系比较松弛，容易丢失电子，形成正离子。在金属晶体中的晶格结点上，排列着相对带正电的金属离子。在这些正离子和原子之间，存在着从原子上脱落下来的电子。这些电子不是固定在某一金属离子的附近，而是能够在离子晶体中相对自由地运动，这些电子叫做“自由”电子（图 7-3 中黑点代表自由电子）。由于自由电子不停地运动，把金属的原子和离子联系在一起，这种化学键称为金属键。而金属键同样也是引力和斥力对立的统一，因为金属正离子间及电子云之间存在着斥力，所以不能靠得太近。当金属原子核间距达到某个值时，引力和斥力达到暂时平衡，组成稳定的晶体。这时，金属离子在其平衡位置附近振动。

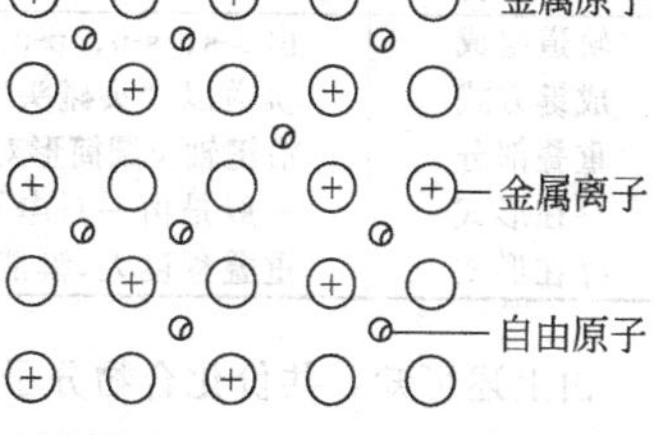

图 7-3 金属晶体示意图

由此可见，金属键也可以看成是由许多原子共用许多电子的一种特殊形式的共价键。但它与共价键不同，金属键并不具有方向性和饱和性。在金属中，每个原子将在空间允许的条件下，与尽可能多数目的原子形成金属键。这一点说明，金属结构一般总是按最紧密的方式堆积起来。具有较大的密度。

金属键的“自由电子”理论通俗易懂，能定性地说明金属的许多性质。但是它难以被定量，不能解释金属的光电效应、导体、绝缘体和半导体的区别以及某些金属的导电特性等。例如，金属锗的导电性，不同于一般金属随温度升高下降，而是特殊地增大，具有半导体的导电性能。因此，随着量子力学解释的引入，又建立了金属键的能带理论，见“阅读材料”。

【拓展知识】

σ键和π键

根据成键时原子轨道重叠方式的不同，共价键可分为σ键和π键。现以两个氮原子形成氮分子为例加以说明。

氮原子的电子构型为 $1s^2 2s^2 2p_x^1 2p_y^1 2p_z^1$，每个氮原子有3个未成对的2p电子（$2p_x^1 2p_y^1 2p_z^1$），其电子分别密集于三个互相垂直的对称轴上。当两个氮原子接近时，首先，双方的 $2p_x$ 轨道沿 x 轴方向进行最大重叠，如图7-4(a)，形成一个共价单键（$2p_x$-$2p_x$ 键）。每个氮原子仍有2个p电子（$2p_y^1 2p_z^1$），由于 p_z 轨道分布垂直于 p_x 轨道及 p_y 轨道，当 p_x 轨道沿轴向重叠后，p_z 轨道和 p_y 轨道只能分别按双方 z 轴和 y 轴相互平行的方向发生侧面重叠，如图7-4(b)。由此可知，两个氮原子成键时，$2p_x$-$2p_x$ 键与 $2p_z$-$2p_z$ 键和 $2p_y$-$2p_y$ 键的形成方式是不同的。两个原子轨道通过键轴（核间连线）直线方向重叠而形成的键称为σ键。两个原子轨道通过键轴的一个平面侧面重叠而形成的键称为π键。形象化的比喻是：σ键是以“头碰头”方式重叠，π键是以“肩并肩”方式重叠。因此，不难看出，氮分子中，两个氮原子是以一个σ键及两个π键相联结的，氮分子的结构可用N≡N来表示，如图7-5。σ键与π键的比较见表7-3。

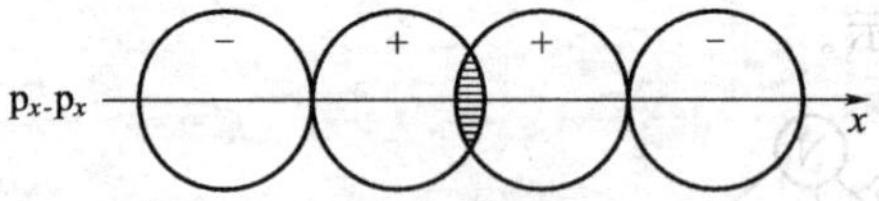

(a) σ键

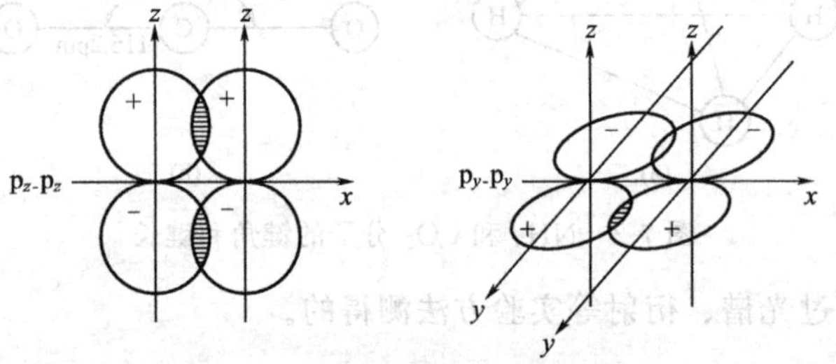

(b) π键

图7-4　N_2 分子中的σ键和π键示意图

表7-3　σ键与π键的比较

项　目	σ　键	π　键
轨道组成	由s-s、s-p、p-p原子轨道组成	由p-p、p-d原子轨道组成
成键方式	轨道以“头碰头”方式重叠	轨道以“肩并肩”方式重叠
重叠部分	沿键轴呈圆筒形对称，电子密集在键轴上	垂直于键轴呈镜面对称，电子密集在键轴的上面和下面
存在形式	一般是由一对电子组成的单键	仅存在于双键或三键中
存在形式	重叠程度大，键能大，稳定性高	重叠程度小，键能小，稳定性低

由上述可知，共价化合物分子中，原子间若形成单键，必然是σ键，原子间若形成双键或三键时，除σ键外，其余则是π键。常见的普通共价化合物分子中，三键是原子间结合成多重价键的最高形式。

杂化轨道理论

现代价键理论能说明共价键的形成和特征，而不能说明多原子分子的空间构型。但这可以用杂化轨道理论来解释。

1. 杂化和杂化轨道

所谓杂化，就是原子形成分子时，同一原子中能量相近的不同原子轨道重新组合成一组新轨道的过程。所形成的新轨道称为杂化轨道。应注意的是，参加杂化的轨道是同一原子中的轨道；原子轨道的杂化只有在形成分子的过程中才会发生。

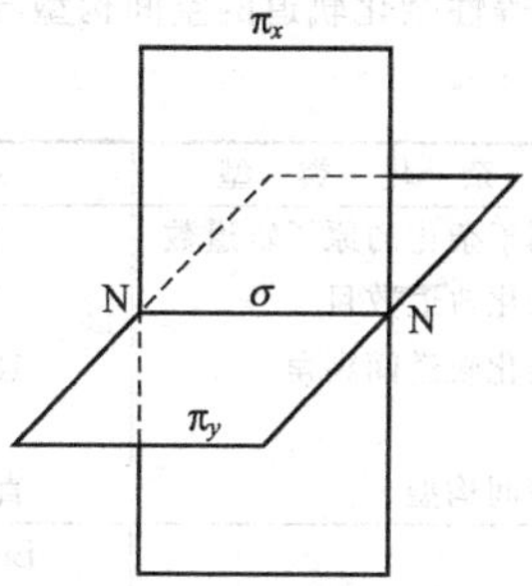

图 7-5　氮分子结构示意图

2. 杂化轨道理论的要点

(1) 原子形成共价键时可利用杂化轨道成键　例如，C 与 H 形成 CH_4 时，C 原子是以杂化轨道与 H 原子形成 4 个 C—H 键。其过程是：C 原子有 1 个电子从 2s 轨道激发到 2p 的一个空轨道上去（激发所需的能量由成键时所放出的能量补偿而有余），C 原子的 1 个 2s 轨道和 3 个 2p 轨道重新组合成 4 个新的轨道，它们再与 4 个 H 原子的 1s 轨道以“头碰头”的形式重叠，形成 4 个 C—H 共价键，从而形成了 CH_4 分子（这就很好地解释了 C 在 CH_4 分子中呈现四价状态），其示意如下。

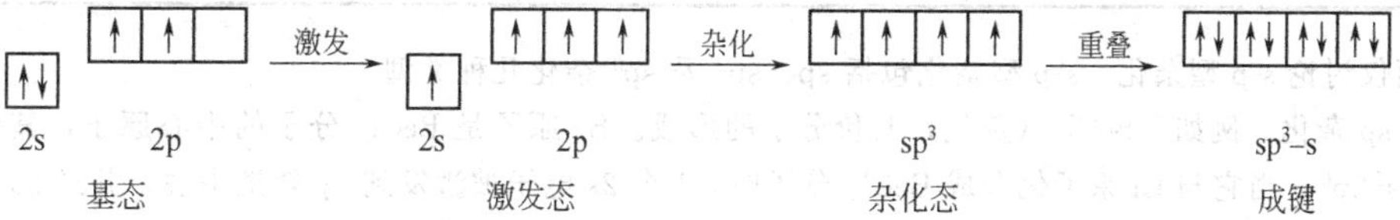

(2) 杂化轨道是由能量相近的原子轨道组合而成　例如，主族元素的 ns、np、nd 可杂化而成一组新轨道；副族元素的 $(n-1)$d、ns、np 或 ns、np、nd 也可杂化而成一组新轨道，因为这些轨道的能级较接近。

(3) 杂化轨道的数目等于参与杂化的原来的原子轨道数目　例如，甲烷分子中，C 原子的 2s、$2p_x$、$2p_y$、$2p_z$ 四个原子轨道参加了杂化，结果形成了四个 sp^3 杂化轨道。

(4) 杂化轨道成键能力强使分子更稳定　例如，上述 CH_4 分子的形成，如图 7-6。

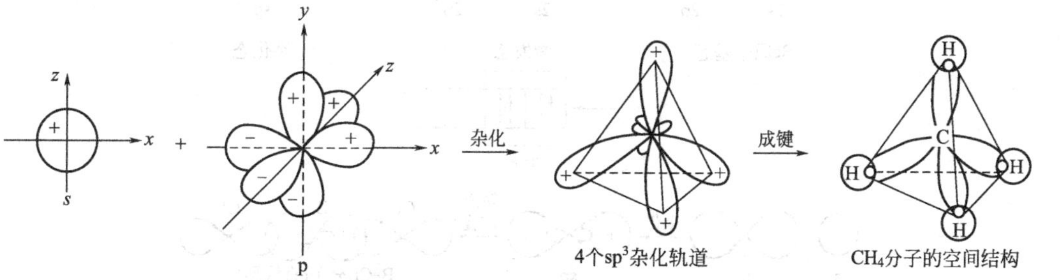

图 7-6　CH_4 分子的形成

C 原子的 1 个 s 轨道与 3 个 p 轨道经杂化形成 4 个 sp^3 杂化轨道，每一个 sp^3 新轨道一端膨大一端缩小，C 原子用 sp^3 杂化轨道较大的一端和 H 原子 s 轨道重叠成键。4 个 sp^3 杂化轨道间的夹角为 109.5°，大于原 p 轨道的夹角。杂化后轨道形状改变（一端突出而膨大），便于最大限度重叠；轨道方向改变，使成键电子距离加长，斥力变小，能量降低。总之，杂化后能增大轨道重叠区域，增强成键能力，使分子更稳定。表 7-4 列出不同原子轨道成键能力的比较（以 s 为 1.0）。

表 7-4　成键能力的比较

原子轨道	s	p	sp 杂化	sp^2 杂化	sp^3 杂化
相对成键能力	1.0	1.73	1.93	1.99	2.00

3. 杂化轨道类型与分子的空间构型

参与杂化的原子轨道的类型、数目不同，形成的杂化轨道数目、类型、空间构型也不同。杂化轨道类型与空间构型间的关系列于表 7-5 中。

在形成的几个杂化轨道中，若它们的能量相等、成分相同，则称为等性杂化。通常只有单电子的轨道或不含电子的空轨道之间的杂化是等性杂化。等性杂化轨道的空间构型与分子的空间构型相同。反之，若形成的杂化轨道的能量和成分不同，则称为不等性杂化。如有孤电子对轨道参加的杂化就是不等性杂化。

不等性杂化轨道的空间构型与其分子的空间构型不同。

表 7-5 杂化轨道类型与空间构型间的关系

杂化类型	sp	sp^2	sp^3	dsp^2	sp^3d	sp^3d^2
用于杂化的原子轨道数	2	3	4	4	5	6
杂化轨道数目	2	3	4	4	5	6
杂化轨道间夹角	180°	120°	109.5°	90°,180°	120°,90°,180°	90°,180°
空间构型	直线	平面三角形	四面体	平面四方形	三角双锥	八面体
实例	$BeCl_2$ CO_2 $HgCl_2$ $Ag(NH_3)_2^+$	BF_3 BCl_3 $COCl_2$ NO_3^- CO_3^{2-}	CH_4 CCl_4 $CHCl_3$ SO_4^{2-} ClO_4^- PO_4^{3-}	$Ni(H_2O)_4^{2+}$ $Ni(NH_3)_4^{2+}$ $Cu(NH_3)_4^{2+}$ $CuCl_4^{2-}$	PCl_5	SF_6 SiF_6^{2-}

下面仅讨论 s-p 型杂化，s-p 型杂化包括 sp、sp^2 及 sp^3 杂化几种类型。

(1) sp 杂化　例如，$BeCl_2$（蒸气）共价分子的形成。Be 原子是 $BeCl_2$ 分子的中心原子，其价电子层结构为 $2s^22p^0$。当它与 Cl 原子化合成 $BeCl_2$ 分子时，1 个 2s 电子被激发到 2p 轨道中去，并经 sp 等性杂化形成 2 个能量相等的 sp 杂化轨道，其夹角为 180°。每个 sp 杂化轨道含有 1/2 的 s 成分和 1/2 的 p 成分。Be 原子的 2 个 sp 杂化轨道分别与 2 个 Cl 原子的 3p 轨道以“头碰头”的方式重叠而形成 2 个 σ 键，成键后构成直线型分子。$BeCl_2$ 分子形成的杂化过程和空间构型如图 7-8 所示。

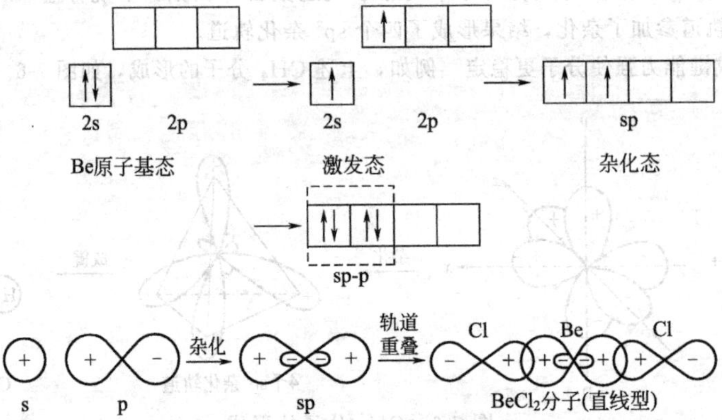

图 7-7　$BeCl_2$ 分子的形成

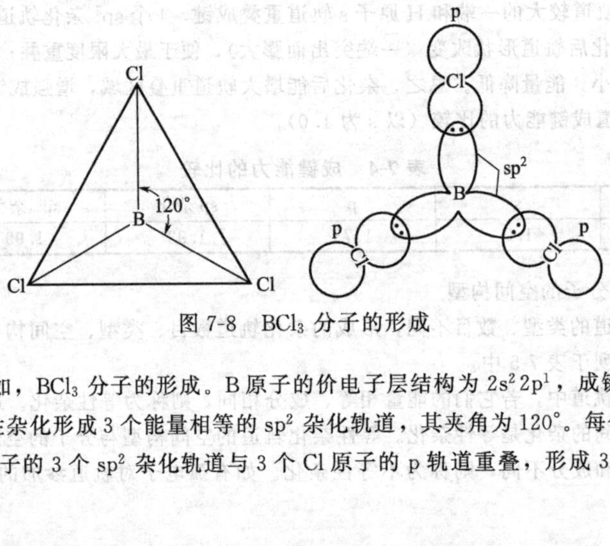

图 7-8　BCl_3 分子的形成

(2) sp^2 杂化　例如，BCl_3 分子的形成。B 原子的价电子层结构为 $2s^22p^1$，成键时 1 个 2s 电子被激发至 2p 轨道，经 sp^2 等性杂化形成 3 个能量相等的 sp^2 杂化轨道，其夹角为 120°。每个 sp^2 杂化轨道含有1/3 s 和 2/3p 的成分。B 原子的 3 个 sp^2 杂化轨道与 3 个 Cl 原子的 p 轨道重叠，形成 3 个 sp^2-p σ 键。BCl_3 分子的空间构型为平面三角形，如图 7-7 所示。

(3) sp^3 杂化　如前所述的 CH_4 分子的形成，C 原子激发后有 4 个未成对电子，4 个轨道经 sp^3 等性杂化成 4 个能量相等的 sp^3 杂化轨道。其中每一个 sp^3 杂化轨道含有 1/4s 和3/4p 的成分。4 个 sp^3 杂化轨道与 4 个 H 原子的 1s 轨道重叠形成 4 个 sp^3-s σ 键，构成稳定的具有正四面体形状的 CH_4 分子。

以上讨论的情况均为 s-p 等性杂化，下面讨论属于 sp^3 不等性杂化的 H_2O 和 NH_3 的结构。在 H_2O 分子中，O 原子是 H_2O 分子的中心原子，其价电子层结构为 $2s^2 2p^4$。当 O 与 H 原子化合成 H_2O 时，经 sp^3 不等性杂化形成 4 个 sp^3 不等性杂化轨道。其过程为

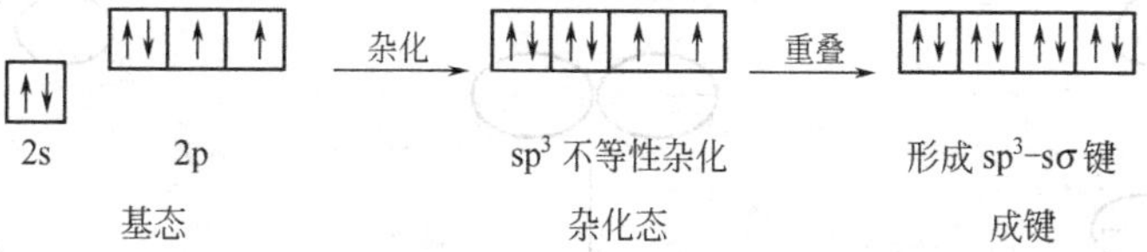

其中有 2 个杂化轨道的能量较低，每个轨道已填充 2 个电子。另外 2 个杂化轨道的能量稍高，每个轨道仅填充 1 个电子。O 原子利用这 2 个能量相等各填充 1 个电子的 sp^3 杂化轨道分别与 2 个 H 原子的含有未成对电子的 1s 轨道重叠形成 2 个 sp^3-s σ 键。由于含孤电子对的轨道在原子核周围所占的空间位置较大，它们排斥挤压成键电子对，致使 sp^3-s 键的夹角减小成为 104.5°。分子的空间构型为 V 字形，如图 7-9(a)。

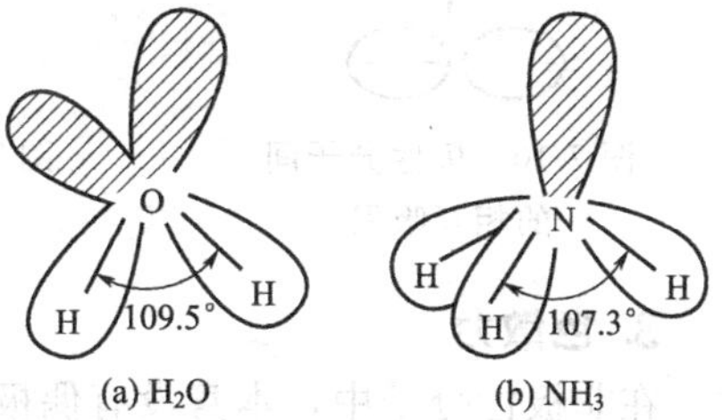

图 7-9　H_2O 和 NH_3 分子的结构示意图

NH_3 分子形成时，N 原子也是 sp^3 不等性杂化，所不同的是，NH_3 分子中 N 原子只有 1 个 sp^3 杂化轨道被孤电子对占据，与水分子相比，该轨道在原子核周围所占的空间较小，故 NH_3 分子中 3 个 N—H 键间的键角为 107.3°，略小于 109.5°而分子的空间构型为三角锥体，如图 7-9(b)。

由上可知，利用杂化轨道理论既可以说明某些共价化合物分子的成键情况，也能说明它们的几何形状。

第二节　分子间力

一、分子间力的分类

分子间作用力简称分子间力，它是使分子聚集在一起的一种弱作用力。例如二氧化碳晶体（干冰）直接升华成气态，冰融化进而再汽化，都需要从环境吸热。在这些变化过程中，分子组成（CO_2 或 H_2O）并没有改变，只是改变分子之间的距离和相互作用状况。分子型物质的物态变化伴随有热效应（如蒸发热、升华热、熔化热等），说明分子间是有作用力的。

1. 取向力

极性分子有正、负偶极，极性分子原有的偶极称为固有偶极。极性分子与极性分子之间由于固有偶极的同极相斥、异极相吸，使分子发生相对转动而产生定向相互吸引呈有秩序的排列，这种固有偶极间的相互作用力称为取向力，如图 7-10 所示。

取向力本质上是一种静电引力，因此，分子的极性越大，分子间的距离越小，取向力就越大。另外，温度升高，分子热运动加强，破坏了分子的有序排列，分子取向趋势减小，故取向力随温度升高而减小。

2. 诱导力

极性分子与非极性分子靠近时，极性分子的固有偶极会诱导非极性分子的电子云发生变形，从而导致分子的正、负电荷重心不相重合，产生诱导偶极。极性分子的固有偶极与非极性分子的诱导偶极之间产生的静电吸引作用力称为诱导力，如图 7-11 所示。例如，工厂里

用管道输送氯气，若氯气中水分没有除去，当气温在10℃以下时，则因生成氯的水合物 $Cl_2 \cdot 8H_2O$ 结晶而堵塞管道。该水合物的生成与 Cl_2 和 H_2O 分子间的诱导力有关。

从诱导力的本性看，它随分子偶极矩的增大而增大，同时还与分子变形性的大小有关。同类型的分子（如HCl、HBr、HI）其变形性随分子量的增大而增大。

极性分子与极性分子靠近时，也会相互诱导产生诱导偶极，使分子的偶极矩增大，分子间的吸引作用加强，所以，极性分子间也同样存在诱导力。

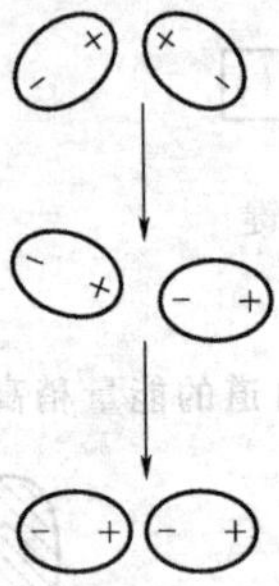

图 7-10　极性分子间的相互吸引

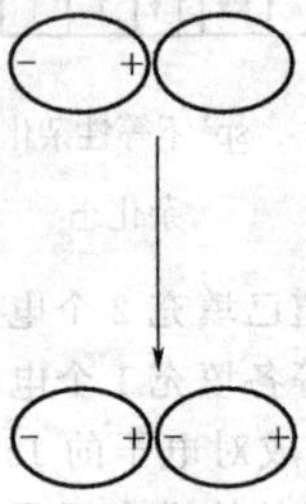

图 7-11　极性分子与非极性分子的相互作用

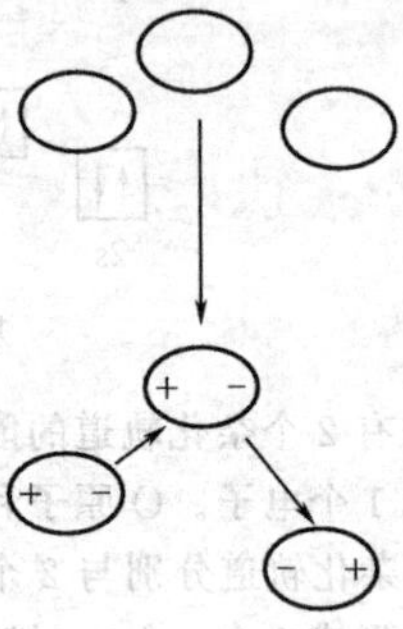

图 7-12　非极性分子间的相互作用

3. 色散力

在非极性分子中，本身没有偶极，不存在取向力，也不能产生诱导力。但分子内的原子核和电子都在作一定形式的运动，因而在某一瞬间，分子中核和电子发生瞬间相对位移，使正、负电荷重心不相重合，从而产生瞬时偶极。这些瞬时偶极总是保持相吸态的优势，如图7-12所示。这种由于瞬时偶极之间的相互吸引而产生的作用力称为色散力。因这种力的数学公式与光的色散公式相似，故而得名。

色散力的大小主要与分子是否容易变形有关。分子的变形性越大，越容易产生瞬时偶极，色散力也就越大。

既然色散力产生于核和电子作相对位移所形成的瞬时偶极，因而它普遍存在于各种分子之间。

由上述可知，取向力存在于极性分子之间，诱导力存在于极性分子和非极性分子之间以及极性分子和极性分子之间，而色散力则存在于任何分子间。

上面讨论了分子间的三种作用力，通常把这种分子间作用力称为范德华力。这是由于1873年荷兰物理学家范德华首先提出分子间存在引力，因而得名。归纳起来，分子间力有这样几个特点：存在于分子或原子间；作用范围小，只有几百pm，当分子充分接近时才能显示出来，当物质处于气态时，分子间作用力几乎消失；作用能量小，只有几kJ/mol到几十kJ/mol，它比化学键键能要小一两个数量级；无方向性和饱和性；分子间作用时，绝大多数分子色散力是主要的，只有极性较大的分子（如 H_2O、NH_3 等）取向力才占较大比重。

二、分子间力对物质性质的影响

分子间力是决定物质熔点、沸点和溶解度等物理性质的主要因素。

1. 分子型物质的熔点、沸点低

例如，HCl晶体的熔点为−115℃，沸点为−85℃。这是因为HCl晶体是由单个小分子形成的分子型物质，晶体熔化时只需破坏由弱的分子间力组成的晶格结构，无需破坏分子内原子间的共价键。由于分子型物质的熔点、沸点很低，所以，在常温、常压下它们大多是气体。

2. 同类分子型物质的熔点、沸点随相对分子质量增加而升高

例如，卤素单质的熔点、沸点的变化，如表 7-6 所示。

表 7-6　卤素单质的熔点和沸点

卤素单质	熔点/℃	沸点/℃	卤素单质	熔点/℃	沸点/℃
F_2	−219.4	−188	Br_2	−7	59
Cl_2	−101	−35	I_2	114	184

这是因为卤素单质是非极性分子，只需考虑分子间色散力的大小。由于分子变形性随卤素单质分子量的增大而增大，因而色散力亦依次增大，故从 F_2 到 I_2 熔点、沸点依次升高。

3. 分子间力也影响物质的溶解度

极性分子间有着强的取向力，彼此可相互溶解。如卤化氢、氨都易溶于水；CCl_4 是非极性分子，由于 CCl_4 分子间引力和 H_2O 分子间引力大于 CCl_4 与 H_2O 分子间的引力，所以 CCl_4 几乎不溶于水。而 I_2 分子与 CCl_4 分子间的色散力较大，故 I_2 易溶于 CCl_4，而较难溶于水。所谓“相似相溶”（极性溶质易溶于极性溶剂，非极性溶质易溶于非极性溶剂）的经验规律，实际上是与分子间作用力大小有密切联系的。

第三节　氢　键

一、氢键的形成、分类与特点

1. 氢键的形成

当氢与电负性很大、半径小的元素 X（如 F、O、N）以共价键结合时，这种强极性键使体积很小的氢原子带上密度很大的正电荷，它与另一个电负性大并带有孤对电子的元素 Y 相遇时，便会产生比较大的吸引力（它的强度大约为一般共价键的 5%～10%）。这种由于与电负性极强的元素的原子相结合的氢原子和另一电负性极强的元素的原子间产生的作用力称为氢键。

X—H┄Y（X、Y 可相同也可不同）

↑　↑

共价键　氢键

氢键的形成归结于氢原子的特殊性，氢原子核外仅有一个电子，当它与体积小、电负性大的原子如 F、O 或 N 以共价键结合时，键的极性很大，共用电子对强烈地偏向电负性大的 X 原子一方，于是氢原子就变成无内层电子、半径极小的“裸体”原子核，而体积小、电负性大的 Y 原子上的孤对电子云密度大，于是一个分子中的氢原子就被另一个分子中电负性大的原子上的孤对电子所吸引，抵达一定平衡距离就形成氢键。氯、硫或磷等体积较大的原子，其轨道上的孤对电子云较分散，不能有效地吸引氢原子，故不能形成氢键。甲烷分子中的碳原子体积虽小，但电负性不大，又无孤对电子，故在 CH_4 分子间也不能形成氢键。

由上面的讨论可知，形成氢键 X—H┄Y 的条件是：第一，有一个与电负性很大的元素 X 相结合的 H 原子；第二，有一个电负性很大、半径较小并有孤对电子的 Y 原子。通常，能符合这些条件的主要是 F、O 和 N。

2. 氢键的分类

氢键可分为分子间氢键和分子内氢键两类。例如，氨水中大量存在的是氨的水合物，其中 NH_3 和 H_2O 分子间可形成如下两种氢键。

前一种氢键是 O—H┄N，后一种氢键是 N—H┄O，这两种氢键都是一分子内的 X—H 与另一分子中的 Y 结合形成的氢键，称之为分子间氢键。再如，水分子之间、氟化氢分子之间也能形成分子间氢键。此外，同一分子的 X—H 与 Y 相结合形成的氢键称为分子内氢键。这在一些有机化合物中较为常见，例如邻硝基苯酚内，有 O—H┄O 氢键存在

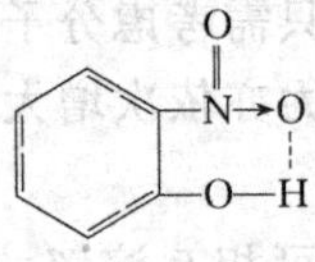

3. 氢键的特点

第一，氢键只存在于某些含有氢原子的分子之间（或分子内），而不是存在于所有的分子之间。第二，氢键有方向性和饱和性。分子间氢键 X—H┄Y 在同一直线上，这样 X、Y 距离最远，斥力最小（分子内氢键 X—H┄Y 不能在同一直线上，因受环状结构中其他原子键角的限制）。氢键 X—H┄Y 中，一个 X—H 只能结合一个 Y，若再结合一个 Y，则因斥力太大变得不稳定。第三，氢键的键长（指与氢原子结合的两个原子核间距离）较长，比正常共价键大得多，键能较小（约 12～40kJ/mol），与分子间力的数量级相同。第四，氢键的强弱与 X、Y 的电负性及半径大小有关。X、Y 的电负性大，氢键强；Y 的半径小，氢键也强。如下三种氢键的强弱顺序是

$$F—H┄F > O—H┄O > N—H┄N$$

$(HF)_n$ 中的 F—H┄F 的键能为 28kJ/mol，冰中的 O—H┄O 的键能为 18.81kJ/mol，$(NH_3)_n$ 中的 N—H┄N 的键能为 5.44kJ/mol。

根据氢键的种类和氢键的特点可以看出：氢键既不同于化学键，也有别于分子间力，因此说，它是分子间或分子内的一种特殊作用力。

二、氢键对物质性质的影响

氢键对物质的熔点和沸点、溶解度、密度、黏度等均有影响。

第一，分子间有氢键的化合物，由于增强了分子间作用力，欲使其晶体熔化或液体汽化，不仅要克服分子间力，还需要破坏部分或全部氢键，因而使化合物的熔点和沸点升高。例如，水的相对分子质量在它的同类型氢化物（H_2O、H_2S、H_2Se、H_2Te）中最小，但其熔点、沸点最高，呈现出递变中的反常现象。这也是为什么水在常温下为液态的主要原因。同样，氟化氢在卤化氢系列中，氨在氮族的三种氢化物中也有这一现象。如图 7-13 所示。

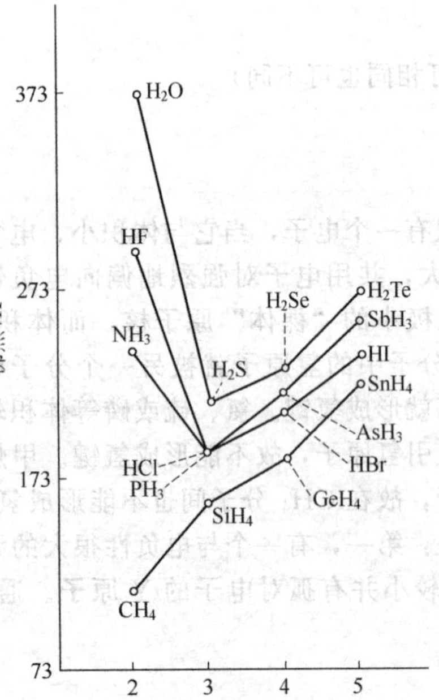

图 7-13　卤素、氧族和氮族氢化物的沸点

第二，氢键的存在会影响物质的溶解度，在极性溶剂中，如果溶质分子与溶剂分子间形成氢键，就会促进分子间的结合，导致溶解度增大。如乙醇与水能以任意比例互溶。溶质分子内形成氢键，使其在极性溶剂中的溶解度减小，在非极性溶剂中的溶解度增大。如间苯二酚分子内形成氢键，它在苯

中的溶解度比水中大得多。

第三，溶液中形成分子间氢键，使分子间结合得更加紧密，从而能使溶液的密度或黏度增加。例如，无水乙醇和水混合，溶液体积小于两者单独体积之和。但也有反常的情况。例如，氢键使冰中的水形成四面体形状，导致冰形成比水稀疏的结构而使其密度小于水，这就是为什么冰山能漂浮在水面上的原因。分子内氢键对密度或黏度无影响。

第四节 晶体的结构及类型

一、晶体的基本概念

根据组成物质的粒子间能量大小不同和粒子排列的有序或无序，物质主要分为三种聚集状态，即气态、液态和固态。其中，固态物质又可分为晶体和无定形体。无定形体由于内部粒子排列不规则，所以没有一定的几何外形。工业及生活上用的石蜡、玻璃、沥青、高炉冶炼时排出的玻璃状炉渣都是无定形体。无定形体表现为各个方向的性质相同，没有固定的熔点。加热无定形体时，温度升到某一程度后即开始软化，流动性增加，最后变成液体。从软化到完全熔化，中间经过一定的较长的温度范围。无定形体是不稳定的，有条件时就形成晶体。晶体有许多不同于无定形体的特征。

第一，晶体的外表特征是有一定整齐规则的几何外形，如图 7-14 所示。

食盐就具有立方体外形，虽然有时由于生成晶体的条件不同，所得到的晶体在外形上可能有些歪曲，但晶体表面的夹角，（称为晶角）总是不变的，如图 7-15 中正方型晶体的 α、β、γ 角均永为 90°。

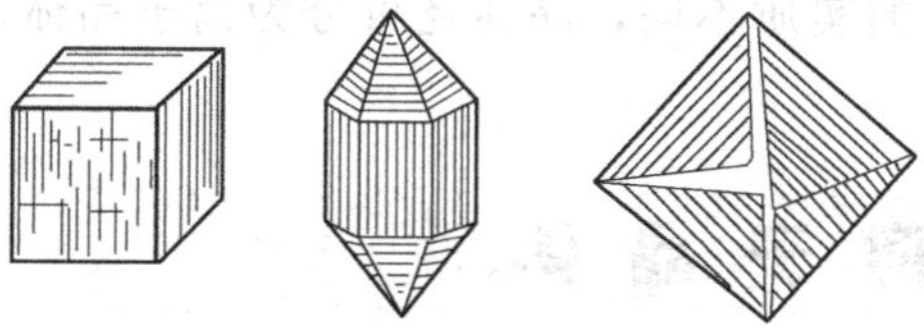

图 7-14 晶体的外形

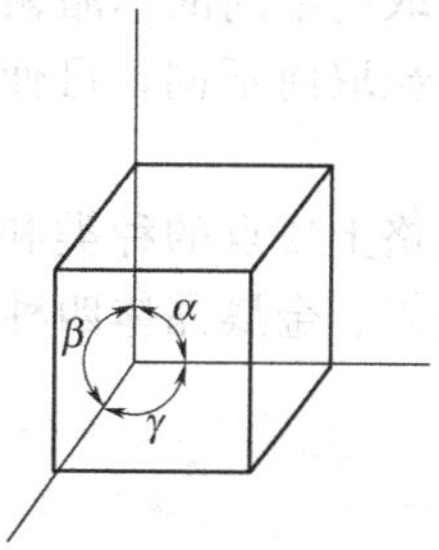

图 7-15 晶体晶角示意图

第二，晶体有固定的熔点。加热晶体，达到熔点时，即开始熔化。在没有全部熔化以前，继续加热，温度不再升高。这时所供给的热都用来使晶体熔化，完全熔化后，温度才开始上升。说明晶体有固定熔点。

第三，晶体还具有各向异性的特征。即由于晶格各个方向排列的质点的距离不同，而带来晶体各个方向上的性质也不一定相同。例如，云母的解离性——晶体沿着某一平面剥离的现象，沿两层的平面方向剥离状就容易，沿垂直于这个平面方向剥离就困难。再如，蓝晶石在不同方向上的硬度是不同的。又如，石墨在与层垂直的方向上的电导率是与层平行的方向上的电导率的1/104。这种各向异性还表现在晶体的光学性质、热学性质及其他电学性质上。

归纳上述内容可以看出：晶体是质点（分子、原子、离子）在空间有规则地排列而成的，具有整齐外形及一定特性，以多面体出现的固体物质。

二、晶体的内部结构

应用 X 射线研究晶体的结构表明：组成晶体的质点以确定位置的点在空间作有规则的排列，这些点的集合（简称为点群）具有一定的几何形状，称为晶格。每个质点在晶体中所占有的位置称为晶体的结点（图 7-16 中的黑点）。

晶格中含有晶体结构中具有代表性的最小重复单位，称为单元晶胞（简称晶胞）。如图 7-16 中的粗线部分。晶胞是晶体的最小结构单元，但不是最基本的实体。最基本的实体可以看成是原子、分子、离子或原子团。在晶格中如果将各结点用线连起来，就得到无限多的栅栏格子。每一个格子都是平行六面体，就是上述的晶胞。无数的晶胞在三维空间无限地续延就是宏观的晶体。由于在三维空间续延的距离和角度不同，这些平行六面体的形状也不同，不同的平行六面体形状实际上反映了晶体的不同几何结构。如氯化钠的晶体结构，如图 7-17 所示。

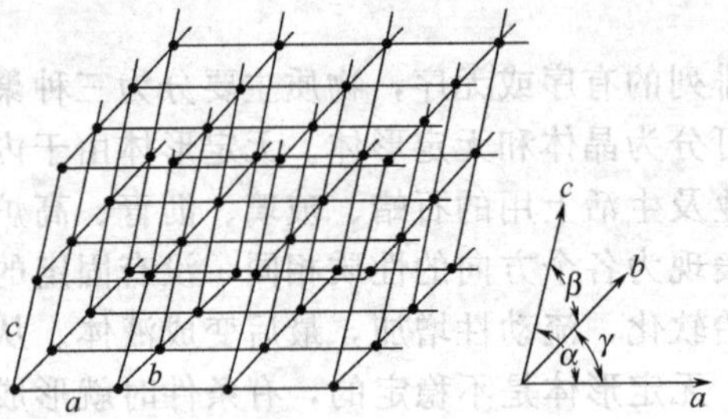

图 7-16 晶格的结点

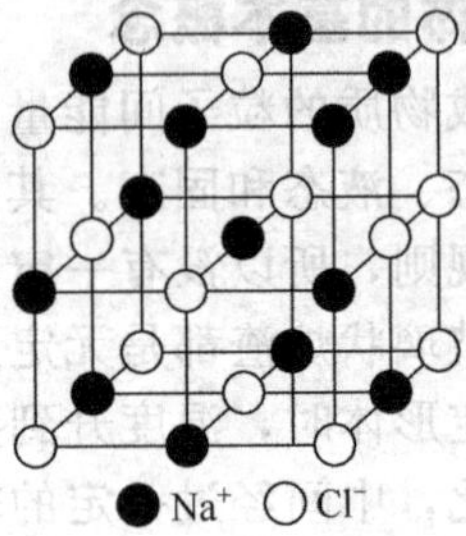

图 7-17 氯化钠的晶体结构

三、晶体的类型

晶体可分为单晶体和多晶体。单晶体是由一个晶核在各个方向上均衡生长起来的。这种晶体是比较少见的，但可由人工培养长成。常见的晶体的整个结构不是由同一晶格所贯穿，而是由很多取向不同的单晶颗粒拼凑而成的。这种晶体称为多晶体。对多晶体来说，由于组成它们的晶粒取向不同，可使它们的各向异性抵消，从而多晶体一般并不表现显著的各向异性。

按照晶格上质点的种类和质点间作用力的实质不同，晶体还可分为离子晶体、原子晶体、分子晶体、金属晶体四种基本类型。

第五节 离子晶体

一、离子晶体的结构特征

在离子晶体的晶格结点上交替排列着正离子和负离子，正、负离子间靠离子键作用着。由于离子键没有方向性和饱和性，所以，每一个离子在其周围尽最大可能吸引带相反电荷的离子（所吸引的离子数称为它的配位数），在晶体中没有单个分子存在。因此，离子晶体的化学式实际上是其组成式而不是分子式，通常所说的分子式是一种习惯说法。

在离子晶体中由于各种正、负离子的大小不同，离子半径比不同，其配位数不同，离子晶体内正、负离子的空间排布也不同，因此，得到不同类型的离子晶体。最常见的离子晶体有五种类型，NaCl 型、CsCl 型、ZnS 型、CaF_2 型和 TiO_2 型（金红石型）。这五种类型离子晶体空间结构特征见表 7-7。

表 7-7 五种类型离子晶体空间结构类型的特征

空间结构类型	配位情况	空间结构类型	配位情况
NaCl 型	每一个钠离子配位 6 个氯离子，每一个氯离子配位 6 个钠离子	ZnS 型	正负离子配位数均是 4
		CaF_2 型	正离子配位数为 8，而负离子配位数为 4
CsCl 型	正负离子配位数均是 8	TiO_2 型	正离子配位数为 6，负离子配位数为 3

可见，NaCl、CsCl、ZnS 型晶体的正、负离子数目比为 1∶1，称 AB 型。CaF_2、TiO_2 型晶体，其正、负离子数目比为 4∶8=1∶2 或 3∶6=1∶2，称为 AB_2 型。

五种类型的离子晶体空间结构如图 7-18 所示。

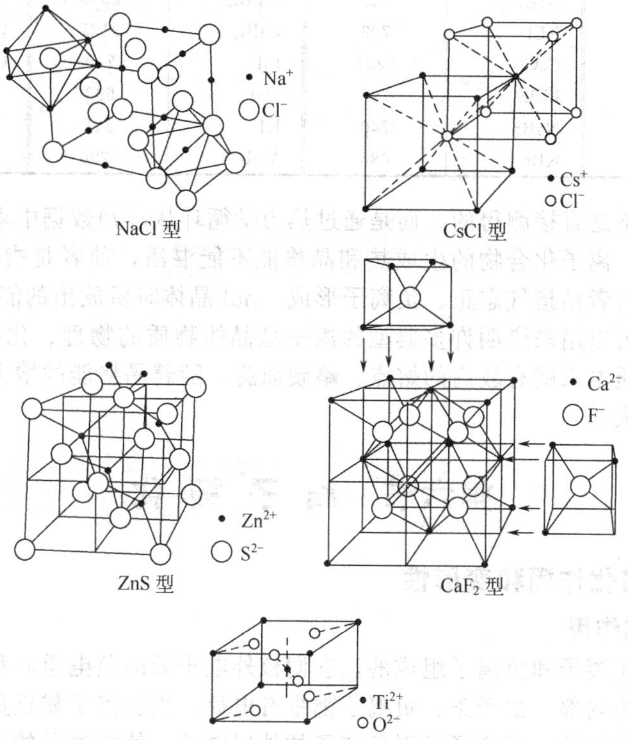

图 7-18 离子晶体的五种空间构型

例如，氯化铯型结构特点是 8∶8 配位，它是由 A 和 B 的立方晶格穿插而成的晶体（如图 7-18）。对于 A 与 B 大小差别不太大的离子晶体，大多数具有这种结构。此外合金化合物也有许多属于此类，如 AgLi、AgCd、CuBe、NiAl 等。氯化钠型是 6∶6 配位，由 A 和 B 两种面心立方晶格穿插而成的晶体（如图 7-18）。具有这种结构的 AB 化合物比 CsCl 型要多，当 A 和 B 的半径差别较大时，大的粒子可取紧密堆积结构，而小的粒子则嵌在八面体间隙之中。合金属于此类的较少，可以 LaSb、CeBi 为例。硫化锌型配位数为 4∶4。这类晶体可看成硫取紧密堆积结构，而 Zn 嵌在四面体中（如图 7-18）。

属于常见的离子晶体化合物有 CsCl 型，如 CsCl、CsBr、CsI、TlCl、TlBr、NH_4Cl 等；NaCl 型，如 Li^+、Na^+、K^+、Rb^+ 的卤化物，AgF、Mg^{2+}、Ca^{2+}、Sr^{2+}、Ba^{2+} 的氧化物，硫化物，硒化物；ZnS 型，如 BeO、BeS、BeSe、BeTe、MgTe；CaF_2 型（$r_+/r_- >$ 0.73），如 CaF_2、β-PbF_2、HgF_2、ThO_2、UO_2、CeO_2、$SrCl_2$、$BaCl_2$、K_2S、Li_2Se 等；TiO_2 型，如 TiO_2、SnO_2、PbO_2、β-MnO_2、FeF_2、MgF_2、ZnF_2 等。

应当说明的是，固体化合物之所以能形成一种特定的晶体结构，关键取决于晶格能。

二、晶格能与离子晶体的性质

晶格能是在 25℃、100kPa 条件下从相互分离的气态正、负离子生成 1mol 离子晶体所放出的能量。晶格能的符号为 U，单位是 kJ/mol。例如

$$Na^+(g)+Cl^-(g)=NaCl(s) \quad \Delta H=-786kJ/mol$$

表明由气态 Na^+ 和 Cl^- 结合成 1mol NaCl 晶体时，可释放出 786kJ 能量。表 7-8 列出了一些离子化合物晶格能的数值。

表 7-8　一些离子化合物晶格能的数值

化合物	晶格能/(kJ/mol)	化合物	晶格能/(kJ/mol)	化合物	晶格能/(kJ/mol)	化合物	晶格能/(kJ/mol)
LiF	1020	NaCl	786	$MgBr_2$	2399	MgO	3916
NaF	959	KCl	709	$CaBr_2$	2131	CaI_2	2039
KF	814	$CaCl_2$	2227	LiI	740	CaO	3515
MgF_2	2939	LiBr	798	NaI	693		
CaF_2	2609	NaBr	740	KI	641		
LiCl	864	KBr	680	MgI_2	2290		

晶格能的数值不是直接测得的，而是通过热力学循环从已知数据中求得的。

应该注意的是，离子化合物的生成热和晶格能不能混淆，前者是指稳定单质生成 1mol 化合物的热效应，后者是指气态正、负离子形成 1mol 晶体时所放出的能量。

晶格能的数据可以用来说明许多典型的离子型晶体物质的物理、化学性质的变化规律。例如，离子晶体物质本来就有较高的熔点、略硬而脆，随着晶格能的增大，其晶体的熔沸点会越高，硬度也越大。

第六节　离子极化

一、离子的极化作用和变形性

1. 离子的极化作用

离子晶体是由正离子和负离子组成的，它们核外电子云的负电重心和核的正电重心是重合的。单在离子晶体内部，由于正、负离子都带有电荷，当正离子靠近负离子时，正离子的电场会对负离子产生影响，正离子吸引负离子的外层电子，使负离子的正、负电荷重心发生相对位移，从而产生极化现象。这种一离子使另一离子的正、负电荷重心发生相对位移而产生的极化，称做离子的极化。如图 7-19 所示。

离子受极化而使外层电子云发生形状改变的现象称为离子的变形。在这里，正离子使负离子极化，具有极化作用，使负离子变形。

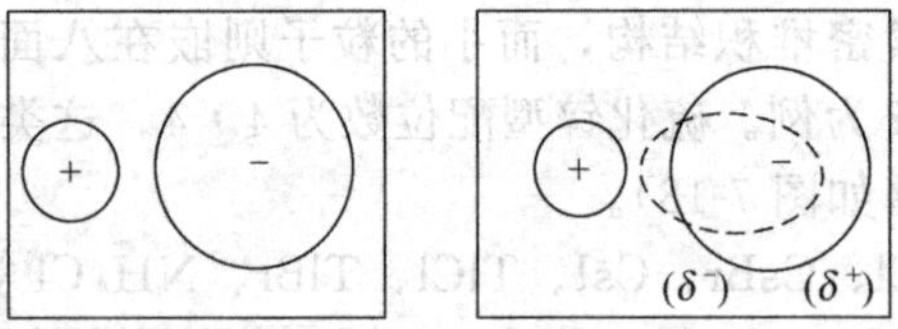

(a) 极化前　(b) 极化后

图 7-19　负离子受正离子的极化

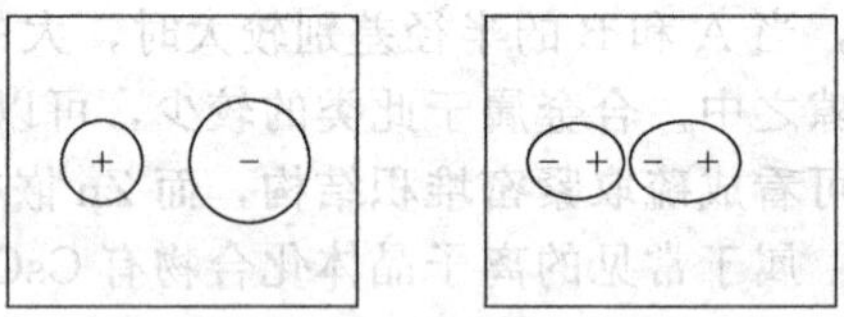

(a) 极化前　(b) 极化后

图 7-20　离子间的相互极化

应该指出，当正离子靠近负离子时，负离子也会排斥正离子的外层电子，使正离子的负电重心偏离负离子，正电重心同时也发生相对移动，偏向负离子。这时负离子的极化作用也使正离子极化，并使正离子变形。就是说，离子间的极化是双方同时发生的，同时也导致了双方不同程度的变形。如图 7-20 所示。

2. 离子的变形性

离子的变形性，也称极化率，是指离子受极化而使外层电子云发生位移的能力。离子变形性大小受以下三个因素影响。

（1）离子半径　电荷相同的离子，其变形性随离子半径的增大而增大。这是因为离子

越大，其外层电子离核越远，核对它的吸引力越小，故越易变形。如卤离子的变形性大小为

$$F^- < Cl^- < Br^- < I^-$$

通常正离子的半径较小，其变形性较小，而负离子的半径较大，其变形性较大。

(2) 电子构型　离子半径相近时，离子的电子构型与其变形性大小的关系为

(18+2) 电子构型>18 或 (9～17) 电子构型>8 电子构型

故过渡金属离子的变形性常大于半径相近的 8 电子构型的金属离子，特别是那些半径大的 Ag^+、Hg^{2+} (18 电子构型)、Pb^{2+} (18+2 电子构型) 等离子，有更大的变形性。

(3) 离子电荷　离子的电子构型相同、半径相近时，则负电荷数高的具有较大的变形性，例如 S^{2-}(r=184pm)>Cl^-(r=181pm)。

由上可知，最容易变形的离子是半径大的负离子和 18、(18+2) 或不规则电子构型电荷少的正离子如 Ag^+、Pb^{2+}、Hg^{2+} 等。最不容易变形的离子是半径小、电荷多的稀有气体型的正离子如 Be^{2+}、Al^{3+} 等。

3. 离子极化的一般规律

第一，正离子不易变形，负离子易变形，在多数情况下，总是正离子对负离子的极化。原因是正离子 (Ag^+、Hg^{2+}、Pb^{2+} 等少数离子除外) 半径通常较小 (约为 10～170pm)，外层电子受核的吸引力较大，变形性并不显著，所以极化作用强是正离子 (特别是那些半径小、电荷数多的) 的特征。负离子半径较大 (约为 130～250pm)，又多为 8 电子构型，外层电子受核的吸引力较小，所以负离子对正离子的极化作用不显著。因此，一般地说，考虑离子间的相互极化时，主要是正离子对负离子的极化作用。

第二，离子极化作用的强弱与离子电荷、离子半径、电子构型密切相关。离子极化作用的能力称为离子的极化力，它是指使被极化离子变形的能力。正离子半径越小，所带电荷越多，其极化力越强。

另外，当离子电荷相同，半径相近时，离子的电子构型与其极化能力大小的顺序为

18 和 (18+2) 电子构型> (9～17) 电子构型>8 电子构型

需要指出的是，决定离子极化力的三个因素中，离子的大小和电荷的多寡是决定性条件，只有当这两个条件相近时，离子的电子构型才起明显作用。

第三，正离子 (Ag^+、Pb^{2+}、Cu^+、Hg^{2+} 等) 变形性大时，与负离子产生相互极化，加大了离子间的相互吸引作用。

二、离子极化对化合物性质的影响

1. 离子极化对键型的影响

正、负离子间的相互极化，使离子外层部分电子云相互渗透，电子密度增大，增强了正、负离子间的吸引力，从而使核间距比未发生极化时有所缩短。

随着离子间相互极化作用的逐渐加强，键的极性逐渐减小，从典型的离子键过渡到典型的共价键，中间存在着从键的离子性减小到共价性增大的一系列过渡状态，如图 7-21 所示。

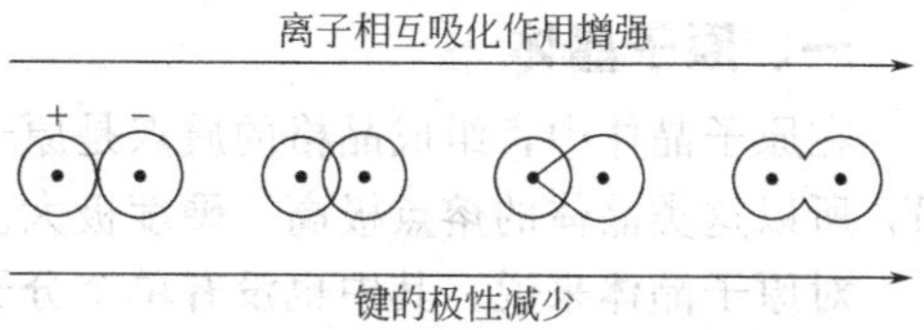

图 7-21　由离子键向共价键的过渡

从离子极化观点看，离子键和共价键之间不存在严格界限，最典型的离子键的离子性百分数 (键的离子性成分所占的百分比) 也小于 100%。如 CsF，键的离子性为 92%，共价性为 8%；$FeCl_3$ 键的离子性为 30%，共价性为 70%。

2. 离子极化使物质的溶解度减小

如 NaCl 和 CuCl 晶体中，尽管它们的正离子电荷相同，半径相近，但离子的电子构型不同。如

Na^+	$2s^2p^6$	8 电子构型
Cu^+	$3s^23p^63d^{10}$	18 电子构型

前面已讨论过 8 电子构型离子的极化力较弱，而 18 电子构型的离子有较强的极化力，又有较大的变形性。所以，NaCl 晶体中由于极化程度小而以离子键为主，CuCl 晶体中由于极化程度大则以共价键为主。因而 NaCl 在极性溶剂水中是易溶物质，而 CuCl 却是难溶物质。

3. 离子极化使物质的熔点降低

如 NaCl 的熔点为 801℃，而 $AlCl_3$ 在 178℃就升华。这是由于在 NaCl 和 $AlCl_3$ 晶体中，正离子的半径和电荷不同。

	Na^+	Al^{3+}
电荷	1	3
半径	95pm	50pm

因而极化力 $Na^+ < Al^{3+}$。NaCl 以离子键为主；$AlCl_3$ 由于极化程度大，使键型发生过渡而以共价键为主，已属分子晶体（层状）。所以，NaCl 晶体有较高的熔点，$AlCl_3$ 晶体却很容易升华。

4. 离子极化使物质的颜色加深

如银的卤化物 AgCl、AgBr、AgI 晶体相应的颜色依次为白色、淡黄色、黄色，是逐渐加深的。

一般说来，离子有颜色，其化合物就有颜色。但 Ag^+ 和 I^- 都是无色的，而 AgI 却是黄色的，这也是离子极化的结果。极化以后，相应能级随着改变，使激发态和基态的能量差变小，因而能吸收可见光区的某些波长的光而变为有色。由于负离子易被极化，且随半径增大而极化增强，所以在卤素负离子中，I^- 最容易被极化，Ag^+ 与 I^- 相互极化最强，因而 AgI 晶体颜色最深，AgBr 次之，而 AgCl 和 AgF 则是白色的。所以 AgX 中 AgCl（白色）→AgBr（淡黄色）→AgI（黄色）的颜色逐渐加深。

顺便指出，S^{2-} 比 O^{2-} 易被极化，而 O^{2-} 又比 OH^- 易被极化，所以硫化物的颜色常较氧化物为深，而氢氧化物一般都是白色（金属离子本身有色的除外）。

综上所述，离子极化是影响离子化合物性质的重要因素。

第七节　原子晶体和分子晶体

一、原子晶体

在原子晶体中，组成晶格的质点是原子，原子间以共价键相结合。由于质点间结合力极强，所以这类晶体的熔点极高，硬度极大。

对原子晶体来说，其中也没有单个分子存在，整个晶体和离子型晶体一样，可以看成是一个“巨型的分子”。原子晶型的非金属单质的化学式就是它们的元素符号，如金刚石用化学式 C 表示。

原子晶体中，原子的配位数一般比离子型晶体小，硬度和熔点比离子型晶体高（因共价键强），熔点一般大于 1000℃（见表 7-9），不导电。在大多数常见的溶剂中不溶解，延展性差。

表 7-9　某些原子晶体型物质的熔点

物　质	C	Si	Ge	SiC	BN	SiO_2
熔点/℃	3751	1415	927	>2700	3510	1700

金刚石就是原子晶体（金刚石熔点高达 3751℃，硬度最大）。在金刚石中，碳原子形成四个 sp^3 杂化轨道，以共价键彼此相连，每个碳原子都处于与它直接相连的四个碳原子所组成的正四面体的中心，组成了整个一块晶体，所以在原子晶体中也不存在单个的小分子。金刚石的结构就属于此种晶体（如图 7-22）。

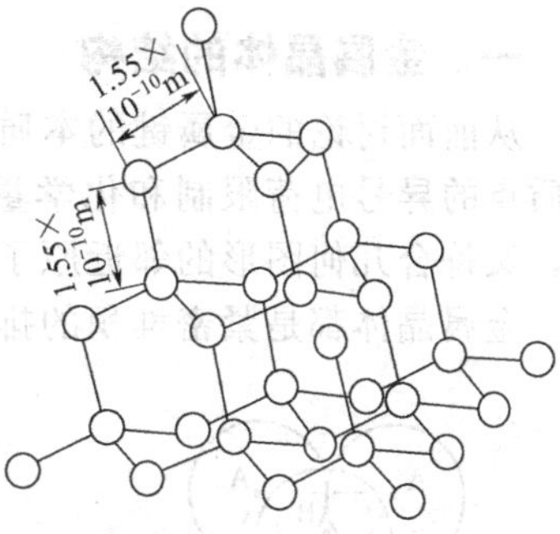

图 7-22　金刚石的结构示意图

事实上，周期系第Ⅳ主族元素形成的碳（金刚石）、硅、锗、灰锡等单质的晶体都是原子晶体；周期系第ⅢA、ⅣA、ⅤA 元素彼此组成的某些化合物，如碳化硅（SiC）、氮化铝（AlN）、石英（SiO_2）也是原子晶体。如碳化硅（俗称金刚砂）的晶格与金刚石一样，只是碳原子和硅原子相间地排列起来。

但要注意，不少非金属单质是由有限的小分子组成的，它们的相对分子质量是可以测定的，并具有恒定的数值。这些单质最常见的有稀有气体（单原子分子）、卤素（双原子分子）、氧（O_2、O_3）、硫（S_3、S_2）、氮（N_2）和白磷（P_4）等。它们不同于原子晶体的单质。在一般情况下，它们常以气体，易挥发的液体或易熔化、易升华的固体存在，属于另一种晶体——分子晶体。

二、分子晶体

在分子晶体中，组成晶体的质点是分子。分子以微弱的分子间力相互结合成晶体。

图 7-23 所示为氯、溴、碘的晶体结构。组成晶体结点上的质点是双原子分子。在立方体的每个顶点以及每个面的中心均有一个双原子分子。

由于分子间结合力很弱，所以分子晶体熔点低（一般低于 307℃），硬度小。通常在 307℃以下其固体即行挥发（升华）。易溶于非极性溶剂，如碘溶于苯时，其浓度为 0.48mol/L，溶于水时，浓度仅为 0.0012mol/L。

分子晶体通常是电的不良导体，但分子晶体溶于水，可以形成导电的水溶液。

应当注意，分子晶体普遍具有低熔点和低沸点，是分子间作用力弱的一个直接结果。但分子间作用力微弱丝毫也不意味着分子内原子间作用力微弱，后者通常是相当强的。

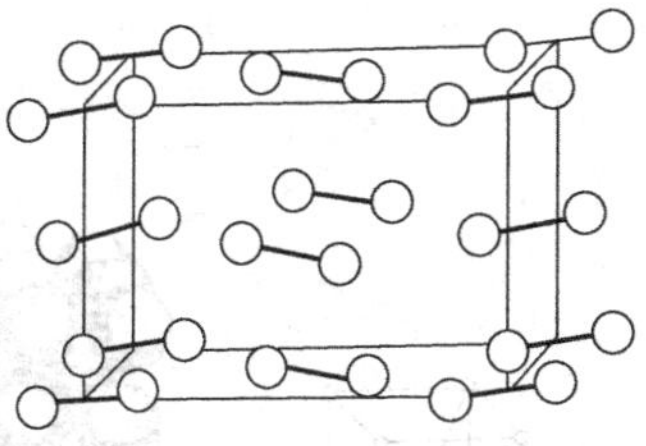
图 7-23　氯、溴、碘的晶体结构

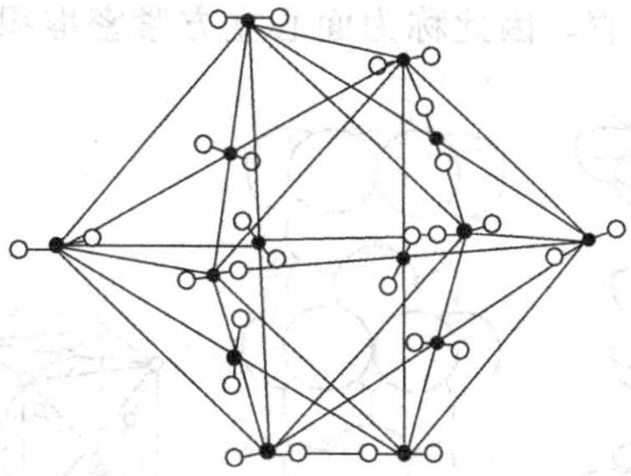
图 7-24　二氧化碳的分子晶体图

分子晶体中的典型固体物质有萘 $C_{10}H_8$（熔点为 80℃）和单质碘 I_2（熔点为 113℃）。

二氧化碳气体在低于 27℃时，加压容易液化。液态二氧化碳自由蒸发时，一部分冷凝成固体二氧化碳。固体二氧化碳直接升华汽化而不熔为液体。在 −78.5℃时的蒸气压为 100kPa。常用作制冷剂，称为干冰。干冰与乙醚、氯仿或丙酮等有机溶剂所组成的冷却剂，温度可低到－73℃。干冰的分子晶体图如图 7-24 所示。

第八节 金属晶体

一、金属晶体的结构

从前面讨论的金属键的本质来看，金属键与离子键的本质区别在于：金属键不存在受邻近质点的异号电荷限制和化学量比的限制，所以在一个金属原子周围可以围绕着尽可能多的，又符合几何图形的邻近原子。因此，在金属晶格内都有较高的配位数。

金属晶体都是紧密堆积的排列方式如图 7-25 所示。

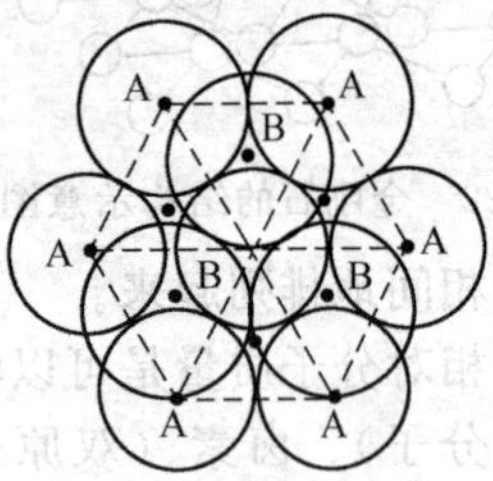

图 7-25 金属原子的紧密堆积平面示意图

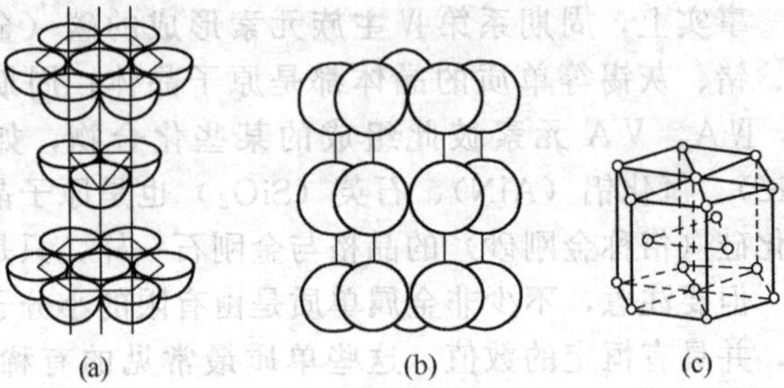

图 7-26 六方紧密堆积

紧密堆积的意思，就是质点之间的作用力使质点间尽可能地互相接近，使它们占有最小的空间。如果把金属原子视为球体，则金属晶体的紧密堆积方式有三种。

第一种方式为六方紧密堆积。第一层等径圆球的最紧密排列，只有如图 7-26 中（a）所示的一种方式。这种第二层的最紧密排列有如图 7-26 的（b）所示的一种方式。第二层只能排列三个原子。第三层堆上去时，就有与第一层相对和不相对的两种方式：第三层与第一层相对，即堆成图 7-26（a）中的位置，这样堆积就成为 ABABAB…的重复方式，如图 7-26 中（a）、（b）所示。图 7-26（c）为晶胞形式。由于在这种堆积中可以找出六方的晶胞，因此称为六方紧密堆积。

第二种方式为面心立方紧密堆积。若第三层不与第一层相对，即堆在图 7-27(a)、(b) 中的位置上，即第三层球在第一、第二层凹隙之上。图 7-27(c) 为晶胞形式。这样堆积上去就成为 ABCABCABC…的重复，由于在这种堆积中可以找出立方的晶胞，且球是按面心立方晶型分布着，因此称为面心立方紧密堆积，或称面心立方。

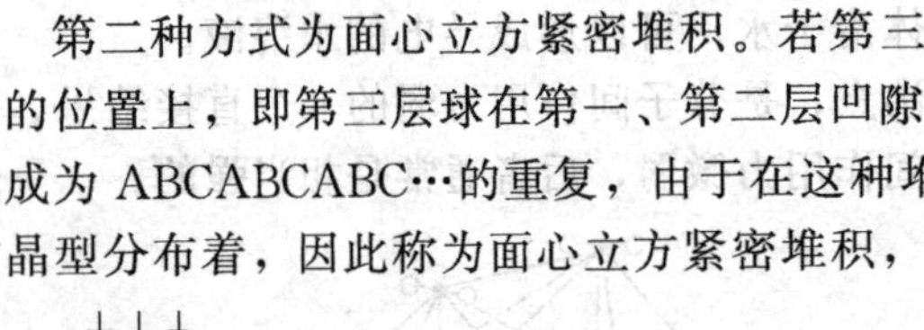

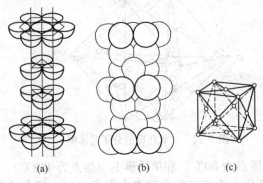

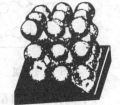

图 7-27 面心立方紧密堆积

图 7-28 体心立方紧密堆积

金属晶体紧密堆积的第三种方式为体心立方紧密堆积，见图 7-28。

二、金属晶体的性质

自由电子的存在和紧密堆积的结构使金属晶体具有许多共同的物理性质，如金属光泽、良好的导电性、导热性、延展性等。下面分别简要说明之。

1. 金属光泽

由于金属原子以最紧密堆积状态排列，内部存在自由电子，所以当光线投射到它的表面上时，自由电子吸收所有频率的光，然后很快放出各种频率的光，这就使绝大多数金属呈现钢灰色以至银白色光泽。此外，金显黄色，铜显赤红色，铋为淡红色，铯为淡黄色，铅为灰蓝色，这是因为它们较易吸收某一些频率的光之故。金属光泽只有在整块时才能表现出来，在粉末状时，一般金属都呈暗灰色或黑色。这是因为在粉末状时，金属的晶面取向杂乱，晶格排列得不规则，吸收的可见光不能被辐射出去，所以为灰黑色。

2. 金属的导电性和导热性

大多数金属有良好的导电性和导热性。善于导电的金属也善于导热，常见的几种金属的导电和导热能力由大到小的顺序为

Ag，Cu，Au，Al，Zn，Pt，Sn，Fe，Pb，Hg

许多金属在光的照射下能释放出电子，有一些能在短波辐射下放出电子，这种现象称为光电效应。另一些在加热到高温时能放出电子，这种现象称为热电现象。

3. 超导电性

金属材料的电阻通常随温度的降低而减小。例如，汞冷到低于−268.8时，其电阻突然消失，导电性差不多是无限大，这种性质称为超导电性。具有超导性质的物体称为超导体。超导体电阻突然消失时的温度称为临界温度（T_0）。超导体的电阻为零，也就是电流在超导体中通过时没有任何损失。

超导材料大致可分为纯金属、合金和化合物三类。具有最高 T_0 的纯金属是镧，$T_0=-260.5$℃；合金型目前主要有铌钛合金（NbTi，$T_0=-263.5$℃）；化合物型主要有铌三锡（Nb_3Sn，$T_0=18.3$℃）和钒三镓（V_3Ga，$T_0=256.5$℃）。

超导材料可以制成大功率超导发电机，磁流发电机、超导储能器、超导电缆、超导磁悬浮列车等，可以大大缩小装置和器件的体积，提高使用性能和降低成本。

4. 金属的延展性

金属有延性，可以被抽成细丝。例如，最细的白金丝直径为 1/5000mm。金属又有展性，可以压成薄片，例如，最薄的金箔只有 1/10000mm 厚。金属的延展性也可以从金属的结构得到说明。当金属受到外力作用时，金属内原子层之间容易作相对位移，金属发生形变而不易断裂，因此金属具有良好的变形性。也有少数金属，如锑、铋、锰等，性质较脆，没有延展性。

离子晶体和原子晶体受外力作用很大时，离子键和共价键断裂，晶格质点失去联系，导致晶格的破裂。

5. 金属的密度

锂、钠、钾比水轻，大多数金属密度较大。

6. 金属的硬度

金属的硬度一般较大，但不同金属有很大的差别。有的坚硬如铬、钨等；有的较软可用小刀切割如钠、钾等。

7. 金属的熔点

金属的熔点一般较高，但差别较大。最难熔的是钨，最易熔的是汞、铯和镓。汞在常温下是液体，铯和镓在手上受热就能熔化。

8. 金属玻璃（非晶态金属）

将某些金属熔融后，以极快的速度淬冷，如冷却速度大于 168℃/s，则得到一种新的金属材料。由于冷却速度极快，高温时金属原子的无序状态被“冻结”，不能形成紧密堆积结构，得到与玻璃类似结构的物质，故被称为金属玻璃。

金属玻璃有三种特性：同时具有高强度和高韧性，优良的耐腐蚀性和良好的磁学性能。因此它有许多重要的用途。例如，利用其高硬度可作切割工具和耐磨涂层；利用其耐腐蚀性可作抗海水腐蚀的缆索；利用其磁性可作变压器芯片、磁带记录头等。

典型的金属玻璃有两大类：一类是过渡金属与某些非金属形成的合金（如 $Pd_{80}Si_{20}$、$Fe_{80}P_{13}C_7$）；另一类是过渡金属间组成的合金（如 $Cu_{80}Zr_{40}$）。

9. 金属的内聚力

内聚力是物质内部质点间的相互作用力。对各种金属来说，也就是金属键的强度，即核和自由电子间的引力。金属的内聚力可以用它的升华热衡量。升华热（原子化热）是指单位物质的量的金属由结晶态转变为自由原子所需的能量，也就是拆散金属晶格所需的能量。显然金属键越强，内聚力越大，升华热就越高。

金属键的强度（用升华热度量）主要决定于原子的大小和价电子的多少。随原子半径增大升华热减小，例如从 Li 到 Cs 升华热递减。价电子数增加，升华热随之增加，例如钠（升华热为 108kJ/mol）和钙的原子大小相近（配位数相同），因钙有两个价电子，升华热增加到 177kJ/mol。许多过渡元素具有很高的升华热，因为它们有较多可供金属原子成键的 d 电子。例如铁的升华热为 416kJ/mol，钨为 837kJ/mol。

内聚力大的金属，其熔点、沸点高，硬度也大，因为这些性质均取决于内聚力。升华热高的金属，其熔点、沸点也高。它们之间有一个大致的比例关系，所以熔点可以作为键强度的一个粗略的量度。

由于金属是含有原子、离子和电子的不能分立的原子集团，所以金属在普通溶剂中不溶解，但可溶于具有金属性的溶剂中（如汞）。此外熔融状态的锌也是许多金属的重要溶剂。

在化学性质方面，如金属与非金属的反应、与水和酸的反应、与碱的反应、与配位剂的反应等，金属也表现出较明显的规律性。在“重要金属元素及其化合物”一章里，将总结这些规律。

阅读材料　同质多晶现象和类质同晶现象

本章第二节讲到的离子晶体的空间构型，除了与离子半径、离子的电子构型、组成元素的离子数目有关外，还与外界条件有关。例如，最简单的 CsCl 晶体，在常温下是 CsCl 型的，但在高温下可以转化为 NaCl 型。也就是说，晶型在一定条件下是可以转变的。组成相同的物质，可以出现不同的晶体构型，在化学上称为同质多晶现象。除上面讲的 CsCl 晶体外，硫黄的不同晶型，也是同质多晶现象的典型实例。当熔化的硫黄慢慢冷却时，得到单斜晶体，然而当晶体的温度低于-10℃时，则变为斜方晶体。

和同质多晶现象相反，有一些组成不同，但化学性质类似的物质，能够生成外形完全相同的晶体，这种现象称为类质同晶现象，这些物质互称为类质同晶物质。例如，明矾 [$KAl(SO_4)_2 \cdot 12H_2O$] 和铬矾 [$KCr(SO_4)_2 \cdot 12H_2O$] 都形成八面体结晶是类质同晶物质，硫酸镁 [$MgSO_4 \cdot 7H_2O$] 和硫酸镍 [$NiSO_4 \cdot 7H_2O$] 也是类质同晶物质。类质同晶物质的特性是：存在于同一溶液中的这类物质能同时结晶出来，生成完整均匀的混晶；一种物质的晶体能在另一种物质的饱和溶液中继续生长。类质同晶物质的外形相似并不是偶然的，而是晶体内部结晶的相似所致。而混晶的生成，是由于晶体内部某些质点（离子、原子团、原子、配离子等）相互置换而其晶体构造不被破坏造成的。类质同晶现象在生产实践中，有非常重要的指导意义。可借此考虑某些元素在地壳中的分散和集中状况，或在一定范围内的伴生规律。例如，铷只能以类质同晶形式作为杂质存在于含钾的长石或云母中。又如，钒以相同样式存在于磁铁矿中，甚至含量较高，成为有开采价值的矿石。

本章小结

一、离子键

1. 离子键是靠阴、阳离子间的静电作用而形成的化学键。

2. 由离子键形成的化合物称为离子化合物。利用元素电负性差值可判断离子化合物离子键的离子性。

二、共价键

1. 含有自旋相反的未成对电子的原子相互接近时，可以形成共价键。

2. 共价键的数目等于原子中未成对电子的数目。

3. 成键原子间取最大重叠即可形成稳定的共价键。仅由一方单独提供孤电子对而形成的共价键称为配位共价键，简称配位键。

4. 共价键具有方向性、饱和性。

5. σ 键和 π 键

成键原子轨道以“头碰头”的形式重叠而形成的共价键称为 σ 键，成键原子轨道以“肩并肩”的形式重叠而形成的共价键称为 π 键。σ 键较 π 键稳定。

三、杂化和杂化轨道

1. 原子形成分子时，同一原子中能量相近的不同原子轨道重新组合成一组新的能量轨道的过程称为杂化。所形成的新轨道称为杂化轨道。

2. 杂化轨道成键时满足轨道最大重叠原理，形成的共价键稳定。

3. 杂化轨道类型与分子空间构型的关系。

杂化类型	sp	sp^2	sp^3	dsp^2	sp^3d	sp^3d^2
用于杂化的原子轨道数	2	3	4	4	5	6
杂化轨道数目	2	3	4	4	5	6
杂化轨道间夹角	180°	120°	109.5°	90°，180°	120°，90°，180°	90°，180°
空间构型	直　线	平面三角形	四面体	平面四方形	三角双锥	八面体

四、分子间的力（取向力、诱导力、色散力和氢键）

1. 取向力存在于极性分子之间，诱导力存在于极性分子和非极性分子之间以及极性分子和极性分子之间，而色散力则存在于任何分子间。

2. 氢与电负性大、半径小的 N、O、F 元素以共价键结合形成的化合物间易形成氢键。氢键能使物质的熔点和沸点升高，溶解度、密度及黏度增大。

五、晶体的类型

1. 离子晶体

离子晶体的晶格结点上是正、负离子。其作用力较强，熔点、沸点、硬度都较高。离子晶体的类型及空间结构为

空间结构类型	配位情况	空间结构类型	配位情况
NaCl 型	每一个钠离子配位 6 个氯离子，每一个氯离子配位 6 个钠离子	ZnS 型	正负离子配位数均是 4
		CaF_2 型	正离子配位数为 8，而负离子配位数为 4
CsCl 型	正负离子配位数均是 8	TiO_2 型	正离子配位数为 6，负离子配位数为 3

2. 原子晶体

在原子晶体中，组成晶格的质点是原子，质点间结合力极强，其熔点极高，硬度极大。

3. 分子晶体

分子晶体中，组成晶体的质点是分子。质点间的作用力小，其熔点、沸点、硬度都较低。

六、金属键和金属晶体

1. 金属中的自由电子不停地运动，将金属原子和离子联系在一起所形成的化学键称为金属键。

2. 靠金属键形成的晶体称为金属晶体。大多数金属晶体的熔点、沸点、硬度都较高。

3. 金属晶体中不停地运动的自由电子使金属晶体具有金属光泽、导电性、导热性、超导电性、延展性。

七、离子的极化

1. 离子的极化

一离子使另一离子的正、负电荷重心发生相对位移的作用称为离子的极化。

2. 离子的变形性

离子的变形性又称极化率，是离子受极化而使外层电子云发生位移的能力。

3. 影响离子的极化和变形性的主要因素是：离子半径、离子电荷、离子的电子构型等。正离子不易变形，负离子易变形，总是正离子对负离子的极化。正离子半径越小，所带电荷越多，其极化力越强。

4. 离子的极化对化合物性质的影响

(1) 离子极化能使化合物的键型发生变化。

(2) 离子的极化使物质的溶解度减小。

(3) 离子的极化使物质的熔点降低。

(4) 离子的极化使物质的颜色加深。

思考题与习题

1. 利用电负性数据定性判断化学键类型时，通常认为成键元素电负性之差 $\Delta x > 1.7$ 时，其间的化学键为离子键；电负性之差 $\Delta x < 1.7$ 时，其间的化学键为共价键。试判断下列分子中化学键的类型。

CaF_2	SO_2	CH_4	PCl_3
MgO	AsH_3	HCl	Cl_2

2. 说明下列每组物质分子间存在着哪种类型的分子间力（取向力、诱导力、色散力、氢键）。

(1) 碘和酒精　(2) 乙醇和水　(3) 氯化钠和水

3. 试从分子间力解释下列事实。

(1) 常温下，氟和氯是气体，溴是液体，而碘是固体。

(2) HCl 的熔点低于 HF 的熔点。

4. 下列说法，哪一种不正确？为什么？

(1) 色散力存在于所有分子之间。

(2) 在所有含氢化合物的分子间都存在氢键。

(3) 相同构型的非极性物质的熔点和沸点随分子量的增大而升高。

5. 试讨论下列各组概念的区别和联系。

(1) 无定形体、晶体；

(2) 晶胞、晶格；

(3) 晶格类型、晶体类型；

(4) 分子间力和共价键；

(5) 分子间力和氢键。

6. 试比较下列晶体的熔点，并判断其晶体的类型？

(1) CsCl，Au，CO_2，HCl；

(2) NaCl，N_2，NH_3，Si。

7. 试指出下列物质固化时可以结晶成何种类型的晶体。

(1) O_2　(2) H_2S　(3) Na　(4) KCl

8. 试解释下列现象。

(1) 为什么 CO_2 和 SiO_2 的物理性质差得很远？

(2) 为什么 NaCl 和 AgCl 的阳离子都是 +1 价离子（Na^+、Ag^+），NaCl 易溶于水，而 AgCl 不易溶于水？

9. 某固体溶于水生成一种能导电的溶液，当加热时它分解放出气体而生成另一固体。这些现象是下列何物质的特性？试推断这种物质分解温度的高低。

(1) CCl_4　(2) 石墨　(3) 铁　(4) NaF

10. 试根据各种类型晶体内部结构和它们的特征填写下表。

晶体类型	晶格上的结点	质点间作用力	晶体特性（如硬度、熔沸点、溶解度、导电性等）	实　例
原子晶体				
离子晶体				
分子晶体				
金属晶体				

11. 填写下表。

物　质	晶格结点上的质点	质点间作用力	晶格类型	预言熔点高低
$MgCl_2$	正、负离子，Mg^{2+} Cl^-	离子键	离子晶体	
O_2				
SiC				
HF				
H_2O				
MgO				

12. 下列几种元素之间，可形成哪些二元化合物（由两种元素组成的化合物），写出它们的化学式（各举一例），推断其熔点高低，并简单说明原因。

(1) Si　(2) O　(3) C　(4) H

13. 结合下列物质讨论键型的过渡。

Cl_2、HCl、AgI、NaF

14. 已知某化合物为 AB_2 型化合物，请填写下表。

项　目	A	B	项　目	A	B
原子序数	6	8	几何构型		
族			键的极性		
周　期					
电负性	2.55	3.44	分子极性		

写出该化合物的名称并指出属于何种类型晶体。

15. 解释下列问题或讨论下列说法是否正确。

(1) SiO_2 的熔点高于 SO_2。

(2) NaF 熔点高于 NaCl。

(3) 所有高熔点物质都是离子型的。

(4) 化合物的沸点随着分子量的增加而增加。

(5) 将离子型固体与水摇动制成的溶液都是电的良导体。

16. 分子晶体中，原子间以共价键结合，在原子晶体中原子间也是以共价键结合，为什么分子晶体与原子晶体的性质有很大区别？

17. 指出下列说法的错误。

(1) 氯化氢分子溶于水后产生 H^+ 和 Cl^-，所以氯化氢分子是离子键构成的；

(2) 四氯化碳的熔点、沸点都低，所以其分子不稳定。

第八章 配位平衡

学习指南

1. 掌握配合物的基本概念。
2. 理解配合物中化学键的本质。
3. 了解中心离子杂化轨道的类型与配合物空间构型的关系。
4. 掌握配合物稳定常数的意义及应用计算。
5. 掌握影响配位平衡的主要因素。
6. 了解配合物的应用。

配位化合物是含有配位键的化合物，简称配合物或络合物，是一类组成复杂、应用广泛的化合物，是现代化学的重要研究对象。配合物的研究和应用已渗透到化学的各个分支，新的金属材料的制取、分析、分离以及电镀、人工合成固氮、合成血红蛋白、染料、医药等都离不开配合物。生命科学的研究发现：叶绿素是镁的配合物；高等动物血液中的血红蛋白是铁的配合物；生物固氮是依靠铁和钼的配合物进行的。配合物的研究和作用已使它发展成为一门综合性的边缘学科。因此，学习和研究配合物化学有着极其重要的意义。本章主要介绍配合物的基本知识。

第一节 配合物的组成和命名

一、配合物的组成

配合物的组成较为复杂。例如，在一支盛有 $CuSO_4$ 溶液的试管中逐滴加入浓氨水，会有浅蓝色的 $Cu(OH)_2$ 沉淀生成。当加入过量氨水时，浅蓝色的沉淀消失，生成深蓝色的溶液。若在此溶液中加入酒精（可降低溶解度），即有深蓝色的晶体析出。经分析可知，该晶体的化学组成为 $CuSO_4 \cdot 4NH_3$。按一般分子加合反应的形式书写，其反应式为

$$CuSO_4 + 4NH_3 \rightleftharpoons CuSO_4 \cdot 4NH_3$$

将上述深蓝色溶液分为两份，一份中滴加 $BaCl_2$ 溶液，即有白色沉淀生成，说明溶液中含有游离的 SO_4^{2-}；另一份中滴加 NaOH 溶液，既没有 $Cu(OH)_2$ 沉淀生成，也没有自由氨的臭味，说明溶液中无明显的游离的 Cu^{2+} 离子和 NH_3 分子存在。

实验证明，该溶液中 SO_4^{2-} 是独立存在的，而 Cu^{2+} 和 NH_3 分子进行了某种结合，致使溶液中的 Cu^{2+} 的浓度小到不足以产生 $Cu(OH)_2$ 沉淀。经 X 射线结构分析可知，在 $CuSO_4 \cdot 4NH_3$ 中，Cu^{2+} 和 NH_3 形成了一种复杂的正离子 $[Cu(NH_3)_4]^{2+}$，这种复杂离子无论在晶体中或溶液中都很稳定，基本上不呈现 Cu^{2+} 和 NH_3 的性质。上述反应应表示为

$$CuSO_4 + 4NH_3 \rightleftharpoons [Cu(NH_3)_4]SO_4$$

其生成物 $[Cu(NH_3)_4]SO_4$ 即为配合物。

1. 内界和外界

配合物方括号中的复杂离子或分子都相当稳定，称为配合物的内界。配合物的内界是由一个金属离子或金属原子和一定数目的中性分子（如 NH_3 等）或酸根离子（如 CN^- 和 Cl^- 等）结合而成。内界的金属离子或原子位于配合物的中心，称为中心离子或中心原子，其余部分称为配位体，简称配体。提供配体的物质称为配位剂，配体右下角的数字称为配位数。内界可以是电中性的分子，如 $[Pt(NH_3)_2Cl_2]$、$[Ni(CO)_4]$ 和 $[Fe(CO)_5]$ 等称为配分子，也可以是带正电荷的阳离子如 $[Cu(NH_3)_4]^{2+}$，或带负电荷的阴离子如 $[Fe(CN)_6]^{3-}$ 等，这些复杂离子称为配离子。无论是电中性的配分子，还是含配离子的化合物统称为配合物。

含有配离子的配合物中，内界之外的部分（如 K^+、SO_4^{2-} 等）称为外界。内界与外界以离子键结合，在水溶液中可以电离；中心离子或中心原子与配体之间以配位键结合，很难电离，故不能显示其组分的特性。利用这些性质上的差异可以区分内界和外界。配合物的组成如图 8-1 所示。

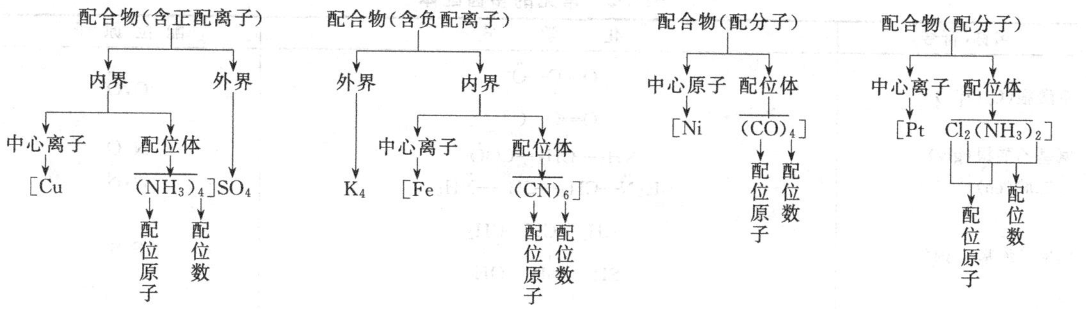

图 8-1 配合物的组成示意图

2. 中心离子或中心原子

中心离子或中心原子也称配合物的形成体，是内界的核心，它必须具备两个条件：有空的价电子原子轨道，以接受配体提供的孤电子对；中心离子要有高电荷、小半径的特点，才能与配体形成配位键。常见的是 Cu^{2+}、Zn^{2+}、Fe^{3+}、Co^{3+}、Cr^{3+}、Ni^{2+}、Al^{3+}、Ni、Fe 等过渡金属离子或原子，也可以是高氧化数的非金属元素，如 $[SiF_6]^{2-}$ 中的 Si(Ⅳ)、$[BF_4]^-$ 中的 B(Ⅲ)、$[I(I_2)]^-$ 中的 I^-、$[S(S_8)]^{2-}$ 中的 S^{2-} 等。

3. 配体和配合物的类型

配体的特征是能提供孤对电子。因此具有孤对电子的分子或阴离子，可作为配合物的配体，如 NH_3、H_2O、X^-、CN^-、SCN^-、OH^-、CO 等。配体中具有孤对电子，与中心离子或原子直接键合（形成配位键）的原子称为配位原子，如 NH_3 中的 N 原子、H_2O 中的 O 原子等。常见的配位原子主要是周期表中电负性较大的非金属原子，如 N、C、O、S、F、Cl、Br、I 等。

根据配体能提供的配位原子数及结构特征，可将配体及其配合物分为以下几类。

（1）单齿配体和简单配合物　只能提供一个配位原子的配体称为单齿（基）配体。常见

的单齿配体是一些简单离子或分子，如 X^-、NH_3、H_2O、CN^-、$S_2O_3^{2-}$ 等，它们与中心离子形成简单配合物。如 $[Fe(CN)_6]^{2-}$、$[Cu(NH_3)_4]SO_4$、$[Co(NH_3)_4Cl_2]Cl$ 等。有些配体含有两个配位原子，但在形成简单配合物时只能起单齿配体的作用。如 SCN^-，其结构为直线型，以 S 作配位原子时称为硫氰根（SCN^-），以 N 作配位原子时称为异硫氰根（NCS^-）。又如 NO_2^-，以 N 作配位原子时称为硝基（—NO_2），以 O 作配位原子时称为亚硝酸根（ONO^-）。这类配体又称为两可配体。常见的单齿配体见表 8-1。

表 8-1 常见的单齿配体

配位原子	分 子 配 体	离 子 配 体
X（卤素）		F^-、Cl^-、Br^-、I^-
O	H_2O、ROH（醇）、R_2O（醚）	OH^-、$RCOO^-$、ONO^-、CO_3^{2-}、$C_2O_4^{2-}$
S	R_2S（硫醚）、RSH（硫醇）	SCN^-、S^{2-}
N	NH_3、NO（亚硝酰）、C_6H_5N（吡啶）、RNH_2	NCS^-、NH_2^-、NO_3^-、NO_2^-
C	CO（羰基）、C_2H_4	CN^-

（2）多齿配体和螯合物　含有两个或两个以上配位原子的配体称为多齿（基）配体。多齿配体大多是有机分子，其分子中有多个配位原子。多齿配体的配位原子数（齿数）可以是 2、3、4、5、6，同一多齿配体在不同的配合物中参与配位的齿数由该配合物的结构决定。常见的多齿配体见表 8-2。一些无机含氧酸根（如 CO_3^{2-}、PO_4^{3-}、SO_4^{2-} 等）和有机酸根（如 CH_3COO^- 等）既可作单齿配体也可作双齿（2 个配位原子）配体。

表 8-2 常见的多齿配体

名称(符号)	化 学 式	配 位 原 子
草酸根($C_2O_4^{2-}$)	O=C—Ö⁻ │ O=C—Ö⁻	O,O
氨基乙酸根(gly)	NH_2—CH_2—COÖ⁻	N,O
乙二胺(en)	$H_2\ddot{N}$—CH_2—CH_2—$\ddot{N}H_2$	N,N
2,3-二巯基-1-丙醇	CH_2—CH—CH_2 │　│　│ :SH　:SH　OH	S,S
巯基乙酸根	H$\ddot{S}$—CH_2—COÖ⁻	S,O
半胱氨酸	CH_2—CH—COOH │　│ :SH　:NH_2	S,N
二亚乙基三胺(dien)	CH_2—CH_2—$\ddot{N}H_2$ H$\ddot{N}$ CH_2—CH_2—$\ddot{N}H_2$	N,N,N
三亚乙基四胺(trien)	CH_2—$\ddot{N}H$—CH_2—CH_2—$\ddot{N}H_2$ │ CH_2—$\ddot{N}H$—CH_2—CH_2—$\ddot{N}H_2$	N,N,N,N
乙二胺四乙酸根(EDTA)	⁻ÖOCH_2C　　　　CH_2COÖ⁻ $\ddot{N}$—CH_2—CH_2—$\ddot{N}$ ⁻ÖOCH_2C　　　　CH_2COÖ⁻	N,N,O,O,O,O

多齿配体能以两个或两个以上的配位原子同时与同一金属离子配合形成环状结构的配合物，故又称为螯合配体，也称螯合剂。螯合剂是最重要且应用最广的多齿配体。

若螯合剂中的每两个配位原子之间间隔着两个或三个其他原子，能与中心离子或原子形成稳定的五原子环（五元环）或六原子环（六元环）的配合物。最常见的螯合剂是氨羧配位剂（一类含有氨基和羧基的配位剂），大多是以氨基二乙酸[—$N(CH_2COOH)_2$]为基体的有机化合物，如乙二胺四乙酸等。

由螯合配体与同一中心离子或原子形成的具有环状结构的配合物称为螯合物，又称内配合物。如$[Cu(en)_2]^{2+}$，其平面结构为

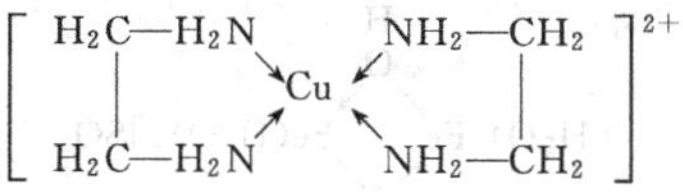

又如，EDTA 与Ca^{2+}形成的螯合物，其立体结构为

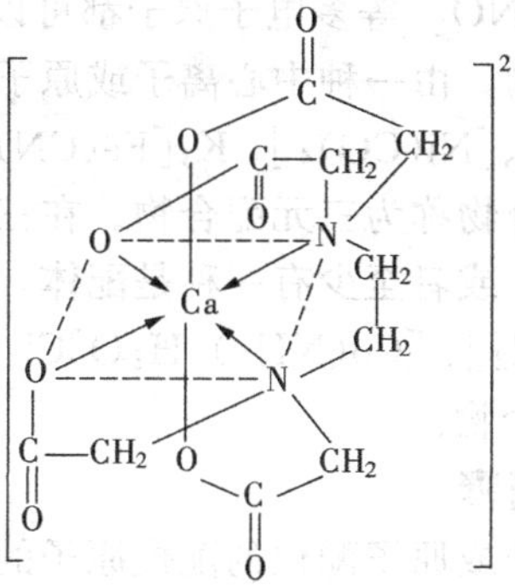

螯合物中形成的环称为螯环。由于螯环的形成，使螯合物比一般配合物稳定，在水中更难离解，且环越多则螯合物越稳定。这种由于螯环的形成而使螯合物稳定性增大的作用称为螯合效应。

如果多齿配体中的配位原子得到充分利用，则一个二齿配体（如乙二胺）与金属离子配位时，可形成一个螯环；一个四齿配体（如氨基三乙酸）则可形成三个螯环；而一个六齿配体（如 EDTA）则可形成五个螯环。要使螯合物完全离解为金属离子和配体，对于二齿配体所形成的螯合物，需要破坏两个配位键；对于三齿配体所形成的螯合物，则需要破坏三个配位键。故螯合物的稳定性，将随螯合物中配位键数即环数的增多而增强。此外，螯环的大小也会影响螯合物的稳定性，一般具有五元环或六元环的螯合物最稳定。

某些无机酸根如硫酸根SO_4^{2-}等也能作为螯合配体，但品种少，且常因环数少而不够稳定。

螯合物中有螯合阴（阳）离子和螯合分子。螯合离子一般都易溶于水。螯合分子（又称内配盐）没有外界，有的易溶于水，有的则不溶于水。一般螯合物分子中的疏水部分小，则易溶于水。反之，当配体结构复杂、疏水部分较大，往往难溶于水。例如，在弱碱性条件下，丁二酮肟与Ni^{2+}形成鲜红色的难溶于水的内配盐，其结构如下所示。

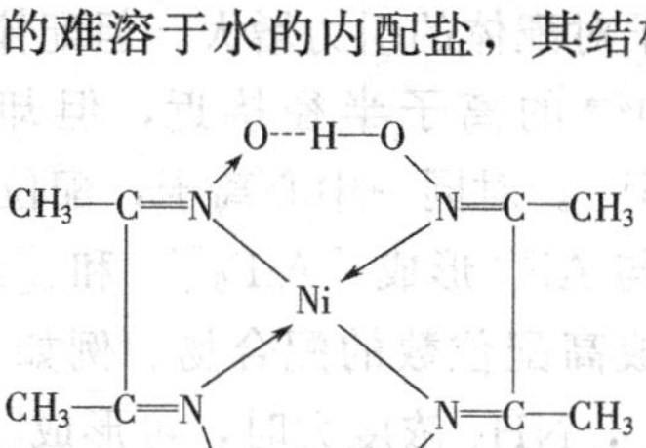

一些金属与螯合剂形成的螯合物难溶于水或具有特殊的颜色，常用于金属元素的分离或鉴定。

(3) π 键配体　能提供 π 键电子与中心离子或原子配位的配体称为 π 键配体，简称 π 配体。例如，乙烯(C_2H_4)、丁二烯($CH_2=CH-CH=CH_2$)、苯(C_6H_6)等。由 π 配体形成

的配合物称为 π 配合物。

（4）单核配合物和多核配合物　只含有一个中心离子或原子的配合物称为单核配合物。如$[Cu(NH_3)_4]SO_4$、$[Fe(CO)_5]$等是单核配合物。

一些孤电子对数大于 1 的配位原子，可以通过桥联基团连接与两个或两个以上的中心离子或原子配位形成配合物，此类配合物称为多核配合物。例如：

$$[(H_2O)_4Fe \underset{OH}{\overset{OH}{\rightleftarrows}} Fe(H_2O)_4]SO_4$$

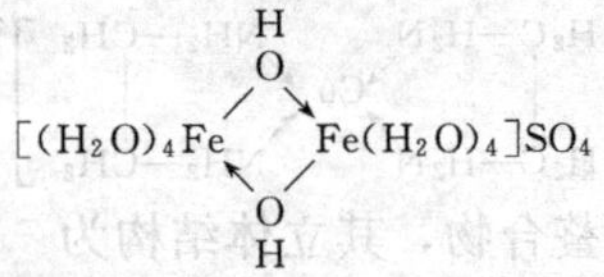

OH^-、NH_2^-、O^{2-}、Cl^-、NO_2^- 等多电子原子都可以做桥联基团（简称桥基）。

（5）二元配合物和三元配合物　由一种中心离子或原子与一种配位体形成的配合物称为二元配合物。如$[Cu(NH_3)_4]SO_4$、$[Ni(CO)_4]$、$K_3[Fe(CN)_6]$等为单核二元配合物。

由三种不同的组分形成的配合物称为三元配合物。在三种不同的组分中，至少有一种组分是金属离子，另外两种是配体；或者至少有一种是配体，另外两种是不同的金属离子。如$[Co(NH_3)_4Cl_2]Cl$、$[Pt(NH_3)_2Cl_2]$、$[Co(NH_3)_5H_2O]Cl_3$、$[TiO(H_2O)_2]^{2+}$是单核三元配合物，$[FeSnCl_5]$为双核三元配合物。

4. 配位数及影响配位数的因素

（1）配位数　直接与中心离子或原子配位的配位原子的总数，称为配位数。对于含单齿配体的配合物，配位数＝配体的总数，如$[AlF_6]^{3-}$中 Al^{3+} 的配位数为 6，$[Pt(NH_3)_2Cl_2]$中 Pt^{2+} 的配位数为 4。对于含多齿配体的配合物，配位数$\neq$配体总数，配位数＝配体的数目×每个配体的配位原子数。如$[Fe(en)_3]^{3+}$中，en 为双齿配体，故 Fe^{3+} 的配位数为 $3×2=6$；$[Co(en)_2Cl_2]^+$中 Co^{3+} 的配位数为$(2×2)+(2×1)=6$。

（2）影响配位数的因素　一般中心离子的配位数为 2～9，常见的是 2、4、6。配位数的多少取决于中心离子和配体的电荷、半径、核外电子排布以及配合物形成时的外界条件（如浓度、温度等）。

中心离子为阳离子时，一般所带正电荷数越高，吸引孤对电子的能力越强，配位数也就越高。例如，$[AgI_2]^-$的配位数小于 $[HgI_4]^{2-}$，$[PtCl_4]^{2-}$的配位数小于$[PtCl_6]^{2-}$等。中心离子半径越大，其周围可容纳的配体越多，配位数越大。例如同族元素 B（Ⅲ）离子和Al（Ⅲ）离子半径分别为 23pm 和 50pm，它们与氟形成的配离子分别是 $[BF_4]^-$ 和 $[AlF_6]^{3-}$。但若中心离子半径太大，则它对配体的吸引力减弱，反而使配位数降低，例如$[HgCl_4]^{2-}$的配位数小于 $[CdCl_6]^{4-}$。

配体负电荷增加，中心离子对配体的引力增大，但配体之间的排斥力也增大，总的结果是配位数减少。例如 F^- 和 O^{2-} 的离子半径接近，但却形成配位数不同的 $[BF_4]^-$ 和 $[BO_3]^{3-}$、$[SiF_6]^{2-}$ 和 $[SiO_4]^{4-}$。对同一中心离子，配位数随配体半径增大而减少。如卤素离子半径，$F^-<Cl^-$，分别与 Al^{3+} 形成 $[AlF_6]^{3-}$ 和 $[AlCl_4]^-$。

当配体浓度增大时，易形成高配位数的配合物。例如 Zn^{2+} 与 NH_3 分子配位时，NH_3浓度低时，形成$[Zn(NH_3)_4]^{2+}$，NH_3 浓度大时，可形成$[Zn(NH_3)_6]^{2+}$。

一般体系的温度升高，中心离子与配体的热运动加剧，难以形成高配位数的配合物。

5. 配离子的电荷

配离子的电荷等于中心离子电荷数与配体总电荷数的代数和。例如，Co^{3+} 形成的配离子$[Co(NH_3)Cl_5]^{2-}$的电荷为$+3+1×0+(-1)×5=-2$。由配离子电荷可推算出中心离子的氧化数。例如，已知$[Fe(CN)_6]^{4-}$中 CN^-，则中心离子 Fe 的氧化数为$-4-(-1)×6=+2$。

二、配合物的命名

1. 配合物的命名

配合物的命名原则与一般无机化合物相同，所不同的只是对配离子的命名。如果配合物中的酸根是一个简单阴离子，则称为某化某，如$[Co(NH_3)_6]Br_3$可命名为三溴化六氨合钴（Ⅲ）；如果外界为酸根离子，则可命名为某酸某，如$[Cu(NH_3)_4]SO_4$称为硫酸四氨合铜（Ⅱ）；如果外界为氢离子，则可命名为某酸，如$H_2[HgCl_4]$称为四氯合汞（Ⅱ）酸，它的盐如$K_2[HgCl_4]$称为四氯合汞（Ⅱ）酸钾。

2. 配离子的命名

配合物内界即配离子命名的一般语序为

配位数→配位体名称→“合”→中心离子（原子）名称配位体（氧化数）→“离子”

例如，$H_2[HgCl_4]^{2-}$四氯合汞(Ⅱ)离子

配位体数用中文数字一、二、三……表示；中心离子氧化数是在其名称后面加括号用罗马数字注明。

例如，$[Cu(NH_3)_4]^{2+}$四氯合铜(Ⅱ)离子

3. 命名中配位体的顺序

若配合物（或配离子）的组成中配位体不止一种，命名时配位体的顺序应遵循下列四点。

① 无机配体在前，有机配体在后。当无机配体中既有阴离子又有中性分子时，阴离子配体在前，中性分子配体在后。先简单离子，后复杂离子。不同配体名称间以圆点“·”分开。在最后一个配体的名称之后加“合”字。例如

$[Cr(NH_3)_5Cl]Cl_2$	二氯化一氯·五氨合铬(Ⅲ)
$K[PtCl_3NH_3]$	三氯·一氨合铂(Ⅱ)酸钾
$[Co(NH_3)_4Cl_2]^+$	二氯·四氨合钴(Ⅲ)配离子
$[Co(en)_2(NO_2)Cl]SCN$	硫氰酸一氯·一硝基·二乙二胺合钴(Ⅲ)
$[Pt(NH_3)_2(OH)_2Cl_2]$	二氯·二羟基·二氨合铂(Ⅳ)

② 同类配体的名称，按配位原子元素符号的英文字母顺序排列。例如

$[Co(NH_3)_5H_2O]Cl_3$	三氯化五氨·一水合钴(Ⅲ)

③ 同类配体中若配位原子也相同，则含原子数较少的配体在前，含原子数较多的配体在后。例如

$[PtNO_2NH_3NH_2OH(Py)]Cl$ 氯化一硝基·一氨·一羟胺·一吡啶合铂(Ⅱ)

④ 若配位原子相同，配体所含原子数也相同，则按在结构式中与配位原子相连的原子的元素符号的英文字母顺序排列。例如

$[PtNH_2NO_2(NH_3)_2]$ 一氨基·一硝基·二氨合铂(Ⅱ)

4. 无外界配合物的命名

对无外界的配合物即配分子命名时，中心原子的氧化数可不标明。例如

$[Pt(NH_3)_2Cl_2]$	二氯·二氨合铂
$[Ni(CO)_4]$	四羰基合镍

第二节 配合物的价键理论

一、配合物的价键理论

配合物的价键理论是鲍林首先将杂化轨道理论应用于配合物中而逐渐形成和发展起来

的，其基本要点如下所述。

（1）中心离子与配体间以配位键结合　要形成配位键，配体的配位原子必须含孤对电子（或 π 键电子），中心离子必须具有空的价电子轨道。

例如，$[Zn(NH_3)_4]^{2+}$ 配离子的形成

$$Zn^{2+}+4NH_3 \rightleftharpoons \left[\begin{array}{c} NH_3 \\ \downarrow \\ H_3N \rightarrow Zn \leftarrow NH_3 \\ \uparrow \\ NH_3 \end{array}\right]^{2+}$$

配体 NH_3 分子中的 N 原子提供孤对电子与 Zn^{2+} 共用，形成了配位键。

（2）中心离子以杂化轨道成键　在形成配位键时，中心离子的空轨道必须杂化，杂化轨道与配体的孤对电子（或 π 键电子）所在的轨道发生重叠，从而形成配位键。

二、配合物的空间构型

配合物的空间构型与中心离子的杂化轨道类型有着密切的关系。常见配离子的空间构型及中心离子的杂化轨道见表 8-3。

表 8-3　常见配离子的空间构型及中心离子的杂化轨道

杂化轨道	杂化轨道数	配位数	几何构型		实例
sp	2	2	直线型		$[Ag(NH_3)_2]^+$ $[Cu(NH_3)_2]^+$ $[CuCl_2]^+$ $[Ag(CN)_2]^-$
sp^2	3	3	平面三角形	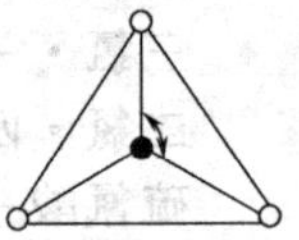	$[CuCl_3]^{2-}$ $[HgI_3]^{2-}$
sp^3	4	4	正四面体	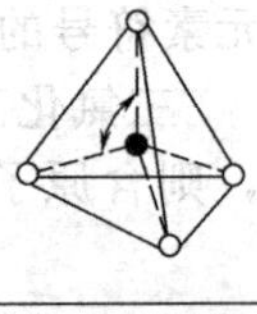	$[Zn(NH_3)_4]^{2+}$ $[Ni(NH_3)_4]^{2+}$ $[Ni(CO)_4]^{2+}$ $[HgI_4]^{2-}$
dsp^2	4	4	平面正方形	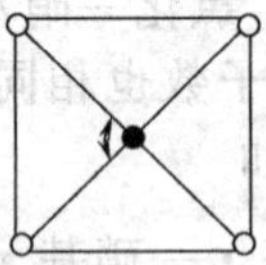	$[Ni(CN)_4]^{2-}$ $[Cu(NH_3)_4]^{2+}$ $[PtCl_4]^{2-}$ $[Cu(H_2O)_4]^{2+}$
dsp^3	5	5	三角双锥	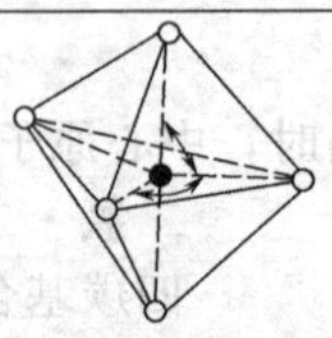	$Fe(CO)_5$ $[Ni(CN)_5]^{3-}$ $[CuCl_5]^{3-}$
d^2sp^3 sp^3d^2	6	6	八面体	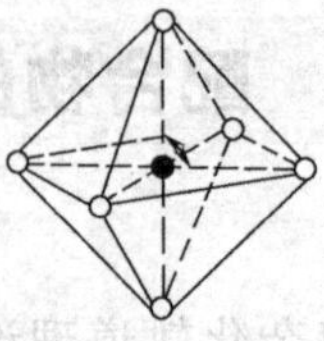	$[CoF_6]^{3-}$ $[FeF_6]^{3-}$ $[Fe(CN_6)]^{3-}$ $[Co(NH_3)_6]^{3+}$ $[PtCl_6]^{2-}$

三、外轨型配合物和内轨型配合物

配合物的形成体大多为过渡金属元素，它们轨道的杂化常有 d 轨道参与，d 轨道参与杂化形成配合物时有两种情况，分别形成外轨型配合物和内轨型配合物。

1. 外轨型配合物

在形成配合物时，如果中心原子不改变原有的电子层构型，提供的都是最外层原子轨道（ns、np、nd）进行杂化，形成的配合物称为外轨型配合物。如 $[FeF_6]^{3-}$ 配离子中的 Fe^{3+} 离子采用 sp^3d^2 杂化成键，形成的是外轨型配合物。

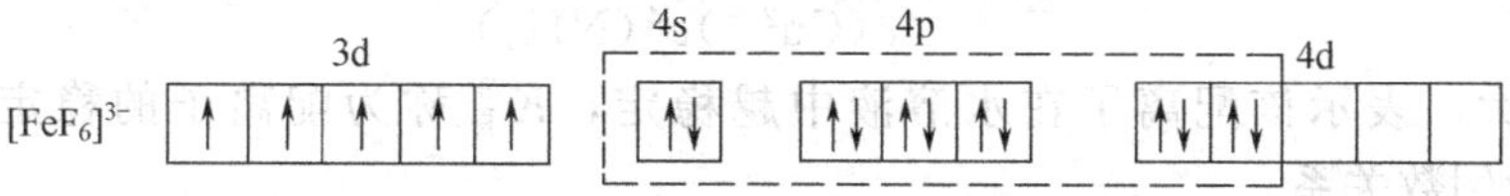

sp^3d^2 杂化轨道（外轨型配合物）

外轨型配合物中的配位键共价性较弱，离子性较强。外轨型配合物的中心离子仍保持原有的电子构型，未成对的电子数不变，磁矩较大，故称高自旋配合物。如 Fe^{3+} 中未成对的电子数是 5 个，形成 $[FeF_6]^{3-}$ 配离子后，其未成对的电子数仍是 5 个。未成对电子数越多，顺磁磁矩越高。物质磁性大小以磁矩 μ 表示，磁矩 μ 与未成对电子数 n 之间的近似关系为

$$\mu=\sqrt{n(n+2)}\,\mu_B$$

式中，μ_B 为玻尔磁子，是磁矩单位；$[FeF_6]^{3-}$ 的磁矩为 $5.86\mu_B$。

2. 内轨型配合物

中心离子在形成配位键时，内层电子进行重排，改变了原来的电子层构型，腾出内层 $(n-1)$d 轨道参与杂化，形成的配合物为内轨型配合物。如 $[Fe(CN)_6]^{3-}$ 配离子中 Fe^{3+} 是采用 d^2sp^3 杂化成键的

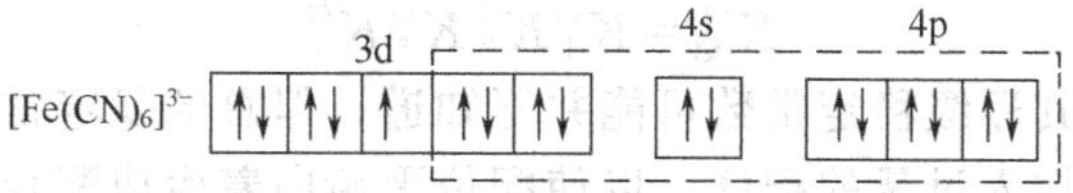

d^2sp^3 杂化（内轨型配合物）

由于 CN^- 离子场强比较大，对 Fe^{3+} 中的 d 电子的排斥作用大，使 d 电子挤成只占 3 个轨道，空出 2 个 d 轨道，在形成配位键时内层的 d 轨道进行杂化。因此形成配合物后未成对的电子数目减少而磁性降低，甚至变为反磁性物质。如 $[Fe(CN)_6]^{3-}$ 配离子中未成对的电子数为 1。$[Fe(CN)_6]^{3-}$ 的磁矩只有 $2.3\mu_B$。由于 $(n-1)$ d 轨道比 nd 轨道的能量低，所以一般内轨型配合物比外轨型配合物稳定，一般内轨型配合物在水溶液中较难离解为简单离子，而外轨型相对较容易离解。

第三节　配合物的稳定性

一、配位平衡和配合物的稳定常数

从配合物的组成可知，配合物的内界与外界之间是以离子键结合的，与强电解质类似，在水溶液中几乎完全离解。而配合物的内界较难离解，它们在水溶液中的离解类似于弱电解质，也存在着离解平衡。如 $[Cu(NH_3)_4]^{2+}$ 配离子在水溶液中的离解平衡为

$$[Cu(NH_3)_4]^{2+} \rightleftharpoons Cu^{2+} + 4NH_3$$

其离解平衡常数可表示为

$$K^{\ominus}=\frac{c(Cu^{2+})c^4(NH_3)}{c([Cu(NH_3)_4]^{2+})}$$

$K^{\ominus}$值越大，表示该配离子越容易离解。所以此常数称为配离子的不稳定常数，用$K^{\ominus}_{不稳}$表示。

实际中，常用配合物生成反应的平衡常数$K^{\ominus}_{稳}$来表示配合物的稳定性，即

$$Cu^{2+}+4NH_3 \rightleftharpoons [Cu(NH_3)_4]^{2+}$$

$$K^{\ominus}_{稳}=\frac{c([Cu(NH_3)_4]^{2+})}{c(Cu^{2+})c^4(NH_3)}$$

$K^{\ominus}_{稳}$值越大，表示该配离子在水溶液中越稳定，$K^{\ominus}_{稳}$称为配离子的稳定常数。显然，$K^{\ominus}_{稳}$与$^{\ominus}_{不稳}$互为倒数关系。

配离子在水溶液中的生成或离解与多元酸碱相似，也是逐级进行的。因此在溶液中存在着一系列的配位平衡，各级配位平衡均有其对应的稳定常数。如$[Cu(NH_3)_4]^{2+}$配离子的形成，其逐级配位反应及平衡常数为

$$Cu^{2+}+NH_3 \rightleftharpoons [Cu(NH_3)]^{2+} \qquad K^{\ominus}_1=\frac{c([Cu(NH_3)]^{2+})}{c(Cu^{2+})c(NH_3)}$$

$$Cu(NH_3)^{2+}+NH_3 \rightleftharpoons [Cu(NH_3)_2]^{2+} \qquad K^{\ominus}_2=\frac{c([Cu(NH_3)_2]^{2+})}{c([Cu(NH_3)]^{2+})c(NH_3)}$$

$$Cu(NH_3)_2^{2+}+NH_3 \rightleftharpoons [Cu(NH_3)_3]^{2+} \qquad K^{\ominus}_3=\frac{c([Cu(NH_3)_3]^{2+})}{c([Cu(NH_3)_2]^{2+})c(NH_3)}$$

$$Cu(NH_3)_3^{2+}+NH_3 \rightleftharpoons [Cu(NH_3)_4]^{2+} \qquad K^{\ominus}_4=\frac{c([Cu(NH_3)_4]^{2+})}{c([Cu(NH_3)_3]^{2+})c(NH_3)}$$

$K^{\ominus}_1$、$K^{\ominus}_2$、$K^{\ominus}_3$、$K^{\ominus}_4$称为配离子的逐级稳定常数。$[Cu(NH_3)_4]^{2+}$配离子的总稳定常数$K^{\ominus}_{稳}$与其逐级稳定常数的关系为

$$K^{\ominus}_{稳}=K^{\ominus}_1K^{\ominus}_2K^{\ominus}_3K^{\ominus}_4$$

对于有些配离子，其逐级稳定常数可能并不知道，但总的稳定常数是可以测定的。在实际工作中，常向体系内加入过量的配体，以使配位平衡向着生成配合物的方向移动。配离子主要以最高配位数形式存在，因而可采用总稳定常数$K^{\ominus}_{稳}$进行一些计算。

不同的配离子具有不同的稳定常数，它直接反映了配离子稳定性的大小。一些常见配离子的稳定常数见附录五。

二、配合物稳定常数的应用

配合物的稳定常数可用于比较同类型配合物的稳定性、计算配合物溶液中有关离子的浓度、判断配合物之间和配合物与沉淀之间转化的可能性等。

1. 计算配合物溶液中有关离子的浓度

配位平衡是一种化学平衡，利用$K^{\ominus}_{稳}$或$K^{\ominus}_{不稳}$可计算配合物溶液中各有关离子的浓度。

【例 8-1】 计算 0.10mol/L$[CuY]^{2-}$配离子离解平衡时溶液中$c(Cu^{2+})$和$c(Y^{4-})$。已知$K^{\ominus}_{不稳}=2.0\times10^{-19}$。

解 设平衡时$c(Cu^{2+})=c(Y^{4-})=x$(mol/L)，$[CuY]^{2-}$的离解反应为

$$[CuY]^{2-} \rightleftharpoons Cu^{2+}+Y^{4-}$$

	$[CuY]^{2-}$	Cu^{2+}	Y^{4-}
起始浓度/(mol/L)	0.10	0	0
平衡浓度/(mol/L)	$0.10-x\approx0.10$	x	x

因为$K^{\ominus}_{不稳}$很小，$[CuY]^{2-}$的离解程度很小，即x很小，$0.10-x\approx0.10$。

将平衡浓度代入平衡常数表达式得

$$\frac{c(Cu^{2+})\,c(Y^{4-})}{c([CuY]^{2+})}=\frac{x^2}{0.10}=K^{\ominus}_{不稳}=2.0\times10^{-19}$$

$$c(Cu^{2+})=c(Y^{4-})=x=1.41\times10^{-10}(mol/L)$$

由计算可见，溶液中 $c(Cu^{2+})$ 和 $c(Y^{4-})$ 都很小，则说明 $[CuY]^{2-}$ 配离子很稳定。

【例 8-2】 在25℃时，测得某 $[Ag(NH_3)_2]^+$ 溶液中 NH_3 的平衡浓度为 2.0mol/L，$[Ag(NH_3)_2]^+$ 的平衡浓度为 0.10mol/L，计算平衡时溶液中 $c(Ag^+)$。已知 $K^{\ominus}_{不稳}([Ag(NH_3)_2]^+)=8.9\times10^{-8}$。

解 设溶液中 Ag^+ 的平衡浓度为 x(mol/L)，$[Ag(NH_3)_2]^+$ 的离解反应为

$$[Ag(NH_3)_2]^+ \rightleftharpoons Ag^+ + 2NH_3$$

平衡浓度/(mol/L)　　0.10　　x　　2.0

将平衡浓度代入平衡常数表达式得

$$\frac{c(Ag^+)c^2(NH_3)}{c([Ag(NH_3)_2]^+)}=\frac{(2.0)^2x}{0.10}=K^{\ominus}_{不稳}=8.91\times10^{-8}$$

$$c(Ag^+)=x=2.03\times10^{-9}(mol/L)$$

即该溶液中 Ag^+ 的平衡浓度为 2.03×10^{-9} mol/L。

2. 判断配合物之间转化的可能性

配位数相同的配合物属于同类型的配合物。如 $[Ag(NH_3)_2]^+$ 和 $[Ag(CN)_2]^-$ 及 $[Cu(NH_3)_2]^+$、$[Cu(NH_3)_4]^{2+}$ 和 $[Zn(NH_3)_4]^{2+}$ 及 $[Ni(CN)_4]^{2+}$、$[FeF_6]^{3-}$ 和 $[Fe(CN_6)]^{3-}$ 及 $[Co(NH_3)_6]^{3+}$ 是同类型的配合物。对于同类型配合物可直接比较其稳定常数来比较它们的稳定性，从而判断配合物之间转化的可能性。必须注意：不同类型的配离子，一般不能直接用稳定常数来比较其稳定性。

配合物之间的转化反应与沉淀的转化反应相类似，也总是向着生成更稳定的配合物的方向。两种配合物的稳定常数相差越大，转化反应的平衡常数越大，转化越完全。

【例 8-3】 向含有 $[Ag(NH_3)_2]^+$ 的溶液中加入 KCN，试判断 $[Ag(NH_3)_2]^+$ 能否转化为 $[Ag(CN)_2]^-$。已知 $K^{\ominus}_{不稳}([Ag(NH_3)_2]^+)=8.9\times10^{-8}$，$K^{\ominus}_{不稳}([Ag(CN)_2]^-)=7.9\times10^{-22}$。

解 转化反应为

$$[Ag(NH_3)_2]^+ + 2CN^- \rightleftharpoons [Ag(CN)_2]^- + 2NH_3$$

其平衡常数表达式为

$$K^{\ominus}=\frac{c([Ag(CN)_2]^-)c^2(NH_3)}{c([Ag(NH_3)_2]^+)c^2(CN^-)}$$

分子、分母同乘以 $c(Ag^+)$ 得

$$K^{\ominus}=\frac{c([Ag(CN)_2]^-)c^2(NH_3)}{c([Ag(NH_3)_2]^+)c^2(CN^-)}\times\frac{c(Ag^+)}{c(Ag^+)}=\frac{K^{\ominus}_{不稳}([Ag(NH_3)_2]^+)}{K^{\ominus}_{不稳}([Ag(CN)_2]^-)}$$

则

$$K^{\ominus}=\frac{8.9\times10^{-8}}{7.9\times10^{-22}}=1.1\times10^{14}$$

其转化反应的平衡常数很大，则说明转化反应进行得很完全。

【例 8-4】 在 $FeCl_3$ 溶液中加入 KCNS 溶液，溶液立即变成血红色，如果在此溶液中再加入少量 NH_4F 或 NaF，则红色立即褪去，试通过计算解释其原因。已知 $K^{\ominus}_{稳}([FeF_6]^{3-})=1.0\times10^{16}$，$K^{\ominus}_{稳}([Fe(SCN)_6]^{3-})=1.48\times10^{3}$。

解

$$Fe^{3+} + 6SCN^- \rightleftharpoons [Fe(SCN)_6]^{3-}$$

$$[Fe(SCN)_6]^{3-} + 6F^- \rightleftharpoons [FeF_6]^{3-} + 6SCN^-$$

该反应的平衡常数为

$$K^{\ominus}=\frac{c([FeF_6]^{3-})c^6(SCN^-)}{c([Fe(SCN)_6]^{3-})c^6(F^-)}$$

分子、分母同乘以 $c(Fe^{3+})$ 得

$$K^{\ominus}=\frac{c([FeF_6]^{3-})c^6(SCN^-)}{c([Fe(SCN)_6]^{3-})c^6(F^-)}\times\frac{c(Fe^{3+})}{c(Fe^{3+})}=\frac{K^{\ominus}_{稳}([FeF_6]^{3-})}{K^{\ominus}_{稳}([Fe(SCN)_6]^{3+})}$$

则 $$K^{\ominus}=\frac{1.0\times10^{16}}{1.48\times10^{3}}=6.8\times10^{12}$$

由 $K^{\ominus}$ 值可知，该反应向右进行的趋势很大，F^- 对 Fe^{3+} 的配位能力更强，故只要加入足够量的 F^- 时，$[Fe(NCS)_6]^{3-}$ 即可转化为 $[FeF_6]^{3-}$ 配离子。

配合物的转化反应在实际中有很重要的应用。例如，若人体中 Pb^{2+} 聚集较多而发生中毒时，常用 $[CaY]^{2-}$ 来治疗，反应也属于配合物间的转化。其转化反应为

$$[CaY]^{2-}+Pb^{2+}\rightleftharpoons[PbY]^{2-}+Ca^{2+}$$

$$K^{\ominus}=\frac{c([PbY]^{2-})c(Ca^{2+})}{c([CaY]^{2-})c(Pb^{2+})}\times\frac{c(Y^{4-})}{c(Y^{4-})}=\frac{K^{\ominus}_{稳}([PbY]^{2-})}{K^{\ominus}_{稳}([CaY]^{2-})}=\frac{1.0\times10^{18}}{3.7\times10^{10}}=2.7\times10^{7}$$

设平衡后 $$c(Ca^{2+})=c(Pb^{2+})=1\times10^{-5}(mol/L)$$

则 $$\frac{c([PbY]^{2-})}{c([CaY]^{2-})}=2.7\times10^{7}$$

可见溶液中 $[CaY]^{2-}$ 几乎全部转化为 $[PbY]^{2-}$。

3. 判断配合物与沉淀之间转化的可能性

在配合物溶液中，加入能和配合物成分形成沉淀的沉淀剂时，配合物可能会离解而转化为沉淀；而在某些沉淀中加入配位剂时，沉淀也会溶解而转化为配合物。沉淀溶解平衡与配位平衡同时存在，两种平衡互相影响和制约，其转化的可能性可根据配合物的稳定常数 $K^{\ominus}_{稳}$ 和沉淀的溶度积常数 $K^{\ominus}_{sp}$ 的大小来判断。

【例 8-5】 向含有 $[Ag(NH_3)_2]^+$ 的溶液中加入 KI，试判断 $[Ag(NH_3)_2]^+$ 转化为 AgI 沉淀的可能性。已知 $K^{\ominus}_{不稳}([Ag(NH_3)^2]^+)=8.9\times10^{-8}$，$K^{\ominus}_{sp}(AgI)=8.3\times10^{-17}$。

解 转化反应为 $$[Ag(NH_3)_2]^+ + I^- \rightleftharpoons AgI(s)+2NH_3$$

其平衡常数表达式为

$$K^{\ominus}=\frac{c^2(NH_3)}{c([Ag(NH_3)_2]^+)c(I^-)}$$

分子、分母同乘以 $c(Ag^+)$ 得

$$K^{\ominus}=\frac{c^2(NH_3)}{c([Ag(NH_3)_2]^+)c(I^-)}\times\frac{c(Ag^+)}{c(Ag^+)}=\frac{K^{\ominus}_{不稳}([Ag(NH_3)_2]^+)}{K^{\ominus}_{sp}(AgI)}$$

则 $$K^{\ominus}=\frac{8.9\times10^{-8}}{8.3\times10^{-17}}=1.1\times10^{9}$$

该转化反应的平衡常数很大，说明由 $[Ag(NH_3)_2]^+$ 转化为 AgI 沉淀的可能性很大。

上述沉淀和配位的多重平衡在实际中具有广泛的应用。例如，在 $[Ag(NH_3)_2]^+$ 溶液中加入 KBr 溶液时，$[Ag(NH_3)_2]^+$ 离解而生成淡黄色 AgBr 沉淀；再加入 $Na_2S_2O_3$ 溶液，AgBr 沉淀溶解，生成了 $[Ag(S_2O_3)_2]^{3-}$；再加入 KI 溶液时，$[Ag(S_2O_3)_2]^{3-}$ 离解，而生成黄色的 AgI 沉淀；继续加入 KCN 溶液时，AgI 沉淀溶解而生成 $[Ag(CN)_2]^-$；最后加入 Na_2S 溶液时，$[Ag(CN)_2]^-$ 离解而转化为黑色的 Ag_2S 沉淀。随着实验的进行，溶液中 $c(Ag^+)$ 不断减小。在该体系中既有沉淀的生成和溶解又有配合物的解离和形成，决定上述反应方向的是 $K^{\ominus}_{稳}$ 和 $K^{\ominus}_{sp}$ 的相对大小以及配位体与沉淀剂的浓度。配合物的 $K^{\ominus}_{稳}$ 值越大，越

容易形成配合物，即沉淀越易于溶解；若沉淀的 $K_{sp}^{\ominus}$ 越小，配合物越易离解而形成沉淀。

又如，照相底片上涂有 AgBr 乳胶，在照相时曝光的部分用有机还原剂处理，即显影，使 AgBr 粒子还原成金属银而显黑色。将未曝光部分的 AgBr 浸入海波液（即 $Na_2S_2O_3$ 溶液），即形成 $[Ag(S_2O_2)]^{3-}$ 而溶解，这一过程称为定影。

再如，废定影液中含有较多的 $[Ag(S_2O_3)_2]^{3-}$，电镀液中含有较多的 $[Ag(CN)_2]^-$，若欲回收其中的银，必须先用沉淀剂（如 Na_2S）使生成很难溶解的 Ag_2S 沉淀，然后再将沉淀与 HNO_3 反应而制得硝酸银，达到回收银的目的。其反应为

$$2Ag(S_2O_3)_2^{3-}+S^{2-} \rightleftharpoons Ag_2S\downarrow + 4S_2O_3^{2-}$$

$$3Ag_2S+2NO_3^- +8H^+ \rightleftharpoons 6Ag^+ +2NO+3S\downarrow +4H_2O$$

4. 计算配合物电对的电极电势

配合物的形成使金属离子的电极电势发生了变化，导致一些氧化还原反应方向的变化。

例如，金属铜在通常条件下不能置换水和酸中的氢，但在 KCN 存在时，铜也可以置换水中的氢。其原因是形成了 $[Cu(CN)_4]^{2+}$，$c(Cu^+)$ 大大降低，而使 Cu^+/Cu 电对的电极电势大大减小，金属铜的还原能力增强。其 $\varphi^{\ominus}$ 的改变可以计算

$$2Cu + 8CN^- +2H_2O \rightleftharpoons 2[Cu(CN)_4]^{3-} +2OH^- + H_2\uparrow$$

$$Cu^+ +e^- \rightleftharpoons Cu \quad \varphi^{\ominus}(Cu^+/Cu)=0.522V$$

若控制配离子溶液中的 $c[Cu(CN)_4{}^{3-}]=c(CN^-)=1mol/L$，在 25℃时

$$\varphi(Cu^+/Cu)=\varphi^{\ominus}[Cu(CN)_4^{3-}/Cu]=\varphi^{\ominus}(Cu^+/Cu)+\frac{0.0592}{n}\lg c(Cu^+)$$

此时，溶液中 $c(Cu^+)$ 可根据 $[Cu(CN)_4]^{3-}$ 的 $K_{稳}^{\ominus}$ 计算，则有

$$K_{稳}^{\ominus}=\frac{c[Cu(CN)_4^{3-}]}{c(Cu^+)c^4(CN^-)}=\frac{1}{c(Cu^+)}=2.0\times10^{30}$$

$$c(Cu^+)=\frac{1}{K_{稳}^{\ominus}}=\frac{1}{2.0\times10^{30}}$$

所以 $\varphi^{\ominus}([Cu(CN)_4]^{3-}/Cu)=0.522+0.059\lg\dfrac{1}{2.0\times10^{30}}=-1.27(V)$

而在碱性介质中 $\varphi^{\ominus}(H_2O/H_2)=-0.8277V$，所以，铜能还原水中的 H^+，而放出氢气。

【例 8-6】 计算 $[Ag(NH_3)_2]^+ + e^- \rightleftharpoons Ag + 2NH_3$ 体系的标准电极电势 $\varphi^{\ominus}([Ag(NH_3)_2]^+/Ag)$。

已知 $K_{稳}^{\ominus}[Ag(NH_3)_2]^+=1.7\times10^7$，$\varphi^{\ominus}(Ag^+/Ag)=0.799V$。

解

$$Ag^+ +2NH_3 \rightleftharpoons [Ag(NH_3)_2]^+$$

$$K_{稳}^{\ominus}=\frac{c([Ag(NH_3)_2]^+)}{c(Ag^+)c^2(NH_3)}=1.7\times10^7$$

标准态时 $c([Ag(NH_3)_2]^+) = c(NH_3) = 1mol/L$

则 $c(Ag^+)=\dfrac{1}{K_{稳}^{\ominus}}=\dfrac{1}{1.7\times10^7}=5.8\times10^{-8}(mol/L)$

由题意可知，$\varphi^{\ominus}([Ag(NH_3)_2]^+/Ag)$ 即为 $c(Ag^+)=5.8\times10^{-8}(mol/L)$ 时的 $\varphi(Ag^+/Ag)$。

所以 $\varphi^{\ominus}([Ag(NH_3)_2]^+/Ag)=\varphi^{\ominus}(Ag^+/Ag)+0.0592\lg c(Ag^+)$

$$\varphi^{\ominus}([Ag(NH_3)_2]^+/Ag)=\varphi^{\ominus}(Ag^+/Ag)+0.0592\lg\frac{1}{K_{稳}^{\ominus}}$$

即 $\varphi^{\ominus}([Ag(NH_3)_2]^+/Ag)=0.799+0.0592\lg5.8\times10^{-8}=0.37(V)$

Ag^+/Ag 电对的电极电势降低了 0.799−0.37=0.429（V）

【例 8-7】 试计算 $[Au(CN)_2]^- + e^- \rightleftharpoons Au + 2CN^-$ 体系的标准电极电势 $\varphi^\ominus([Au(CN)_2]^-/Au)$。已知 $\varphi^\ominus(Au^+/Au)=1.68V$，$K^\ominus_{不稳}([Au(CN)_2]^-)=5.0\times10^{-39}$。

解
$$Au^+ + 2CN^- \rightleftharpoons [Au(CN)_2]^-$$

$$K^\ominus_{不稳}=\frac{c(Au^+)c^2(CN^-)}{c([Au(CN)_2]^-)}=5.0\times10^{-39}$$

标准态时 $c([Au(CN)_2]^-)=c(CN^-)=1(mol/L)$

所以 $c(Au^+)=K^\ominus_{不稳}=5.0\times10^{-39}$

故
$$\varphi^\ominus([Au(CN)_2]^-/Au)=\varphi^\ominus(Au^+/Au)+0.0592\lg c(Au^+)$$

$$\varphi^\ominus([Au(CN)_2]^-/Au)=\varphi^\ominus(Au^+/Au)+0.0592\lg K^\ominus_{不稳}$$

$$\varphi^\ominus([Au(CN)_2]^-/Au)=1.68+0.0592\lg(5.0\times10^{-39})=-0.58(V)$$

由计算结果可见，简单离子配位后，通常都增强了金属的还原性，随着配合物稳定性的不同，其还原性增强的程度也不同。配合物的 $K^\ominus_稳$ 值越大，其标准电极电势值越小，金属离子越难得到电子而还原，金属离子就越稳定。例如

电　对	$\varphi^\ominus$/V	$K^\ominus_稳$	电　对	$\varphi^\ominus$/V	$K^\ominus_稳$
Ag^+/Ag	0.799		Au^+/Au	1.68	
$[Ag(CN)_2]^-/Ag$	−0.30	1.3×10^{21}	$[Au(CN)_2]^-/Au$	−0.58	2.0×10^{38}

在实际中，常通过加入配位剂于金属离子溶液中，形成稳定的配合物，以防金属离子的氧化。

第四节　配合物的应用

配合物具有特殊的结构和性质，配位化学无论在基础理论研究或实际应用方面都具有非常重要的意义，并已渗透到其他学科领域，如有机化学、药物化学、催化、冶金、生物化学、环境化学、地球化学等，其应用范围极其广泛。

一、贵金属的湿法冶金

将含有金、银单质的矿石放在 NaCN（或 KCN）的溶液中，经搅拌，借助于空气中氧的作用，使 Au 和 Ag 分别形成配合物 $[Au(CN)_3]^-$ 和 $[Ag(CN)_2]^-$ 而溶解。以 Au 为例，其反应为

$$4Au+8CN^-+2H_2O+O_2 \rightleftharpoons 4[Au(CN)_2]^-+4OH^-$$

然后在溶液中加 Zn 将 Au^+ 还原，即可得到 Au。反应式为

$$2[Au(CN)_2]^-+Zn \rightleftharpoons [Zn(CN)_4]^{2-}+2Au$$

我国铜矿的品位一般较低，通常是采用一种配位剂（或螯合剂，如 2-羟基-5-仲辛基二苯甲酮肟等）使铜富集起来。20 世纪 70 年代以来，应用溶剂萃取法回收铜是湿法冶金的一项突出成就。

二、分离和提纯

稀土金属元素的离子半径几乎相等，其化学性质也非常相似，难以用一般的化学方法分离。但可利用它们和某种螯合剂（如冠醚）生成螯合物，进行萃取分离。较大、较轻的稀土离子可以和冠醚生成螯合物，易溶于有机溶剂，而重稀土离子则不能形成稳定的配合物。经用冠醚萃取后，重稀土离子留在水相，而轻稀土离子则在有机相中。

又如，在一定条件下，通 CO 气体于含镍矿粉中，可得剧毒的液态 $[Ni(CO)_4]$，再加热使其分解为高纯度的金属镍。钴不能与 CO 发生上述反应，故可利用这种方法分离镍和钴。

三、配位催化

过渡金属化合物（如 $PdCl_2$）可以和乙烯分子形成配合物，在其配合物中乙烯分子中的 C═C 键增长，导致活化，经过此中间体，乙烯转变为乙醛。反应过程较为复杂，可简写为

$$PdCl_2 + C_2H_4 \rightleftharpoons \text{配合物}$$

$$\text{配合物} + H_2O \rightleftharpoons CH_3CHO + 2HCl + Pd$$

配位催化反应在石油化学工业、合成橡胶工业中常被应用。

四、电镀与电镀液的处理

为了获得光滑、均匀、附着力强的金属镀层，需要降低电镀液中被镀金属离子的浓度。通常是使金属离子与配位剂（如 KCN、酒石酸、柠檬酸等）形成配合物。

使用过的电镀液中常含有剧毒物质 CN^-，可在电镀废液中加入 $FeSO_4$，使其与 CN^- 配位，形成无毒的 $[Fe(CN)_6]^{4-}$ 后排放。电镀废液对水源的污染是非常严重的，当前电镀业在尽量采用无毒电镀液，以减小氰化物对水源的污染。

五、生物化学中的配位化合物

金属配合物在生物化学中的应用非常广泛。在人体中存在的许多酶所起的作用与其结构中含有金属配离子有关。生物体中能量的转换、传递，电荷的转移，化学键的断裂和生成等，大多是通过金属离子与有机体生成的复杂配合物来完成的。例如，与生物体的呼吸作用有密切关系的血红蛋白就是铁和球蛋白（一种有机大分子）以及水所形成的配合物。该物质中的配分子水可被氧气所置换，其反应可表示为

$$\text{血红蛋白}\cdot H_2O(aq) + O_2 \rightleftharpoons \text{血红蛋白}\cdot O_2(aq) + H_2O(l)$$

血红蛋白在肺里和氧结合，随着血液循环再将氧释放给人体的其他需氧器官。血红蛋白是生物体在呼吸过程中传送氧的物质，是氧的载体。当生物体吸入 CO 气体时，血红蛋白中的氧很快被 CO 置换。其原因是 CO 与血红蛋白中的 Fe^{2+} 能生成更稳定的螯合物。

$$\text{血红蛋白}\cdot O_2(aq) + CO \rightleftharpoons \text{血红蛋白}\cdot CO(aq) + O_2(g)$$

血红蛋白会因此而失去输送氧的功能。在约 37℃（人体的体温）时，上述置换反应的平衡常数约为 200，这意味着当空气中的 CO 浓度达到 O_2 浓度的 0.5%时，血红蛋白中的氧就有可能被 CO 取代，生物体就会因得不到氧而窒息。

人们是根据血红蛋白的配位结构及其作用机理去研究并仿制人造血的。

又如，植物中的叶绿素，是以镁为中心原子的配合物。它能进行光合作用，把太阳能转变成化学能。对于人体来说，叶绿素既是营养物质，又具有某种抗菌作用。

在人体中许多生物酶就是金属离子的配合物，它需要少量金属离子（如 Fe、Zn、Cu 等离子）的存在才能起催化作用，这些金属就是人体不能缺少的有益元素。但也有些金属元素（如 Pb、Hg、Cd 等）能抑制酶的作用，故称其为有毒元素。

在医药上许多有毒金属元素的解毒药物也与配合作用有关。如对 Pb 中毒的处理，可在肌肉中直接注射一定量的 EDTA 溶液。EDTA 也是排除人体内 U、Th、Pu 等放射性元素的高效解毒剂。砷、汞中毒也都是通过配位化学反应来解毒的。人们也应用某些配合物作为药物来治疗疾病，如治疗糖尿病的胰岛素就是 Zn 的一种配合物，具有抗癌作用的顺式二氯二氨合铂也是一种配合物。

阅读材料 红宝石和绿宝石

1960 年，美国科学家玛芒（Maiman）制成了世界上第一台红宝石激光器。红宝石作为装饰品以其晶莹艳丽，早已受到人们的青睐。在无色的刚玉（Al_2O_3）中加入约 1% 的绿色 Cr_2O_3，即可制得红宝石。红宝石的美丽红色是如何产生的？刚玉中的 Al^{3+} 处于 6 个 O^{2-} 构成的八面体空隙中，加入的 Cr^{3+} 部分取代了 AlO_6 八面体中 Al^{3+} 的位置，使八面体稍有变形，中心离子 Cr^{3+} 的 3 个 d 电子分布在低能级轨道上。当被光照射时，低能级轨道的电子跃迁至高能级轨道上，在可见光区内产生两个强吸收带，如图 8-2 所示。低能带吸收绿色和黄色的光，高能带吸收紫色的光。两带重叠的部分意味着大部分蓝色的光也被吸收，透过的少量的蓝色光与透过的红色光使红宝石呈现出特有的紫红色。

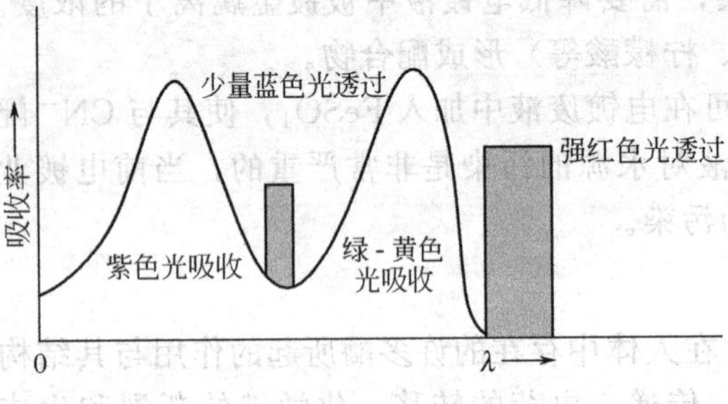

图 8-2 红宝石吸收带

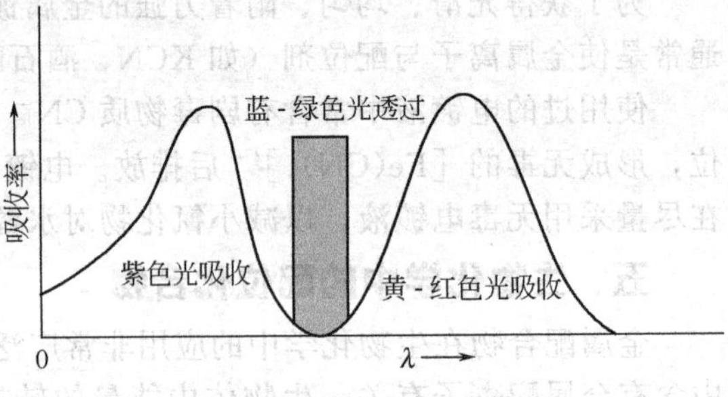

图 8-3 绿宝石吸收带

绿宝石中同样含有杂质 Cr^{3+}，Cr^{3+} 也部分取代了 6 个 O^{2-} 组成的八面体中心的 Al^{3+}。但绿宝石与红宝石的颜色有很大的差别，其原因是晶体场分裂能的微小变化（约 10%）。Cr^{3+} 取代的是硅铍石（化学式为 $Be_3Al_2Si_6O_{18}$）中的 Al^{3+}，而不是刚玉中的 Al^{3+}。纯净的硅铍石也是无色的。由于铍和硅的存在，使晶体场分裂能变小。因此，绿宝石被光照射时，吸收光谱向低能带移动，如图 8-3 所示。低能吸收带向右（红色）移动，使其覆盖了红色、橙色和黄色光区，而不吸收绿色光和少量蓝色光。较高能带的吸收区从紫外向蓝色移动，吸收光谱形式有所变化，两带之间也有透过“窗”，使蓝绿色的光透过，从而产生了“翡翠绿”的颜色。

本 章 小 结

一、配合物的组成

1. 中心离子或原子也称配合物的形成体，是内界的核心，常见的是过渡金属离子或原子。

2. 配体的类型

(1) 单齿配体——只能提供一个配位原子的配体。

(2) 多齿配体——含有两个或两个以上配位原子的配体。

(3) π 键配体——能提供 π 键电子与中心离子或原子配位的配体，简称 π 配体。

3. 配合物的类型

(1) 简单配合物——单齿配体与中心离子或原子形成的配合物。

(2) 螯合物——多齿配体与中心离子或原子形成的环状结构的配合物。

(3) 单核配合物——只含一个中心离子或原子的配合物。

(4) 多核配合物——含有两个或两个以上中心离子或原子的配合物。

(5) 二元配合物——由一种中心离子或原子与一种配体形成的配合物。

(6) 三元配合物——由三种不同组分形成的配合物。

（7）单核三元配合物——由一种金属离子或原子与两种配体形成的配合物。

（8）双核三元配合物——由两种金属离子或原子与一种配体形成的配合物。

4. 配位数——与中心离子或原子结合的配位原子的总数。常见配位数是 2、4、6。配位数的主要影响因素是中心离子和配体的电荷、半径、核外电子排布以及配合物形成时的外界条件（如浓度、温度等）。

二、配合物的命名

1. 配合物内界的命名

配位体数→配位体名称→“合”→中心离子（原子）名称→中心离子（原子）的氧化数。配位体数用中文数字一、二、三……表示；中心离子氧化数是在其名称后面加括号用罗马数字注明。

2. 命名中配位体的顺序

无机配体在前，有机配体在后。阴离子配体在前，中性分子配体在后；先简单离子，后复杂离子；不同配体名称间以圆点“·”分开，在最后一个配体的名称之后加“合”字。

同类配体按配位原子元素符号的英文字母顺序为顺序。若配位原子相同，配体所含原子数也相同，按结构式中与配位原子相连的原子的元素符号的英文字母顺序为顺序。

3. 无外界的配合物命名时中心原子的氧化数可不标明。

三、配合物的价键理论基本要点

1. 配合物的中心离子与配体间以配位键结合。

2. 中心离子必须以杂化轨道成键。

3. 外轨型配合物——中心离子全部以外层空轨道杂化成键形成的配合物。

4. 内轨型配合物——中心离子以次外层 d 轨道参与杂化成键形成的配合物。内轨型配合物的稳定性大于外轨型配合物。

四、配合物的空间构型取决于中心离子的杂化轨道类型

五、配合物的稳定性

1. 配合物的稳定性用其稳定常数 $K^{\ominus}_{稳}$ 或不稳定常数 $K^{\ominus}_{不稳}$ 表示，$K^{\ominus}_{稳}=\dfrac{1}{K^{\ominus}_{不稳}}$。$K^{\ominus}_{稳}$ 越大或 $K^{\ominus}_{不稳}$ 越小，配合物越稳定。

2. 配合物稳定常数的应用

（1）计算配合物溶液中有关离子的浓度。

（2）判断配合物之间转化的可能性。

（3）判断配合物与沉淀之间转化的可能性。

（4）计算配合物电对的电极电势。

六、配合物的应用

配合物在有机化学、药物化学、催化、冶金、生物化学、环境化学、地球化学等领域应用极其广泛。

思考题与习题

1. 指出下列配离子的中心原子、配位体、配位原子及配位数，并命名。

（1）$[Cu(NH_3)_4]^{2+}$　（2）$[Ag(S_2O_3)_2]^{3-}$　（3）$[AlCl_4]^-$

（4）$[Fe(CN)_6]^{4-}$　（5）$[Fe(NCS)_6]^{3-}$　（6）$[SiF_6]^{2-}$

（7）$[Ni(en)_2]^{2+}$　（8）$[BF_4]^-$　（9）$[CaY]^{2-}$

2. 指出下列配合物的类型、中心离子或原子和配离子的电荷，并命名。

（1）$K_2[HgI_4]$　（2）$[Cu(NH_3)_4](OH)_2$

（3）$K_3[FeF_6]$　（4）$[Co(NH_3)_5Cl]Cl_2$

（5）$H_2[PtCl_6]$　（6）$[Co(CO)_4]$

（7）$[Pt(NH_3)_4(NO_2)Cl]CO_3$　（8）$[Zn(NH_3)_4]SO_4$

3. 写出下列配合物和配离子的化学式

(1) 二氯化四氨合铜（Ⅱ） (2) 一氯化二氯·三氨·一水合钴（Ⅲ）

(3) 四硫氰·二氨合铬（Ⅲ）酸铵 (4) 六氯合铂（Ⅲ）酸钾

(5) 二氰合银（Ⅰ）配离子 (6) 二羟基·四水·合铝（Ⅲ）配离子

4. 试用价键理论说明下列配离子的类型、空间构型和磁性。

(1) $[CoF_6]^{3-}$ 和 $[Co(CN)_6]^{3-}$ (2) $[Ni(NH_3)_4]^{2+}$ 和 $[Ni(CN)_4]^{2-}$

5. 试用配合物化学知识来解释下列事实。

(1) 为什么大多数的 Cu(Ⅱ) 的配离子的空间构型为平面正方形？

(2) AgI 为什么不能溶于过量氨水，而能溶于 KCN 溶液？

(3) 为什么 AgBr 沉淀可溶于 KCN 溶液中，但 Ag_2S 不溶？

6. 写出有关化学方程式，以解释下列过程。

(1) 将 NaSCN 加入 $FeCl_3$ 溶液中，呈现血红色。

(2) 在 $Fe(SCN)_3$（血红色）溶液中，加入 NH_4F 或 EDTA 后，颜色显著变浅。

7. 0.1g AgBr 固体能否完全溶解于 100mL 1mol/L $NH_3 \cdot H_2O$ 中？

8. 将 0.10mol 的 $AgNO_3$ 溶于 100mL 1.0mol/L 氨水中，试通过计算说明。

(1) 若再加入 0.010mol NaCl，有无 AgCl 沉淀生成？

(2) 如果用 NaBr 代替 NaCl，有无 AgBr 沉淀生成？

(3) 如果用 KI 代替 NaCl，则至少要加入多少克 KI 才有 AgI 沉淀析出？

9. 在含有 2.5mol/L $AgNO_3$ 和 0.41mol/L NaCl 溶液里，要使 AgCl 沉淀不析出，溶液中游离的 CN^- 浓度至少应为多少？

10. 试判断下列反应进行的方向，并解释之。

(1) $[Ag(NH_3)_2]^+ + 2CN^- \rightleftharpoons [Ag(CN)_2]^- + 2NH_3$

(2) $[Cu(NH_3)_4]^{2+} + Zn \rightleftharpoons [Zn(NH_3)_4]^{2+} + Cu^{2+}$

11. 试解释下列现象。

(1) AgCl 能溶于氨水，而 AgBr 仅微溶于氨水，AgCl 和 AgBr 均能溶解于 $Na_2S_2O_3$ 溶液。

(2) KI 能使 $[Ag(NH_3)_2NO_3]$ 溶液中的 Ag^+ 生成 AgI 沉淀，但不能使 Ag^+ 从 $K[Ag(CN)_2]$ 溶液中沉淀下来。

(3) HgI_2 能溶解于过量的 KI 溶液中。

12. 向一含有 0.20mol/L 氨水和 0.20mol/L NH_4Cl 的缓冲溶液中加入等体积的 0.030mol/L $[Cu(NH_3)_4]Cl_2$ 的溶液，此混合溶液中能否有 $Cu(OH)_2$ 沉淀生成？

实验 8-1 配合物的性质

一、实验目的

1. 了解配离子与简单离子的区别。

2. 从配离子离解平衡的移动，进一步了解不稳定常数和稳定常数的意义。

二、实验原理

1. 配合物的配位离解平衡

配离子在水溶液中或多或少地离解成简单离子，$K^{\ominus}_{稳}$ 越大，配离子越稳定，离解的趋势越小。在配离子溶液中加入某种沉淀剂或某种能与中心离子配合形成更稳定的配离子的配位剂时，配位平衡将发生移动，生成沉淀或更稳定的配离子。

2. 螯合物

螯合物是中心离子与配位体形成环状结构的配合物。很多金属离子的螯合物具有特征的颜色，并且难溶于水，易溶于有机溶剂，因此常用于鉴定金属离子。

三、实验用品

1. 仪器

试管夹，漏斗，漏斗架。

2. 药品（未注明的单位均为 mol/L）

H_2SO_4（1），$NH_3 \cdot H_2O$（2，6），NaOH（0.1，2），$AgNO_3$（0.1），$CuSO_4$（0.1），$HgCl_2$（0.1），KI（0.1），$K_3[Fe(CN)_6]$（0.1），KSCN（0.1），NaF（0.1），NH_4F（4），NaCl（0.1），$FeCl_3$（0.1），$Na_2S_2O_3$（1，饱和溶液），$Ni(NO_3)_2$（0.1），Na_2S（0.1），EDTA（0.1），Na_2CO_3（0.1），KBr（0.1），C_2H_5OH（95%），丁二酮肟试液，CCl_4，滤纸。

四、实验内容

1. 配合物的制备

（1）含配阳离子的配合物　向试管中加入约 2mL 0.1mol/L $CuSO_4$ 溶液，逐滴加入 2mol/L $NH_3 \cdot H_2O$，直至生成的沉淀溶解。观察沉淀和溶液的颜色。写出反应方程式。

向上述溶液中加入约 4mL 乙醇（以降低配合物在溶液中的溶解度），观察深蓝色 $[Cu(NH_3)_4]SO_4$ 结晶的析出。过滤，弃去滤液。在漏斗颈下面放一支试管，然后慢慢滴加 2mol/L $NH_3 \cdot H_2O$ 于晶体上，使之溶解（约需 2mL $NH_3 \cdot H_2O$，太多会使制得的溶液太稀）。保留备用。

（2）含配阴离子的配合物　向试管中加入 3 滴 0.1mol/L $HgCl_2$ 溶液（有毒），逐滴加入 0.1mol/L KI 溶液，边加边摇动，直到生成的沉淀完全溶解。观察沉淀及溶液的颜色。写出反应的方程式。

2. 配离子的配位离解平衡及平衡的移动

（1）向试管中加入 2 滴 0.1mol/L $FeCl_3$ 溶液，加 H_2O 稀释成无色，加入 2 滴 0.1mol/L KSCN 溶液，观察溶液的颜色。逐滴加入 0.1mol/L NaF 溶液又有何变化？写出离子方程式。

（2）在一支试管中加入 20 滴 0.1mol/L $AgNO_3$ 溶液，再逐滴加入 2mol/L $NH_3 \cdot H_2O$，直到生成的沉淀溶解，再过量 3～5 滴（使 $[Ag(NH_3)_2]^+$ 稳定）。解释现象，写出反应方程式。

将上述所得溶液分装在两支试管中，分别加入 3 滴 2mol/L NaOH 和 0.1mol/L KI 溶液，观察现象。并解释之，写出反应方程式。

（3）将步骤 1(1) 所得的 $[Cu(NH_3)_4]SO_4$ 溶液分装在四支试管中，分别加入 2 滴 0.1mol/L Na_2S 溶液、2 滴 0.1mol/L NaOH 溶液、3～5 滴 0.1mol/L EDTA 溶液及数滴 1mol/L H_2SO_4 溶液，观察沉淀的形成和溶液颜色的变化。解释现象，写出离子反应方程式。

3. 简单离子与配离子的区别

（1）取两支试管各加入 10 滴 0.1mol/L $FeCl_3$ 溶液，然后向第一支试管中加入 10 滴 0.1mol/L Na_2S 溶液，边滴边摇动。向第二支试管中加入 3 滴 2mol/L NaOH 溶液，振荡。观察现象，写出反应方程式。

再取两支试管，用 0.1mol/L $K_3[Fe(CN)_6]$ 代替 $FeCl_3$ 进行实验。观察现象并与上述实验（1）比较有何不同。写出离子反应方程式。

（2）在试管中加入 5 滴 0.1mol/L $FeCl_3$ 溶液，再滴加 0.1mol/L KI 溶液至呈现红棕色，然后加入 20 滴 CCl_4，振荡。观察 CCl_4 层的颜色。写出反应的离子方程式。

另取一支试管，加入 5 滴 0.1mol/L $FeCl_3$ 溶液，再滴加 4mol/L NH_4F 溶液至溶液变为近无色，然后加入 3 滴 0.1mol/L KI 溶液，摇匀，观察溶液的颜色。再加入 20 滴 CCl_4，振荡，观察 CCl_4 层的颜色，并说明原因。写出相应的离子方程式。

总结（1）、（2）的实验结果，并给出结论。

4. 配位平衡与沉淀平衡

向一支试管中加入 5 滴 0.1mol/L $AgNO_3$ 溶液，然后按下列顺序进行实验（要求：凡是生成沉淀的步骤，刚生成沉淀即可；凡是沉淀溶解的步骤，沉淀刚溶解即可。因此，试剂必须逐滴加入，边滴边摇动）。

（1）滴加 0.1mol/L Na_2CO_3 溶液至沉淀生成；

（2）滴加 2mol/L $NH_3 \cdot H_2O$ 至沉淀溶解；

（3）加入 1 滴 0.1mol/L NaCl 溶液，观察沉淀的生成；

（4）滴加 6mol/L $NH_3 \cdot H_2O$ 至沉淀溶解；

（5）加入 1 滴 0.1mol/L KBr 溶液，观察沉淀的生成；

（6）滴加 1mol/L $Na_2S_2O_3$ 溶液至沉淀溶解；

（7）加入 1 滴 0.1mol/L KI 溶液，观察沉淀的生成；

（8）滴加饱和的 $Na_2S_2O_3$ 溶液至沉淀溶解；

（9）滴加 0.1mol/L Na_2S 溶液至沉淀生成。

观察实验现象，写出各步反应方程式。

5. 螯合物的形成

在一支试管中加入 5 滴 0.1mol/L $Ni(NO_3)_2$ 溶液，观察溶液的颜色。逐滴加入 2mol/L $NH_3 \cdot H_2O$，边加边振荡，并嗅其氨味，如果无氨味，再加第二滴，直到出现氨味，并注意观察溶液颜色。然后滴加 5 滴丁二酮肟溶液，摇动，观察玫瑰红色结晶的生成。

五、思考题

1. 配离子与简单离子有何差别？如何证明？

2. 向 $Ni(NO_3)_2$ 溶液中滴加 $NH_3 \cdot H_2O$，为什么会发生颜色变化？加入丁二酮肟又有何变化？说明其原因。

第九章

重要非金属元素及其化合物

学习指南

1. 掌握卤素、氧、硫、氮、磷、碳、硅等元素及其重要化合物的性质。
2. 了解拟卤素与卤素性质的相似性。
3. 了解硒、砷、硼的重要化合物的性质。
4. 了解稀有气体的性质。
5. 认识大气及大气污染。

第一节　卤素及其化合物

周期系中第ⅦA族的氟（F）、氯（Cl）、溴（Br）、碘（I）和砹（At）五种元素，统称为卤素。其中砹是放射性元素，本节不作讨论。卤素的结构及重要性质见表9-1。

表9-1　卤素的结构及重要性质

元　素	氟(F)	氯(Cl)	溴(Br)	碘(I)
原子序数	9	17	35	53
价电子层构型	$2s^22p^5$	$3s^23p^5$	$4s^24p^5$	$5s^25p^5$
常温下状态	淡黄色气体	黄绿色气体	红棕色液体	紫黑色固体
原子半径/pm	64	99	114	127
离子半径/pm	136	181	195	216
熔点/℃	−219	−100.98	−7.2	113.5
沸点/℃	−118.14	−34.6	58.78	184.35
氧化态	−1,0	−1,0,+1,+3,+5,+7	−1,0,+1,+3,+5,+7	−1,0,+1,+3,+5,+7
第一电离能/(kJ/mol)	1681.0	1251.1	1139.9	1008.4
电子亲和能/(kJ/mol)	322	348.7	324.5	295
电负性	4.0	3.0	2.8	2.5
$\varphi^{\ominus}_{(X_2/X^-)}$/V	2.87	1.358	1.065	0.535

卤原子的价电子构型为ns^2np^5，在同周期元素中，其原子半径最小，核电荷数最大（稀有气体除外），极易获得1个电子构成稀有气体的稳定结构，表现为−1价氧化态，是典型的非金属。卤原子能与活泼金属反应生成离子型化合物，也能和非金属或金属反应生成共价化合物。

卤素在化合物中最常见的氧化数为−1。由于氟的电负性最大，通常不表现正氧化数。而其他卤原子与电负性比它更大的元素化合时，可以表现出+1、+3、+5、+7的正氧化数，如卤素的含氧酸及其盐等。本节主要讨论卤素单质及重要化合物的性质。

一、卤素单质

1. 物理性质

卤素单质皆为双原子分子，随着原子半径的增大，卤素分子的变形性和分子间的色散力也逐渐增强，其熔点和沸点依次增大，存在形态也逐渐变化，在常温下，氟和氯是气体，溴是易挥发的液体，而碘是固态。氯气易液化，常压下，冷却到−34℃，气态氯转变为液态氯，工业上称为液氯，将其贮于钢瓶中，便于运输和使用。固态碘具有较高的蒸气压，它在加热时能升华，利用碘的这一性质可将粗碘精制。

除氟外，其余卤素单质都能一定程度的溶于水。氯和溴的水溶液称为氯水和溴水。碘微溶于水，但易溶于KI、HI和其他碘化物溶液中，形成I_3^-

$$I_2 + I^- \rightleftharpoons I_3^-$$

这是由于溶液中的I^-接近I_2分子时，使分子极化产生诱导偶极，然后彼此以静电吸引而形成I_3^-。I_3^-可以解离而生成I_2，因此多碘化物溶液的性质和碘溶液相同。

所有卤素均具有刺激气味，强烈刺激眼、鼻、气管等黏膜，吸入较多的卤素蒸气会严重中毒，甚至死亡。液溴与皮肤接触会造成难以治愈的创伤，因此使用时要特别小心。

2. 卤素单质的化学性质

由于卤原子结合电子的能力很强，故卤素单质都是氧化剂。但随着原子序数和原子半径的增大，其活泼性和氧化性从氟到碘逐渐减小，氟是最强的氧化剂。卤素单质的主要化学性质见表9-2。

表9-2 卤素单质的化学性质

卤素	与金属反应	与氢气的反应	与水的反应	卤素单质的活泼性比较
F_2	常温下能和所有金属反应	冷、暗处剧烈反应而爆炸，生成的HF很稳定	能使水迅速分解，放出氧气：$2F_2 + 2H_2O \longrightarrow 4HF + O_2\uparrow$	氟最活泼，能把Cl_2、Br_2、I_2从它们的化合物中置换出来
Cl_2	加热时，能氧化所有的金属	强光照射下，剧烈化合而爆炸，生成的HCl较稳定	溶于水，少量的Cl_2与水发生歧化反应：$Cl_2 + H_2O \rightleftharpoons HClO + HCl$	氯的活泼性较氟小，能把Br_2、I_2从它们的化合物中置换出来
Br_2	在常温，能和较活泼的金属反应，加热时，可和一般金属反应 $2Fe + 3Br_2 \xrightarrow{\triangle} 2FeBr_3$	高温下缓慢反应。生成的HBr较不稳定	溶于水，少量的Br_2与水发生歧化反应：$Br_2 + H_2O \rightleftharpoons HBrO + HBr$ 但较氯难与水反应	溴活泼性较氯小，只能把I_2从它们的化合物中置换出来
I_2	在较高温度时能与一般金属反应，一般只生成低价盐，如 $Fe + I_2 \xrightarrow{\triangle} FeI_2$	持续加热，缓慢化合，生成的HI很不稳定，同时发生分解	碘难溶于水，歧化反应不显著	碘是最不活泼的卤素

由表9-2可见，卤素单质（X_2）氧化能力的递变顺序为$F_2 > Cl_2 > Br_2 > I_2$，卤素阴离子（X^-）的还原能力的递变顺序为$F^- < Cl^- < Br^- < I^-$。

氧化能力较强的卤素单质能把氧化能力较弱的卤素单质从它们的化合物中置换出来，如

$$Cl_2+2KBr \longrightarrow 2KCl+Br_2$$

$$Cl_2+2NaI \longrightarrow 2NaCl+I_2$$

$$Br_2+2KI \longrightarrow 2KBr+I_2$$

溴、碘与水发生歧化反应较困难，尤其是碘。在常温下，溴和碱能发生歧化反应生成溴化物和次溴酸盐。升高温度时，次溴酸盐可进一步发生歧化反应生成溴酸盐。

$$Br_2+2NaOH \longrightarrow NaBr+NaBrO+H_2O$$

$$3Br_2+6KOH \xrightarrow{\triangle} 5KBr+KBrO_3+3H_2O$$

碘与碱易发生歧化反应，一般在常温下即可得到碘酸盐。

$$3I_2+6NaOH \longrightarrow 5NaI+NaIO_3+3H_2O$$

3. 卤素单质的制备和用途

卤素主要以氧化数为－1的化合物形式存在于自然界中，故制备的方法可归纳为卤离子的氧化。

$$2X^- -2e \longrightarrow X_2$$

要使卤离子氧化，必须用比卤素更强的氧化剂。但用一般的氧化剂不能将 F^- 氧化，只能用最强力的氧化还原手段——电解氧化法来实现。目前工业上和实验室制取氟，通常是电解三份氟氢化钾（KHF_2）和两份无水 HF 的熔融混合物（熔点 72℃），在阳极上得到氟，在阴极上得到氢气。

$$2KHF_2 \xrightarrow{\text{电解}} 2KF+H_2+F_2$$

在实验室，常用浓盐酸与 MnO_2、$KMnO_4$ 等氧化剂反应制取氯气。

$$4HCl+MnO_2 \xrightarrow{\triangle} MnCl_2+2H_2O+Cl_2\uparrow$$

工业上，采用电解饱和食盐水的方法来制取氯气，同时可制得烧碱。其反应方程式为

$$2NaCl+2H_2O \xrightarrow{\text{电解}} 2NaOH+H_2\uparrow+Cl_2\uparrow$$

Br^- 和 I^- 离子的还原性较强，常用氯来氧化 Br^- 和 I^- 以制取 Br_2 和 I_2。

$$2Br^-+Cl_2 \longrightarrow 2Cl^-+Br_2$$

$$2I^-+Cl_2 \longrightarrow 2Cl^-+I_2$$

对于后一反应要控制氯的用量，否则过量的 Cl_2 会使 I_2 进一步氧化。

工业上是从海水中制取溴。首先在盐卤中通氯气置换出溴，然后用空气将 Br_2 吹出，再用 Na_2CO_3 溶液吸收空气中的溴，溴在 Na_2CO_3 溶液发生歧化反应生成 NaBr 和 $NaBrO_3$，最后用硫酸酸化，单质即从溶液中游离出来。

$$3CO_3^{2-}+3Br_2 \longrightarrow 5Br^-+BrO_3^-+3CO_2$$

$$5Br^-+BrO_3^-+6H^+ \longrightarrow 3Br_2+3H_2O$$

大量的氟用于制备有机氟化物，例如制冷剂氟里昂中的 CCl_2F_2，高效灭火剂中的 CBr_2F_2，杀虫剂中的 CCl_3F，具有高强度、耐高温、抗腐蚀的“塑料王”即聚四氟乙烯等。在原子能工业中，氟用于制造六氟化铀（UF_6），用来分离铀的同位素。含 C—F 键的全氟烃被广泛用于炊具锅、铲雪车铲的防粘涂层和人造血液。

氯气是一种重要的化工原料，除用于制漂白粉和盐酸外，还用于制造橡胶、塑料、农药、有机溶剂以及提炼稀有金属。氯气也用作漂白剂，在纺织工业中用来漂白棉、麻等植物

纤维，在造纸工业上用于漂白纸浆。氯气还可用于饮用水、游泳池水的消毒杀菌。

溴主要用于药物、染料、感光材料及无机溴化物和溴酸盐的制备，溴还用于生产汽油抗震添加剂二溴乙烷（$C_2H_4Br_2$）、军事上的催泪性毒剂和高效低毒灭火剂。

碘在医药上有重要用途，如用于制备消毒剂碘酒（碘的酒精溶液）、防腐剂碘仿（CHI_3）、镇痛剂等。碘也是有机化学工业的重要原料。

二、卤化氢和氢卤酸

1. 卤化氢和氢卤酸的物理性质

卤化氢都是无色，具有刺激性气味的气体，易液化。在空气中易与水蒸气结合形成白色酸雾。卤化氢极易溶于水。卤化氢的物理性质见表 9-3。

表 9-3 卤化氢的物理性质

性质	HF	HCl	HBr	HI
相对分子质量	20.0	36.46	80.91	127.91
键长/pm	91.8	127.4	140.8	160.8
熔点/℃	−83.1	−114.8	−88.5	−50.8
沸点/℃	19.54	−84.9	−67	−35.38
键能/(kJ/mol)	568.6	431.8	365.7	298.7
分子偶极矩/($\times10^{-30}$C·m)	6.4	3.61	2.65	1.27

从表 9-3 可见，卤化氢的性质随相对分子质量的增加具有一定递变规律。卤化氢都是共价分子，熔点、沸点都很低，按从 HCl 到 HI 顺序递增。根据分子的偶极的大小，其取向力也依此递减，但分子的变形性在递增，其色散力依次增大，色散力起了主要作用。卤化氢分子间范德华力的依次增大，致使其熔点、沸点的递增。

氟化氢在许多性质上表现出例外，如其熔点、沸点等异常的高，主要是因为氟元素的原子半径特别小，电负性很大，分子间易形成氢键而成为多分子缔合状态 $(HF)_n$ 造成的。

卤化氢的水溶液称为氢卤酸。

2. 卤化氢和氢卤酸的化学性质

卤化氢和氢卤酸化学性质也表现出规律性的变化，同样氢氟酸和氟化氢也表现出一些特殊性。

（1）氢卤酸的酸性　氢卤酸都是挥发性酸。氢氯酸（即盐酸）、氢溴酸、氢碘酸都是强酸，而氢氟酸是弱酸（25℃时，$K_a^{\ominus}=3.53\times10^{-4}$），这也是因为 HF 分子之间相互以氢键缔合的缘故。氢卤酸的酸性由强到弱的顺序为 HI＞HBr＞HCl。

（2）还原性　氢卤酸中的 X^- 处于最低氧化态，它们都具有还原性，其还原能力的递变顺序是 $I^->Br^->Cl^->F^-$。HF 不能被一般氧化剂所氧化；HCl 较难被氧化，只有与 F_2、$KMnO_4$ 等强氧化剂反应时才显还原性；而 Br^- 和 I^- 的还原性较强，尤其是 I^-，即使在暗处，空气中的氧也可使它氧化逐渐变为棕色。

$$4HI+O_2 \longrightarrow 2I_2+2H_2O$$

（3）热稳定性　将卤化氢加热到足够高的温度，它们都会分解成卤素单质和氢气。

$$2HX \xrightarrow{\triangle} H_2+X_2$$

实验证明，卤化氢的热稳定性顺序为 HF＞HCl＞HBr＞HI

（4）氢氟酸（或 HF 气体）的特性　氢氟酸（或 HF 气体）能和 SiO_2 反应生成气态的 SiF_4。

$$4HF+SiO_2 \longrightarrow SiF_4\uparrow+2H_2O$$

利用该反应，氢氟酸被广泛用于分析化学上测定矿物或钢样中 SiO_2 的含量，还可用于在玻璃器皿上刻蚀标记和花纹。氢氟酸一般贮存在铅制容器或塑料容器中。氟化氢对人的眼睛、皮肤、指甲有强烈的腐蚀作用，使用时要注意安全。

3. 卤化氢的制备

制备氟化氢可用萤石（CaF_2）与浓硫酸反应制取。

$$CaF_2 + H_2SO_4(浓) \longrightarrow CaSO_4 + 2HF\uparrow$$

氟化氢溶于水即为氢氟酸。

前面已讲过，卤素与氢可直接化合生成卤化氢。工业上盐酸就是由氯和氢直接化合生成氯化氢，经冷却后以水吸收而制得。盐酸是最重要的强酸之一。它是重要的工业原料和化学试剂，用于合成各种氯化物、染料，同时在皮革工业、食品工业以及轧钢、焊接、电镀、搪瓷、医药等部门也有着广泛的应用。

实验室少量的 HCl 可用食盐浓 H_2SO_4 反应制取。

$$NaCl + H_2SO_4(浓) \xrightarrow{\triangle} NaHSO_4 + HCl\uparrow$$

$$NaHSO_4 + NaCl \xrightarrow{>500℃} Na_2SO_4 + HCl\uparrow$$

该方法不适于对 HBr、HI 的制取，因为浓 H_2SO_4 能使所生成的 HBr 和 HI 进一步氧化。

$$H_2SO_4(浓) + 2HBr \longrightarrow Br_2 + SO_2\uparrow + 2H_2O$$

$$H_2SO_4(浓) + 8HI \longrightarrow 4I_2 + H_2S\uparrow + 4H_2O$$

HBr 和 HI 的制取可用非挥发性、非氧化性的磷酸与溴化物和碘化物作用。实验室中常用非金属卤化物水解的方法来制备。例如，用水滴在三溴化磷表面即可产生 HBr 和亚磷酸（H_3PO_3）。

$$PBr_3 + 3H_2O \longrightarrow H_3PO_3 + 3HBr$$

实际上不需要事先制成卤化磷，而是将溴或碘与红磷混合，再将水逐渐加入混合物中，这样 HBr 或 HI 即可不断产生。

$$3I_2 + 2P + 6H_2O \longrightarrow 2H_3PO_3 + 6HI$$

氢溴酸和氢碘酸用于无机合成和有机合成，在医药上用于制备麻醉剂和镇静剂。

三、卤化物

卤素和电负性较小的元素生成的化合物叫卤化物。卤素与ⅠA、ⅡA 族绝大多数金属形成的是离子型卤化物，它们的熔点、沸点较高，在水溶液中或熔化状态下能导电。卤素与某些金属，特别是氧化数较高的金属所形成的卤化物水解倾向大，溶于水时产生离子溶液，但在无水状态时，主要为共价化合物。卤素与非金属元素如硼、碳、硅、氮、磷等形成的卤化物均为共价型的，它们具有挥发性，有较低的熔点和沸点，有的不溶于水（如 CCl_4），溶于水的往往发生强烈水解。

实际上，离子型卤化物与共价型卤化物之间并没有严格的界限，同一周期随着金属离子半径的减小和氧化数的增大，熔点、沸点呈下降趋势，形成的卤化物从离子型过渡到共价型。表 9-4 列有第三周期部分元素氟化物熔点、沸点和键型的情况。其他周期元素的卤化物也有类似的规律。

表 9-4 第三周期元素氟化物熔点、沸点和键型

卤化物	NaF	MgF_2	AlF_3	SiF_4	PF_5	SF_6
熔点/℃	993	1250	1259	−90.2	−83	−50.5
沸点/℃	1659	2260	1260	−86	−75	−63.8(升华)
键型	离子键	离子键	离子键	共价键	共价键	共价键

同一金属的卤化物如NaF、NaCl、NaBr、NaI，其离子性依次降低，共价性依次增加，从它们的熔点、沸点也可看出，见表9-5。

表9-5　卤化钠的熔点和沸点

卤化物	NaF	NaCl	NaBr	NaI
熔点/℃	993	800	740	661
沸点/℃	1693	1440	1393	1300

不同氧化态的某一金属，其高氧化态卤化物与其低氧化态卤化物相比，前者的离子性小于后者。例如$FeCl_2$显离子性，而$FeCl_3$的熔点（282℃）和沸点（315℃）都很低，易溶解在有机溶剂（如丙酮）中，这说明$FeCl_3$基本上是共价型化合物。

经验表明，一般沸点在400℃以上的卤化物多为离子型的，而沸点低于400℃的多为共价型的。

大多数卤化物易溶于水。氯、溴、碘的银盐（AgX）、铅盐（PbX_2）、亚汞盐（Hg_2X_2）、亚铜盐（CuX）是难溶的。氟化物的溶解度显得与其他卤化物有些不同。例如CaF_2难溶而其他卤化钙易溶、AgF易溶而其他卤化银难溶。

卤化物涉及的范围极广，本节仅对金属卤化物的共性作简单介绍。有关非金属卤化物的性质将在后几节介绍。

四、卤素的含氧酸及其盐

氟具有最大的电负性，它不可能有正氧化数，所以难以形成含氧酸，其他卤素均能生成含氧酸，见表9-6。

表9-6　卤素含氧酸

氧化数	Cl	Br	I	名　称
+1	HClO	HBrO	HIO	次卤酸
+3	$HClO_2$	$HBrO_2$①	$HIO_2$②	亚卤酸
+5	$HClO_3$	$HBrO_3$	HIO_3	卤　酸
+7	$HClO_4$	$HBrO_4$	HIO_4，H_5IO_6	高卤酸

① 未获得纯态。
② 是否存在尚待进一步证实。

这些含氧酸的盐类，除次碘酸盐和亚碘酸盐外，一般都能制得相当稳定的晶状盐。卤素含氧酸及其盐中最有使用价值的是氯的含氧酸及其盐。

1. 次氯酸及其盐

氯和水作用，发生可逆反应生成次氯酸和盐酸。

$$Cl_2+H_2O \rightleftharpoons HClO+HCl$$

该反应也称氯的水解。反应中氧化数为零的氯单质同时转化为氧化数为−1的氯（在HCl中）和氧化数为+1的氯（在HClO中），属于歧化反应。

次氯酸是很弱的酸（$K_a^{\ominus}=2.95\times10^{-8}$），其酸性比碳酸（$K_{a1}^{\ominus}=4.2\times10^{-7}$）弱。

次氯酸很不稳定，只能存在于稀溶液中。即使在稀溶液中它也很容易分解，在光照下分解更快。

$$2HClO \xrightarrow{光} 2HCl+O_2\uparrow$$

因此次氯酸水溶液适宜现用现配。受热时，次氯酸分解生成较稳定的盐酸和氯酸（$HClO_3$）。

$$3HClO \xrightarrow{\triangle} 2HCl+HClO_3$$

因此只有通氯气于冷水中才能获得次氯酸。次氯酸是强氧化剂。

次氯酸盐比次氯酸稳定。将氯气通入冷的碱溶液中，便可得到次氯酸盐。例如将氯气通入到氢氧化钠溶液中可得次氯酸钠（NaClO）。

$$Cl_2 + 2NaOH \longrightarrow NaClO + NaCl + H_2O$$

次氯酸钠是强氧化剂，有杀菌、漂白作用，常用于制药和漂白。

氯气与消石灰反应的产物是次氯酸钙和氯化钙，反应方程式为

$$2Ca(OH)_2 + 2Cl_2 \longrightarrow Ca(ClO)_2 + CaCl_2 + 2H_2O$$

次氯酸钙和氯化钙的混合物称为漂白粉。漂白粉的有效成分是次氯酸钙。由于氯化钙的存在并不妨碍漂白粉的漂白作用，因此不必除去。次氯酸钙与稀酸或空气中的二氧化碳和水蒸气反应生成具有强氧化性的次氯酸，起漂白、杀菌作用。

$$Ca(ClO)_2 + 2HCl \longrightarrow CaCl_2 + 2HClO$$

$$Ca(ClO)_2 + CO_2 + H_2O \longrightarrow CaCO_3\downarrow + 2HClO$$

从上述反应可见，保存漂白粉时应密封防潮，否则它将在空气中吸收水蒸气和二氧化碳而失效。

漂白粉常用来漂白棉、麻、丝、纸等。漂白粉也能消毒杀菌，例如用于对污水坑和厕所的消毒等。

2. 氯酸及其盐

氯酸（$HClO_3$）可用氯酸钡和硫酸反应制得。

$$Ba(ClO_3)_2 + H_2SO_4 \longrightarrow BaSO_4\downarrow + 2HClO_3$$

氯酸是强酸，其强度接近于盐酸和硝酸。它的稳定性较次氯酸强，但也只能存在于溶液中。氯酸也是强氧化剂，例如能将碘单质氧化

$$2HClO_3 + I_2 \longrightarrow 2HIO_3 + Cl_2$$

氯酸盐比氯酸稳定。将氯气通入热的强碱溶液中，生成氯酸盐，冷却溶液，氯酸盐从溶液中结晶析出，例如生成氯酸钾的反应

$$3Cl_2 + 6KOH \longrightarrow KClO_3 + 5KCl + 3H_2O$$

重要的氯酸盐有氯酸钾和氯酸钠。氯酸钾是一种白色晶体，有毒，它在冷水中的溶解度较小，但易溶于热水中。

氯酸钾溶液只有在酸性介质中才有氧化性。因为 H^+ 浓度可以有效地提高氯酸钾的电极电势值。

$$ClO_3^- + 6H^+ + 6e \longrightarrow Cl^- + 3H_2O \qquad \varphi_A^\ominus = 1.45V$$

$$ClO_3^- + 6H_2O + 6e \longrightarrow Cl^- + 6OH^- \qquad \varphi_B^\ominus = 0.62V$$

因此，氯酸钾在酸性介质中可将 I^- 氧化为 I_2。

$$ClO_3^- + 6I^- + 6H^+ \xrightarrow{\triangle} 3I_2 + Cl^- + 3H_2O$$

固体氯酸钾是强氧化剂。在催化剂 MnO_2 存在下，受热分解生成氯化钾和氧气，实验室利用该反应来制取少量氧气。

$$2KClO_3 \xrightarrow[\triangle]{MnO_2} 2KCl + 3O_2\uparrow$$

如果没有催化剂存在，小火加热，则发生歧化反应生成高氯酸钾（$KClO_4$）和氯化钾。

$$4KClO_3 \xrightarrow{\triangle} 3KClO_4 + KCl$$

氯酸钾能和易燃物质如碳、磷、硫混合后。经撞击就会剧烈爆炸起火，因此可以用来制造炸药，也可用来制造火柴、烟火等。氯酸钠在农业、林业上用作除草剂。

3. 高氯酸及其盐

浓硫酸和高氯酸钾（$KClO_4$）反应，经过减压蒸馏，则得到高氯酸（$HClO_4$）。

$$KClO_4 + H_2SO_4 \longrightarrow KHSO_4 + HClO_4$$

高氯酸是无色黏稠液体。常用试剂为60%的水溶液。

目前高氯酸被认为是已知酸中的最强酸，也是氯的含氧酸中最稳定的。高氯酸的氧化性在冷的稀溶液中很弱，而热的浓高氯酸溶液是强氧化剂，与易燃物接触时会发生猛烈爆炸，但其氧化性较氯酸弱。

高氯酸盐的稳定性较高氯酸强。固态高氯酸盐在高温下是强氧化剂，但其氧化性较氯酸盐弱。

高氯酸盐大多数易溶于水，而高氯酸的钾、铷、铯及铵盐等则难溶于水，在分析化学中可利用 $KClO_4$ 的难溶性来鉴定 K^+。有些高氯酸盐有较高的水合作用，例如高氯酸镁和高氯酸钡是优良的吸水剂和干燥剂。

现将氯的各种含氧酸与含氧酸盐的酸性、稳定性和氧化性作一比较：

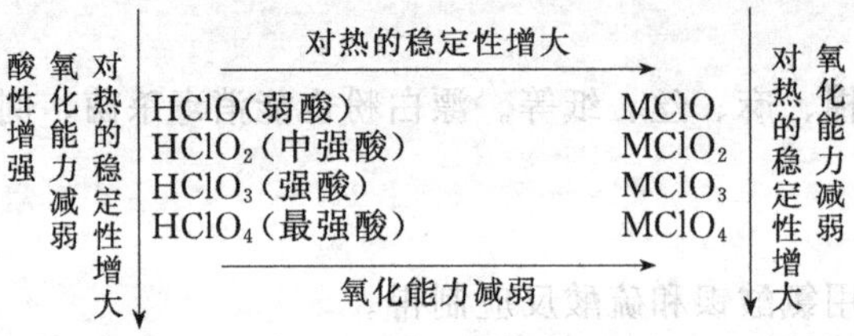

4. 溴、碘的含氧酸及其盐

溴、碘的含氧酸的主要类型见表9-6。它们与相应的氯的含氧酸有许多相似之处，但也有一些差别。

(1) 次溴酸、次碘酸及其盐　溴、碘与水作用，同样可得到次溴酸和次碘酸。

$$Br_2 + H_2O \rightleftharpoons HBrO + HBr$$

$$I_2 + H_2O \rightleftharpoons HIO + HI$$

从氯到碘，与水的反应愈来愈困难。它们酸性强弱顺序为

$$HClO \quad > \quad HBrO \quad > \quad HIO$$

$$K_a^{\ominus} \quad 2.95\times10^{-8} \quad 2.06\times10^{-9} \quad 2.3\times10^{-11}$$

次卤酸皆不稳定，至今尚未得到它们的纯酸，而只能制得它们的水溶液。它们都是强氧化剂，也具有漂白作用。

溴和冷的碱溶液作用也能生成次溴酸盐。NaBrO 在分析上常作氧化剂。次碘酸盐稳定性较差。

(2) 溴酸、碘酸及其盐　溴酸（$HBrO_3$）和氯酸相似，只存在于水溶液中，但比氯酸稍稳定。碘酸（HIO_3）在常温下则是很稳定的固体，已制得它的纯酸。

绝大多数氯酸盐易溶于水，溴酸盐微溶于水，而碘酸盐中有许多是不溶于水的。溴酸盐、碘酸盐也较它们相应的酸稳定。固体碘酸钾（KIO_3）也是强氧化剂，较 $KClO_3$ 稳定得多，但与可燃物混合受撞击也会爆炸。KIO_3 是定性分析中常用的氧化剂，也常作为滴定分析中的基准物质。

(3) 高溴酸、高碘酸　高溴酸（$HBrO_4$）是强酸，在溶液中比较稳定。它是强氧化剂，其氧化能力强于 $HClO_4$ 和 HIO_4。常见的高碘酸是一种五元酸 H_5IO_6，为无色晶体，它受热时转变为偏高碘酸（HIO_4）。

五、拟卤素

某些原子团形成的分子与卤素单质具有相似的性质，它们的离子也与卤素离子的性质相

似，这些原子团被称为拟卤素。重要的拟卤素有氰（CN）$_2$、硫氰（SCN）$_2$。重要的拟卤素及其化合物与卤素的比较见表 9-7。

表 9-7　拟卤素与卤素

项目	卤　素	氰	硫　氰	氧　氰
单质	X_2 X—X	$(CN)_2$ N≡C—C≡N	$(SCN)_2$ N≡C—S—S—C≡N	$(OCN)_2$ N≡C—O—O—C≡N
酸	HX H—X	HCN H—C≡N	HSCN H—S—C≡N	HOCN H—O—C≡N
盐	KX	KCN	KSCN	KOCN

1. 拟卤素与卤素的相似性

（1）在游离状态时都是二聚体，通常具有挥发性。

（2）都能与氢形成氢酸，但拟卤素形成的酸的酸性一般比氢卤酸弱，尤其是氢氰酸 HCN，它是很弱的酸。

（3）都与金属化合物形成盐

$$2Fe+3Cl_2 \longrightarrow 2FeCl_3$$

$$2Fe+3(SCN)_2 \longrightarrow 2Fe(SCN)_3$$

它们与 Ag^+、Hg_2^{2+} 和 Pb^{2+} 形成的盐均难溶于水。

（4）都能形成配离子

$$2I^- + HgI_2 \longrightarrow [HgI_4]^{2-}$$

$$3CN^- + CuCN \longrightarrow [Cu(CN)_4]^{3-}$$

（5）在水中或碱溶液中都易发生歧化反应

$$Cl_2+2OH^- \longrightarrow Cl^- + ClO^- + H_2O$$

$$(CN)_2+2OH^- \longrightarrow CN^- + OCN^- + H_2O$$

（6）卤离子、拟卤素离子都具有还原性

$$2Cl^- + 4H^+ + MnO_2 \longrightarrow Mn^{2+} + Cl_2 + 2H_2O$$

$$2SCN^- + 4H^+ + MnO_2 \longrightarrow Mn^{2+} + (SCN)_2 + 2H_2O$$

2. 重要的拟卤素及其化合物

重要的拟卤素及其化合物有氰、氰化物和硫氰化物。

（1）氰、氢氰酸及其盐　氰（CN）$_2$ 为无色可燃气体，剧毒，有苦杏仁味。氰与水反应生成氢氰酸和氰酸

$$(CN)_2+H_2O \longrightarrow HCN+HOCN$$

氰化氢为无色气体，剧毒，26℃时液化，液态氰化氢在－14℃时凝固。能与水互溶，其水溶液是极弱的酸（$K_a^{\ominus}=4.93\times10^{-10}$），叫做氢氰酸。

氢氰酸的盐又称为氰化物。常见的氰化物有氰化钠（NaCN）和氰化钾（KCN），它们都易溶于水，并水解而显碱性。基于氰根离子（CN^-）容易形成配离子，NaCN 和 KCN 被广泛用于从矿物中提取金和银，反应如下。

$$4Au+8NaCN+2H_2O+O_2 \longrightarrow 4NaAu(CN)_2+4NaOH$$

氰化钠、氰化钾是重要的化工原料，用于制备各种无机氰化物、合成塑料、纤维、医药、染料等，还大量用于钢的热处理、电镀、湿法冶金等。

CN^- 能与生物机体中的酶和血红蛋白中的必不可少的重金属结合成配合物而使其丧失

机能，所以氰化物有剧毒。氢氰酸和氰化钠的致死量不仅极微（0.05g）而且毒性发作快，3～5min 即可导致死亡。另外，蒸气、粉尘、伤口浸入甚至皮肤浸入，都能导致中毒。因此，生产和使用氰化物应有严格的安全措施。

(2) 硫氰和硫氰化物　硫氰 $(SCN)_2$ 为黄色液体，不稳定，其水溶液的性质类似于溴。

实验室中常用的硫氰化物有硫氰化钾（KSCN）和硫氰化铵（NH_4SCN）。SCN 是一个很好的配位体，它既可用 S 原子上的孤对电子，又可用 N 原子上的孤对电子作为电子给予体。SCN^- 与 Fe^{3+} 反应生成血红色的配离子。

$$Fe^{3+} + nSCN^- \rightleftharpoons [Fe(SCN)_n]^{3-n}$$

随溶液中 SCN^- 浓度不同，式中 n 可从 1 到 6 不定。SCN^- 浓度越大，所形成的配合物溶液的颜色越深。分析化学中常用此反应鉴定 Fe^{3+}。

第二节　氧、硫、硒及其化合物

元素周期表中第ⅥA 族的元素，包括氧（O）、硫（S）、硒（Se）、碲（Te）、钋（Po）五种元素，统称为氧族元素。氧是地壳中分布最广的元素，它的丰度是 47%。钋是放射性元素。氧族元素的一些基本性质列于表 9-8 中。

表 9-8　氧族元素的基本性质

性　质	氧(O)	硫(S)	硒(Se)	碲(Te)	钋(Po)
原子序数	8	16	34	52	84
价电子层构型	$2s^22p^4$	$3s^23p^4$	$4s^24p^4$	$5s^25p^4$	$6s^26p^4$
主要氧化数	−2	−2、+4、+6	−2，+4，+6	−2，+4，+6	+4，+6
原子半径/pm	66	104	117	137	176
M^{2-} 离子半径/pm	140	184	198	221	—
M^{6+} 离子半径/pm	9	29	42	56	67
第一电离能/(kJ/mol)	1314	999.6	940.9	869.3	812
电负性	3.5	2.5	2.4	2.1	2.0

从表中可见，氧族元素随原子序数的增大，原子半径、离子半径、电离能和电负性的变化趋势和卤素相似。即随着原子序数的增大原子半径、离子半径依次增大，电离能、电负性依此减小；元素的非金属性逐渐减弱，而金属性逐渐增强。本族元素从典型的非金属元素过渡到金属元素。氧和硫是典型的非金属元素，硒和碲是非金属元素，但它们的单质具有某些金属的性质（如晶体可以导电），而钋是典型的金属元素。

氧族元素的价电子构型为 ns^2np^4，有夺取 2 个电子达到稀有气体的稳定电子层结构的趋势，表现出较强的非金属性。但从电离能、电负性数据来看，它们获得电子的能力比同周期的卤素差，即非金属性比同周期卤素弱。故氧族元素形成负离子的趋势要小于同周期的卤素，因而氧化性也弱于卤素，其阴离子的还原性则较卤素强些。同族中从 O 到 Te，随着核电荷数的增加，非金属性逐渐减弱。

氧族元素中，氧的电负性仅次于氟，因而它可以和大多数金属元素形成二元离子化合物，在化合物中氧化数为−2；硫、硒、碲和金属或氢形成化合物时，氧化数也为−2，但当它们与电负性较大的元素化合时可形成氧化数为+4 或+6 的化合物。

本节主要介绍氧、硫、硒单质及其重要化合物。

一、氧、臭氧、过氧化氢

氧单质中有两种同素异形体：氧 O_2 和臭氧 O_3。

1. 氧

游离态的氧约占空气的21%（体积分数），它对动物呼吸、生物腐烂和燃烧等现象都有密切关系。化合态的氧以水、氧化物和含氧酸盐的形式广泛存在于地壳中，含量达48.6%。自然界中氧有三种同位素即^{16}O、^{17}O和^{18}O。

工业上是通过分离液态空气或电解水的方法来制取氧气。实验室常用$KClO_3$或$KMnO_4$等含氧化合物的加热分解制取氧气。

氧是无色、无臭的气体，在−183℃时，是浅蓝色的液体。氧气常以15MPa的压力压入钢瓶中贮存。虽然氧在水中的溶解度很小（49mL/L H_2O），但这是水生生物赖以生存的重要条件。近年来，水污染导致其含氧量减少，使许多水生物难以生存，这一现象正引起人们的关注。

在氧分子中，两个氧原子通过一个σ键和两个三电子π键相结合。

$$:O \overset{\cdots}{\underset{\cdots}{—}} O:$$

由于O_2分子中每个“三电子π键”中仍有一个未成对的电子，两个“三电子π键”中共有两个未成对电子，并且自旋平行，使O_2表现出顺磁性。

常温下，O_2性质不很活泼，但在加热时，O_2活泼性增强，能与绝大多数金属单质和非金属单质直接化合生成相应的氧化物，并放出大量的热。

室温下，在酸性或碱性介质中显示出一定的氧化性，尤其在酸性介质中，氧化性更强。它的标准电极电势如下。

酸性介质中 $O_2 + 4H^+ + 4e \longrightarrow 2H_2O$ $\varphi^\ominus = +1.229V$

碱性介质中 $O_2 + 2H_2O + 4e \longrightarrow 4OH^-$ $\varphi^\ominus = +0.401V$

氧的用途广泛，富氧空气或纯氧用于医疗和高空飞行。大量的纯氧在钢铁生产中用于从铁中除碳，用于氧炔焰来切割和焊接金属。液氧常用作制冷剂和火箭发动机的助燃剂。

2. 臭氧

在雷雨后的空气里，人们常能嗅到一种特殊的腥味，这就是臭氧（O_3）的气味。它是在打雷时，云层间空气里的部分氧气，在电火花的作用下，发生化学反应而产生的。O_3是由三个氧原子构成的单质分子。臭氧在地面附近的大气层中的含量极少，而在离地面约25km的高空处有个臭氧层。它是氧气吸收太阳紫外线辐射而形成的。其反应方程式为

$$3O_2 \xrightarrow{\text{紫外线或电火花}} 2O_3$$

O_3很不稳定，被紫外线照射时，又能分解产生O_2。因此高层大气中存在着O_3和O_2互相转化的动态平衡，消耗了太阳辐射到地球能量的5%。正是臭氧层吸收了大量的紫外线，才使地球上的生物避免了紫外线强辐射的伤害，因此臭氧层对地球上的一切生命是一个保护层。但近来发现超音速飞机排出的废气（含NO、CO、CO_2等）能与臭氧发生反应。另外广泛用作制冷剂、泡沫剂、烟雾发射剂的“氟里昂”（如二氟二氯甲烷），在高空经光化反应所生成的活性氯原子也能同臭氧发生反应。因此使保护层的臭氧大大减少，乃至出现了空洞，而让更多的紫外线照射到地球上。如不采取措施，后果将不堪设想。

实验室可在臭氧发生器中通过无声放电制得臭氧。

O_3和O_2的物理性质及化学性质有差异，见表9-9。

表 9-9 氧和臭氧的性质比较

性质	同素异形体	
	氧气(O_2)	臭氧(O_3)
气味	无味	腥臭味
颜色	气体无色、液体蓝色	气体淡蓝色、液体深蓝色
熔点/℃	−219	−193
沸点/℃	−183	−111
在水中的溶解度(0℃)/(mL/LH_2O)	49	494
稳定性	较强	不稳定，分解为O_2
氧化性	强	很强

臭氧不稳定，在常温下缓慢分解为氧气，高温时，迅速分解。臭氧的氧化能力比氧强得多，它在酸性和碱性介质中的标准电极电势如下。

酸性介质中 $O_3+2H^++2e \longrightarrow O_2+H_2O$ $\varphi^\ominus=+2.076V$

碱性介质中 $O_3+2OH^--2e \longrightarrow 2O_2+H_2O$ $\varphi^\ominus=+1.24V$

在常温下，和氧不发生反应的物质，遇到臭氧能迅速发生反应。例如，在臭氧中硫化铅被氧化为硫酸铅。

$$PbS+2O_3 \longrightarrow PbSO_4+O_2$$

碘化钾可被臭氧氧化为碘

$$2KI+O_3+H_2O \rightleftharpoons 2KOH+I_2+O_2$$

该反应可用于臭氧的检验。

金属银和汞在空气或纯氧里不容易被氧化，但在臭氧作用下很快就被氧化了。煤气、松节油等在臭氧中能自燃，许多有机色素分子易被臭氧破坏，变成无色物质。

在化工生产中利用臭氧的氧化性代替通常用的催化氧化和高温氧化，可以简化化工工艺，提高产品的产率。臭氧又是麻、棉、纸张、蜡、油脂、面粉等的漂白剂以及羽毛、皮毛的脱臭剂。在处理废气和净化废水方面，臭氧用作净化剂和消毒剂。近年来，臭氧还被用于洗涤衣物。将臭氧发生器产生的臭氧导入洗衣机的水桶，可提高水对污渍的去除与溶解能力，起到杀菌、除臭、节省洗涤剂和减少污水的作用。

3. 过氧化氢

过氧化氢（H_2O_2）亦称双氧水，自然界中存在很少，仅微量存在于雨雪和某些植物的汁液中。市售的过氧化氢有30%和3%两种水溶液。

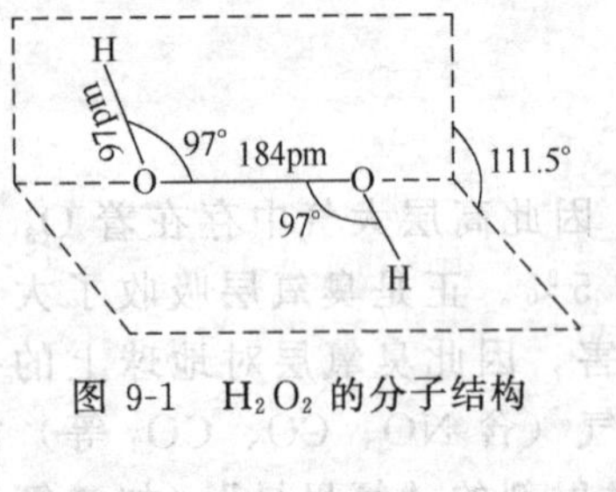

图 9-1 H_2O_2 的分子结构

过氧化氢分子中有一个过氧基—O—O—，每个氧原子上各连有一个氢原子，该分子不是直线形的，如图 9-1 所示。两个 H 原子像在半展开书本的两页纸上。两个氧原子在书的夹缝上。其夹角和键长如图 9-1 所示。

纯过氧化氢是无色黏稠状液体，熔点−89℃，沸点150℃。由于氢键的存在，它与水相似，在固态和液态都发生缔合作用，且缔合程度大于水，约是水质量的 1.5 倍。它可与水以任意比例混溶。

过氧化氢的主要化学性质如下。

(1) 弱酸性 H_2O_2 具有极弱的酸性。

$$H_2O_2 \rightleftharpoons H^++HO_2^- \quad K_1^\ominus=2.2\times10^{-12}\ (25℃)$$

H_2O_2 可与碱反应，例如

$$H_2O_2 + Ba(OH)_2 \longrightarrow \underset{\text{过氧化钡}}{BaO_2} + 2H_2O$$

BaO_2 可看成 H_2O_2 相应的盐（过氧化物）。

（2）对热的不稳定性　由于过氧基—O—O—的键能较小，因此过氧化氢分子不稳定，在较低温度时缓慢分解，加热至153℃以上能剧烈分解，并放出大量的热。

$$2H_2O_2 \xrightarrow{\triangle} 2H_2O + O_2\uparrow$$

MnO_2 及许多重金属如铁、锰、铜等离子存在时，对分解起催化作用。另外强光的照射也会加速其分解。因此，过氧化氢应保存在棕色瓶中，并置于阴凉处，同时可加少许稳定剂（如锡酸钠、焦磷酸钠等）以抑制其分解。

（3）氧化性和还原性　H_2O_2 中氧的氧化数为-1，处于中间氧化态，这表明它既具有氧化性又具有还原性。H_2O_2 在酸性和碱性介质中的标准电极电势如下。

酸性介质中　$H_2O_2 + 2H^+ + 2e \longrightarrow 2H_2O$　　$\varphi^\ominus = +1.776V$

$O_2 + 2H^+ + 2e \longrightarrow H_2O_2$　　$\varphi^\ominus = +0.695V$

碱性介质中　$HO_2^- + H_2O + 2e \longrightarrow 3OH^-$　　$\varphi^\ominus = +0.878V$

$O_2 + H_2O + 2e \longrightarrow HO_2^- + OH^-$　　$\varphi^\ominus = -0.076V$

由标准电极电势数值可见，在酸性和碱性介质中，H_2O_2 都是氧化剂，但在酸性介质中其氧化性更强。例如

$$H_2O_2 + 2I^- + 2H^+ \longrightarrow I_2 + 2H_2O$$

析出的 I_2 可用硫代硫酸钠（$Na_2S_2O_3$）溶液滴定，测定 H_2O_2 的含量。

过氧化氢的还原性较弱，只有遇到比它更强的氧化剂时，才表现出还原性。例如

$$2MnO_4^- + 5H_2O_2 + 6H^+ \longrightarrow 2Mn^{2+} + 5O_2\uparrow + 8H_2O$$

$$Cl_2 + H_2O_2 \longrightarrow 2HCl + O_2\uparrow$$

一般来说，在酸性和碱性介质中，H_2O_2 的氧化性强于还原性，因此，它主要用作氧化剂。H_2O_2 作为氧化剂的优点是它的还原产物是水，不会给反应体系引入杂质。

工业上利用过氧化氢的氧化性，漂白棉织物及羊毛、丝、羽毛、纸浆等。医药上用3%的稀 H_2O_2 溶液作伤口等的消毒杀菌剂。纯 H_2O_2 可用作火箭燃料的氧化剂。

二、硫及其重要化合物

自然界中有游离态硫和化合态硫。游离态硫，存在于火山喷口附近或地壳的岩层里。天然硫的化合物有金属硫化物和硫酸盐。最重要的是硫铁矿，也称黄铁矿，主要成分是 FeS_2；还有有色金属元素（Cu、Zn、Sb等）的硫化物矿，如黄铜矿（$CuFeS_2$）。重要的硫酸盐矿有石膏（$CaSO_4 \cdot 2H_2O$）、重晶石（$BaSO_4$）和芒硝（$Na_2SO_4 \cdot 10H_2O$）等。

1. 单质硫

硫有几种同素异形体，常见的有斜方硫、单斜硫和弹性硫等三种。天然硫即斜方硫，是黄色固体，将其加热到95.5℃以上则逐渐转变为颜色较深的单斜硫。它们均不溶于水，而易溶于 CS_2 和 CCl_4 等有机溶剂中。

单质硫加热熔融后，得到浅黄色易流动的透明液体。继续加热至160℃左右，颜色变深，黏度显著增大。当温度达190℃左右黏度最大，以致不能将熔融硫从容器中倒出。进一步加热至200℃时，液体变黑。

将熔融态的硫倒入冷水中迅速冷却，可以得到棕黄色玻璃状弹性硫。弹性硫具有弹性，不溶于任何溶剂，静置后能缓慢地转变为稳定的晶硫。

硫的化学性质比较活泼，它能获得两个电子形成 S^{2-}，也能形成氧化数为$+4$或$+6$的共价化合物。因此硫既具有氧化性又具有还原性。

当硫与氢、金属或碳化合时，表现出氧化性，如

$$H_2+S \xrightarrow{\triangle} H_2S$$

$$Fe+S \xrightarrow{\triangle} FeS$$

$$C+2S \xrightarrow{\triangle} CS_2$$

硫的这些性质与氧相似，但氧化性较氧弱。

硫还能与非金属、浓硫酸和硝酸反应，表现出还原性，如

$$S+O_2 \xrightarrow{点燃} SO_2$$

$$S+2H_2SO_4(浓) \xrightarrow{\triangle} 3SO_2\uparrow+2H_2O$$

$$S+2HNO_3 \xrightarrow{\triangle} H_2SO_4+2NO\uparrow$$

硫在碱溶液中也可发生歧化反应

$$3S+6NaOH \xrightarrow{\triangle} 2Na_2S+Na_2SO_3+3H_2O$$

硫的用途很广。化工生产中主要用来制硫酸。在橡胶工业中，大量的硫用于橡胶的硫化，以增强橡胶的弹性和韧性。农业上用作杀虫剂，如石灰硫黄合剂。另外，硫还可以用来制造黑色火药、火柴等。在医药上，硫主要用来制硫黄软膏以治疗某些皮肤病。

2. 硫化氢、硫化物

(1) 硫化氢　自然界中存在有硫化氢。如在火山喷出的气体中含有硫化氢气体，某些矿泉中含有少量的硫化氢，这种泉水能治疗皮肤病。当有机物腐烂时，也有硫化氢产生。

硫化氢（H_2S）是无色、有臭鸡蛋气味的气体，密度比空气略大，有剧毒，是一种大气污染物。吸入微量的硫化氢会引起头痛、晕眩，吸入较多量时，会引起中毒昏迷，甚至死亡。因此，制取和使用硫化氢时，应在通风橱中进行。

硫化氢能溶于水，在常温常压下，1 体积水能溶解 2.6 体积的硫化氢气体。它的水溶液叫做氢硫酸，饱和硫化氢水溶液浓度约为 0.1mol/L。

加热时硫与氢可直接化合成硫化氢，实验室常用硫化亚铁与稀盐酸或稀硫酸反应而制得。

$$FeS+2H^+ \longrightarrow Fe^{2+}+H_2S\uparrow$$

H_2S 中硫的氧化数为−2，是最低值，故 H_2S 具有还原性。

$$2H_2S+3O_2 \xrightarrow{燃烧} 2H_2O+2SO_2(发出淡蓝色火焰)$$

$$2H_2S+O_2 \xrightarrow{燃烧} 2H_2O+2S$$

$$SO_2+2H_2S \xrightarrow{空气不足} 2H_2O+3S$$

工业上利用 SO_2 从含 H_2S 的废气中回收 S，同时减少了大气污染。

氢硫酸是易挥发的二元弱酸。在酸性和碱性介质中都有较强的还原性。由标准电极电势可见，在碱性介质中还原性更强。

酸性介质中　$S+2H^++2e \longrightarrow H_2S$　$\varphi^{\ominus}=+0.142V$

碱性介质中　$S+2e \longrightarrow S^{2-}$　$\varphi^{\ominus}=-0.476V$

较弱的氧化剂（如 Fe^{3+}、O_2、I_2、Br_2）可将氢硫酸氧化为单质 S；强氧化剂（如 $KMnO_4$、Cl_2 等）可将其氧化为氧化数为+4 或+6 的化合物。

$$H_2S+2FeCl_3 \longrightarrow 2FeCl_2+2HCl+S\downarrow$$

$$2H_2S+I_2 \longrightarrow 2HI+S\downarrow$$

$$H_2S+4Cl_2+4H_2O \longrightarrow H_2SO_4+8HCl$$

在分析化学中 H_2S 常作为阳离子分组的沉淀剂。它能与许多盐作用，生成难溶的金属硫化物。

(2) 硫化物　在此只讨论金属硫化物。氢硫酸是二元酸，可形成酸式盐和正盐。酸式盐都易溶于水，而正盐即硫化物大多难溶于水，且具有特征颜色。很多重金属硫化物不溶于稀酸甚至浓酸，见表 9-10。分析化学中常利用金属硫化物的溶解性和颜色的不同分离和鉴定金属离子。

表 9-10　硫化物的颜色和溶解性

易溶于水		难溶于水						
		溶于稀盐酸（0.3mol/L）		难溶于稀盐酸				
				溶于浓盐酸		难溶于浓盐酸		
						溶于浓硝酸		溶于王水
$(NH_4)_2S$（白色）	MgS（白色）	MnS（肉色）	NiS（黑色）	SnS（褐色）	Sb_2S_3（棕色）	Cu_2S（黑色）	As_2S_3（黄色）	Hg_2S（黑色）
Na_2S（白色）	CaS（白色）	ZnS（白色）	FeS（黑色）	SnS_2（黄色）	Sb_2S_5（橙色）	CuS（黑色）	As_2S_5（黄色）	HgS（黑色）
K_2S（白色）	BaS（白色）	CoS（黑色）		PbS（黑色）	CdS（黄色）	Ag_2S（黑色）	Bi_2S_3（褐色）	

硫化物在酸中的溶解度与其溶度积的大小有关。以 MS 型硫化物为例，如果要发生溶解作用，必须使 $c(M^{2+})c(S^{2-})<K^{\ominus}_{sp}$。其主要手段就是降低 S^{2-} 的浓度。使 S^{2-} 浓度降低的办法有两种：一是提高溶液的酸度，抑制 H_2S 的离解；二是采用氧化剂，将 S^{2-} 氧化。对于溶度积较大（$>10^{-24}$）的硫化物，可用加入稀盐酸提高溶液酸度来降低 S^{2-} 的浓度，使之溶解。例如

$$ZnS+2H^+ \longrightarrow Zn^{2+}+H_2S\uparrow$$

溶度积介于 $10^{-25}\sim10^{-30}$ 的硫化物，一般不溶于稀盐酸，而溶于浓盐酸。因高浓度的 H^+ 才能使 S^{2-} 的浓度显著降低，从而使硫化物溶解。对于溶度积更小（$<10^{-30}$）的硫化物，由于溶度积很小，溶液中 S^{2-} 的浓度非常小，加入大量 H^+ 也不能降低到所要求的 S^{2-} 的浓度，必须用硝酸将 S^{2-} 氧化为单质硫，从而使硫化物溶解。例如

$$3CuS+8HNO_3 \longrightarrow 3Cu(NO_3)_2+3S\downarrow+2NO\uparrow+4H_2O$$

溶度积极小的 HgS 只溶于王水。王水不仅能氧化 S^{2-}，还能使 Hg^{2+} 与 Cl^- 形成配离子，故溶液中 S^{2-} 和 Hg^{2+} 浓度同时减小，而使 HgS 溶解。

$$3HgS+2HNO_3+12HCl \longrightarrow 3[HgCl_4]^{2-}+6H^++3S+2NO\uparrow+4H_2O$$

由于氢硫酸为弱酸，故所有硫化物均有不同程度的水解性。碱金属硫化物的水解尤其显著，水解后溶液呈碱性，工业上常用价格便宜的 Na_2S 代替 NaOH 作为碱使用。Na_2S 的水解反应为

$$Na_2S+H_2O \longrightarrow NaHS+NaOH$$

氧化数较高的金属硫化物，如 Al_2S_3 遇水发生完全水解。

$$Al_2S_3+6H_2O \longrightarrow 2Al(OH)_3\downarrow+3H_2S\uparrow$$

Cr_2S_3 也是如此，所以这些金属硫化物不能存在于水溶液中，必须用干法制备。例如用金属铝粉和硫粉直接化合可制得 Al_2S_3。

3. 多硫化物

碱金属、碱土金属硫化物或硫化铵的溶液能够溶解单质硫生成多硫化物。

$$Na_2S+(x-1)S \longrightarrow Na_2S_x$$

$$(NH_4)_2S+(x-1)S \longrightarrow (NH_4)_2S_x$$

通常生成的是含硫原子数不同的各种多硫化物的混合物。多硫化物的颜色随 x 的增加由黄色经橙黄而至红色。自然界中的黄铁矿 FeS_2 即为铁的多硫化物。

多硫化物具有氧化性和还原性。

氧化性 $SnS+(NH_4)_2S_2 \longrightarrow (NH_4)_2SnS_3$（硫代锡酸铵）

还原性 $4FeS_2+11O_2 \longrightarrow 2Fe_2O_3+8SO_2\uparrow$

多硫化物在酸性介质中很不稳定，易分解为硫化氢和单质硫。

$$S_2^{2-}+2H^+ \longrightarrow H_2S\uparrow+S$$

多硫化物是分析化学常用试剂。在皮革工业中用作原皮的脱毛剂。在农业上用它来防治棉花红蜘蛛及果木的病虫害。

三、硫的氧化物、含氧酸及其盐

1. 二氧化硫、亚硫酸及其盐

(1) 二氧化硫 二氧化硫（SO_2）是无色而有刺激性气味的有毒气体，也是常见的大气污染物之一，熔点为－72.5℃，沸点为－10℃，易液化，密度比空气大，易溶于水，在常温常压下，1 体积水能溶解 40 体积的二氧化硫。

二氧化硫分子中的硫氧化数为＋4，处于中间氧化值，因此它既有还原性又有氧化性，但还原性较为显著。例如用接触法制硫酸时，SO_2 可被空气氧化。SO_2 只有在遇到强还原剂时才表现出氧化性。

$$SO_2+2CO \xrightarrow[500℃]{\text{铝矾土}} 2CO_2+S$$

二氧化硫还具有漂白性，能与一些有机色素结合成无色化合物。因此，工业上常用它来漂白纸张、毛、丝、草帽辫等。但是日久以后漂白过的纸张、草帽辫等又逐渐恢复原来的颜色。这是因为二氧化硫与有机色素生成的无色化合物不稳定而发生分解所致。此外，二氧化硫还用于杀菌、消毒等。

工业上，二氧化硫通常用硫铁矿（FeS_2）在空气中燃烧制取。

$$4FeS_2+11O_2 \xrightarrow{\text{燃烧}} 2Fe_2O_3+8SO_2\uparrow$$

(2) 亚硫酸及其盐 二氧化硫溶于水生成亚硫酸（H_2SO_3）。亚硫酸不稳定，容易分解，只存在于水溶液中。在亚硫酸水溶液中存在如下平衡。

$$SO_2+H_2O \rightleftharpoons H_2SO_3$$

H_2SO_3 是较强的二元酸，在水溶液中存在下列平衡。

$$H_2SO_3 \rightleftharpoons H^+ +HSO_3^- \qquad K_{a1}^{\ominus}=1.3\times10^{-2}$$

$$HSO_3^- \rightleftharpoons H^+ +SO_3^{2-} \qquad K_{a2}^{\ominus}=6.3\times10^{-8}$$

H_2SO_3 可形成正盐和酸式盐。

亚硫酸及其盐中，硫的氧化数都是＋4，因此它们既有氧化性又有还原性，主要显还原性。

$$2SO_2+O_2 \xrightarrow{\text{催化剂}} 2SO_3$$

$$2H_2SO_3+O_2 \longrightarrow 2H_2SO_4\text{（较慢）}$$

$$2Na_2SO_3+O_2 \longrightarrow 2Na_2SO_4\text{（较快）}$$

由此可见，它们的还原性依 $SO_2 \rightarrow H_2SO_3 \rightarrow Na_2SO_3$ 次序增强。故亚硫酸及其盐不宜长期保存。在碱性介质中，亚硫酸盐的还原性更强，可被弱氧化剂（如 I_2）氧化为硫酸盐。

$$SO_3^{2-}+I_2+2OH^- \longrightarrow SO_4^{2-}+2I^-+H_2O$$

亚硫酸及其盐只有遇到更强的还原剂时表现出氧化性。

$$SO_3^{2-}+2H_2S+2H^+ \longrightarrow 3S\downarrow+3H_2O$$

亚硫酸的正盐和酸式盐遇强酸即分解，放出 SO_2。

$$SO_3^{2-}+2H^+ \longrightarrow SO_2\uparrow+H_2O$$

$$HSO_3^-+H^+ \longrightarrow SO_2\uparrow+H_2O$$

这是实验室制取少量 SO_2 的一种方法。

亚硫酸盐有很多实际用途，如亚硫酸氢钙［$Ca(HSO_3)_2$］大量用于造纸工业，它能溶解木质制造纸浆。亚硫酸钠（Na_2SO_3）在医药工业中用作药物有效成分的抗氧剂，印染工业中用作漂白织物的去氯剂，还可作照相显影液和定影液的保护剂等。亚硫酸盐也是常用的化学试剂。

2. 三氧化硫、硫酸及其盐

（1）三氧化硫　SO_2 在一定的条件下氧化转化为三氧化硫（SO_3）。

$$2SO_2+O_2 \xrightarrow[400\sim500℃]{V_2O_5} 2SO_3$$

纯 SO_3 是无色易挥发的固体，熔点 16.8℃，沸点 44.8℃。

SO_3 是强氧化剂，当磷和它接触时能燃烧，它能将碘化物氧化为单质碘。

$$5SO_3+2P \longrightarrow 5SO_2+P_2O_5$$

$$SO_3+2KI \longrightarrow K_2SO_3+I_2$$

SO_3 极易与水化合成硫酸，同时放出大量的热。

$$SO_3+H_2O \longrightarrow H_2SO_4$$

因此，在潮湿的空气中易形成酸雾。SO_3 是强吸水剂。

（2）硫酸　纯硫酸是无色的油状液体，在 10.5℃时凝固成晶体。市售硫酸的含量有 92%和 98%两种规格，密度分别为 $1.82g/cm^3$ 和 $1.84g/cm^3$。98%硫酸的沸点为 330℃。

硫酸为二元强酸，在水溶液中其第一步电离是完全的，第二步则是部分电离，HSO_4^- 只相当于中强酸。

$$H_2SO_4 \longrightarrow H^++HSO_4^- \qquad K_{a1}^{\ominus}=1.0\times10^3$$

$$HSO_4^- \rightleftharpoons H^++SO_4^{2-} \qquad K_{a2}^{\ominus}=1.2\times10^{-2}$$

稀硫酸和盐酸一样是非氧化性的酸，具有酸的通性，如能与金属、金属氧化物、碱类反应。浓硫酸则不同，有其特性。

① 吸水性。浓 H_2SO_4 可与水形成稳定的水合物，如 $H_2SO_4\cdot H_2O$、$H_2SO_4\cdot 2H_2O$、$H_2SO_4\cdot 4H_2O$ 等，因此浓 H_2SO_4 有强烈的吸水性。它与水混合时，由于形成水合物而放出大量的热，可使水局部沸腾而飞溅。故稀释浓 H_2SO_4 时切不可将水倒入浓 H_2SO_4 中，而应将浓 H_2SO_4 沿容器壁玻璃棒慢慢注入水中并不断搅拌。

利用浓 H_2SO_4 的吸水作用，可用来干燥不与它反应的各种气体，如 Cl_2、CO_2、HCl 等。

② 脱水性。浓 H_2SO_4 能从许多有机化合物（如糖、淀粉和纤维等）中按水的组成比例夺取其中的氢、氧原子，从而使有机物炭化。例如，蔗糖（$C_{12}H_{22}O_{11}$）的炭化。

$$C_{12}H_{22}O_{11} \xrightarrow{浓\ H_2SO_4} 12C+11H_2O$$

因此，浓 H_2SO_4 能严重破坏动植物组织，使用时须小心。

③ 氧化性。在常温下，浓硫酸与铁、铝等金属接触，能使金属表面生成一层致密的氧化物保护膜，它可阻止内部金属继续与硫酸反应，这种现象叫做金属的钝化。因此，冷的浓

硫酸可以用铁或铝制容器贮存和运输。但是，在加热时浓硫酸几乎能氧化所有的金属及一些非金属。它的还原产物一般是 SO_2，若遇活泼金属，会析出 S，甚至生成 H_2S。如

$$Cu+2H_2SO_4（浓）\xrightarrow{\triangle} CuSO_4+SO_2\uparrow+2H_2O$$

$$3Zn+4H_2SO_4（浓）\xrightarrow{\triangle} 3ZnSO_4+S\downarrow+4H_2O$$

$$4Zn+5H_2SO_4（浓）\xrightarrow{\triangle} 4ZnSO_4+H_2S\uparrow+4H_2O$$

$$2P+5H_2SO_4（浓）\xrightarrow{\triangle} 2H_3PO_4+5SO_2\uparrow+2H_2O$$

$$C+2H_2SO_4（浓）\xrightarrow{\triangle} CO_2\uparrow+2SO_2\uparrow+2H_2O$$

浓 H_2SO_4 能使光刻胶（对光敏感的高分子有机物）炭化，然后按后一反应除去炭，这一性质可用于半导体器件的光刻工艺中。

世界各国主要用接触法生产硫酸，该法的生产过程分三个阶段：焙烧硫铁矿（FeS_2）或燃烧硫得 SO_2；在 V_2O_5 催化剂存在下 SO_2 继续被空气中的 O_2 氧化为 SO_3；用 98.3%浓 H_2SO_4 吸收 SO_3 得发烟硫酸（$H_2SO_4 \cdot xH_2O$），用 92%的 H_2SO_4 稀释，即得商品硫酸。吸收 SO_3 不能直接用水，否则会产生酸雾而不利于 SO_3 吸收，以致其随尾气排出，造成对空气的污染。

基于环境保护和资源利用的需要，目前我国的有色金属冶炼厂从烟道气中回收 SO_2，大量副产硫酸。

硫酸是重要的工业原料，可用它来制取盐酸、硝酸以及各种硫酸盐和农用肥料（如磷肥和氮肥）。硫酸还应用于生产农药、炸药、染料及石油和植物油的精炼等。在金属、搪瓷工业中，利用浓硫酸作为酸洗剂，以除去金属表面的氧化物。

(3) 硫酸盐 硫酸能形成正盐和酸式盐。

硫酸盐中除 $BaSO_4$、$CaSO_4$、$PbSO_4$、Ag_2SO_4 等难溶或微溶于水外，其余都易溶于水。常以可溶性的钡盐（如 $BaCl_2$）溶液来鉴定溶液中 SO_4^{2-} 的存在，因为生成的 $BaSO_4$ 白色沉淀难溶于水，也不溶于酸。

$$Ba^{2+}+SO_4^{2-} \longrightarrow BaSO_4\downarrow$$

虽然 SO_3^{2-} 和 Ba^{2+} 也生成 $BaSO_3$ 白色沉淀，但此沉淀能溶于酸放出 SO_2。

活泼金属的硫酸盐（如 Na_2SO_4、K_2SO_4、$BaSO_4$ 等）在高温下是稳定的，加热到 1000℃时也不会分解。而过渡元素硫酸盐在高温时可以分解。

$$CuSO_4 \xrightarrow{760℃} CuO+SO_3\uparrow$$

$$2Ag_2SO_4 \xrightarrow{\triangle} 4Ag+2SO_3\uparrow+O_2\uparrow$$

$(NH_4)_2SO_4$ 只需加热至 100℃便可分解。

$$(NH_4)_2SO_4 \xrightarrow{100℃} NH_4HSO_4+NH_3\uparrow$$

可溶性硫酸盐从溶液中析出晶体常带有结晶水，如 $CuSO_4 \cdot 5H_2O$（胆矾）、$ZnSO_4 \cdot 7H_2O$（皓矾）、$FeSO_4 \cdot 7H_2O$（绿矾）、$Na_2SO_4 \cdot 10H_2O$（芒硝）等这类硫酸盐受热时能逐步失去结晶水而成为无水盐。

硫酸盐容易形成复盐，例如 $K_2SO_4 \cdot Al_2(SO_4)_3 \cdot 24H_2O$（明矾）、$(NH_4)_2SO_4 \cdot FeSO_4 \cdot 6H_2O$ 等。

酸式硫酸盐中，只有最活泼的碱金属元素能形成稳定的固态酸式硫酸盐。如 $NaHSO_4$、

$KHSO_4$ 等。它们能溶于水，并呈酸性。市售“洁厕净”的主要成分是 $NaHSO_4$。

3. 过硫酸及其盐

过硫酸可看成是 H_2O_2（H—O—O—H）中 H 原子被磺酸基（$—SO_3H$）所取代的衍生物。H_2O_2 中一个 H 原子被$—SO_3H$ 取代后得 $H—O—O—SO_3H$（即 H_2SO_5），称为过一硫酸；H_2O_2 中两个 H 原子被$—SO_3H$ 取代后得 $HSO_3—O—O—SO_3H$（即 $H_2S_2O_8$），称为过二硫酸。

纯净的过一硫酸和过二硫酸都是无色晶体。与浓硫酸一样，两者都有强的吸水性，也可使纤维和糖炭化，还能烧焦石蜡。

$(NH_4)_2S_2O_8$ 和 $K_2S_2O_8$ 是重要的过二硫酸盐，均为强氧化剂，是分析化学实验室中常用的试剂。它们在 Ag^+ 的催化作用下将 Mn^{2+} 氧化成 MnO_4^-。

$$2Mn^{2+} + 5S_2O_8^{2-} + 8H_2O \xrightarrow{Ag^+} 2MnO_4^- + 10SO_4^{2-} + 16H^+$$

在分析化学中常用这一反应测定钢中锰的含量。

过硫酸及其盐都不稳定，加热时易分解。

$$K_2S_2O_8 \xrightarrow{\triangle} K_2SO_4 + SO_2\uparrow + O_2\uparrow$$

4. 硫代硫酸钠

硫代硫酸钠（$Na_2S_2O_3 \cdot 5H_2O$）商品名为“海波”，俗称大苏打。将硫粉溶于沸腾的亚硫酸钠碱性溶液中可制得硫代硫酸钠。

$$Na_2SO_3 + S \xrightarrow{\triangle} Na_2S_2O_3$$

硫代硫酸钠是无色透明的结晶，易溶于水，其水溶液显碱性。它在中性、碱性溶液中很稳定，但在酸性溶液中被迅速分解。

$$Na_2S_2O_3 + 2HCl \longrightarrow 2NaCl + S\downarrow + SO_2\uparrow + H_2O$$

硫代硫酸钠是中等强度的还原剂，与碘作用，被氧化为连四硫酸钠（$Na_2S_4O_6$）；与氯、溴反应被氧化为硫酸盐。

$$2S_2O_3^{2-} + I_2 \longrightarrow S_4O_6^{2-} + 2I^-$$

$$S_2O_3^{2-} + 4Cl_2 + 5H_2O \longrightarrow 2SO_4^{2-} + 8Cl^- + 10H^+$$

在分析化学中利用前一反应定量测定碘；在漂染工业中利用后一反应脱氯。

硫代硫酸根离子（$S_2O_3^{2-}$）有较强的配位能力。

$$2S_2O_3^{2-} + AgX \longrightarrow [Ag(S_2O_3)_2]^{3-} + X^-$$

照相底片中未感光的 AgBr 在定影液中就是利用该反应形成配离子而溶解。

四、硒及硒的化合物

自然界中无单独的硒矿，通常极少量的硒存在于一些硫化物矿中，在煅烧这些矿时，硒便富集于烟道内。

单质硒在化学性质上与硫相似，能与非金属如氟、氯发生剧烈反应，加热时与氧化合；硒在加热时也能和许多金属形成硒化物如 K_2Se 等。

硒的氧化物有 SeO_2 和 SeO_3。

SeO_2 是易挥发的白色固体，溶于水生成亚硒酸（H_2SeO_3），它是一种弱酸，比亚硫酸的酸性弱。在强氧化剂如氯酸的作用下，亚硒酸能被氧化成硒酸（H_2SeO_4）。

$$5H_2SeO_3 + 2HClO_3 \longrightarrow 5H_2SeO_4 + Cl_2 + H_2O$$

SeO_3 强烈吸水也生成硒酸，它是无色晶体。硒酸溶液也是强酸。浓度较高时也可使有机物炭化，但它的氧化性远高于硫酸。例如将硒酸与盐酸混合产生氯气，故与王水一样，也能溶解铂和金。

硒酸盐的性质也与硫酸盐相似。同一种金属的硒酸盐和硫酸盐具有相似的溶解度，如它们的铅盐、钡盐都难溶于水。

硒的用途很广泛，它是半导体材料；可用于制作光电信号和无线电传真、电视等的光电管；还可用在电整流器上；少量的硒加到普通玻璃中可消除由于玻璃中含有硅酸亚铁而产生的绿色，大量的硒则使玻璃变为红色；此外硒还用于不锈钢的生产。

第三节　氮、磷、砷及其化合物

元素周期表中第ⅤA族的氮（N）、磷（P）、砷（As）、锑（Sb）、铋（Bi）五种元素，通称为氮族元素。氮族元素的一些基本性质列于表9-11中。

表9-11　氮族元素的基本性质

性　质	氮(N)	磷(P)	砷(As)	锑(Sb)	铋(Bi)
原子序数	7	15	33	51	83
价电子层构型	$2s^22p^3$	$3s^23p^3$	$4s^24p^3$	$5s^25p^3$	$6s^26p^3$
氧化数	－3，＋1，＋2，＋3，＋4，＋5	－3，＋3，＋5	－3，＋3，＋5	＋3，＋5	＋3，＋5
原子半径/pm	70	111	121	159	170
M^{3-}离子半径/pm	171	212	222	245	—
M^{5+}离子半径/pm	11	34	47	62	74
第一电离能/（kJ/mol）	1402.3	1011.8	994	831.6	703.3
电负性	3.0	2.1	2.0	1.9	1.9

从表9-11可见，随着原子序数的增大，本族元素的原子半径、离子半径增大，由非金属逐渐过渡到金属。半径较小的N、P是典型的非金属元素，As和Sb表现为准金属的性质，Bi是较典型的金属元素。

氮族元素的价电子构型为ns^2np^3，形成正氧化数化合物的趋势较明显，氧化数主要为＋3和＋5。N、P的电负性较大，可和极少数活泼金属形成氧化数为－3的化合物，如Mg_3N_2、Ca_3P_2等。

一、氮及其重要化合物

1. 单质氮

工业上用的氮气（N_2）是从分馏液态空气得到。当前，膜分离技术和吸附纯化技术的研究与应用已引起人们的关注，如采用高性能的碳分子筛吸附技术，所得氮气的纯度能达99.999%。

N_2是无色、无臭的气体，微溶于水。常温下很不活泼，不与任何元素化合。但在高温时能与氢、氧、金属等化合，生成各种含氮化合物。这是因为氮分子中两个氮原子以共价三键（∶N≡N∶）相结合，它的离解能非常高（941.7kJ/mol），要将单质氮转化为各种含氮化合物，必须破坏N≡N共价三键，这需要提供足够大的能量，一般需要高温，同时还要高压才能实现。但高温高压对动力消耗大，设备要求高，因此一个时期以来人们在寻求常温常压下的固氮方法（使空气中的N_2转化为可利用的氮化合物的过程）。20世纪60年代以来，世界各国都在积极研究生物化学模拟固氮。

氮气是合成氨和制造硝酸的原料。由于它的化学性质很稳定，常用来填充灯泡，防止灯泡中钨丝氧化。氮气还用作焊接金属的保护气以及用来保存水果、粮食等农副产品。液氮冷冻技术也被应用在高科技领域，如某些超导材料就是在液氮处理下才获得超导性能的。

2. 氨和铵盐

（1）氨 氨（NH_3）是无色、有刺激性气味的气体，比空气轻。由于氨分子中氢原子是与非金属性较强而原子半径较小的氮原子以共价键结合的，因而，氨分子之间可形成氢键。由于氢键的形成，氨分子之间的吸引力增强，使氨很容易液化，在常压下冷却到-33℃时凝成液体。气态氨凝结成无色液体，同时放出大量的热。液态氨气化时要吸收大量的热而使它周围温度急剧下降。因此，氨常用作制冷剂。

NH_3的化学性质相当活泼，主要反应如下。

① 加合反应。由于氨分子和水分子易形成氢键，所以氨极易溶于水。常温下，1体积的水约能溶解700体积的氨，形成氨水。氨在水中主要以水合物（$NH_3 \cdot H_2O$）的形式存在，氨水是弱电解质，在溶液中可以少部分电离成NH_4^+和OH^-，所以氨水显弱碱性。这一过程可表示为

$$NH_3 + H_2O \rightleftharpoons NH_3 \cdot H_2O \rightleftharpoons NH_4^+ + OH^-$$

NH_3中N原子上有一孤电子对，可作为电子对给予体与水或酸中H^+提供的1s空轨道以配位键相结合，从而形成NH_4^+，并游离出OH^-。

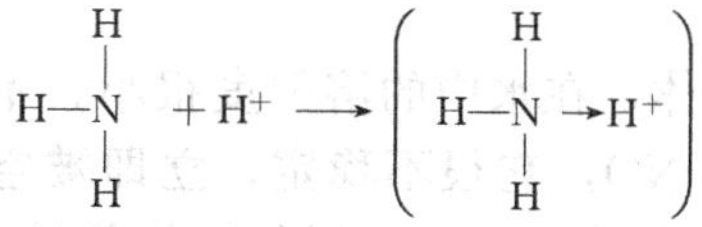

此外，NH_3还可与许多过渡金属离子加合形成氨配合离子，如$[Cu(NH_3)_4]^{2+}$、$[Ag(NH_3)_2]^+$等。

② 取代反应。NH_3分子中的三个H原子可以被依次取代生成氨基（$:NH_2—$）衍生物，如$NaNH_2$（氨基钠）；亚氨基（$:NH=$）衍生物，如Ag_2NH（亚氨基银）；氮化物（$:N\equiv$），如Li_3N（氮化锂）。

③ 氧化反应。NH_3分子中N的氧化数为-3，是最低值，因此它只具有还原性。

氨在空气中不能燃烧，但在纯氧中能燃烧生成N_2和H_2O，同时发出黄色火焰。

$$4NH_3 + 3O_2 \xrightarrow{\text{燃烧}} 2N_2 + 6H_2O$$

在催化剂（铂）的作用下，氨与空气中的氧作用生成NO。

$$4NH_3 + 5O_2 \xrightarrow{Pt} 4NO + 6H_2O$$

此反应叫做氨的催化氧化（或接触氧化），是工业上制取硝酸的基础工序。

氨能与氯或溴发生强烈反应。用浓氨水检查氯气或液溴管道是否漏气，就利用了该类反应。

$$2NH_3 + 3Cl_2 \longrightarrow N_2\uparrow + 6HCl$$

氨是一种重要的化工原料。主要用于制造氮肥，还用来制造硝酸、铵盐、纯碱等。氨也是尿素、纤维、塑料等有机合成工业的原料。

（2）铵盐 铵盐的共同特征是其中含有NH_4^+。铵盐多为无色晶体，易溶于水。铵盐的主要化学性质如下。

① 受热易分解。固体铵盐加热极易分解，其分解产物取决于酸根的性质。由挥发性酸组成的铵盐，分解生成NH_3和挥发性的酸：

$$NH_4Cl \xrightarrow{\triangle} NH_3\uparrow + HCl\uparrow$$

$$NH_4HCO_3 \xrightarrow{\triangle} NH_3\uparrow + CO_2\uparrow + H_2O$$

难挥发性酸组成的铵盐，分解后只有氨挥发，而酸或酸式盐残留在容器中。例如：

$$(NH_4)_2SO_4 \xrightarrow{\triangle} NH_3\uparrow + NH_4HSO_4$$

$$(NH_4)_3PO_4 \xrightarrow{\triangle} 3NH_3\uparrow + H_3PO_4$$

由氧化性酸组成的铵盐，分解出的氨被氧化成 N_2 或 N_2O：

$$NH_4NO_2 \xrightarrow{210℃} N_2O\uparrow + 2H_2O$$

$$2NH_4NO_3 \xrightarrow{300℃} 2N_2\uparrow + 4H_2O + O_2\uparrow$$

后一反应产生大量的气体和热量，大量气体受热体积陡然膨胀，若反应在密闭容器中进行，便会发生爆炸。基于这种性质，NH_4NO_3 可用于制作炸药。

② 与碱反应。铵盐能与碱起反应放出氨气。

$$2NH_4Cl + Ca(OH)_2 \xrightarrow{\triangle} CaCl_2 + 2NH_3\uparrow + 2H_2O$$

该性质是一切铵盐的共同性质。实验室里常利用此反应制取氨，也利用这一性质来检验铵根离子（NH_4^+）的存在。

3. 氮的氧化物、含氧酸及其盐

(1) 氮的氧化物　氮的氧化物有 N_2O、NO、N_2O_3、NO_2、N_2O_5 等多种。其中以 NO 和 NO_2 最为重要。

一氧化氮（NO）是无色气体，在水中的溶解度很小，不与水反应。在雷电之际，闪电使空气中的 N_2 和 O_2 反应产生 NO，它很不稳定，立即被空气中的 O_2 氧化成 NO_2，NO_2 再被雨水吸收成为硝酸而进入土壤中，给土壤增加植物养料。据估计大自然借雷电之助每年可以固氮约 4000 万吨。

NO 分子中氮的氧化数为＋2，故它既有氧化性，又有还原性。例如它可使红热的铁、碳等氧化，被还原为 N_2。

$$C + 2NO \longrightarrow CO_2 + N_2$$

$KMnO_4$ 能将 NO 氧化成 NO_3^-。

$$6KMnO_4 + 10NO + 9H_2SO_4 \longrightarrow 6MnSO_4 + 10HNO_3 + 3K_2SO_4 + 4H_2O$$

二氧化氮（NO_2）是红棕色气体，具有特殊臭味并有毒。低温可以聚合为 N_2O_4。N_2O_4 为无色气体，当温度降至－10℃以下则形成无色晶体。室温时 N_2O_4 与 NO_2 间存在下列平衡。

$$N_2O_4(g) \rightleftharpoons 2NO_2(g)$$

温度升至 140℃时，N_2O_4 全部变为 NO_2；温度超过 150℃时，NO_2 开始分解为 NO 和 O_2。液态 N_2O_4 可作为火箭推进剂的氧化剂，大力神火箭即以 N_2O_4 作氧化剂。

从标准电极电势数据可见，NO_2 具有较强的氧化性和较弱的还原性。

$$NO_2 + 2H^+ + e \longrightarrow HNO_2 \quad \varphi^{\ominus} = +1.07V$$

$$NO_3^- + 2H^+ + 2e \longrightarrow NO_2 + H_2O \quad \varphi^{\ominus} = +0.81V$$

由上述数据也可知，NO_2 可以发生歧化反应。

$$3NO_2 + H_2O \longrightarrow 2HNO_3 + NO$$

$$2NO_2 + 2NaOH \longrightarrow NaNO_3 + NaNO_2 + H_2O$$

(2) 亚硝酸及其盐　亚硝酸（HNO_2）是弱酸，酸性比醋酸稍强。

$$HNO_2 \rightleftharpoons H^+ + NO_2^- \quad K_a^{\ominus} = 7.2\times10^{-4}$$

亚硝酸很不稳定，仅存在于冷的稀溶液中。浓溶液或微热时会分解为 NO 和 NO_2。

亚硝酸不稳定，但亚硝酸盐特别是碱金属和碱土金属的亚硝酸盐，有很高的热稳定性。

在亚硝酸及其盐分子中氮的氧化数为+3，故其既有氧化性又有还原性。它们在酸性介质中主要表现为氧化性，能将 KI 氧化成单质碘。

$$2NO_2^- + 2I^- + 4H^+ \longrightarrow 2NO + I_2 + 2H_2O$$

此反应可用于定量测定亚硝酸盐。

亚硝酸及其盐只有遇到强氧化剂才显还原性。例如在酸性介质中与高锰酸钾的反应

$$2MnO_4^- + 5NO_2^- + 6H^+ \longrightarrow 2Mn^{2+} + 5NO_3^- + 3H_2O$$

固体亚硝酸盐与有机物接触，易引起燃烧和爆炸。

$NaNO_2$ 和 KNO_2 是两种常用盐，它们广泛被用于偶氮染料、硝基化合物的制备，还用作漂白剂、媒染剂、金属热处理剂、电镀缓蚀剂等。此外它们也是食品工业如肉、鱼加工的发色剂。必须注意，亚硝酸盐都有毒，并且是强致癌物质。

(3) 硝酸及其盐　纯硝酸是无色、易挥发、具有刺激性气味的液体，密度为 1.50g/mL，凝固点为－42℃，沸点为 83℃。它能以任意比例与水相混合。一般市售硝酸的规格为 65%～68%（质量分数），98%以上的浓硝酸由于挥发出来的 NO_2 遇到空气中的水蒸气，形成极微小的硝酸雾滴而产出“发烟”现象，通常称为发烟硝酸。

硝酸是一种强酸，除了具有酸的通性以外，还有其特殊的化学性质。

① 不稳定性。浓硝酸见光或受热易分解。

$$4HNO_3 \xrightarrow{\text{加热或见光}} 4NO_2\uparrow + O_2\uparrow + 2H_2O$$

为了防止硝酸的分解，必须将其装在棕色试剂瓶里，贮放在暗处及阴凉处。

② 强氧化性。硝酸分子中氮处于最高氧化态（+5），所以它具有强氧化性。它可以将许多非金属单质（如碳、磷、硫、碘等）氧化成相应的氧化物或含氧酸。

$$3C + 4HNO_3 \longrightarrow 3CO_2\uparrow + 4NO\uparrow + 2H_2O$$

$$3P + 5HNO_3 + 2H_2O \longrightarrow 3H_3PO_4 + 5NO\uparrow$$

硝酸几乎能和所有的金属（金、铂等除外）发生反应。有些金属易溶于稀硝酸而不溶于冷的浓硝酸。这是由于浓硝酸将这些金属表面氧化成一层致密的氧化物膜，使金属不能与酸继续作用。

HNO_3 与金属作用被还原的程度，主要取决于硝酸的浓度和金属的活泼性。通常浓 HNO_3 与金属反应，不论金属活泼与否，它的主要产物是红棕色的 NO_2；稀 HNO_3 与不活泼金属反应时，主要产物是无色的 NO；稀 HNO_3 与 Zn、Mg 等活泼金属反应时，主要产物是 N_2O；极稀 HNO_3 与活泼金属（如 Zn）反应，其主要产物是 NH_3，在 HNO_3 存在下，实际上生成 NH_4NO_3。

$$Cu + 4HNO_3(\text{浓}) \longrightarrow Cu(NO_3)_2 + 2NO_2\uparrow + 2H_2O$$

$$3Cu + 8HNO_3(\text{稀}) \longrightarrow 3Cu(NO_3)_2 + 2NO\uparrow + 4H_2O$$

$$4Zn + 10HNO_3(\text{稀}) \longrightarrow 4Zn(NO_3)_2 + N_2O\uparrow + 5H_2O$$

$$4Zn + 10HNO_3(\text{极稀}) \longrightarrow 4Zn(NO_3)_2 + NH_4NO_3 + 3H_2O$$

浓硝酸和浓盐酸的混合物（体积比 1∶3）叫做王水。其氧化能力比硝酸强，能使一些不溶于硝酸的金属（如金、铂等）溶解。

$$Au + HNO_3 + 4HCl \longrightarrow H[AuCl_4] + NO\uparrow + 2H_2O$$

$$3Pt + 4HNO_3 + 18HCl \longrightarrow 3H_2[PtCl_6] + 4NO\uparrow + 8H_2O$$

硝酸是重要的化工原料，是重要的“三酸”之一。它主要用于生产各种硝酸盐、化肥和炸药等，还用来合成染料、药物、塑料等。硝酸也是常用的化学试剂。

硝酸盐是无色晶体，易溶于水。固态硝酸盐不稳定，加热易分解。不同金属硝酸盐加热分解产物不同。

① 活泼金属（比 Mg 活泼的碱金属和碱土金属）硝酸盐分解时生成亚硝酸盐，放出氧气。如

$$2KNO_3 \xrightarrow{\triangle} 2KNO_2 + O_2\uparrow$$

② 活泼性较小的金属（在金属活动顺序表中位于 Mg 与 Cu 之间）硝酸盐，加热分解生成金属氧化物、二氧化氮和氧气。

$$2Pb(NO_3)_2 \xrightarrow{\triangle} 2PbO + 4NO_2\uparrow + O_2\uparrow$$

③ 活泼性更小的金属（活泼性比 Hg 差）硝酸盐，加热分解生成金属单质、二氧化氮和氧气。

$$2AgNO_3 \xrightarrow{\triangle} 2Ag + 2NO_2\uparrow + O_2\uparrow$$

从上面反应可见，硝酸盐热分解都放出氧气，所以许多硝酸盐在高温时都是供氧剂。若与可燃物混合，一经点燃，会迅速燃烧甚至爆炸。基于这种性质，硝酸盐在烟火工业中获得广泛的应用。我国唐朝时期发明的黑色火药就是用硝酸钾、硫黄、木炭粉末混合而制成的。黑色火药的爆炸反应很复杂，主要反应可表示为

$$2KNO_3 + S + 3C \xrightarrow{\triangle} K_2S + N_2\uparrow + 3CO_2\uparrow$$

各种硝酸盐广泛用于生产化肥和炸药，也用于电镀、玻璃、染料、选矿和制药等工业。硝酸盐也是常用的化学试剂。

二、磷及其化合物

1. 单质磷

磷在自然界没有单质，主要以磷酸盐的形式存在，最重要的磷矿有磷酸钙矿 $Ca_3(PO_4)_2$ 和磷灰石 $Ca_3(PO_4)_2 \cdot CaF_2$。磷是生物体中不可缺少的元素之一，它存在于植物种子的蛋白质及动物体脑、血液和神经组织的蛋白质中，骨骼中也含有磷。

单质磷的同素异形体有多种，常见的有白磷和红磷两种。虽然两者都由同一种元素构成，但性质相差较大，见表 9-12。

表 9-12 白磷和红磷性质比较

白　磷	红　磷
白色透明蜡状固体，质软，有蒜臭味	暗红色固体，有金属光泽，无蒜臭味
不溶于水，易溶于 CS_2	不溶于水和 CS_2
剧毒（口服 0.1g 即可致死）	无毒
暗处发光	不发光
在空气中自燃（燃点 40℃）	热至 400℃才能燃烧
隔绝空气，保存在水中	一般密封保存
磷蒸气迅速冷却得到白磷	白磷在高温下缓慢转化为红磷

经测定，白磷的相对分子质量相当于 P_4，通常简写成 P。

单质磷的用途很广，工业上用白磷来制备纯的磷酸和农药；军事上用它来制作燃烧弹、烟幕弹等；少量用于生产红磷。红磷是生产安全火柴和有机磷的主要原料。

2. 磷的氧化物

磷的氧化物主要有两种，磷在空气不足时燃烧生成六氧化四磷，化学式为 P_4O_6；而在充足空气中燃烧则生成十氧化四磷，其化学式为 P_4O_{10}。这些化学式可简写成 P_2O_3

和 P_2O_5。

P_4O_6 是有滑腻感的白色固体，有似蒜的气味。其熔点为 24℃，沸点为 174℃。在空气中加热转化为 P_4O_{10}。与冷水反应较慢，生成亚磷酸（H_3PO_3），故 P_4O_6 又叫亚磷酐。

$$P_4O_6+6H_2O(冷) \longrightarrow 4H_3PO_3$$

在热水中则发生强烈的歧化反应，生成正磷酸（H_3PO_4，通常称为磷酸）和膦（PH_3，大蒜味，剧毒）。

$$P_4O_6+6H_2O(热) \longrightarrow 3H_3PO_4+PH_3\uparrow$$

P_4O_{10} 是白色雪花状晶体，也称磷酸酐。358.9℃升华。它能侵蚀皮肤和黏膜，使用时需特别小心。P_4O_{10} 有很强的吸水性，在空气中吸收水分迅速潮解，是实验室最常用的干燥剂，它甚至能从其他物质中夺取化合态的水，例如，可使硫酸和硝酸脱水分别生成硫酐与硝酐。

$$P_4O_{10}+6H_2SO_4 \longrightarrow 6SO_3+4H_3PO_4$$

$$P_4O_{10}+12HNO_3 \longrightarrow 6N_2O_5+4H_3PO_4$$

3. 磷的含氧酸及其盐

（1）磷的含氧酸　磷的含氧酸有多种，比较重要的见表 9-13。

表 9-13　磷的含氧酸

名称及化学式	氧化数	酸性强弱	
次磷酸　H_3PO_2	+1	一元酸	$K_a^{\ominus}=1.0\times10^{-2}$
亚磷酸　H_3PO_3	+3	二元酸	$K_{a1}^{\ominus}=1.0\times10^{-2}$
磷酸①　H_3PO_4	+5	三元酸	$K_{a1}^{\ominus}=6.3\times10^{-3}$
焦磷酸　$H_4P_2O_7$	+5	四元酸	$K_{a1}^{\ominus}=3.0\times10^{-2}$
偏磷酸　HPO_3	+5	一元酸	$K_{a1}^{\ominus}=1.0\times10^{-1}$

① 磷酸在强热时会脱水，生成焦磷酸或偏磷酸。

在此重点讨论亚磷酸和磷酸。

亚磷酸（H_3PO_3）是无色晶体，易溶于水。是较强的二元酸。在受热时能发生歧化反应：

$$4H_3PO_3 \xrightarrow{\triangle} 3H_3PO_4+PH_3\uparrow$$

亚磷酸和亚磷酸盐在水溶液中都具有很强的还原性。例如，在溶液中能将不活泼的金属离子还原为金属单质。

$$H_3PO_3+CuSO_4+H_2O \longrightarrow Cu\downarrow+H_2SO_4+H_3PO_4$$

磷的含氧酸中以磷酸最稳定。纯磷酸是无色透明晶体，熔点 42.35℃，易溶于水。市售磷酸含量一般为 83%，是无色透明的黏稠液体。含量为 88%的磷酸溶液在常温下即凝结为固体。

磷酸是无氧化性，不挥发的中强三元酸，具有酸的通性。

工业上一般以磷灰石为原料，用硫酸分解而制得磷酸。

$$Ca_3(PO_4)_2+3H_2SO_4 \longrightarrow 3CaSO_4\downarrow+2H_3PO_4$$

磷酸大量用于生产各种磷肥。还用在电镀、塑料、有机合成（作催化剂）、食品（作酸性调味剂）等工业。它也是制备某些药物及磷酸盐的原料。

（2）磷酸盐　磷酸可形成一种正盐，两种酸式盐，如下所示。

正盐	磷酸一氢盐	磷酸二氢盐
磷酸钠 Na_3PO_4	磷酸氢钠 Na_2HPO_4	磷酸二氢钠 NaH_2PO_4
磷酸铵 $(NH_4)_3PO_4$	磷酸氢铵 $(NH_4)_2HPO_4$	磷酸二氢铵 $NH_4H_2PO_4$
磷酸钙 $Ca_3(PO_4)_2$	磷酸氢钙 $CaHPO_4$	磷酸二氢钙 $Ca(H_2PO_4)_2$

所有磷酸二氢盐都易溶于水，而磷酸一氢盐和正盐除了 K^+、Na^+ 和 NH_4^+ 盐外，一般难溶于水。

可溶性的磷酸盐在溶液中有不同程度的水解或离解，使它们具有不同的酸碱性。以 Na_3PO_4、Na_2HPO_4 及 NaH_2PO_4 为例来说明。PO_4^{3-} 在水中能强烈地水解，所以 Na_3PO_4 的水溶液显强碱性。

$$PO_4^{3-} + H_2O \rightleftharpoons HPO_4^{2-} + OH^-$$

HPO_4^{2-} 在水中兼有离解和水解。

$$HPO_4^{2-} \rightleftharpoons H^+ + PO_4^{3-} \qquad K_{a3}^{\ominus} = 4.4\times10^{-13}$$

$$HPO_4^{2-} + H_2O \rightleftharpoons H_2PO_4^- + OH^-$$

因电离常数 $K_{a3}^{\ominus}$ 值得较小，故 HPO_4^{2-} 以水解为主，Na_2HPO_4 溶液呈弱碱性。

$H_2PO_4^-$ 在水中也兼有离解和水解。

$$H_2PO_4^- \rightleftharpoons H^+ + HPO_4^{2-} \qquad K_{a3}^{\ominus} = 6.23\times10^{-8}$$

$$H_2PO_4^- + H_2O \rightleftharpoons H_3PO_4 + OH^-$$

水解作用相对较小，电离作用占优势，因此 NaH_2PO_4 溶液呈弱酸性。

磷酸盐与过量的钼酸铵 $(NH_4)_2MoO_4$，在含有硝酸的水溶液中加热，可缓慢析出黄色磷钼酸铵沉淀。

$$PO_4^{3-} + 12MoO_4^{2-} + 24H^+ + 2NH_4^+ \xrightarrow{\triangle} (NH_4)_2PO_4 \cdot 12MoO_3 \downarrow + 12H_2O$$

此反应可用来鉴定 PO_4^{3-}。

磷酸盐如 $(NH_4)_3PO_4$、KH_2PO_4 等在农业上可用作肥料；工业上 $Ca_3(PO_4)_2$ 用于陶瓷、玻璃和制药等；Na_3PO_4 常被用作锅炉除垢剂、金属防护剂、织物丝光增强剂、洗衣粉的添加剂。当前，造成河、湖水质富营养化的磷污染主要来源于流失的磷肥和生活污水中的含磷洗涤剂。

4. 磷的氯化物

磷能与卤素单质直接化合生成卤化磷（PX_3 和 PX_5）。磷的卤化物中以 PCl_3 和 PCl_5 最为重要。

（1）三氯化磷　磷在氯气中燃烧生成 PCl_3。PCl_3 是无色液体，在水中强烈地水解生成 H_3PO_3 和 HCl。

$$PCl_3 + 3H_2O \longrightarrow H_3PO_3 + 3HCl$$

因此 PCl_3 在潮湿的空气中冒烟。

过量的 Cl_2 与 PCl_3 作用生成 PCl_5。

$$PCl_3 + Cl_2 \longrightarrow PCl_5$$

（2）五氯化磷　PCl_5 是白色固体，加热到 160℃时升华，并可逆地分解为 PCl_3 和 Cl_2，加热到 300℃以上时，分解完全。

PCl_5 也易水解，反应分两步进行。

$$PCl_5 + H_2O \longrightarrow POCl_3 + 2HCl$$

$$POCl_3 + 3H_2O \longrightarrow H_3PO_4 + 3HCl$$

三氯氧磷（$POCl_3$）在室温下是无色液体，它与 PCl_5 在有机反应中都可作为氯化剂使用。

三、砷的重要化合物

砷以稳定的氧化物 As_2O_3 和 As_2O_5 存在于自然界。砷几乎对所有的动植物都有强烈的生物效应，农、林和医药上用砷的化合物做药剂。

1. 砷的氧化物及其水化物

与磷相似，砷有氧化数为+3 和+5 的氧化物，即 As_2O_3 和 As_2O_5。

As_2O_3 即砒霜，是剧毒的白色粉末状固体。它主要用于制造杀虫剂、杀鼠剂、除草剂，还可用来保护鸟类羽毛和兽皮免受虫蛀。As_2O_3 微溶于水，在热水中溶解度较大。As_2O_3 是两性偏酸性氧化物，故它易溶于碱生成亚砷酸盐。

$$As_2O_3+6NaOH \longrightarrow 2Na_3AsO_3+3H_2O$$

As_2O_3 溶于水后生成生成两性氢氧化物 $As(OH)_3$，常写成 H_3AsO_3，因酸性较为显著，故称亚砷酸。H_3AsO_3 在水中有如下平衡。

$$As^{3+}+3OH^- \rightleftharpoons As(OH)_3 \equiv H_3AsO_3 \rightleftharpoons H^+ + H_2AsO_3^{3-}$$

当向溶液中加碱时平衡向右移动，而加酸平衡向左移动。H_3AsO_3 是弱酸，$K_{a1}^{\ominus}=6.3\times10^{-10}$。亚砷酸盐在碱性溶液中是还原剂，能将弱氧化剂碘还原。

$$AsO_3^{3-}+I_2+2OH^- \longrightarrow AsO_4^{3-}+2I^-+H_2O$$

砷酸 H_3AsO_4 易溶于水，酸性比亚砷酸强得多，近似于磷酸，砷酸盐只有在酸性溶液中才表现出氧化性，如

$$H_3AsO_4+2H^++2I^- \longrightarrow H_3AsO_3+I_2+H_2O$$

2. 砷的硫化物和硫代酸盐

砷的硫化物有 As_2S_3 和 As_2S_5，它们都不溶于水和浓盐酸的黄色固体。但它们都易溶于碱和可溶性的硫化物，如 Na_2S 或 $(NH_4)_2S$。

$$As_2S_3+6NaOH \longrightarrow Na_3AsO_3+\underset{\text{硫代亚砷酸钠}}{Na_3AsS_3}+3H_2O$$

$$As_2S_3+3S^{2-} \longrightarrow 2AsS_3^{3-}$$

$$As_2S_5+3S^{2-} \longrightarrow 2AsS_4^{3-}$$

在硫代酸盐中加入酸得到硫代酸，但它们很不稳定，容易分解为相应的硫化物和硫化氢。

$$2AsS_3^{3-}+6H^+ \longrightarrow 2H_3AsS_3 \longrightarrow As_2S_3\downarrow+3H_2S$$

$$As_2S_5+6H^++3S^{2-} \longrightarrow 2H_3AsS_4 \longrightarrow As_2S_5\downarrow+3H_2S$$

在分析化学中常用硫代酸盐的生成与分解将砷的硫化物与其他金属硫化物分离。

第四节　碳、硅、硼及其化合物

碳和硅是元素周期表中ⅣA 族元素，硼是ⅢA 族元素，它们的单质及其化合物的应用极为广泛。

碳、硅和硼的一些基本性质见表 9-14。

表 9-14　碳、硅和硼的基本性质

性　质	碳(C)	硅(Si)	硼(B)
原子序数	6	14	5
价电子层构型	$2s^22p^2$	$3s^23p^2$	$2s^22p^1$
主要氧化数	+2,+4,−4	+2,+4,−4	+3
原子半径/pm	77	117	80
M^{4+} 或 M^{3+} 离子半径/pm	15	41	20
第一电离能/(kJ/mol)	1086.4	786.8	800.6
电负性	2.55	1.90	2.04

硼价电子构型为 $2s^22p^1$。它的原子半径小，电离能大，所以主要以共价键和其他原子相

连。硼有三个价电子，但有四个价电子轨道，当它以共价键形成化合物时，原子的最外层形成了三个电子对，还剩一个空轨道。这种价电子数目少于价电子轨道数的原子被称为“缺电子原子”。具有缺电子原子的化合物，称为“缺电子化合物”。如 FB_3、BCl_3 等都是缺电子化合物，它们和其他分子或离子的孤对电子形成配合物。

碳和硅电负性大于硼，因此它们也容易形成共价型化合物。

一、碳及其重要化合物

碳在地壳中的蕴藏量虽不多，约占 0.03%，主要以碳酸盐、金刚石、石墨、煤及石油和天然气等矿物形式存在。但它是地球上化合物最多的元素，大气中有二氧化碳，矿物中各种碳酸盐，还有石油和天然气等，碳还是组成动、植物体的主要元素。

1. 碳单质

金刚石和石墨是碳的两种同素异形体。由于它们内部结构不同，所以性质上有较大的差别。

金刚石是原子晶体，碳原子间以较强的共价键结合，因此熔点高、硬度大，常用来制磨具、刀具和钻头等，也可以加工成贵重的装饰品，即金刚钻或钻石。石墨是一种混合型晶体，具有良好的导电和导热性能，用途广泛。石墨的化学性质不活泼，热至 700℃才能燃烧。在一定条件下，石墨可以转变为人造金刚石，但条件相当苛刻，需要 2000℃以上，1500MPa。人造金刚石晶体较小，透明度差，但其硬度与天然金刚石相当。无定形碳是微晶形石墨，木炭、焦炭、骨炭等都是无定形碳，它们往往含有杂质。经活化处理，可制成活性炭，在工业上广泛用于吸附杂质、脱色、回收某些有机物蒸气和制造防毒面具等。

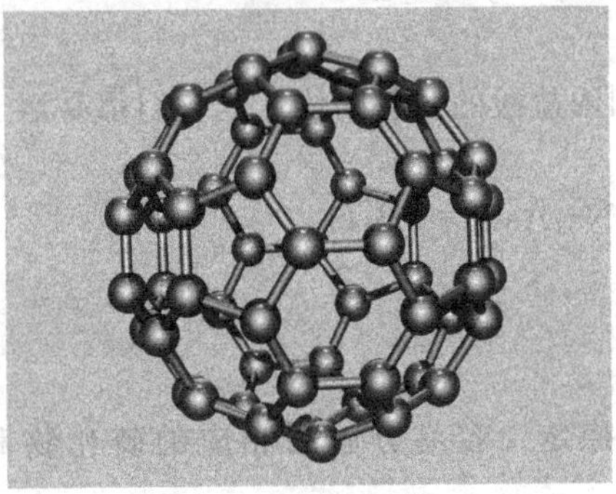

图 9-2　C_{60}结构示意图

碳的第三种同素异形体是碳原子簇（C_n，$40<n<200$），其中 C_{60} 是最稳定的分子，形似足球，如图 9-2 所示。因这类球形碳分子具有烯烃的某些特点，所以被称为球烯。掺入碱金属如钾、铷、铯的 C_{60} 具有超导性能。

2. 二氧化碳和碳酸

二氧化碳是无色无臭和不助燃的气体，比空气重，密度 1.977g/L。在空气中的含量约为 0.03%。近年来大气中的 CO_2 的含量有所增加，它所产生的温室效应导致全球气温逐渐升高，现已引起人们的广泛关注。CO_2 很易液化，常温下，压强高于 600kPa 时，二氧化碳即可液化。液态二氧化碳常贮存在钢筒里。当把它从钢筒里倒出时，其中一部分迅速蒸发并吸收大量的热，使其余部分液态二氧化碳的温度急剧下降，最后凝固成雪花状固体，俗称“干冰”。干冰可不经熔化而直接升华，常用作制冷剂。

二氧化碳可溶于水。常温下，1 体积水能溶解 0.9 体积的二氧化碳。溶于水中的二氧化碳和水发生反应生成碳酸（H_2CO_3）。实验室用的蒸馏水或去离子水因溶有空气中的二氧化碳而呈微弱的酸性，其 pH 小于 7。碳酸很不稳定，仅存在于水溶液中。

碳酸是二元弱酸，在溶液中存在如下平衡。

$$CO_2 + H_2O \rightleftharpoons H_2CO_3 \rightleftharpoons H^+ + HCO_3^- \rightleftharpoons 2H^+ + CO_3^{2-}$$

3. 碳酸盐和碳酸氢盐

碳酸可以形成两种盐，碳酸盐（正盐）和碳酸氢盐（酸式盐）。

酸式碳酸盐均溶于水。正盐中只有碱金属盐（如 Na_2CO_3、K_2CO_3）和铵盐

$[(NH_4)_2CO_3]$ 易溶于水，其他金属的碳酸盐均难溶于水。

用某金属的可溶性盐溶液和碳酸钠作用，可得到该金属的碳酸盐，如

$$Ca^{2+} + CO_3^{2-} \longrightarrow CaCO_3 \downarrow$$

用碱液吸收 CO_2，也可以得到碳酸盐和酸式碳酸盐。产物究竟是哪种类型的盐，取决于两种反应物的物质的量的比。反应的离子方程式为

$$2OH^- + CO_2 \longrightarrow CO_3^{2-} + H_2O$$

或

$$OH^- + CO_2 \longrightarrow HCO_3^-$$

碳酸盐和碳酸氢盐能相互转化。碳酸盐在溶液中与二氧化碳反应，可转化为酸式盐；酸式盐与碱反应可转化为碳酸盐，例如

$$CaCO_3 + CO_2 + H_2O \longrightarrow Ca(HCO_3)_2$$

$$Ca(HCO_3)_2 + Ca(OH)_2 \longrightarrow 2CaCO_3 \downarrow + 2H_2O$$

碱金属的碳酸盐相当稳定。其他金属的碳酸盐在高温下均能分解，如

$$CaCO_3 \xrightarrow{\text{高温}} CaO + CO_2 \uparrow$$

酸式碳酸盐热稳定性比相应的碳酸盐更差，一般受热时转化为正盐，并生成二氧化碳和水。钙、镁的酸式碳酸盐在水溶液中受热，即可转化为正盐，如

$$Mg(HCO_3)_2 \xrightarrow{\triangle} MgCO_3 \downarrow + CO_2 \uparrow + 2H_2O$$

碳酸盐和酸式碳酸盐都能与酸反应。

$$NaHCO_3 + HCl \longrightarrow NaCl + CO_2 \uparrow + H_2O$$

$$Na_2CO_3 + 2HCl \longrightarrow 2NaCl + CO_2 \uparrow + H_2O$$

利用这一性质，可以检验碳酸盐。

碳酸盐在化工、建材、冶金、食品工业和农业上都有着广泛的用途。

二、硅的重要化合物

在地壳里，硅的含量占地壳总质量的 27%，仅次于氧。在自然界里，不存在游离态的硅，它主要以二氧化硅和各种硅酸盐的形式存在。常见的砂子、玛瑙、水晶体的主要成分都是二氧化硅。硅也是构成矿物和岩石的主要元素。

1. 二氧化硅

二氧化硅（SiO_2）又称硅石，是一种坚硬难溶且难熔的固体，它以晶体和无定形两种形态存在。比较纯净的晶体叫做石英。无色透明的纯二氧化硅又叫做水晶。含有微量杂质的水晶通常有不同的颜色，例如紫晶、墨晶和茶晶等。普通的砂是不纯的石英细粒。

无定形二氧化硅在自然界含量较少。硅藻土是无定形硅石，它是死去的硅藻[1]和其他微生物的遗体经沉积胶积而成的多孔、质轻、松软的固体物质。它的表面积很大，吸附能力较强，可以用作吸附剂和催化剂的载体以及保温材料等。

二氧化硅不溶于水，与大多数酸不发生反应，但二氧化硅能与氢氟酸反应生成四氟化硅（SiF_4），所以不能用玻璃（含有 SiO_2）器皿盛放氢氟酸。

$$SiO_2 + 4HF \longrightarrow SiF_4 \uparrow + 2H_2O$$

二氧化硅是酸性氧化物，能与碱性氧化物或强碱反应生成硅酸盐。如

$$SiO_2 + CaO \longrightarrow CaSiO_3$$

$$SiO_2 + 2NaOH \longrightarrow Na_2SiO_3 + H_2O$$

二氧化硅的用途很广。较纯净的石英可用于制造普通玻璃和石英玻璃。石英玻璃能透过

---

[1] 硅藻是单细胞的低等水生植物。

紫外线，能经受温度的剧变，可用于制造光学仪器和耐高温的化学仪器。此外，二氧化硅还是制造水泥、陶瓷、光导纤维的重要原料。

2. 硅酸及其盐

硅酸有多种，有偏硅酸（H_2SiO_3）、正硅酸（H_4SiO_4）等。其中常见的是偏硅酸（习惯上称为硅酸）。它不能用二氧化硅与水直接作用制得，可用可溶性硅酸盐与盐酸反应来制取。

$$Na_2SiO_3 + 2HCl \longrightarrow H_2SiO_3 \downarrow + 2NaCl$$

硅酸是不溶于水的胶状沉淀，也是一种弱酸，其酸性比碳酸弱。它经过加热脱去大部分水而变成无色、稍透明、具有网状多孔的固态胶体，工业上被称为硅胶，它有较强的吸附能力，所以常被用作干燥剂。通常使用的是一种变色硅胶，它是将无色硅胶用二氯化钴（$CoCl_2$）溶液浸泡，干燥后制得。因无水 $CoCl_2$ 为蓝色，水合的 $CoCl_2 \cdot 6H_2O$ 显红色，因此根据颜色的变化，可以判断硅胶吸水的程度。另外，硅胶还用作吸附剂及催化剂的载体。

各种硅酸的盐统称为硅酸盐。硅酸盐的种类很多，结构也很复杂，它是构成地壳岩石的最主要的成分。通常用二氧化硅和金属氧化物的形式表示硅酸盐的组成。例如

硅酸钠	$Na_2O \cdot SiO_2 (Na_2SiO_3)$
滑石	$3MgO \cdot 4SiO_2 \cdot H_2O [Mg_3(Si_4O_{10})(OH)_2]$
石棉	$CaO \cdot 3MgO \cdot 4SiO_2 [Ca Mg_3(SiO_3)_4]$
高岭土	$Al_2O_3 \cdot 2SiO_2 \cdot 2H_2O [Al_2Si_2O_5(OH)_4]$

许多硅酸盐难溶于水。可溶性硅酸盐最常见的是硅酸钠（Na_2SiO_3），俗称泡花碱，它的水溶液又叫水玻璃。水玻璃是无色或灰色的黏稠液体，是一种矿物胶。它不易燃烧又不受腐蚀，在建筑工业上可用作胶黏剂等。浸过水玻璃的木材或织物的表面能形成防腐防火的表面层。水玻璃还可用作肥皂的填充剂，帮助发泡和防止体积缩小。

三、硼酸及其盐

硼酸（H_3BO_3）是白色鳞片晶体，微溶于冷水，在热水中溶解度较大。H_3BO_3 是一元弱酸，$K_a^\ominus = 5.8 \times 10^{-10}$。它在水中所显示的弱酸性，并不是其本身电离出 H^+ 而引起，而是由于 H_3BO_3 分子中的 B 原子有一个空的 p 轨道，接受水电离出的 OH^- 上的孤对电子，加合生成 $[B(OH)_4]^-$，从而使其呈酸性。

$$\underset{HO}{\overset{OH}{B}}\!-\!OH + H_2O \rightleftharpoons \left(\underset{OH}{\overset{OH}{HO\!-\!B\!-\!OH}} \right)^- + H^+$$

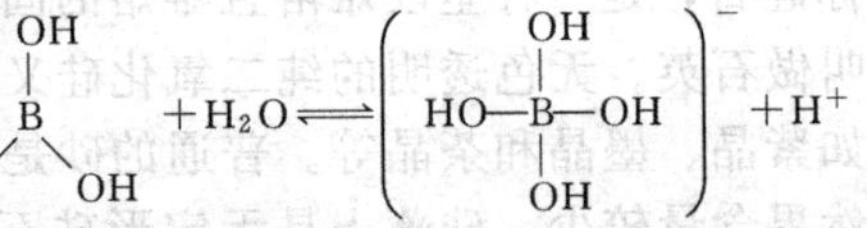

这显示了硼化合物"缺电子"的独特性质。

四硼酸钠（$Na_2B_4O_7$）是最重要的硼酸盐，含有十个结晶水的化合物 $Na_2B_4O_7 \cdot 10H_2O$ 俗称硼砂。

硼砂是无色半透明晶体或白色晶体粉末，在空气中易失去结晶水而风化，加热到 380～400℃ 转化成无水 $Na_2B_4O_7$。将硼砂加热到 878℃，能溶解许多金属氧化物，生成硼酸的复盐，呈现出各种特征颜色。例如

$$Na_2B_4O_7 + CoO \longrightarrow 2NaBO_2 \cdot Co(BO_2)_2 (蓝色)$$
$$Na_2B_4O_7 + NiO \longrightarrow 2NaBO_2 \cdot Ni(BO_2)_2 (棕色)$$
$$Na_2B_4O_7 + MnO \longrightarrow 2NaBO_2 \cdot Mn(BO_2)_2 (绿色)$$

分析化学中常利用硼砂的这一性质来鉴定某些金属离子，称为硼砂珠试验。

硼砂是强碱弱酸盐，在水溶液中易水解，溶液呈碱性。

$$B_4O_7^{2-} + 7H_2O \rightleftharpoons 4H_3BO_3 + 2OH^-$$

硼砂是用作肥皂和洗衣粉的填料。纯的硼砂在分析化学中用作基准物质来标定盐酸的浓度和配制缓冲溶液。硼砂也是重要的化工原料，用于陶瓷、搪瓷和玻璃工业以及焊接技术等方面。

第五节 稀有气体 大气和大气污染

一、稀有气体

元素周期表零族中的氦（He）、氖（Ne）、氩（Ar）、氪（Kr）、氙（Xe）、氡（Rn）六种元素，统称为稀有气体。

大气是稀有气体的主要资源。在大气中，每 1000L 空气内含有 9.3L 氩、18mL 氖、5mL 氦、1mL 氪和 0.9mL 氙。氦也存在于某些天然气中，氡是某些放射性元素的蜕变产物。

除氦原子的电子层有两个电子外，其余稀有气体原子的最外电子层都是稳定的八电子构型，因此它们的化学性质非常不活泼。这些元素不仅与其他元素不易化合，它们的原子之间也难以结合，因此是以单原子分子的形式存在。长期以来，人们认为稀有气体不与任何物质作用，氧化数为零，因此过去把它们称为“惰性气体”。1962 年英国化学家巴特利特制得氙的化合物，证明惰性气体并不惰性，因此将“惰性气体”改称为“稀有气体”。现在有的周期表已将原来的“零族”称为第ⅧA 族，或称为氦族元素；原有的第Ⅷ族称为第ⅧB 族。

稀有气体分子间存在着微弱的色散力，所以稀有气体的熔点、沸点都很低，氦的沸点是所有物质中最低的。液态氦是最冷的液体，其凝固点接近 0K，常利用液态氦来做冷源，用于超低温技术。氦的密度仅次于氢，无燃烧性，使用安全，常用来填充气球、汽艇和飞船等。用氦代替氮和氧混合制成的“人造空气”，供潜水员呼吸用。在深水中，由于压力增大，空气中氮在血液中溶解度增大，而当潜水员出水时，压力骤减，溶解的氮从血液中放出，并形成气泡阻塞血管，以致造成“潜水病”。而氦在血液中溶解度比氮小得多，使用“人造空气”，可避免“潜水病”。

在放电管中，装入少量的氖或氩，通以高压电，氖产生鲜艳的红光，氩产生紫光，用于霓虹灯、灯塔照明和一些信号装置上。氩可用作保护气体，防止在化学制备过程中氧化、氮化和氢化等，也用作电焊保护气氛。

氪能吸收 X 射线，可作 X 射线的遮光材料。氙灯放电强度大、光线强，有“小太阳”之称。氙与 20%的氧气混合使用，可作为无副作用的麻醉剂使用。

氡在医学上用于恶性肿瘤的放射性治疗。建筑石料或地基岩层会释放微量的氡，若在居室中长期接触微量氡会导致肺癌。

二、大气和大气污染

大气约占地球总质量的 0.0001%，覆盖于地球的表面。大气主要由 78.09%（体积分数）氮气、20.95%氧气（体积分数）组成，除此以外，大气中还有少量的二氧化碳、氢气、水蒸气、甲烷、臭氧、稀有气体以及氮、硫的氧化物等。

地球上生命的存在都依赖于大气。动物需要从中吸取氧气，植物光合作用需要二氧化碳，植物生长则需要氮。而从地表进入大气、又从大气返回地面的水蒸气-水的循环支配着全球的气候。甚至大气中微量成分的变化，对微妙的生命过程也会产生有益或有害的影响。

大气污染，是指由于人类活动和自然过程使某些污染物质进入大气，在污染物质性质、浓度和持续时间等因素综合影响下，降低了大气质量，危害了人们的健康或舒适生活的现象。

大气污染物的种类多达1500种以上，其中排放量大、对人体和环境影响较大、已经受到人们注意的约有100余种。下面介绍几种最主要的大气污染物。

1. 粉尘

粉尘是大气中危害最久、最严重的一种污染物。主要来自工业生产及人们生活中煤和石油燃烧时所产生的烟尘以及开矿选矿、金属冶炼、固体粉碎（如水泥、石料加工等）所产生的各种粉尘。粉尘按颗粒大小不同，又可分为落尘和飘尘两种。

大气中粉尘的含量，因地区而异。一般城市的空气中含有粉尘$2mg/m^3$。但在工业区，粉尘含量可达$1000mg/m^3$。由于粉尘的比表面积大，可以吸附其他物质，所以可为其他污染物质提供催化作用的表面而引起二次污染。

大气中的粉尘对金属的腐蚀不可忽视。当粉尘落在金属表面上时，因为粉尘具有毛细管凝聚作用，在有粉尘的地方，特别容易结露，创造了电化学腐蚀条件，使得金属容易受到腐蚀。

2. 光化学烟雾

光化学烟雾是一种带有刺激性的淡蓝色烟雾。属于大气中二次污染物。这种烟雾因最早发生于美国洛杉矶又称为洛杉矶烟雾。光化学烟雾的形成，主要是大气污染物二氧化氮，在太阳光的紫外线照射下，释放出高能量的氧原子与大气污染物——烃类化合物反应形成一系列新的化合物。其中主要有过氧乙酰基硝酸酯（PAN）、臭氧、高活性自由基、醛（甲醛、丙烯醛等）和酮类化合物等。光化学烟雾具有很强的氧化能力，属于氧化型烟雾。造成光化学烟雾的主要原因是大量汽车废气或某些化学废气。多发生于阳光充足而温暖的夏、秋季节。

光化学烟雾对人、牲畜、农作物和工业产品、建筑物等都有危害作用。这种烟雾可使人眼、鼻、气管、肺黏膜受到反复刺激，出现流眼泪、眼发红、气喘咳嗽等。受害严重者会出现呼吸困难、头晕、发烧、恶心、呕吐、颜面潮红、手足抽搐，以致血压下降，昏迷不醒。长期慢性伤害，可引起肺机能衰退，支气管发炎，肺癌等。光化学烟雾对农作物的危害也很严重。它能使植物叶片褪绿或产生病斑和叶面坏死等症状，进而使植物组织机能衰退，出现不正常的落叶、落花、落果。对果树、蔬菜、烟草的危害也很大，一夜之间可使一个城区的菠菜全部变色。光化学烟雾有特殊的臭味，可使环境的能见度降低。在夏季光照强烈、气候炎热时，光化学烟雾一般比冬季重。

3. 酸雨

酸雨是显酸性的雨水。目前，一般把pH小于5.6的雨水称作酸雨。

雨水中为什么会有酸，这是因为城市和工矿区燃烧的各种燃料，如煤和油，除含有大量二氧化硫、氮氧化物外，还含有相当数量的未燃尽的碳、硅和金属微粒，如钙、铁、钒等金属离子。它们在大气层里，由于水蒸气的存在并经氧化作用，使硫氧化物、氮氧化物生成硫酸、硝酸和盐酸液沫，在特定的条件下，随同雨水降落下来而成为人们所说的酸雨。

酸雨能使土壤酸化，植被破坏。酸雨还使地面水和地下水酸化，影响水生生物的生长，严重的会使水体“死亡”、水生生物绝迹。酸雨对人体健康也有危害，酸雨特别是形成硫酸雾的情况下，其微粒侵入人体肺部，可引起肺水肿和肺硬化等疾病而导致死亡。很多国家由于酸雨的影响，地下水中的铅、铜、锌、镉的浓度已上升到正常值的10～20倍。酸雨的腐蚀力很强，大大加速了建筑物、金属、纺织品、皮革、纸张、涂料、橡胶等物质的腐蚀速度。不少无价之宝的艺术珍品因此而面目全非，在地中海沿岸的历史名城雅典保存的许多古希腊时代遗留下来的金属和石雕像近年来已被酸雨慢慢腐蚀。

阅读材料　含砷、含氰有毒废水的处理

含砷和含氰废水毒性极大。国际上规定，排放废水中的含砷量不得超过0.5mg/L。经过处理的含氰废水，要求其氰化物含量在0.01mg/L以下，才能排放。

1. 含砷废水的处理

含砷废水的处理通常有两种方法。

(1) 石灰法　用石灰处理含砷废水，使废水中的As(Ⅲ)转变为难溶的亚砷酸钙，过滤除去。

$$As_2O_3 + 3Ca(OH)_2 \longrightarrow Ca_3(AsO_3)_2 + 3H_2O$$

(2) 硫化法　以H_2S为沉淀剂，使废水中的As(Ⅲ)转变为难溶的As_2S_3。

$$2AsCl_3 + 3H_2S \longrightarrow As_2S_3\downarrow + 6HCl$$

2. 含氰废水的处理

处理含氰废水的方法主要有两大类。

(1) 氧化法　用漂白粉[$Ca(ClO)_2 + CaCl_2 \cdot Ca(OH)_2 \cdot 2H_2O$]、氯气($Cl_2$)、过氧化氢($H_2O_2$)、臭氧($O_3$)等，将$CN^-$转化为无毒物质。其离子反应式为

$$4CN^- + 10ClO^- + 2H_2O \longrightarrow 10Cl^- + 2N_2\uparrow + 4HCO_3^-$$

(2) 配位法　在含氰废水中加入硫酸亚铁($FeSO_4$)和消石灰[$Ca(OH)_2$]，在弱酸性条件下，将CN^-转化为无毒的$[Fe(CN)_6]^{4-}$。其离子反应式为

$$2Ca^{2+} + Fe^{2+} + 6CN^- \longrightarrow Ca_2[Fe(CN)_6]\downarrow$$

$$3Fe^{2+} + 6CN^- \longrightarrow Fe_2[Fe(CN)_6]\downarrow$$

本章小结

本章以元素周期表为依据，介绍了ⅦA、ⅥA、ⅤA、ⅣA族及零族中常见非金属元素的原子结构，单质及其化合物的制备、性质和用途。

一、卤素

1. 卤素原子的最外层电子都是7个，它们都容易获得1个电子而显非金属性，并且具有相似的化学性质。从氟到碘非金属性逐渐减弱。

2. 氯气的化学性质

(1) 氯气几乎能与所有的金属反应生成金属氯化物。

(2) 能与氢气、磷等非金属反应生成氯化氢、氯化磷等氯化物。

(3) 能与水反应生成盐酸、次氯酸(该反应是可逆反应)。

(4) 能与碱反应生成金属氯化物和氯的含氧酸盐等。

3. 盐酸是一种无氧强酸，具有酸的通性。重要的盐酸盐有NaCl、KCl、$ZnCl_2$等。

4. 次氯酸不稳定，具有强氧化性。氯水的漂白、消毒作用，实际上就是由次氯酸产生的。氯酸是强酸，稳定性强于次氯酸，但也只能存在于溶液中。

漂白粉主要是次氯酸钙和氯化钙的混合物。具有漂白、消毒、杀菌的作用。

5. 氟、溴、碘等卤素原子结构相似，最外层都有7个电子，具有典型的非金属性，在化学反应中容易得到1个电子而成为8个电子的稳定结构，因此它们的化学性质相似。但由于卤素原子的电子层数不同，因此在化学性质上也有差异。

较活泼的卤素单质能把较不活泼的卤素从它们的卤化物中置换出来。卤素单质的活泼性（氧化能力）为 $F_2>Cl_2>Br_2>I_2$。

6. 卤素的含氧酸及其盐

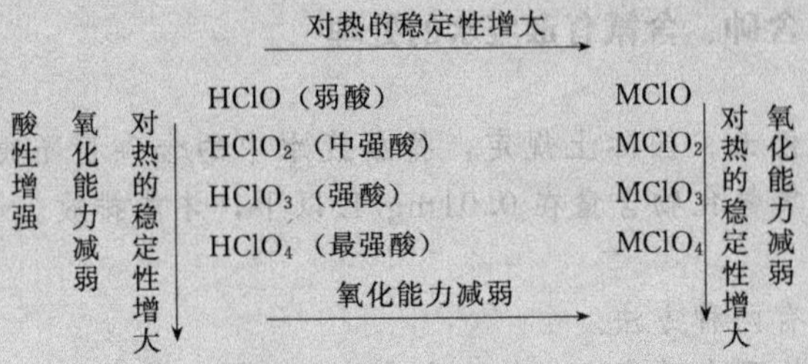

二、氧和硫

1. 氧族元素原子的最外层都有 6 个电子，因此容易从其他原子获得 2 个电子而显非金属性。但它们获得电子的能力比同周期的卤素差。从氧到碲，随着核电荷数的增加，非金属性逐渐减弱。因此，氧和硫是典型的非金属元素。

2. 氧的单质有两种同素异形体：氧气（O_2）和臭氧（O_3）。氧气吸收一定的能量后可转化为臭氧。臭氧的氧化能力比氧强，但稳定性较差。

3. 过氧化氢俗称“双氧水”。其稳定性较差，易分解为水和氧，具有氧化性和还原性。

4. 硫的化学性质

（1）硫与金属反应生成金属硫化物；

（2）硫与氢气反应生成硫化氢；

（3）硫与氧反应生成二氧化硫。

5. 硫化氢的水溶液称为氢硫酸，是一种弱酸，有较强的还原性。

6. 二氧化硫具有氧化性和还原性，也有漂白能力。易溶于水，生成亚硫酸。亚硫酸（H_2SO_3）是中强酸，具有酸的通性；它不稳定，易分解为 SO_2 和 H_2O；具有氧化、还原性，但还原能力较强。

7. 亚硫酸盐也具有氧化、还原性，其还原能力比亚硫酸更强，常用作还原剂。

8. 稀硫酸具有酸的通性。浓硫酸具有强烈的吸水性、脱水性和氧化性。

用可溶性钡盐可以检验硫酸根离子的存在，生成的硫酸钡难溶于水和酸。

三、氮、磷和砷

1. 氮族元素原子核外最外层都有 5 个电子，它们的非金属性比同周期的氧族元素和卤素都弱，从氮到铋元素的非金属性逐渐减弱，而金属性逐渐增强。

2. 氮分子结构比较稳定，在常温下很不活泼，但在特定条件下，也能和氢、氧、金属等起反应。

3. 氨的水溶液叫做氨水，呈弱碱性。

$$NH_3 + H_2O \rightleftharpoons NH_3 \cdot H_2O \rightleftharpoons NH_4^+ + OH^-$$

氨与酸反应生成铵盐。铵盐与碱反应放出氨气，实验室常用此反应制取氨气，也用于检验 NH_4^+ 的存在。

4. 纯硝酸是无色液体，易挥发，是强酸。除具有酸的通性外，还有不稳定性和强氧化性。硝酸是强氧化剂，几乎能与所有金属（除 Au、Pt 等外）、非金属发生氧化还原反应。

5. 硝酸盐是无色晶体，易溶于水。固态硝酸盐不稳定，加热易分解。不同金属硝酸盐加热分解产物不同。

6. 单质磷的同素异形体有多种，常见的有白磷和红磷两种。白磷性质较活泼。单质磷较氮气活泼，能和氧、氯直接化合。

7. 亚磷酸及其盐有还原性，易被氧化为磷酸及其盐。

8. 磷酸是一中等强度的三元酸。可形成正盐和两种酸式盐。

9. 砷在高温时可被氧化，生成三价或五价的化合物；砷的氧化物及其水化物具有两性。

四、碳、硅和硼

碳族元素位于周期表里容易失去电子的主族元素和容易得到电子的主族元素之间，容易生成共价化合物。碳族元素随着原子核外电子层数的增加，从上到下，由非金属性向金属性递变的趋势比氮族元素更为明显。

1. 碳的氧化物、碳酸及其盐

一氧化碳难溶于水，有毒，具有还原性。

二氧化碳能溶于水生成碳酸。二氧化碳不能燃烧，常用来做灭火剂。固态二氧化碳叫做干冰，可作制冷剂。

碳酸是一种弱酸，不稳定。它可形成正盐和酸式盐。它们在一定的条件下可以相互转化。

2. 晶体硅是良好的半导体材料。自然界中没有游离态的硅存在，多以硅石（SiO_2）和硅酸盐的形式存在。二氧化硅化学性质稳定，不溶于水，在高温下，能和碱性物质作用生成硅酸盐。

3. 硅酸是白色胶状沉淀，其酸性比碳酸还弱。它可由硅酸钠和酸反应制得。硅酸脱水可制得硅胶，用作吸附剂、干燥剂。

硅酸钠是常见的硅酸盐，是重要的化工原料。

4. 硼酸（H_3BO_3）是一元弱酸，它在水中所显示的弱酸性；硼砂（$Na_2B_4O_7 \cdot 10H_2O$）是最重要的硼酸盐。

五、稀有气体

元素周期表中第零族的六个元素：氦（He）、氖（Ne）、氩（Ar）、氪（Kr）、氙（Xe）、氡（Rn），统称为稀有气体。它们的化学性质非常不活泼。稀有气体在工业、医疗、科学技术等方面有着广泛的应用。

思考题与习题

1. 简要说明卤素单质的氧化性和卤离子的还原性的递变规律。
2. 氯能从 KI 中置换出碘，而碘又能从 $KClO_3$ 中置换出氯，这两种现象是否矛盾？为什么？
3. 简述氢卤酸中氢氟酸的特性。
4. 什么叫做拟卤素？试比较 Cl_2 和 $(CN)_2$ 的性质。
5. 比较 O_2 和 O_3 的化学活泼性。
6. 大气上层的 O_3 是如何形成的？对人类有何重要作用？
7. 硫的哪些化合物是较强的还原剂？哪些是较强的氧化剂？举例，并说明它们的氧化还原产物。
8. 金属硫化物在颜色，以及在水、稀盐酸、浓盐酸、硝酸或王水中的溶解性有较大的差异，试对其进行归纳分类。
9. 简要说明氮气的分子结构特点。氮的电负性较大，为何化学性质不活泼？
10. 氨和氧的反应有哪两种不同情况？试写出其化学方程式。
11. 试举例说明 HNO_2 既有氧化性，又有还原性。
12. HNO_3 与金属反应时，其还原产物既与 HNO_3 的浓度有关，也与金属的活泼性有关，试总结其一般规律。
13. 硝酸盐热分解时有几种类型？试总结之。
14. 利用原子结构解释碳的非金属性强于硅，但弱于氧和氮。
15. 碳和硅都是第四主族元素，为什么碳的化合物有几百万种，而硅的化合物种类却远不及碳？
16. 为什么硼酸是一元酸，而不是三元酸？
17. 什么是硼砂？其水溶液的酸碱性如何？
18. 解释下列现象

（1）加氯水于含淀粉的海藻灰溶液中，不断振荡溶液变为蓝色；

（2）I_2 难溶于水，但易溶于 KI 溶液；

（3）实验室不能长久保存 H_2S、Na_2S 和 Na_2SO_3 溶液；

（4）制备 H_2SO_4 时，不直接用水吸收 SO_3；

（5）不能用 HNO_3 或浓 H_2SO_4 与 FeS 作用以制取 H_2S 气体；

（6）装浓 HNO_3 的瓶子在日光照射下，瓶内溶液逐渐显棕色；

（7）Na_3PO_4 水溶液呈碱性，Na_2HPO_4 水溶液呈弱碱性，而 NaH_2PO_4 水溶液呈酸性。

19. 选择题

（1）下列物质中存在着氯离子的是（　　）。

A. $KClO_3$ 溶液　B. NaClO 溶液　C. 液态 Cl_2　D. Cl_2 水溶液

（2）下列物质中不能起漂白作用的是（　　）。

A. Cl_2　B. $CaCl_2$　C. HClO　D. $Ca(ClO)_2$

（3）下列物质中最容易和 H_2 化合的是（　　）。

A. F_2　B. Cl_2　C. Br_2　D. I_2

（4）下列酸中能腐蚀玻璃的是（　　）。

A. 氢氟酸　B. 盐酸　C. 硫酸　D. 硝酸

（5）下列关于 O_2 与 O_3 性质比较的描述中，正确的是（　　）。

A. O_3 比 O_2 稳定性强　B. O_3 比 O_2 氧化性强

C. O_3 比 O_2 还原性强　D. 没有区别

（6）下列对于 H_2O_2 性质的描述正确的是（　　）。

A. 只有强氧化性　B. 既有氧化性，又有还原性

C. 只有还原性　D. 很稳定，不易发生分解

（7）下列物质中，只具有还原性的是（　　）。

A. S　B. SO_2　C. H_2S　D. H_2SO_4

（8）硫与金属的反应时比较容易（　　）。

A. 得到电子，是还原剂　B. 失去电子，是还原剂

C. 得到电子，是氧化剂　D. 失去电子，是氧化剂

（9）在常温下，下列物质可盛放在铁制或铝制容器中的是（　　）。

A. 浓 H_2SO_4　B. 稀 H_2SO_4　C. 稀盐酸　D. $CuSO_4$ 溶液

（10）下列反应中既表现了浓硫酸的酸性，又表现了浓硫酸的氧化性的是（　　）。

A. 与铜反应　B. 使铁钝化　C. 与碳反应　D. 与碱反应

（11）氮分子的结构很稳定的原因是（　　）。

A. 氮分子是双原子分子　B. 在常温、常压下，氮分子是气体

C. 氮是分子晶体　D. 氮分子中有共价三键，其键能大于一般的双原子分子

（12）下列叙述中，不正确的是（　　）。

A. 碳族元素的单质中有自然界中最硬的物质

B. 碳族元素容易生成共价化合物

C. 碳族元素的单质都可以导电

D. 同一周期的碳族元素的金属性比氮族元素强

（13）干燥 H_2S 气体，可用的干燥剂是（　　）。

A. 浓 H_2SO_4　B. NaOH　C. P_4O_{10}　D. 以上都不行

（14）下列各组化合物中，不能共存于同一溶液的是（　　）。

A. NaOH，Na_2S　B. $Na_2S_2O_3$，H_2SO_4

C. $SnCl_2$，HCl　D. KNO_2，KNO_3

20. 完成并配平下列反应方程式。

（1）$Cl_2 + NaOH \longrightarrow$　（2）$PbS + O_3 \longrightarrow$

（3）$H_2O_2 + I^- + H^+ \longrightarrow$　（4）$MnO_4^- + H_2O_2 + H^+ \longrightarrow$

（5）$S + HNO_3 \longrightarrow$　（6）$CuS + HNO_3 \longrightarrow$

（7）$P + H_2SO_4$（浓）$\xrightarrow{\triangle}$　（8）$S_2O_3^{2-} + I_2 \longrightarrow$

（9）$Cu + HNO_3$（稀）$\longrightarrow$　（10）$Mn^{2+} + S_2O_8^{2-} + H_2O \xrightarrow{Ag^+}$

21. 鉴别下列各组物质，并写出相关化学方程式。

(1) NaCl、KBr 和 KI 三种无色溶液；

(2) Na_2SO_3、Na_2SO_4、Na_2CO_3 和 Na_2S 四种无色溶液；

(3) H_2S、SO_2、Cl_2 和 CO_2 四种气体；

(4) NH_4Cl、$NaNO_2$ 和 $NaNO_3$ 三种白色粉末；

(5) $NaHCO_3$、Na_2CO_3 和 NaOH 三种白色固体。

22. 在盛有溴水的试管中，加入镁粉，振荡，然后过滤。将滤液分装于两支试管中，一支加入硝酸银溶液，另一支加入氯水，这两支试管中各有何现象发生？写出相关的化学方程式。

23. 判断下列各组酸的强弱顺序。

(1) H_2SO_4，H_3PO_4，$HClO_3$；

(2) $HClO_3$，$HBrO_3$，HIO_3；

(3) HClO，$HClO_3$，$HClO_4$。

24. 在酸性介质中，H_2O_2 可以分别与 $KMnO_4$ 和 KI 作用，试用标准电极电势判断在这两个反应中，哪个是氧化剂？哪个是还原剂？写出相关反应方程式。

25. 写出下列反应方程式并加以配平。

(1) 用 $HClO_3$ 处理 I_2；

(2) 单质硫在 NaOH 溶液中发生歧化反应；

(3) 锌与硝酸反应生成 N_2O；

(4) P_4O_{10} 与硝酸反应生成硝酐；

(5) As_2O_3 溶于碱生成亚砷酸盐。

26. 根据标准电极电势，判断 HNO_2（或酸化的亚硝酸盐）能否与 Fe^{2+}、I^-、SO_3^{2-} 或 CrO_4^{2-} 发生氧化还原反应，若能反应，写出离子方程式。

27. 实验室盛放强碱（NaOH）溶液的玻璃瓶试剂为什么不用玻璃塞而用橡皮塞？写出有关反应的化学方程式。

28. 一种无色的钠盐晶体 A，易溶于水，向所得的水溶液中加入稀 HCl，有淡黄色沉淀 B 析出，同时放出刺激性气体 C；C 通入 $KMnO_4$ 酸性溶液，可使其褪色；C 通入 H_2S 溶液又生成 B；若通氯气于 A 溶液中，再加入 Ba^{2+}，则产生不溶于酸的白色沉淀 D。试根据以上反应的现象推断 A，B，C 和 D 各为何物？写成相关反应式。

29. 有一种白色晶体 A，它和 NaOH 共热放出一种无色气体 B，气体 B 可使湿润的红色石蕊试纸变蓝；A 与浓 H_2SO_4 共热则放出一种无色有刺激性气味的气体 C，该气体能使潮湿的蓝色石蕊试纸变红。若使 B、C 两种气体相遇即产生白烟。试判断原来的白色晶体可能是何物质？写出相关反应式。

30. 11.2L Cl_2 与 11.2L H_2 反应，生成 HCl 气体多少升（气体体积均按标准状况计）？把生成的 HCl 都溶解在 328.5g 水中，形成密度为 1.047g/cm 的盐酸，计算这种盐酸的物质的量的浓度。

31. 已知含 FeS_2 质量分数为 0.72 的黄铁矿在煅烧时有 15% 的硫损失，计算这种黄铁矿 1t 能制得 SO_2 多少吨？这些 SO_2 在标准状况下占体积多少立方米？

32. Na_2CO_3 和 $NaHCO_3$ 的混合物 9.5g 与足量的浓盐酸反应，在标准状况下放出 22.4L 的气体，问 Na_2CO_3 和 $NaHCO_3$ 各多少克？

33. 某 H_2O_2 溶液 20mL 酸化后与足量的 0.5mol/L KI 溶液反应，用 0.5mol/L 的 $Na_2S_2O_3$ 溶液滴定生成的 I_2，用去溶液 40mL。计算溶液物质的量浓度。

实验 9-1　重要非金属及其化合物的性质

一、实验目的

1. 熟悉卤素单质的氧化性递变顺序和卤素离子的还原性递变顺序。

2. 掌握氯的含氧酸及其盐的氧化性。

3. 掌握过氧化氢的氧化性和还原性。

4. 掌握硫化氢、亚硫酸及其盐、硫代硫酸盐的还原性、过二硫酸盐的氧化性。

5. 掌握铵盐、硝酸及其盐的性质。

二、实验原理

从电对 X_2/X^- 看，卤素单质都具有氧化性，而卤离子都具有还原性。

$$Cl_2 + 2e \rightleftharpoons 2Cl^- \quad \varphi^{\ominus}(Cl_2/Cl^-)=1.36V$$

$$Br_2 + 2e \rightleftharpoons 2Br^- \quad \varphi^{\ominus}(Br_2/Br^-)=1.065V$$

$$I_2 + 2e \rightleftharpoons 2I^- \quad \varphi^{\ominus}(I_2/I^-)=0.535V$$

从标准电极电势值也可看出，卤素单质的氧化能力顺序为 $Cl_2>Br_2>I_2$，而 X^- 的还原能力顺序为 $Cl^-<Br^-<I^-$。

过氧化氢中的氧，其氧化数为−1，处于中间氧化态；亚硝酸中的氮，其氧化数为+3，也处于中间氧化态。因此，过氧化氢和亚硝酸既具有氧化性，又具有还原性。

硫化氢和硫代硫酸钠都具有还原性。

硝酸是强氧化剂。它与金属反应时，其还原产物主要取决于硝酸的浓度和金属的活动性。硝酸盐在常温下较稳定，受热时，稳定性较差，容易分解。不同金属硝酸盐，分解产物不同，但一般都放出氧气。

酸式碳酸盐热稳定性比相应的碳酸盐差，受热时一般都转变为正盐。

三、实验用品（未注明的单位均为 mol/L）

KBr(0.1)，KI(0.1)，$NaNO_2$(0.1)，$KMnO_4$(0.01)，H_2SO_4(2)，HCl(6)，HNO_3(浓)，CCl_4，氯水，溴水，碘水，水，淀粉溶液，H_2S 水溶液，H_2O_2(3%)，Na_2SiO_3(20%)，铜片，$Na_2S_2O_3\cdot 5H_2O$(晶体)，KNO_3(固体)，$Cu(NO_3)_2$（固体)，$AgNO_3$(固体)，$NaHCO_3$(固体)，无水 Na_2CO_3(固体)，$MgCO_3$(固体)。

四、实验内容

1. 卤素间的置换反应

(1) 在试管中加入 2 滴 0.1mol/L KBr 溶液和 5 滴 CCl_4，然后滴加氯水，边加边振荡试管。观察 CCl_4 层中的颜色。写出反应方程式。

(2) 在试管中加入 2 滴 0.1mol/L KI 溶液和 5 滴 CCl_4，然后滴加氯水，边加边振荡试管。观察 CCl_4 层中的颜色。写出反应方程式。

(3) 在试管中加入 5 滴 0.1mol/L KI 溶液，再加入 1～2 滴淀粉溶液，然后滴加溴水，振荡试管。观察 CCl_4 层中的颜色。写出反应方程式。

根据以上结果，说明卤素单质的氧化能力顺序。

2. H_2O_2 的氧化性和还原性

(1) 在试管中加入 1mL 0.1mol/L KI 溶液、1mL 2mol/L H_2SO_4 溶液和 3～5 滴淀粉溶液，然后滴加 3% H_2O_2 溶液，观察溶液颜色的变化。写出反应方程式。

(2) 在试管中加入 1mL 2mol/L H_2SO_4 溶液和 1mL 0.01mol/L $KMnO_4$ 溶液，然后滴加 3% H_2O_2 溶液，观察溶液颜色的变化。写出反应方程式。

3. 硫化氢和硫代硫酸钠的还原性

(1) 在试管中加入 5～6 滴 0.01mol/L $KMnO_4$ 溶液，5 滴 2mol/L H_2SO_4 溶液，再滴加 H_2S 水溶液，振荡试管，观察溶液颜色变化。写出反应方程式。

(2) 取黄豆粒大小的 $Na_2S_2O_3\cdot 5H_2O$ 晶体于试管中，加水溶解，在试管中滴加碘水。观察现象。写出反应方程式。

4. 亚硝酸盐的氧化性和还原性

(1) 取 0.5mL 0.1mol/L KI 溶液于试管中，加入 3 滴 2mol/L H_2SO_4 溶液使它酸化，然后逐滴加入 0.1mol/L $NaNO_2$ 溶液。观察现象。写出反应方程式。

(2) 取 0.5mL 0.01mol/L $KMnO_4$ 溶液于试管中，加入 3 滴 2mol/L H_2SO_4 溶液使它酸化，然后逐滴加入 0.1mol/L $NaNO_2$ 溶液。观察现象。写出反应方程式。

5. 硝酸的氧化性和硝酸盐的热分解

(1) 在试管中，放入一小块铜片，加入约 1mL 浓 HNO_3，观察产生的气体和溶液的颜色。再向试管中加入约 5mL 水，观察气体颜色的变化。写出反应方程式。

(2) 在干燥试管中加入少量固体 KNO_3，灼热至 KNO_3 熔化分解。用火柴余烬试验放出的气体。写出反应方程式。

用固体 $Cu(NO_3)_2$ 和 $AgNO_3$ 做同样的试验。

6. 碳酸盐和酸式碳酸盐的热稳定性

取一药匙 $NaHCO_3$ 固体于试管中，加热，在试管口用湿润的蓝色石蕊试纸检验放出的气体。写出反应方程式。

用无水 Na_2CO_3 固体和 $MgCO_3$ 固体分别代替 $NaHCO_3$，做同样的实验。比较它们的热稳定性大小。

7. 硅酸水凝胶的生成

在试管中加入质量分数为 20% Na_2SiO_3 溶液，逐滴加入 6mol/L HCl 溶液（每加一滴 HCl 溶液，摇匀稍停，再继续滴加）至乳白色沉淀出现，稍停即可生成凝胶。

五、思考题

1. 卤素置换反应的规律是什么？
2. 举例说明 H_2O_2 和亚硝酸盐的氧化性和还原性。
3. 不同金属硝酸盐热分解产物有何不同？
4. 说明硫化氢和硫代硫酸盐的还原性。
5. 说明碳酸盐和酸式碳酸盐的热稳定性。

第十章 重要金属元素及其化合物

学习指南

1. 掌握金属元素的性质和特征。
2. 掌握金属元素的重要化合物的性质。
3. 熟悉金属离子的鉴定。
4. 了解不同金属及化合物的区别。

第一节　钠、钾及其重要化合物

钠和钾属于元素周期表中ⅠA族的元素。ⅠA族包括氢、锂、钠、钾、铷、铯、钫7种元素，其中后6种元素的氧化物的水溶液显碱性，所以称为碱金属。其中钫是放射性元素。ⅠA族的价层电子构型为ns^1，金属性由上至下逐渐增强，均为活泼金属（氢除外）。

一、钠及其重要化合物

1. 钠单质的性质

钠是一种具有银白色金属光泽的软金属。熔点98℃，沸点883℃，密度$0.97g/cm^3$，硬度0.4，是电和热的良导体。由于其化学性质活泼，与氧、卤素等非金属、水、稀酸都可以发生化学反应，故通常保存在煤油中。

(1) 与氧反应　钠在空气中可以逐渐氧化，生成氧化物，在空气中燃烧时，生成过氧化物。

【演示实验10-1】 用镊子夹取一块金属钠，用滤纸擦干煤油，观察用小刀切开后的金属钠的颜色变化。

钠的银白色在空气中迅速氧化变暗。

$$4Na+O_2 \longrightarrow 2Na_2O$$

钠在空气中燃烧火焰呈黄色。

$$2Na+2O_2 \longrightarrow 2Na_2O_2$$

(2) 与其他非金属元素的反应　钠单质能与大多数非金属反应。与H_2反应生成氢化钠。

$$2Na+H_2 \longrightarrow 2NaH$$

与卤素反应生成卤化钠，如

$$2Na+Cl_2 \longrightarrow 2NaCl$$

(3) 与水反应

$$2Na+2H_2O \longrightarrow 2NaOH+H_2\uparrow$$

(4) 与稀酸反应

$$2Na+2HCl\text{（稀）} \longrightarrow 2NaCl+H_2\uparrow$$

2. 钠的制备及用途

(1) 钠的制备　钠具有很强的还原性，只能以化合态存在于自然界中，要把钠单质从化合物中还原出来，常采用熔融盐电解法。工业上制取金属钠是采用电解熔融的氯化钠的方法。

$$2NaCl\text{（熔融）} \longrightarrow 2Na+Cl_2$$

为了降低 NaCl 的熔点（纯 NaCl 的熔点高达 800℃），常加入 $CaCl_2$，既降低了熔点（混合熔盐熔点为 800℃），减少了能量的损耗，又提高了熔盐的密度，有利于金属钠的上浮分离。

(2) 单质钠的用途　由于钠的强活泼性和强传热性，近年来，越来越多的用于冶金工业和原子能工业中，是重要的还原剂和核反应堆的导热剂。钠汞齐是有机合成中的催化剂，钠钾合金常用作核反应堆的冷却剂。钠光灯的黄色光能穿透雾气，因此广泛用于公路照明。

3. 钠的重要化合物

(1) 氧化物和过氧化物　氧化钠是碱性氧化物，能与水反应生成强碱。

$$Na_2O+H_2O \longrightarrow 2NaOH$$

过氧化钠为淡黄色粉末或粒状物，易吸潮，加热至熔融也不分解，但遇到棉花、木炭或铝粉等还原性物质时，会引起燃烧或爆炸，使用时应特别注意安全。

【演示实验 10-2】 在试管中加入少量过氧化钠，再往试管中滴水（或稀酸），用火柴的余烬靠近试管口，会发现余烬复燃。

过氧化钠与水或稀酸反应时生成过氧化氢，同时放出大量的热，使过氧化氢迅速分解放出氧气。

$$Na_2O_2+2H_2O \longrightarrow 2NaOH+H_2O_2$$
$$Na_2O_2+H_2SO_4 \longrightarrow Na_2SO_4+H_2O_2$$
$$2H_2O_2 \longrightarrow 2H_2O+O_2\uparrow$$

因此，过氧化钠是一种强氧化剂，也是氧气氧化剂，广泛用于纤维、纸浆的漂白，以及消毒杀菌和除臭等。

过氧化钠与二氧化碳反应，也能放出氧气。

$$2Na_2O_2+2CO_2 \longrightarrow 2Na_2CO_3+O_2$$

因此，过氧化钠适用于防毒面具、高空飞行和潜水作业等工作中二氧化碳的吸收剂和供氧剂，来吸收人体呼出的二氧化碳和补充吸入的氧气。

过氧化钠在碱性介质中常用作溶矿剂，它能将矿石中的锰、铬、钒等氧化成可溶性的含氧酸盐，使其从矿石中分离出来。例如

$$CrO_3+3Na_2O_2 \longrightarrow 2Na_2CrO_4+Na_2O$$
$$MnO_2+Na_2O_2 \longrightarrow Na_2MnO_4$$

(2) 氢化钠　氢化钠为白色固体，不稳定，在潮湿的空气中发生反应放出氢气。

$$4NaH+H_2O \longrightarrow NaOH+H_2\uparrow$$

还是很强的还原剂，能从一些金属化合物中还原出金属。例如

$$NaH+TiCl_4 \longrightarrow Ti+4NaCl+2H_2\uparrow$$

有机合成工业中，NaH 是广泛使用的还原剂。

(3) 氢氧化钠　氢氧化钠又称苛性碱、烧碱或火碱，是白色固体，在空气中易吸水而潮解，因而固体氢氧化钠常用作干燥剂。氢氧化钠易溶于水，溶解时放出大量的热。它的水溶液显强碱性，与酸、酸性氧化物及某些盐类均能发生化学反应。

氢氧化钠极易吸收二氧化碳生成碳酸钠。

$$2NaOH + CO_2 \longrightarrow Na_2CO_3 + H_2O$$

因此，存放时必须注意密封。

氢氧化钠的浓溶液对纤维、皮肤、玻璃、陶瓷等有强烈的腐蚀作用，因此，制备浓碱液或熔融烧碱时，常用铸铁制、镍制或银制器皿。氢氧化钠与玻璃中的主要成分二氧化硅发生反应生成硅酸钠。

$$2NaOH + SiO_2 \longrightarrow Na_2SiO_3 + H_2O$$

硅酸钠的水溶液俗称水玻璃，是一种胶黏剂，实验室盛放氢氧化钠的玻璃瓶，不用玻璃塞而用橡胶塞，就是因为长期存放易将玻璃塞和瓶口粘在一起，使瓶塞无法打开。

氢氧化钠是重要的化工原料之一。广泛用于造纸、制皂、化学纤维、纺织、无机合成等工业中。目前，我国烧碱工业发展迅速，年产量已跃居世界前列。工业上主要采用隔膜电解食盐水的方法生产氢氧化钠。

(4) 重要的钠盐　钠盐一般都是无色或白色固体（除少数阴离子有颜色外），绝大多数都易溶于水，具有较高的熔点和较高的热稳定性。卤化钠在高温时只挥发而不易分解；硫酸盐、碳酸盐在高温下既不挥发也难于分解；只有硝酸盐热稳定性差，加热到一定温度时发生分解。例如

$$2NaNO_3 \xrightarrow{719.85℃} 2NaNO_2 + O_2\uparrow$$

以下是几种重要的钠盐。

氯化钠（NaCl）。氯化钠广泛存在于海洋、盐湖和岩盐中。它不仅是人类生活的必需品，还是化学工业的基本原料。如烧碱、纯碱（Na_2CO_3）、盐酸等都是以氯化钠为原料制备的。

碳酸钠（Na_2CO_3）即纯碱，又称苏打。它有无水盐和 $Na_2CO_3 \cdot H_2O$、$Na_2CO_3 \cdot 10H_2O$ 及不稳定的 $Na_2CO_3 \cdot 7H_2O$ 三种结晶水合物。常见工业品不含结晶水，为白色粉末。碳酸钠是一种基本的化工原料，除用于制备化工产品外，还广泛用于玻璃、造纸、制皂和水处理等工业。目前，我国纯碱产量位于世界前列。工业上常用氨碱法（又称索尔维法）或侯氏联合制碱法制取纯碱。

碳酸氢钠（$NaHCO_3$）俗称小苏打，加热至 160℃即分解产生 CO_2 气体，是食品工业的膨化剂。还用于泡沫灭火器中。

4. Na^+ 的鉴定

在中性或醋酸溶液中，Na^+ 与醋酸铀酰锌作用，生成九水合醋酸铀酰锌钠（淡黄色结晶）的反应是 Na^+ 是的特征反应。

$$Na^+(aq) + Zn^{2+}(aq) + 3UO_2^{2+}(aq) + 9Ac^-(aq) + 9H_2O(l)$$
$$\longrightarrow \underset{\text{(淡黄色结晶)}}{NaZn(UO_2)_3(Ac)_9 \cdot 9H_2O(s)}$$

该反应灵敏度不高，为了提高其灵敏度常采用以下方法：①加入过量的试剂（1∶8）产生同离子效应；②加入适量乙醇降低产物溶解度；③用玻璃棒摩擦试管内壁，以破坏过饱和溶液促进沉淀生成。

二、钾及其重要化合物

1. 钾单质的性质

钾与钠的性质很接近，也是一种具有银白色金属光泽的软金属。原子半径为 255pm，熔点 632.85℃，沸点 759.85℃，密度 0.86g/cm^3，硬度 0.5，是电和热的良导体。由于其化学性质活泼，与氧、卤素等非金属、水、稀酸都可以发生化学反应，故通常也保存在煤油中。

(1) 与氧反应　钾暴露在空气中，可被氧化生成 K_2O。

$$4K + O_2 \longrightarrow 2K_2O$$

(2) 与非金属反应　钾的单质能与大多数的非金属反应。

(3) 与水反应　钾与水的反应比钠与水反应更为剧烈，发生燃烧，量较大时甚至爆炸。

$$2K + 2H_2O \longrightarrow 2KOH + H_2\uparrow$$

(4) 与稀酸反应

$$2K + 2HCl \longrightarrow 2KCl + H_2\uparrow$$

2. 钾的制备及用途

(1) 金属钾的制备　金属钾在熔融液中溶解度较大，一般不用电解熔融盐的方法制备。工业上多采用高温还原法，即在高温条件（约 850℃）下，用金属钠从液态氯化钾中还原出金属钾。

$$KCl(l) + Na(l) \longrightarrow NaCl(l) + K(g)$$

(2) 单质钾的用途　由于钾的强活泼性和强传热性，近年来，越来越多的用于冶金工业和原子能工业中，是重要的还原剂和核反应堆的导热剂。

3. 钾的重要化合物

(1) 氧化物　氧化钾是碱性氧化物，能与水反应生成强碱。

$$K_2O + H_2O \longrightarrow 2KOH$$

钾的氧化物还有过氧化钾(K_2O_2)和超氧化钾(KO_2)。

(2) 氢化钾　氢化钾为白色固体，不稳定，在潮湿的空气中发生反应放出氧气。

$$KH + H_2O \longrightarrow KOH + H_2\uparrow$$

也有很强的还原性。

(3) 氢氧化钾　氢氧化钾与氢氧化钠一样在水溶液显强碱性，与酸、酸性氧化物、及某些盐类均能发生化学反应。

(4) 重要的钾盐　钾盐一般都是无色或白色固体（除少数阴离子有颜色外），绝大多数都易溶于水，只有个别由大的阴离子形成的盐是难溶的，如 $KHC_4H_4O_6$（酒石酸氢钾）等。具有较高的熔点和较高的热稳定性。卤化钾在高温时只挥发而不易分解；硫酸盐、碳酸盐在高温下既不挥发也难分解；只有硝酸盐热稳定性差，加热到一定温度时发生分解。例如

$$2KNO_3 \xrightarrow{669.85℃} 2KNO_2 + O_2\uparrow$$

碳酸钾（K_2CO_3）又称钾碱，易溶于水，主要用于制硬质玻璃和氰化钾（KCN）。碳酸钾存在于草木灰中，可利用植物的籽壳（如向日葵籽壳），经焚烧、浸取、蒸发、结晶等过程得到碳酸钾。

4. K^+ 的鉴定

第一种方法

$$K^+(aq) + [B(C_6H_5)_6]^-(aq) \longrightarrow K[B(C_6H_5)_6](s)$$

（白色晶体）

此反应可在弱酸性、中性或碱性溶液中进行。

第二种方法

$$2K^{+}(aq)+Na^{+}(aq)+[Co(NO_2)_6]^{3-}(aq) \longrightarrow \underset{(黄色晶体)}{K_2Na[Co(NO_2)_6](s)}$$

此反应需在 pH=3～7 的弱酸性或中性溶液中进行。最好采用新配制的 $Na_3[Co(NO_2)_6]$试剂进行实验，并作对照实验进行对比（即用已知 K^+ 的溶液在完全相同的条件下进行试验）。加入乙醇降低产物溶解度，也可用玻璃棒摩擦试管内壁加速沉淀生成。

第二节　镁、钙及其重要化合物

一、镁及其重要化合物

1. 镁的性质与用途

（1）物理性质　镁是银白色的轻金属（密度 1.74g/cm³），即使在粉末状态时，也能保持金属光泽。熔点 649.85℃、硬度 2.5。

（2）化学性质　镁是一种相当活泼的金属，但在空气中却很稳定。常温下，镁与空气中的氧缓慢反应，表面上生成一层十分致密的氧化膜，保护内层镁不再继续受空气的氧化。因此，镁无须密闭保存。由于镁的这个性质，它在工业上有很大的实用价值。

① 镁与氧的反应。镁在空气中加热时，剧烈燃烧，生成白色粉末状的氧化镁，同时放出强烈的白光。

$$2Mg+O_2 \xrightarrow{燃烧} 2MgO$$

这是由于镁燃烧放出大量的热，使氧化镁的微粒灼热并达到白炽状态，故而发出强光。因此可用它制造焰火、照明弹。

镁与氧的结合能力很强，它不仅能与纯氧化合，还能夺取多种氧化物中的氧。如燃烧的镁条放入二氧化碳气体中，镁还可继续燃烧。

$$2Mg+CO_2 \xrightarrow{燃烧} 2MgO+C$$

② 镁与非金属的反应。在一定温度下，镁能同卤素、硫等反应生成卤化镁和硫化镁，如

$$Mg+Br_2 \xrightarrow{\triangle} MgBr_2$$

镁在空气中燃烧生成氧化镁的同时还可生成少量的氮化镁。

$$3Mg+N_2 \xrightarrow{燃烧} Mg_3N_2$$

③ 镁与水、稀酸的反应。金属镁也能置换水中的氢，但在冷水中反应非常缓慢，甚至不易觉察出来。这是因为他们表面生成了一层难溶的氢氧化镁，阻止了它同水的进一步反应。只有在沸水中，反应才显著。

$$Mg+2H_2O \xrightarrow{沸水} Mg(OH)_2\downarrow+H_2\uparrow$$

镁易溶于稀酸，生成相应的盐并放出氢气。

$$Mg+H_2SO_4(稀) \longrightarrow MgSO_4+H_2\uparrow$$

金属镁主要用于制造轻合金，如铝镁合金（含 10%～30%的镁）、电子合金（90%镁，微量的铝、铜、锰等）。这些合金质轻，但硬度大、韧性强、耐腐蚀（不能耐海水的腐蚀），适用于飞机和汽车的制造。镁还是叶绿素中不可缺少的元素。

2. 镁的存在和制法

镁在自然界皆以化合态存在，镁的主要矿物有菱镁矿（$MgCO_3$）、白云石（$CaCO_3\cdot$

$MgCO_3$)、光卤石 ($KCl \cdot MgCl_2 \cdot 6H_2O$),海水中也含有氯化镁。

工业上电解熔融态氯化镁或脱去了结晶水的光卤石以制金属镁。

$$MgCl_2(熔融) \xrightarrow{电解} Mg + Cl_2\uparrow$$

也常采用高温热还原法。

$$MgO(s) + C(s) \xrightarrow{熔融} Mg(s) + CO(g)$$

3. 镁的重要化合物

(1) 氧化镁　氧化镁是一种松软的白色粉末。它不溶于水。熔点高达 2800℃,可做耐火材料,制备坩埚、耐火砖、高温炉的衬里等。

(2) 氢氧化镁　氢氧化镁是一种微溶于水的白色粉末。它是中等强度的碱。可用易溶镁盐和石灰水反应制取。

造纸工业中常用氢氧化镁做填充材料,制牙膏、牙粉时也要用氢氧化镁。

(3) 氯化镁　氯化镁 ($MgCl_2 \cdot 6H_2O$) 是无色晶体,味苦,极易吸水。从海水晒盐的母液中可制得不纯的 $MgCl_2 \cdot 6H_2O$,叫卤块。工业上常用卤块制造碳酸镁和一些其他镁的化合物。

$MgCl_2 \cdot 6H_2O$ 受热至 526.85℃以上,分解为氧化镁和氯化氢气体。

$$MgCl_2 \cdot 6H_2O \xrightarrow{526.85℃} MgO + 2HCl\uparrow + 5H_2O$$

所以仅用加热的方法得不到无水氯化镁。要得到无水氯化镁,必须在干燥的氯化氢气流中加热 $MgCl_2 \cdot 6H_2O$ 使其脱水。

(4) 硫酸镁　硫酸镁 ($MgSO_4 \cdot 7H_2O$) 是无色晶体,易溶于水,味苦,在医药上常被用做泻药,称为泻盐。造纸、纺织工业也常用到它。

(5) 碳酸镁　碳酸镁是白色固体,难溶于水。若将 CO_2 通入碳酸镁的悬浮液,则生成可溶性的碳酸氢镁。

$$MgCO_3 + CO_2 + H_2O \longrightarrow Mg(HCO_3)_2$$

4. Mg^{2+} 的鉴定

Mg^{2+} 在用铬黑 T 作指示剂的条件下,与 EDTA (乙二氨四乙酸) 反应,溶液颜色变蓝。

$$\underset{}{Mg^{2+}} + \underset{铬黑T(蓝色)}{HIn^{2-}} \longrightarrow \underset{(酒红色)}{MgIn^-} + H^+$$

$$\underset{(酒红色)}{MgIn^-} + \underset{EDTA}{H_2Y^{2-}} \longrightarrow MgY^{2-} + \underset{(蓝色)}{HIn^{2-}} + H^+$$

二、钙及其重要化合物

1. 钙的性质与用途

(1) 物理性质　钙也是一种银白色的轻金属 (密度 $1.55g/cm^3$),熔点 747.85℃、硬度 2.0,比镁稍软。

(2) 化学性质

① 钙与氧的反应。钙在空气中极易氧化。若将钙暴露于空气中,表面上很快会蒙上一层疏松的氧化钙,它对内层的金属钙没有保护作用。钙必须被密闭保存。

钙在空气中加热也能燃烧,生成氧化钙,火焰呈砖红色。

② 钙与非金属的反应。钙与硫、氮、卤素的化合都比镁容易,化合后生成相应的二元化合物。如钙在空气中燃烧除生成氧化钙外,同时也有少量氮化钙生成。

在加热条件下（200～300℃），钙与氢可生成氢化钙

$$Ca+H_2 \xrightarrow{\triangle} CaH_2$$

氢化钙遇水生成氢氧化钙并放出氢气。

$$CaH_2+2H_2O \longrightarrow Ca(OH)_2+2H_2\uparrow$$

③ 钙与水、稀酸的反应。钙与冷水就能迅速反应生成氢氧化钙并放出氢气。

$$Ca+2H_2O \longrightarrow Ca(OH)_2+H_2\uparrow$$

钙与盐酸或稀硫酸能剧烈反应放出氢气并生成相应的盐。

加热时，钙几乎能和所有的金属氧化物起反应，将其还原为单质，所以钙主要用于高纯度金属的冶炼。钙与铅的合金广泛用作轴承的材料。

2. 钙的存在和制法

钙在自然界以化合态存在，分布很广，蕴藏量很高。最主要的是含碳酸钙的各种矿石，如石灰石、大理石、方解石、白云石等。此外，还有石膏（$CaSO_4\cdot 2H_2O$）、萤石（CaF_2）、磷灰石[$Ca_5F(PO_4)_3$]等。动物骨骼的主要成分是磷酸钙。钙也是植物生长的营养素之一。

电解熔融的氯化钙可制得金属钙。

$$CaCl_2(\text{熔融}) \xrightarrow{\text{电解}} Ca+Cl_2\uparrow$$

3. 钙的重要化合物

(1) 氧化钙　氧化钙是白色块状或粉末状固体，俗名生石灰。生石灰是碱性氧化物，在高温下能和二氧化硅、五氧化二磷等化合。

$$CaO+SiO_2 \xrightarrow{\text{高温}} CaSiO_3$$

$$3CaO+P_2O_5 \xrightarrow{\text{高温}} Ca_3(PO_4)_2$$

在冶金工业中利用这两个反应，可将矿石中的硅、磷等杂质转入矿渣而除去。

氧化钙熔点2570℃，可做耐火材料。它还是重要的建筑材料。

(2) 氢氧化钙　氢氧化钙是白色粉末状固体，微溶于水，其溶解度随温度的升高而减小。其饱和溶液叫石灰水。因为氢氧化钙的溶解度较小，所以石灰水的碱性较弱。

氢氧化钙是一种最便宜的强碱。在工业生产中，若不需要很纯的碱，可将氢氧化钙制成石灰乳代替烧碱用。纯碱工业、制糖工业，以及制取漂白粉，都需要大量的氢氧化钙，但更多的是被用作建筑材料。

(3) 氯化钙　氯化钙极易溶于水，0℃时溶解度为59.5g/100gH_2O，100℃时的溶解度为159g/100gH_2O。能溶于酒精。它与水形成$CaCl_2\cdot 6H_2O$；与氨形成$CaCl_2\cdot 8NH_3$；与酒精形成$CaCl_2\cdot 4C_2H_5OH$。将$CaCl_2\cdot 6H_2O$热至200℃，失水而成$CaCl_2\cdot 2H_2O$，温度再高会脱去所有的水，成为多孔的无水氯化钙。无水的氯化钙的吸水性很强，实验室中用作干燥剂，但不能用它干燥氨、酒精等。

氯化钙水溶液的冰点很低，如浓度为32.5%时，其冰点为−51℃。它是常用的冷冻液，工厂里称其为冷冻盐水。

(4) 硫酸钙　天然的硫酸钙有硬石膏$CaSO_4$和石膏$CaSO_4\cdot 2H_2O$。石膏为无色晶体，微溶于水，0℃时溶解度为0.18g/100gH_2O。石膏加热至120℃失去3/4的水而转变为熟石膏（$CaSO_4)_2\cdot H_2O$。

$$2CaSO_4\cdot 2H_2O \xrightarrow{120℃} (CaSO_4)_2\cdot H_2O+3H_2O$$

此反应可以逆转。当用水将熟石膏拌成浆状物后，它又会转变为石膏并凝固为硬块，其体积略有增大，因而可用熟石膏制造塑像、模型、粉笔和医疗用的石膏绷带。如把石膏加热到

500℃以上，便得到硬石膏。硬石膏无可塑性。

4. Ca^{2+} 的鉴定

在含有 Ca^{2+} 的弱酸性、中性或弱碱性溶液中，加入 $C_2O_4^{2-}$，生成 CaC_2O_4 白色沉淀。

$$Ca^{2+}(aq)+C_2O_4^{2-}(aq) \longrightarrow \underset{(白色)}{CaC_2O_4\downarrow}$$

三、硬水及其软化

1. 水的硬度

水是日常生活和工农业生产不可缺少的。水质的好坏对生产和生活影响很大。天然水与空气、岩石和土壤等的长期接触，溶解了很多杂质，如无机盐类、某些可溶性有机物以及气体等。水中溶解的无机盐有钙、镁的酸式碳酸盐、氯化物、硫酸盐、硝酸盐等。也就是说，天然水一般含有 Ca^{2+}、Mg^{2+} 等阳离子，HCO_3^-、CO_3^{2-}、Cl^-、SO_4^{2-} 和 NO_3^- 等阴离子。各地的天然水含有这些离子的种类和数量有所不同。含有较多的 Ca^{2+}、Mg^{2+} 的水叫做硬水，少含或不含 Ca^{2+}、Mg^{2+} 的水叫做软水。表 10-1 为水的硬度分类。

表 10-1　水的硬度分类

0°～4°	4°～8°	8°～16°	16°～30°	＞30°
很软水	软　水	中硬水	硬　水	很硬水

天然水中钙、镁的含量常用硬度表示。我国规定的硬度标准是：1L 水中含的钙盐镁盐折合成 CaO 和 MgO 的总量相当于 10mg CaO（将 MgO 也换算成 CaO）时，这种水的硬度为 1°。例如，某水样 1L 中含有 CaO 100mg、MgO 50mg 时，计算得

$$CaO \qquad \frac{100}{10}=10°$$

$$MgO \qquad \frac{50\times M(CaO)}{M(MgO)}\times\frac{1}{10}=\frac{50\times 56}{40}\times\frac{1}{10}=7°$$

得知此水样硬度为 17°。

一般硬水可以饮用，并且由于 $Ca(HCO_3)_2$ 的存在，味道醇厚。但是不宜用于蒸汽动力工业，它会使锅炉结垢，不仅降低热能利用率，甚至由于受热不匀而引起爆炸。

(1) 暂时硬水　如果水的硬度是 $Ca(HCO_3)_2$ 或 $Mg(HCO_3)_2$ 所引起的，这种水叫做暂时硬水。暂时硬水经煮沸后，水里的 $Ca(HCO_3)_2$ 就分解而生成不溶性的 $CaCO_3$ 沉淀。

$$Ca(HCO_3)_2 \longrightarrow CaCO_3+CO_2+H_2O$$

水里的 $Mg(HCO_3)_2$ 先分解生成难溶的 $CaCO_3$ 沉淀。

$$Mg(HCO_3)_2 \longrightarrow MgCO_3+CO_2+H_2O$$

在继续加热煮沸时，$MgCO_3$ 水解生成难溶的 $Mg(OH)_2$ 沉淀。

$$MgCO_3+H_2O \longrightarrow Mg(OH)_2+CO_2$$

这样溶解在水中的 Ca^{2+} 和 Mg^{2+} 就变成 $CaCO_3$ 和 $Mg(OH)_2$ 的沉淀，从水中析出，使水的硬度降低。

(2) 永久硬水　如果水的硬度是由 $CaSO_4$、$MgSO_4$、$CaCl_2$、$MgCl_2$ 所引起的，这种硬水在煮沸时，不会有难溶性的钙盐或镁盐析出，因此不能减少水中的 Ca^{2+} 和 Mg^{2+}，也不能降低水的硬度，这种水称之为永久硬水。

2. 硬水的危害

【演示实验 10-3】　在两支试管中分别注入蒸馏水、硬水（可人工配制）5mL，再各加入少量肥皂水振荡，观察现象。

这时盛蒸馏水的试管中泡沫较多，无沉淀生成。盛硬水的试管中泡沫较少，而且生成絮

状沉淀。

实验表明硬水中的Ca^{2+}、Mg^{2+}与肥皂（可溶性硬脂酸盐）能起反应，生成难溶性的硬脂酸盐。若用硬水洗衣服既浪费肥皂，又不易洗干净。硬水用于印染时，织物上因沉积有钙、镁盐会使染色不匀，且易褪色。如果锅炉中使用硬水，当水蒸发时，溶解在水中的钙盐和镁盐就会逐渐沉积出来，在锅炉壁上结成一层不传热的锅垢。这样不仅浪费燃料（当锅垢厚到1mm时，大约要多消耗5%的煤），而且因为锅垢和锅炉钢板受热膨胀的程度不同，沉积在锅炉内壁的锅垢会发生裂缝，当水直接和高温钢板接触时，水突然汽化，局部压力增大，钢板因膨胀而凸出，有时由于蒸气压增加过大，锅炉就会发生爆炸。

3. 硬水的软化

硬水在工业上和家庭中都不适用，在使用之前，应除去或减少硬水中所含的Ca^{2+}、Mg^{2+}降低水的硬度，这叫做硬水软化。硬水软化的方法很多，常用的软化方法有药剂法和离子交换法。

（1）药剂法　药剂法是在水中加入某些化学试剂，使水中溶解的钙盐、镁盐成为沉淀物析出。常用的试剂有石灰、纯碱、磷酸钠。根据对水质的要求，可以用一种或几种试剂。例如，工业上往往将石灰和纯碱各一半混合用于水的软化，称为石灰纯碱法，其反应如下。

$$Ca(HCO_3)_2+Ca(OH)_2 \longrightarrow 2CaCO_3\downarrow+2H_2O$$
$$Mg(HCO_3)_2+2Ca(OH)_2 \longrightarrow 2CaCO_3\downarrow+Mg(OH)_2\downarrow+2H_2O$$
$$Ca(HCO_3)_2+Na_2CO_3 \longrightarrow CaCO_3\downarrow+2NaHCO_3$$
$$MgSO_4+Na_2CO_3 \longrightarrow MgCO_3\downarrow+Na_2SO_4$$
$$CaSO_4+Na_2CO_3 \longrightarrow CaCO_3\downarrow+Na_2SO_4$$
$$MgCl_2+Ca(OH)_2 \longrightarrow Mg(OH)_2\downarrow+CaCl_2$$

药剂法的软化成本低，但效果较差。适用于处理大量的且硬度较大的水。如发电厂、热电站等一般采用此法作为水软化的初步处理。

（2）离子交换法　工业上广泛使用离子交换法来软化硬水。离子交换法使用离子交换剂来软化硬水的方法。目前常用的离子交换剂是离子交换树脂。离子交换树脂是有机高分子化合物，有阴离子交换树脂（R′OH）和阳离子交换树脂（HR）之分。离子交换树脂中的OH^-和H^+能与溶液中阴、阳离子发生交换。当待处理的水通过由HR和R′OH装填的交换柱时，就发生下列反应。

$$2HR+CaSO_4 \longrightarrow Ca(R)_2+H_2SO_4$$
$$2R'OH+H_2SO_4 \longrightarrow R'_2SO_4+2H_2O$$

用阴、阳离子交换树脂处理过的水称为无离子水（或去离子水）。经过一段时间后，离子交换树脂会失去交换能力，通常可用一定浓度的强酸或强碱分别处理阳、阴离子交换树脂，使树脂再生，重新恢复交换能力。

$$Ca(R)_2+2HCl \longrightarrow 2HR+CaCl_2$$
$$R'_2SO_4+2NaOH \longrightarrow 2R'OH+Na_2SO_4$$

用离子交换树脂软化硬水比石灰纯碱法效果好，设备简单，占地面积小，操作简便，是目前工业生产中常用的方法。

第三节　铝、锡、铅及其重要化合物

一、铝及其重要化合物

1. 铝的性质及用途

（1）物理性质　铝是一种银白色有金属光泽的轻金属，密度为$2.7g/cm^3$，熔点660℃。

它具有良好的延展性和传热、导电性。它的导电性是同体积铜的64%，但其质轻，常用来制造电线和高压电缆。

(2) 化学性质 铝是很活泼的金属，但在常温下它很稳定，这是由于铝一旦接触空气，表面迅速形成致密的氧化铝薄膜，阻止铝进一步氧化以及和水作用。因此，铝在常温下很稳定。

高温下，铝极易和卤素、氧、硫等非金属起反应。铝粉在氧气中加热，可以燃烧发光，生成氧化铝的同时放出大量的热。它作为冶金还原剂，可将高熔点的金属氧化物还原为相应的金属单质。铝在反应中释放的热量将金属熔化，使其他氧化物分离，这种方法叫“铝热法”。由铝粉和粉末状的四氧化三铁组成的混合物，称为“铝热剂”，经引燃发生反应后，可达3000℃的高温，将铁熔化。

$$4Al+3O_2 \xrightarrow{\triangle} 2Al_2O_3+3340kJ$$

$$8Al+3Fe_3O_4 \xrightarrow{高温} 4Al_2O_3+9Fe+3329kJ$$

工业上，铝用作炼钢的脱氧剂，铝热法用于冶炼高熔点的铬、锰等纯金属，无碳合金和低碳合金以及焊接铁轨、器材部件等。

铝在冷的浓硫酸或浓硝酸中，受到这些酸的强烈氧化作用表面生成一层致密的氧化膜。这种膜性质稳定，使内层金属与酸隔离，不再发生作用。此现象称为“金属的钝化”。所以，铝制容器用来储存和运输浓硫酸或浓硝酸。

常温下，铝能置换盐酸或稀硫酸中的氢。

$$2Al+6H^+ \longrightarrow 2Al^{3+}+3H_2\uparrow$$

铝能溶解在强碱溶液中，生成偏铝酸盐和氢气。

$$2Al+2NaOH+2H_2O \longrightarrow 2NaAlO_2+3H_2\uparrow$$

由于铝表面总有一层氧化膜，阻挡了铝和水反应。当铝与碱接触时，氧化膜溶于碱而被破坏。失去了保护膜的铝，能和水反应生成氢氧化铝并放出氢气；同时新生成的氢氧化铝又被碱溶解生成偏铝酸盐和水。因此，铝和水的反应能持续地进行。上述各步反应的化学方程式为

$$Al_2O_3+2NaOH \longrightarrow 2NaAlO_2+H_2O$$

$$Al+6H_2O \longrightarrow 2Al(OH)_3+3H_2\uparrow$$

$$Al(OH)_3+NaOH \longrightarrow NaAlO_2+2H_2O$$

可见，铝能溶于碱液中的根本原因，是碱破坏了铝表面的氧化膜，而有利于铝迅速置换水中的氢。

【演示实验10-4】 *在铝片表面涂以汞盐溶液，不久铝片上就会出现“白毛”。将此铝片放入水中则有气泡不断产生。*

铝片用汞盐（例如$HgCl_2$）溶液擦拭后，铝表面形成的铝-汞合金（汞齐：汞溶解其他金属后形成的合金）破坏了原来致密的氧化膜，这种汞齐化的铝保持着铝的化学活泼性，因此在潮湿的空气中迅速被氧化，生出“铝白毛”——水合氧化铝。

$$4Al(Hg)+3O_2+2nH_2O \longrightarrow 2Al_2O_3\cdot nH_2O+(Hg)$$

去掉“铝白毛”后，由于汞的存在，致密的氧化膜难以在铝表面生成，因此汞齐化的铝放入水中可以看到氢气不断产生。

$$2Al(Hg)+6H_2O \longrightarrow 2Al(OH)_3+3H_2\uparrow+(Hg)$$

实践表明，表面光滑的纯铝化学稳定性良好，铝表面若含有杂质或很粗糙，都会减弱氧化膜和铝的结合力，甚至破坏铝表面的氧化膜，使铝继续氧化而遭到腐蚀。

利用铝的亲氧性可制造耐高温的金属陶瓷。将铝粉、石墨和二氧化钛或其他高熔点金属

氧化物按一定比例混合均匀，涂在金属表面上，在高温下煅烧

$$4Al+3TiO_2+3C \xrightarrow{煅烧} 2Al_2O_3+3TiC$$

金属表面就形成耐高温涂层。涂有这种耐高温涂层的金属材料，称为金属陶瓷，应用于航天工业。

2. 铝的存在及冶炼

铝是地壳中含量最多的金属，它在地壳中含量为 7.73%。它在自然界中主要以复杂的铝硅酸盐形式存在，如长石、黏土、云母等。此外，还有铝矾土（$Al_2O_3 \cdot nH_2O$）、冰晶石（Na_3AlF_6），它们是冶炼金属铝的重要原料。

工业上冶炼铝分两步进行，先从铝矾土中提取 Al_2O_3，然后电解 Al_2O_3 制 Al。

首先，在加压下用 NaOH 溶液和铝矾土反应得到 $Na[Al(OH)_4]$。

$$Al_2O_3(铝矾土)+2NaOH+3H_2O \longrightarrow 2Na[Al(OH)_4]$$

经沉淀、过滤、弃去沉淀物“红泥”（含铁、钛、矾化合物等）。然后向滤液中通入二氧化碳气体，生成 $Al(OH)_3$ 沉淀。

$$Na[Al(OH)_4]+CO_2 \longrightarrow Al(OH)_3\downarrow+NaHCO_3$$

经过滤、洗涤、干燥、灼烧得到 Al_2O_3。

最后电解。氧化铝的熔点高达 2050℃，熔融态时导电能力差。因此，电解时加入冰晶石作助熔剂，一方面可降低电解温度（一般为 1000℃）；另一方面也增强了熔融态物料的导电性。

氧化铝和冰晶石的电离式为

$$2Al_2O_3 \xrightarrow{熔融} Al^{3+}+3AlO_2^-$$

$$Na_3AlF_6 \xrightarrow{熔融} 3Na^++AlF_6^{3-}$$

当直流电通过冰晶石-氧化铝共熔体时，Na^+ 和 Al^{2+} 移向阴极；AlO_2^-、AlF_6^{3-} 移向阳极，总反应方程式为

$$2Al_2O_3\text{（熔融）} \xrightarrow{电解\ 1000℃} \underset{阴极}{4Al}+\underset{阳极}{3O_2}\uparrow$$

阳极生成的氧气，在高温下，部分与石墨电极反应生成二氧化碳。因此，在电解过程中除消耗氧化铝外，石墨块也需要补充。

3. 铝的重要化合物

（1）氧化铝和氢氧化铝

① 氧化铝。Al_2O_3 是白色难溶于水的粉末。它是典型的两性氧化物。新制的氧化铝的反应能力很强，既可溶于酸又能溶于碱。

$$Al_2O_3+6H^+ \longrightarrow 2Al^{3+}+3H_2O$$

$$Al_2O_3+2OH^- \longrightarrow 2AlO_2^-+H_2O$$

经过活化处理的 Al_2O_3，有巨大的表面积，吸附能力强，称为活性氧化铝。常用于催化剂的载体和化学实验室色谱分析。

经高温（>900℃）煅烧后的 Al_2O_3 晶体，化学稳定性强，反应能力差。它不溶于酸、碱溶液，但能和熔融碱作用，与其他试剂也不反应。它的熔点高达 2050℃，硬度仅次于金刚石，称为“刚玉”。自然界中的刚玉由于含有多种杂质而显不同颜色，例如，含微量氧化铬呈红色，称为红宝石；含微量钛、铁氧化物呈蓝色，称为蓝宝石，常用作装饰品和仪表中的轴承。人造刚玉广泛用作研磨材料，制造坩埚、瓷器及耐火材料。

② 氢氧化铝。氢氧化铝是白色胶状物质。它常用铝盐和氨水作用来制备。

$$Al^{3+}+3NH_3 \cdot H_2O \longrightarrow Al(OH)_3\downarrow+3NH_4^+$$

氢氧化铝是典型的两性氢氧化物，它能溶于酸或碱性溶液中，但不溶于氨水。所以用铝

盐和氨水作用，能使 Al^{3+} 盐沉淀完全。若用苛性碱代替氨水，则过量的碱又会使生成的 $Al(OH)_3$ 沉淀逐渐溶解。

氢氧化铝和酸或碱（除氨水外）反应的离子方程式为

$$Al(OH)_3 + 3H^+ \longrightarrow Al^{3+} + 3H_2O$$

$$Al(OH)_3 + OH^- \longrightarrow [Al(OH)_4]^-$$

或

$$Al(OH)_3 + OH^- \longrightarrow AlO_2^- + 2H_2O$$

氢氧化铝在水中存在着如下的离解平衡。

$$Al^{3+} + 3OH^- \rightleftharpoons Al(OH)_3 \rightleftharpoons H_2O + AlO_2^- + H^+$$

当加酸时，它进行碱式离解，平衡向左移动，$Al(OH)_3$ 生成相应酸的铝盐。反之，加碱时，进行酸式离解，平衡向右移动，$Al(OH)_3$ 不断溶解转为铝酸盐。

应当说明，作为两性氢氧化物的氢氧化铝，其碱性略强于酸性，仍属于难溶弱碱。

事实上，在溶液中并未找到偏铝酸根 AlO_2^-，AlO_2^- 和 Al^{3+} 在溶液中分别以水合离子 $[Al(OH)_4]^-$（可看作 $AlO_2^- \cdot H_2O$）和 $[Al(H_2O)_6]^{3+}$ 形式存在。所以在水溶液 $NaAlO_2$ 的组成实际为 $Na[Al(OH)_4]$。因此铝及其化合物和烧碱溶液作用，生成的铝酸盐并非 $NaAlO_2$；只有在干燥状态和熔融态苛性碱作用时，才生成 $NaAlO_2$。但习惯上常将铝酸钠简写为 $NaAlO_2$。

铝酸盐易发生水解，溶液呈碱性。

$$AlO_2^- + 2H_2O \rightleftharpoons Al(OH)_3 + OH^-$$

该溶液中通入 CO_2 时，促使水解平衡右移，产生氢氧化铝沉淀。这也是工业上制取氢氧化铝的一种方法。

$$2[Al(OH)_4]^- + CO_2 \longrightarrow CO_3^{2-} + 2Al(OH)_3 \downarrow + H_2O$$

或

$$2AlO_2^- + 3H_2O + CO_2 \longrightarrow CO_3^{2-} + 2Al(OH)_3 \downarrow$$

氢氧化铝用于制备铝盐和纯氧化铝和医药。

（2）铝盐

① 铝的卤化物。铝的卤化物以氯化铝（$AlCl_3$）最重要。常温下，氯化铝为无色晶体，工业品因含杂质铁而呈黄色。它极易挥发，加热至180℃时即升华。在潮湿的空气中由于水解而发烟。

氯化铝溶于盐酸，可制得无色易吸潮的六水氯化铝（$AlCl_3 \cdot 6H_2O$），将其脱水时，因发生水解而不能制得无水氯化铝。只有在氯气流或氯化氢气流中熔融铝才能制得无水氯化铝。

氟化铝的性质在卤化铝中较特殊，它是白色难溶的离子型化合物，Al^{3+} 和 F^- 较易形成 AlF_6^{3-}，如冰晶石 Na_3AlF_6（氟铝酸钠）。AlF_3 不易和浓硫酸作用，和熔融碱反应也较慢。

无水氯化铝或溴化铝均易溶于水，且溶于乙醇、乙醚等有机溶剂中而显共价化合物的特征。它们易和电子给予体起加合作用，是有机合成工业或石油化工中常用的催化剂。

② 铝的含氧酸盐。铝的含氧酸盐有氯酸铝、高氯酸铝、硝酸铝、硫酸铝等。它们的晶石中有 $[Al(H_2O)_6]^{3+}$。常温下从水溶液中析出的晶体为水合晶体，如 $Al_2(SO_4)_3 \cdot 18H_2O$、$Al(NO_3)_3 \cdot 9H_2O$ 等。

硝酸铝可由铝与硝酸反应制得。常见的 $Al(NO_3)_3 \cdot 9H_2O$ 是无色晶体，易溶于水和醇中，易潮解。其氧化能力强，与有机物接触易燃烧。主要用于制造催化剂、媒染剂以及核工业中。

无水硫酸铝 $Al_2(SO_4)_3$ 是白色粉末。常温下从水溶液中分离出来的水合物是 $Al_2(SO_4)_3 \cdot 18H_2O$ 晶体。

工业上用硫酸处理矾土或黏土，或用硫酸中和纯氢氧化铝，都能制得硫酸铝。

$$Al_2O_3 + 3H_2SO_4 \longrightarrow Al_2(SO_4)_3 + 3H_2O$$

$$2Al(OH)_3 + 3H_2SO_4 \longrightarrow Al_2(SO_4)_3 + 6H_2O$$

若将等摩尔数的硫酸铝和硫酸钾溶于水，蒸发、结晶，可得到一种水合复盐，其组成为$K_2SO_4 \cdot Al_2(SO_4)_3 \cdot 24H_2O$，即$KAl(SO_4)_2 \cdot 12H_2O$，俗称明矾。明矾是离子化合物，和其他复盐一样，它在水溶液中是完全电离的。

$$KAl(SO_4)_2 \cdot 12H_2O \longrightarrow K^+ + Al^{3+} + 2SO_4^{2-} + 12H_2O$$

硫酸铝和明矾都能水解为$Al(OH)_3$胶体而有强烈的吸附性，可用来净化水，可供造纸工业作胶料，也可以用做印染工业的媒染剂。

铝盐的水解有两种情况，强酸的铝盐在溶液中部分水解，溶液显酸性，如硫酸铝在二氧化碳灭火器中常用作酸性反应液；弱酸的铝盐强烈水解，因此，这类铝盐（如Al_2S_3等）宜用干法制取，以减少损失，或因完全水解而得不到产品。保存时应密封，谨防受潮变质。

4. 铝离子的鉴定

$$\underset{\text{8-羟基喹啉}}{Al^{3+} + 3HC_9H_6ON} \longrightarrow \underset{\text{8-羟基喹啉铝(黄色)}}{Al(C_9H_6ON)_3\downarrow} + 3HCl$$

二、锡及其重要化合物

1. 锡性质及用途

（1）物理性质　锡有灰锡、白锡和脆锡三种同素异形体，它们在不同温度下可以相互转变。

$$\text{灰锡} \xleftarrow{13℃} \text{白锡} \xrightarrow{161℃} \text{脆锡}$$

白锡是一种银白色有金属光泽的软金属，密度7.3g/cm³，熔点161℃。它具有良好的延展性。很容易碾成薄片，叫做锡箔。在低于13℃时会缓慢地变成灰白色粉末，叫做灰锡。因此，在天气寒冷时，用锡制造的器件很可能会损坏。这种变化是缓慢的扩展开来，叫做“锡疫”。

（2）化学性质　锡的化学性质不活泼，在空气中或水中通常很稳定，不被氧化。在强热下，锡可被氧化为氧化锡。

$$Sn + O_2 \xrightarrow{\triangle} SnO_2$$

锡可置换酸中的氢。

$$Sn + 2HCl \xrightarrow{\triangle} SnCl_2 + H_2\uparrow$$

锡能溶于稀硝酸，放出一氧化氮；也能缓慢溶于强碱中生成亚锡酸盐，同时放出氢气。可见锡是两性元素。

$$3Sn + 8HNO_3(\text{稀}) \longrightarrow 3Sn(NO_3)_2 + 2NO\uparrow + 4H_2O$$

$$Sn + 2OH^- \longrightarrow SnO_2^{2-} + H_2\uparrow$$

此外，浓硝酸可将锡氧化为四价锡，因为二价锡有还原性，而四价锡更稳定。

$$Sn + 4HNO_3(\text{浓}) \longrightarrow H_2SnO_3\downarrow + 4NO_2\uparrow + H_2O$$

锡的重要用途是制造马口铁（镀锡铁）；各种含锡合金如青铜（Cu-Sn）、轴承合金（Sn和Pb、Sb、Cu）、铸字合金（Sn和Sb、Pb）等。此外，高纯度的锡也用于半导体工业中。

2. 锡的存在和冶炼

锡占地壳总量的0.004%，自然界中锡主要矿石是锡石（SnO_2），我国的锡矿储量丰富，其中以云南的锡矿最著名。

锡冶炼的主要过程是先将锡石焙烧，除去锡石中的硫、砷等杂质，然后用碳还原得到金属锡。

$$SnO_2 + 2C \longrightarrow Sn + 2CO\uparrow$$

3. 锡的重要化合物

（1）锡的氧化物和氢氧化物　锡能生成一氧化锡（SnO）和二氧化锡（SnO_2）。它们都不溶于水。一氧化锡（SnO）是以碱性为主的两性氧化物，二氧化锡（SnO_2）是以酸性为主的两性氧化物。它们的氢氧化物也是两性的。

当碱作用于 Sn（Ⅱ）盐时，得到白色沉淀 $Sn(OH)_2$。它是两性化合物，既溶于酸，也溶于碱。溶于酸时，生成亚锡盐。

$$Sn(OH)_2 + 2H^+ \longrightarrow Sn^{2+} + 2H_2O$$

溶于碱时，生成亚锡酸盐。

$$Sn(OH)_2 + OH^- \longrightarrow [Sn(OH)_3]^-$$

Sn（Ⅱ）具有还原性，在过量碱中形成的亚锡酸盐的还原性比在酸中 Sn^{2+} 的还原性要强得多，例如可将 Bi^{3+} 还原成金属铋。

$$3Sn(OH)_3^- + 2Bi^{3+} + 9OH^- \longrightarrow 3Sn(OH)_6^{2-} + 2Bi$$

二氧化锡（SnO_2）的水合物称为锡酸，有 α-锡酸合 β-锡酸两种变体。它们的组成都不固定，常用 H_2SnO_3 表示，氨的水溶液作用于 $SnCl_4$ 溶液制得 α-锡酸。

$$SnCl_4 + 4NH_3 \cdot H_2O \longrightarrow H_2SnO_3 \downarrow + 4NH_4Cl + H_2O$$

α-锡酸是无定型粉末，易溶于碱。

$$H_2SnO_3 + 2NaOH + H_2O \longrightarrow Na_2[Sn(OH)_6]$$

$Na_2[Sn(OH)_6]$在印染工业中作媒染剂。

α-锡酸也溶于酸生成 Sn(Ⅳ)盐。例如

$$H_2SnO_3 + 4HCl \longrightarrow SnCl_4 + 3H_2O$$

锡与浓硝酸作用生成的 β-锡酸是白色粉末，既不溶于酸，也不溶于碱。生成的 α-锡酸在放置过程中，会逐渐转变为 β-锡酸。

锡的氢氧化物受热脱水，可得到相应的氧化物。SnO_2 是白色固体，常用于制造搪瓷、白釉和乳白色玻璃。

（2）锡的卤化物　锡的卤化物有二卤化锡（SnX_2）和（SnX_4）两类，其中亚锡盐有还原性，易被氧化为锡盐。

① 氯化亚锡。氯化亚锡（$SnCl_2 \cdot 2H_2O$）是白色晶体，易溶于水。在水溶液中由于强烈水解生成难溶的碱式氯化亚锡沉淀。

$$SnCl_2 + H_2O \longrightarrow Sn(OH)Cl \downarrow + HCl$$

所以配置 $SnCl_2$ 溶液时必须先加入适量的盐酸抑制水解。同时还需加锡粒防止 Sn^{2+} 氧化。

$SnCl_2$ 是实验室中常用的还原剂，例如

$$K_2Cr_2O_7 + 3SnCl_2 + 14HCl \longrightarrow 2CrCl_3 + 3SnCl_4 + 2KCl + 7H_2O$$

$$2HgCl_2 + SnCl_2 \longrightarrow SnCl_4 + \underset{\text{(白色)}}{Hg_2Cl_2 \downarrow}$$

$$Hg_2Cl_2 + SnCl_2 \longrightarrow SnCl_4 + \underset{\text{(黑色)}}{2Hg \downarrow}$$

在定性分析中常利用后一个反应来鉴定 Sn^{2+} 和 Hg^{2+}。

② 氯化锡。氯化锡（$SnCl_4$）可由锡在加热和氯充分作用时制取。它是无色液体，不能导电。它易溶于四氯化碳等有机溶剂中，是典型的共价化合物。它沸点较低，易挥发，遇水强烈水解，所以在潮湿的空气中发烟。

$$SnCl_4 + 2H_2O \longrightarrow SnO_2 + 4HCl$$

氯化锡在印染工业中可作媒染剂。

（3）锡的硫化物　将 H_2S 分别通入 Sn（Ⅱ）和 Sn（Ⅳ）盐溶液中，得到棕色 SnS 沉淀或黄色 SnS_2 沉淀，SnS_2 溶于碱金属硫化物中，生成硫代锡酸盐。

$$SnS_2 + S^{2-} \longrightarrow SnS_3^{2-}$$

SnS 不溶于碱金属硫化物，但溶于多硫化物中，生成硫代锡酸盐。

$$SnS + S_2^{2-} \longrightarrow SnS_3^{2-}$$

$$SnS_3^{2-}+2H^+ \longrightarrow SnS_2\downarrow + H_2S\uparrow$$
（黄色）

三、铅及其重要化合物

1. 铅的性质及用途

(1) 物理性质　铅是一种暗灰色，重而软的金属，密度 11.3g/cm³，熔点 328℃。它的延性弱、展性强。

(2) 化学性质　铅是中等活泼金属，常温下，可与空气中的氧反应生成氧化铅或碱式碳酸铅，使铅失去金属光泽且不至于进一步氧化。铅在空气中可与水缓慢作用。

$$2Pb+O_2+2H_2O \longrightarrow 2Pb(OH)_2$$

铅在高温下，可与氧反应。

$$Pb+O_2 \xrightarrow{\triangle} PbO_2$$

$$3Pb+2O_2\text{（过量）} \xrightarrow{\triangle} Pb_3O_4$$
（红色）

铅与稀盐酸及稀硫酸反应很慢，几乎不作用，这是因为氯化铅和硫酸铅均难溶于水。

$$Pb+H_2SO_4 \xrightarrow{\triangle} PbSO_4\downarrow + H_2\uparrow$$

铅与热浓硫酸强烈作用，生成可溶性酸式盐 $Pb(HSO_4)_2$。

$$Pb+3H_2SO_4\text{(浓度大于 85\%)} \xrightarrow{\triangle} Pb(HSO_4)_2+SO_2\uparrow+2H_2O$$

铅能溶于稀硝酸，但与浓硝酸作用缓慢，因为生成的 $Pb(NO_3)_2$ 不溶于浓硝酸。

$$3Pb+8HNO_3\text{(稀)} \longrightarrow 3Pb(NO_3)_2+2NO\uparrow+4H_2O\text{(较快)}$$

$$Pb+4HNO_3\text{(浓)} \longrightarrow Pb(NO_3)_2+2NO_2\uparrow+2H_2O\text{(较慢)}$$

铅还易溶于含有溶解氧的醋酸中。

$$2Pb+O_2 \longrightarrow 2PbO$$

$$PbO+2HAc \longrightarrow Pb(Ac)_2+H_2O$$

铅在碱中也能溶解。

$$Pb+4KOH+2H_2O \longrightarrow K_4[Pb(OH)_6]+H_2\uparrow$$

所有铅的可溶化合物都有毒。

铅主要用于制造合金、电缆的包皮、铅蓄电池的铅板以及硫酸生产中的耐酸材料。铅能吸收放射线，是原子能工业的防护材料。

2. 铅的存在和冶炼

铅占地壳总量的 0.016‰，自然界中铅主要矿石是方铅矿（PbS），我国的铅矿储量丰富，其中以湖南的铅矿最著名。

铅的冶炼过程是先将矿石焙烧，除去矿石中的硫、砷等杂质，使硫化物矿转化为氧化物，然后用碳还原得到金属：

$$2PbS+3O_2 \longrightarrow 2PbO+2SO_2$$

$$PbO+C \longrightarrow Pb+CO\uparrow$$

$$PbO+CO \longrightarrow Pb+CO_2$$

3. 铅的重要化合物

(1) 铅的氧化物和氢氧化物　铅能形成氧化数为＋2 和＋4 的氧化物及氢氧化物，它们均为两性物质。

由于铅的氧化物不溶于水，因此，要制备相应的氢氧化物，可通过它们的盐与碱溶液作

用而制得，例如

$$Pb^{2+}+2OH^- \longrightarrow \underset{(白色)}{Pb(OH)_2\downarrow}$$

铅的氢氧化物都可溶于合适的酸和碱。

$$Pb(OH)_2+2H^+ \longrightarrow Pb^{2+}+2H_2O$$

$$Pb(OH)_2+2OH^- \longrightarrow PbO_2^{2-}+2H_2O$$

$$Pb(OH)_2+OH^-(过量) \longrightarrow [Pb(OH)_3]^-$$

铅的氧化物除氧化铅（PbO）和二氧化铅（PbO_2）之外，还有另外两种重要化合物，即橙色的三氧化二铅（Pb_2O_3）和鲜红色的四氧化三铅（铅丹，Pb_3O_4）。可将它们看作盐或由 PbO 和PbO_2构成的“混合型”氧化物。例如，Pb_2O_3 可以看作偏铅酸的铅盐 $Pb(PbO_3)$ 或“混合氧化物”$PbO \cdot PbO_2$；Pb_3O_4 可以看作正铅酸的铅盐 $Pb_2(PbO_4)$ 或“混合氧化物”$2PbO \cdot PbO_2$。它们都能与稀硝酸反应，其中碱性的 PbO 溶解而留下棕色的 PbO_2。

$$Pb_2O_3+2HNO_3 \longrightarrow Pb(NO_3)_2+PbO_2\downarrow+H_2O$$

$$Pb_3O_4+4HNO_3 \longrightarrow 2Pb(NO_3)_2+PbO_2\downarrow+2H_2O$$

（2）铅的卤化物

① 二卤化铅。PbF_2 是无色晶体，$PbCl_2$ 和 $PbBr_2$ 是白色晶体，PbI_2 是金黄色晶体。

$PbCl_2$ 难溶于冷水，易溶于热水，也能溶解于盐酸中。

$$PbCl_2+2HCl(浓) \longrightarrow H_2[PbCl_4]$$

PbI_2 为黄色丝状有亮光的沉淀，易溶于沸水，或因生成配位盐而溶解于 KI 的溶液中。

$$PbI_2+2KI \longrightarrow K_2[PbI_4]$$

② 四卤化铅。在经盐酸酸化过的 $PbCl_2$ 溶液中通入 Cl_2，得到黄色液体 $PbCl_4$。这种化合物极不稳定，容易分解为 $PbCl_2$ 和 Cl_2。PbF_4 是无色晶体。$PbBr_4$ 和 PbI_4 不容易制得，就是制得了，也会迅速分解。

（3）铅的其他化合物　可溶性铅盐很少，常见的有 $Pb(NO_3)_2$ 和 $Pb(Ac)_2$。

白色的 $PbSO_4$ 能溶于浓硫酸生成 $Pb(HSO_4)_2$，也能溶于饱和醋酸铵溶液，生成难离解的 Pb（Ac)$_2$。

$$PbSO_4+H_2SO_4(浓) \longrightarrow Pb(HSO_4)_2$$

$$PbSO_4+2Ac^- \longrightarrow Pb(Ac)_2+SO_4^{2-}$$

黄色的 $PbCrO_4$ 可由 Pb^{2+} 和 CrO_4^{2-} 作用而制得。

$$Pb^{2+}+CrO_4^{2-} \longrightarrow PbCrO_4\downarrow$$

这个反应常用于鉴定 Pb^{2+} 或 CrO_4^{2-}。$PbCrO_4$ 可溶于过量碱中，生成$[Pb(OH)_3]^-$。

$$PbCrO_4+3OH^- \longrightarrow [Pb(OH)_3]^-+CrO_4^{2-}$$

铅的硫化物只有 PbS。因为 Pb^{4+} 具有氧化性，S^{2-} 具有还原性，因而不存在 PbS_2。Pb^{2+} 与 S^{2-} 反应而生成黑色的 PbS 的反应常用于检验 Pb^{2+} 与 S^{2-} 或鉴别 H_2S 气体。

4. 含铅废水

含铅废水对人体健康和农作物生长都有危害。铅的中毒作用虽然缓慢，但在体内会逐渐积累，引起人体各组织中毒，尤其是神经系统、造血系统。典型症状是食欲不振、精神倦怠和头痛，严重时可致死。

含铅废水多来自金属冶炼厂、涂料厂、蓄电池厂等。国家规定铅的允许排放浓度为 1.0mg/L（按 Pb 计）。对含铅废水的处理一般采用沉淀法。用石灰或纯碱作沉淀剂，使废水中的铅生成 $Pb(OH)_2$ 或 $PbCO_3$ 沉淀而除去，还可用强酸性阳离子交换树脂除去铅的有机化合物，使含铅量由 150mg/L 降到 0.02～0.53mg/L。

第四节　铜、银、锌、镉、汞及其重要化合物

一、铜及其重要化合物

1. 铜的性质及用途

（1）物理性质　纯铜是紫红色的软金属（密度 8.95g/cm^3），熔点 1083℃、硬度 3.0，有较强的导电性和良好的延展性，是人类最早使用的金属之一。

（2）化学性质

① 铜与氧的反应。常温下铜在干燥的空气中很稳定，不与氧化合。在潮湿的空气中久置，铜表面慢慢生成一层绿色的铜锈，其主要成分是 $Cu_2(OH)_2CO_3$（碱式碳酸铜）。

$$2Cu+O_2+H_2O+CO_2 \longrightarrow Cu_2(OH)_2CO_3$$

在空气中将铜加热，能生成黑色的氧化铜。

$$2Cu+O_2 \xrightarrow{\triangle} 2CuO$$

② 铜与非金属的反应。在高温时，铜能和卤素、硫、氨等非金属直接化合，如

$$Cu+Cl_2 \xrightarrow{燃烧} \underset{(棕色)}{CuCl_2}$$

③ 铜与水、酸的反应。铜不能从水或稀酸中置换出氢。但在空气中，铜可缓慢地溶于稀盐酸或稀硫酸中。

$$2Cu+4HCl+O_2 \longrightarrow 2CuCl_2+2H_2O$$

$$2Cu+2H_2SO_4+O_2 \longrightarrow 2CuSO_4+2H_2O$$

铜易被 HNO_3、热浓硫酸等氧化性较强的酸氧化而溶解。

$$3Cu+8HNO_3(稀) \longrightarrow 3Cu(NO_3)_2+2NO\uparrow+4H_2O$$

$$Cu+4HNO_3(浓) \longrightarrow Cu(NO_3)_2+2NO_2\uparrow+2H_2O$$

$$Cu+2H_2SO_4(浓) \xrightarrow{\triangle} CuSO_4+SO_2\uparrow+2H_2O$$

Cu 是生命体中的必需元素，是酶和蛋白质的关键成分，还影响到核酸的代谢作用。人体内缺铜时，易患白癜风、关节炎等病；人体内铜过多时，易患心肌梗死、肝硬化、低蛋白血症、骨癌等。据研究发现，癌症患者血清中 Zn/Cu 比值明显低于正常人。

由于铜导电性好，又不易被腐蚀，所以它是电气工业不可缺少的原材料。铜可以和很多金属形成合金，例如青铜（80%Cu、15%Sn、5%Zn）质坚韧、易铸；黄铜（60%Cu、40%Zn）用以做仪器零件；白铜（50%～70%Cu、13%～15%Ni、13%～25%Zn）主要用作铸币或用具等。

2. 铜的存在及冶炼

铜占地壳总量的 0.003%，因其化学活泼性差，所以在自然界中有少量游离单质存在，但主要以化合态存在。例如辉铜矿（Cu_2S）、黄铜矿（$CuFeS_2$）、赤铜矿（Cu_2O）、蓝铜矿[$2CuCO_3\cdot Cu(OH)_2$]和孔雀石[$CuCO_3\cdot Cu(OH)_2$]等。

铜主要是从黄铜矿提炼。黄铜矿经焙烧使部分硫化物变为氧化物，再经鼓风熔炼，得到含铜 98%的粗铜。主要反应为

$$2CuFeS_2+O_2 \longrightarrow Cu_2S+2FeS+SO_2\uparrow$$

$$4CuS_2+9O_2 \longrightarrow 2Cu_2O+8SO_2\uparrow$$

$$2Cu_2O+Cu_2S \longrightarrow 6Cu+SO_2\uparrow$$

生成的 SO_2 气体，可用来制硫酸。粗铜再经过电解精炼进一步提纯。

3. 铜的重要化合物

(1) 氧化亚铜　用 Cu 粉和 CuO 的混合物在密闭容器中煅烧，即得 Cu_2O。

$$Cu+CuO \xrightarrow{800\sim900℃} Cu_2O$$

Cu_2O 在潮湿的空气中可缓慢被氧化成 CuO。Cu_2O 能溶于稀酸，但立即歧化分解。

$$Cu_2O+2H^+ \longrightarrow Cu^{2+}+Cu\downarrow+H_2O$$

Cu_2O 还溶于 $NH_3 \cdot H_2O$ 和氢卤酸，分别形成稳定的无色配合物 $[Cu(NH_3)_2]^+$、$[CuX_2]^-$、$[CuX_3]^{2-}$ 等。

Cu_2O 是制造玻璃和搪瓷的红色颜料。它具有半导体性质，常用它和 Cu 装成亚铜整流器。此外，因其可杀死低级生物，还可用作船舶底漆及农业上的杀虫剂。

(2) 氧化铜　由 $Cu(NO_3)_2$ 或 $Cu_2(OH)_2CO_3$ 受热分解可制得 CuO。

CuO 对热较稳定，只有超过 1000℃时，才开始分解，生成 Cu_2O。

$$4CuO \xrightarrow{\geq 1000℃} 2Cu_2O+O_2\uparrow$$

高温时 CuO 表现出强氧化性。有机分析中，常应用 CuO 的氧化性来测定有机物中 C 和 H 的含量。

(3) 氢氧化铜　在可溶性 Cu(Ⅱ)盐溶液中，加入适量的碱液，可立即生成淡蓝色的 $Cu(OH)_2$ 沉淀。

$$Cu^{2+}+2OH^- \longrightarrow Cu(OH)_2\downarrow$$

【演示实验 10-5】 取四支试管，分别加入 0.1mol/L $CuSO_4$ 溶液 2mL，再向各试管中滴加 2mol/L NaOH 溶液，至生成大量的蓝色 $Cu(OH)_2$ 沉淀，摇匀，分别进行下列实验：

① 将第一支试管在酒精灯上加热，观察沉淀颜色的变化。

② 向第二支试管中加入 2mol/L H_2SO_4 溶液，边加边振荡，观察沉淀的溶解。

③ 向第三支试管中加入 6mol/L NaOH 溶液，边加边振荡，观察沉淀的溶解。

④ 向第四支试管中加入 2mol/L $NH_3 \cdot H_2O$ 溶液，至沉淀完全溶解并转变成深蓝色溶液。

实验表明：$Cu(OH)_2$ 难溶于水，受热易分解，生成黑色的 CuO 和 H_2O；

$$Cu(OH)_2 \xrightarrow{\triangle} CuO+H_2O$$

$Cu(OH)_2$ 具有微弱的两性，并以碱性为主，易溶于酸，只溶于浓的强碱中；

$$Cu(OH)_2+2H^+ \longrightarrow \underset{(蓝色)}{Cu^{2+}}+2H_2O$$

$$Cu(OH)_2+2OH^- \longrightarrow \underset{(深蓝色)}{[Cu(OH)_4]^{2-}}$$

$Cu(OH)_2$ 易溶于 $NH_3 \cdot H_2O$

$$Cu(OH)_2+4NH_3 \longrightarrow [Cu(NH_3)_4]^{2+}+2OH^-$$

生成深蓝色的 $[Cu(NH_3)_4]^{2+}$。

$Cu(OH)_2$ 与 NH_3 形成的溶液称为铜氨溶液。这种铜氨溶液具有溶解纤维的性能，在所得的纤维溶液中再加酸时，纤维又可沉淀析出。工业上利用这种性质来制造人造丝。

(4) 氯化亚铜　在热的浓 HCl 中，用 Cu 还原 $CuCl_2$，可制得 CuCl。

$$CuCl_2+Cu+2HCl(浓) \xrightarrow{\triangle} 2\underset{(土黄色)}{H[CuCl_2]}$$

$$\underset{(土黄色)}{H[CuCl_2]} \xrightarrow{冲稀} CuCl\downarrow+HCl$$

总反应式为

$$CuCl_2 + Cu \xrightarrow{浓\ HCl} 2CuCl$$

CuCl 为白色晶体，难溶于水，它是共价化合物。

CuCl 在潮湿空气中迅速被氧化，由白色而变绿。它能溶于 $NH_3 \cdot H_2O$、浓 HCl 及 KCl、NaCl 溶液，分别生成相应的配离子。

CuCl 是亚铜盐中最重要的一种，它是有机合成的催化剂和干燥剂，是石油工业的脱硫剂和脱色剂，是肥皂、脂肪的凝聚剂。还用作杀虫剂和防腐剂。在分析化学中 CuCl 的 HCl 溶液作为 CO 的吸收剂(定量生成 $CuCl \cdot CO$)。

(5) 氯化铜　$CuCl_2$ 可用 CuO 和盐酸反应来制取。

首先得到 $CuCl_2 \cdot 2H_2O$，当 $CuCl_2 \cdot 2H_2O$ 受热时分解。

$$2CuCl_2 + 2H_2O \xrightarrow{\triangle} 2Cu(OH)_2 \cdot CuCl_2 + 2HCl \uparrow$$

所以，在制备无水 $CuCl_2$ 时，要在 HCl 气流中将 $CuCl_2 \cdot 2H_2O$ 加热到 140～150℃的条件下进行。

无水 $CuCl_2$ 为棕黄色固体，有毒，是共价化合物，易溶于水，还易溶于乙醇、丙酮等有机溶剂。$CuCl_2 \cdot 2H_2O$ 为绿色结晶，在潮湿空气中潮解，在干燥空气中却易风化。$CuCl_2$ 的溶液中存在着下列平衡。

$$\underset{(黄色)}{[CuCl_4]^{2-}} + 4H_2O \longrightarrow \underset{(蓝色)}{[Cu(H_2O)_4]^{2+}} + 4Cl^-$$

所以 $CuCl_2$ 浓溶液为黄绿色或绿色，稀溶液为蓝色。

$CuCl_2$ 受热分解，可得到氯化亚铜。

$$2CuCl_2 \xrightarrow{500℃} 2CuCl + Cl_2 \uparrow$$

(6) 硫酸铜　用热浓 H_2SO_4 溶解 Cu 屑，或在 O_2 存在时用稀热 H_2SO_4 与 Cu 屑反应可得到 $CuSO_4 \cdot 5H_2O$。

$$Cu + 2H_2SO_4（浓）\xrightarrow{\triangle} CuSO_4 + SO_2 \uparrow + 2H_2O$$

$$2Cu + 2H_2SO_4（稀）+ O_2 \xrightarrow{\triangle} 2CuSO_4 + 2H_2O$$

CuO 与稀 H_2SO_4 反应，也可以制得 $CuSO_4 \cdot 5H_2O$。

$CuSO_4$ 为白色粉末，有毒，极易吸水，生成蓝色水合物 $[Cu(H_2O)_4]^{2+}$。故无水 $CuSO_4$ 可以用来检验或除去有机物(如乙醇、乙醚)中的微量水分。$CuSO_4 \cdot 5H_2O$ 俗称蓝矾或胆矾，为蓝色晶体，在空气中表面缓慢风化，成为白色粉状物，若加热至 240℃，可失去全部结晶水。

【演示实验 10-6】　向 $CuSO_4$ 溶液中滴加 0.2mol/L $K_4[Fe(CN)_6]$ 溶液，观察沉淀的产生。

Cu^{2+} 与 $[Fe(CN)_6]^{4-}$ 反应，生成红棕色沉淀。此反应可用来检验 Cu^{2+} 的存在。

$$2Cu^{2+} + [Fe(CN)_6]^{4-} \longrightarrow Cu_2[Fe(CN)_6] \downarrow$$

$CuSO_4$ 有许多用途，如作媒染剂、蓝色颜料、船舶油漆、电镀业、杀菌及防腐剂。它有较强的杀菌能力，在农业上同石灰乳混合得到的波尔多液，用于杀灭树木上特别是果树上的害虫。在医药上可用于治疗沙眼、磷中毒，还可用作催吐剂等。

(7) 铜的配位化合物　Cu^{2+} 能与许多阴离子(如 OH^-、Cl^-、F^-、SCN^- 等)和中性分子(如 NH_3、H_2O 等)形成配合物，配位数大多为 4。且 Cu^{2+} 的配合物都有颜色。

Cu^+ 能与 CN^-、Cl^-、NH_3 等形成配合物，它们在溶液中可以稳定存在，配位数为 2、

3、4。例如 $[CuCl_2]^-$、$[CuCl_3]^-$、$[Cu(CN)_4]^{3-}$、$[Cu(NH_3)_2]^+$ 等。Cu^+ 的配合物都没有颜色。

Cu(Ⅰ)的 CN^- 配合物用来做镀铜的电镀液。氰化物有毒，目前无氰电镀工艺发展很快。

在酸性介质中，Cu^+ 易歧化分解为 Cu 和 Cu^{2+}。

$$2Cu^+ \longrightarrow Cu + Cu^{2+}$$

此反应的平衡常数很大，可见 Cu^+ 的歧化分解很彻底。根据平衡移动原理，Cu^+ 只有形成难溶物或配合物如 Cu_2Cl_2、Cu_2I_2、$H[CuCl_2]$、$[Cu(NH_3)_2]^+$ 等时，才能稳定存在。

4. Cu^{2+} 的鉴定

$$2Cu^{2+}(aq) + 2[Fe(CN)_6]^{4-}(aq) \longrightarrow \underset{(红褐色)}{Cu_2[Fe(CN)_6](s)}$$

$$Cu^{2+}(aq) + 2SCN^-(aq) + 2C_5H_5N(aq) \longrightarrow \underset{(绿色)}{[Cu(SCN)_2(NC_5H_5)_2](s)}$$

其中 $[Cu(SCN)_2(NC_5H_5)_2]$ 能被氯仿萃取。

二、银及其重要化合物

1. 银的性质及用途

(1) 银的物理性质　银是具有银白色金属光泽的软金属(密度 10.5g/cm³)，熔点 961℃、硬度 2.7，在所有金属中，银是热和电的最良导体，也具有很好的延展性。

(2) 化学性质　银的化学活泼性较差，在空气中很稳定。遇到含 H_2S 的空气时，表面会生成一层黑色的 Ag_2S，使银失去金属光泽。

$$4Ag + 2H_2S + O_2 \longrightarrow 2Ag_2S + 2H_2O$$

银的标准电极电位比氢高，它不能从稀酸中置换出氢，但能溶于热硫酸及硝酸中。

$$2Ag(粉) + 2H_2SO_4(热、浓) \longrightarrow Ag_2SO_4 + SO_2\uparrow + 2H_2O$$

$$3Ag + 4H_2NO_3(稀) \longrightarrow 3AgNO_3 + NO\uparrow + 2H_2O$$

$$Ag + 2H_2NO_3(浓) \longrightarrow AgNO_3 + NO_2\uparrow + H_2O$$

2. 银的存在与冶炼

银占地壳总量的 $2\times10^{-6}\%$，在自然界中有少量的游离单质存在，但大量的银是以硫化物的形式存在。我国的银矿非常丰富。

银在银矿中的含量比较低，多采用氰化法溶解，然后用锌置换，使银从溶液中析出。主要反应为

$$Ag_2S + 4NaCN \longrightarrow 2Na[Ag(CN)_2] + Na_2S$$

$$2Na[Ag(CN)_2] + Zn \longrightarrow 2Ag\downarrow + Na_2[Zn(CN)_2]$$

3. 银的重要化合物

Ag 通常形成氧化数为+1 的化合物。在常见化合物中，只有 $AgNO_3$、AgF 溶于水，其他如 Ag_2O、AgCl、AgBr、AgI、Ag_2SO_4、Ag_2CO_3 等均难溶。

(1) 氧化银

【演示实验 10-7】 向盛有 $AgNO_3$ 溶液的试管中，加入 2mol/L 的 NaOH 溶液，观察沉淀的产生和颜色的变化。再向试管中加入 2mol/L $NH_3\cdot H_2O$，观察沉淀的溶解。

在可溶性 Ag^+ 盐溶液中加入 NaOH，首先析出白色的 AgOH 沉淀，AgOH 极不稳定，立即分解为棕黑色的 Ag_2O 和水。

$$AgNO_3 + NaOH \longrightarrow AgOH\downarrow + NaNO_3$$

$$2AgOH \longrightarrow Ag_2O + H_2O$$

Ag_2O 微溶于水，可溶于 $NH_3\cdot H_2O$ 中，生成无色溶液。

$$Ag_2O+4NH_3 \cdot H_2O \longrightarrow 2[Ag(NH_3)_2]^+ +2OH^- +3H_2O$$

Ag_2O 受热至 300℃时分解为 Ag 和 O_2。Ag_2O 还容易被 CO 或 H_2O_2 所还原。

$$Ag_2O+CO \longrightarrow 2Ag+CO_2$$

$$Ag_2O+H_2O_2 \longrightarrow 2Ag+H_2O+O_2\uparrow$$

Ag_2O 与 MnO_2、Co_2O_3、CuO 的混合物能在室温下，将 CO 迅速氧化成 CO_2，可用在防毒面具中。

(2) 硝酸银　$AgNO_3$ 是最重要的一种可溶性银盐。将 Ag 溶于 HNO_3，然后蒸发并结晶即得 $AgNO_3$。

$AgNO_3$ 为无色晶体，易溶于水，受热或光照时容易分解，因此，$AgNO_3$ 应保存于棕色瓶中。$AgNO_3$ 有一定的氧化能力，遇微量有机物即被还原成单质 Ag，因而皮肤或衣服沾上 $AgNO_3$ 溶液后逐渐变成黑色。

$AgNO_3$ 被广泛用于感光材料、制镜、保温瓶胆电镀和电子等工业；10%的 $AgNO_3$ 溶液在医药上作消毒剂或腐蚀剂。以 $AgNO_3$ 为原料，可制得多种其他银的化合物。它也是一种重要的化学试剂。

(3) 卤化银　在 $AgNO_3$ 溶液中加入卤化物，可生成 AgCl、AgBr 或 AgI 沉淀。卤化银的部分性质见表 10-2。

表 10-2　卤化银的部分性质

卤化银	AgF	AgCl	AgBr	AgI
颜色	白	白	淡黄	黄
溶度积(25℃)	溶于水	1.8×10^{-10}	5.0×10^{-13}	8.3×10^{-17}
熔点/℃	435	450	419	552
键的性质	离子性——→共价性			

AgCl、AgBr、AgI 均不溶于稀 HNO_3，但能分别与溶液中过量的 Cl^-、Br^-、I^- 形成 $[AgX_2]^-$ 配离子而使沉淀的溶解度增大。

$$AgX+X^- \longrightarrow [AgX_2]^-$$

AgCl、AgBr、AgI 都是具有感旋光性。在光的作用下，AgX 分解。例如，照相底片进行曝光时，发生光化学反应。

$$2AgBr \xrightarrow{光} 2Ag+Br_2$$

再经过显影、定影，就可以得到形象清晰的底片了。

$$AgBr+2S_2O_3^{2-} \longrightarrow [Ag(S_2O_3)_2]^{3-}+Br^-$$

大量的 AgX 用于照相底片和相纸的制造。

(4) 银的配合物　Ag^+ 可与 CN^-、$S_2O_3^{2-}$、NH_3 等形成稳定程度不同的配离子，配位数一般为 2。

银配离子的应用范围很广，广泛用于电镀、照相和保温瓶胆的生产等方面。

4. 银离子的鉴定

$$Ag^+(aq)+Cl^-(aq) \longrightarrow \underset{(白色)}{AgCl\downarrow}$$

$$AgCl(s)+2NH_3(aq) \longrightarrow [Ag(NH_3)_2]^+(aq)+Cl^-$$

$$[Ag(NH_3)_2]^+(aq)+2HNO_3(aq)+Cl^- \longrightarrow \underset{(白色)}{AgCl\downarrow}+2NH_4^+ +2NO_3^-$$

三、锌及其重要化合物

1. 锌的性质及用途

(1) 物理性质　锌是银白色而略带蓝色的金属。密度为 $7.133g/cm^3$，熔点 420℃，在常温下有一定的韧性，硬度较大(2.5)。在100～150℃时变软而且还有延展性。在200℃时很脆，甚至可以压成粉末。

(2) 化学性质　在潮湿的空气中，锌与水蒸气、二氧化碳化合，表面生成一层紧密的碱式碳酸锌［$ZnCO_3 \cdot 3Zn(OH)_2$］保护膜，反应方程式为

$$4Zn + 2O_2 + 3H_2O + CO_2 \longrightarrow ZnCO_3 \cdot 3Zn(OH)_2$$

因此，锌在空气中比较稳定。而且锌在常温下不与水反应，所以常在钢铁表面镀锌，以增强其抗腐蚀能力。锌白铁(白铁皮)就是将干净的铁片浸在熔化的锌里而制得的。

锌在红热时能分解水蒸气，生成氧化锌，放出氢气。

$$Zn + H_2O \xrightarrow{\text{高温}} ZnO + H_2\uparrow$$

锌是两性元素，既能溶于稀酸又能溶于碱。

$$Zn + 2HCl \longrightarrow ZnCl_2 + H_2\uparrow$$

$$Zn + 2NaOH + 2H_2O \longrightarrow Na_2[Zn(OH)_4] + H_2\uparrow$$

锌是较强的还原剂，与氧化性酸反应时，可将对应的元素还原至最低价态。例如与浓硫酸、稀硝酸的反应。

$$Zn + 2H_2SO_4(\text{浓}) \xrightarrow{\triangle} ZnSO_4 + SO_2\uparrow + 2H_2O$$

$$4Zn + 10HNO_3(\text{极稀}) \longrightarrow 4Zn(NO_3)_2 + NH_4NO_3 + 3H_2O$$

锌的用途广泛，易与其他金属形成合金，锌的最重要的合金是黄铜。大量的锌还用于制造白铁皮，锌还是制造干电池的重要材料。

2. 锌的存在和冶炼

锌在自然界中多以硫化物形式存在。主要矿石有闪锌矿 ZnS 和菱锌矿 $ZnCO_3$。

单质锌通常由闪锌矿提炼得到。

$$2ZnS(s) + 3O_2(g) \xrightarrow{\text{焙烧}} 2ZnO(s) + 2SO_2(g)$$

$$ZnS(s) + C(s) \longrightarrow Zn(l) + CS(g)$$

得到的粗产品可用电解法纯化。

3. 锌的重要化合物

锌的化合物很多，主要形成氧化数为+2的化合物。锌的卤化物(除 ZnF_2 外)、硝酸盐、硫酸盐、醋酸盐均易溶于水，氧化物、氢氧化物、硫化物、碳酸盐等难溶于水。多数锌盐带有结晶水。

(1) 氧化锌和氢氧化锌　一些性质见表10-3。

表10-3　锌的氧化物和氢氧化物的一些性质

化学式	ZnO	$Zn(OH)_2$	化学式	ZnO	$Zn(OH)_2$
颜色	白色	白色	酸碱性	两性	两性
溶解性	不溶	不溶	热稳定性	很稳定	较稳定

① 氧化锌。ZnO 可由 Zn 在空气中燃烧或 $ZnCO_3$、$Zn(NO_3)_2$ 受热分解而制得。ZnO 是一种两性氧化物，既溶于酸，又溶于碱。

$$ZnO + 2HCl \longrightarrow ZnCl_2 + H_2O$$

$$ZnO + 2NaOH \longrightarrow Na_2ZnO_2 + H_2O$$

ZnO(俗称锌白)是一种优良的白色颜料。它是橡胶制品的增强剂。在有机合成工业中作催化剂，也是制备各种锌化合物的基本原料。ZnO 无毒，具有收敛性和一定的杀菌能力，在医药上制造橡皮膏。

② 氢氧化锌。

【演示实验 10-8】 取一支试管，加入 0.1mol/L $ZnCl_2$ 溶液 1mL，逐滴加入 0.1mol/L NaOH 溶液至产生大量白色沉淀。将此沉淀分成三份，一份加入 2mol/L HCl 溶液，第二份加入 2mol/L NaOH 溶液，第三份加入 3mol/L $NH_3 \cdot H_2O$，观察沉淀的溶解。

$Zn(OH)_2$ 由可溶性锌盐与适量强碱作用来制取。

$$Zn^{2+} + 2OH^- \longrightarrow Zn(OH)_2 \downarrow$$

$Zn(OH)_2$ 在水中存在如下平衡。

$$Zn^{2+} + 2OH^- \rightleftharpoons Zn(OH)_2 \xrightleftharpoons{+2H_2O} 2H^+ + [Zn(OH)_4]^{2-}$$

因此，$Zn(OH)_2$ 既可溶于酸，又可溶于碱，表现出两性。

$$Zn(OH)_2 + 2H^+ \longrightarrow Zn^{2+} + 2H_2O$$

$$Zn(OH)_2 + 2OH^- \longrightarrow [Zn(OH)_4]^{2-}$$

$Zn(OH)_2$ 可溶于 $NH_3 \cdot H_2O$ 形成配合物，这一点与 $Al(OH)_3$ 不同。

$$Zn(OH)_2 + 4NH_3 \longrightarrow [Zn(NH_3)_4]^{2+} + 2OH^-$$

（2）氯化锌　将 Zn、ZnO 或 $ZnCO_3$ 与盐酸作用，经过浓缩冷却后，有 $ZnCl_2 \cdot H_2O$ 白色晶体析出。欲制备无水 $ZnCl_2$，要在干燥的 HCl 气氛中加热脱水，防止加热时 $ZnCl_2 \cdot H_2O$ 转化为碱式盐。

$$ZnCl_2 + H_2O \xrightarrow{\triangle} Zn(OH)Cl + HCl \uparrow$$

$ZnCl_2$ 为白色固体，吸水性强，易潮解，在水中的溶解度很大，在酒精和其他有机溶剂中也能溶解，熔点为 365℃，说明它有明显的共价性。

$ZnCl_2$ 的浓溶液(俗称熟镪水)，由于生成配位酸而具有显著的酸性。

$$ZnCl_2 + H_2O \longrightarrow H[ZnCl_2(OH)]$$

它能将金属氧化物溶解，所以 $ZnCl_2$ 可用作焊药，以清除金属表面的氧化物，便于焊接。大量的 $ZnCl_2$ 还用于印染和染料的制备中。

（3）硫化锌　在锌盐溶液中加入可溶性硫化物，可析出白色 ZnS 沉淀。

$$Zn^{2+} + S^{2-} \longrightarrow ZnS \downarrow$$

ZnS 不溶于碱和 HAc，但能溶于 HCl 和稀 H_2SO_4。

ZnS 在 H_2S 气流中灼烧，即转变为晶体 ZnS。若在 ZnS 晶体中加入微量的 Cu、Mn、Ag 作激活剂，经光照后发出不同颜色的荧光，这种材料叫荧光粉，可制作荧光屏、夜光表、发光油漆等。ZnS 还可作白色颜料，它同 $BaSO_4$ 共沉淀所形成的混合晶体 $ZnS \cdot BaSO_4$ 叫做锌钡白(也叫做立德粉)，是一种优良的白色颜料，它的遮盖力比锌白强，仅次于钛白(TiO_2)。制造锌钡白的反应为

$$ZnSO_4 + BaS \longrightarrow ZnS \cdot BaSO_4 \downarrow$$

（4）锌的配合物　Zn^{2+} 可与 CN^-、SCN^-、NH_3、en 等形成配合物，配位数为 4，其中 $[Zn(NH_3)_4]^{2+}$、$[Zn(en)_2]^{2+}$ 和 $[Zn(CN)_4]^{2-}$ 较稳定。

Zn 在生物体中是一种有益的微量元素，许多锌蛋白质配合物在生物体内起着非常重要的作用。人体缺锌，会患心肌梗塞、原发性高血压、贫血等疾病，还会使生长停滞；人体内锌过多时，可引起动脉硬化和胃癌等。锌的配合物在医药上也有应用，如治疗糖尿病的胰岛素就是锌的配合物。锌还是植物生长必不可少的元素，$ZnSO_4$ 是一种微量元素肥料，芹菜内含锌较多。

4. Zn^{2+} 的鉴定

Zn^{2+} 在碱性条件下与二苯硫腙反应生成粉红色的内配盐，这一反应用于鉴定 Zn^{2+}。

四、镉及其重要化合物

1. 镉的性质及用途

镉是灰色有光泽的软质金属。硬度 2.0，密度 8.64g/cm^3，熔点 320℃。

在空气中迅速失去光泽，并覆盖上一层氧化薄膜，防止进一步氧化。在氧中可燃烧。

$$2Cd + O_2 \xrightarrow{\text{燃烧}} 2CdO$$

在加热的条件下，镉可与 F_2、Cl_2、Br_2、S 等反应。

$$Cd + Cl_2 \xrightarrow{\triangle} CdCl_2$$

$$Cd + S \xrightarrow{\triangle} CdS$$

镉不溶于水，溶于硝酸(随硝酸浓度和反应温度的不同产物不同)和硝酸铵，在稀硫酸和稀盐酸中溶解缓慢。

$$Cd + 2HCl \xrightarrow{\text{缓慢}} CdCl_2 + H_2\uparrow$$

镉与碱不反应。

镉用于制镉盐、镉蒸气灯、烟幕弹、颜料、合金、焊药、标准电池、冶金去氧剂等。并用作核反应堆中的控制杆和屏障。

2. 镉的存在及冶炼

镉在自然界中主要以硫镉矿存在，往往有少量存在于锌矿中，所以是锌矿冶炼时的副产品。

镉的冶炼主要是在炼锌时，同时被还原出来，经过分馏将镉分离出来(镉沸点 765℃、锌沸点 907℃)。

3. 镉的重要化合物

(1) 氧化物和氢氧化物　当镉在空气中加热时生成棕色氧化镉 CdO。由于制备方法不同，颜色也各异，如在 250℃，将氢氧化镉 $Cd(OH)_2$ 加热，得到绿色的氧化镉；在 800℃加热，则得到蓝黑色的氧化镉。他可以升华，而不分解。

将氢氧化钠加入镉盐溶液中，即有白色的氢氧化镉 $Cd(OH)_2$ 析出。它溶于酸，但不溶于碱。氢氧化镉溶于氨水中形成配离子。

$$Cd(OH)_2(s) + 4NH_3(aq) \longrightarrow [Cd(NH_3)_4]^{2+}(aq) + 2OH^-(aq)$$

(2) 卤化物　CdF_2 很难溶于水，其他卤化物都是白色，易溶。但是，它们的溶液不仅含有 Cd^{2+} 和卤离子，而是一系列组成很广泛的含卤配合物，例如在 0.5mol/L $CdBr_2$ 中，其主要物种是 $CdBr^+$、$CdBr_2$ 和 Br^- 及少量的 Cd^{2+}、$CdBr_3^-$、$CdBr_4^{2-}$。

水合离子 $[Cd(H_2O)_6]^{2+}$ 酸性很强。Cd^{2+} 盐的稀溶液中，有含有 Cd 的多种物质，有溶剂化的 $CdOH^+$ 或多聚形式，在浓溶液中，有 Cd_2OH^{3+} 离子存在。Cd^{2+} 和 NH_3、CN^- 形成 $[Cd(NH_3)_4]^{2+}$ 和 $[Cd(CN)_4]^{2-}$ 型配合物。Cd^{2+} 取代金属酶中的锌，影响酶的活性，所以是危险的毒物。

(3) 硫酸镉　将碳酸镉溶于稀硫酸中得到硫酸镉。最常见的水合物为 $3CdSO_4 \cdot 8H_2O$，还有 $CdSO_4 \cdot H_2O$。水合物 $CdSO_4 \cdot 7H_2O$ 是介稳化合物。水合物的转变与温度有直接关系。

$$CdSO_4 \cdot \frac{8}{3}H_2O \xrightleftharpoons{-H_2O,\ 75℃} CdSO_4 \cdot H_2O \xrightleftharpoons{-H_2O,\ 105℃} CdSO_4$$

镉的无水硫酸盐溶解度比锌的大，在 25℃时每 100g 水中溶解 77.2g。温度的变化对它的溶解度影响不大，故可用来制备标准电池。与硫酸锌相似，它与碱金属硫酸盐形成复盐，$M_2SO_4 \cdot CdSO_4 \cdot 6H_2O$。电导实验表明，它在浓溶液中能发生自配合。

4. 含镉废水

含镉废水主要来源于采矿、冶炼、电镀、合金、镉盐、油漆、颜料、触媒等工业。

金属镉本身无毒，但其化合物毒性很大，能造成积累性中毒，轻者能引起失眠、咳嗽、嗅觉迟钝、高血压等症状，重者患肝肾脏障碍、骨质松软等难以治愈的病症。严重的骨质疏松，甚至咳嗽、喷嚏也可引起多发性病理骨折。慢性镉中毒最典型的例子就是日本的“骨痛病”。从某死者遗体解剖中发现，骨折部位竟达73处，身高缩短了几十厘米。镉对人有致癌、致畸形、致突变的远期危害。因此，国家规定含镉废水的排放标准为不得大于0.1mg/L。

处理含镉废水，有沉淀法、氧化法、电解法、离子交换法。下面仅简单介绍两种方法。

(1) 沉淀法　在废水中加入石灰、电石渣，使 Cd^{2+} 生成 $Cd(OH)_2$ 沉淀。

$$Cd^{2+} + 2OH^- \longrightarrow Cd(OH)_2 \downarrow$$

操作时，控制溶液的pH为11～12，最好同时加入少量凝聚剂(如聚丙烯酰胺)，以加快沉淀速率，并能提高去镉效果。

(2) 漂白粉氧化法　此法常用来处理以配合物形式存在的含镉废水。如电镀厂含 $[Cd(CN)_4]^{2-}$ 的废水，其中所含的 CN^- 也有毒性，漂白粉在除去镉的同时也破坏了 CN^-，CN^- 被氧化成无毒的 N_2 和 CO_3^{2-}。

$$CN^- + ClO^- \longrightarrow OCN^- + Cl^-$$

$$2OCN^- + 3ClO^- + 2OH^- \longrightarrow 2CO_3^{2-} + N_2 \uparrow + 3Cl^- + H_2O$$

$$CO_3^{2-} + Ca^{2+} \longrightarrow CaCO_3 \downarrow$$

Cd^{2+} 则生成 $Cd(OH)_2$ 沉淀。

五、汞及其重要化合物

1. 汞的性质及用途

(1) 汞的物理性质　汞是常温下唯一的液态金属，银白色，又称水银。汞和它的蒸气都是剧毒物质，存放时为防止因挥发造成污染，应在其液面上覆盖一层水。汞的密度为 $13.546g/cm^3$，熔点－39℃，沸点357℃。

(2) 化学性质　常温下汞很稳定，不被空气氧化，热至300℃时才能与空气中的氧作用，生成红色的氧化汞。

$$2Hg + O_2 \xrightarrow{\triangle} 2HgO$$

在常温下汞与硫混合进行研磨能生成HgS。因此可利用撒硫粉的方法处理撒在地上的汞，使其化合，以消除汞蒸气的污染。

$$Hg + S \longrightarrow HgS$$

加热时，汞可直接与卤素化合，生成＋2价的卤化物，如

$$Hg + Cl_2 \xrightarrow{\triangle} HgCl_2$$

汞不能置换酸中的氢，但可被氧化性酸氧化。

$$Hg + 2H_2SO_4(浓) \xrightarrow{\triangle} HgSO_4 + SO_2 \uparrow + 2H_2O$$

$$Hg + 4HNO_3(浓) \xrightarrow{\triangle} Hg(NO_3)_2 + 2NO_2 \uparrow + 2H_2O$$

$$6Hg + 8HNO_3(冷、稀) \longrightarrow 3Hg_2(NO_3)_2 + 2NO \uparrow + 4H_2O$$

汞能溶解多种金属，如金、银、锡、钠、钾等溶于汞形成合金，叫汞齐。汞受热时膨胀均匀，不润湿玻璃、比重大，可用来制作温度计、气压计。

2. 汞的存在及冶炼

汞在自然界中主要以硫化物形式存在，主要矿石是辰砂(HgS)，又名朱砂。

汞的冶炼是使辰砂在空气中焙烧或与石灰共热，然后使汞蒸馏出来。

$$HgS + O_2 \xrightarrow{\triangle} Hg + SO_2 \uparrow$$

$$4HgS + 4CaO \xrightarrow{\triangle} 4Hg + 3CaS + CaSO_4$$

3. 汞的重要化合物

汞有+1、+2 价化合物。由于汞原子最外层的两个 6s 电子很稳定，所以+1 价汞强烈地趋向于形成二聚体，其结构为 $^{+}[Hg:Hg]^{+}$，一般简写为 Hg_2^{2+}，它的化合物有 $Hg_2(NO_3)_2$、Hg_2Cl_2 等。+2 价汞化合物除硫酸盐、硝酸盐在固态时是离子型外，其余大多数化合物如硫化物、卤化物等都是共价化合物。

(1) 汞的氧化物　在可溶性的汞盐溶液中，加碱得到氧化物沉淀，而不是氢氧化物。因为汞的氢氧化物极不稳定，在它生成的瞬间就分解为氧化物和水。

Hg^{2+} 遇碱生成黄色 HgO 沉淀：

$$Hg^{2+} + 2OH^- \longrightarrow \underset{(黄色)}{HgO\downarrow} + H_2O$$

Hg_2^{2+} 遇碱发生歧化反应生成黑褐色沉淀，该沉淀是黄色的 HgO 和黑色的 Hg 的混合物。

$$Hg_2^{2+} + 2OH^- \longrightarrow \underset{(黄色)}{HgO\downarrow} + \underset{(黑色)}{Hg\downarrow} + H_2O$$

氧化汞由于晶型不同，有红、黄两种颜色。若将黄色氧化汞加热，可转变为红色氧化汞。当温度升高到 500℃时，HgO 即分解为 Hg 和 O_2。氧化汞是制备汞的原料。

(2) 汞的氯化物　汞的氯化物有氯化汞($HgCl_2$)和氯化亚汞(Hg_2Cl_2)。氯化汞熔点低，易升华，称为升汞。升汞剧毒，微溶于水，电离度很小，易水解。

$$HgCl_2 + H_2O \longrightarrow Hg(OH)Cl + HCl$$

在较高温度下，汞和氯气直接反应生成 $HgCl_2$，也可用氧化汞与盐酸反应制取。

氯化亚汞味甜，又称甘汞。无毒、微溶于水。Hg_2Cl_2 不稳定，见光易分解。

$$Hg_2Cl_2 \xrightarrow{光} Hg + HgCl_2$$

所以 Hg_2Cl_2 应避光保存，并放在阴凉干燥处。Hg_2Cl_2 可用 Hg 和 $HgCl_2$ 在一起研磨制得。

$$HgCl_2 + Hg \longrightarrow Hg_2Cl_2$$

医疗上常用 $HgCl_2$ 的稀溶液(1∶1000)作器械消毒剂，中医称之为白降丹，用以治疗疔毒。Hg_2Cl_2 用于制造甘汞电极。

(3) 汞的硝酸盐　汞的硝酸盐有 $Hg_2(NO_3)_2$ 和 $Hg(NO_3)_2$，两者都溶于水，但易水解形成碱式盐。

$$Hg(NO_3)_2 + H_2O \longrightarrow Hg(OH)NO_3 + HNO_3$$

$$Hg_2(NO_3)_2 + H_2O \longrightarrow Hg_2(OH)NO_3 + HNO_3$$

在配置溶液时，应先将它们溶解在稀硝酸溶液中，以抑制其水解。

$Hg(NO_3)_2$ 和金属汞一起振荡时，可得到 $Hg_2(NO_3)_2$。

$$Hg(NO_3)_2 + Hg \longrightarrow Hg_2(NO_3)_2$$

$Hg(NO_3)_2$ 与 $Hg_2(NO_3)_2$ 受热时都可分解。

$$2Hg(NO_3)_2 \xrightarrow{\triangle} 2HgO + 4NO_2\uparrow + O_2\uparrow$$

$$Hg_2(NO_3)_2 \xrightarrow{\triangle} 2HgO + 2NO_2\uparrow$$

硝酸汞和硝酸亚汞因易溶于水，可用于制造其他汞盐。

(4) 汞的配合物　Hg^{2+} 可以和卤素离子、氰根等形成一系列的配合物，其中

$[HgI_4]^{2-}$的碱性溶液叫做奈斯勒试剂，是分析化学中检验铵盐的主要试剂。NH_4^+与其反应的方程式为

$$NH_4^+ + 2[HgI_4]^{2-} + 4OH^- \longrightarrow [OHg_2NH_2]I\downarrow + 7I^- + 3H_2O$$

4. 含汞废水

含汞废水是危害最大的工业废水之一。催化合成聚乙烯、含汞农药、各种汞化合物的制备以及由汞齐电解法制烧碱等都是含汞废水的来源。

汞是剧毒物质，可经呼吸道、消化道和皮肤三条途径侵入人体内，主要积蓄于肾脏，对人体的中枢神经系统有毒害作用，可引起肾脏及相关的一系列疾病。例如，20 世纪 50 年代日本熊本县水俣湾一带居民吃了被 $HgCl_2$、有机汞化合物污染的鱼、贝等海产品，使 1000 多人中毒，200 多人死亡，这就是震惊世界的“水俣事件”。因此，国家规定含汞废水的排放标准为不得大于 0.05mg/L。

含汞废水的处理方法也很多，如沉淀法、还原法、活性炭吸附法、离子交换法及微生物法等。

(1) 沉淀法　用 Na_2S 或 H_2S 为沉淀剂，使汞转变为难溶的硫化物。这是经典的方法，除汞效果好，但硫化物易造成二次污染。

$$Hg^{2+} + S^{2-} \longrightarrow HgS\downarrow$$

$$Hg_2^{2+} + S^{2-} \longrightarrow Hg_2S\downarrow$$

也可以在废水中加入明矾或 $FeCl_3$、$Fe_2(SO_4)_3$ 等铁盐，利用其水解产物 $Al(OH)_3$、$Fe(OH)_3$胶体，将废水中的汞吸附，一起沉淀除去。

(2) 离子交换法　让废水流经离子交换树脂，汞被交换下来，此法操作简单，去汞效果好，普遍得到采用。但安装设备时投资较大。

对于含汞量较高的废水，可采用沉淀法和离子交换法二级处理的方法，即可以除去大量的汞，又可延长交换柱的使用周期。

第五节　铁、锰、铬、钼、钴、镍及其化合物

一、铁及其重要化合物

1. 铁的性质及用途

(1) 铁的物理性质　纯净的铁是光亮的银白色金属，密度为 7.85g/cm³，熔点 1540℃，沸点 2500℃。铁能被磁体吸引，在磁场的作用下，铁自身也能具有磁性。铁可以和碳及其他一些元素互熔形成合金。纯铁耐腐蚀能力较强。

(2) 铁的化学性质　铁在潮湿的空气中会生锈，在干燥的空气中加热到 150℃也不与氧作用，灼烧到 500℃则形成 Fe_3O_4，在更高温度时，可形成 Fe_2O_3。铁在 570℃左右能与水蒸气作用。

$$3Fe + 4H_2O \longrightarrow Fe_3O_4 + 4H_2\uparrow$$

铁是比较活泼的金属，能溶于稀盐酸和稀硫酸中，形成 Fe^{2+} 并放出氢气。冷的浓硝酸和浓硫酸能使其钝化。热的稀硝酸能使铁形成 Fe^{3+}，本身被还原为 NO 气体，甚至形成铵离子。在加热时铁与氯发生剧烈反应形成 $FeCl_3$。它也能和硫、磷直接化合。在 1200℃时，铁与碳形成 Fe_3C，钢铁中的碳常以这种形式存在。

2. 铁的存在及冶炼

铁是自然界中分布最广泛的元素之一，在地壳中含量约 5%，仅次于铝。由于铁的化学性质比较活泼，地壳中的铁均以化合态存在。铁的主要矿石有赤铁矿(Fe_2O_3)、磁铁矿

(Fe_3O_4)、褐铁矿［$Fe_2O_3 \cdot 2Fe(OH)_3$］和菱铁矿($FeCO_3$)等。

炼铁的主要反应是在高温下利用氧化还原反应将铁从矿石中还原出来。现代炼铁是以焦炭和高炉中燃烧生成的 CO 作还原剂，将氧化铁还原为单质铁。

$$Fe_2O_3 + 3CO \xrightarrow{\text{高温}} 2Fe + 3CO_2$$

3. 铁的重要化合物

(1) 氧化物和氢氧化物　铁的氧化物有氧化亚铁(FeO)、氧化铁(Fe_2O_3)和四氧化三铁(Fe_3O_4)。

在隔绝空气的情况下，将草酸亚铁(FeC_2O_4)加热可制得黑色的 FeO。

$$FeC_2O_4 \xrightarrow{100℃} FeO + CO_2\uparrow + CO\uparrow$$

FeO 是碱性氧化物，溶于酸形成亚铁盐。亚铁盐与碱作用能析出白色 $Fe(OH)_2$ 沉淀。但是，由于 $Fe(OH)_2$ 还原性很强，在空气中迅速被氧化，沉淀很快由白色变为灰绿色［$Fe_3(OH)_8$］，最后成为红棕色 $Fe(OH)_3$。

$$Fe^{2+} + 2OH^- \longrightarrow Fe(OH)_2\downarrow$$

$$4Fe(OH)_2 + O_2 + 2H_2O \longrightarrow 4Fe(OH)_3\downarrow$$

铁盐与碱作用也可得到红棕色 $Fe(OH)_3$ 沉淀。$Fe(OH)_3$ 受热脱水，生成红棕色氧化铁粉末。

$$Fe^{3+} + 3OH^- \longrightarrow Fe(OH)_3\downarrow$$

$$2Fe(OH)_3 \xrightarrow{\triangle} Fe_2O_3 + 3H_2O$$

Fe_2O_3 不溶于水，可以作红色颜料、磨光粉、催化剂等。

四氧化三铁是具有磁性的黑色晶体，又称磁性氧化铁。其晶体中有两种不同价态的铁离子，Fe^{2+} 占 1/3、Fe^{3+} 占 2/3。因此四氧化三铁可以看成 $FeO \cdot Fe_2O_3$ 组成的化合物。磁铁矿也是炼铁的重要原料。

(2) 亚铁盐　金属 Fe 与稀 H_2SO_4 反应可制得 $FeSO_4$。工业上用氧化黄铁矿的方法来制取 $FeSO_4$，它是一种副产品。

$$2FeS_2 + 7O_2 + 2H_2O \longrightarrow 2FeSO_4 + 2H_2SO_4$$

$FeSO_4$ 为白色粉末，带有结晶水的 $FeSO_4 \cdot 7H_2O$ 为蓝绿色晶体，俗称绿矾。它在空气中可逐渐被风化，且表面容易被氧化为黄褐色碱式硫酸铁。

$$4FeSO_4 + O_2 + 2H_2O \longrightarrow 4Fe(OH)SO_4$$

这是由于亚铁盐有较强的还原性，易被氧化成 Fe(Ⅲ)盐。亚铁盐在酸性介质中较稳定，在碱性介质中立即被氧化，因而在保存亚铁盐溶液时，应加入一定量的酸，同时加入少量的 Fe 屑来防止氧化。

$$Fe + 2Fe^{3+} \longrightarrow 3Fe^{2+}$$

在酸性溶液中，只有强氧化剂如 $KMnO_4$、$K_2Cr_2O_7$、Cl_2 等，才能将 Fe^{2+} 氧化。例如

$$2FeCl_2 + Cl_2 \longrightarrow 2FeCl_3$$

亚铁盐在分析化学中是常用的还原剂，通常使用的是比绿矾稳定的莫尔盐[$(NH_4)_2SO_4 \cdot FeSO_4 \cdot 6H_2O$]，常用来标定 $K_2Cr_2O_7$ 或 $KMnO_4$ 溶液的浓度，例如

$$2KMnO_4 + 10FeSO_4 + 8H_2SO_4 \longrightarrow K_2SO_4 + 2MnSO_4 + 5Fe_2(SO_4)_3 + 8H_2O$$

$FeSO_4$ 可以用作媒染剂、鞣革剂、木材防腐剂、种子杀虫剂及制备蓝黑墨水。

(3) 铁盐　Fe(Ⅲ)盐的氧化能力相对较弱，但在一定条件下，它仍有较强的氧化性。例如，在酸性介质中，Fe^{3+} 可将 H_2S、KI、$SnCl_2$ 等物质氧化。

$$Fe_2(SO_4)_3 + SnCl_2 + 2HCl \longrightarrow 2FeSO_4 + SnCl_4 + H_2SO_4$$

$$2FeCl_3 + 2KI \longrightarrow 2FeCl_2 + I_2 + 2KCl$$

Fe(Ⅲ)盐容易水解，溶液显酸性。

$$Fe^{3+} + 3H_2O \longrightarrow Fe(OH)_3 \downarrow + 3H^+$$

故配制 Fe(Ⅲ)盐溶液时，往往需加入一定的酸抑制其水解。在生产中，常用加热的方法，使 Fe^{3+} 水解析出 $Fe(OH)_3$ 沉淀，来除去产品中的杂质铁。用 $FeCl_3$ 或 $Fe_2(SO_4)_3$ 作净水剂，也是利用上述性质。

$FeCl_3$ 是一种重要的 Fe(Ⅲ)盐，棕黑色的无水 $FeCl_3$ 可由 Fe 屑与 Cl_2 在高温下直接合成而制得，此反应放热，所生成的 $FeCl_3$ 因升华而分离出来。将 Fe 屑溶于盐酸中，再进行氧化(如通 Cl_2)，可制得橘黄色的 $FeCl_3 \cdot 6H_2O$ 晶体。

$FeCl_3$ 主要用于有机染料的生产中。在印刷制版中，它可用作铜版的腐蚀剂。

$$2FeCl_3 + Cu \longrightarrow 2FeCl_2 + CuCl_2$$

此外，$FeCl_3$ 能引起蛋白质的迅速凝聚，所以在医疗上用作伤口的止血剂；在有机合成工业中作催化剂等。

(4) 铁的配合物　铁系元素形成配合物的能力很强，配位数多为 6。

① 氨配合物。Fe^{2+} 能形成 NH_3 配合物。但 $[Fe(NH_3)_6]^{2+}$ 极不稳定，遇水即分解。而 Fe^{3+} 由于水解，在其溶液中加入 $NH_3 \cdot H_2O$ 时，不形成 NH_3 配合物，而是生成 $Fe(OH)_3$ 沉淀。

② 异硫氰配合物(Fe^{3+}、Fe^{2+} 的鉴定)。在 Fe^{3+} 的溶液中，加入 KSCN 或 NH_4SCN，溶液即出现血红色。

$$Fe^{3+} + nSCN^- \longrightarrow \underset{(血红色)}{[Fe(NCS)_n]^{3-n}} \quad (n=1\sim6)$$

这一反应非常灵敏，常用来检验 Fe^{3+} 的存在和比色分析，以测定 Fe^{3+} 的浓度。该反应必须在酸性介质中进行，以防 Fe^{3+} 水解而破坏了异硫氰配合物。

Fe(Ⅱ)盐与过量 KCN 溶液作用，生成六氰合铁(Ⅱ)酸钾 $K_4[Fe(CN)_6]$，又称亚铁氰化钾，固体为柠檬黄色结晶，俗名黄血盐。

在黄血盐中通入 Cl_2 等氧化剂，可将亚铁氰化钾氧化成 Fe(Ⅲ)的氰配合物。

$$2K_4[Fe(CN)_6] + Cl_2 \longrightarrow 3K_3[Fe(CN)_6] + 2KCl$$

六氰合铁(Ⅲ)酸钾 $K_3[Fe(CN)_6]$ 简称铁氰化钾，为深红色晶体，俗名赤血盐。

在含有 Fe^{2+} 的溶液中加入铁氰化钾，或在 Fe^{3+} 溶液中加入亚铁氰化钾，都产生蓝色沉淀。

$$3Fe^{2+} + 2[Fe(CN)_6]^{3-} \longrightarrow \underset{(滕氏蓝)}{Fe_3[Fe(CN)_6]_2} \downarrow$$

$$4Fe^{3+} + 3[Fe(CN)_6]^{4-} \longrightarrow \underset{(普鲁氏蓝)}{Fe_4[Fe(CN)_6]_3} \downarrow$$

以上两反应用来鉴定 Fe^{2+} 和 Fe^{3+} 的存在。近年研究表明，这两种蓝色沉淀的组成相同，都是 $Fe_4^{3+}[Fe^{2+}(CN)_6]_3$。

二、锰及其重要化合物

1. 锰的性质及用途

纯锰为银白色金属，外形似铁，坚硬而脆。密度为 $7.2g/cm^3$，熔点 1250℃。化学性质活泼，在空气中氧化或燃烧时均生成 Mn_3O_4，加热时可直接与氟、氯、溴作用。在 1200℃以上与氮作用生成 Mn_3N_2，与硫生成 MnS。锰可置换水中的氢，也易与稀酸作用放出氢气。

$$Mn + 2H^+ \longrightarrow Mn^{2+} + H_2 \uparrow$$

纯锰的用途不多，但它的合金非常重要，当钢中锰含量超过 1%时，称为锰钢。锰钢很坚硬，抗冲击耐磨损，可制钢轨和破碎机等。

2. 锰的存在及冶炼

锰在地壳中含量为0.1%，主要以软锰矿（$MnO_2 \cdot xH_2O$）、黑锰矿（Mn_3O_4）和水锰矿［$MnO(OH)_2$］等形式存在。

金属锰一般以铝热法还原软锰矿制取。因铝与软锰矿反应激烈，故先将软锰矿加强热使之变为Mn_3O_4，然后再与铝粉混合燃烧。

$$3MnO_2 \xrightarrow{\triangle} Mn_3O_4 + O_2\uparrow$$

$$3Mn_3O_4 + 8Al \longrightarrow 9Mn + 4Al_2O_3$$

此法制得的锰，纯度不超过（95%～98%），纯的金属锰则用电解法制取。

3. 锰的重要化合物

（1）锰(Ⅱ)的化合物　最常见的Mn(Ⅱ)的化合物是Mn(Ⅱ)盐。锰盐比较容易制备，金属锰与盐酸、H_2SO_4甚至HAc反应都能制得相应的Mn(Ⅱ)盐，同时放出H_2。也可以用MnO_2与浓H_2SO_4或浓HCl反应来制取$MnSO_4$或$MnCl_2$。

$$2MnO_2 + 2H_2SO_4(浓) \longrightarrow 2MnSO_4 + O_2\uparrow + 2H_2O$$

$$MnO_2 + 4HCl(浓) \xrightarrow{\triangle} MnCl_2 + Cl_2\uparrow + 2H_2O$$

其他一些难溶Mn(Ⅱ)盐如$MnCO_3$、MnS等，常由复分解反应得到。

从溶液中结晶出来的Mn(Ⅱ)盐是带结晶水的粉红色晶体。在溶液中，Mn^{2+}常以淡红色的$[Mn(H_2O)_6]^{2+}$水合离子存在。Mn(Ⅱ)的强酸盐都易溶于水，一些弱酸盐如MnS、$MnCO_3$、$Mn_3(PO_4)_2$等难溶于水。

由于Mn^{2+}的价层电子构型为$3d^5$，属于d能级半充满的稳定状态，故这类化合物是最稳定的。但Mn^{2+}的稳定性还与介质的酸碱性有关。

Mn^{2+}在酸性溶液中很稳定，只有用强氧化剂［如$NaBiO_3$、PbO_2、$(NH_4)_2S_2O_8$等］才能使之氧化。例如：

$$2Mn^{2+} + 5NaBiO_3(s) + 14H^+ \longrightarrow 2MnO_4^- + 5Bi^{3+} + 5Na^+ + 7H_2O$$

反应产物MnO_4^-即使在很稀的溶液中，也能显示出它特征的红色。因此，上述反应常用来鉴定Mn^{2+}的存在。

在碱性溶液中，Mn(Ⅱ)极易被氧化成Mn(Ⅳ)。

【演示实验10-9】取0.1mol/L $MnSO_4$溶液1mL，逐滴加入10% NaOH溶液，观察现象。

实验表明，Mn(Ⅱ)盐中加入碱，首先生成白色沉淀，静止片刻，白色沉淀逐渐变成棕色。

$$Mn^{2+} + 2OH^- \longrightarrow Mn(OH)_2\downarrow \ (白色)$$

$Mn(OH)_2$极易被氧化成棕色的水合MnO_2沉淀，习惯写成$MnO(OH)_2$。

$$2Mn(OH)_2 + O_2 \longrightarrow 2MnO(OH)_2\downarrow \ (棕色)$$

此反应在水质分析中用于测定水中的溶解氧。

（2）锰(Ⅳ)的化合物　MnO_2是Mn(Ⅳ)的重要化合物，它是最稳定的氧化物，是软锰矿的主要成分。

MnO_2是一种黑色粉末状物质，难溶于水。

MnO_2在酸性介质中具有强氧化性。与浓HCl作用有Cl_2生成，和浓H_2SO_4作用有O_2生成。还可以氧化H_2O_2和Fe(Ⅱ)盐。

$$MnO_2 + H_2O_2 + H_2SO_4 \longrightarrow MnSO_4 + O_2\uparrow + 2H_2O$$

$$MnO_2 + 2FeSO_4 + 2H_2SO_4 \longrightarrow MnSO_4 + Fe_2(SO_4)_3 + 2H_2O$$

在碱性介质中，MnO_2可被氧化剂氧化成Mn(Ⅵ)的化合物。例如，MnO_2和KOH的混合物于空气中，或者与 $KClO_3$、KNO_3 等氧化剂一起加热熔融，可以得到绿色的锰酸钾（K_2MnO_4）。

$$2MnO_2 + 4KOH + O_2 \xrightarrow{\text{熔融}} 2K_2MnO_4 + 2H_2O$$

MnO_2 的氧化还原性，特别是氧化性，使它在工业上有很重要的用途。在玻璃工业中，将它加入熔融态玻璃中以除去带色杂质（硫化物和亚铁盐）。在油漆工业中，将它加入熬制的半干性油中，可以促进这些油在空气中的氧化作用。MnO_2 在干电池中作去极剂，它也是一种催化剂和制造锰盐的原料。

（3）锰（Ⅶ）的化合物　高锰酸钾是最重要的 Mn（Ⅶ）的化合物，俗名灰锰氧，为深紫色晶体，水溶液为紫红色。

$KMnO_4$ 的溶液并不十分稳定，在酸性溶液中缓慢地分解。

$$4MnO_4^- + 4H^+ \longrightarrow 4MnO_2\downarrow + 3O_2\uparrow + 2H_2O$$

在中性或微碱性溶液中，分解较缓慢。但是光对高锰酸盐的分解起催化作用，因此 $KMnO_4$ 溶液必须保存于棕色瓶中。

$KMnO_4$ 固体的热稳定性较差，热至 200℃以上就能分解放出 O_2，是实验室制备 O_2 的一种简便方法。

$KMnO_4$ 是最重要和常用的氧化剂之一，粉末状的 $KMnO_4$ 与 90% H_2SO_4 反应，生成绿色油状的高锰酸酐（Mn_2O_7），它在 0℃以下稳定，在常温下会爆炸分解。Mn_2O_7 有强氧化性，遇有机物就发生燃烧。因此保存固体时应避免与浓 H_2SO_4 及有机物接触。

$KMnO_4$ 是强氧化剂，它的还原产物因介质的酸碱性不同而不同。

【演示实验 10-10】　在三支试管中，各滴入 10 滴 0.1mol/L $KMnO_4$ 溶液，分别依次加入 1mL 2mol/L H_2SO_4、1mL 2mol/L NaOH 溶液、1mL H_2O。然后各加入少量 Na_2SO_3 固体，摇匀，观察现象。

第一支试管：溶液紫红色褪去，变为无色；

第二支试管：溶液变为深绿色；

第三支试管：出现棕色沉淀。

在酸性溶液中，MnO_4^- 被还原成 Mn^{2+}，溶液由紫红色变为淡粉红色（稀溶液近于无色）。

$$2MnO_4^- + 5SO_3^{2-} + 6H^+ \longrightarrow 2Mn^{2+} + 5SO_4^{2-} + 3H_2O$$

在强碱性溶液中，MnO_4^- 被还原为 MnO_4^{2-}，溶液由紫红色变为深绿色。

$$2MnO_4^- + SO_3^{2-} + 2OH^- \longrightarrow 2MnO_4^{2-} + SO_4^{2-} + H_2O$$

在中性或弱碱性溶液中，MnO_4^- 被还原为 MnO_2，溶液中产生棕色沉淀。

$$2MnO_4^- + 3SO_3^{2-} + H_2O \longrightarrow 2MnO_2\downarrow + 3SO_4^{2-} + 2OH^-$$

$KMnO_4$ 广泛用于定量分析中，测定一些过渡金属离子（如 Ti^{3+}、VO^{2+}、Fe^{2+} 等）以及 H_2O_2、草酸盐、甲酸盐和亚硝酸盐等的含量。0.1%的 $KMnO_4$ 稀溶液可用于浸洗水果和杯、碗等用具，起消毒和杀菌作用。5%的 $KMnO_4$ 溶液可治疗轻度烫伤。它还用作油脂及蜡的漂白剂，也是常用的化学试剂。

三、铬及其重要化合物

1. 铬的性质和用途

单质铬是具有银白色光泽的金属。纯铬有延展性，含有杂质的铬则硬而脆。由于铬晶体有较强金属键，故其熔点（1900℃）和沸点（2600℃）都很高。密度 7.2g/cm^3。

铬表面易形成氧化膜而呈钝态，所以金属活泼性较差，对空气和水都比较稳定。它能缓缓地溶于稀盐酸、稀硫酸，但不溶于稀硝酸。在热盐酸中，能很快地溶解并放出氢气，溶液呈蓝色(Cr^{2+})，随即又为空气氧化成绿色(Cr^{3+})。

$$Cr + 2HCl \longrightarrow \underset{(蓝色)}{CrCl_2} + H_2\uparrow$$

$$4CrCl_2 + O_2 + 4HCl \longrightarrow \underset{(绿色)}{4CrCl_3} + 2H_2O\uparrow$$

铬在浓硫酸中也能迅速溶解。

$$2Cr + 6H_2SO_4 \longrightarrow Cr_2(SO_4)_3 + 3SO_2\uparrow + 6H_2O$$

在高温下，铬能与卤素、硫、氮、碳等直接化合。

铬是具有银白色光泽的金属，抗腐蚀能力强，故经常镀在其他金属表面上。如自行车、汽车、精密仪器中的镀铬部件。大量的铬用于制造合金，如铬钢(含 Cr 0.5%～1%、Si 0.75%、Mn 0.5%～1.25%)具有较大的硬度和较强的韧性，是机器制造业的重要原料。含铬 12%的钢称为“不锈钢”，有极强的耐腐蚀性，应用范围广泛。铬和镍的合金用来制造电热丝和电热设备。

2. 铬的存在和冶炼

铬在地壳中的含量为 0.0083%，在自然界的主要矿物为铬铁矿，组成为 $FeO \cdot Cr_2O_3$ 或 $FeCr_2O_4$。

铬的熔点很高，一般用铝热法冶炼金属铬。

$$Cr_2O_3 + 2Al \longrightarrow Al_2O_3 + 2Cr$$

3. 铬的重要化合物

(1) 铬(Ⅲ)的化合物

① 三氧化二铬。Cr_2O_3 可由重铬酸铵加热分解或用金属 Cr 在 O_2 中燃烧而制得的。

$$(NH_4)_2Cr_2O_7 \xrightarrow{\triangle} Cr_2O_3 + N_2\uparrow + 4H_2O$$

$$4Cr + 3O_2 \xrightarrow{点燃} 2Cr_2O_3$$

Cr_2O_3 为绿色晶体，难溶于水。与 Al_2O_3 相似，具有两性，溶于酸生成 Cr(Ⅲ)盐，溶于强碱生成亚铬酸盐。

$$Cr_2O_3 + 3H_2SO_4 \longrightarrow Cr_2(SO_4)_3 + 3H_2O$$

$$Cr_2O_3 + 2NaOH \longrightarrow 2NaCrO_2 + H_2O$$

经过高温灼烧的 Cr_2O_3 不溶于酸碱，但可用熔融法使它变为可溶性的盐。如 Cr_2O_3 与焦硫酸钾在高温下反应。

$$Cr_2O_3 + 3K_2S_2O_7 \xrightarrow{高温} 3K_2SO_4 + Cr_2(SO_4)_3$$

Cr_2O_3 常作为绿色颜料(铬绿)而广泛用于油漆、陶瓷及玻璃工业，还可作有机合成的催化剂，也是制取铬盐和冶炼金属 Cr 的原料。

② 氢氧化铬。在铬(Ⅲ)盐溶液中加入适量的 $NH_3 \cdot H_2O$ 或 NaOH 溶液，即有灰蓝色的 $Cr(OH)_3$ 胶状沉淀析出。

$$CrCl_3 + 3NH_3 \cdot H_2O \longrightarrow Cr(OH)_3\downarrow + 3NH_4Cl$$

$$CrCl_3 + 3NaOH \longrightarrow Cr(OH)_3\downarrow + 3NaCl$$

【演示实验 10-11】 在盛有 1mL 0.1mol/L 的 $CrCl_3$ 溶液中逐滴加入 2mol/L $NH_3 \cdot H_2O$ 至生成大量的灰蓝色沉淀。将沉淀分为两份，并分别加入 2mol/L HCl 和 2mol/L NaOH 溶液，观察沉淀的溶解。

实验表明：$Cr(OH)_3$ 与 $Al(OH)_3$ 相似，有明显的两性，在溶液中存在如下平衡

$$\underset{(紫色)}{Cr^{3+}} + 3OH^- \rightleftharpoons \underset{(灰蓝色)}{Cr(OH)_3} \rightleftharpoons H_2O + H^+ + \underset{(绿色)}{CrO_2^-}$$

因此，$Cr(OH)_3$ 可溶于酸和碱

$$Cr(OH)_3 + 3HCl \longrightarrow CrCl_3 + 3H_2O$$

$$Cr(OH)_3 + NaOH \longrightarrow NaCrO_2 + 2H_2O \text{ 或 } Na[Cr(OH)_4]$$

$Cr(OH)_3$ 还能溶于液氨中，形成相应的配离子。

③ 铬(Ⅲ)盐。常见的 Cr(Ⅲ)盐有三氯化铬（$CrCl_3 \cdot 6H_2O$）（紫色或绿色），硫酸铬 [$Cr_2(SO_4)_3 \cdot 18H_2O$]（紫色）以及铬钾矾 [$KCr(SO_4)_2 \cdot 12H_2O$]（蓝紫色）。它们都易溶于水。

在碱性介质中，Cr(Ⅲ)化合物有较强的还原性，可被 H_2O_2 或 Na_2O_2 氧化，生成 Cr(Ⅵ)酸盐。

【演示实验 10-12】在盛有 1mL 0.1mol/L 铬钾矾溶液的试管中，逐滴加入 10% 的 NaOH 溶液，至出现 $Cr(OH)_3$ 沉淀，再继续加入 NaOH 溶液至沉淀全部溶解，变为绿色溶液。然后再加入 1mL NaOH 溶液，1mL 3% H_2O_2 溶液，微热，溶液由绿色变为黄色。反应方程式为

$$\underset{\text{(绿色)}}{2[Cr(OH)_4]^-} + 2OH^- + 3H_2O_2 \xrightarrow{\triangle} \underset{\text{(黄色)}}{2CrO_4^{2-}} + 8H_2O$$

常利用此反应来鉴定 Cr^{3+} 的存在。

在酸性介质中，Cr(Ⅲ)盐的还原性很弱，只有用强氧化剂（如 $K_2S_2O_8$、$KMnO_4$ 等）才能将 Cr(Ⅲ)氧化成 Cr(Ⅵ)。

$$10Cr^{3+} + 6MnO_4^- + 11H_2O \longrightarrow 5Cr_2O_7^{2-} + 6Mn^{2+} + 22H^+$$

Cr^{3+} 常易形成配位数为 6 的配合物，常见配位体有 H_2O、CN^-、Cl^-、SCN^-、NH_3、$C_2O_4^{2-}$ 等。例如，水溶液中的 Cr^{3+} 实际上是以水合离子 $[Cr(H_2O)_6]^{3+}$ 形式存在的，而且，同一组成的配合物还常有多种稳定的异构体，如 $CrCl_3 \cdot 6H_2O$ 有三种不同颜色的异构体。

$$\underset{\text{(绿色)}}{[Cr(H_2O)_4Cl_2]Cl} \quad \underset{\text{(蓝绿色)}}{[Cr(H_2O)_5Cl]Cl_2} \quad \underset{\text{(紫色)}}{[Cr(H_2O)_6]Cl_3}$$

$CrCl_3 \cdot 6H_2O$ 是常见的一种 Cr(Ⅲ)盐，易潮解，在工业上用作催化剂、媒染剂和防腐剂。铬钾矾常用于鞣革工业和纺织工业。

(2) 铬(Ⅵ)的化合物

① 三氧化铬。向重铬酸钾的溶液中加入浓 H_2SO_4，可以析出 CrO_3 晶体。

CrO_3 为暗红色晶体，易潮解，有毒。

CrO_3 遇热不稳定，超过熔点即分解放出 O_2。因此，CrO_3 是一种强氧化剂，一些有机物质如酒精等与 CrO_3 接触时即着火。

CrO_3 溶于水中，生成铬酸（H_2CrO_4），因此它是 H_2CrO_4 的酸酐，称为铬酐。CrO_3 也可与水反应生成重铬酸（$H_2Cr_2O_7$）。

$$CrO_3 + H_2O \longrightarrow H_2CrO_4$$

$$2CrO_3 + H_2O \longrightarrow H_2Cr_2O_7$$

H_2CrO_4 为二元强酸，与 H_2SO_4 的酸性强度接近，但它不稳定，只能存在于溶液中。

② 铬酸盐。常见的铬酸盐有铬酸钾（K_2CrO_4）和铬酸钠（Na_2CrO_4），它们都是黄色晶体。碱金属和铵的铬酸盐易溶于水，其他金属的铬酸盐大多难溶于水。例如，在可溶性铬酸盐溶液中，分别加入可溶性的 Pb^{2+}、Ba^{2+} 和 Ag^+ 盐时，得到不同颜色的沉淀。

$$Pb^{2+} + CrO_4^{2-} \longrightarrow PbCrO_4 \downarrow \text{（黄色）}$$

$$Ba^{2+} + CrO_4^{2-} \longrightarrow BaCrO_4 \downarrow \text{（柠檬黄色）}$$

$$2Ag^+ + CrO_4^{2-} \longrightarrow Ag_2CrO_4 \downarrow \text{（砖红色）}$$

实验室常用上述反应鉴定 Pb^{2+}、Ba^{2+}、Ag^+ 及 CrO_4^{2-} 的存在。不同颜色的铬酸盐还常用作颜料。

③ 重铬酸盐。钾、钠的重铬酸盐都是橙红色的晶体，$K_2Cr_2O_7$ 俗称红钾矾，$Na_2Cr_2O_7$ 俗称红钠矾。

在重铬酸盐溶液中存在着下列平衡

$$\underset{\text{(黄色)}}{2CrO_4^{2-}} + 2H^+ \longrightarrow \underset{\text{(橙红色)}}{Cr_2O_7^{2-}} + H_2O$$

溶液中 CrO_4^{2-} 与 $Cr_2O_7^{2-}$ 浓度的比值决定于溶液的 pH。在 pH<2 的酸性溶液中，主要以 $Cr_2O_7^{2-}$ 形式存在，溶液呈橙红色；在 pH>6 的溶液中，主要以 CrO_4^{2-} 形式存在，溶液呈黄色。

重铬酸盐在酸性介质中，显强氧化性。如经酸化的 $K_2Cr_2O_7$ 溶液，能氧化 S^{2-}、SO_3^{2-}、I^-、Fe^{2+}、Sn^{2+} 等离子，本身被还原为绿色的 Cr^{3+}。

【演示实验 10-13】 取两支试管，各加入 1mL 0.1mol/L 的 $K_2Cr_2O_7$ 溶液和 1mL 2mol/L H_2SO_4 溶液，再分别加入少许 Na_2SO_3 和 $FeSO_4$ 固体，摇匀，溶液由橙红色变为绿色。

反应方程式为

$$K_2Cr_2O_7 + 3Na_2SO_3 + 4H_2SO_4 \longrightarrow K_2SO_4 + Cr_2(SO_4)_3 + 3Na_2SO_4 + 4H_2O$$

$$K_2Cr_2O_7 + 6FeSO_4 + 7H_2SO_4 \longrightarrow K_2SO_4 + Cr_2(SO_4)_3 + 3Fe_2(SO_4)_3 + 7H_2O$$

利用后一个反应，分析化学中可以定量测定 Fe^{2+}。

$K_2Cr_2O_7$ 是分析化学中的常用作基准的氧化试剂之一，等体积的 $K_2Cr_2O_7$ 饱和溶液与浓 H_2SO_4 的混合液称为铬酸洗液，用来洗涤玻璃器皿的油污，当溶液变为暗绿色时，洗液失效。在工业上 $K_2Cr_2O_7$ 大量用于鞣革、印染、电镀和医药等方面。

4. 含铬废水

含铬废水主要来源于化工、冶金、制药、制革、油漆、颜料、火柴、纺织、航空、电镀、照相制版等工业部门。

铬的化合物中，以铬(Ⅵ)毒性最强。铬盐能降低生化过程的需氧量，从而发生内窒息。它对胃肠有刺激作用，对鼻黏膜的损伤最大，长期吸入会引起鼻膜炎甚至鼻中隔穿孔，并有致癌作用。铬(Ⅲ)是一种微量营养元素，是人体必需的，主要是维持胰岛素发挥正常功能。我国规定工业废水含铬(Ⅵ)的排放量标准为不大于 0.1mg/L。

含铬(Ⅵ)废水的处理方法目前有十余种，最重要的是还原法和离子交换法。

(1) 还原法　用 $FeSO_4$、Na_2SO_3、$Na_2S_2O_3$、水合肼 $N_2H_4 \cdot 2H_2O$ 或含 SO_2 的烟道废气等作为还原剂，将铬(Ⅵ)还原成铬(Ⅲ)，再用石灰乳将其转变为 $Cr(OH)_3$ 沉淀而除去。

$$Cr_2O_7^{2-} + 6Fe^{2+} + 14H^+ \xrightarrow{\text{pH 为 }2\sim3} 2Cr^{3+} + 6Fe^{3+} + 7H_2O$$

$$Cr^{3+} + 3OH^- \longrightarrow Cr(OH)_3\downarrow$$

(2) 离子交换法　Cr(Ⅵ)在废水中常以阴离子 $Cr_2O_7^{2-}$ 或 CrO_4^{2-} 形式存在，让废水流经阴离子交换树脂进行离子交换。交换后的树脂用 NaOH 处理，可再生重复使用；脱洗下来的高浓度的 CrO_4^{2-} 溶液供回收利用。

据报道，利用石油亚砜(R-S-R)萃取电镀含铬废液，效果较好，萃取出的铬也可以回收利用。

四、钼及其重要化合物

1. 钼的性质及用途

钼是有光泽的白色金属，硬度较大。密度 10.22g/cm³，熔点 2620℃。钼是一种良好的导体，电导率约为银的 1/3。

钼的表面上易形成氧化膜而呈钝态。常温下，钼不与氧、氮、卤素(氟除外)等化合，在高温下和氧作用生成 MoO_3。

$$Mo + 3F_2 \xrightarrow{\text{在 Pt 管中}} MoF_6$$

$$2Mo + 3O_2 \xrightarrow{\triangle} 2MoO_3$$

钼与多数稀酸不反应，与浓盐酸也不反应，但能与热的浓硫酸、硝酸反应。

$$Mo + 2HNO_3 \xrightarrow{\triangle} H_2MoO_4 + 2NO\uparrow$$

钼主要用于冶炼特种合金钢。耐热钢和工具钢中含钼约 0.15%～0.70%，结构钢中含钼约 1%，不锈钢和某些高速工具钢中含钼达 6%。这些钼钢用以制造炮身、坦克、轮船甲板、涡轮机等。许多钼的化合物用作催化剂。生物固氮中的关键酶含有钼。

2. 钼的存在及冶炼

钼占地壳总量的 0.0011‰，常以硫化物形式存在，片状的辉钼矿 MoS_2 是含钼的重要矿物。

钼的典型冶炼过程，是在 600℃下，将辉钼矿精砂进行氧化焙烧，钼变成三氧化钼。

$$2MoS_2 + 7O_2 \xrightarrow{\triangle} 2MoO_3 + 4SO_2$$

用氨水浸取烧结物，得到钼酸铵。

$$MoO_3 + 2NH_3 \cdot H_2O\ (\text{热}) \longrightarrow (NH_4)_2MoO_4 + H_2O$$

再用$(NH_4)_2S$处理钼酸铵溶液，沉淀除去铜、铁和铅等杂质。用硝酸铅除去多余的$(NH_4)_2S$。滤液酸化后得到钼酸沉淀。

$$(NH_4)_2MoO_4 + 2H^+ \longrightarrow H_2MoO_4\downarrow + 2NH_4^+$$

将 H_2MoO_4 在 450～650℃下煅烧，得到白色的 MoO_3。将 MoO_3 于 600℃时用氢气还原，得到粉末状金属钼。

$$H_2MoO_4 \xrightarrow{\triangle} MoO_3 + H_2O$$

$$MoO_3 + 3H_2 \xrightarrow{\triangle} Mo + 3H_2O$$

3. 钼的重要化合物

钼在化合物表现的氧化数为＋2、＋3、＋4、＋5、＋6，其中以＋6 价的化合物最为稳定。

(1) 钼（Ⅵ）氧化物　MoO_3，白色，熔点 800℃。具有复杂的片层结构，不与酸作用，但铜碱溶液作用形成多种组成的盐，例如

$$MoO_3 + 2NaOH \longrightarrow Na_2MoO_4 + H_2O$$

MoO_3 难溶于水，作为酸酐却不能通过与水作用制备钼酸。

(2) 钼（Ⅵ）含氧酸盐　最常见的钼酸根离子是 MoO_4^{2-}、$Mo_7O_{24}^{6-}$（存在于普通钼酸盐中）和 $Mo_8O_{26}^{4-}$。例如

$$MoO_3 + 6NH_4OH \longrightarrow \underset{\text{异钼酸铵}}{(NH_4)_6Mo_7O_{24}} + 3H_2O$$

五、钴及其重要化合物

1. 钴的性质及用途

钴是蓝白色金属,硬而脆。密度为 8.9g/cm³,熔点为 1492℃。

钴在性质上与铁很相似,但比铁的活泼性差。它缓慢溶解于稀酸中,冷的浓硝酸使它钝化,不与碱反应。低温下不与氧反应,但细粉可以着火。在高温下能和 O_2、S、X_2 等反应。它与氟在 250℃作用得到 CoF_3,和其他卤素作用仅得到二卤化钴。

$$3Co + 8HNO_3(\text{冷、稀}) \longrightarrow 3Co(NO_3)_2 + 2NO + 4H_2O$$

钴主要用于制造特种钢和磁性材料。钴的化合物广泛用作颜料和催化剂。维生素 B_{12} 含有钴，可防治恶性贫血。钴的放射性同位素 Co-60 可用在放射医疗上。

2. 钴的存在及冶炼

钴主要存在于砷化物和硫化物矿中，例如辉钴矿 CoAsS（Co^{2+}、As_2^{2-}、S_2^{2-}）。但是，钴金属和它的化合物主要是以提取其他金属的副产品，特别是镍的副产品为原料的，使钴的化合物转变成 Co_3O_4，然后用 Al 或 C 还原 Co_3O_4 得到金属 Co。粗 Co 再用电解法精制。

3. 钴的重要化合物

(1) 钴（Ⅱ）

① 卤化物。粉红色的 CoF_2 具有金红石结构，由 HF 和氯化物在 300℃反应制得。蓝色 $CoCl_2$，由元素的单质直接化合制得，$CoCl_2$ 是常见的 Co(Ⅱ)盐，由于它所含的结晶水的数目不同而呈现多种颜色。随着温度的升高，所含结晶水逐渐减少，颜色同时也发生变化。

$$\underset{\text{(粉红色)}}{CoCl_2\cdot 6H_2O}\xrightarrow{52.3℃}\underset{\text{(紫红色)}}{CoCl_2\cdot 2H_2O}\xrightarrow{90℃}\underset{\text{(蓝紫色)}}{CoCl_2\cdot H_2O}\xrightarrow{120℃}\underset{\text{(蓝色)}}{CoCl_2}$$

利用 $CoCl_2$ 的这种性质，将少量 $CoCl_2$ 掺入硅胶干燥剂，可以指示干燥剂的吸水情况。

② 硫化物。向 Co^{2+} 溶液中加入 $(NH_4)_2S$ 溶液或通入 H_2S 气体即生成黑色 CoS 沉淀。新生成的 CoS 为 α-CoS，K_{sp}（α-CoS）$=2\times10^{-21}$，能溶于稀的强酸。放置后转变为 β-CoS，K_{sp}（β-CoS）$=2\times10^{-25}$。它不再溶于非氧化性强酸，而可溶于硝酸。

$$3CoS+2NO_3^-+8H^+\longrightarrow 3Co^{2+}+3S\downarrow+2NO\uparrow+4H_2O$$

③ 氧化物和氢氧化物。橄榄绿色的 CoO 最易由不溶的碳酸盐或硝酸盐热分解制得，在空气中加热到 500℃得到黑色 Co_3O_4。新生成的 $Co(OH)_2$ 是蓝色沉淀，放置后转变为粉红色，这可能是由于金属离子配位数改变引起的；在空气中氧化生成水合 Co_2O_3。$Co(OH)_2$ 有弱的两性，溶解在热浓碱中形成 $Co(OH)_4^{2-}$，呈蓝色。

④ 配合物。$[Co(H_2O)_6]^{2+}$ 和 $[CoCl_4]^{2-}$ 在空气中稳定，蓝色$[Co(SCN)_4]^{2-}$也能稳定存在。不溶于水的 $Hg[Co(SCN)_4]$常作为标准来校正磁矩。$[Co(NH_3)_6]^{2+}$易被氧化。当 Co(Ⅱ) 盐用过量氰化物处理时，不生成$[Co(CN)_6]^{4-}$，而生成绿色$[Co(CN)_6]^{3-}$和它的二聚体，呈现红紫色的 $[Co(CN)_{10}]^{3-}$。

(2) 钴（Ⅲ）

① 卤化物。CoF_3 为浅棕色固体，是有用的氟化剂，它遇水迅速水解。蓝色配合物 $M_3[CoF_6]$(M 代表碱金属离子)由金属氯化物的混合物经氟化作用制得。

② 氧化物和氢氧化物。无水 Co_2O_3 不存在。过量碱同大多数 Co(Ⅲ)化合物作用时会很慢地沉淀出水合氧化物，或用空气氧化 $Co(OH)_2$ 悬浮液也可得到。因 Co^{3+} 是强氧化剂，所以在水溶液中不稳定。Co(Ⅲ)只存在于以上固态化合物和配合物中。$Co(OH)_2$ 不稳定，生成后被氧化为 Co(Ⅲ)的氢氧化物，它能氧化 HCl 生成 CO^{2+} 和 Cl_2。

$$2Co(OH)_3+6H^++2Cl^-\longrightarrow 2Co^{2+}+Cl_2\uparrow+6H_2O$$

③ 配合物。酸性 $CoSO_4$ 溶液 0℃时电解得到蓝色$[Co(H_2O)_6]^{3+}$，$[Co(H_2O)_6]^{3+}$是强氧化剂，在水溶液中可分解水释放出氧。

由于 Co(Ⅱ)配合物取代速度较快，而多数 Co(Ⅲ)配合物取代反应呈惰性，因此制备 Co(Ⅲ)配合物时，一般先制备 Co(Ⅱ)配合物，然后将其氧化得到 Co(Ⅲ)配合物。实验条件不同产物也不同。在有 NH_3 或 NH_4Cl 存在时，空气氧化 $CoCl_2$ 水溶液，得到$[Co(NH_3)_5Cl]Cl_2$，在反应过程中加活性炭则得到$[Co(NH_3)_6]Cl_3$。钴氰配合物和钴氨配合物相似，$[Co(CN)_6]^{3-}$较$[Co(CN)_6]^{4-}$稳定得多。将 $[Co(CN)_6]^{4-}$的溶液稍加热，$[Co(CN)_6]^{4-}$就能使 H^+ 还原为 H_2。

$$2[Co(CN)_6]^{2-} + 2H_2O \longrightarrow 2[Co(CN)_6]^{3-} + 2OH^- + H_2\uparrow$$

在过量草酸盐存在时，用 PbO_2 氧化 Co(Ⅱ)得到$[Co(C_2O_4)_3]^{3-}$。

钴的配合物相当多，其配位数多为 6，向 Co^{2+} 离子的溶液中加入 KSCN 或 NH_4SCN 生成蓝色的配离子$[Co(SCN)_4]^{2-}$，它在水中不稳定，易解离。

$$[Co(SCN)_4]^{2-} \longrightarrow Co^{2+} + 4SCN^-$$

$[Co(SCN)_4]^{2-}$ 溶于丙酮或戊醇，它在有机溶剂中比较稳定，可用于比色分析。向$[Co(SCN)_4]^{2-}$ 的溶液中加入 Hg^{2+}，则有 $Hg[Co(SCN)_4]$沉淀析出。

$$Hg^{2+} + [Co(SCN)_4]^{2-} \longrightarrow Hg[Co(SCN)_4]\downarrow$$

向 Co^{2+} 的溶液中加入过量的亚硝酸钾，并以少量醋酸酸化，加热后，有黄色的六亚硝酸合钴(Ⅲ)酸钾析出。

$$Co^{2+} + 7NO_2^- + 3K^+ + 2H^+ \longrightarrow K_3[Co(NO_2)_6]\downarrow + NO\uparrow + H_2O$$

六、镍及其重要化合物

1. 镍的性质及用途

镍为银白色金属，有较好的延展性。密度 $8.902g/cm^3$，熔点 1453℃。

镍的化学活性像钴。在高温下与水蒸气作用。与氟作用生成致密的 NiF_2 膜，使镍钝化，镍器皿可用来处理氟和有腐蚀性的氟化物。与其他卤素生成二卤化物。镍的最重要氧化态是 Ni(Ⅱ)。

镍难溶于盐酸、硫酸，遇冷、发烟硝酸呈钝态。但溶于冷的稀硝酸和热的浓硝酸。

$$3Ni + 8HNO_3\text{（冷、稀）} \longrightarrow 3Ni(NO_3)_2 + 2NO\uparrow + 4H_2O$$

$$Ni + 4HNO_3\text{（热、浓）} \longrightarrow Ni(NO_3)_2 + 2NO_2\uparrow + 2H_2O$$

黑色水合氧化物是用碱性次氯酸盐氧化 Ni(Ⅱ)盐溶液得到，它是强氧化剂，能从次氯酸中释放出氯。爱迪生电池(镍铁蓄电池)就是利用它的强氧化性，其反应式为

$$Fe + 2NiO(OH) + 2H_2O \xrightarrow{\text{放电}} Fe(OH)_2 + 2Ni(OH)_2$$

浓 KOH 作为电解质。此反应的逆过程为充电过程。

含氟配合物在高温下由金属卤化物和氟作用制得。

镍用作防锈保护层和货币合金（和铜）及耐热组件（和铁与铬）。它也是重要的催化剂，例如用于不饱和有机化合物的催化加氢及在水蒸气中甲烷裂解产生一氧化碳和氢。镍还是不锈钢的合金元素。

2. 镍的存在及冶炼

镍一般共生于其他金属的硫化物矿和砷化物矿中，通常是从分离出其他金属的渣中获得镍。镍黄铁矿在空气中焙烧转化为氧化物。然后用碳还原，得粗镍。粗镍用电解法精制，或在 100～200℃将镍与 CO 作用，生成挥发性四羰基镍 $Ni(CO)_4$，之后在 150～300℃分解得到纯镍。

$$Ni\text{(粉)} + 4CO \xrightarrow{\text{常压 }100\sim200^\circ C} Ni(CO)_4$$

3. 镍的重要化合物

(1) 卤化物　NiF_2 和 $NiCl_2$ 是黄色固体，氯化镍易溶于水，从水中结晶出来时得到绿棕色 $NiCl_2 \cdot H_2O$。

(2) 氧化物和氢氧化物

① 氧化镍。绿色氧化镍 NiO 可由加热分解碳酸镍或硝酸镍得到。

$$NiCO_3 \xrightarrow{\triangle} NiO + CO_2\uparrow$$

氧化镍可与氢作用，被还原为单质镍。

$$NiO + H_2 \xrightarrow{\triangle} Ni + H_2O$$

氧化镍可溶于酸，生成 Ni(Ⅱ)盐。

$$NiO + H_2SO_4 \longrightarrow NiSO_4 + H_2O$$

② 三氧化二镍。三氧化二镍具有较强的氧化性。例如

$$Ni_2O_3 + 6HCl \longrightarrow 2NiCl_2 + Cl_2\uparrow + 3H_2O$$

$$2Ni_2O_3 + 4H_2SO_4 \longrightarrow 4NiSO_4 + O_2\uparrow + 4H_2O$$

③ 镍的氢氧化物。镍盐与碱作用可生成不溶于水的 $Ni(OH)_2$（苹果绿色）。它不溶于 NaOH 溶液，但溶于氨，形成蓝紫色配离子 $[Ni(NH_3)_6]^{2+}$。

$$Ni^{2+} + 2OH^- \longrightarrow Ni(OH)_2\downarrow$$

$$Ni(OH)_2 + 6NH_3 \longrightarrow [Ni(NH_3)_6]^{2+} + 2OH^-$$

（3）镍的硫化物　镍的硫化物在空气中被氧化，生成 NiS(OH)。NiS 溶于稀酸，暴露在空气中则不溶，就是因为形成了 NiS(OH)。

（4）配合物　水合镍盐通常含有 $[Ni(NH_3)_6]^{2+}$ 配离子。

丁二酮肟(DMG)和镍反应生成红色晶体丁二酮肟镍沉淀，用于鉴定和测定镍。

$$Ni^{2+} + 2(CH_3—C{=}NOH)_2 + 2NH_3\cdot H_2O \longrightarrow$$

$$\underset{\text{(红色晶体)}}{Ni[(CH_3)_2C_2N_2OOH]_2}\downarrow + 2NH_4^+ + 2H_2O$$

或

$$[Ni(NH_3)_6]^{2+} + 2DMG \longrightarrow Ni(DMG)_2\downarrow + 2NH_4^+ + 4NH_3$$

阅读材料　元素与人体健康

人体中含有大量的化学元素，这些元素中绝大多数都是人体健康和生命所必需的元素。人体中若含有有机体不需要的元素，则会危害身体健康甚至危及生命，如铅。铅不是人体必需的元素，由于环境和食品的污染，铅可通过呼吸道和消化道等进入人体。铅进入人体，积蓄于体内不能被全部排出，故引起铅中毒。铅中毒会导致血管病、脑出血、肾炎等病症，还可能引起骨骼的变化。

食品加工厂的有涂层的设备，含铅的陶瓷搪瓷器皿，以及含铅的锡制器皿等都可能造成食品的污染。早年间在制作锡的器皿时，常加入40%～60%的铅。这样的器皿若用来盛酒，铅会溶于酒中；若用来盛醋，则铅会与醋作用生成可溶性的醋酸铅，随醋的食用而进入人体，这就会引起铅中毒。1970 年，加拿大有一名两岁的儿童，因连续二十多天饮用装在彩釉壶中的苹果汁而死亡，后经查明是铅中毒。1983 年春节期间，我国江苏某镇 500 多人因饮用盛在“锡壶”中的米酒而中毒，经查明该“锡壶”含铅高达 90%，实为“铅壶”。

可见，应尽量防止人体不需要的元素进入人体，保护人体的健康。

根据元素在人体内含量不同，人体内必需的元素分为常量元素，如 H、C、N、O、Na、Mg、P、S、Cl、K、Ca 等和微量元素，如 B、F、Si、V、Cr、Mn、Fe、Co、Ni、Cu、Zn、Se、Br、Mo、Sn、I 等。常量元素是组成机体的重要部分。而微量元素中则多位于元素周期表的第四周期，且多为过渡元素。这些元素大多具有可变氧化数，它们可能在机体内参与各种酶的氧化还原作用，不仅参与酶的组成，而且参与酶的激活，是酶中不可缺少的成分。在人的新陈代谢活动中，酶是生物催化剂，它在很大程度上决定着体内的反应速率。有学者估计，如果消化道中没有酶，消化一顿饭可能需要 50 年的时间。

人体内大约有上千种酶，其中 60% 以上的酶含有微量元素。人体中微量元素的含量极微，均低于 0.01%。它们都有一定的适宜的浓度范围，高于或低于这个范围会引起疾病。下面仅就几种微量元素对人的生命活动和健康的影响做一简单介绍。

1. 铜

铜是人体中独特的氧化剂，人体内有 30 多种蛋白质和酶含有铜，它能使食物在人体组

织中迅速被氧化。铜的最重要的生理功能，还在于人血清中的铜蓝蛋白可以协同铁的功能，在铁的生理代谢过程中，Fe^{2+}氧化为Fe^{3+}时需要铜蓝蛋白的催化，以利Fe^{3+}与蛋白质结合成铁蛋白合成血红蛋白。因此尽管体内有足够的铁而缺铜，铁的生理代谢造血机能也会发生障碍而导致贫血。因此在治疗贫血症时，常将铜作为痕量元素加入补血的铁剂中。

铜的摄取量过低，还可能促进胆固醇升高和导致主动脉弹性降低。成人每天对铜的需要量为1.0～3.8mg，一般膳食已够铜的供应。茶中也含铜，每天喝茶也可补足人体对铜的需求。人体内含铜量过多可能引起胃肠和肝的炎症，也可能引起中毒。1954年德国曾发生一起菠菜罐头中毒事件，就是因为用$CuSO_4$作菠菜的护色剂，使菠菜中铜含量超过了0.01%。食品中铜的含量一般不得超过0.002%，清凉饮料中含量不得超过0.0002%。

2. 锌

锌是人体中必需的痕量元素，它在人体内最重要的作用是防止人体衰老。如果人体内没有足够的锌，就不能进行正常的细胞分裂，使人体衰老加快。锌在人体内还有防止高血压、糖尿病、心脏病、肝病恶化的功能。人体内缺锌还会使味觉减退。

成人每天对锌的需要量为8～15mg，食物中麦芽、牡蛎等含锌最多，牛奶、肉、鱼、面粉和绿叶蔬菜中含锌也比较丰富。近年来一些食品加工厂也开始生产含锌食品和饮料，以弥补人体内锌的不足。但必须注意，人体内锌过量会引起肠胃的炎症。常用镀锌金属（如白铁皮）容器盛装酸性饮品（如柠檬酸），会使锌与其作用成为锌盐进入饮品，饮入后会造成人体内锌过量而中毒。医学上常以饮用生姜红糖水、服用维生素C等药物来预防锌中毒和减轻锌中毒症状。同时体育锻炼也能将过多的锌排出体外。

3. 铁

铁是人体内必需的微量元素，它是细胞的一种组分，是血红蛋白中氧的携带者，血液的运输和交换氧都少不了铁。

成人每天需铁量为10～18mg，人体内缺铁会造成贫血。目前全世界缺铁性贫血的人还比较多，特别是妇女和儿童。日常饮食中含铁最多的食物是动物的肝脏，猪、牛、羊的瘦肉以及蛋黄、紫菜、海带，蔬菜和水果中也含有较丰富的铁。

研究认为，Fe^{2+}最容易被肠黏膜吸收，而食物中的有机铁盐不太容易被人体直接吸收，只有在胃内经胃酸作用才能部分转变为无机铁盐，然后在肠内还原为Fe^{2+}才能被吸收。因此，我们平时认为含铁丰富的食物并不一定是补充铁质的理想食物，如菠菜。另外，许多食品中的铁处于碱性环境中，因而难溶无法被人体吸收，如柿饼、豆腐等。还有如蛋黄中的铁虽丰富，但与蛋黄中的磷酸盐形成$FePO_4$沉淀而抑制了铁的吸收和利用。研究发现，维生素C不仅能把Fe^{3+}还原为Fe^{2+}，而且还能与Fe^{2+}形成可溶性的亚铁化合物，从而可大大提高食物中的铁的利用率，如柑橘和红枣中虽然含铁不多，但由于它们富含维生素C，所以柑橘和红枣中铁的利用率相对较高。

人体内如果含铁量过多则容易引起血色病。食物中若铁含量较多，吃了容易引起恶心和呕吐。有人还认为，铁在人体内还能与SO_2及一些致癌物质发生协同作用。可见，人体内铁不宜超量。一些微量元素对人体的影响见表10-4。

表10-4 一些微量元素对人体的影响

微量元素	功能	对人体的影响		来源
		过多	缺少	
铁	贮存和输送氧	青年智力发育缓慢、肝硬化	缺铁性贫血、龋齿、无力	肝、肉、蛋、绿叶蔬菜、水果等
铜	胶原蛋白和许多酶的重要成分	类风湿关节炎、肝硬化、精神病	低蛋白血症、贫血、心血管受损、冠心病	干果、葡萄干、葵花籽、肝、茶等

续表

微量元素	功　能	对人体的影响		来　源
		过　多	缺　少	
锌	控制代谢酶的活性部位	头昏、呕吐、腹泻、皮肤病	贫血、高血压、食欲不振、味觉差、伤口难愈合、早衰、影响发育造成侏儒	肉、蛋、奶、谷物
锰	许多酶的活性部位	头痛、昏睡、精神病	软骨畸形、营养不良	干果、粗谷物、核桃、板栗、菇类
钴	维生素 B_{12}核心	心脏病、红血球过多	贫血、心血管病	肝、瘦肉、奶、蛋、鱼
铬	Cr(Ⅲ)使胰岛素发挥正常功能，调节血糖代谢	肺癌、鼻膜穿孔	糖尿病、糖代谢反常、动脉粥样硬化、心血管病	一切动物、植物
钼	染色体有关酶的活性部位	龋齿、肾结石、营养不良		豌豆、谷物、肝、酵母

微量元素化学是一门新兴的综合性边缘学科，它是生物无机化学的一个重要分支。人的生、老、病、死无不与微量元素有关，微量元素与人体健康的关系是生命科学中一个活跃的研究领域。微量元素在人体中含量极微，除了认为微量元素是酶的不可缺少的成分、参与酶的组成和激活外，微量元素的一些其他必要性和生理功能目前尚难确知。

微量元素对人体必不可少，但绝不可以任意增多，它们在人体内必须保持一种特殊的平衡状态。一旦平衡被破坏，就会影响身体健康。某种微量元素对人体是有益还是有害也是相对的，关键在于适量。微量元素多少才是适量，它们在人体内的生理功能及形成的化合物的结构如何等，都是微量元素与人体健康的关系的重要研究课题。

本 章 小 结

一、钠、钾、钙、镁及其重要化合物

1. 钠和钾

钠和钾在化学反应中主要表现出强的还原性。常温下，它们就能和氧、卤素等金属化合。在加热时，能将氢还原为 H^-，形成盐型氢化物。它们与冷水、稀酸发生剧烈反应，并放出氢气。钾比钠更活泼。

2. 钠和钾的化合物

(1) 钠在空气中燃烧，生成过氧化钠。过氧化钠同水、稀酸反应放出氧气。

(2) 氢氧化钠是易溶的强碱，有很强的腐蚀性。工业上用电解食盐水溶液的方法生产氢氧化钠。

(3) 钠盐和钾盐一般都是无色或白色的固体物质。它们具有易溶于水，熔点高、热稳定性强（硝酸盐除外）等特点。

3. 钙、镁及其化合物

(1) 镁是相当活泼的金属，在空气中表面生成一层致密的氧化膜，保护内层不再被空气氧化。

镁在空气中燃烧能发出很强的白光，加热时能够和大多数非金属直接化合，跟水、稀酸发生置换反应，放出氢气。

(2) 钙是比镁还要活泼的金属。在空气中迅速被氧化，生成一种松脆的氧化膜，不起保护内层金属的作用，所以要密闭保存。

加热时钙能和大多数非金属直接化合，钙和冷水能迅速反应，和酸的反应更为剧烈。

(3) 钙和镁的几种化合物

名　称	化 学 式	性　质	用　途	制法及来源
氧化镁	MgO	白色粉末，熔点很高	耐火材料	煅烧菱镁矿
氧化钙	CaO	白色固体，熔点很高	建筑材料	煅烧石灰石
氢氧化钙	$Ca(OH)_2$	白色粉末，微溶于水	建筑材料、制漂白粉、制纯碱的辅助材料	石灰加水
碳酸钙	$CaCO_3$	白色固体难溶于水，能溶于含二氧化碳的水	炼铁炼钢的溶剂，制玻璃、水泥、纯碱、电石等的原料	是石灰石、白垩粉的主要成分

4. 焰色反应　多种金属及其化合物在灼烧时，呈现特殊颜色的现象叫颜色反应。Na、K、Ca 均有焰色反应。

5. 硬水　含较多 Ca^{2+} 和 Mg^{2+} 的水叫硬水。

暂时硬水　含碳酸氢钙和碳酸氢镁经煮沸就能软化的水叫暂时硬水。

永久硬水　含有 Ca^{2+} 和 Mg^{2+} 的硫酸盐和氯化物的水叫永久硬水。

工业用水要进行适当的处理，除去或减少硬水中的 Ca^{2+} 和 Mg^{2+}，降低水的硬度，这叫硬水的软化。

硬水的软化方法有煮沸法、石灰纯碱法和离子交换法。

二、铝、锡、铅及其重要化合物

1. 铝及其重要化合物

(1) 铝是导电能力强的轻金属常温下，它在空气、水和冷浓硫酸、浓硝酸中很稳定；高温时和氧剧烈反应，他和卤素、酸、碱均能作用。

(2) 氧化铝和氢氧化铝都是两性化合物。它们既溶于酸，又溶于碱，生成铝盐或铝酸盐。

(3) 铝盐。强酸的铝盐如 $Al_2(SO_4)_3$ 等，易水解，溶液呈酸性。弱酸的铝盐在水中强烈水解，难以在溶液中存在。所以这类盐只能用干法来制取。

2. 锡、铅的氧化物及氢氧化物均具有两性，低氧化态物质两性偏碱，高氧化态物质两性偏酸。

Sn(Ⅱ) 在碱性溶液中的还原性比酸性溶液中强，Pb(Ⅳ)具有氧化性；Sn(Ⅱ) 盐易水解，Pb(Ⅱ) 盐水解不显著，大多数 Pb(Ⅱ) 化合物难溶；锡、铅形成的难溶于水的有色硫化物，在不同试剂中的溶解性各异。

三、铜、银、锌、镉、汞及其重要化合物

1. 铜可形成氧化数为+1 和+2 的化合物，Cu(Ⅱ) 化合物较为常见。

Cu^+ 离子在水溶液中易发生歧化反应，若使 Cu(Ⅰ) 生成沉淀或配合物，便可在溶液中稳定存在。Cu(Ⅰ)与 Cu(Ⅱ) 均可形成相应的氧化物与氢氧化物，$Cu(OH)_2$ 的稳定性强于 CuOH，前者稍有两性。

Cu(Ⅰ) 盐中，氯化亚铜较为重要，它的制备是多种平衡的综合过程；Cu(Ⅱ) 盐较为重要的是硫酸铜与氯化铜。Cu(Ⅰ)、Cu(Ⅱ) 还可与多种配体形成配合物，铜的两种不同氧化数的物质在一定条件下可以相互转化。

2. 可溶性银盐与强碱作用得到氧化银。硝酸银是最重要的可溶性银盐，其固体受热分解，水溶液具有氧化性，与不同配体作用形成多种配合物。卤化银见光易分解。卤化银中只有氟化银易溶。

3. 锌、镉、汞均可形成氧化数为+2 的化合物，汞还可生成氧化数为+1 的化合物。

Zn^{2+}、Cd^{2+}、Hg^{2+} 与强碱作用，产物并非都是氢氧化物，后者生成氧化汞；$Zn(OH)_2$ 两性明显，$Cd(OH)_2$ 略显两性，HgO 显弱碱性。

锌、镉的氯化物易溶，汞的氯化物溶解性较小。酸性溶液中，$HgCl_2$ 有较强氧化性。锌、镉、汞颜色不同的硫化物皆难溶，且溶解度依次递减。Hg(Ⅰ) 与 Hg(Ⅱ) 的硝酸盐易溶，向它们的溶液中加入某种使之产生沉淀的离子且过量时，难溶的汞盐因生成配离子而溶解。亚汞盐能发生歧化反应，有黑色的汞生成。Hg(Ⅰ) 与 Hg(Ⅱ) 在一定条件下也可相互转化。锌、镉、汞可与多种配体作用，生成配合物。

四、铁、锰、铬、钼、钴、镍及其重要化合物

1. 铁、钴、镍及其重要化合物

铁、钴、镍同属第Ⅷ族元素，它们的性质相近，都能形成+2 和+3 价态的化合物。它们的化合物性质相似，如+2 价态的氧化物都是难溶于水的碱性氧化物；+3 价态的氧化物都是难溶于水的两性偏碱的氧化物；+2 价态的氢氧化物都是难溶于水的显弱碱性的氢氧化物；+3 价态的氢氧化物都是难溶于水的两性偏碱的氢氧化物；+2 价态的盐类均易溶于水，且同一种酸形成的盐的结晶水合物所含结晶水的数目相同等。但它们的性质也有差异，最突出的是高价态的铁是稳定的，而高价态的钴和镍则不太稳定或很不稳定；低价态的铁不太稳定，而低价态的钴和镍则比较稳定。

铁、钴、镍的离子可形成很多配合物。如 $[FeF_6]^{3-}$、$[CoF_6]^{3-}$、$[Fe(NCS)_6]^{3-}$、$[Co(NCS)_4]^{2-}$、$[Fe(CN)_6]^{4-}$、$[Fe(CN)_6]^{3-}$、$[Ni(NH_3)_6]^{2+}$ 等，这些配合物的形成常用于干扰离子的掩蔽和离子的鉴定。

2. 铬、锰及其重要化合物

铬是银白色的金属，抗腐蚀能力强，故常作为镀层金属和用于制不锈钢。

铬的化合物是五颜六色的。铬的化合物主要为+3价态和+6价态，+6价态的铬的化合物表现出较强的氧化性。$K_2Cr_2O_7$ 是一种重要的氧化剂。

CrO_4^{2-} 和 $Cr_2O_7^{2-}$ 在溶液中可由于酸碱性的改变而相互转化。

锰是银灰色的金属，主要用于制造坚韧的锰钢。锰有多种价态的化合物，主要是+2、+4、+7价态。+2价态的锰盐在酸性介质中比较稳定。+4价态的 MnO_2 是锰矿的主要成分。+7价态的 $KMnO_4$ 是重要的氧化剂，它在不同的介质中显示不同的氧化能力，在酸性介质中氧化性最强。

$K_2Cr_2O_7$ 和 $KMnO_4$ 在分析上都可以用于铁的测定。

钼是有光泽的白色金属，其表面上易形成氧化膜而呈钝态。钼主要用于冶炼特种合金钢如耐热钢。钼在化合物表现的氧化数为+2、+3、+4、+5、+6，其中以+6价的钼的化合物最为稳定。

思考题与习题

1. 填空题

(1) 钠、钾、钙的氯化物在无色火焰中燃烧时，火焰的颜色分别为________色。

(2) Na_2O_2 与稀 H_2SO_4 反应的产物是________，KO_2 与 CO_2 反应的产物是________。

(3) 配置 $SnCl_2$ 溶液时应加入________和________，其目的分别是为了________和________。

(4) 铅丹的化学式为________，其中铅的最高氧化数为________，它与 HNO_3 反应的主要产物是________和________。

(5) $CrCl_3$ 溶液与氨水反应生成________色的________，该产物与 NaOH 溶液作用生成________色的________。

(6) 锰在自然界主要以________的形式存在。锰有氧化数从________到________的化合物，在酸性溶液中 Mn(Ⅱ)的还原性较________。

(7) 高锰酸钾是强________，它在酸性溶液中与 H_2O_2 反应的主要产物是________，它在中性或弱碱性溶液中与 Na_2SO_3 反应的产物为________和________。

(8) 在强碱性条件下，$KMnO_4$ 溶液与 MnO_2 反应生成________色的________；在该产物中加入 H_2SO_4 后生成________色的________和________色的________。

(9) 既可以用来鉴定 Fe^{3+}，也可以用来鉴定 Co^{2+} 的试剂是________；既可以用来鉴定 Fe^{3+}，也可以用来鉴定 Cu^{2+} 的试剂是________。

(10) 用于鉴定 Ni^{2+} 的试剂是________，鉴定反应需在________性溶液中进行，反应现象为生成________。

(11) 实验室使用变色硅胶中含有少量的________。烘干后的硅胶呈________色，实际呈现的是________的颜色。吸水后的硅胶呈现________色，这实际上是________的颜色。

(12) 硫酸铜晶体俗称为________，其化学式为________。它受热时将会________得到________色的________。

(13) 将盛有 $[Ag(NH_3)_2]^+$ 溶液及葡萄糖的试管在水浴中加热后产生________反应。

(14) 鉴定 Zn^{2+} 的方法是在溶液中加入________，反应现象是水溶液中生成________色的________。

2. 选择题

(1) 下列反应能得到 Na_2O 的是（　　）。

A. 钠在空气中燃烧　　B. 加热 $NaNO_3$ 至 271℃

C. 加热 Na_2CO_3 至 851℃　　D. Na_2O_2 与 Na 作用

(2) 下列物质中，能存在于 $SnCl_2$ 与过量 NaOH 溶液中的是（　　）。

A. SnO　　B. $Sn(OH)_2$

C. SnO_2　　D. $[Sn(OH)_4]^{2-}$

(3) 下列离子与过量的 KI 溶液反应只得到澄清的无色溶液的是（　　）。

A. Cu^{2+}　B. Fe^{3+}　C. Hg^{2+}　D. Hg_2^{2+}

(4) 在含有下列物种的溶液中分别加入 Na_2S 溶液，发生特征反应用于离子鉴定的是（　）。

A. $[Cu(NH_3)_4]^{2+}$　B. Hg^{2+}

C. Hg_2^{2+}　D. Cd^{2+}

(5) 除去 $ZnSO_4$ 溶液中所含的少量 $CuSO_4$，最好选用下列试剂中的（　）。

A. $NH_3 \cdot H_2O$　B. NaOH　C. Zn　D. H_2S

(6) 下列金属与相应的盐可以发生反应的是（　）。

A. Fe 和 Fe^{2+}　B. Cu 和 Cu^{2+}

C. Hg 和 Hg^{2+}　D. Zn 和 Zn^{2+}

(7) 在含有 Al^{3+}、Hg_2^{2+}、Cu^{2+}、Ag^+ 离子的溶液中加入稀盐酸，发生反应的离子是(　)。

A. Al^{3+} 和 Cu^{2+}　B. Hg_2^{2+} 和 Al^{3+}

C. Hg_2^{2+} 和 Ag^+　D. Cu^{2+} 和 Ag^+

(8) 下列铬的物种中，还原性最差的是（　）。

A. Cr^{2+}　B. Cr^{3+}　C. $Cr(OH)_3$　D. $[Cr(OH)_4]^-$

(9) 下列物质与 $K_2Cr_2O_7$ 溶液反应没有沉淀生成的是（　）。

A. H_2S　B. KI　C. H_2O_2　D. $AgNO_3$

(10) MnO_2 可以溶于下列溶液中的（　）。

A. 稀 HCl　B. HAc　C. 稀 NaOH　D. 浓 H_2SO_4

(11) 下列锰的化合物中，在酸性溶液中发生歧化反应的是（　）。

A. MnO_4^{2-}　B. MnO_2　C. MnO_4^-　D. Mn^{2+}

(12) 下列物质不易被空气中的 O_2 氧化的是（　）。

A. $Mn(OH)_2$　B. $Ni(OH)_2$　C. Fe^{2+}　D. $[Co(NH_3)_6]^{2+}$

(13) 要配置标准的溶液，最好的方法是将（　）。

A. 硫酸亚铁铵溶于水　B. $FeCl_2$ 溶于水

C. 铁钉溶于水　D. $FeCl_3$ 与铁屑反应

(14) 在含有下列离子的溶液中分别通入 H_2S，有硫化物沉淀生成的是（　）。

A. Mn^{2+}　B. Fe^{3+}　C. Ni^{2+}　D. $[Ag(NH_3)_2]^+$

(15) 下列氢氧化物中溶于浓盐酸能发生氧化还原反应的是（　）。

A. $Fe(OH)_3$　B. $Co(OH)_3$　C. $Cr(OH)_3$　D. $Mn(OH)_2$

(16) 下列试剂中，不能与 $FeCl_3$ 溶液反应的是（　）。

A. Fe　B. Cu　C. KI　D. $SnCl_4$

(17) 下列化合物中，具有两性的是（　）。

A. $Cu(OH)_2$　B. MnO_2　C. $Zn(OH)_2$　D. $Cr(OH)_3$　E. $Fe(OH)_3$

3. 推断反应产物，并配平反应方程式

(1) $Na_2O_2 + CO_2 \longrightarrow$

(2) $Ca(OH)_2(aq) + CO_2 \longrightarrow$

(3) $Na[Al(OH)_4] + NH_4Cl \longrightarrow$

(4) $Cu^{2+} + [Fe(CN)_6]^{4-} \longrightarrow$

(5) $HgCl_2 + SnCl_2 \longrightarrow$

(6) $AgBr + HBr \longrightarrow$

(7) $K_2Cr_2O_7 + SnCl_2 + HCl \longrightarrow$

(8) $Pb(OH)_2 + OH^-$(过量)$\longrightarrow$

(9) $Zn(OH)_2 + NH_3 \longrightarrow$

(10) $KMnO_4 + FeSO_4 + H_2SO_4 \longrightarrow$

(11) $Co(OH)_3 + HCl \longrightarrow$

(12) $MoO_3 + NaOH \longrightarrow$

4. 简答题

（1）某金属(A)与水反应激烈，生成的产物(B)呈碱性。(B)与溶液(C)反应得到溶液(D)，(D)在无色火焰中燃烧呈黄色焰色。在(D)中加入 $AgNO_3$ 溶液有白色沉淀(E)生成，(E)可溶于氨水溶液。一黄色粉末状物质(F)与(A)反应生成(G)，(G)溶于水得到(B)。(F)溶于水则得到(B)和(H)的混合溶液，(H)的酸性溶液使高锰酸钾溶液退色，并放出气体(I)。试确定各字母所代表的物质，并写出有关的反应方程式。

（2）某金属(A)在空气中燃烧时火焰为橙黄色，反应产物为(B)和(C)的固体混合物。该混合物与水反应生成(D)并放出气体(E)。(E)可使红色石蕊试纸变蓝，(D)的水溶液使酚酞变红。试确定各字母所代表的物质，并写出有关的反应方程式。

（3）下列物质均为白色固体，试用较简单的方法，较少的实验步骤和常用试剂区别它们，并写出现象和有关反应方程式。

$$Na_2CO_3、Na_2SO_4、MgCO_3、Mg(OH)_2、CaCl_2$$

（4）如何分别鉴定溶液中的 Sn^{2+} 和 Pb^{2+}？

（5）有一瓶水，试用简便方法鉴别它是硬水还是软水？如果是硬水，怎样分辨它是暂时硬水还是永久硬水。

（6）Fe^{3+}、Fe^{2+}、Co^{2+}、Ni^{2+}、Cu^{2+}、Ag^{+}、Zn^{2+}、Cd^{2+}、Hg^{2+}、Hg_2^{2+} 中，哪些离子与适量的氨水反应生成氢氧化物沉淀？哪些离子与适量的氨水反应生成相应的碱式盐？哪些离子可与 NH_3 形成配合物？

（7）写出下列各字母所代表的物质和有关反应方程式。

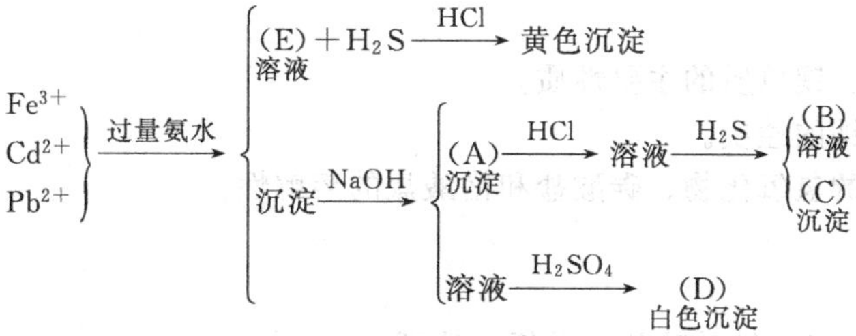

（8）溶液中含有 Fe^{3+} 和 Co^{2+}，如何将它们分离并鉴定？

（9）如何分离溶液中的 Al^{3+}、Cr^{3+} 和 Fe^{3+}？

（10）在 $K_2Cr_2O_7$ 的饱和溶液中加入浓硫酸并加热到 200℃时，发现溶液的颜色为蓝绿色，经检查反应开始时溶液中并无任何还原剂存在，试说明上述变化的原因。

（11）某黑色过渡金属(A)溶于浓盐酸后得到绿色溶液(B)和气体(C)。(C)能是湿润的 KI-淀粉试纸变蓝。(B)与 NaOH 溶液反应生成苹果绿色沉淀(D)。(D)可溶于氨水得到蓝紫色溶液(E)，再加入丁二酮肟溶液则生成鲜红色沉淀。试确定各字母所代表的物质，写出有关的反应方程式。

（12）Cu(Ⅰ)与 Cu(Ⅱ)如何相互转化？

（13）为什么在 AgCl 饱和溶液中，加入少量的 Cl^-，可以使 AgCl 的溶解度减小；加入大量的 Cl^- 离子，反而使 AgCl 的溶解度增大？

（14）Hg(Ⅰ)与 Hg(Ⅱ)如何相互转化？

（15）Cr(Ⅲ)与 Cr(Ⅵ)如何相互转化？

（16）铬的某化合物(A)是橙红色溶于水的固体，将(A)用浓 HCl 处理，产生黄绿色刺激性气体(B)和生成暗绿色溶液(C)，在(C)中加入 KOH 溶液，先生成灰蓝色沉淀(D)，继续加入过量的 KOH 溶液，则沉淀消失，变成绿色溶液(E)。在(E)中加入 H_2O_2，加热，则生成黄色溶液(F)，(F)用稀酸酸化，又变为原来的化合物(A)的溶液。问字母所代表的各是什么物质？写出各步变化的化学方程式。

（17）Mn^{2+}、MnO_2、MnO_4^{2-}、MnO_4^- 各是什么颜色？如何鉴别 Mn^{2+}？

（18）Fe(Ⅱ)与 Fe(Ⅲ)如何相互转化？

（19）用盐酸处理 $Fe(OH)_3$、$Co(OH)_3$、$Ni(OH)_3$ 三种沉淀，分别有何现象？写出反应方程式。

（20）现有 $SnCl_2$、$AgNO_3$、$Hg(NO_3)_2$ 三瓶失去标签的无色溶液，不用其他试剂，通过实验贴上标签。

（21）在含有 Fe^{2+}、Co^{2+}、Ni^{2+} 的溶液中，分别加入 NaOH 溶液，各有何现象？在空气中放置一段时间后又有何变化？试解释之。

5. 计算题

(1) 由下列实验数据确定某水合硫酸亚铁盐的化学式。

① 将 0.7840g 某亚铁盐强烈加热至质量恒定，得到 0.1600g 氧化铁（Ⅲ）。

② 将 0.7840g 此亚铁盐溶于水，加入过量的氯化钡溶液，得到 0.9336g 硫酸钡。

③ 含有 0.3920g 此亚铁盐的溶液与过量的 NaOH 溶液煮沸，释放出氨气。用 50.0mL 0.10mol/L 盐酸溶液吸收。与氨反应后剩余的过量的酸需要 30.0mL 0.10mol/L NaOH 溶液中和。

(2) 1.000g 铝黄铜（含铜、锌、铝）与 0.100mol/L 硫酸反应。25℃和 101.325kPa 时测得放出的氢气体积为 149.3mL。相同质量的试样溶于热的浓硫酸，25℃和 101.325kPa 时得到 411.0mL SO_2。求此铝黄铜中的各组分元素的质量分数。

(3) 在过量氧气中加热 2.00g 铅，得到红色粉末。将其用硝酸处理，形成棕色粉末，过滤并干燥。在滤液中加入碘化钾溶液，生成黄色沉淀。写出每一步反应方程式，并计算最多能得到多少克棕色粉末和黄色沉淀。

(4) 根据锰的有关电对的 $E^{\ominus}$，估计 Mn^{3+} 在 $c(H^+)=1.0mol/L$ 时能否歧化为 MnO_2 和 Mn^{2+}。若 Mn^{3+} 能歧化，计算此反应的标准平衡常数。

实验 10-1　钾、钠、镁、钙及其重要化合物的性质

一、实验目的

1. 掌握钾、钠、镁单质的主要性质。

2. 了解过氧化钠的性质。

3. 比较镁、钙的氢氧化物、碳酸盐和铬酸盐的溶解性。

二、实验用品

1. 仪器

坩埚，镊子，铂丝，钴玻璃片，砂纸，滤纸。

2. 药品（未注明的单位均为 mol/L）

HCl(2.0)，HAc(2.0)，HNO_3(浓)，NaOH(2.0)，NaCl(0.5)，KCl(0.5)，$CaCl_2$(0.5)，$MgCl_2$(0.5)，Na_2SO_4(0.5)，Na_2CO_3(0.5)，K_2CrO_4(0.5)，酚酞试液，钠，钾，镁条。

三、实验内容

1. 钠和钾的性质

(1) 钠与氧的作用　用镊子取一小块金属钠，用滤纸吸干表面的煤油，用小刀切开，观察新断面颜色的变化。写出反应方程式。

除去金属钠表面氧化层，立即放入坩埚中，加热到钠开始燃烧时停止加热，观察反应情况和产物的颜色、状态。写出反应方程式。

(2) 钠、钾与水的作用　分别取绿豆粒大小的金属钠和钾，用滤纸吸干煤油，再分别放入盛有水的小烧杯中（事先滴入 1 滴酚酞试液）。为了安全，事先准备好一个合适的漏斗，当钾放入水中时，立即倒扣在烧杯上。观察反应情况有何不同。写出反应方程式。

2. 过氧化物的性质

将实验 1 (1) 中的反应物转入干燥的试管中，加入少量水（反应放热，需将试管放在冷水中）。检验是否有氧气放出，然后用酚酞试液检验溶液是否呈碱性。写出反应方程式。

3. 金属镁的性质

(1) 镁在空气中燃烧　取一小条镁，用砂纸擦去表面的氧化膜，点燃，观察燃烧情况和

产物的颜色、状态。将产物转移到试管中，试验其在水中和 2mol/L HCl 溶液中的溶解性。写出有关的反应方程式。

(2) 镁与水的反应 取一小段镁条，用砂纸擦去表面氧化膜，放入试管中，加入少量冷水，观察反应是否发生。把试管加热至沸腾，观察镁条在沸水中的反应情况。写出反应方程式。

综合实验 1、实验 3 的结果，比较钾、钠、镁的活泼性。

4. 镁、钙的氢氧化物及盐类的水解

(1) 在两支试管中分别加入 1mL 浓度均为 0.5mol/L 的 $CaCl_2$ 和 $MgCl_2$ 溶液，再各加入 1mL 2mol/L NaOH 溶液（新配制），观察产物颜色和状态。静置沉降，弃去清液，分别试验沉淀与 2mol/L NaOH 溶液、2mol/L HCl 溶液的作用。写出反应方程式。

(2) 在两支试管中分别加入 0.5mL 浓度均为 0.5mol/L 的 $CaCl_2$ 和 $MgCl_2$ 溶液，再各加入 0.5mL 0.5mol/L Na_2CO_3 溶液，观察现象。试验沉淀是否溶于与 2mol/L HAc 溶液。写出反应方程式。

(3) 在两支试管中分别加入 1mL 浓度均为 0.5mol/L 的 $CaCl_2$ 和 $MgCl_2$ 溶液，再各加入 1mL 0.5mol/L Na_2SO_4 溶液，观察现象。试验各沉淀与浓 HNO_3 溶液的作用。写出反应方程式。

(4) 在两支试管中分别加入 0.5mL 0.5mol/L$CaCl_2$ 和 $MgCl_2$ 溶液，再各加入 0.5mL 0.5mol/L K_2CrO_4 溶液，观察现象。试验沉淀是否溶于与 2mol/L HAc 溶液和 2mol/L HCl 溶液。写出有关反应方程式。

5. 焰色反应

将铂丝或镍丝顶端小圆环蘸上浓盐酸，在氧化焰中烧至近无色，再蘸上 5mol/L NaCl、KCl、$CaCl_2$ 溶液，在氧化焰中灼烧，观察火焰颜色。观察钾盐颜色时，借助于钴玻璃片。

四、思考题

1. 金属钾、钠为什么要保存在煤油中？若实验中不慎失火，应如何扑灭？

2. 过氧化钠与水作用实验，为什么必须在冷水条件下进行？

实验 10-2 铝、锡、铅及其重要化合物的性质

一、实验目的

1. 掌握铝和氢氧化铝的两性。
2. 掌握铝与水的作用和铝盐的水解。
3. 了解 Sn（Ⅱ）和 Pb（Ⅱ）氢氧化物的生成和酸碱性。
4. 理解二价锡盐的水解。
5. 了解 Pb（Ⅳ）和 Sn（Ⅱ）氧化还原性。

二、实验用品

1. 仪器

试管，离心试管，离心机，烧杯，酒精灯。

2. 药品（未注明的单位均为 mol/L）

HCl(2.0，浓)，H_2SO_4(0.1，浓)，HNO_3(3.0，6.0)，NaOH(2.0，6.0)，$NH_3 \cdot H_2O$(6.0)，$Al_2(SO_4)_3$(0.5)，Na_2S(0.5)，$Hg(NO_3)_2$(0.1)，$SnCl_2$(0.1)，$Pb(NO_3)_2$

(0.1，1.0)，KI(0.1)，K_2CrO_4(0.1)，HAc(6.0)，NaAc(饱和)，$MnSO_4$(0.1)，$KMnO_4$(0.1)，$SnCl_2 \cdot 2H_2O$ 晶体，PbO_2(固体)，铝片，甘油，pH 试纸，砂纸，滤纸。

三、实验内容

1. 铝和氢氧化铝的两性

(1) 在两支试管中，各放入一小铝片，分别加入 2mL 2.0mol/L HCl 溶液和 2mL 6.0mol/LNaOH溶液，观察现象。写出反应方程式。

(2) 取一小片铝，用 3～4mL 6.0mol/L NaOH 溶液浸泡 1～2min，去掉铝片表面的氧化膜后，取出并用水冲洗干净，再将其放入 0.1mol/L $Hg(NO_3)_2$ 溶液中浸泡（约 1min），当铝片上有少量汞析出（表面失去光泽）时，取出铝片，用滤纸吸干其表面。将铝片置于干燥的滤纸或玻璃片上，观察现象，并说明原因，写出反应方程式。

(3) 在两支试管中，各加入 2mL 0.5mol/L $Al_2(SO_4)_3$ 溶液，均逐滴加入 6.0mol/L $NH_3 \cdot H_2O$，观察白色胶状沉淀的生成。然后再分别滴加 2.0mol/L HCl 溶液和 6.0mol/L NaOH 溶液，观察沉淀是否溶解。写出反应方程式。

2. 铝与水的反应

取一小块铝片，用砂纸擦去其表面的氧化膜后放入试管，加入少量水，加热，观察现象。写出反应方程式。

3. 铝盐的水解

(1) 用 pH 试纸检验 0.5mol/L $Al_2(SO_4)_3$ 溶液的酸碱性，并加以说明。

(2) 在试管中加入 2mL 0.5mol/L $Al_2(SO_4)_3$ 溶液，迅速加入 3～5mL 0.5mol/L Na_2S 溶液，振荡，仔细观察现象。写出反应方程式。并说明生成的沉淀是 $Al(OH)_3$ 而不是 Al_2S_3，解释沉淀消失的原因。

4. 二价锡、铅氢氧化物的生成及酸碱性

(1) 在离心试管中加入 1mL 0.1mol/L $SnCl_2$ 溶液，再逐滴加入 2mol/L NaOH 则成白色沉淀。离心分离，弃去上层清液。将沉淀分为两份（也可在一开始就做同样两份，这样更方便），分别加入 2mol/L HCl 溶液和 2mol/L NaOH 溶液，观察现象。写出反应方程式。

(2) 在离心试管中加入 1mL 0.1mol/L $Pb(NO_3)_2$ 溶液，滴加 2mol/L NaOH 溶液至生成大量 $Pb(OH)_2$ 沉淀为止。离心分离，弃去上层清液。将沉淀分为两份，分别加入 3mol/L HNO_3溶液和 2mol/L NaOH 溶液，观察现象。写出反应方程式。

通过 (1) 和 (2)，对 $Sn(OH)_2$ 和 $Pb(OH)_2$ 的酸碱性进行比较并做出结论。

5. 二价锡盐的水解

(1) 取绿豆大小的 $SnCl_2 \cdot 2H_2O$ 晶体于试管中，加入少量水溶解，放置 2～3min，观察现象。写出反应方程式。

(2) 取绿豆大小的 $SnCl_2 \cdot 2H_2O$ 晶体于试管中，滴入浓盐酸，待其全部溶解后，再以少量水稀释。观察与实验 (1) 的结果有何不同，并加以解释。

6. 铅的难溶盐

(1) 在试管中加入 1mL 0.1mol/L $Pb(NO_3)_2$ 溶液，再滴加 2mol/LHCl 溶液，观察白色 $PbCl_2$ 沉淀的生成。将试管加热、冷却，观察现象。说明温度对 $PbCl_2$ 溶解度的影响。

(2) 在试管中加入 1mL 0.1mol/L $Pb(NO_3)_2$ 溶液，再滴加 0.1mol/L KI 溶液，观察黄色 PbI_2 沉淀的生成。然后将试管加热，观察 PbI_2 溶解度变化情况。

(3) 在两支试管中，各加入 1mL 0.1mol/L $Pb(NO_3)_2$ 溶液，再滴加 0.1mol/L K_2CrO_4 溶液，观察黄色 $PbCrO_4$ 沉淀的生成。然后再分别滴加 6mol/L HNO_3 溶液和 6mol/L HAc 溶液，观察两支试管中沉淀的溶解情况有何不同。

(4) 在离心试管中，加入 1mol/L $Pb(NO_3)_2$ 溶液，再滴加 0.1mol/L H_2SO_4 溶液，观

察白色 $PbSO_4$ 沉淀的生成。离心分离，弃去上层清液。将沉淀分为两份，分别加入 2mol/L NaOH 溶液和饱和 NaAc 溶液，观察沉淀的溶解情况。反应方程式为

$$PbSO_4 + 2NaAc \longrightarrow Na_2SO_4 + \underset{\text{(弱电解质)}}{PbAc_2}$$

$$PbSO_4 + 3NaOH \longrightarrow Na[Pb(OH)_3] + Na_2SO_4$$

或 $$PbSO_4 + 3OH^- \longrightarrow [Pb(OH)_3]^- + SO_4^{2-}$$

7. 四价铅的氧化性和二价锡的还原性

（1）在试管中加入黄豆大小的固体 PbO_2（取样不宜过多）和 1～2mL 浓盐酸，观察 PbO_2 的溶解并检验生成的气体（此实验宜在通风橱内进行）。写出反应方程式。

（2）在试管中加入 2mL 2mol/L H_2SO_4 溶液和 1 滴 0.1mol/L $MnSO_4$ 溶液，然后加入绿豆大小的固体 PbO_2，在水浴中加热，观察溶液颜色的变化。反应方程式为

$$5PbO_2 + 2MnSO_4 + 3H_2SO_4 \longrightarrow 5PbSO_4 + 2HMnO_4 + 2H_2O$$

（3）在试管中加入 1mL 0.1mol/L $KMnO_4$ 溶液和 2mL 2mol/L HCl 溶液，再滴加 0.1mol/L $SnCl_2$ 溶液，观察 $KMnO_4$ 溶液颜色褪去。写出反应方程式。

（4）在试管中加入 1mL 0.1mol/L $HgCl_2$（有毒）溶液，再逐滴加入 0.1mol/L $SnCl_2$ 溶液，观察白色溶液的沉淀的生成。继续滴加 $SnCl_2$ 溶液，溶液由白色变为黑色。写出反应方程式。

四、思考题

1. 用 $Al(OH)_3$ 的电离平衡式说明铝盐、氢氧化铝和偏铝酸盐之间的转化。

2. 在 2mL 0.5mol/L $Al_2(SO_4)_3$ 溶液中，逐滴加入 0.5mol/L NaOH 溶液，和在 2mL 0.5mol/L NaOH溶液中，逐滴加入 0.5mol/L $Al_2(SO_4)_3$ 溶液，现象是否会相同？为什么？

3. 如何分离 Al^{3+} 和 Fe^{3+} 的混合物？

4. 用 $Al_2(SO_4)_3$ 溶液和 Na_2CO_3 溶液反应是否能制得 $Al_2(CO_3)_3$？为什么？写出有关的反应方程式。

5. 在实验 $Pb(OH)_2$ 的两性时，是否可以使其分别与 NaOH 溶液和 HCl 溶液反应？为什么？

6. 怎样配制 $SnCl_2$ 溶液？实验室配制 $SnCl_2$ 溶液时，为什么要先加浓盐酸再稀释，并且加入锡粒？

7. 举例说明 PbO_2 的氧化性和 $SnCl_2$ 的还原性。

实验 10-3 铜、银、锌、汞及其重要化合物的性质

一、实验目的

1. 熟悉 Cu^{2+}、Ag^+、Zn^{2+}、Hg^{2+} 与氢氧化钠、氨水、硫化氢的反应。

2. 熟悉 Cu^{2+}、Ag^+、Hg^{2+} 与碘化钾的反应，以及它们的氧化性。

二、实验用品

1. 仪器

离心试管，离心机，水浴锅。

2. 药品（未注明的单位均为 mol/L）

H_2SO_4（2.0），HCl（2.0，6.0），HNO_3（6.0），H_2S（饱和），NaOH（0.1，2.0，6.0），$NH_3 \cdot H_2O$（2.0，6.0），$HgCl_2$（0.1），KI（0.1），$CuSO_4$（0.1），$BaCl_2$（0.1），

$FeCl_3$（0.1，1.0），NaF（1.0），KSCN（0.1，0.5），$ZnSO_4$（0.1），$AgNO_3$（0.1），$Hg(NO_3)_2$（0.1），$SnCl_2$（0.1），NaCl（0.1），$Na_2S_2O_3$（0.1），NH_4Cl（0.1），淀粉溶液（0.2%），甲醛（2%），CCl_4。

三、实验内容

1. Cu^{2+}、Zn^{2+}、Ag^+、Hg^{2+}与氢氧化钠的反应

(1) 取三支试管，均加入 1mL 0.1mol/L $CuSO_4$ 溶液，并滴加 2mol/L NaOH 溶液，观察$Cu(OH)_2$沉淀的颜色。然后进行下列实验。

第一支试管中滴加 2.0mol/L H_2SO_4 溶液，观察现象。写出化学应方程式；

第二支试管中加入过量的 6mol/L NaOH 溶液，振荡试管，观察现象。写出化学方程式。

将第三支试管加热，观察现象。写出反应方程式。

(2) 取两支试管，均加入 1mL 0.1mol/L $ZnSO_4$ 溶液，并滴加 2mol/L NaOH 溶液（不要过量），观察 $Zn(OH)_2$ 沉淀的颜色。然后在一支试管中滴加 2mol/L HCl 溶液，在另一支试管中滴加 2mol/L NaOH 溶液，观察现象。写出反应方程式。

比较 $Cu(OH)_2$ 和 $Zn(OH)_2$ 的两性。

(3) 在试管中加入 5 滴 0.1mol/L $AgNO_3$ 溶液，然后逐滴加入新配制的 2mol/L NaOH 溶液，观察产物的状态和颜色，写出反应方程式。

(4) 在试管中加入 10 滴 0.1mol/L $Hg(NO_3)_2$ 溶液，然后滴加 2mol/L NaOH 溶液，观察产物的状态和颜色。写出反应方程式。

2. Cu^{2+}、Zn^{2+}、Ag^+、Hg^{2+}与氨水的反应

(1) 在试管中加入 1mL 0.1mol/L $CuSO_4$ 溶液，逐滴加入 6mol/L $NH_3 \cdot H_2O$，观察沉淀的产生。继续滴加 6mol/L $NH_3 \cdot H_2O$ 至沉淀溶解。写出反应方程式。

将上述溶液分为两份。一份滴加 6mol/L NaOH 溶液，另一份滴加 2mol/L H_2SO_4 溶液，观察沉淀重新生成。写出反应方程式并说明配位平衡的移动情况。

(2) 在试管中加入 1mL 0.1mol/L $ZnSO_4$ 溶液，并滴加 2mol/L $NH_3 \cdot H_2O$，观察沉淀的产生。继续滴加 2mol/L $NH_3 \cdot H_2O$ 至沉淀溶解。写出反应方程式。

将上述溶液分成两份，一份加热至沸腾，另一份逐滴加入 2mol/L HCl 溶液，观察现象。写出反应方程式。

(3) 在试管中加入 5 滴 0.1mol/L $AgNO_3$ 溶液，再滴加 5 滴 0.1mol/L NaCl 溶液，观察白色沉淀的产生。然后滴加 6mol/L $NH_3 \cdot H_2O$ 至沉淀溶解。写出反应方程式。

(4) 在试管中加入 5 滴 0.1mol/L $Hg(NO_3)_2$ 溶液，并滴加 2mol/L $NH_3 \cdot H_2O$，观察沉淀的产生。加入过量的 $NH_3 \cdot H_2O$，沉淀是否溶解？

3. Cu^{2+}、Zn^{2+}、Ag^+、Hg^{2+}与硫化氢的反应

取四支试管，分别加入 0.5mL 0.1mol/L $CuSO_4$、0.1mol/L $ZnSO_4$、0.1mol/L $AgNO_3$、0.1mol/L $Hg(NO_3)_2$溶液，再各滴加饱和 H_2S 水溶液，观察它们反应后生成沉淀的颜色。然后依次试验这些沉淀与 6mol/L HCl 溶液和 6mol/L HNO_3 溶液作用的情况。

铜、银、锌、汞的硫化物中，ZnS 可溶于盐酸，Ag_2S 和 CuS 不溶于盐酸，可溶于 HNO_3。HgS 既不溶于盐酸，也不溶于 HNO_3，只能溶于王水。其反应方程式为

$$3HgS + 2HNO_3 + 12HCl \longrightarrow 3H_2[HgCl_4] + 2NO\uparrow + 3S\downarrow + 4H_2O$$

4. Cu^{2+}、Ag^+、Hg^{2+}与碘化钾溶液的反应

(1) 在离心试管中，加入 5 滴 0.1mol/L $CuSO_4$ 溶液和 1mL 0.1mol/L KI 溶液，观察沉淀的产生及颜色，离心分离，在清液中滴加 1 滴淀粉溶液，检查是否有 I_2 存在；在沉淀

中滴加 0.1mol/L $Na_2S_2O_3$ 溶液，再观察沉淀的颜色（白色）。有关反应方程式见实验内容 8（1）。

（2）在试管中加入 3～5 滴 0.1mol/L $AgNO_3$ 溶液，然后滴加 0.1mol/L KI 溶液，观察现象。写出反应方程式。

（3）在试管中加入 5 滴 0.1mol/L $Hg(NO_3)_2$ 溶液，逐滴加入 0.1mol/L KI 溶液，观察沉淀的产生。继续滴加 KI 溶液至沉淀溶解。写出反应方程式。

$K_2[HgI_4]$的碱性溶液称为奈斯勒试剂，用于检验 NH_4^+。

取一支试管，加入 1mL 0.1mol/L NH_4Cl 溶液和 1mL 2mol/L NaOH 溶液，加热至沸。在试管口用一条经奈斯勒试剂润湿过的滤纸检验放出的气体，观察奈斯勒试纸上颜色的变化。离子方程式为

$$NH_4^+ + 2HgI_4^- + 4OH^- \longrightarrow \underset{\text{(红棕色)}}{[OHg_2NH_2]I} + 7I^- + 3H_2O$$

5. Cu^{2+}、Ag^+、Hg^{2+} 的氧化性

（1）Cu^{2+} 的氧化性见实验内容 4（1），其离子方程式为

$$2Cu^{2+} + 4I^- \longrightarrow Cu_2I_2\downarrow + I_2$$

（2）银镜反应　取一支洁净试管，加入 1mL 0.1mol/L $AgNO_3$ 溶液，逐滴加入 6mol/L $NH_3 \cdot H_2O$ 至产生沉淀后又刚好消失，再多加 2 滴。然后加入 1～2 滴 2%甲醛溶液，将试管置于 77～87℃的水浴中加热数分钟，观察银镜的产生。其离子方程式为

$$2Ag^+ + 3NH_3 \cdot H_2O \longrightarrow Ag_2O + 2NH_4^+ + H_2O$$

$$Ag_2O + 4NH_3 \cdot H_2O \longrightarrow 2[Ag(NH_3)_2]^+ + 2OH^- + 3H_2O$$

$$2[Ag(NH_3)_2]^+ + HCHO + 2OH^- \longrightarrow 2Ag\downarrow + HCOO^- + NH_4^+ + 3NH_3 + H_2O$$

（3）在试管中加入 10 滴 0.1mol/L $HgCl_2$ 溶液，滴加 $SnCl_2$ 溶液，观察沉淀的生成及颜色的变化。写出反应方程式。

四、思考题

1. $Cu(OH)_2$ 与 $Zn(OH)_2$ 的两性有何差别？
2. Hg^{2+}、Ag^+ 与 NaOH 溶液反应的产物为何不是氢氧化物？
3. Cu^{2+}、Zn^{2+}、Ag^+、Hg^{2+} 与 $NH_3 \cdot H_2O$ 反应有何异同？
4. Cu^{2+}、Ag^+、Hg^{2+} 与 KI 溶液反应有何不同？

实验 10-4　铬、锰、铁、钴、镍及其重要化合物的性质

一、实验目的

1. 熟悉氢氧化铬的两性。
2. 熟悉铬常见氧化态间的相互转化及转化条件。
3. 了解一些难溶的铬酸盐。
4. 熟悉 Mn(Ⅱ) 盐与高锰酸盐的性质。
5. 熟悉 Fe(Ⅱ)、Co(Ⅱ)、Ni(Ⅱ) 化合物的还原性和 Fe(Ⅲ)、Co(Ⅲ)、Ni(Ⅲ) 化合物的氧化性。
6. 熟悉 Cr^{3+}、Mn^{2+}、Fe^{3+} 和 Fe^{2+} 离子的鉴定。

二、实验用品

1. 仪器

试管，胶头滴管。

2. 药品（未注明的单位均为 mol/L）

HCl(2.0，浓)，H_2SO_4(2.0)，HNO_3(3.0)，NaOH(2.0，6.0)，H_2O_2(3%)，$Cr_2(SO_4)_3$(0.1)，$K_2Cr_2O_7$(0.1)，$AgNO_3$(0.1)，$BaCl_2$(0.1)，$Pb(NO_3)_2$(0.1)，K_2CrO_4(0.1)，$MnSO_4$(0.1)，K_2MnO_4(0.01)，$CoCl_2$(0.1)，$NiSO_4$(0.1)，$FeCl_3$(0.1)，KI(0.1)，KSCN(0.1)，$K_4[Fe(CN)_6]$(0.1)，$K_3[Fe(CN)_6]$(0.1)，$FeSO_4$(固)，Na_2SO_3(固)，$NaBiO_3$(固)，$(NH_4)_2Fe(SO_4)_2 \cdot 6H_2O$(固)，$CCl_4$，溴水，KI-淀粉试纸。

三、实验内容

1. 氢氧化铬的生成和性质

在两支试管中均加入 10 滴 0.1mol/L $Cr_2(SO_4)_3$ 溶液，逐滴加入 2mol/L NaOH 溶液，观察灰蓝色$Cr(OH)_3$沉淀的生成。然后在一支试管中继续滴加 NaOH 溶液，而在另一支试管中滴加 2mol/L 的 HCl 溶液，观察现象。写出反应方程式。

2. Cr（Ⅲ）与 Cr（Ⅵ）的相互转化

（1）在试管中加入 1mL 0.1mol/L $Cr_2(SO_4)_3$ 溶液和过量的 2mol/L NaOH 溶液，使之成为 CrO^{2-}（至生成的沉淀刚好溶解），再加入 5～8 滴 3% H_2O_2 溶液，在水浴中加热，观察黄色 CrO_4^{2-} 的生成。写出化学方程式。

（2）在试管中加入 10 滴 0.1mol/L $K_2Cr_2O_7$ 溶液和 1mL 2mol/L H_2SO_4 溶液，然后滴加 3%H_2O_2 溶液，振荡，观察现象。写出化学方程式。

（3）在试管中加入 10 滴 0.1mol/L $K_2Cr_2O_7$ 溶液和 1mL 2mol/L H_2SO_4 溶液，然后加入黄豆大小的 Na_2SO_3 固体，振荡，观察溶液颜色的变化。写出化学方程式。

（4）在试管中加入 10 滴 0.1mol/L $K_2Cr_2O_7$ 溶液和 3～5mL 浓 HCl，微热，用湿润的 KI-淀粉试纸在试管口检验逸出的气体，观察试纸和溶液颜色的变化。写出反应方程式。

3. $Cr_2O_7^{2-}$ 与 CrO_4^{2-} 的相互转化

在试管中加入 1mL 0.1mol/L $K_2Cr_2O_7$ 溶液，逐滴加入 2mol/L NaOH 溶液，观察溶液由橙黄色变为黄色，再逐滴加入 2mol/L H_2SO_4 酸化，观察溶液由黄色变为橙黄色。写出转化的平衡方程式。

4. 难溶铬酸盐的生成

取三支试管，分别加入 10 滴 0.1mol/L $AgNO_3$、0.1mol/L $BaCl_2$、0.1mol/L $Pb(NO_3)_2$溶液，然后均滴加 0.1mol/L K_2CrO_4 溶液，观察生成沉淀的颜色。写出反应方程式。

5. Mn(Ⅱ) 盐与高锰酸盐的性质

（1）取三支试管，均加入 10 滴 0.1mol/L $MnSO_4$ 溶液，再滴加 2mol/L NaOH 溶液，观察沉淀的颜色。写出反应方程式。然后，在第一支试管滴加 2mol/L NaOH 溶液，观察沉淀是否溶解；在第二支试管中加入 2mol/L H_2SO_4 溶液，观察沉淀是否溶解；将第三支试管充分振荡后放置，观察沉淀颜色变化，写出反应方程式。

（2）在试管中加入 2mL 3mol/L HNO_3 溶液和 1～2 滴 0.1mol/L $MnSO_4$ 溶液，然后加入绿豆大小的 $NaBiO_3$ 固体，微热，观察紫红色 MnO_4^- 的生成。写出反应方程式。

（3）取三支试管，均加入 1mL 0.01mol/L $KMnO_4$ 溶液，再分别加入 2mol/L H_2SO_4 溶液、6mol/L NaOH 溶液及水各 1mL，然后均加入少量 Na_2SO_3 固体，振荡试管，观察反应现象，比较它们的产物。写出离子方程式。

6. Fe(Ⅱ)、Co(Ⅱ)、Ni(Ⅱ) 化合物的还原性

（1）取一支试管，加入 1～2mL H_2O 和 3～5 滴 2mol/L H_2SO_4 溶液，煮沸，驱除溶解氧，加入黄豆大小的 $(NH_4)_2Fe(SO_4)_2 \cdot 6H_2O$ 固体，振荡，使之溶解；另取一支试管，加入 1～2mL 2mol/L NaOH 溶液，煮沸，驱除溶解氧，迅速倒入第一支试管中，观察现象。然后振荡试管，放置片刻，观察沉淀颜色的变化。说明原因，写出反应方程式。

(2) 在试管中加入 1mL 0.01mol/L $KMnO_4$ 溶液，用 1mL 2mol/L H_2SO_4 溶液酸化，然后加入黄豆大小的$(NH_4)_2Fe(SO_4)_2 \cdot 6H_2O$ 固体，振荡，观察 $KMnO_4$ 溶液颜色的变化。写出反应方程式。

(3) 在试管中加入 2mL 0.1mol/L $CoCl_2$ 溶液，滴加 2mol/L NaOH 溶液，观察粉红色沉淀的产生，振荡试管或微热，观察沉淀颜色的变化。写出反应方程式。

(4) 在试管中加入 2mL 0.1mol/L $NiSO_4$ 溶液，滴加 2mol/L NaOH 溶液，观察绿色沉淀的产生，写出化学方程式。放置，再观察沉淀颜色是否发生变化。

通过上述实验，比较 Fe(Ⅱ)、Co(Ⅱ)、Ni(Ⅱ) 的还原性。

7. Fe(Ⅲ)、Co(Ⅲ)、Ni(Ⅲ) 化合物的氧化性

(1) 在试管中加入 1mL 0.1mol/L $FeCl_3$ 溶液，滴加 2mol/L NaOH 溶液，在生成的 $Fe(OH)_3$沉淀上滴加浓 HCl，观察是否有气体产生，写出有关的反应方程式。

(2) 在试管中加入 1mL 0.1mol/L $FeCl_3$ 溶液，滴加 0.1mol/L KI 溶液至红棕色。加入5滴左右的 CCl_4，振荡，观察 CCl_4 层的颜色。写出反应方程式。

(3) 在试管中加入 1mL 0.1mol/L $CoCl_2$ 溶液，滴加 5～10 滴溴水后，再滴加 2mol/L NaOH 溶液至棕色 $Co(OH)_3$ 沉淀产生。将沉淀加热后静置，吸去上层清液并以少量水洗涤沉淀，然后在沉淀上滴加 5 滴浓 HCl，加热。以湿润的 KI-淀粉试纸检验放出的气体。化学方程式为

$$2CoCl_2 + Br_2 + 6NaOH \longrightarrow 2Co(OH)_3 \downarrow + 2NaBr + 4NaCl$$

$$2Co(OH)_3 + 6HCl \longrightarrow 2CoCl_2 + Cl_2 \uparrow + 6H_2O$$

(4) 以 $NiSO_4$ 代替 $CoCl_2$，重复实验内容 7 (3) 的操作。写出有关的反应方程式。

8. 铁的配合物

(1) 在试管中加入 1mL 0.1mol/L $K_4[Fe(CN)_6]$溶液，滴加 0.1mol/L $FeCl_3$ 溶液，观察蓝色沉淀的产生。该反应用于 Fe^{3+} 的鉴定。写出反应方程式。

(2) 在试管中加入 1mL 0.1mol/L $FeCl_3$ 溶液，滴加 0.1mol/L KSCN 溶液，观察现象。该反应用于 Fe^{3+} 的鉴定。写出反应的离子方程式。

(3) 在试管中加入 1mL 0.1mol/L $K_3[Fe(CN)_6]$溶液，滴加新配制的 0.1mol/L $FeSO_4$ 溶液，观察蓝色沉淀的产生。该反应用于 Fe^{2+} 的鉴定。写出化学方程式。

四、思考题

1. 如何实现 Cr(Ⅲ) 和 Cr(Ⅵ) 的相互转化？

2. $KMnO_4$ 的还原产物与介质有什么关系？

3. 由实验总结 Fe(Ⅱ)、Co(Ⅱ)、Ni(Ⅱ) 化合物的还原性和 Fe(Ⅲ)、Co(Ⅲ)、Ni(Ⅲ) 化合物的氧化性强弱顺序。

4. 如何检验 Cr^{3+}、Mn^{2+}、Fe^{3+} 和 Fe^{2+}？

第十一章

定性分析

学习指南

1. 了解定性分析的方法。
2. 熟悉定性反应特征及反应条件。
3. 掌握常见离子的系统分析和个别鉴定的方法。
4. 能独立进行未知物定性分析。

第一节　定性分析引言

物质的定性分析分为无机定性分析和有机定性分析，本章主要介绍无机物中常见阴、阳离子的一般反应、分离和定性鉴定方法。

一、定性分析的方法

定性分析是通过化学反应的外部特征来判断待测物质的组分，所采用的方法有点滴法、试管法、显微结晶法和仪器分析法等。因其是否借助溶液的离子反应，定性分析方法又有湿法和干法之分。

1. 湿法分析

湿法分析是将试样制成溶液后，依据待检离子与鉴定试剂发生化学反应的外部特征，确定其是否存在的分析方法。湿法分析中的化学反应属于离子反应，主要用于对离子的鉴定。湿法分析是最常用的定性分析方法。

2. 干法分析

干法分析是将固体试样或固体试样与固体试剂在常温或高温（500～1200℃）条件下进行反应的方法，如粉末研磨法、焰色反应和熔珠试验等。这种方法操作简单，灵敏，但受干扰较大，鉴定范围小。常作为湿法分析的辅助方法或初步试验。

二、鉴定反应的特征和进行的条件

1. 鉴定反应的特征

鉴定反应是指在一定条件下，能用来鉴定物质组成的化学反应。鉴定反应大都是在水溶液中进行的离子反应，必须具有明显的外观特征。例如，在 pH＝4～5 时，Al^{3+} 与铝试剂反应生成红色螯合物，以示 Al^{3+} 的存在。此反应即为 Al^{3+} 的鉴定反应。鉴定反应的外部特征主要是颜色变化、沉淀的生成或溶解和气体的产生。

（1）颜色变化　在鉴定反应中有明显的颜色变化。如检验某一单盐溶液中是否存在 Fe^{3+}，可向试液中加入 NH_4SCN 试剂，若溶液呈现血红色，证明有 Fe^{3+} 存在。其反应为

$$Fe^{3+} + 3SCN^- \rightleftharpoons \underset{\text{(血红色)}}{Fe(SCN)_3}$$

（2）沉淀的生成或溶解　通过反应溶液中有沉淀生成或沉淀溶解。例如，在一试液中加入硝酸银，若立即出现白色沉淀，则说明可能含有 Cl^-。为了确定白色沉淀是氯化银，可在分离出的沉淀上滴加氨水，若白色沉淀全部溶解，且再以硝酸酸化后，白色沉淀重新析出，则证明有氯化物存在，其反应为

$$Cl^- + Ag^+ \rightleftharpoons \underset{\text{(白色)}}{AgCl\downarrow}$$

$$AgCl + 2NH_3 \cdot H_2O \rightleftharpoons [Ag(NH_3)_2]^+ + Cl^- + 2H_2O$$

$$[Ag(NH_3)_2]^+ + Cl^- + 2H^+ \rightleftharpoons AgCl\downarrow + 2NH_4^+$$

（3）气体的产生　鉴定反应中有气体生成。例如，鉴定某一未知溶液中的可溶性碳酸盐时，可向此溶液中滴加稀盐酸，若有气泡生成，且无色无嗅，导入澄清的石灰水中即出现白色浑浊现象，即可判断碳酸盐的存在。其反应为

$$CO_3^{2-} + 2H^+ \rightleftharpoons H_2O + CO_2\uparrow$$

$$CO_2 + Ca^{2+} + 2OH^- \rightleftharpoons \underset{\text{(白色)}}{CaCO_3\downarrow} + H_2O$$

2. 鉴定反应进行的条件

在选择好适宜的鉴定反应后，还必须选择反应进行的最佳条件，才能得出正确可靠的鉴定结果。重要的反应条件包括反应离子的浓度、溶液的酸度、溶液的温度、溶剂和催化剂的影响等。这些条件的选择主要决定于反应物和生成物的性质。

（1）反应离子的浓度　增大反应离子的浓度有利于鉴定反应的进行。在定性鉴定中，通常要求溶液中反应离子的浓度足够大，以保证反应表现出明显的外部特征。例如，生成沉淀的反应，不仅要求从溶液中析出沉淀，而且要求析出足够量的沉淀，以便观察。这一点对于溶解度较大的沉淀尤其重要，例如

$$Pb^{2+} + 2Cl^- \rightleftharpoons PbCl_2\downarrow$$

由于 $PbCl_2$ 在水中的溶解度较大（20℃时，100g 水中可溶解 0.99g），所以，只有当溶液中 Pb^{2+} 的浓度足够大时，才能观察到有沉淀析出。

（2）溶液的酸度　许多鉴定反应都要求在一定的酸度下进行。例如，生成黄色 $PbCrO_4$ 沉淀的反应，只能在中性和微酸性溶液中进行。酸度较高时，由于 CrO_4^{2-} 大部分转化成 $HCrO_4^-$，降低了溶液中 CrO_4^{2-} 的浓度，以致得不到 $PbCrO_4$ 沉淀；反之，若溶液碱性过强，则可能析出 $Pb(OH)_2$ 沉淀，甚至转化为 PbO_2^{2-}，所以也得不到 $PbCrO_4$ 沉淀。其反应为

$$CrO_4^{2-} + H^+ \rightleftharpoons HCrO_4^-$$

$$PbCrO_4 + H^+ \rightleftharpoons Pb^{2+} + HCrO_4^-$$

或

$$Pb^{2+} + 2OH^- \rightleftharpoons Pb(OH)_2\downarrow$$

$$Pb^{2+} + 4OH^- \rightleftharpoons PbO_2^{2-} + 2H_2O$$

一般来说，凡溶于酸的沉淀不能从酸性溶液中析出；溶于碱的沉淀不能从碱性溶液中析出；如果沉淀既溶于酸又溶于碱，反应只能在中性溶液中进行。

（3）溶液的温度　溶液的温度有时对鉴定反应有较大的影响，例如有些沉淀的溶解度随

温度的升高而增大。例如，$PbCl_2$ 沉淀在 100℃时 100g 水中可溶解 $PbCl_2$ 3.34g，比在室温下的溶解度大两倍多，因此用 Cl^- 沉淀 Pb^{2+} 时，不能在热溶液中进行。

另一方面，某些鉴定反应在室温下反应很慢，通常须将溶液加热，以加快反应，例如 $S_2O_8^{2-}$ 氧化 Mn^{2+} 的反应就需要加热。

$$2Mn^{2+} + 5S_2O_8^{2-} + 8H_2O \xrightleftharpoons[\triangle]{Ag^+} 2MnO_4^- + 10SO_4^{2-} + 16H^+$$

(4) 催化剂　某些反应需要在催化剂作用下才能进行，例如，上述 $S_2O_8^{2-}$ 氧化 Mn^{2+} 的反应，除了加热外，还要 Ag^+ 作催化剂才能进行，否则，Mn^{2+} 只能被氧化成 $MnO(OH)_2$。

(5) 溶剂　一般定性鉴定反应是在水溶液中进行的。大部分无机微溶化合物在有机溶剂中的溶解度比在水中为小，所以，有时向水溶液中加入适当的有机溶剂，以降低其溶解度或增加其稳定性。例如，向水溶液中加入乙醇，$CaSO_4$ 的溶解度就显著降低。又如，用生成过氧化铬(CrO_5)的方法鉴定 Cr^{3+} 时，在溶液中加入戊醇，将 CrO_5 萃取进入有机相中，增强其稳定性，可确保观察到其蓝色特征。

应当指出，除上述主要条件外，还应注意共存组分的影响。有时共存组分对待测离子形成干扰，甚至还可能得出错误的结果。如以 K_2CrO_4 鉴定 Ba^{2+} 时，Pb^{2+} 存在则干扰 Ba^{2+} 的鉴定，应设法消除 Pb^{2+} 干扰。

$$Ba^{2+} + CrO_4^{2-} \rightleftharpoons BaCrO_4 \downarrow \text{（黄色）}$$
$$Pb^{2+} + CrO_4^{2-} \rightleftharpoons PbCrO_4 \downarrow \text{（黄色）}$$

在进行定性分析鉴定时，应当尽可能考虑各种因素对反应的影响，选择适当的反应条件，以保证鉴定反应顺利地进行，从而获得正确的鉴定结果。

三、反应的灵敏度和选择性

每一种离子，通常有多种不同的鉴定方法，选用何种方法，主要从反应的灵敏度和选择性两个方面来考虑。

1. 反应的灵敏度

鉴定反应的灵敏度指某一鉴定反应检验某离子的灵敏程度，它表示鉴定方法所能检出待测离子的最低量，此值越小，则鉴定方法的灵敏度越高。鉴定反应的灵敏度一般用“检出限量”和“最低浓度”来表示。

(1) 检出限量　是指在一定条件下，利用反应检出某离子的最小质量(m)，单位为微克(μg)。

【例 11-1】 将 1.60g $Pb(NO_3)_2$（含 1g Pb^{2+}）溶于 1L 水中，再稀释 200 倍，取此稀释液 0.03mL，加入 K_2CrO_4 试剂，仍能得到肯定的结果，若再稀释或减少取样量都得不到肯定的结果，试计算该鉴定反应的检出限量。

解　总体积为 200000mL 的试液含有 1g Pb^{2+}，鉴定时所取 0.03mL 试液含 Pb^{2+} 的量即为反应的检出限量（因溶液很稀，1mL 溶液可按 1g 计）。

$$1 : 200000 = m : 0.03$$
$$m = 1.5 \times 10^{-7} = 0.15 \ (\mu g)$$

(2) 最低浓度　是指在一定条件下，该鉴定方法检出某离子能得到肯定结果的最低浓度，以 c 表示，单位为 $\mu g/mL$（$1\mu g = 10^{-3} mg = 10^{-6} g$）。

如［例 11-1］中检出 Pb^{2+} 的最低浓度为

$$1 : 200000 = c : 10^6$$
$$c = 5\mu g/mL$$

可见，检出限量和最低浓度是相互联系的。利用最低浓度（c）和鉴定时所用试液的体

积（V）和密度（ρ），可计算出检出限量，其关系式为

$$m=\frac{c}{10^6}\times V\rho\times 10^6=cV\rho$$

当溶液极稀时，视其密度近似为1，即$\rho=1$，则有

$$m=cV$$

检出限量越低，最低浓度越小，则此鉴定反应的灵敏度越高。

对于同一离子，若采用不同的鉴定反应，则反应的灵敏度不同。即使是同一鉴定反应，由于操作条件不同，灵敏度也不同。例如在滤纸上进行的鉴定方法，比在点滴板上进行的灵敏度高5倍以上。一般定性鉴定反应的检出限量不大于50μg，最低浓度应低于1000μg/mL，否则难以满足分析的要求。

每一鉴定反应所能检出的离子都有一定量的限度。利用某一反应鉴定某一离子，若得到否定的结果，只能说明此离子的存在量小于该反应所示的灵敏度，不能说明此离子不存在。所以每一个鉴定反应都包含量的含义。

(3) 灵敏度

只用一个量来表示鉴定反应的灵敏度是不全面的。因为，尽管存在足够量，但溶液很稀时，达不到最低浓度，反应不会发生，或者观察不到反应现象。另一方面，试液浓度虽达到最低浓度，如果试液的取用量太少，其中被检离子含量达不到检出限量，反应的外观特征也难以观察。因此，鉴定反应的灵敏度，必须同时用检出限量和最低浓度来说明才有意义。

以［例11-1］为例，灵敏度应表示为

$$m=0.15\mu g \qquad c=5\mu g/mL$$

2. 鉴定反应的选择性

定性分析对鉴定反应不仅要求灵敏，而且希望能在其他离子共存时也能检出待测离子。在多数情况下，一种试剂往往可以和多种离子同时作用，生成类似的产物。例如，在醋酸介质中，K_2CrO_4能与Pb^{2+}、Ba^{2+}和Sr^{2+}等生成沉淀。因此，将在一定条件下，一种试剂只能与某些离子作用而产生相似外部特征的反应称为选择性反应，这种试剂称为选择性试剂。能与选择性试剂作用产生特征现象的离子种类越少，鉴定反应的选择性就越高。如果一种试剂只能和一种离子发生反应并产生特征现象，这种反应的选择性最高，这样的反应称为该离子的特效反应或专属反应。特效反应所用的试剂称特效试剂。实际中，特效反应并不多，因此，必须考虑如何提高鉴定反应的选择性。

提高鉴定反应选择性的途径主要有以下几种。

(1) 控制溶液的酸度　例如，以CrO_4^{2-}检验Ba^{2+}，生成黄色的$BaCrO_4$沉淀，Sr^{2+}存在时有干扰。如果反应在HAc-NaAc缓冲溶液中进行，提高溶液的酸度，使CrO_4^{2-}的浓度降低，则$SrCrO_4$沉淀不能析出，而$BaCrO_4$比$SrCrO_4$的溶解度小，仍能析出沉淀，从而提高了反应的选择性。

(2) 加入掩蔽剂　例如，用SCN^-检验Co^{2+}时，生成天蓝色的$[Co(SCN)_4]^{2-}$配离子，若有Fe^{3+}存在，则生成血红色的$[Fe(SCN)_5]^{2-}$配离子，干扰Co^{2+}的检出，若加入一定量的F^-掩蔽剂，Fe^{3+}形成稳定无色的［FeF_6］$^{3-}$配离子，从而消除Fe^{3+}的干扰。

(3) 分离干扰离子　例如，用$C_2O_4^{2-}$检验Ca^{2+}时生成白色的CaC_2O_4沉淀，Ba^{2+}同样干扰。只要先加入CrO_4^{2-}，使Ba^{2+}生成$BaCrO_4$沉淀，先分离出来，则可消除其干扰。

其他如利用氧化还原反应降低干扰离子浓度的方法，利用有机溶剂萃取生成有色配合物的方法等，都是提高鉴定反应选择性的有效方法。

必须指出，在选择鉴定反应时，应当同时考虑反应的灵敏度和选择性。若只考虑选择

性，而灵敏度达不到要求，则被检离子浓度低时，结果往往不正确；反之，片面追求灵敏度，而忽视选择性，则当有干扰存在时，也得不到可靠的结果。因此，应当在灵敏度满足要求的前提下，尽量采用选择性高的反应。

四、系统分析与分别分析

1. 系统分析

对于没有指明鉴定对象或组成较复杂的试样，先将其溶解后取一份，根据各种离子不同的化学性质，按照一定的操作步骤和顺序，利用选择性试剂将性质相似的组分逐步分组分离，然后进行逐个鉴定的方法，称为系统分析。在系统分析中加入的能使几种离子发生相似的反应而达到分组分离的选择性试剂，叫做组试剂。

组试剂一般是沉淀剂。采用组试剂将性质相似的离子整组分出，可以使复杂的分析大为简化。理想的组试剂应满足下列要求：分离完全，一些离子完全沉淀，另一些离子全部进入溶液；反应迅速；沉淀与溶液易分开；每组内离子的种类不宜太多，以便鉴定。

系统分析法适用于多组分的全分析。所谓全分析是指需要对试样全部组分进行鉴定。当加入某种组试剂后，发现没有任何反应，则表示某一组离子不存在，就可不必费时去检出它们了，这种方法通常称为消去法或反证法。经过若干初步试验“消去”一些离子之后，再根据可能存在的离子的性质，灵活地将系统分析与分别分析结合起来，可以拟定出最简单的分析方案。

2. 分别分析

在多种离子共存时，不经分组分离，利用特效反应，或创造特效反应条件直接从试液中检出待检组分的方法，称为分别分析。

分别分析简便快速，准确度高，最适用于指定范围内离子的分析，即对试样已大致了解，仅需确定其中某些离子是否存在的情况。其对鉴定次序无严格要求。

系统分析和分别分析各有所长，在实际中，可根据分析对象及分析要求，将两种方法结合起来应用。

五、空白试验和对照试验

在定性分析中，因为经常采用灵敏度较高的鉴定反应，故当试样中不含某种离子时，如果试剂或蒸馏水中含有这种杂质，则会误认为试样中有这种离子存在。另外，当试样中含有某一离子时，由于试剂变质失效，或反应条件控制不当，则会误认为这种离子不存在。为了正确判断分析结果，通常要做空白试验和对照试验。

1. 空白试验

用蒸馏水代替试液，用与检测试液相同的条件和方法进行的试验，称为空白试验。空白试验用于检查试剂或蒸馏水中是否含有被检验离子。

例如，将试样用 HCl 酸化后，再用 NH_4SCN 鉴定试样中 Fe^{3+} 时，得到一浅红色溶液，说明有微量 Fe^{3+} 存在，但不能肯定 Fe^{3+} 是原试样中的，还是由 HCl 或蒸馏水带入的，应做空白试验进行验证。取少量配制试样溶液的蒸馏水，加入同量 HCl 和 NH_4SCN 溶液，若得到同样的浅红色，说明试样并不含 Fe^{3+}；若得到更浅的红色或无色，说明试样中确有微量 Fe^{3+} 存在。当空白试验颜色很深时，说明试剂和蒸馏水不符合要求，应查明原因并更换之。

2. 对照试验

用已知溶液代替试液，以同样的方法进行的鉴定，称为对照试验。对照试验用于检查试剂是否失效，或反应条件控制是否适当。

例如，用 $SnCl_2$ 鉴定 Hg^{2+} 时，未出现灰黑色沉淀，一般认为无 Hg^{2+} 存在。但考虑到 $SnCl_2$ 溶液容易被空气氧化而失效，可取少量已知 Hg^{2+} 溶液，加入 $SnCl_2$ 溶液，若仍未出现灰黑色沉淀，说明 $SnCl_2$ 溶液失效，应重新配制。

空白试验和对照试验对于正确判断分析结果，及时纠正错误具有重要的意义。

第二节 阳离子的定性分析

在无机物的定性分析中主要采用湿法检验，直接鉴定溶液中的离子。离子按其所带电荷的不同分为阳离子和阴离子。常见的阳离子有28种：Ag^+、Pb^{2+}、Hg_2^{2+}、Cu^{2+}、Cd^{2+}、Bi^{3+}、Hg^{2+}、As(Ⅲ)、As(Ⅴ)、Sb(Ⅲ)、Sb(Ⅴ)、Sn^{2+}、Sn^{4+}、Al^{3+}、Fe^{3+}、Fe^{2+}、Cr^{3+}、Mn^{2+}、Co^{2+}、Zn^{2+}、Ni^{2+}、Ca^{2+}、Sr^{2+}、Ba^{2+}、Mg^{2+}、K^+、Na^+、NH_4^+。这些阳离子在水溶液中的颜色分别为Cr^{3+}（灰绿色或紫色）、Fe^{3+}（黄棕色）、Fe^{2+}（浅绿色）、Mn^{2+}（肉色）、Ni^{2+}（绿色）、Cu^{2+}（蓝色）、Co^{2+}（玫瑰红色），其余阳离子在水溶液中均为无色。

一、常见阳离子与常用试剂的反应

1. 与 HCl 的反应

常见阳离子中，只有Ag^+、Pb^{2+}、Hg_2^{2+}能与盐酸作用，生成氯化物沉淀

$$\left.\begin{array}{l}Ag^+\\Pb^{2+}\\Hg_2^{2+}\end{array}\right\}\xrightarrow{HCl}\left\{\begin{array}{l}AgCl\downarrow\text{（白色，溶于氨水）}\\PbCl_2\downarrow\text{（白色，溶于热水）}\\Hg_2Cl_2\downarrow\text{（白色）}\end{array}\right.$$

$PbCl_2$溶解度比较大，只有在Pb^{2+}浓度较大时才能析出沉淀，所以试液中加入HCl后，若无白色沉淀析出，只能证明无Ag^+和Hg_2^{2+}存在，而不能证明无Pb^{2+}存在。

AgCl能溶于氨水

$$AgCl+2NH_3 \longrightarrow [Ag(NH_3)_2]^+ + Cl^-$$

AgCl也能部分溶解于浓盐酸或HCl+NaCl的浓溶液中，生成$[AgCl_2]^-$。

Hg_2Cl_2与NH_3作用时，由于发生歧化反应，生成氨基氯化汞和金属汞：

$$Hg_2Cl_2+2NH_3 \longrightarrow HgNH_2Cl\downarrow\text{（白）}+Hg\downarrow\text{（黑）}+NH_4^+ + Cl^-$$

因此白色沉淀变为灰黑色。

此外，当溶液酸度较低时Bi^{3+}、Sb^{2+}、Sn^{2+}和Sn^{4+}也会析出碱式盐沉淀。

2. 与 H_2SO_4 的反应

在常见阳离子中，主要有Ba^{2+}、Sr^{2+}、Ca^{2+}、Pb^{2+}能与H_2SO_4反应形成硫酸盐沉淀。

$$\left.\begin{array}{l}Ba^{2+}\\Sr^{2+}\\Ca^{2+}\\Pb^{2+}\end{array}\right\}\xrightarrow{H_2SO_4}\left\{\begin{array}{l}BaSO_4\downarrow\text{（白色）}\\SrSO_4\downarrow\text{（白色）}\\CaSO_4\downarrow\text{（白色）}\\PbSO_4\downarrow\text{（白色，溶于}NH_4Ac\text{，生成}[Pb(Ac)_3]^-\text{）}\end{array}\right.$$

$CaSO_4$的溶解度较大，只有当Ca^{2+}的浓度很大时才能析出沉淀。若在溶液中加适量乙醇，$CaSO_4$的溶解度大为降低。在饱和的$(NH_4)_2SO_4$溶液中，由于生成了$(NH_4)_2[Ca(SO_4)_2]$而不析出$CaSO_4$沉淀，这是Ca^{2+}与Ba^{2+}、Sr^{2+}、Pb^{2+}在性质上的差别。

$BaSO_4$、$SrSO_4$不溶于强酸，但根据沉淀转化原理，可将它们转化为碳酸盐沉淀后，即可溶于酸。

$$BaSO_4+CO_3^{2-} \rightleftharpoons BaCO_3\downarrow+SO_4^{2-}$$
$$BaCO_3+2H^+ \rightleftharpoons Ba^{2+}+H_2O+CO_2\uparrow$$

3. 与 NaOH 的反应

许多金属阳离子都能与 NaOH 作用，生成氢氧化物沉淀或碱式盐沉淀。其中一些金属氢氧化物具有明显的两性，既可溶于酸，又可溶于碱。

（1）生成两性氢氧化物沉淀，能溶于过量 NaOH 的有：

Al^{3+}、Cr^{3+}、Zn^{2+}、Pb^{2+}、Sb^{2+}、Sn^{2+}、Sn^{4+}、Cu^{2+} $\xrightarrow{\text{适量 NaOH}}$

- $Al(OH)_3\downarrow$（白色）
- $Cr(OH)_3\downarrow$（灰绿色）
- $Zn(OH)_2\downarrow$（白色）
- $Pb(OH)_2\downarrow$（白色）
- $SbO(OH)\downarrow$（白色）
- $Sn(OH)_2\downarrow$（白色）
- $Sn(OH)_4\downarrow$（白色）

$\xrightarrow{\text{过量 NaOH}}$ AlO_2^-（无色）、CrO_2^-（亮绿色）、ZnO_2^{2-}（无色）、PbO_2^{2-}（无色）、SbO_2^{2-}（无色）、SnO_2^{2-}（无色）、SnO_3^{2}（无色）

- $Cu(OH)_2\downarrow$（浅蓝色）$\xrightarrow{\text{浓 NaOH 加热}}$ 少量溶解，生成 CuO_2^{2-}（蓝色）

（2）生成氢氧化物、氧化物或碱式盐沉淀，不溶于过量 NaOH 的有：

Mg^{2+}、Fe^{3+}、Fe^{2+}、Mn^{2+}、Cd^{2+}、Ag^+、Hg^{2+}、Hg_2^{2+}、Co^{2+}、Ni^{2+} $\xrightarrow{\text{NaOH}}$

- $Mg(OH)_2\downarrow$（白色）
- $Fe(OH)_3\downarrow$（红棕色）$\xrightarrow{\text{浓 NaOH}}$ 部分生成 FeO_2^-
- $Fe(OH)_2\downarrow$（浅绿色）$\xrightarrow{\text{空气中 } O_2}$ $Fe(OH)_3\downarrow$（红棕色）
- $Mn(OH)_2\downarrow$（浅粉红色）$\xrightarrow{\text{空气中 } O_2}$ $MnO(OH)_2\downarrow$（棕褐色）
- $Cd(OH)_2\downarrow$（白色）
- $Ag_2O\downarrow$（褐色）
- $HgO\downarrow$（黑色）
- $Hg_2O\downarrow$（黑色）
- 碱式盐$\downarrow$（蓝色）、碱式盐$\downarrow$（浅绿色）$\xrightarrow{\text{浓 NaOH}}$ $Co(OH)_2\downarrow$（粉红色）、$Ni(OH)_2\downarrow$（绿色）

4. 与 NH_3 的反应

（1）生成氢氧化物、氧化物或碱式盐沉淀，能溶于过量氨水生成配离子的有：

Ag^+、Cu^{2+}、Cd^{2+}、Zn^{2+}、Co^{2+}、Ni^{2+} $\xrightarrow{\text{适量 } NH_3}$

- $Ag_2O\downarrow$（褐色）
- 碱式盐$\downarrow$（蓝绿色）
- $Cd(OH)_2\downarrow$（白色）
- $Zn(OH)_2\downarrow$（白色）
- 碱式盐$\downarrow$（蓝色）
- 碱式盐$\downarrow$（浅绿色）

$\xrightarrow{\text{过量 } NH_3}$

- $[Ag(NH_3)_2]^+$（无色）
- $[Cu(NH_3)_4]^{2+}$（深蓝色）
- $[Cd(NH_3)_4]^{2+}$（无色）
- $[Zn(NH_3)_4]^{2+}$（无色）
- $[Ni(NH_3)_6]^{2+}$（蓝色）
- $[Co(NH_3)_6]^{2+}$（土黄色）$\xrightarrow{\text{空气 } O_2}$ $[Co(NH_3)_6]^{3+}$（粉红色）

（2）生成氢氧化物或碱式盐沉淀，不与过量 NH_3 反应生成配离子的有：

$$
\left.\begin{array}{l}
Al^{3+}\\ Cr^{3+}\\ Fe^{3+}\\ Fe^{2+}\\ Mn^{2+}\\ Sn^{2+}\\ Sn^{4+}\\ Pb^{2+}\\ Mg^{2+}\\ Hg^{2+}\\ Hg_2^{2+}
\end{array}\right\}
\xrightarrow{NH_3}
\left\{\begin{array}{l}
Al(OH)_3\downarrow(\text{白色})\\
Cr(OH)_3\downarrow(\text{灰绿色})\\
Fe(OH)_3\downarrow(\text{红棕色})\\
Fe(OH)_2\downarrow(\text{浅绿色})\xrightarrow{\text{空气}\ O_2}Fe(OH)_3\downarrow(\text{红棕色})\\
Mn(OH)_2\downarrow(\text{浅粉红色})\xrightarrow{\text{空气}\ O_2}MnO(OH)_2\downarrow(\text{棕褐色})\\
Sn(OH)_2\downarrow(\text{白色})\\
Sn(OH)_4\downarrow(\text{白色})\\
\text{碱式盐}\downarrow(\text{白色})\\
Mg(OH)_2\downarrow(\text{白色})\\
HgNH_2Cl\downarrow(\text{白色})\\
HgNH_2Cl\downarrow(\text{白色})+Hg\downarrow(\text{黑色})
\end{array}\right.
$$

在 NH_3-NH_4Cl 溶液中，部分 Cr^{3+} 生成$[Cr(NH_3)_6]^{3+}$，加热后配离子分解，析出 $Cr(OH)_3$沉淀，Fe^{2+}也有一部分生成$[Fe(NH_3)_6]^{2+}$，但因水溶液中有溶解氧的存在，配离子迅速被氧化，并随即析出 $Fe(OH)_3$ 沉淀。

$Mg(OH)_2$ 的溶解度较大，只有在 NH_3 浓度较高，即溶液中 OH^- 的浓度较高时才能生成沉淀，如果加入大量 NH_4Cl，降低 OH^-浓度，则不生成 $Mg(OH)_2$ 沉淀。

5. 与$(NH_4)_2CO_3$ 反应

除 K^+、Na^+、NH_4^+、As(Ⅲ)、As(V)外，其他金属离子都能与 $(NH_4)_2CO_3$ 反应生成沉淀，但沉淀的形式和性质各不相同。

(1) Ba^{2+}、Sr^{2+}、Ca^{2+}、Mn^{2+}、Ag^+与$(NH_4)_2CO_3$ 反应，生成白色的碳酸盐沉淀，沉淀能溶于强酸或醋酸，其中 Ag_2CO_3 还能溶于过量的 $(NH_4)_2CO_3$ 生成$[Ag(NH_3)_2]^+$。

(2) Pb^{2+}、Bi^{3+}、Cu^{2+}、Ca^{2+}、Hg^{2+}、Fe^{3+}、Fe^{2+}、Zn^{2+}、Co^{2+}、Ni^{2+}、Mg^{2+}与$(NH_4)_2CO_3$ 反应，生成碱式碳酸盐沉淀。其中 Zn^{2+}、Co^{2+}、Ni^{2+}的碱式碳酸盐能溶于过量的 $(NH_4)_2CO_3$ 中，生成可溶性的氨配合物，而 Mg^{2+}只有当浓度较大时才能析出沉淀。

(3) Al^{3+}、Cr^{3+}、Sn^{2+}、Sn^{4+}、Sb^{3+}与 $(NH_4)_2CO_3$ 反应生成氢氧化物沉淀。

(4) Hg_2^{2+} 与 $(NH_4)_2CO_3$ 反应，先生成 Hg_2CO_3 淡黄色沉淀，迅速分解，反应为

$$Hg_2^{2+}+CO_3^{2-}\longrightarrow Hg_2CO_3\downarrow(\text{淡黄色})$$

$$\longrightarrow HgO(\text{黄色})+Hg\downarrow(\text{黑色})+CO_2$$

6. 与 H_2S 或 $(NH_4)_2S$ 的反应

H_2S 和 $(NH_4)_2S$ 是重要的无机沉淀剂，在不同的条件下与长周期表中部的许多金属离子生成硫化物沉淀。若在弱碱性溶液中以 $(NH_4)_2S$ 为沉淀剂，则某些高价金属离子伴有氢氧化物沉淀生成。此外，某些金属离子在碱性溶液中与 $(NH_4)_2S$ 或 Na_2S 生成硫代酸盐。

H_2S 是二元弱酸，它在溶液中的电离如下

$$H_2S\longrightarrow H^++HS^- \qquad K_{a1}=\frac{c(H)c(HS^-)}{c(H_2S)}$$

$$HS^-\longrightarrow H^++S^{2-} \qquad K_{a2}=\frac{c(H^+)c(S^{2-})}{c(HS^-)}$$

$$K^{\ominus}(H_2S)=K_{a1} \qquad K_{a2}=\frac{c(H^+)c^2(S^{2-})}{c(H_2S)}$$

$$c(S^{2-})=K^{\ominus}(H_2S)=\frac{c(H_2S)}{c^2(H^+)}$$

因此，溶液中 S^{2-} 的浓度与酸度有关。溶液的酸度愈大，S^{2-} 的浓度愈小；反之，酸度愈小，S^{2-} 浓度愈大。因为金属硫化物的溶解度相差较大，依据溶度积原理，有的金属离子能在酸性溶液中生成硫化物沉淀，有的则需在碱性溶液中才能生成沉淀。

（1）在浓度约 0.3mol/L 的 HCl 溶液中通入 H_2S，生成沉淀的有

Ag^+、Pb^{2+}、Cu^{2+}、Cd^{2+}、Bi^{3+}、Hg^{2+}、Hg^{2+}、As（Ⅴ）、As（Ⅲ）、Sb（Ⅴ）、Sb（Ⅲ）、Sn^{4+}、Sn^{2+} $\xrightarrow{\text{约 0.3mol/LHCl，}H_2S}$

- $Ag_2S\downarrow$（黑色）、$PbS\downarrow$（黑色）、$CuS\downarrow$（黑色）、$CdS\downarrow$（黄色）、$Bi_2S_3\downarrow$（褐色）——溶于热 HNO_3
- $HgS\downarrow$（黑色）$+Hg\downarrow$（黑色）、$HgS\downarrow$（黑色）——溶于王水
- $As_2S_5\downarrow$（黄色）、$As_2S_3\downarrow$（黄色）——不溶于浓 HCl，溶于 NaOH
- $Sb_2S_5\downarrow$（橙色）、$Sb_2S_3\downarrow$（橙色）、$SnS_2\downarrow$（黄色）——溶于浓 HCl，也溶于 NaOH
- $SnS\downarrow$（褐色），溶于浓 HCl，不溶于 NaOH

其中，As_2S_5 只有在热浓 HCl 溶液中才能生成，而对于 HgS、As_2S_3、Sb_2S_3、SnS_2 还可溶解在 Na_2S 中，生成可溶性的硫代酸盐

$$\left.\begin{array}{l}As_2S_3\\Sb_2S_3\\SnS_2\\HgS\end{array}\right\}\xrightarrow{Na_2S}\left\{\begin{array}{l}AsS_3^{3-}\\SbS_3^{3-}\\SnS_3^{2-}\\HgS_2^{2-}\end{array}\right.$$

如果用 $(NH_4)_2S$ 代替 Na_2S，则除 HgS 外，都能生成硫代酸盐。这些硫代酸盐溶液酸化后，又重新析出硫化物沉淀，并产生硫化氢。

（2）在 0.3mol/L HCl 溶液中通入 H_2S，沉淀分离后，再加 $(NH_4)_2S$ 或在氨性溶液中通入 H_2S 能生成沉淀的有

Mn^{2+}、Fe^{2+}、Fe^{3+}、Zn^{2+}、Co^{2+}、Ni^{2+}、Al^{3+}、Cr^{3+} $\xrightarrow{(NH_4)_2S}$

- $MnS\downarrow$（肉色）、$FeS\downarrow$（黑色）、$Fe_2S_3\downarrow+FeS\downarrow$（黑色）、$ZnS\downarrow$（白色）、$\alpha$-$CoS\downarrow$（黑色）、$\alpha$-$NiS\downarrow$（黑色）——溶于稀 HCl
  - α-CoS、α-NiS $\xrightarrow{\text{放置或加热}}$ β-CoS、β-NiS——不溶于稀 HCl，溶于 HNO_3
- $Al(OH)_3\downarrow$（白色）、$Cr(OH)_3\downarrow$（灰绿色）——溶于强碱及稀 HCl

常见阳离子与常用试剂的反应见表 11-1。

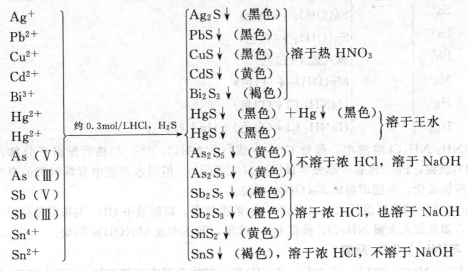

表 11-1　常见阳离子与常用试剂的反应

试剂离子		Ag^{+}	Hg_2^{2+}	Pb^{2+}	Bi^{3+}	Cu^{2+}	Cd^{2+}	Hg^{2+}	As^{3+}	Sb^{3+}	Sn^{2+}	Sn^{4+}
HCl		$AgCl\downarrow$ 白色	$Hg_2Cl_2\downarrow$ 白色	$PbCl_2\downarrow$ 白色								
H_2S 约 0.3mol/L HCl		$Ag_2S\downarrow$ 黑色	$HgS\downarrow+Hg\downarrow$ 黑色	$PbS\downarrow$ 黑色	$Bi_2S_3\downarrow$ 暗褐色	$CuS\downarrow$ 黑色	$CdS\downarrow$ 亮黄色	$HgS\downarrow$ 黑色	$As_2S_3\downarrow$ 黄色	$Sb_2S_3\downarrow$ 橙色	$SnS\downarrow$ 褐色	$SnS_2\downarrow$ 黄色
硫化物$\downarrow+Na_2S$		不溶	$HgS_2^{2-}+Hg\downarrow$	不溶	不溶	不溶	不溶	HgS_2^{2-}	AsS_3^{3-}	SbS_3^{3-}	不溶	SnS_3^{2-}
$(NH_4)_2S$		$Ag_2S\downarrow$ 黑色	$HgS\downarrow+Hg\downarrow$ 黑色	$PbS\downarrow$ 黑色	$Bi_2S_3\downarrow$ 暗褐色	$CuS\downarrow$ 黑色	$CdS\downarrow$ 亮黄色	$HgS\downarrow$ 黄色	AsS_3^{2-}	$Sb_2S_3\downarrow$ 橙色	$SnS\downarrow$ 褐色	$SnS_2\downarrow$ 褐色
$(NH_4)_2CO_3$		$Ag_2CO_3\downarrow$ 白过量试剂 $\rightarrow Ag(NH_3)_2^{+}$	$Hg_2CO_3\downarrow$ 淡黄 $\rightarrow HgO+Hg\downarrow$ 黑色	碱式盐$\downarrow$ 白色	碱式盐$\downarrow$ 白色	碱式盐$\downarrow$ 浅蓝色	碱式盐$\downarrow$ 白色	碱式盐$\downarrow$ 白色		$HSbO_2\downarrow$ 白色	$Sn(OH)_2\downarrow$ 白色	$Sn(OH)_4\downarrow$ 白色
NaOH	适量	$Ag_2O\downarrow$ 褐色	$Hg_2O\downarrow$ 黑色	$Pb(OH)_2\downarrow$ 白色	$Bi(OH)_3\downarrow$ 白色	$Cu(OH)_2\downarrow$ 浅蓝色	$Cd(OH)_2\downarrow$ 白色	$HgO\downarrow$ 黄色		$HSbO_2\downarrow$ 白色	$Sn(OH)_2\downarrow$ 白色	$Sn(OH)_4\downarrow$ 白色
	过量	不溶	不溶	PbO_2^{2-}	不溶	部分 CuO_2^{2-}	不溶	不溶		SbO_2	SnO_2^{2-}	SbO_3^{2-}
NH_3	适量	$Ag_2O\downarrow$ 褐色	$NH_2HgCl\downarrow$ 白色$+Hg\downarrow$ 黑色	$Pb(OH)_2\downarrow$ 白色	$Bi(OH)_3\downarrow$ 白色	$Cu(OH)_2\downarrow$ 浅蓝色	$Cd(OH)_2\downarrow$ 白色	$NH_2HgCl\downarrow$ 白色		$HSbO_2\downarrow$ 白色	$Sn(OH)_2\downarrow$ 白色	$Sn(OH)_4\downarrow$ 白色
	过量	$[Ag(NH_3)_2]^{+}$	不溶	不溶	不溶	$[Cu(NH_3)_4]^{2+}$ 深蓝色	$[Cd(NH_3)_4]^{2+}$	不溶		不溶	不溶	不溶
H_2SO_4		$Ag_2SO_4\downarrow$ 白色 Ag^{+} 浓度大时析出	$Hg_2SO_4\downarrow$ 白色	$PbSO_4\downarrow$ 白色								

试剂离子		Al^{+}	Cr^{3+}	Fe^{3+}	Fe^{2+}	Co^{2+}	Ni^{2+}	Zn^{2+}	Mn^{2+}	Ba^{2+}	Sr^{2+}	Ca^{2+}	Mg^{2+}
$(NH_4)_2S$		$Al(OH)_3\downarrow$ 白色	$Cr(OH)_2\downarrow$ 灰绿色	$Fe_2S_3\downarrow+FeS\downarrow$ 黑色	$FeS\downarrow$ 黑色	$CoS\downarrow$ 黑色	$NiS\downarrow$ 黑色	$ZnS\downarrow$ 白色	$MnS\downarrow$ 肉色				
$(NH_4)_2CO_3$		$Al(OH)_3\downarrow$ 白色	$Cr(OH)_3\downarrow$ 灰绿色	碱式盐$\downarrow$ 红褐色	碱式盐$\downarrow$ 绿色渐变褐色	碱式盐$\downarrow$ 蓝紫色	碱式盐$\downarrow$ 浅绿色	碱式盐$\downarrow$ 白色	$MnCO_3\downarrow$ 白色	$BaCO_3\downarrow$ 白色	$SrCO_3\downarrow$ 白色	$CaCO_3\downarrow$ 白色	碱式盐$\downarrow$ NH_4^{+} 浓度大时不沉淀
NaOH	适量	$Al(OH)_3\downarrow$ 白色	$Cr(OH)_3\downarrow$ 灰绿色	$Fe(OH)_3\downarrow$ 红棕色	$Fe(OH)_2\downarrow$ 绿色渐变红棕色	碱式盐$\downarrow$ 蓝色	碱式盐$\downarrow$ 浅绿色	$Zn(OH)_2\downarrow$ 白色	$Mn(OH)_2\downarrow$ 肉色变棕褐色			少量 $Ca(OH)_2\downarrow$ 白色	$Mg(OH)_2\downarrow$ 白色
	过量	AlO_2^{-}	CrO_2^{-} 亮绿色	不溶	不溶	$Co(OH)_2\downarrow$ 粉红色	$Ni(OH)_2\downarrow$ 绿色	ZnO_2^{2-}	不溶			不溶	不溶
NH_3	适量	$Al(OH)_3\downarrow$ 白色	$Cr(OH)_3\downarrow$ 灰绿色	$Fe(OH)_3\downarrow$ 红棕色	$Fe(OH)_2\downarrow$ 绿色渐变红棕色	碱式盐$\downarrow$ 蓝色	碱式盐$\downarrow$ 浅绿色	$Zn(OH)_2\downarrow$ 白色	$Mn(OH)_2\downarrow$ 肉色变棕褐色				部分 $Mg(OH)_2\downarrow$ 白色
	过量	不溶	部分溶解	不溶	不溶	$[Co(MH_3)_6]^{2+}$ 土黄色 $[Co(NH_3)_6]^{3+}$ 粉红色	$[Ni(NH_3)_6]^{2+}$	$[Zn(NH_3)_4]^{2+}$	不溶				不溶
H_2SO_4										$BaSO_4\downarrow$ 白色	$SrSO_4\downarrow$ 白色	$CaSO_4\downarrow$ 白色	

二、常见阳离子的系统分析方法

从前面讨论的常见阳离子与几种试剂反应的相似性和差异性可见。选用适当的组试剂，可以将阳离子分成若干个组，使各组离子按顺序分批沉淀下来，然后在各组中进一步分离和鉴定每一种离子，这就是阳离子的系统分析法。

在阳离子系统分析中，利用不同的组试剂，可以提出多种分组法。其中最重要的是硫化氢系统分组法，其次是两酸两碱分组法。本书主要介绍硫化氢系统分组法。

1. 硫化氢系统分组法

（1）硫化氢系统分组方案　所谓硫化氢系统分组法，主要是以阳离子硫化物溶解度不同为基础，结合氯化物、碳酸盐溶解度的差别而进行的系统分析方法，该方法分别以 HCl、H_2S、$(NH_4)_2S$ 和 $(NH_4)_2CO_3$ 为组试剂，将 28 种常见阳离子分为五个组。具体分组方案如表11-2所示。

表 11-2　常见阳离子硫化氢系统分组方案

分组依据	硫化物不溶于水				硫化物溶于水	
	在稀酸中生成硫化物沉淀			在稀酸中不生成硫化物沉淀	碳酸盐不溶于水	碳酸盐溶于水
	氯化物不溶于水	氯化物溶于水				
		硫化物不溶于硫化钠	硫化物溶于硫化钠			
包括离子	Ag^+ Hg_2^{2+} Pb^{2+}①	Pb^{2+} Bi^{3+} Cu^{2+} Cd^{2+}	Hg^{2+} As(Ⅲ,Ⅴ) Sb(Ⅲ,Ⅴ) Sn^{4+}(Sn^{2+})	Fe^{3+}　Fe^{2+} Al^{3+}　Mn^{2+} Cr^{3+}　Zn^{2+} Co^{2+}　Ni^{2+}	Ba^{2+} Sr^{2+} Ca^{2+}	Mg^{2+} K^+ Na^+ NH_4^+②
组别名称		ⅡA组	ⅡB组			
	Ⅰ组 银组 盐酸组	Ⅱ组 铜锡组 硫化氢组		Ⅲ组 铁组 硫化铵组	Ⅳ组 钙组 碳酸铵组	Ⅴ组 钠组 可溶组
组试剂	稀 HCl	约 0.3mol/L HCl H_2S		NH_3+NH_4Cl $(NH_4)_2S$	NH_3+NH_4Cl $(NH_4)_2CO_3$	

① Pb^{2+}浓度大时，部分沉淀。

② 系统分析中需加铵盐，故 NH_4^+ 需另行检出。

硫化氢分组方案表明，在含有阳离子的混合试液中，首先加入稀盐酸，使第一组金属离子（Ag^+、Hg_2^{2+}、Pb^{2+}）生成氯化物沉淀。将沉淀与溶液分离，调节溶液的 HCl 浓度为 0.3mol/L，通入 H_2S 气体或加入硫代乙酰胺（CH_3CSNH_2）溶液。此时第二组离子［Pb^{2+}、Bi^{3+}、Cu^{2+}、Cd^{2+}、Hg^{2+}、As(Ⅲ，Ⅴ)、Sb(Ⅲ，Ⅴ)、Sn^{4+}、Sn^{2+}］以硫化物沉淀形式析出。在分离出硫化物沉淀后的溶液中加入氨水（$NH_3 \cdot H_2O$）至呈碱性，再加 $(NH_4)_2S$ 溶液，第三组金属离子（Al^{3+}、Cr^{3+}、Fe^{3+}、Fe^{2+}、Mn^{2+}、Zn^{2+}、Co^{2+}、Ni^{2+}）沉淀为硫化物或氢氧化物。分离后的溶液中加入 $(NH_4)_2CO_3$，第四组金属离子（Ba^{2+}、Sr^{2+}、Ca^{2+}）以碳酸盐沉淀析出。分离后溶液中剩下第五组金属离子（K^+、Na^+、NH^+、Mg^{2+}）。这样，五组离子分组分离完成。

（2）分组分离的条件及问题讨论

① 第一组：盐酸组（或银组）。

本组的 Ag^+、Hg_2^{2+}、Pb^{2+}三种离子形成 AgCl、Hg_2Cl_2、$PbCl_2$ 沉淀而与其他阳离子

分离。但因为 $PbCl_2$ 的溶解度较大，只有当 Pb^{2+} 浓度较高时才产生沉淀，且沉淀不完全进入下一组。这一点很重要，应注意和利用。

在热溶液中，$PbCl_2$ 的溶解度相当大，利用此性质，可将 $PbCl_2$ 与 AgCl、Hg_2Cl_2 分离。再利用 AgCl 溶于氨水的性质，使 AgCl 与 Hg_2Cl_2 分离。

沉淀第一组离子时，加入 HCl 的浓度应适当。如果溶液的酸度不够，Bi^{3+}、Sb^{3+}、Sn^{4+} 等离子会水解析出沉淀，影响分组分离；如果 HCl 的浓度过大，则有 $[AgCl_2]^-$、$[PbCl_4]^{2-}$、$[HgCl_4]^{2-}$ 配离子生成，使其氯化物溶解度增大，沉淀不完全，反应为

$$PbCl_2+2Cl^- \rightleftharpoons [PbCl_4]^{2-}$$

$$AgCl+Cl^- \rightleftharpoons [AgCl_2]^-$$

$$Hg_2Cl_2+2Cl^- \rightleftharpoons [HgCl_4]^{2-}+Hg\downarrow$$

通常保持溶液中 HCl 的浓度在 1mol/L 较为适宜。

② 第二组：硫化氢组（或铜锡组）。

这些离子的硫化物沉淀的溶度积差别很大。根据溶度积原理，它们在溶液中析出硫化物沉淀时所需 S^{2-} 的浓度各不相同。由于溶液的酸度对 S^{2-} 的浓度影响很大，因此，必须通过控制溶液的酸度来调节 S^{2-} 的浓度，以确保第二组离子以硫化物的形式沉淀完全，而第三组离子不产生沉淀。理论计算和实践证明，当 HCl 浓度保持在 0.3mol/L 时，向溶液中通入 H_2S 气体，是第二组离子沉淀完全，且与第三组离子分离的重要条件。

根据本组离子的硫化物在 Na_2S 溶液中溶解与否，又可分为ⅡA 组和ⅡB 组。ⅡB 组硫化物除 SnS 外，都能溶于 Na_2S 中，形成硫代酸盐，从而与ⅡA 组分离。硫代酸盐与酸作用后重新析出硫化物沉淀，并产生 H_2S。

$$HgS_2^{2-}+2H^+ \rightleftharpoons HgS\downarrow+H_2S\uparrow$$

$$2AsS_3^{3-}+6H^+ \rightleftharpoons As_2S_3\downarrow+3H_2S\uparrow$$

$$2AsS_4^{3-}+6H^+ \rightleftharpoons As_2S_5\downarrow+3H_2S\uparrow$$

$$2SbS_3^{3-}+6H^+ \rightleftharpoons Sb_2S_3\downarrow+3H_2S\uparrow$$

$$2SbS_4^{3-}+6H^+ \rightleftharpoons Sb_2S_5\downarrow+3H_2S\uparrow$$

$$SnS_3^{2-}+2H^+ \rightleftharpoons SnS_2\downarrow+H_2S\uparrow$$

ⅡB 组的硫化物在不同的酸性介质中其溶解度仍有差别。SnS_2 和 SnS 可溶于稍浓的 HCl；Sb_2S_3 和 Sb_2S_5 则溶于热浓 HCl；As_2S_5 只能溶于 HNO_3 中，而 HgS 则溶于王水或 KI－HCl 混合溶液中（由于生成 $[HgI_4]^{2-}$）。

ⅡA 组的硫化物均可溶于稀 HNO_3 中，并析出硫。例如

$$3CuS+8H^++2NO_3^- \rightleftharpoons 3Cu^{2+}+3S\downarrow+2NO\uparrow+4H_2O$$

还必须指出，在生成硫化物沉淀过程中，不断有 H^+ 释出。

$$M^{2+}+H_2S \rightleftharpoons MS\downarrow+2H^+$$

故溶液中的 H^+ 浓度不断增高，如果溶液的体积不大，应适当稀释，以免酸度太高，沉淀不完全。

在热溶液中通入 H_2S 进行沉淀，可以防止硫化物生成胶体。但 H_2S 的溶解度将会减小，因而 S^{2-} 浓度减小。为了保证溶解度较大的 PbS、CdS 等沉淀完全，应该将溶液冷却，然后再通 H_2S。

③ 第三组：硫化铵组（或铁组）。

本组包括 Al^{3+}、Cr^{3+}、Fe^{3+}、Fe^{2+}、Mn^{2+}、Zn^{2+}、Co^{2+}、Ni^{2+} 等金属离子，由表 11-1 可知，它们的氯化物都溶于水，在 0.3mol/L 的 HCl 溶液中也不被 H_2S 所沉淀。但在 pH≈9 的（NH_3+NH_4Cl）介质中，通入 H_2S 气体或加（NH_4）$_2S$，这些离子分别形成硫化物和氢氧化物沉淀，如 MnS、ZnS、CoS、NiS、FeS、Fe_2S_3、$Al(OH)_3$、$Cr(OH)_3$ 等。

沉淀本组离子时，溶液的酸度不能太高，否则沉淀不完全；溶液的酸度也不能太低，否则第五组的 Mg^{2+} 可能部分生成 $Mg(OH)_2$ 沉淀，而且本组中具有两性的 $Al(OH)_3$ 沉淀部分溶解。在溶液中加入 NH_4Cl 以降低其 pH，可防止 $Mg(OH)_2$ 的生成和 $Al(OH)_3$ 的溶解，还能促进硫化物和氢氧化物胶体的凝聚。进行沉淀时，还必须将溶液加热，以促进胶体的凝聚，并保证 Cr^{3+} 离子沉淀完全。

在本组的硫化物中，CoS 和 NiS 的性质比较特殊，它们在稀酸溶液中不能形成沉淀，但在氨性介质中形成 CoS 和 NiS 沉淀后，便不再溶于稀 HCl，这是因为 CoS 和 NiS 由初生的亚稳态转变为稳定态所致。因此，第三组的沉淀用冷稀 HCl 处理，CoS 和 NiS 不溶，而其他沉淀都溶解，从而可以相互分离，但 CoS 和 NiS 能溶于 H_2O_2 的浓 HCl 中。

在 CoS 和 NiS 分离后的溶液中，加入 NaOH 和 H_2O_2，则有 $Fe(OH)_3$ 和 $MnO(OH)_2$ 沉淀生成，而 AlO^{2-}、ZnO_2^{2-} 和 CrO_4^{2-} 留在溶液中。

应当注意的是，因为 Fe^{2+} 遇氧化剂时易被氧化成 Fe^{3+}，而沉淀第二组离子时，在酸性溶液中通 H_2S，使 Fe^{3+} 被还原成 Fe^{2+}，检出时无法区别铁原来的价态，所以通常用分别分析法直接从试液中鉴定 Fe^{3+} 和 Fe^{2+}。

④ 第四组：碳酸铵组（或钙组）。

这一组有 Ba^{2+}、Sr^{2+}、Ca^{2+}。它们因形成难溶于水的碳酸盐沉淀而与第五组分离。在分离第三组后的氨性溶液中加入 $(NH_4)_2CO_3$，则生成 $BaCO_3$、$SrCO_3$、$CaCO_3$ 白色沉淀。

在水溶液中，$(NH_4)_2CO_3$ 水解

$$NH_4^+ + CO_3^{2-} \xrightleftharpoons{H_2O} NH_3 + HCO_3^-$$

可见，当有大量的 NH_4Cl 存在时，平衡向右移动，CO_3^{2-} 的浓度随之降低，因此，有可能使 CO_3^{2-} 浓度达不到 $MgCO_3$ 沉淀时的要求，这样就使 Mg^{2+} 进入第五组。

在进行沉淀时，可适当加热。一方面可使 $(NH_4)_2CO_3$ 试剂中含有的氨基甲酸铵（NH_2COONH_4）受热转变为碳酸铵；其次，还可促使碳酸盐沉淀的生成，并得到较大的结晶沉淀。但溶液的温度不可过高，否则碳酸铵发生分解。所发生的反应为

$$NH_2COONH_4 + H_2O \xrightleftharpoons{60℃} (NH_4)_2CO_3$$

$$(NH_4)_2CO_3 \xrightarrow{\triangle} 2NH_3\uparrow + CO_2\uparrow + H_2O$$

⑤ 第五组：可溶组（或钠组）。

分离第一、第二、第三、第四组阳离子后，溶液中只剩下 Mg^{2+}、K^+、Na^+ 和 NH_4^+ 四种离子。这些离子在溶液中无色，它们的盐类大多数溶于水，故称为“可溶组”。

在系统分组时，由于加入了大量铵盐，Mg^{2+} 没有以 $Mg(OH)_2$ 和 $MgCO_3$ 形式析出，因此，进入本组。NH_4^+ 离子的大量存在，对 Mg^{2+}、K^+、Na^+ 离子的鉴定有干扰，必须先除去后，才能进行本组其他离子的鉴定。NH_4^+ 的检出应取原试样溶液直接进行个别鉴定。

硫化氢系统分离步骤见图 11-1，Ⅰ～Ⅴ组阳离子系统分析分别如图 11-2～图 11-6 所示。

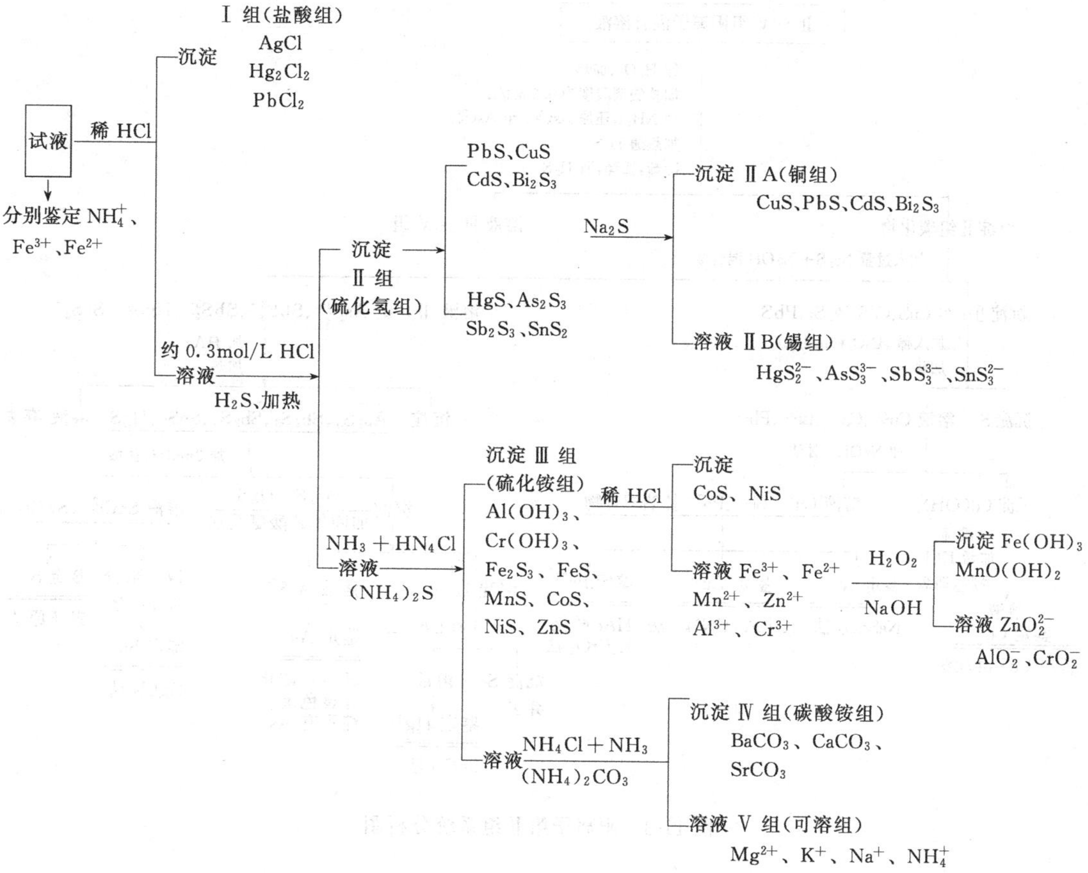

图 11-1　硫化氢系统分组分离步骤图

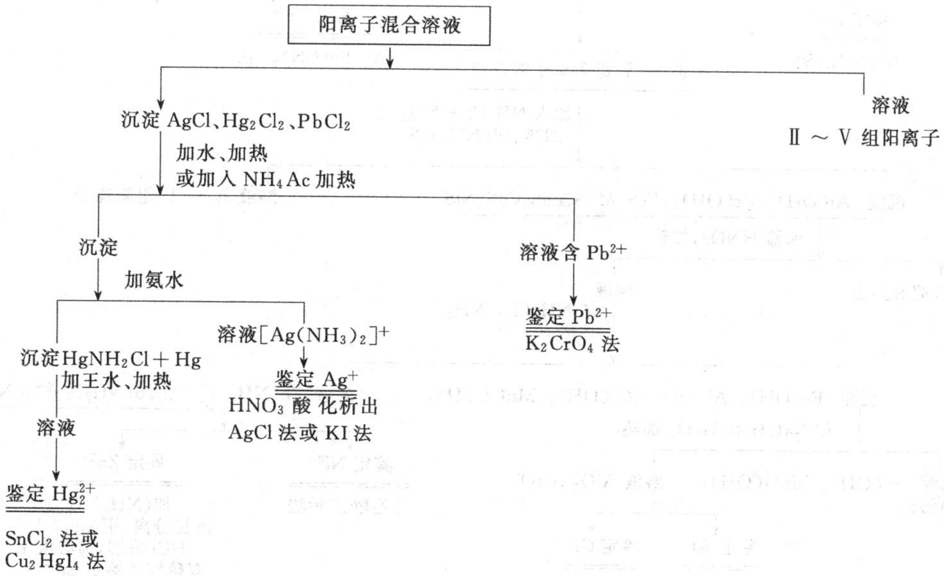

图 11-2　阳离子第Ⅰ组系统分析图

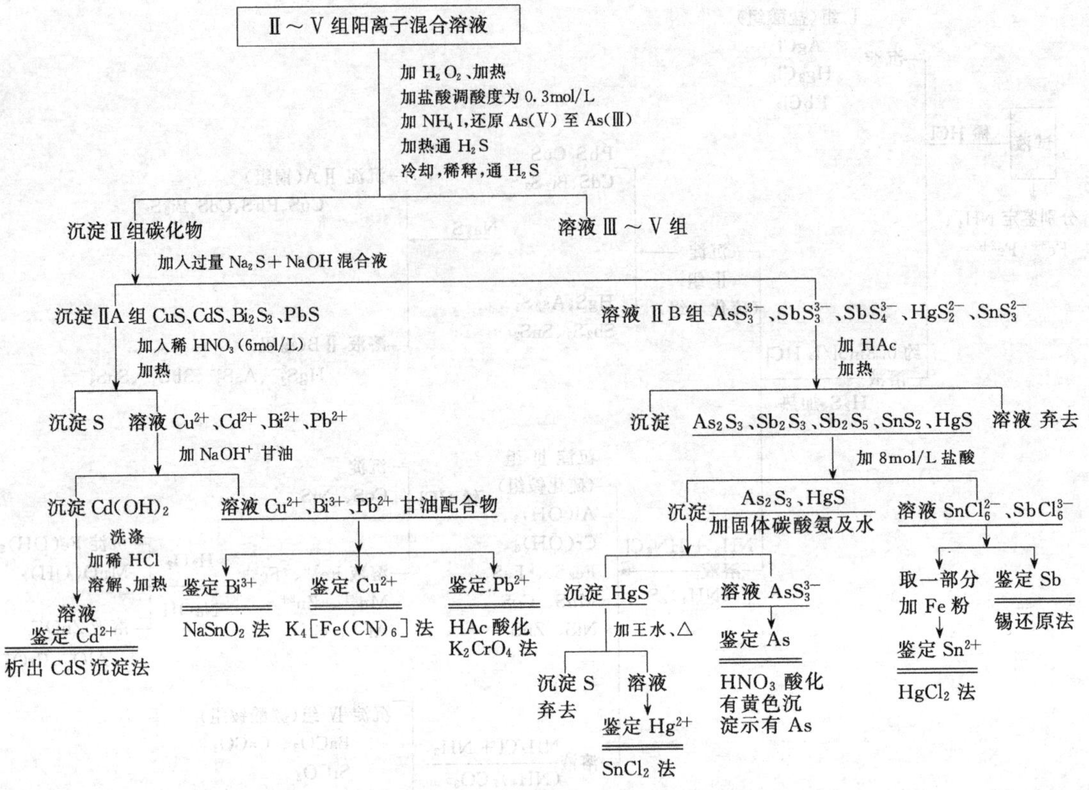

图 11-3 阳离子第Ⅱ组系统分析图

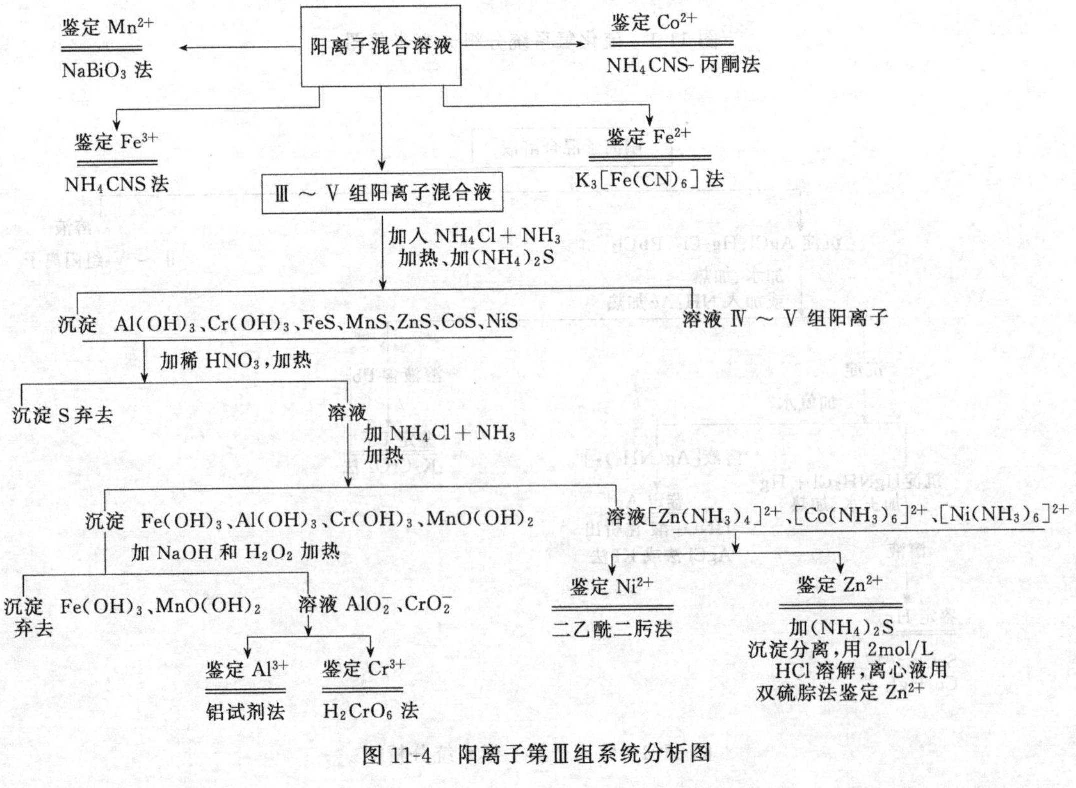

图 11-4 阳离子第Ⅲ组系统分析图

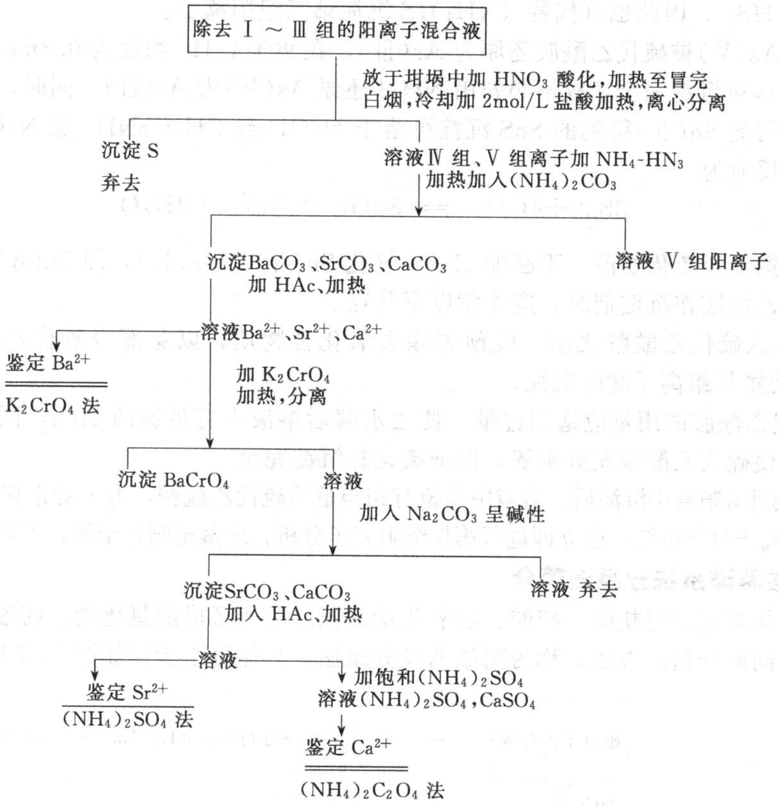

图 11-5 阳离子第Ⅳ组系统分析图

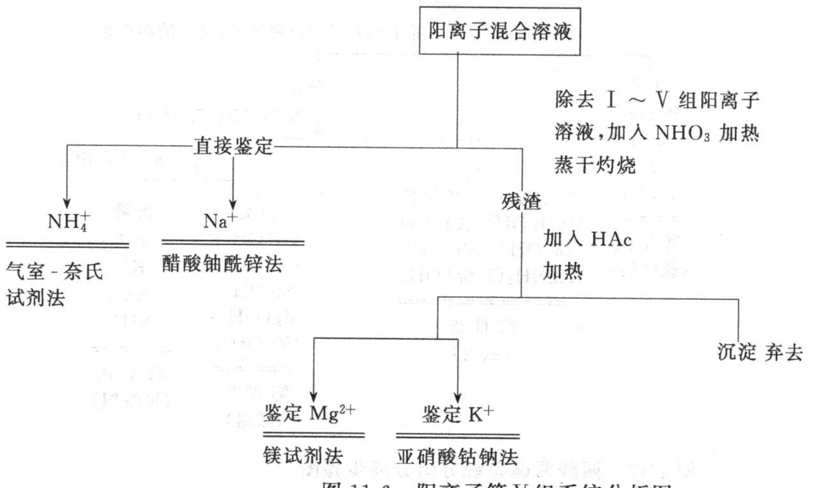

图 11-6 阳离子第Ⅴ组系统分析图

(3) 硫化氢的代用品——硫代乙酰胺　由于硫化氢气体具有毒性和臭味，故实验时常使用它的代用品，一种是新配制的 H_2S 饱和水溶液，另一种是硫代乙酰胺（CH_3CSNH_2）。

硫代乙酰胺易溶于水，且水溶液比较稳定，水解极慢，能放置 2～3 周不变。其水解反应在酸性和碱性条件下有所不同，且随温度升高而水解加快。水解反应为

酸性溶液中　$CH_3CSNH_2 + 2H_2O \rightleftharpoons NH_4^+ + CH_3COO^- + H_2S$

碱性溶液中　$CH_3CSNH_2 + 2OH^- \rightleftharpoons NH_3 + CH_3COO^- + HS^-$

由于在酸性溶液中水解生成 H_2S，因此可代替 H_2S 沉淀第二组阳离子；而在碱性溶液

中水解生成 HS^-，因此也可代替 $(NH_4)_2S$ 沉淀第三组阳离子。

另外，As(Ⅴ)被硫代乙酰胺还原为 As(Ⅲ)，在 90℃，H^+ 浓度为 0.3mol/L 时，10min 之内 As_2S_3 即可沉淀完全，故不必先用 NH_4I 还原 As(Ⅴ)为 As(Ⅲ)。同时，实验证明，用硫代乙酰胺沉淀 Sn(Ⅱ)得到的 SnS 沉淀可溶于 NaOH 或 CH_3CSNH_2 加 NaOH 的溶液中。可能发生的反应为

$$2SnS+4OH^- \rightleftharpoons SnO_2^{2-}+SnS_2^{2-}+2H_2O$$

故沉淀第Ⅱ组硫化物前，不必加 H_2O_2 氧化 Sn(Ⅱ)为 Sn(Ⅳ)，即 Sn(Ⅳ)仍属ⅡB 组。

用硫代乙酰胺作沉淀剂时，应注意以下几点。

① 在加入硫代乙酰胺之前，应预先除去氧化性物质，以免部分硫代乙酰胺被氧化成 SO_4^{2-}，而使第Ⅳ组离子此时沉淀。

② 硫代乙酰胺的用量应适当过量，使之水解后溶液中有足够的 H_2S，同时需要相当长的时间，以使硫代乙酰胺充分水解，保证硫化物沉淀完全。

③ 在第Ⅲ组阳离子沉淀后，溶液中尚留有相当量的硫代乙酰胺，为了防止它被氧化成 SO_4^{2-} 而使第四组离子过早沉淀，应立即进行第Ⅳ组阳离子分析，或蒸至刚好干涸，以便保存。

2. 两酸两碱系统分组法简介

利用常如阳离子与盐酸、硫酸、氢氧化钠、氨反应所形成的氯化物、硫酸盐、氢氧化物等性质的不同而分组的方法，称为两酸两碱分组法。具体分组步骤如图 11-7 所示。

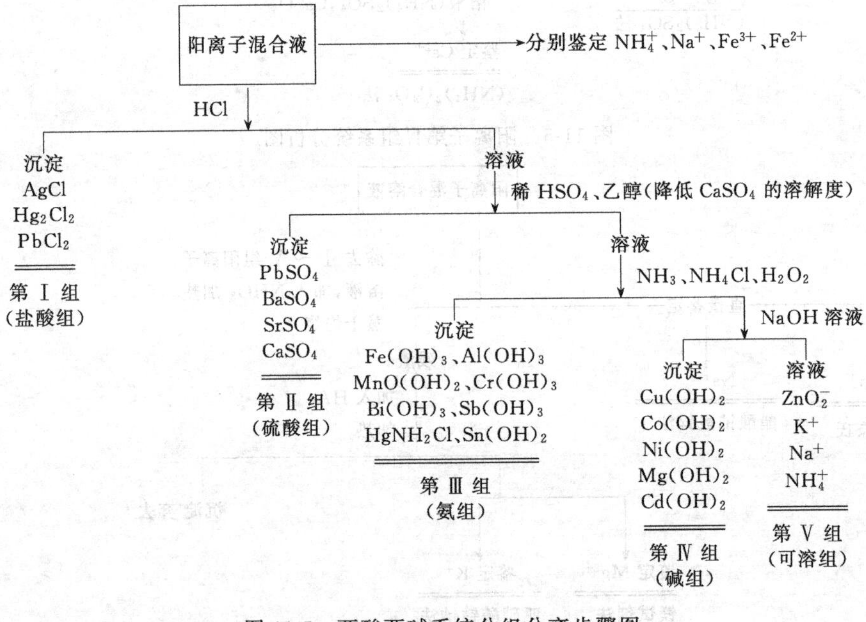

图 11-7　两酸两碱系统分组分离步骤图

三、常见阳离子的鉴定反应

1. Ag^+ 的鉴定

(1) HCl-$NH_3 \cdot H_2O$ 法　Ag^+ 与 HCl 作用生成 AgCl 沉淀，此沉淀溶于氨水生成配离子，再以 HNO_3 酸化时，又析出 AgCl 白色沉淀，反应为

$$Ag^+ + Cl^- \rightleftharpoons AgCl\downarrow \text{（白色）}$$

$$AgCl+2NH_3 \rightleftharpoons [Ag(NH_3)_2]^+ + Cl^-$$

$$[Ag(NH_3)_2]^+ + Cl^- + 2H^+ \rightleftharpoons AgCl\downarrow + 2NH_4^+$$

此方法的检出限量 $m=0.5\mu g$，最低浓度 $c=10\mu g/mL$。

(2) K_2CrO_4 法　在 HAc 溶液中，Ag^+ 与 K_2CrO_4 试剂作用，生成砖红色 Ag_2CrO_4 沉淀。反应为

$$2Ag^+ + CrO_4^{2-} \rightleftharpoons Ag_2CrO_4 \downarrow$$

Hg_2^{2+}、Ba^{2+} 和 Pb^{2+} 干扰检出，可用饱和 $(NH_4)_2CO_3$ 溶液先将这些离子以难溶碳酸盐形式分离除去，再进行鉴定。

$$m=2\mu g \qquad c=40\mu g/mL$$

2. Pb^{2+} 的鉴定

(1) K_2CrO_4 法　与铬酸钾反应鉴定 Pb^{2+}。过程为 Pb^{2+} 和 H_2SO_4 反应，生成 $PbSO_4$ 白色沉淀。$PbSO_4$ 溶于 NH_4Ac 或 NaOH 中，在弱酸性介质中，Pb^{2+} 和 K_2CrO_4 作用生成黄色的 $PbCrO_4$ 沉淀。反应为

$$Pb^{2+} + SO_4^{2-} \rightleftharpoons PbSO_4 \downarrow$$

$$PbSO_4 + 4Ac^- \rightleftharpoons [Pb(Ac)_4]^{2-} + SO_4^{2-}$$

$$[Pb(Ac)_4]^{2-} + CrO_4^{2-} \rightleftharpoons PbCrO_4 \downarrow + 4Ac^-$$

由于 $PbCrO_4$ 不溶于 $NH_3 \cdot H_2O$ 而与红色 Ag_2CrO_4 区别。Hg_2^{2+}、Ba^{2+}、Sr^{2+} 和较浓的 Ca^{2+} 都可形成白色的硫酸盐沉淀，但它们都不溶于 NH_4Ac，故无干扰。

在离心试管中加 2 滴试液，加 1 滴 6mol/L HAc 溶液，2 滴 0.25mol/L K_2CrO_4 试液，搅拌，若有黄色沉淀，表示有 Pb^{2+} 存在。

反应的检出限量 $m=0.25\mu g$，最低浓度 $c=5\mu g/mL$

(2) KI 法　Pb^{2+} 离子与 KI 作用，生成黄色 PbI_2 沉淀

$$Pb^{2+} + 2I^- \rightleftharpoons PbI_2 \downarrow$$

PbI_2 沉淀溶于热稀醋酸，冷却后析出金光闪闪的黄色鳞片状结晶，这是 Pb^{2+} 的特效反应。

3. Hg_2^{2+} 的鉴定

(1) 氨水法　Hg_2^{2+} 与稀 HCl 作用所得白色沉淀（Hg_2Cl_2）与氨水反应，有 Hg 析出，这是 Hg_2^{2+} 的特效反应。

$$Hg_2Cl_2 + 2NH_3 \rightleftharpoons \underset{(白色)}{HgNH_2Cl \downarrow} + \underset{(黑色)}{Hg \downarrow} + NH_4^+ + Cl^-$$

$$m=10\mu g \qquad c=200\mu g/mL$$

(2) KI 纸上层析法　在 KI 反应纸上进行沉淀层析，可使 Hg_2^{2+} 的沉淀与其他阳离子分开。生成的 Hg_2I_2 黄绿色沉淀遇氨水则转变为灰黑色（$HgNH_2I\downarrow + Hg\downarrow$）沉淀，反应为

$$Hg_2^{2+} + 2I^- \rightleftharpoons Hg_2I_2 \downarrow$$

$$Hg_2I_2 + 2NH_3 \rightleftharpoons \underset{(白色)}{HgNH_2I \downarrow} + \underset{(黑色)}{Hg \downarrow} + NH_4^+ + I^-$$

$$m=2.5\mu g \qquad c=50\mu g/mL$$

4. Cu^{2+} 的鉴定

(1) 氨水法　Cu^{2+} 与过量 $NH_3 \cdot H_2O$ 反应，生成深蓝色的铜氨配合离子，反应为

$$Cu^{2+} + 4NH_3 \cdot H_2O \rightleftharpoons [Cu(NH_3)_4]^{2+} + 4H_2O$$

本组离子无干扰。

(2) 亚铁氰化钾法　在醋酸性溶液中 Cu^{2+} 与亚铁氰化钾作用生成红棕色沉淀。

$$2Cu^{2+} + [Fe(CN)_6]^{4-} \rightleftharpoons Cu_2[Fe(N)_6] \downarrow$$

Fe^{3+}干扰，可加NH_4F掩蔽。

$$m=0.02\mu g \qquad c=0.4\mu g/mL$$

沉淀不溶于稀酸，溶于氨水形成蓝色$[Cu(NH_3)_4]^{2+}$。碱能将沉淀分解为$Cu(OH)_2$蓝色沉淀。

5. Hg^{2+} 的鉴定

（1）$SnCl_2$法　Hg^{2+}与$SnCl_2$反应生成Hg_2Cl_2白色沉淀，过量的$SnCl_2$可将Hg_2Cl_2进一步还原为金属汞。

$$2Hg^{2+}+Sn^{2+}+2Cl^- \rightleftharpoons Hg_2Cl_2\downarrow+Sn^{4+}$$

$$Hg_2Cl_2+Sn^{2+} \rightleftharpoons \underset{\text{(灰黑色)}}{2Hg\downarrow}+Sn^{4+}+2Cl^-$$

Hg_2^{2+} 和 Ag^+存在时，可用HCl除去。

$$m=5\mu g \qquad c=100\mu g/mL$$

（2）铜片还原法　Hg^{2+}在光亮的铜片上发生置换反应。

$$Hg^{2+}+Cu \rightleftharpoons Cu^{2+}+\underset{\text{(黑色)}}{Hg\downarrow}$$

将Hg^{2+}的微酸性溶液滴在新磨光的铜片上，一两秒钟后，用水冲去试液，在铜片上有银白色斑点。但加热时，Hg被蒸发，银白色斑点消失，表明有Hg^{2+}存在。

6. Cd^{2+} 的鉴定

（1）硫化镉沉淀法　在中性或酸性介质中，Cd^{2+}与硫代乙酰胺或Na_2S作用生成亮黄色的CdS沉淀。

$$Cd^{2+}+S^{2-} \longrightarrow CdS\downarrow$$

Cu^{2+}干扰，可用连二亚硫酸钠分离除去。

$$m=5\mu g \qquad c=100\mu g/mL$$

（2）镉试剂法　在碱性介质中，Cd^{2+}生成氢氧化镉沉淀，并吸附镉试剂（对硝基二偶氮氨基偶氮苯）生成红色沉淀。此法在KI滤纸上进行，将用HAc酸化的试液滴在滤纸上，再滴加1滴KOH溶液和1滴镉试剂，有红色环出现，表示有Cd^{2+}存在。

Co^{2+}、Cu^{2+}、Fe^{3+}、Cr^{3+}、Mg^{2+}、Ni^{2+}对反应有干扰，可用酒石酸钠掩蔽。Ag^+存在时，可先用稀盐酸除去。

$$m=0.025\mu g \qquad c=0.5\mu g/mL$$

7. Bi^{3+} 的鉴定

（1）亚锡酸钠法　在碱性介质中，Bi^{3+}与Na_2SnO_2作用，立即被还原为黑色的金属铋。

$$2Bi^{3+}+6OH^-+SnO_2^{2-} \rightleftharpoons 2Bi\downarrow+3SnO_3^{2-}+3H_2O$$

Pb^{2+}也与试剂作用，但很缓慢，故以立即出现黑色沉淀为Bi^{3+}存在的依据。

$$m=0.1\mu g \qquad c=2\mu g/mL$$

（2）KI法　Bi^{3+}与KI作用可生成暗棕色BiI_3沉淀，当KI过量时，沉淀溶解，生成黄色至黄棕色的配离子，反应为

$$Bi^{3+}+3I^- \longrightarrow BiI_3\downarrow$$

$$BiI_3+I^- \rightleftharpoons [BiI_4]^-$$

Cu^{2+}、Fe^{3+}、As(Ⅴ)、Sb(Ⅴ)等能将I^-氧化为I_2，使溶液变为棕色。它们存在时可用$SnCl_2$溶液使其还原，已生成的I_2也被还原为I^-，而BiI_3或$[BiI_4]^-$不受影响。

$$m=0.05\mu g \qquad c=10\mu g/mL$$

8. As(Ⅴ)、As(Ⅲ)的鉴定

(1) 砷化氢法　砷在溶液中常以 AsO_3^{3-}、AsO_4^{3-} 形式存在。在碱性介质中，向 AsO_3^{3-} 溶液中加锌粒或铝屑还原成 AsH_3 气体，遇湿润的 $AgNO_3$ 试纸，产物由黄色逐渐变为黑色。

$$AsO_3^{3-} + 3Zn + 3OH^- \rightleftharpoons AsH_3\uparrow + ZnO_2^{2-}$$

$$6AgNO_3 + AsH_3 \rightleftharpoons \underset{\text{(黄色)}}{Ag_3As \cdot 3AgNO_3}\downarrow + 3HNO_3$$

$$Ag_3As \cdot 3AgNO_3 + 3H_2O \rightleftharpoons \underset{\text{(黑色)}}{6Ag} + H_3AsO_3 + 3HNO_3$$

若砷以 AsO_4^{3-} 存在时，首先在酸性介质中加热用 Na_2SO_3 将 AsO_4^{3-} 还原为 AsO_3^{3-} 后，再按上述方法鉴定。

NH_4^+ 干扰反应，可事先加 NaOH 煮沸除去。

$$m = 1\mu g \qquad c = 20\mu g/mL$$

(2) 钼酸铵法　砷酸盐在酸性介质中，可与钼酸铵作用生成黄色晶形沉淀。

$$AsO_4^{3-} + 3NH_4^+ + 12MoO_4^{2-} + 24H^+ \rightleftharpoons (NH_4)_3AsO_4 \cdot 12MoO_3\downarrow + 12H_2O$$

PO_4^{3-} 对反应有干扰，此时，可采用 AsH_3 法。

$$m = 7\mu g \qquad c = 70\mu g/mL$$

9. Sb(Ⅴ)、Sb(Ⅲ)的鉴定

(1) 金属锡还原法　在酸性介质中 Sb(0)、Sb(Ⅲ)被金属锡还原成黑色的金属锑。

$$2SbCl_6^{3-} + 3Sn \rightleftharpoons \underset{\text{(黑色)}}{2Sb}\downarrow + 3Sn^{2+} + 12Cl^-$$

$$2SbCl_6^- + 5Sn \rightleftharpoons \underset{\text{(黑色)}}{2Sb}\downarrow + 5Sn^{2+} + 12Cl^-$$

砷酸盐亦被锡还原，析出黑色的砷，但它能溶于新配制的 NaBrO 溶液，而金属锑则不溶。

$$2As + 5BrO^- + 6OH^- \rightleftharpoons 2AsO_4^{3-} + 5Br^- + 3H_2O$$

$$m = 20\mu g \qquad c = 400\mu g/mL$$

(2) 罗丹明 B 法　在强酸性(HCl)介质中，Sb(Ⅴ)与罗丹明 B (红色染料) 作用生成蓝色或紫色的离子缔合物。Sb(Ⅲ)在 10% 的 KI 和 H_2SO_4 介质中，与罗丹明 B 作用也生成紫色的缔合物，该物质被苯萃取后显紫红色。

Hg^{2+}、Bi^{3+} 等干扰，可事先加入 6mol/L 的 NaOH 除去。

$$m = 0.5\mu g \qquad c = 10\mu g/mL$$

10. Sn^{4+}、Sn^{2+} 的鉴定

(1) 氯化汞法　在酸性介质中，用镁粉将 Sn^{4+} 还原为 Sn^{2+}，与饱和 $HgCl_2$ 作用生成 Hg_2Cl_2 沉淀，若 Sn^{2+} 量较大时，可继而生成 Hg 金属，反应为

$$Sn^{2+} + 2Hg^{2+} + 2Cl^- \rightleftharpoons \underset{\text{(白色)}}{Hg_2Cl_2}\downarrow + Sn^{4+}$$

$$Hg_2Cl_2 + Sn^{2+} \rightleftharpoons \underset{\text{(黑色)}}{2Hg}\downarrow + Sn^{4+}$$

反应可在用 $HgCl_2$ 浸过晾干的滤纸上进行，得到黑色或褐色斑点，表示有锡离子存在。若有苯胺存在，可提高反应的灵敏度。

$$m = 0.6\mu g \qquad c = 12.5\mu g/mL$$

(2) 甲基橙法　在浓 HCl 介质中，$SnCl_4^{2-}$ 与甲基橙试剂作用，加热，甲基橙可被 $SnCl_4$ 还原，褪色。

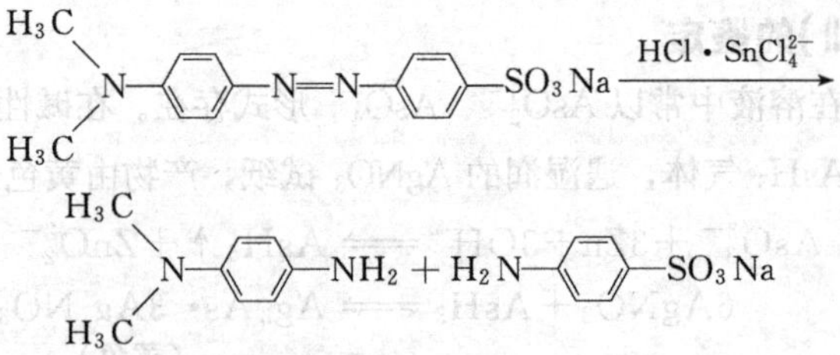

此反应选择性高，AS(Ⅲ)、Sb(Ⅲ)等均不干扰。

$$m=0.03\mu g \qquad c=0.6\mu g/mL$$

11. Al^{3+} 的鉴定

(1) 铝试剂法　在弱酸性介质中，Al^{3+} 与铝试剂(Ⅰ)作用，生成红色的配合物(Ⅱ)。

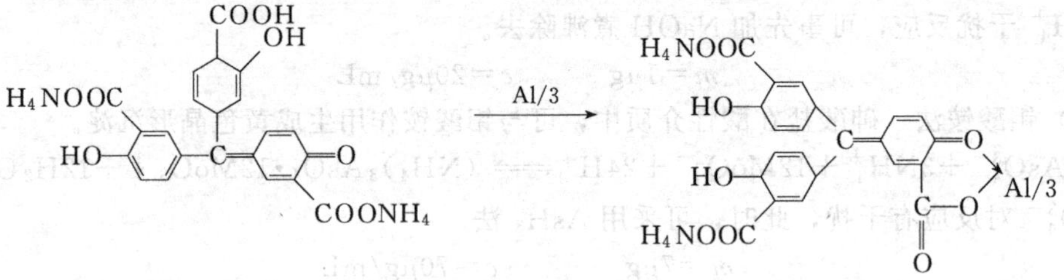

金黄色素三羧铵盐（Ⅰ）　　红色配合物（Ⅱ）

溶液以氨水碱化后，得到鲜红色絮状沉淀。

Cr^{3+}、Bi^{3+}、Cu^{2+}、Ca^{2+}、Fe^{3+} 等离子对反应有干扰，应预先用 NaOH、H_2O_2 及少量 Na_2CO_3，以氢氧化物及碳酸盐形式被除去。

$$m=0.3\mu g \qquad c=3\mu g/mL$$

(2) 茜素 S 法　在氨性介质中，Al^{3+} 与茜素磺酸钠（茜素 S）试剂作用，生成玫瑰红色沉淀。

Fe^{3+}、Cr^{3+}、Mn^{2+}、Co^{2+}、Ni^{2+} 等有干扰，如果采用亚铁氰化钾 $K_4Fe(CN)_6$ 在纸上分离，由于 Al^{3+} 不被 $K_4Fe(CN_6)$ 所 PBFQ 沉淀，因此扩散到外层的水渍区。再于外层滴加茜素 S 试剂，并在氨气上熏，烘干后，有红色环出现。若将滤纸在热水中浸数分钟，把亚铁氰化钾洗去，效果会更好。

$$m=0.15\mu g \qquad c=3\mu g/mL$$

12. Cr^{3+} 的鉴定

在强碱性介质中，以 CrO_2^- 形式存在，与 H_2O_2 作用，CrO_2^- 氧化成 CrO_4^{2-}。当被 H_2SO_4 酸化至 pH 为 2～3，这时 CrO_4^{2-} 转变为 $Cr_2O_7^{2-}$，$Cr_2O_7^{2-}$ 被 H_2O_2 进一步氧化成蓝色的过铬酸。

$$2CrO_4^{2-}+2H^+ \rightleftharpoons Cr_2O_7^{2-}+H_2O$$

$$C_2O_7^{2-}+4H_2O_2+2H^+ \rightleftharpoons 2H_2CrO_6+3H_2O$$

H_2CrO_6 在水中不稳定，可用戊醇萃取。

$$m=2.5\mu g \qquad c=50\mu g/mL$$

13. Fe^{3+} 的鉴定

(1) 硫氰酸氨法　在 HCl 酸化的介质中，Fe^{3+} 与硫氰酸铵作用，生成多形式的血红色配合物，如

$$Fe^{3+}+3SCN^- \rightleftharpoons Fe(SCN)_3$$

HNO_3 具有氧化性，能将 SCN^- 破坏，不宜做酸化剂，合适的酸化剂是 HCl。此外，F^-、H_3PO_4、草酸、酒石酸、柠檬酸等能与 Fe^{3+} 生成稳定的无色配合物，干扰反应。遇此情况，可用 $SnCl_2$ 将 Fe^{3+} 还原为 Fe^{2+}，用邻二氮菲法测定。

$$m=0.25\mu g \qquad c=5\mu g/mL$$

(2) 亚铁氰化钾法　在酸性介质中，Fe^{3+} 与亚铁氰化钾作用，生成深蓝色（普鲁士蓝）沉淀，反应为

$$Fe^{3+}+K^{+}+Fe(CN)_6^{4-} \rightleftharpoons KFe[Fe(CN)_6]\downarrow$$

其他阳离子在一般含量下都不能掩盖 Fe^{3+} 生成的深蓝色。Cu^{2+} 大量存在时，会降低灵敏度，可用 NH_3-NH_4Cl 溶液将 Fe^{3+} 沉淀为 $Fe(OH)_3$ 分离后进行鉴定。应当注意，Co^{2+} 和 Ni^{2+} 与试剂生成浅绿色或绿色沉淀，不要误认为是 Fe^{3+}。当有磷酸、草酸、F^- 等可与 Fe^{3+} 形成稳定的配离子，可将 Fe^{3+} 还原为 Fe^{2+}，改用邻二氮菲法。

$$m=0.05\mu g \qquad c=1\mu g/mL$$

14. Fe^{2+} 的鉴定

(1) 铁氰化钾法　在酸性介质中，Fe^{2+} 与铁氰化钾作用，有腾氏蓝沉淀生成。

$$Fe^{2+}+K^{+}+Fe(CN)_6^{3-} \rightleftharpoons KFe[Fe(CN)_6]\downarrow$$

其他阳离子一般不干扰鉴定反应。

$$m=0.1\mu g \qquad c=2\mu g/mL$$

(2) 邻二氮菲法　在弱酸性介质中，Fe^{2+} 与邻二氮菲作用，生成稳定的红色可溶性配合物。Fe^{3+}、Cu^{2+}、Co^{2+}、Zn^{2+}、Cd^{2+}、Ni^{2+} 等也能与试剂生成配合物，但都不足以掩盖 Fe^{2+} 生成的红色。

$$m=0.25\mu g \qquad c=0.5\mu g/mL$$

15. Mn^{2+} 的鉴定

铋酸钠法　Mn^{2+} 在强酸性溶液（HNO_3 或 H_2SO_4）中被 $NaBiO_3$ 氧化为 MnO_4^- 而呈紫红色。

$$2Mn^{2+}+5NaBiO_3+14H^{+} \rightleftharpoons 2MnO_4^{-}+5Bi^{3+}+5Na^{+}+7H_2O$$

该反应是 Mn^{2+} 的特效反应。但反应时应避免还原性物质存在。若在滤纸上进行，MnO_4^- 能被纸纤维还原为棕色的 $MnO(OH)_2$ 斑点，可提高反应的灵敏度。

反应的灵敏度 $m=0.8\mu g$，$c=16\mu g/mL$；纸上 $m=0.1\mu g$，$c=2\mu g/mL$。

16. Zn^{2+} 的鉴定

(1) 四硫氰汞铵法　在中性或若酸性介质中，Zn^{2+} 与 $(NH_4)_2Hg(SCN)_4$ 试剂反应生成白色晶体沉淀。

$$Zn^{2+}+[Hg(SCN)_4]^{2-} \rightleftharpoons ZnHg(SCN)_4\downarrow$$

当 Zn^{2+} 与少量 Co^{2+} 共存时，可促进 Co^{2+} 与试剂的反应，立即生成天蓝色混晶。但析出蓝色沉淀的时间超过 2min，不能作为 Zn^{2+} 存在的依据，此时应作对照实验。

Mn^{2+}、Fe^{3+}、Cu^{2+}、Cd^{2+} 对反应有干扰，可加入 4mol/L NaOH 在热溶液中以氢氧化物除去，而 ZnO_2^{2-} 留在溶液中，离心液以 HCl 酸化后鉴定 Zn^{2+}。

$$m=0.5\mu g \qquad c=10\mu g/mL$$

(2) 双硫腙法　在酸性溶液中，Zn^{2+} 与双硫腙反应生成粉红色的配合物。此配合物在水和四氯化碳中都显色。反应具有较高的选择性，可在其他阳离子存在下检验 Zn^{2+}。

$$m=0.06\mu g \qquad c=1.2\mu g/mL$$

17. Co^{2+} 的鉴定

(1) 硫氰酸氨法　在酸性介质中，Co^{2+} 与 NH_4SCN 作用生成蓝色配合物，并加入丙酮

萃取，以提高其稳定性。

$$Co^{2+}+4SCN^- \rightleftharpoons [Co(SCN)_4]^{2-}$$

Fe^{3+}和Cu^{2+}有干扰，可加NaF掩蔽Fe^{3+}，加少许硫脲掩蔽Cu^{2+}。

$$m=0.5\mu g \qquad c=10\mu g/mL$$

（2）硫代硫酸钠法　在中性或弱碱性介质中，Co^{2+}与$Na_2S_2O_3$饱和溶液（或固体）反应，生成蓝色可溶性配合物$[Co(S_2O_3)_2]^{2-}$。

Cu^{2+}、Cd^{2+}、Zn^{2+}、Ni^{2+}等均不干扰测定，Fe^{3+}与试剂作用，生成紫色的中间产物$Fe(S_2O_3)_2^-$，其颜色会很快消失。

$$m=8\mu g \qquad c=160\mu g/mL$$

18. Ni^{2+}的鉴定

（1）丁二酮肟法　在浸有丁二酮肟的滤纸上，滴加中性或微酸性Ni^{2+}离子溶液1滴，出现鲜红色斑点。用氨气熏后斑点更明显。

$$Ni^{2+}+2HDMG \rightleftharpoons Ni(DMG)_2\downarrow+2H^+$$

反应适宜的酸度为pH=5～10。Fe^{3+}、Fe^{2+}、Co^{2+}、Mn^{2+}、Cu^{2+}等对鉴定有干扰。可在鉴定前加3%的H_2O_2、1mol/L的$(NH_4)_2CO_3$和2mol/L的氨水处理后，取其清液进行实验。

$$m=0.03\mu g \qquad c=0.3\mu g/mL$$

（2）二硫代乙二酰胺法　中性或微酸性Ni^{2+}试液滴在滤纸上，经氨气熏后，在滴加二硫代乙二酰胺试剂，纸上出现蓝色斑点。

Cu^{2+}、Co^{2+}在此条件下，分别与试剂形成暗绿色和黄色斑点，但在浸有氨水滤纸上的扩散速率不同，Ni^{2+}扩散速率最快，其在最外层形成蓝色环。

$$m=0.012\mu g \qquad c=0.8\mu g/mL$$

19. Ba^{2+}的鉴定

铬酸钾法　在HAc-NaAc的溶液中，Ba^{2+}与K_2CrO_4作用生成黄色的$BaCrO_4$沉淀。

$$Ba^{2+}+CrO_4^{2-} \rightleftharpoons BaCrO_4\downarrow$$

$$m=3.5\mu g \qquad c=70\mu g/mL$$

20. Sr^{2+}的鉴定

硫酸铵法　在中性或弱酸性介质中，Sr^{2+}与饱和$(NH_4)_2SO_4$试剂作用，生成白色沉淀。

$$Sr^{2+}+SO_4^{2-} \rightleftharpoons SrSO_4\downarrow$$

Ba^{2+}、Pb^{2+}干扰鉴定，可在HAc性条件下，用CrO_4^{2-}将它们沉淀为铬酸盐并分离除去，然后再鉴定Sr^{2+}。

$$m=10\mu g \qquad c=100\mu g/mL$$

21. Ca^{2+}的鉴定

在醋酸介质中，Ca^{2+}与$(NH_4)_2C_2O_4$作用生成白色的草酸钙沉淀。

$$Ca^{2+}+C_2O_4^{2-} \rightleftharpoons CaC_2O_4\downarrow$$

Ba^{2+}、Sr^{2+}也有此反应，可先加入饱和$(NH_4)_2SO_4$将其沉淀分离。其他离子在系统分析中先已被分离。

$$m=1\mu g \qquad c=20\mu g/mL$$

22. Mg^{2+}的鉴定

在强碱性介质中，Mg^{2+}以$Mg(OH)_2$沉淀形式存在，加入镁试剂（对硝基苯偶氮间苯二酚）后，$Mg(OH)_2$吸附镁试剂呈天蓝色。

在碱性介质中能够生成沉淀的阳离子对鉴定反应有干扰，应预先除去。

同时鉴定前应加碱煮沸除去大量铵盐，以保证 $Mg(OH)_2$ 的生成。

$$m=0.5\mu g \qquad c=10\mu g/mL$$

23. Na^+ 的鉴定

在醋酸缓冲溶液中，Na^+ 与醋酸铀酰锌生成淡黄色结晶状沉淀。

$$Na^+ + Zn^{2+} + 3UO_2^{2-} + 9Ac^- + 9H_2O \rightleftharpoons NaAc \cdot Zn(Ac)_2 \cdot 3UO_2(Ac)_2 \cdot 9H_2O\downarrow$$

反应时应加入过量试剂，并加入乙醇。大量的 K^+、Li^+ 干扰反应。

$$m=12.5\mu g \qquad c=250\mu g/mL$$

24. K^+ 的鉴定

在中性、碱性或弱酸性介质中，K^+ 与四苯硼化钠 [$NaB(C_6H_5)_4$] 试剂作用，生成白色沉淀。

$$K^+ + [B(C_6H_5)_4]^- \rightleftharpoons K[B(C_6H_5)_4]\downarrow$$

NH_4^+、Ag^+ 等离子干扰检出，应先除去。

$$m=1\mu g \qquad c=2\mu g/mL$$

25. NH_4^+ 的鉴定

奈氏试剂法　碘汞化钾（K_2HgI_4）的 KOH 溶液，与 NH_4^+ 作用生成红棕色沉淀，氨浓度低时形成棕黄色溶液。

$$NH_4^+ + OH^- \rightleftharpoons NH_3 + H_2O$$

$$NH_3 + 2HgI_4^{2-} + OH^- = \left[\begin{array}{l} I-Hg \\ \qquad \rangle NH_2 \\ I-Hg \end{array}\right] I\downarrow + 5I^- + H_2O$$

当有 Fe^{3+}、Cr^{3+}、Co^{2+}、Ni^{2+} 等离子干扰时，可采用气室法鉴定 NH_4^+。将滴有奈氏试剂的滤纸条贴于上表面皿，试液滴与下表面皿中，再滴加 NaOH 溶液，加热，反应产生的 NH_3 遇到浸有奈氏试剂的滤纸条时，就会生成红棕色斑。

$$m=0.3\mu g \qquad c=0.05\mu g/mL$$

第三节　阴离子的定性分析

在进行物质的全分析时，除定性分析阳离外，还须进行阴离子分析。阴离子大多数由非金属元素组成，虽然构成阴离子的元素不多，但有的元素可以构成多种不同形式的阴离子。例如由硫元素构成的 S^{2-}、SO_4^{2-}、SO_3^{2-}、$S_2O_3^{2-}$、SCN^- 等。这里对于一些既能以阳离子形式存在，又能以阴离子存在的金属不再讨论，只讨论常见的 15 种阴离子：SO_4^{2-}、SO_3^{2-}、$S_2O_3^{2-}$、S^{2-}、PO_4^{3-}、SiO_3^{2-}、CO_3^{2-}、$C_2O_4^{2-}$、NO_3^-、NO_2^-、CN^-、F^-、Cl^-、Br^-、I^-。

一、阴离子的重要性质

同阳离子比较，阴离子在分析上利用的一些性质有所不同，其主要表现在以下几个方面。

1. 易挥发性

在上述 15 种阴离子中，CO_3^{2-}、$S_2O_3^{2-}$、SO_3^{2-}、S^{2-}、NO_2^-、CN^- 等可被酸分解产生气体。例如

$$CO_3^{2-} + 2H^+ \rightleftharpoons CO_2\uparrow + H_2O$$

$$S_2O_3^{2-} + 2H^+ \rightleftharpoons SO_2\uparrow + S\downarrow + H_2O$$

这一现象也说明，一些阴离子在酸性介质中的不稳定性。当然这些具有易挥发性的阴离

子给鉴定带来了很多不便。因此，在鉴定阴离子时，分析试液应呈中性或弱碱性。

2. 氧化还原性

阴离子的氧化还原性质比阳离子表现得更为突出。绝大多数阳离子可以共存于同一溶液中，有些阴离子却不能共存。原因是这些阴离子之间彼此能发生氧化还原反应。由于具有氧化性的离子不能和具有还原性的离子共存，所以，可能共存的离子不会很多。在讨论的15种阴离子中，难以共存的离子见表11-3。

表 11-3　酸性溶液中难以共存的阴离子

氧化性阴离子	还原性阴离子
NO_3^-	S^{2-}、$S_2O_3^{2-}$、SO_3^{2-}、I^-①
NO_2^-	S^{2-}、$S_2O_3^{2-}$、SO_3^{2-}、I^-
SO_3^{2-}	S^{2-}

① 浓度大时不能共存。

在酸性条件下，只要检出难以共存离子的一方，另一方就没有必要再去鉴定，可使分析程序得以简化。

3. 配位性

在15种常见阴离子中，$S_2O_3^{2-}$、PO_4^{3-}、F^-、Cl^-、Br^-、I^-、NO_2^-、CN^-都可作为配位体与金属离子形成配合物。这一性质，一方面可用于分离和掩蔽，另一方面给阴、阳离子的分析鉴定带来了干扰。因此，在制备阴离子试液时，必须把那些易与阴离子形成配合物的阳离子除去。

上述阴离子的性质特点，说明了阴离子在分析过程中的不稳定性。所以，阴离子适宜采用分别分析，不必进行复杂的系统分析。同时也表明，阴离子试液不能制成酸性溶液，只可制成碱性溶液。通常利用饱和 Na_2CO_3 溶液与试样共煮而制得。

二、阴离子的初步试验

为了缩小阴离子的鉴定范围，在鉴定前可先做预测和初步试验，然后再确定分析方案，进行鉴定。

（一）预测

① 试样不溶于水。可推测其中不含有 NO_3^- 和 NO_2^-。

② 试样呈酸性。在酸性溶液中可推测极易被酸分解的阴离子不可能存在。

③ 与阳离子对照比较。从阳离子分析结果比较对照，可推测出不可能存在的阴离子。如阳离子分析中检出 Ba^{2+} 和 Ag^+，且试样完全溶于水，从而推断出阴离子中不可能有 SO_4^{2-}、I^-、Br^-、Cl^-、PO_4^{3-} 等。

（二）初步试验

1. 挥发性试验

向试样（或试液）中加入稀 H_2SO_4（或稀 HCl）并加热，一些具有挥发性的阴离子与酸作用，生成具有不同特征的气体，借以推断可能存在的阴离子，如表11-4所示。

表 11-4　遇酸分解产生气体的阴离子

离子	产生的气体	离子反应式	气体特征
CO_3^{2-}	CO_2	$CO_3^{2-}+2H^+ \longrightarrow CO_2\uparrow+H_2O$	无色，无臭，使饱和 $Ca(OH)_2$ 溶液变浑浊
SO_3^{2-}	SO_2	$SO_3^{2-}+2H^+ \longrightarrow SO_2+H_2O$	无色、刺激性臭味，使碘液褪色
$S_2O_3^{2-}$	SO_2	$S_2O_3^{2-}+2H^+ \longrightarrow SO_2\uparrow+S\downarrow+H_2O$	无色、刺激性臭味，并有淡黄色单质S析出，使碘液褪色

续表

离子	产生的气体	离子反应式	气体特征
NO_2^-	NO_2	$2NO_2^- + 2H^+ \longrightarrow NO_2\uparrow + NO\uparrow + H_2O$	棕色，有刺激性气味
S^{2-}	H_2S	$S^{2-} + H^+ \longrightarrow H_2S\uparrow$	无色，臭鸡蛋气味，能使 $Pb(Ac)_2$ 试纸变黑
CN^-	HCN	$CN^- + H^+ \longrightarrow HCN\uparrow$	无色、苦杏仁气味，剧毒

2. 分组试验

阴离子分组试验是初步试验的重要内容之一。依据阴离子所形成的银盐和钡盐溶解度的差异，分成三组（如表 11-5），以此检查各组离子是否存在，简化分析程序。

表 11-5　阴离子分组

组别	组试剂	所属阴离子	分组依据
第一组 银盐组	$AgNO_3 + HNO_3$	Cl^-、Br^-、I^-、S^{2-}、CN^-、$S_2O_3^{2-}$	银盐不溶于水及稀 HNO_3；钡盐溶于水
第二组 钡盐组	$BaCl_2$ （中性或弱碱）	SO_4^{2-}、SO_3^{2-}、$S_2O_3^{2-}$、CO_3^{2-}、PO_4^{3-}、F^-、$C_2O_4^{2-}$、SiO_3^{2-}	钡盐难溶于水；银盐不溶于水，但溶于稀 HNO_3
第三组 易溶组		NO_3^-、NO_2^-	银盐钡盐都易溶于水

从表 11-5 可见，$S_2O_3^{2-}$ 同时在两个组中出现。当 $S_2O_3^{2-}$ 浓度小于 4.5mg/mL 时，与 Ag^+ 生成 $Ag_2S_2O_3$ 沉淀列入第一组，颜色由白变黄、棕，最后变黑色。

$$2Ag^+ + S_2O_3^{2-} \rightleftharpoons Ag_2S_2O_3\downarrow$$

$$Ag_2S_2O_3 + H_2O \rightleftharpoons Ag_2S\downarrow + H_2SO_4$$

$Ag_2S_2O_3$ 沉淀易溶于过量 $S_2O_3^{2-}$ 溶液形成 $[AgS_2O_3]^-$ 配离子。当 $S_2O_3^{2-}$ 浓度大于 4.5mg/mL 时，能析出 BaS_2O_3 沉淀（易形成过饱和溶液），进入第二组。

在用 $AgNO_3$ 试验时，试液中先加入 $AgNO_3$ 然后加入稀 HNO_3。若为白色沉淀，试液中只含有 CN^- 和 Cl^-；若为黄色沉淀，可能有 I^-、Br^-、CN^-、Cl^- 存在；若出现棕色沉淀，可能有 CN^-、Cl^-、Br^-、I^-；Ag_2S 是黑色沉淀。若开始生成白色沉淀，很快变黄、棕，最后变为黑色，表示有 $S_2O_3^{2-}$ 存在。

当以 $BaCl_2$ 试验时，生成白色沉淀，表示可能有 SO_4^{2-}、SO_3^{2-}、PO_4^{3-}、CO_3^{2-}、F^- 等存在。若无沉淀，表示以上离子均不存在。当 $S_2O_3^{2-}$ 浓度较高时，也有 BaS_2O_3 白色沉淀产生。

3. 氧化还原性试验

（1）氧化性阴离子的试验　试液用 H_2SO_4 酸化后，加入 KI 淀粉溶液，若溶液变蓝，表示有 NO_2^- 存在。

（2）还原性阴离子的试验　试液用 H_2SO_4 酸化后，加入 0.03% 的 $KMnO_4$ 紫红色溶液，若颜色褪去，可能有 SO_3^{2-}、$S_2O_3^{2-}$、S^{2-}、SCN^-、NO_2^-、$C_2O_4^{2-}$、Br^-、I^- 及大量 Cl^- 存在，否则可排除这些离子的存在。Cl^- 必须在浓度较高或酸度较大时，才能使 $KMnO_4$ 褪色。

同时还可以在 H_2SO_4 酸化后，加含 0.1% 的 KI 的碘-淀粉溶液，若其蓝色褪去，则可能有 SO_3^{2-}、$C_2O_4^{2-}$、$S_2O_3^{2-}$、S^{2-}、CN^- 存在。阴离子的初步试验如表 11-6 所示。

表 11-6　阴离子的初步试验

项目试剂离子	挥发性试验	分组试验		氧化还原性试验		
	稀 H_2SO_4	$AgNO_3$ 稀（HNO_3）	$BaCl_2$ （中性、弱碱性）	KI-淀粉 （H_2SO_4）	$KMnO_4$ （H_2SO_4）	I_2-淀粉 （H_2SO_4）
F^-			$BaF_2\downarrow$（白色）			

续表

项目试剂离子	挥发性试验	分组试验		氧化还原性试验		
	稀 H_2SO_4	$AgNO_3$ 稀(HNO_3)	$BaCl_2$ (中性、弱碱性)	KI-淀粉 (H_2SO_4)	$KMnO_4$ (H_2SO_4)	I_2-淀粉 (H_2SO_4)
Cl^-		$AgCl\downarrow$(白色)			褪色	
Br^-		$AgBr\downarrow$(浅黄色)			褪色	
I^-		$AgI\downarrow$(黄色)			褪色	
CN^-	$HCN\uparrow$	$AgCN\downarrow$(白色)				褪色
S^2	$H_2S\uparrow$	$Ag_2S\downarrow$(黑色)			褪色	褪色
CO_3^{2-}	$CO_2\uparrow$		$BaCO_3\downarrow$(白色)			
SO_3^{2-}	$SO_2\uparrow$		$BaSO_3\downarrow$(白色)		褪色	褪色
$S_2O_3^{2-}$	$SO_2\uparrow+S\downarrow$	$Ag_2S_2O_3\rightarrow Ag_2S$	$BaS_2O_3\downarrow$(白色)		褪色	褪色
SO_4^{2-}			$BaSO_4\downarrow$(白色)			
$C_2O_4^{2-}$			$BaC_2O_4\downarrow$(白色)		褪色	褪色
PO_4^{3-}			$Ba_3(PO_4)_2\downarrow$(白色)			
NO_2^-	$NO_2\uparrow+NO\uparrow$			蓝色	褪色	
NO_3^-						
SiO_3^{2-}	$H_2SiO_3\downarrow$(白色)		$BaSiO_3\downarrow$(白色)			

三、阴离子的鉴定反应

1. SO_4^{2-} 的鉴定

SO_4^{2-} 在水溶液中为无色。它与 $BaCl_2$ 作用生成不溶于无机酸的白色沉淀。

$$SO_4^{2-}+Ba^{2+}\rightleftharpoons BaSO_4\downarrow$$

在离心管中加入试液 1 滴，2mol/L 盐酸 2 滴和 0.25mol/L 的 $BaCl_2$ 溶液 1 滴，摇匀后观察，加热 1min，白色沉淀不溶解，示有 SO_4^{2-} 存在。

$$m=5\mu g \qquad c=100\mu g/mL$$

2. PO_4^{3-} 的鉴定

在 HNO_3 介质中，将试液加热与钼酸铵 $(NH_4)_2MoO_4$ 试剂作用，生成黄色晶形沉淀。

$$PO_4^{3-}+3NH_4^++12MoO_4^{2-}+24H^+\xrightarrow{\triangle}(NH_4)_3PO_4\cdot 12MoO_3\cdot 6H_2O\downarrow+6H_2O$$

SiO_3^{2-} 和 AsO_4^+ 干扰检出，可加入酒石酸掩蔽，使其生成稳定的配合物进入溶液，而磷钼酸铵不溶于酒石酸。

$$m=10\mu g \qquad c=100\mu g/mL$$

3. SO_3^{2-} 的鉴定

SO_3^{2-} 在水溶液中是无色离子。在中性溶液中与亚硝酰铁氰化钠 $Na_2[Fe(CN)_5NO]$ 反应生成玫瑰红色。若有 $ZnSO_4$ 存在时，颜色更深。若滴加 $K_4[Fe(CN)_6]$ 试剂，则生成红色沉淀。S^{2-} 对鉴定反应有干扰。

$$m=3.2\mu g \qquad c=60\mu g/mL$$

4. $S_2O_3^{2-}$ 的鉴定

在中性溶液中，$S_2O_3^{2-}$ 与过量的 $AgNO_3$ 作用，生成白色硫代硫酸银沉淀，继而水解，沉淀由白色变为黄色到棕色，最后变为黑色，反应为

$$S_2O_3^{2-}+2Ag^+\rightleftharpoons Ag_2S_2O_3\downarrow$$

$$Ag_2S_2O_3+H_2O\rightleftharpoons \underset{(黑色)}{Ag_2S\downarrow}+SO_4^{2-}+2H^+$$

S^{2-} 干扰检出，可预先加入固体 $CdCO_3$ 分离除去。

$$m=2.5\mu g \qquad c=25\mu g/mL$$

5. S^{2-} 的鉴定

在碱性介质中，S^{2-} 与亚硝酰铁氰化钠作用，生成紫色的配合物硫代亚硝酰铁氰化钠。

$$S^{2-}+4Na^{+}+[Fe(CN)_5NO]^{2-} \rightleftharpoons Na_4[Fe(CN)_5NOS]$$

SO_3^{2-}、$S_2O_3^{2-}$ 浓度不超过 S^{2-} 100 倍时不干扰。

$$m=1\mu g \qquad c=20\mu g/mL$$

6. CO_3^{2-} 的鉴定

CO_3^{2-} 遇酸分解为 CO_2 气体，使石灰水变浑浊。

$$CO_3^{2-}+2H^{+} \rightleftharpoons CO_2\uparrow+H_2O$$

$$CO_2+Ca(OH)_2 \rightleftharpoons CaCO_3\downarrow+H_2O$$

SO_3^{2-} 和 $S_2O_3^{2-}$ 干扰鉴定，可先加 H_2O_2 将其氧化为 SO_4^{2-} 后，再进行鉴定。

$$m=60\mu g \qquad c=500\mu g/mL$$

7. F^- 的鉴定

F^- 能使$[Fe(CNS)_6]^{3-}$的红色褪去,反应为

$$\underset{(血红色)}{6F^{-}+[Fe(CNS)_6]^{3-}} \rightleftharpoons \underset{(无色)}{[FeF_6]^{3-}}+6CNS^{-}$$

8. Cl^- 的鉴定

Cl^- 与 $AgNO_3$ 作用，生成白色 AgCl 沉淀。AgCl 溶于氨水生成$[Ag(NH_3)_2]^+$配离子，当加入 HNO_3 酸化后又重新出现 AgCl 白色沉淀。

$$m=1\mu g \qquad c=10\mu g/mL$$

9. Br^- 的鉴定

在酸性溶液中 Br^- 可以被 NaClO 氧化成红棕色的游离溴。若加入过量的 NaClO，则 Br_2 将进一步被氧化为黄色的 BrCl。

$$2Br^{-}+ClO^{-}+2H^{+} \rightleftharpoons Br_2+Cl^{-}+H_2O$$

$$ClO^{-}+Cl^{-}+2H^{+} \rightleftharpoons Cl_2+H_2O$$

$$Br_2+Cl_2 \rightleftharpoons 2BrCl$$

Br_2 在 CCl_4 中显色更明显。

$$m=50\mu g \qquad c=500\mu g/mL$$

10. I^- 的鉴定

在酸性溶液中，I^- 可被亚硝酸钾氧化成 I_2，使淀粉溶液变蓝或 CCl_4 层呈紫色。

$$2I^{-}+2NO_2^{-}+4H^{+} \rightleftharpoons I_2+2NO\uparrow+2H_2O$$

此法可在 Cl^- 和 Br^- 存在时检出 I^-。

$$m=2.5\mu g \qquad c=50\mu g/mL$$

11. CN^- 的鉴定

氰化物为剧毒物质。实验一定要在密闭通风柜中进行。CN^- 与硫化铜反应生成稳定的铜配合物而使 CuS 的黑色消退。

$$2CuS(黑)+8CN^{-} \rightleftharpoons 2[Cu(CN)_4]^{2-}+S^{2-}+S\downarrow$$

$$m=2.5\mu g \qquad c=50\mu g/mL$$

12. NO_2^- 的鉴定

碘化钾-淀粉法　在醋酸性介质中，NO_2^- 将 I^- 氧化成 I_2，使淀粉溶液变蓝。此反应宜在含有淀粉的滤纸上进行，以蓝色斑点或蓝色环出现示为 NO_2^- 存在。

$$2NO_2^- + 2I^- + 4H^+ + 淀粉 \rightleftharpoons I_2\text{-}淀粉 + 2H_2O + 2NO\uparrow$$

（蓝色）

$m = 0.005\mu g \quad c = 0.1\mu g/mL$

13. NO_3^- 的鉴定

在浓 H_2SO_4 介质中，NO_3^- 可被过量的 Fe^{2+} 还原成 NO，Fe^{2+} 与 NO 作用生成 $Fe(NO)^{2+}$ 棕色配离子。若使用固体的硫酸亚铁，则在固体四周形成棕色环。

$$NO_3^- + 3Fe^{2+} + 4H^+ \rightleftharpoons 3Fe^{3+} + NO\uparrow + 2H_2O$$

$$NO + Fe^{2+} \rightleftharpoons Fe(NO)^{2+}$$

NO_2^- 有类似反应，可用尿素除去。I^-、Br^-、CrO_4^{2-} 以及与 Fe^{2+} 作用的离子都妨碍鉴定，故须除去。

$m = 2.5\mu g \quad c = 40\mu g/mL$

14. SiO_3^{2-} 的鉴定

在试液中加稀 HNO_3 至微酸性，加热除去 CO_2，冷却后加氨水至碱性，加饱和 NH_4Cl 并加热。SiO_3^{2-} 与 NH_4^+ 作用生成白色胶状的硅酸沉淀。

$$SiO_3^{2-} + 2NH_4^+ \rightleftharpoons H_2SiO_3\downarrow + 2NH_3$$

15. $C_2O_4^{2-}$ 的鉴定

在 HAc 性介质中，$C_2O_4^{2-}$ 与 Ca^{2+} 作用生成白色的 CaC_2O_4 沉淀

$$C_2O_4^{2-} + Ca^{2+} \rightleftharpoons CaC_2O_4\downarrow$$

CaC_2O_4 可溶于 HCl 等酸中，但不溶于 HAc。

第四节　一般物质的定性分析

一般物质的分析，是指以固体、液体和气体三种状态存在的物质的分析。本节主要讨论除金属合金以外的固体无机物的定性分析。

固体无机物的定性分析，其基本步骤大致分为外表观察、初步实验、试样的制备、离子分析及分析结果的判断等五个方面。

一、试样的外表观察

在分析之前，首先要了解试样的来源、用途及分析目的。然后对试样的外表进行观察。这包括颜色、形态、嗅味、是否潮解等。试样的外部特征，一方面可作为选择分析方案的初步依据；另一方面也可作为校对分析结果的参照。

1. 外表颜色的观察

物质的外观颜色是鉴别物质组成的重要特征之一。应该注意的是，有些天然无机物和人工合成的物质，组成相同而颜色不同。例如，沉淀得到的 HgS 是黑色，而天然的 HgS（朱砂）则是鲜红色。含有结晶水和不含结晶水的同一物质，其颜色也不相同，如无水 $CuSO_4$ 是白色的，而 $CuSO_4 \cdot 5H_2O$ 为蓝色。表 11-7 和表 11-8 列出了常见的有色离子和有色无机物的颜色，供判断组分时参考，但要注意表中所列是单一组成时的颜色。

表 11-7　溶液中离子的颜色

颜　色	蓝	绿	橙　红	紫　红	粉　红	黄
离子	Cu^{2+}	Ni^{2+}（亮绿色） Cr^{3+}（灰绿色） Fe^{2+}（浅绿色） MnO_4^{2-}（墨绿色）	$Cr_2O_7^{2-}$	MnO_4^- Cr^{3+}（紫色）	Co^{2+} Mn^{2+}（浅粉色）	Fe^{3+} CrO_4^{2-} $Fe(CN)_6^{4-}$

表 11-8　常见有色无机化合物

颜色	化合物
黑色	AgS、Hg_2S、HgS、PbS、Cu_2S、CuS、FeS、CoS、NiS、CuO、NiO、FeO、Fe_3O_4、MnO_2、Sb、Bi、C 等
褐色	Bi_2S_3、SnS、Bi_2O_3、PbO_2、Ag_2O、CdO、$CuCrO_4$、CuBr
紫色	高锰酸盐、一些铬盐
蓝色	水合铜盐、无水钴盐
绿色	镍盐、水合亚铁盐、某些铜盐、铬盐
黄色	As_2S_3、As_2S_5、SnS_2、CdS、HgO、AgI、PbO、PbI_2、多数铬酸盐、铁盐
红色	Sb_2S_3、Fe_2O_3、HgS(天然)、HgO、HgI_2、Pb_2O_4、$FeCl_3$(无水)、$K_3Fe(CN)_6$、$Ag_2Cr_2O_7$，一些重铬酸盐、钴盐、碘化物
橙红色	Sb_2S_5、Sb_2S_3、多数重铬酸盐
粉红色	亚锰盐、水合钴盐

2. 外在形态的观察

对于固体试样，除对其外表颜色的观察外，还要观察其组成是否均匀、结晶形态和颗粒大小、是单一组成还是由多种物质组成、表面有无风化或潮解等现象。还应用湿润的 pH 试纸检验其酸碱性。所有这些观察得到的结果都要做详细记录，以便作为核对分析结果的参考依据。

二、初步试验

初步实验是在外表观察的基础上进行的分析程序。其目的在于为确定试样制备方法和离子分析方案提供可靠的线索。常用的初步试验方法有以下几种。

1. 灼烧试验

灼烧试验可在硬质玻璃试管（或白色瓷坩埚）中进行，试管长 5～6cm，直径 0.5cm。试管必须干燥。试管中放约 0.1～0.3g 试样，然后在火焰中缓缓加热，观察现象。由于灼烧时往往发生燃烧甚至爆炸，所以应小心进行。

如果试样在加热时炭化变黑，同时有棕黑色气体产生，并有焦糖气味，或有黑色焦油状物凝聚在管壁上，就说明试样中含有有机物。有机物往往妨碍某些阳离子（例如 Fe^{3+}、Al^{3+}、Cr^{2+}、Zn^{2+}、Co^{2+}、Ni^{2+} 等）的检出，故在分析这些离子前须预先除去。其次，应注意管壁是否有升华物凝结，管口是否有气体逸出。试样现象及判断见表 11-9。

表 11-9　灼烧试验

产生的物质					可能的物质
状态	颜色	嗅味	其他特性	可能产物	
气体	无色	无味	遇冷的光洁面有水珠	H_2O	含结晶水的盐、有机物、氢氧化物、含水氧化物铵盐、潮湿物质
	无色	无味	使澄清石灰变浊	CO_2	碳酸盐、草酸盐及有机化合物
	无色	无味	燃烧时为蓝色火焰	CO	草酸盐和甲酸盐等有机化合物
	无色	腐蛋味	使乙酸铅试纸变黑	H_2S	硫化物、某些亚硫酸盐和硫代硫酸盐
	无色	臭味	遇沾浓盐酸的玻璃棒生烟雾	NH_3	铵盐、硫氰酸盐和含氮有机化合物
	无色	燃硫味	通入氢氧化钡水溶液变浊	SO_2	亚硫酸盐、硫代硫酸盐、某些硫酸盐及多硫化物
	无色	无味	腐蚀玻璃（试管壁）	HF	氟化物（SiO_2 共存时）
	无色	燃烧时蒜味	有毒	As_4	砷酸盐、亚砷酸盐（碳或有机物共有时）
	无色	苦杏仁味	剧毒	HCN、$(CN)_2$	重金属氰化物、亚铁氰化物和铁氰化物
	黄绿色	刺激性嗅味	使碘化钾-淀粉试纸变蓝	Cl_2	铂、金、铜、铁等的氯化物，一般氯化物（氧化剂存在）
	红棕色	刺激性嗅味	使浸淀粉液滤纸条变黄	Br_2	溴化物（氧化剂共存时）
	棕色	刺激性嗅味		NO_2	硝酸盐、亚硝酸盐

续表

状态	产生的物质				可能的物质
	颜色	嗅味	其他特性	可能产物	
固体	紫色	刺激性嗅味	使浸淀粉液滤纸条变蓝	I_2	碘化物（氧化剂和酸性物质共存时）
	白色			升华物	挥发性铵盐，$HgCl_2$、$HgBr_2$、Hg_2Cl_2
	黄色			升华物	As_2O_3、Sb_2O_3、草酸
					S、As_2S_3、As_2S_5、HgI_2、$FeCl_3$
	灰黑色			升华物	多硫化物、重金属硫代硫酸盐产生的硫
	黑色			升华物	HgO、Hg、As、HgS（研磨变红）
	由黄到白		热时黄、冷时白		铜盐、锰盐、镍盐、ZnO 及锌盐
	黄色	无燃物，臭味			PbO、SnO、Bi_2O_3、某些铅盐
	棕色				Fe_2O_3
			热时红黑色，冷时棕色		CdO 及某些镉盐
			残渣膨胀		明矾、磷酸盐和硼酸盐
			残渣熔化		碱金属和碱土金属

2. 焰色反应

进行试验时，用洁净的铂丝或镍铬丝沾着试样在无色氧化焰中灼烧，使火焰呈特征颜色。为使某些被试物质变为挥发性较大的氯化物，铂丝或镍铬丝最好先浸以浓盐酸，试验现象及判断见表 11-10。

表 11-10　焰色试验

火焰颜色	可能存在的盐类	火焰颜色	可能存在的盐类
黄　色	钠盐	黄绿色（苹果绿色）	钡盐
砖红色	钙盐		
猩红色	锶盐和锂盐	绿色	硼酸、硫酸及易挥发铜盐、铋盐、碲盐、铊盐
紫红色	氰化物		
紫　色	钾盐（淡紫色）和铷盐、铯盐（蓝紫色），镓盐、氯化亚汞	淡蓝色	硒盐及铅、锡、锑、砷的挥发性化合物

应当注意，钠盐只有火焰的强烈蓝色持续几秒钟不退，才能认为有 Na^+ 存在，在透过蓝色玻璃片观察时则看不到蓝色；锶盐和锂盐虽都呈猩红色火焰，但在煅烧后，锶盐有碱性反应，而锂盐无碱性反应；如果钾盐和钠盐共存时，则须通过蓝色玻璃片，才能观察到钾盐的淡紫色火焰。

3. 溶解性试验

通过试样在各种溶剂中的溶解作用，不仅能增强对试样组成的认识，而且还可确定用什么溶剂来制备试样溶液以进行下一步鉴定。

定性分析中，常用的溶剂有水、盐酸、硝酸、王水等。一般试验顺序为：水、稀 HCl、稀 HNO_3、浓 HNO_3、王水。每种溶剂在使用时都是先常温，后加热。同时，应仔细观察试验中的现象变化，如溶液的颜色、酸碱性、气体的生成和沉淀的析出等。

（1）水为溶剂　取少量试样粉末（火柴头大小）放在离心管中，加 15～20 滴纯水。不断搅拌，如果不溶于冷水，在水浴上加热 2～3min，看是否溶解；如果观察不到显著的溶解，则可取出一些清液放在表面器上蒸干，若有固体残渣，说明有部分溶解。

（2）盐酸为溶剂　若试样不溶于水，取少量试样粉末，在离心管中用 2mol/L HCl 溶液处理，注意有无气体（CO_2、SO_2、NO_2）逸出；如不溶解，可在水浴上加热片刻；如还不溶解，则把液体吸去，加入浓盐酸再试。

(3) 硝酸为溶剂　以上述同样的方法用稀硝酸（相对密度 1.2）溶解，不溶时加热观察；若不溶解或部分溶解，则改用浓硝酸（相对密度 1.42）试验。

(4) 王水为溶剂　如果试样不溶于盐酸和硝酸，或仅部分溶解，则将试样或不溶解的部分改用王水来溶解，必要时加热。

各种溶剂的作用见表 11-11。

表 11-11　各种溶剂的作用

溶剂	溶解的物质
水	(1)除 $AgNO_2$ 以外大部分硝酸盐和亚硝酸盐 (2)除 AgX、Hg_2X_2、PbX_2、HgI_2 外大部分的氯化物、溴化物、碘化物 (3)除 $BaSO_4$、$SrSO_4$、$PbSO_4$、Hg_2SO_4、$CaSO_4$、Ag_2SO_4 外大部分硫酸盐 (4)大部分的钠、钾、铵盐
盐酸	(1)不溶于水的所有氢氧化物 (2)弱酸盐(不溶于的碳酸盐、磷酸盐、砷酸盐以及大部分金属硫化物) (3)活泼的金属;浓盐酸可溶合金 (4)氧化性酸盐;浓盐酸可溶解大多数金属氧化物,氧化矿石、一些硅酸盐及锡酸
HNO_3	金属(Ag、Bi、Pb、Cu、Mn)及某些合金,不溶性磷酸盐、碳酸盐、硫化物
王水	贵金属及其合金,HgS、锑和锡的氧化物,氧化物矿石等

4. 氧化性物质和还原性物质的试验

用适当的方法初步探索氧化性物质和还原性物质的存在，不仅对这些物质的进一步确证提供线索，而且可以从某些氧化性（或还原性）物质的存在，反证另一些可与之反应的还原性（或氧化性）物质不可能存在。

例如，在酸性溶液中，下列相对应的离子不可能共存：MnO_4^- 与 I^-、Br^-、AsO_3^{3-}、SO_3^{2-}、$S_2O_3^{2-}$、S^{2-}；$Cr_2O_7^{2-}$ 与 SO_3^{2-}、$S_2O_3^{2-}$、Br^-、I^-、NO_2^-；NO_2^- 与 S^{2-}、I^-。在碱性溶液中，下列对应的离子不可能共存：CrO_4^{2-} 与 S^{2-}；MnO_4^- 与 S^{2-}、SO_3^{2-}、AsO_3^{3-}。

一些氧化性物质与还原性物质的试验分别列于表 11-12 和表 11-13。

表 11-12　氧化性物质试验

试验方法	可能存在的物质
KI 试验 取 2 滴试液以 1mol/L H_2SO_4 酸化，加数滴 CCl_4 和 2 滴 1mol/L KI 溶液，有机层呈紫色	MnO_4^-、CrO_4^{2-}、NO_2^-、ClO_3^-、ClO^-、BrO_3^-、IO_3^-、IO_4^-、($Cr_2O_7^{2-}$)、$[Fe(CN)_6]^{3-}$、AsO_4^{3-}、H_2O_2 及其他过氧化物
$MnCl_2$ 试验 取 4 滴试液，加 10 滴 $MnCl_2$（在浓 HCl 的饱和溶液中），溶液呈棕色或黑色	CrO_4^{2-}、$[Fe(CN)_6]^{3-}$、ClO_3^-、NO_3^-、NO_2^-（生成 NO_2 溶液呈黄棕色）

表 11-13　还原性物质试验

试验方法	可能存在的物质
酸性 $KMnO_4$ 试验 H_2SO_4 酸化后的 0.002mol/L $KMnO_4$ 溶液 2 滴，试液 5 滴水稀释至 0.5ml，2 滴 3mol/L H_2SO_4，紫红色褪去	SO_3^{2-}、$S_2O_3^{2-}$、S^{2-}、AsO_3^{3-}、NO_2^-、CN^-、SCN^-、I^-、Br^-、$C_2O_4^{2-}$（加热）、Cl^-（高浓度，加热）、Fe^{2+}、Sn^{2+}、Ti^{3+}、$[Fe(CN)_6]^{4-}$
碱性 $KMnO_4$ 试验 方法同上，将硫酸改为 6mol/L NaOH，紫红色褪去，产生棕色沉淀	SO_3^{2-}、$S_2O_3^{2-}$、S^{2-}、AsO_3^{3-}、I^-、$[Fe(CN)_6]^{4-}$

续表

试验方法	可能存在的物质
碘-淀粉试验 取试液、碘液、淀粉各1滴，加微量固体$NaHCO_3$，如不显蓝色，再逐滴加碘液，再加1滴淀粉液至明显的蓝色出现，观察蓝色褪去显著与否	若蓝色褪色显著，可能有SO_3^{2-}、$S_2O_3^{2-}$、S^{2-}、AsO_3^{2-}、CN^-、SCN^-、$[Fe(CN)_6]^{4-}$

三、试样的制备

一般情况下，无机定性分析要求将试样制备成一定浓度的液体试液。固体物质则需要研细、混合均匀后，进行溶解或熔融。试样制好后要分成四等份。第一份作初步试验用，第二份作阳离子分析，第三份作阴离子分析，第四份保留备用。

试样的制备是一件复杂的事情，本书不作详细讨论。这里只对阳离子和阴离子分析试液的制备作简单介绍。

1. 阳离子试液的制备

根据初步试验的结论，选择适当溶剂将试样制备成约10mg/mL的阳离子分析试液。

（1）溶于水的试样　取约50mg试样，加水2～3mL，搅拌使之溶解。若不能全部溶解，可加热促其溶解。溶解后，检验试液酸碱性，若为酸性，即可做阳离子分析试液用；若为碱性，需用稀HNO_3酸化后作为阳离子分析试液。

（2）溶于酸的试样　取50mg试样，加酸2～3mL，使其溶解，必要时可加热。将得到的溶液蒸发烘干。除去过多的酸，冷却，加水2～3mL，即可作为阳离子分析试液。

若试样部分溶于酸，应离心分离，残渣按酸不溶物的溶解方法处理。

2. 阴离子试液的制备

阳离子试液一般是酸性的，不能同时用于阴离子的分析，其原因已在阴离子的定性分析中得以说明。用于阴离子分析的试液必须具备除去金属离子且使阴离子全部转入溶液并保持原有形式的条件。为满足这一条件，制备阴离子试液时，一般用Na_2CO_3溶液与试样共煮，阳离子中除K^+、Na^+、NH_4^+、As(Ⅲ)、As(Ⅴ)外，都生成碳酸盐、碱式碳酸盐或氢氧化物沉淀，分离后就可以得到符合要求的阴离子试液。通常制成浓度为10mg/mL的阴离子分析试液。

应当指出，如果试样完全溶于水，就不必用Na_2CO_3进行处理，直接用NaOH碱化即可。

四、离子分析

1. 阳离子分析

阳离子的分析，根据试样成分的简单或复杂的具体情况，可采用分别分析或系统分析法进行。也可以采用组试剂试验，有可能把整组离子排除，以简化分析步骤。究竟采取哪种方法应视具体情况而定。

2. 阴离子分析

根据外表观察、初步试验和阳离子的分析结果，推断可能存在的阴离子范围，然后按阴离子分析的步骤进行。

五、分析结果的判断

在完成试样全分析过程之后，要综合各方面（外表观察、初步试验及阳离子、阴离子的分析）的结果，作出结论。为确保最终的结论更具有正确性和可靠性，还需要对结果的正确性作出进一步的判断，对物质的成分做出最终的确定。

1. 结果复核

要使分析结论正确可靠，就要对试验结果进行复核。把整个试样分析的全过程从头至尾认真细致地进行审核，找出疑点。若发现问题，应立即进行复检，然后以对照试验和空白试验进行校正。例如，试样加酸时有明显气体产生，却没有检出一种挥发性阴离子；试样完全溶于水，却检出了 Ba^{2+} 和 SO_4^{2-} 。显然，这样的结果都是不合理的，必须进行复检。

2. 确定物质类型

确定物质的类型，就是具体指出试样是什么物质。这就是定性分析结果。例如，试样溶解于稀 HCl，就不可能同时有 Ag^+ 和 Cl^+ 存在，如加酸时有气体产生，说明样品中至少有一种能分解产生气体的阴离子；如果只检出阳离子而无阴离子，表明试样可能是氢氧化物、碱性氧化物、金属及其合金；若相反只检出阴离子而无阳离子，试样可能是酸性氧化物或酸；检出结果既有阳离子又有阴离子，表明试样是盐或盐与其他物质的混合物。

由于无机定性分析采用的方法是湿法，检出的是离子，对于混合物，在判断其原始组成时，有很大的局限性。例如，最后的分析结果表明，试样含有 K^+、Na^+、Cl^-、NO_3^-，就无法确定试样的原始组成是 KCl 和 $NaNO_3$，还是 NaCl 和 KNO_3。此时，分析报告中的结果只能以四种离子的形式出现。

定性分析，虽然不能定量给出各组分的含量，但却能根据鉴定过程中的现象如颜色深浅、沉淀多少等，判断出某组分存在量的大小，即可确定组分的主与次。

本 章 小 结

本章从化学分析的角度讨论了无机物定性分析的有关概念、方法，重点讨论了常见离子与常用试剂的反应，离子的分组分离及鉴定方法，并对一般无机物的定性分析作了介绍。

一、定性分析概念

1. 定性分析的方法

定性分析是通过化学反应的外部特征来判断待测物质所含的组分，所采用的方法主要有湿法和干法。

湿法分析是将试样制成溶液后，根据待检离子与鉴定试剂发生化学反应的外部特征确定其是否存在的分析方法。湿法是最常用的定性分析方法，鉴定的是离子。

干法分析是将固体试样直接在常温或高温（500～1200℃）条件下进行反应的方法，如研磨法，焰色反应、灼烧试验和熔珠试验等。它常作为湿法分析的辅助方法或初步试验。

2. 定性反应的外部特征和反应条件

(1) 定性鉴定反应的外部特征主要表现在：颜色的变化、沉淀的生成或溶解、气体的生成三个方面。这些特征对化学定性具有决定性的意义。

(2) 鉴定反应的条件适当与否，影响着定性分析能否顺利地进行，其主要包括：反应离子的浓度、溶液的酸度、溶剂的性质、催化剂和共存组分等。不同的鉴定反应要求的反应条件不同。

3. 鉴定反应的灵敏度和选择性

(1) 灵敏度　是指某一鉴定反应本身所具有的敏锐程度。一般同时用“检出限量”(m) 和“最低浓度”(c) 两个量来表示。

“检出限量”是指在一定的条件下，某一反应能检出待检离子的最小质量（μg），“最低浓度”是指该反应能得到所检离子肯定结果的最低浓度（mg/mL）。二者的关系为 $m=cV$。

每一鉴定反应检出离子都有一定量的限度。鉴定反应不同，其灵敏度也不同。

(2) 反应的选择性　一种试剂若能在离子的混合溶液中，与为数不多的几种离子作用产生相似的外部特征，这种反应叫选择性反应，这种试剂叫选择性试剂。参加反应的离子种类越少，反应的选择性就越高。若试剂只与一种离子反应且具有外部特征表现，称为特效反应，所用试剂称为特效试剂。实际上特效反应并不多，但可通过控制溶液的酸度、掩蔽、改变干扰离子的价态和分离干扰离子等途径，提高鉴定反应的选择性。

4. 系统分析与分别分析

根据各离子的化学性质，按一定操作顺序和步骤，用选择性试剂将性质相似的离子逐步分组分离，然后进行个别鉴定的方法，称为系统分析。

分别分析是采用特效反应，或创造特效反应条件直接从试液中检出待检离子。

5. 空白试液和对照试液

空白试液是以蒸馏水代替试液，在与鉴定相同的条件下，以同一方法进行的试验，用以检查所用蒸馏水、试剂以及器皿是否带有被检离子，防止过度检出。而对照试验是用已知溶液代替试液，在完全相同的条件下，用同一方法进行的试验。它用以检查试剂是否变质失效，反应条件控制是否适当，还用以对照，排除似是而非的现象。空白试验和对照试验，对于纠正失误和正确判断分析结果具有重要意义。

二、阳离子的定性分析

1. 常见阳离子和常用试剂的反应

(1) 与 HCl 反应　常见离子中只有 Ag^+、Pb^{2+}、Hg_2^{2+} 能与 HCl 作用，生成 AgCl、$PbCl_2$ 和 Hg_2Cl_2 白色沉淀，其中 AgCl 可溶于氨水，Hg_2Cl_2 与氨水作用转化为 $HgNH_2Cl$ 沉淀和 Hg。

(2) 与 H_2SO_4 反应　常见阳离子中与 H_2SO_4 作用生成相应的硫酸盐白色沉淀的离子有 Ba^{2+}、Sr^{2+}、Ca^{2+}、Pb^{2+} 四种离子。它们的硫酸盐沉淀中，$CaSO_4$ 溶解度最大，在 $(NH_4)_2SO_4$ 饱和溶液中不析出 $CaSO_4$。$PbSO_4$ 可溶于 NH_4Ac 中，$BaSO_4$ 和 $SrSO_4$ 在 Na_2CO_3 溶液中，可转化为 $BaCO_3$、$SrCO_3$ 而溶于酸。

(3) 与 NaOH 反应　大多数常见的阳离子都能与 NaOH 作用，生成氢氧化物或碱式盐沉淀，少数生成氧化物沉淀。一些具有两性的氢氧化物沉淀能进一步和 NaOH 作用而溶解。

(4) 与 NH_3 反应　与 NH_3 反应生成氢氧化物、氧化物或碱式盐沉淀，其能溶于过量氨水生成配离子的有 Ag^+、Cu^{2+}、Cd^{2+}、Zn^{2+}、Co^{2+}、Ni^{2+}。其他常见阳离子与 NH_3 作用生成氢氧化物或碱式盐沉淀，不溶于过量氨水。

(5) 与 $(NH_4)_2CO_3$ 的反应　除 K^+、Na^+、NH_4^+、As(Ⅲ)、As(Ⅴ)外，其他阳离子都能与碳酸铵反应生成不同形式的沉淀，且沉淀的性质各异。

(6) 与 H_2S 反应　大多数常见阳离子，在一定的酸度条件下都能与 H_2S 反应，生成不同颜色、不同性质的硫化物沉淀。其性质上的差异主要表现在盐酸、硝酸、氢氧化钠和王水中的溶解性不同。

2. 常见阳离子的系统分析方法及鉴定

在阳离子的系统分析中，重点讨论了硫化氢系统分组方法，简要介绍了两酸两碱分组方案。

硫化氢系统分组法，主要是以硫化物的溶解度不同为基础，分别以盐酸、硫化氢、硫化铵和碳酸铵为组试剂，25 种常见阳离子分为五个组，并以组试剂命名（易溶组除外）。

在阳离子个别鉴定时，多数阳离子介绍了两种鉴定方法，这里不再重述。

应该注意的是，无论系统分组分离，还是个别鉴定，都必须严格控制反应条件，否则达不到预期的目的。

三、阴离子分析

在阴离子的定性分析一节中，重点介绍了 15 种常见阴离子的重要性质，初步实验和个别鉴定方法。这 15 种常见阴离子全部由非金属元素组成。

在阴离子定性分析上利用的一些性质主要表现在易挥发性、氧化还原性和以配位体的形式形成配合物三个方面。

在阴离子的初步试验之前，先进行预测。通过试样的水溶性、酸碱性以及和阳离子对照比较的方法进行推测，分析可能或不可能存在的阴离子，然后再做初步试验。经过对阴离子的挥发性、氧化还原性、银盐和钡盐的溶解性的试验，为阴离子鉴定提供主要线索，最后，选择合适的方法进行个别鉴定。

四、一般物质的分析

固体无机物的定性分析，大致可分为外表观察、初步试验、试样的制备、离子鉴定和分析结果的判断等五个步骤。

外表观察是通过物质的外观颜色、形态、嗅味、是否吸湿等外部特征进行初步判断。初步试验的方法有灼烧试验、焰色试验、溶解性试验、氧化还原试验等。试液的制备，分阳离子试液的制备和阴离子试液的制备。阳离子试液一般是酸性溶液，而阴离子试液则是碱性溶液。制备阳离子试液时，首先选择水为溶剂，其次是酸为溶剂。制备阴离子试液，一般是将制好的固体试样和 Na_2CO_3 溶液共煮，取其清液。阴、阳离子试液的浓度一般为 10mg/mL。离子分析时，分别按照阳离子和阴离子的分析步骤和方法依次进行。最后，综合分析中的各种情况，判断被测物质的组成，报出正确可靠的分析结果。

思考题与习题

1. 定性分析反应具有哪些外部特征？
2. 定性分析反应的条件有哪些？为什么要控制这些条件？
3. 何为灵敏度？为什么要以检出限量和最低浓度两项指标来表示鉴定反应的灵敏度？
4. 什么是特效反应？如何提高鉴定反应的选择性？
5. 什么是分别分析和系统分析？各有何特点？
6. 什么叫空白试验和对照试验？各有什么意义？
7. 在常见的阳离子中，哪些阳离子在水溶液中具有颜色？各是什么颜色？请列表回答。
8. 在常见的阳离子中，哪几种离子必须从原始试液中直接检出？为什么？
9. 试说明 Fe^{3+}、Fe^{2+}、Mn^{2+}、Co^{2+}、Al^{3+} 分别分析的条件？
10. 硫化氢系统分组法分哪几组？各组的组试剂是什么？
11. 铜、锡组的分离依据是什么？
12. 在阴离子的定性分析中，主要利用其哪些性质？
13. 阴离子分组的目的和阳离子有何不同？
14. 在一般物质的定性分析中，外表观察的主要内容有哪些？
15. 已知铬酸钾法鉴定 Pb^{2+} 的 $m=20\mu g$、$c=25\mu g/mL$，问取该离子试液的体积应为多少？
16. 选择一种试剂分离下列各对离子。

(1) Al^{3+}、Fe^{3+}　(2) Zn^{2+}、Cr^{3+}　(3) Pb^{2+}、Cu^{2+}

(4) Pb^{2+}、Ba^{2+}　(5) Ni^{2+}、Zn^{2+}

17. 分别用一种试剂，区分下列各组化合物。

(1) CuS 和 HgS　(2) $PbSO_4$ 和 $BaSO_4$

(3) Ag_2CrO_4 和 $PbCrO_4$　(4) $Al(OH)_3$ 和 $Fe(OH)_3$

18. 对某阴离子未知液进行初步试验，得到如下结果：

(1) 试液酸化时有气泡产生；

(2) 中性溶液加 $BaCl_2$ 无沉淀产生；

(3) 试液中加 $AgNO_3$ 及稀 HNO_3 有黑色沉淀生成；

(4) 试液用 H_2SO_4 酸化后，可使 I_2 淀粉及 $KMnO_4$ 溶液退色；

(5) 不能使淀粉变蓝。

试推断哪些离子不可能存在？哪些离子可能存在？

19. 有一酸性溶液，定性分析结果如下所示，是否合理？为什么？

(1) Fe^{3+}、K^+、I^-、SO_4^{2-}　(2) Ag^+、Ba^{2+}、NO_3^-、I^-

(3) Ca^{2+}、NH_4^+、CO_3^{2-}、Cl^-　(4) Ba^{2+}、NH_4^+、SO_4^{2-}、Cl^-

实验 11-1　已知阳离子混合液中离子的分离与鉴定

一、实验目的

初步掌握阳离子定性分析的基本操作和待检离子的鉴定方法。

二、仪器与试剂

仪器：离心管、搅棒、滴管、毛细滴管、坩埚、水浴、电动离心机。

试剂（未注明的单位为 mol/L）：

Ag^+、Pb^{2+}、Hg_2^{2+} 试液（10mg/mL），HCl（2，6，12），HNO_3（6，16），HAc（2，6），氨水（6），NaOH（6），NH_4Ac（3），K_2CrO_4（0.25）。

三、实验内容

（一）第Ⅰ组阳离子一般分析反应

1. 第Ⅰ组阳离子与组试剂的作用

取 Ag^+、Hg_2^{2+} 试液各2滴，Pb^{2+} 试液4滴，分别置于有编号的3支离心管中，各加2滴2mol/L的HCl，搅拌或振荡，观察沉淀的生成情况。沉淀生成后，离心沉降，在上层清液中再加入1滴2mol/L的HCl，观察，应无浑浊出现（如有浑浊，应充分搅拌后，再离心沉降）。用毛细滴管吸取上层清液弃去，将沉淀分别用3滴1mol/L的HCl（2mol/L HCl稀释）洗涤一次，离心分离，弃去洗涤液。在洗净的沉淀中分别滴加3滴1mol/L的HCl，搅拌均匀后，用毛细滴管将各沉淀分为3份，且分别按序放置，供步骤2使用。

2. 氯化物沉淀的性质

（1）在步骤1所得第一份 AgCl、$PbCl_2$、Hg_2Cl_2 沉淀的3支离心管中，分别加入5滴蒸馏水，搅拌，观察各沉淀的变化。在将其置于水浴中加热、搅拌1～2min，观察各沉淀又有何变化，并做好记录。

（2）在步骤1所得第二份 AgCl、$PbCl_2$、Hg_2Cl_2 沉淀的3支离心管中，分别加入3～4滴3mol/L NH_4Ac 溶液，加热、搅拌1～2min，观察沉淀的变化，做好记录。

（3）在步骤1所得第三份 AgCl、$PbCl_2$、Hg_2Cl_2 沉淀的三支离心管中，分别加入2滴6mol/L氨水，搅拌、观察、记录。在沉淀发生溶解的离心管中，加入2滴6mol/L HNO_3，观察出现的变化。

（二）第Ⅰ组阳离子的分别鉴定

1. Ag^+ 的鉴定

氯化银沉淀法　取 Ag^+ 试液2滴于离心管中，加入2滴2mol/L的HCl搅拌，应有白色沉淀析出。加热1～2min，离心分离，弃去清液。沉淀上加5滴6mol/L的氨水搅拌，沉淀应完全溶解。然后以5滴6mol/L的 HNO_3 酸化，若白色沉淀重新析出，表示有 Ag^+ 存在。

2. Pb^{2+} 的鉴定

K_2CrO_4 法　取 Pb^{2+} 试液2滴于离心管中，加入1滴6mol/L的HAc、1滴 K_2CrO_4 溶液，搅拌，应有黄色沉淀析出。离心沉降，弃去清液。在沉淀上滴加2滴6mol/L的NaOH溶液，搅拌，若黄色沉淀溶解，表示有 Pb^{2+} 存在。

3. Hg_2^{2+} 的鉴定

盐酸-氨水法　取 Hg_2^{2+} 试液2滴于离心管中，加入2滴2mol/L的HCl，搅拌，应有白色沉淀析出。再加入5～6滴6mol/L的氨水搅拌，若沉淀转变为黑色，表示有 Hg_2^{2+} 存在。

（三）Ag^+、Pb^{2+}、Hg_2^{2+} 混合离子的分离与鉴定

取 Ag^+、Hg_2^{2+} 试液各2滴，Pb^{2+} 试液4滴，于同一离心管中，加10滴蒸馏水，搅拌均匀，即配成 Ag^+、Hg_2^{2+}、Pb^{2+} 离子的混合试液。其分离和鉴定步骤如下。

1. 沉淀

在上述配好的阳离子混合试液中，加入2滴6mol/L的 HNO_3，2滴6mol/L的HCl，充分搅拌，加热2min，冷却后离心沉降。于上层清液中加1滴1mol/L的HCl，如无浑浊出现，表明阳离子已沉淀完全，否则再补加2滴6mol/L的HCl，重复进行沉淀操作。沉淀完全后，分离出离心液，并弃去（若系统分析Ⅰ～Ⅴ组阳离子则应保留待用）。沉淀以1mol/L的HCl洗涤两次（每次用量3～4滴）后，供下一步操作使用。

2. Pb^{2+} 的分离与鉴定

在上面所得氯化物沉淀上加10滴蒸馏水，于水浴中加热并搅拌1min，趁热离心沉降，迅速用毛细滴管吸出离心液，置于另一离心管中备用，沉淀供下一步骤使用。

在离心液中加入1滴2mol/L的HAc和 K_2CrO_4 溶液1～2滴，如有黄色沉淀析出，离

心分离，弃去清液。于沉淀上加 2～3 滴 6mol/L 的 NaOH 溶液，使沉淀溶解，然后再加 3 滴 6mol/L 的 HAc 酸化，黄色沉淀重新析出，表示有 Pb^{2+} 存在。

3. Hg_2Cl_2 的分离和 Hg_2^{2+} 的鉴定

在步骤 2 所得的氯化物沉淀上，加 10 滴蒸馏水，于水浴中加热，搅拌 1min，离心分离，弃去离心液。在沉淀上加 5 滴 6mol/L 的氨水，搅拌，若沉淀立即变黑，表示有 Hg_2^{2+} 存在。然后离心沉降，慢慢吸出离心液，供步骤 4 使用。

4. Ag^+ 的鉴定

在步骤 3 所得的离心液中，加入 5～6 滴 6mol/L 的 HNO_3 酸化，如有白色沉淀析出，表示有 Ag^+ 存在。

若步骤 4 中未鉴定出 Ag^+，可在步骤 3 中所得沉淀上，加 6 滴浓 HCl、2 滴浓 HNO_3，搅拌后将其移入坩埚中，加热，使沉淀溶解，再蒸至近干。冷却后加 5～6 滴蒸馏水，搅拌，移入离心管中，离心分离，弃去离心液。沉淀用 5 滴 6mol/L 的氨水溶解后，按步骤 4 鉴定 Ag^+ 离子。

四、实验记录和实验报告

实验报告和实验记录的格式，可自行设计成表格等形式，但无论是什么样的格式，都应真实地反映出实验项目、方法、现象、化学反应式、结论等内容。

五、思考题

1. 第Ⅰ组阳离子组试剂作用条件是什么？组试剂 HCl 可否以 NaCl、KCl 等代替？

2. 试设计第Ⅰ组阳离子的另一分离方案。

3. 为什么在第Ⅰ组阳离子系统分析中若未检出 Ag^+，而可在鉴定 Hg_2^{2+} 所得沉淀中继续鉴定 Ag^+？

实验 11-2　已知阴离子混合溶液中阴离子的分离与鉴定

一、实验目的

1. 初步掌握阴离子分析的基本技能。

2. 初步掌握阴离子混合物的分析方法。

二、仪器与试剂

仪器：离心管、搅棒、滴管、毛细滴管、水浴、离心机、点滴板（白）、药匙。

试剂（未注明的单位为 mol/L）

浓度分别为 10mg/mL 的 NO_3^-、$S_2O_3^{2-}$、SO_3^{2-}、S^{2-}、I^-、Br^-、Cl^- 试液，HNO_3（2，6），H_2SO_4（1，2，18），NaOH（2），$AgNO_3$（0.5），$K_4[Fe(CN)_6]$（0.25），$(NH_4)_2CO_3$（120g/L），NaClO 溶液，$Na_2[Fe(CN)_5NO]$ 试剂，$ZnSO_4$（饱和），Ag_2SO_4(s)，$CdCO_3$(s)，$FeSO_4\cdot 7H_2O$(s)，锌粉，CCl_4。

三、实验内容

1. Br^- 与 NO_3^- 共存时 NO_3^- 的鉴定

取 Br^-、NO_3^- 试液各 2 滴于离心管中混匀，加入少许 Ag_2SO_4 固体，水浴加热并搅拌 2～3min，离心分离，弃去沉淀。取 1 滴分离液，以 NaClO 法检查 Br^- 是否除尽（若未除尽，重复上述操作）。在 Br^- 除尽后，取 1 滴分离液于点滴板上，加 1 小粒硫酸亚铁晶体，加 2 滴浓 H_2SO_4（18mol/L），若硫酸亚铁晶体周围出现棕色环，表示有 NO_3^- 存在。

2. Cl^-、Br^-、I^- 共存时的分离与鉴定

取 Cl^-、Br^-、I^- 试液各 3 滴，于离心管中混合并搅拌均匀，配成混合试液，其分析步骤如下。

(1) Cl^-、Br^-、I^- 的沉淀　在混合试液中加入 1 滴 6mol/L 的 HNO_3，再加入 $AgNO_3$ 溶液 3～4 滴，搅拌，于水浴上加热 2～3min，离心分离，弃去离心液。沉淀以蒸馏水洗涤

两次（每次用水5～6滴）后，供下一步操作使用。

(2) Cl^-的分离与鉴定　在(1)所得沉淀上，加5～6滴120g/L的$(NH_4)_2CO_3$溶液，充分搅拌后离心沉降，分离出离心液于另一试管中待用。沉淀用水洗涤两次（每次5～6滴）后，供步骤（3）使用。

取离心液2滴，用2～3滴6mol/L HNO_3酸化，如有白色沉淀或浑浊出现，表示Cl^-存在。

(3) AgBr、AgI的分解与Br、I^-的鉴定　在步骤（2）所得沉淀上，加5～6滴蒸馏水和少许Zn粉，充分搅拌至溶液澄清为止，离心分离，弃去沉淀。

在离心液中，加3～4滴1mol/L的H_2SO_4酸化，再加4滴CCl_4，在不断振荡下逐滴加入NaClO溶液，如CCl_4层呈现紫色，表示I^-存在；继续滴加NaClO溶液，若CCl_4层紫色消失后又出现红棕色或黄色，表示有Br^-存在。

3. S^{2-}、SO_3^{2-}、$S_2O_3^{2-}$共存时的鉴定

取S^{2-}、SO_3^{2-}、$S_2O_3^{2-}$试液各3滴，于离心管中混合均匀，即配成混合试液。其分析步骤如下。

(1) S^{2-}的鉴定　取S^{2-}、SO_3^{2-}、$S_2O_3^{2-}$混合试液1滴于点滴板上，加1滴2mol/L的NaOH溶液、1滴$Na_2[Fe(CN)_5NO]$试剂，搅拌，若溶液呈现紫色，表示S^{2-}存在。

(2) S^{2-}的分离　剩余混合试液中，加少许固体$CdCO_3$，充分搅拌，离心分离，弃去沉淀。取1滴离心液以$Na_2[Fe(CN)_5NO]$检查S^{2-}是否除尽（若未除尽重复以上操作）。除尽S^{2-}的离心液供（3）、（4）步骤使用。

(3) SO_3^{2-}的鉴定　取（2）所得离心液2滴于点滴板上，加1滴$Na_2[Fe(CN)_5NO]$试剂、1滴$ZnSO_4$溶液及1滴$K_4[Fe(CN)_6]$溶液，搅拌，如有红色沉淀析出，表示SO_3^{2-}存在。

(4) $S_2O_3^{2-}$的鉴定　取步骤（2）所得离心液2滴于离心管中，加入2滴$AgNO_3$溶液，搅拌。如析出白色沉淀，且迅速变黄、变棕、又变黑，表示有$S_2O_3^{2-}$存在。

四、思考题

1. Cl^-、Br^-、I^-混合物分析中，为何以$(NH_4)_2CO_3$处理卤化银沉淀？如无$(NH_4)_2CO_3$溶液，可用什么溶液代替？

2. 为什么Ag_2SO_4可消除Br^-，$CdCO_3$可消除S^{2-}对有关离子鉴定的干扰？

3. 分解AgBr、AgI时，为什么要加Zn粉？可否用其他金属粉代替Zn粉？为什么？

实验11-3　阳离子未知物分析

一、实验目的

1. 巩固阳离子混合物分析的基本知识与操作技能。

2. 培养阳离子未知物分析的能力。

二、仪器与试剂

仪器：同实验11-1和实验11-2。

试剂：未知阳离子试液及阳离子分析相关试剂。

三、实验内容

1. 领取2～3mL未知阳离子试液。

2. 观察并记录试液的颜色，有无沉淀等外观特征。

3. 取1mL试液，按阳离子系统分析步骤（图11-1所示）进行分析。

四、未知离子试液分析说明

1. 领取的试液不可一次用完，要按规定量取用，余下部分供复查时使用。

2. 未知液中所含离子种类不多，若加入组试剂后无沉淀析出，即表明该组离子不存在，不必再一一进行鉴定。

3. 根据离子的特性和有关消除干扰的方法，可自拟分析步骤，灵活进行。

4. 分析过程中，除及时记录所观察到的实验现象外，还要随时标记分离或分份的沉淀和溶液，以免混淆造成失误。

5. 鉴定现象或结果可疑时，应认真分析查找原因，进一步确证，不可轻易下结论。必要时可用其他方法对比，或做空白试验和对照试验。

6. 鉴定结果应与试液的外观特征相符合，但需考虑阴离子的影响及阳离子颜色间的相互影响。

实验 11-4　阴离子未知物分析

一、实验目的

1. 巩固阴离子分析的基本知识与操作技能。

2. 培养阴离子未知物分析的能力。

二、仪器与试剂

仪器：同实验 11-2。

试剂：未知阴离子试液及阴离子分析相关试剂。

三、实验内容

1. 领取 3～4mL 阴离子未知试液。

2. 观察试液的颜色等外观特征，检查其酸碱性，供推断阴离子存在的范围和调节鉴定时的酸度参考。

3. 初步试验　按照阴离子初步试验的方法及步骤进行试验。试验中的现象，可自行设计表格记录，或填入以下推荐的表格中，以便于初步判断可能存在的阴离子。

阴离子初步试验记录

试剂 / 阴离子	$BaCl_2$（中性或弱碱）	$AgNO_3$（稀 HNO_3）	KI-淀粉（稀 H_2SO_4）	$KMnO_4$（稀 H_2SO_4）	I_2-淀粉（稀 H_2SO_4）	稀 H_2SO_4	初步判断

4. 可能存在的阴离子的鉴定　根据初步试验结果，对可能存在的阴离子，依其特性进行分离与鉴定，必要时设计出相应的分析方案。为保证鉴定结果的可靠性，每种离子鉴定前，应首先检查其溶液的酸度是否适当、干扰离子是否除尽、鉴定方法选择是否适当可靠等。

5. 分析结果的判断　将初步观察、初步试验和鉴定结果等加以综合分析对比，判断出未知液中存在的阴离子。若几项结果有矛盾时，应仔细查找原因，必要时重新进行试验或鉴定。

附　录

附录一　弱酸、弱碱在水中的离解常数（25℃）

1. 弱酸在水中的离解常数

弱　　酸	分 子 式	$K_a^{\ominus}$	$pK_a^{\ominus}$
砷酸	H_3AsO_4	$6.3\times10^{-3}(K_{a1}^{\ominus})$	2.20
		$1.0\times10^{-7}(K_{a2}^{\ominus})$	7.00
		$3.2\times10^{-12}(K_{a3}^{\ominus})$	11.50
亚砷酸	$HAsO_2$	6.0×10^{-10}	9.22
硼酸	H_3BO_3	$5.8\times10^{-10}(K_{a1}^{\ominus})$	9.24
碳酸	$H_2CO_3(CO_2+H_2O)$	$4.2\times10^{-7}(K_{a1}^{\ominus})$	6.38
		$5.6\times10^{-11}(K_{a2}^{\ominus})$	10.25
氢氰酸	HCN	4.93×10^{-10}	9.31
铬酸	$HCrO_4^-$	$3.2\times10^{-7}(K_{a2}^{\ominus})$	6.50
氢氟酸	HF	3.53×10^{-4}	3.45
亚硝酸	HNO_2	5.1×10^{-4}	3.29
磷酸	H_3PO_4	$7.52\times10^{-3}(K_{a1}^{\ominus})$	2.12
		$6.23\times10^{-8}(K_{a2}^{\ominus})$	7.21
		$4.4\times10^{-13}(K_{a3}^{\ominus})$	12.36
焦磷酸	$H_4P_2O_7$	$3.0\times10^{-2}(K_{a1}^{\ominus})$	1.52
		$4.4\times10^{-3}(K_{a2}^{\ominus})$	2.36
		$2.5\times10^{-7}(K_{a3}^{\ominus})$	6.60
		$5.6\times10^{-10}(K_{a4}^{\ominus})$	9.25
亚磷酸	H_3PO_3	$5.0\times10^{-2}(K_{a1}^{\ominus})$	1.30
		$2.5\times10^{-7}(K_{a2}^{\ominus})$	6.60
氢硫酸	H_2S	$9.1\times10^{-8}(K_{a1}^{\ominus})$	7.04
		$1.1\times10^{-12}(K_{a2}^{\ominus})$	11.96
硫酸	H_2SO_4	$1.20\times10^{-2}(K_{a2}^{\ominus})$	1.92
亚硫酸	$H_3SO_3(SO_3+H_2O)$	$1.3\times10^{-2}(K_{a1}^{\ominus})$	1.90
		$6.3\times10^{-8}(K_{a2}^{\ominus})$	7.20
偏硅酸	H_2SiO_3	$1.7\times10^{-10}(K_{a1}^{\ominus})$	9.77
		$1.6\times10^{-12}(K_{a2}^{\ominus})$	11.8
甲酸	HCOOH	1.77×10^{-4}	3.75
乙酸	CH_3COOH	1.76×10^{-5}	4.75

续表

弱　酸	分子式	$K_a^\ominus$	$pK_a^\ominus$
一氯乙酸	$CH_3ClCOOH$	1.6×10^{-3}	2.86
二氯乙酸	$CHCl_2COOH$	5.0×10^{-2}	1.30
三氯乙酸	CCl_3COOH	0.23	0.64
氨基乙酸盐	$^+NH_3CH_2COOH$	$4.5\times10^{-3}(K_{a1}^\ominus)$	2.35
	$^+NH_3CH_2COO^-$	$2.5\times10^{-10}(K_{a2}^\ominus)$	9.60
抗坏血酸	$C_6H_8O_6$	$5.0\times10^{-5}(K_{a1}^\ominus)$	4.30
		$1.5\times10^{-10}(K_{a2}^\ominus)$	9.82
乳酸	$CH_3CHOHCOOH$	1.4×10^{-4}	3.86
苯甲酸	C_6H_5COOH	6.2×10^{-5}	4.21
草酸	$H_2C_2O_4$	$5.9\times10^{-2}(K_{a1}^\ominus)$	1.22
		$6.4\times10^{-5}(K_{a2}^\ominus)$	4.19
d-酒石酸	CH(OH)COOH | CH(OH)COOH	$9.1\times10^{-4}(K_{a1}^\ominus)$	3.04
		$4.3\times10^{-5}(K_{a2}^\ominus)$	4.37
邻苯二甲酸	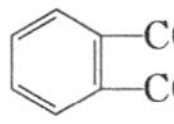—COOH —COOH	$1.1\times10^{-3}(K_{a1}^\ominus)$	2.95
		$3.9\times10^{-6}(K_{a2}^\ominus)$	5.41
柠檬酸	CH_2COOH | C(OH)COOH | CH_2COOH	$7.4\times10^{-4}(K_{a1}^\ominus)$	3.13
		$1.7\times10^{-5}(K_{a2}^\ominus)$	4.76
		$4.0\times10^{-7}(K_{a3}^\ominus)$	6.40
苯酚	C_6H_5OH	1.1×10^{-10}	9.95
乙二胺四乙酸	H_6Y^{2+}	$0.126(K_{a1}^\ominus)$	0.89
	H_5Y^+	$3\times10^{-2}(K_{a2}^\ominus)$	1.6
	H_4Y	$1\times10^{-2}(K_{a3}^\ominus)$	2.0
	H_3Y^-	$2.1\times10^{-3}(K_{a4}^\ominus)$	2.67
	H_2Y^{2-}	$6.9\times10^{-7}(K_{a5}^\ominus)$	6.16
	HY^{3-}	$5.5\times10^{-11}(K_{a6}^\ominus)$	10.26

2. 弱碱在水中的离解常数

弱　碱	分子式	$K_b^\ominus$	$pK_b^\ominus$
氨水	NH_3	1.76×10^{-5}	4.75
联氨	H_2NNH_2	$3.0\times10^{-6}(K_{b1}^\ominus)$	5.52
		$7.6\times10^{-15}(K_{b2}^\ominus)$	14.12
羟氨	NH_2OH	9.0×10^{-9}	8.04
甲胺	CH_3NH_2	4.2×10^{-4}	3.38
乙胺	$C_2H_5NH_2$	5.3×10^{-4}	3.25
二甲胺	$(CH_3)_2NH$	1.2×10^{-4}	3.93
二乙胺	$(C_2H_5)_2NH$	1.3×10^{-3}	2.89
乙醇胺	$HOCH_2CH_2NH_2$	3.2×10^{-5}	4.50
三乙醇胺	$(HOCH_2CH_2)_3N$	5.8×10^{-7}	6.24
六亚甲基四胺	$(CH_2)_6N_4$	1.4×10^{-9}	8.85
乙二胺	$H_2NCH_2CH_2NH_2$	$8.5\times10^{-5}(K_{b1}^\ominus)$	4.07
		$7.1\times10^{-8}(K_{b2}^\ominus)$	7.15
吡啶		1.7×10^{-9}	8.77

附录二　难溶化合物的溶度积常数（18～25℃）

化合物	$K_{sp}^{\ominus}$	化合物	$K_{sp}^{\ominus}$
AgAc	1.94×10^{-3}	$Co(OH)_2$(新析出)	1.6×10^{-15}
AgBr	5.35×10^{-13}	$Co(OH)_3$	1.6×10^{-44}
Ag_2CO_3	8.46×10^{-12}	α-CoS(新析出)	4.0×10^{-21}
AgCl	1.77×10^{-10}	β-CoS(陈化)	2.0×10^{-25}
$Ag_2C_2O_4$	5.40×10^{-12}	$Cr(OH)_3$	6.3×10^{-31}
Ag_2CrO_4	1.12×10^{-12}	CuBr	6.27×10^{-9}
$Ag_2Cr_2O_7$	2.0×10^{-7}	BaF_2	1.84×10^{-7}
AgI	8.3×10^{-17}	$Ba_3(PO_4)_2$	3.4×10^{-23}
$AgIO_3$	3.17×10^{-8}	$BaSO_3$	5.0×10^{-10}
$AgNO_2$	6.0×10^{-4}	$BaSO_4$	1.08×10^{-10}
AgOH	2.0×10^{-8}	BaS_2O_3	1.6×10^{-5}
Ag_3PO_4	8.89×10^{-17}	$Bi(OH)_3$	4.0×10^{-31}
Ag_2S	6.3×10^{-50}	BiOCl	1.8×10^{-31}
Ag_2SO_4	1.20×10^{-5}	$Cu_3(PO_4)_2$	1.40×10^{-37}
$Al(OH)_3$	1.3×10^{-33}	$Cu_2P_2O_7$	8.3×10^{-16}
AuCl	2.0×10^{-13}	CuS	6.3×10^{-36}
$AuCl_3$	3.2×10^{-25}	Cu_2S	2.5×10^{-48}
$Au(OH)_3$	5.5×10^{-46}	$FeCO_3$	3.2×10^{-11}
$BaCO_3$	2.58×10^{-9}	$FeC_2O_4\cdot2H_2O$	3.2×10^{-7}
BaC_2O_4	1.6×10^{-7}	$Fe(OH)_2$	4.87×10^{-17}
$BaCrO_4$	1.17×10^{-10}	$Fe(OH)_3$	2.79×10^{-39}
Bi_2S_3	1.0×10^{-97}	FeS	6.3×10^{-18}
$CaCO_3$	3.36×10^{-9}	Hg_2Cl_2	1.43×10^{-18}
$CaC_2O_4\cdot H_2O$	2.32×10^{-9}	Hg_2I_2	5.2×10^{-29}
$CaCrO_4$	7.1×10^{-4}	$Hg(OH)_2$	3.0×10^{-26}
CaF_2	3.45×10^{-11}	Hg_2S	1.0×10^{-47}
$CaHPO_4$	1.0×10^{-7}	HgS(红)	4.0×10^{-53}
$Ca(OH)_2$	5.02×10^{-6}	HgS(黑)	1.6×10^{-52}
$Ca_3(PO_4)_2$	2.07×10^{-33}	Hg_2SO_4	6.5×10^{-7}
$CaSO_4$	4.93×10^{-5}	KIO_4	3.71×10^{-4}
$CaSO_3\cdot0.5H_2O$	3.1×10^{-7}	$K_2[PtCl_6]$	7.48×10^{-6}
$CdCO_3$	1.0×10^{-12}	$K_2[SiF_6]$	8.7×10^{-7}
$CdC_2O_4\cdot3H_2O$	1.42×10^{-8}	$LiCO_3$	8.15×10^{-4}
$Cd(OH)_2$(新析出)	2.5×10^{-14}	LiF	1.84×10^{-3}
CdS	8.0×10^{-27}	$MgCO_3$	6.82×10^{-6}
$CoCO_3$	1.4×10^{-13}	CuCN	3.47×10^{-20}

续表

化合物	$K_{sp}^{\ominus}$	化合物	$K_{sp}^{\ominus}$
$CuCO_3$	1.4×10^{-10}	$Al(OH)_3$	1.3×10^{-33}
$CuCl$	1.72×10^{-7}	$AuCl$	2.0×10^{-13}
$CuCrO_4$	3.6×10^{-6}	$AuCl_3$	3.2×10^{-25}
CuI	1.27×10^{-12}	$Au(OH)_3$	5.5×10^{-46}
$CuOH$	1.0×10^{-14}	$BaCO_3$	2.58×10^{-9}
$Cu(OH)_2$	2.2×10^{-20}	BaC_2O_4	1.6×10^{-7}
$NiCO_3$	1.42×10^{-7}	$BaCrO_4$	1.17×10^{-10}
$Ni(OH)_2$(新析出)	2.0×10^{-15}	BaF_2	1.84×10^{-7}
α-NiS	3.2×10^{-19}	$SrCrO_4$	2.2×10^{-5}
$Pb(OH)_2$	1.43×10^{-20}	$SrSO_4$	3.44×10^{-7}
$Pb(OH)_4$	3.2×10^{-44}	$ZnCO_3$	1.46×10^{-10}
$Pb_3(OH_4)_2$	8.0×10^{-40}	$ZnC_2O_4\cdot2H_2O$	1.38×10^{-9}
$PbMoO_4$	1.0×10^{-13}	$Zn(OH)_2$	3.0×10^{-17}
PbS	8.0×10^{-28}	α-ZnS	1.6×10^{-24}
β-NiS	1.0×10^{-24}	β-ZnS	2.5×10^{-22}
γ-NiS	2.0×10^{-26}	Bi_2S_3	1.0×10^{-97}
$PbBr_2$	6.60×10^{-6}	$CaCO_3$	3.36×10^{-9}
$PbCO_3$	7.4×10^{-14}	$CaC_2O_4\cdot H_2O$	2.32×10^{-9}
$PbCl_2$	1.70×10^{-5}	$CaCrO_4$	7.1×10^{-4}
PbC_2O_4	4.8×10^{-10}	CaF_2	3.45×10^{-11}
$PbCrO_4$	2.8×10^{-13}	$CaHPO_4$	1.0×10^{-7}
PbI_2	9.8×10^{-9}	$Ca(OH)_2$	5.02×10^{-6}
$PbSO_4$	2.53×10^{-8}	$Ca_3(PO_4)_2$	2.07×10^{-33}
$Sn(OH)_2$	5.45×10^{-27}	$CaSO_4$	4.93×10^{-5}
$Sn(OH)_4$	1.0×10^{-56}	$CaSO_3\cdot0.5H_2O$	3.1×10^{-7}
SnS	1.0×10^{-25}	$CdCO_3$	1.0×10^{-12}
$SrCO_3$	5.60×10^{-10}	$CdC_2O_4\cdot3H_2O$	1.42×10^{-8}
$SrC_2O_4\cdot H_2O$	1.6×10^{-7}	$Cd(OH)_2$(新析出)	2.5×10^{-14}
MgF_2	5.16×10^{-11}	CdS	8.0×10^{-27}
$Mg(OH)_2$	5.61×10^{-12}	$CoCO_3$	1.4×10^{-13}
$MnCO_3$	2.24×10^{-11}	$Co(OH)_2$(新析出)	1.6×10^{-15}
$Mn(OH)_2$	1.9×10^{-13}	$Co(OH)_3$	1.6×10^{-44}
MnS(无定形)	2.5×10^{-10}	α-CoS(新析出)	4.0×10^{-21}
MnS(结晶)	2.5×10^{-13}	β-CoS(陈化)	2.0×10^{-25}
Na_3AlF_6	4.0×10^{-10}	$Cr(OH)_3$	6.3×10^{-31}
$AgAc$	1.94×10^{-3}	$CuBr$	6.27×10^{-9}
$AgBr$	5.35×10^{-13}	$CuCN$	3.47×10^{-20}
Ag_2CO_3	8.46×10^{-12}	$Ba_3(PO_4)_2$	3.4×10^{-23}
$AgCl$	1.77×10^{-10}	$BaSO_3$	5.0×10^{-10}
$Ag_2C_2O_4$	5.40×10^{-12}	$BaSO_4$	1.08×10^{-10}
Ag_2CrO_4	1.12×10^{-12}	BaS_2O_3	1.6×10^{-5}
$Ag_2Cr_2O_7$	2.0×10^{-7}	$Bi(OH)_3$	4.0×10^{-31}
AgI	8.52×10^{-17}	$BiOCl$	1.8×10^{-31}
$AgIO_3$	3.17×10^{-8}	$Cu_3(PO_4)_2$	1.40×10^{-37}
$AgNO_2$	6.0×10^{-4}	$Cu_2P_2O_7$	8.3×10^{-16}
$AgOH$	2.0×10^{-8}	CuS	6.3×10^{-36}
Ag_3PO_4	8.89×10^{-17}	Cu_2S	2.5×10^{-48}
Ag_2S	6.3×10^{-50}	$FeCO_3$	3.2×10^{-11}
Ag_2SO_4	1.20×10^{-5}	$FeC_2O_4\cdot2H_2O$	3.2×10^{-7}

续表

化合物	$K_{sp}^{\ominus}$	化合物	$K_{sp}^{\ominus}$
$Fe(OH)_2$	4.87×10^{-17}	$PbMoO_4$	1.0×10^{-13}
$Fe(OH)_3$	2.79×10^{-39}	PbS	8.0×10^{-28}
FeS	6.3×10^{-18}	β-NiS	1.0×10^{-24}
Hg_2Cl_2	1.43×10^{-18}	γ-NiS	2.0×10^{-26}
Hg_2I_2	5.2×10^{-29}	$PbBr_2$	6.60×10^{-6}
$Hg(OH)_2$	3.0×10^{-26}	$PbCO_3$	7.4×10^{-14}
Hg_2S	1.0×10^{-47}	$PbCl_2$	1.70×10^{-5}
HgS(红)	4.0×10^{-53}	PbC_2O_4	4.8×10^{-10}
HgS(黑)	1.6×10^{-52}	$PbCrO_4$	2.8×10^{-13}
Hg_2SO_4	6.5×10^{-7}	PbI_2	9.8×10^{-9}
KIO_4	3.71×10^{-4}	$PbSO_4$	2.53×10^{-8}
$K_2[PtCl_6]$	7.48×10^{-6}	$Sn(OH)_2$	5.45×10^{-27}
$K_2[SiF_6]$	8.7×10^{-7}	$Sn(OH)_4$	1.0×10^{-56}
$LiCO_3$	8.15×10^{-4}	SnS	1.0×10^{-25}
LiF	1.84×10^{-3}	$SrCO_3$	5.60×10^{-10}
$MgCO_3$	6.82×10^{-6}	$SrC_2O_4\cdot H_2O$	1.6×10^{-7}
MgF_2	5.16×10^{-11}	$SrCrO_4$	2.2×10^{-5}
$CuCO_3$	1.4×10^{-10}	$Mg(OH)_2$	5.61×10^{-12}
CuCl	1.72×10^{-7}	$MnCO_3$	2.24×10^{-11}
$CuCrO_4$	3.6×10^{-6}	$Mn(OH)_2$	1.9×10^{-13}
CuI	1.27×10^{-12}	MnS(无定形)	2.5×10^{-10}
CuOH	1.0×10^{-14}	MnS(结晶)	2.5×10^{-13}
$Cu(OH)_2$	2.2×10^{-20}	Na_3AlF_6	4.0×10^{-10}
$NiCO_3$	1.42×10^{-7}	$SrSO_4$	3.44×10^{-7}
$Ni(OH)_2$(新析出)	2.0×10^{-15}	$ZnCO_3$	1.46×10^{-10}
α-NiS	3.2×10^{-19}	$ZnC_2O_4\cdot 2H_2O$	1.38×10^{-9}
$Pb(OH)_2$	1.43×10^{-20}	$Zn(OH)_2$	3.0×10^{-17}
$Pb(OH)_4$	3.2×10^{-44}	α-ZnS	1.6×10^{-24}
$Pb_3(OH_4)_2$	8.0×10^{-40}	β-ZnS	2.5×10^{-22}

附录三　标准电极电势

A. 在酸性溶液中

电极反应	$\varphi_A^{\ominus}$/V	电极反应	$\varphi_A^{\ominus}$/V
$Li^+ + e \rightleftharpoons Li$	−3.0403	$[AlF_6]^{3-} + 3e \rightleftharpoons Al + 6F^-$	−2.069
$Cs^+ + e \rightleftharpoons Cs$	−3.02	$Be^{2+} + 2e \rightleftharpoons Be$	−1.847
$Rb^+ + e \rightleftharpoons Rb$	−2.98	$Al^{3+} + 3e \rightleftharpoons Al$	−1.662
$K^+ + e \rightleftharpoons K$	−2.931	$Ti^{2+} + 2e \rightleftharpoons Ti$	−1.37
$Ba^{2+} + 2e \rightleftharpoons Ba$	−2.912	$[SiF_6]^{2-} + 4e \rightleftharpoons Si + 6F^-$	−1.24
$Sr^{2+} + 2e \rightleftharpoons Sr$	−2.899	$Mn^{2+} + 2e \rightleftharpoons Mn$	−1.185
$Ca^{2+} + 2e \rightleftharpoons Ca$	−2.868	$V^{2+} + 2e \rightleftharpoons V$	−1.175
$Na^+ + e \rightleftharpoons Na$	−2.71	$Cr^{2+} + 2e \rightleftharpoons Cr$	−0.913
$Mg^{2+} + 2e \rightleftharpoons Mg$	−2.372	$TiO^{2+} + 2H^+ + 4e \rightleftharpoons Ti + H_2O$	−0.89
$H_2 + e \rightleftharpoons 2H^-$	−2.23	$H_3BO_3 + 3H^+ + 3e \rightleftharpoons B + 3H_2O$	−0.8700
$Sc^{3+} + 3e \rightleftharpoons Sc$	−2.077	$Zn^{2+} + 2e \rightleftharpoons Zn$	−0.7618

续表

电 极 反 应	$\varphi_A^\ominus$/V	电 极 反 应	$\varphi_A^\ominus$/V
$Cr^{3+}+3e \rightleftharpoons Cr$	−0.744	$HgO_2^{2-}+2e \rightleftharpoons 2Hg$	0.7971
$As+3H^++3e \rightleftharpoons AsH_3$	−0.608	$Ag^++e \rightleftharpoons Ag$	0.7994
$Ga^{3+}+3e \rightleftharpoons Ga$	−0.549	$2NO_3^-+4H^++2e \rightleftharpoons N_2O_4+2H_2O$	0.803
$Fe^{2+}+2e \rightleftharpoons Fe$	−0.440	$Hg^{2+}+2e \rightleftharpoons Hg$	0.851
$Cr^{3+}+e \rightleftharpoons Cr^{2+}$	−0.407	$HNO_2+7H^++6e \rightleftharpoons NH_4^++2H_2O$	0.86
$Cd^{2+}+2e \rightleftharpoons Cd$	−0.4032	$NO_3^-+3H^++2e \rightleftharpoons NHO_2+H_2O$	0.934
$PbI_2+2e \rightleftharpoons Pb+2I^-$	−0.365	$NO_3^-+4H^++3e \rightleftharpoons NO+2H_2O$	0.957
$PbSO_4+2e \rightleftharpoons Pb+SO_4^{2-}$	−0.3590	$HIO+H^++2e \rightleftharpoons I^-+H_2O$	0.987
$Co^{2+}+2e \rightleftharpoons Co$	−0.28	$HNO_2+H^++e \rightleftharpoons NO+H_2O$	0.983
$H_3PO_4+2H^++2e \rightleftharpoons H_3PO_3+H_2O$	−0.276	$VO_4^{3-}+6H^++e \rightleftharpoons VO^{2+}+3H_2O$	1.031
$Ni^{2+}+2e \rightleftharpoons Ni$	−0.250	$N_2O_4+4H^++4e \rightleftharpoons 2NO+2H_2O$	1.035
$CuI+e \rightleftharpoons Cu+I^-$	−0.180	$N_2O_4+2H^++2e \rightleftharpoons 2HNO_2$	1.065
$AgI+e \rightleftharpoons Ag+I^-$	−0.15241	$Br_2+2e \rightleftharpoons 2Br^-$	1.066
$GeO_2+4H^++4e \rightleftharpoons Ge+2H_2O$	−0.15	$IO_3^-+6H^++6e \rightleftharpoons I^-+3H_2O$	1.085
$Sn^{2+}+2e \rightleftharpoons Sn$	−0.1377	$SeO_4^{2-}+4H^++2e \rightleftharpoons H_2SeO_3+H_2O$	1.151
$Pb^{2+}+2e \rightleftharpoons Pb$	−0.1264	$ClO_4^-+2H^++2e \rightleftharpoons ClO_3^-+H_2O$	1.189
$WO_3+6H^++6e \rightleftharpoons W+3H_2O$	−0.090	$IO_3^-+6H^++5e \rightleftharpoons \frac{1}{2}I_2+3H_2O$	1.195
$[HgI_4]^{2-}+2e \rightleftharpoons Hg+4I^-$	−0.04	$MnO_2+4H^++2e \rightleftharpoons Mn^{2+}+2H_2O$	1.224
$2H^++2e \rightleftharpoons H_2$	0	$O_2+4H^++4e \rightleftharpoons 2H_2O$	1.229
$[Ag(S_2O_3)_2]^{3-}+e \rightleftharpoons Ag+2S_2O_3^{2-}$	0.01	$Cr_2O_7^{2-}+14H^++6e \rightleftharpoons 2Cr^{3+}+7H_2O$	1.232
$AgBr+e \rightleftharpoons Ag+Br^-$	0.07116	$2HNO_2+4H^++4e \rightleftharpoons N_2O+3H_2O$	1.297
$S_4O_6^{2-}+2e \rightleftharpoons 2S_2O_3^{2-}$	0.08	$HBrO+H^++2e \rightleftharpoons Br^-+H_2O$	1.331
$S+2H^++2e \rightleftharpoons H_2S$	0.142	$Cl_2+2e \rightleftharpoons 2Cl^-$	1.35793
$Sn^{4+}+2e \rightleftharpoons Sn^{2+}$	0.151	$ClO_4^-+8H^++7e \rightleftharpoons \frac{1}{2}Cl_2+4H_2O$	1.39
$SO_4^{2-}+4H^++2e \rightleftharpoons H_2SO_3+H_2O$	0.172	$IO_4^-+8H^++8e \rightleftharpoons I^-+4H_2O$	1.4
$AgCl+e \rightleftharpoons Ag+Cl^-$	0.22216	$BrO_3^-+6H^++6e \rightleftharpoons Br^-+3H_2O$	1.423
$Hg_2Cl_2+2e \rightleftharpoons 2Hg+2Cl^-$	0.26791	$ClO_3^-+6H^++6e \rightleftharpoons Cl^-+3H_2O$	1.451
$VO^{2+}+2H^++e \rightleftharpoons V^{3+}+H_2O$	0.337	$PbO_2+4H^++2e \rightleftharpoons Pb^{2+}+2H_2O$	1.455
$Cu^{2+}+2e \rightleftharpoons Cu$	0.337	$ClO_3^-+6H^++5e \rightleftharpoons Cl_2+3H_2O$	1.47
$[Fe(CN)_6]^{3-}+e \rightleftharpoons [Fe(CN)_6]^{4-}$	0.358	$HClO+H^++2e \rightleftharpoons Cl^-+H_2O$	1.482
$[HgCl_4]^{2-}+2e \rightleftharpoons Hg+4Cl^-$	0.38	$2BrO_3^-+12H^++10e \rightleftharpoons Br_2+6H_2O$	1.482
$Ag_2CrO_4+2e \rightleftharpoons 2Ag+CrO_4^{2-}$	0.4468	$Au^{3+}+3e \rightleftharpoons Au$	1.498
$H_2SO_3+4H^++4e \rightleftharpoons S+3H_2O$	0.449	$MnO_4^-+8H^++5e \rightleftharpoons Mn^{2+}+4H_2O$	1.507
$Cu^++e \rightleftharpoons Cu$	0.522	$NaBiO_3+6H^++2e \rightleftharpoons Bi^{3+}+Na^++3H_2O$	1.60
$I_2+2e \rightleftharpoons 2I^-$	0.545	$2HClO+2H^++2e \rightleftharpoons Cl_2+2H_2O$	1.611
$MnO_4^-+e \rightleftharpoons MnO_4^{2-}$	0.558	$MnO_4^-+4H^++3e \rightleftharpoons MnO_2+2H_2O$	1.679
$H_3AsO_4+2H^++2e \rightleftharpoons H_3AsO_3+H_2O$	0.557	$Au^++e \rightleftharpoons Au$	1.68
$Cu^{2+}+Cl^-+e \rightleftharpoons CuCl$	0.56	$Ce^{4+}+e \rightleftharpoons Ce^{3+}$	1.72
$Sb_2O_5+6H^++4e \rightleftharpoons 2SbO^++3H_2O$	0.581	$H_2O_2+2H^++2e \rightleftharpoons 2H_2O$	1.776
$TeO_2+4H^++4e \rightleftharpoons Te+2H_2O$	0.593	$Co^{3+}+e \rightleftharpoons Co^{2+}$	1.92
$O_2+2H^++2e \rightleftharpoons H_2O_2$	0.695	$S_2O_8^{2-}+2e \rightleftharpoons 2SO_4^{2-}$	2.010
$H_2SeO_3+4H^++4e \rightleftharpoons Se+3H_2O$	0.74	$O_3+2H^++2e \rightleftharpoons O_2+H_2O$	2.076
$H_3SbO_4+2H^++2e \rightleftharpoons H_3SbO_3+H_2O$	0.75	$F_2+2e \rightleftharpoons 2F$	2.866
$Fe^{3+}+e \rightleftharpoons Fe^{2+}$	0.771		

B. 在碱性溶液中

电极反应	$\varphi_B^\ominus$/V	电极反应	$\varphi_B^\ominus$/V
$Mg(OH)_2+2e \rightleftharpoons Mg+2OH^-$	−2.690	$CrO_4^{2-}+4H_2O+3e \rightleftharpoons Cr(OH)_3+5OH^-$	−0.13
$Al(OH)_3+3e \rightleftharpoons Al+3OH^-$	−2.31	$[Cu(NH_3)_2]^++e \rightleftharpoons Cu+2NH_3(aq)$	−0.11
$SiO_3^{2-}+3H_2O+4e \rightleftharpoons Si+6OH^-$	−1.697	$O_2+H_2O+2e \rightleftharpoons HO_2^-+OH^-$	−0.076
$Mn(OH)_2+2e \rightleftharpoons Mn+2OH^-$	−1.56	$MnO_2+2H_2O+2e \rightleftharpoons Mn(OH)_2+2OH^-$	−0.05
$As+3H_2O+3e \rightleftharpoons AsH_3+3OH^-$	−1.37	$NO_3^-+H_2O+2e \rightleftharpoons NO_2^-+2OH^-$	0.01
$Cr(OH)_3+3e \rightleftharpoons Cr+3OH^-$	−1.48	$[Co(NH_3)_6]^{3+}+e \rightleftharpoons [Co(NH_3)_6]^{2+}$	0.108
$[Zn(CN)_4]^{2-}+2e \rightleftharpoons Zn+4CN^-$	−1.26	$2NO_2^-+3H_2O+4e \rightleftharpoons N_2O+6OH^-$	0.15
$Zn(OH)_2+2e \rightleftharpoons Zn+2OH^-$	−1.249	$IO_3^-+2H_2O+4e \rightleftharpoons IO^-+4OH^-$	0.15
$N_2+4H_2O+4e \rightleftharpoons N_2H_4+4OH^-$	−1.15	$Co(OH)_3+e \rightleftharpoons Co(OH)_2+OH^-$	0.17
$PO_4^{3-}+2H_2O+2e \rightleftharpoons HPO_3^{2-}+3OH^-$	−1.05	$IO_3^-+3H_2O+6e \rightleftharpoons I^-+6OH^-$	0.26
$[Sn(OH)_6]^{2-}+2e \rightleftharpoons H_2SnO_2+4OH^-$	−0.93	$ClO_3^-+H_2O+2e \rightleftharpoons ClO_2^-+2OH^-$	0.33
$SO_4^{2-}+H_2O+2e \rightleftharpoons SO_3^{2-}+2OH^-$	−0.93	$Ag_2O+H_2O+2e \rightleftharpoons 2Ag+2OH^-$	0.342
$P+3H_2O+3e \rightleftharpoons PH_3+3OH^-$	−0.87	$ClO_4^-+H_2O+2e \rightleftharpoons ClO_3^-+2OH^-$	0.36
$Fe(OH)_2+2e \rightleftharpoons Fe+2OH^-$	−0.877	$[Ag(NH_3)_2]^++e \rightleftharpoons Ag+2NH_3(aq)$	0.373
$2NO_3^-+2H_2O+2e \rightleftharpoons N_2O_4+4OH^-$	−0.85	$O_2+2H_2O+4e \rightleftharpoons 4OH^-$	0.401
$[Co(CN)_6]^{3-}+e \rightleftharpoons [Co(CN)_6]^{4-}$	−0.83	$2BrO^-+2H_2O+2e \rightleftharpoons Br_2+4OH^-$	0.45
$2H_2O+2e \rightleftharpoons H_2+2OH^-$	−0.8277	$NiO_2+2H_2O+2e \rightleftharpoons Ni(OH)_2+2OH^-$	0.490
$AsO_4^{3-}+2H_2O+2e \rightleftharpoons AsO_2^-+4OH^-$	−0.71	$IO^-+H_2O+2e \rightleftharpoons I^-+2OH^-$	0.485
$AsO_2^-+2H_2O+3e \rightleftharpoons As+4OH^-$	−0.68	$ClO_4^-+4H_2O+8e \rightleftharpoons Cl^-+8OH^-$	0.51
$SO_3^{2-}+3H_2O+6e \rightleftharpoons S^{2-}+6OH^-$	−0.61	$2ClO^-+2H_2O+2e \rightleftharpoons Cl_2+4OH^-$	0.52
$[Au(CN)_2]^-+e \rightleftharpoons Au+2CN^-$	−0.60	$BrO_3^-+2H_2O+4e \rightleftharpoons BrO^-+4OH^-$	0.54
$2SO_3^{2-}+3H_2O+4e \rightleftharpoons S_2O_3^{2-}+6OH^-$	−0.571	$MnO_4^-+2H_2O+3e \rightleftharpoons MnO_2+4OH^-$	0.595
$Fe(OH)_3+e \rightleftharpoons Fe(OH)_2+OH^-$	−0.56	$MnO_4^{2-}+2H_2O+2e \rightleftharpoons MnO_2+4OH^-$	0.60
$S+2e \rightleftharpoons S^{2-}$	−0.47644	$BrO_3^-+3H_2O+6e \rightleftharpoons Br^-+6OH^-$	0.61
$NO_2^-+H_2O+e \rightleftharpoons NO+2OH^-$	−0.46	$ClO_3^-+3H_2O+6e \rightleftharpoons Cl^-+6OH^-$	0.62
$[Cu(CN)_2]^-+e \rightleftharpoons Cu+2CN^-$	−0.43	$ClO_2^-+H_2O+2e \rightleftharpoons ClO^-+2OH^-$	0.66
$[Co(NH_3)_6]^{2+}+2e \rightleftharpoons Co+6NH_3(aq)$	−0.422	$BrO^-+H_2O+2e \rightleftharpoons Br^-+2OH^-$	0.761
$[Hg(CN)_4]^{2-}+2e \rightleftharpoons Hg+4CN^-$	−0.37	$ClO^-+H_2O+2e \rightleftharpoons Cl^-+2OH^-$	0.81
$[Ag(CN)_2]^-+e \rightleftharpoons Ag+2CN^-$	−0.30	$N_2O_4+2e \rightleftharpoons 2NO_2^-$	0.867
$NO_3^-+5H_2O+6e \rightleftharpoons NH_2OH+7OH^-$	−0.30	$HO_2^-+H_2O+2e \rightleftharpoons 3OH^-$	0.878
$Cu(OH)_2+2e \rightleftharpoons Cu+2OH^-$	−0.222	$FeO_4^{2-}+2H_2O+3e \rightleftharpoons FeO_2^-+4OH^-$	0.9
$PbO_2+2H_2O+4e \rightleftharpoons Pb+4OH^-$	−0.16	$O_3+H_2O+2e \rightleftharpoons O_2+2OH^-$	1.24

附录四　条件电极电势

半反应	$\varphi^{\ominus}$/V	介质
$Ag(\text{II})+e \rightleftharpoons Ag^+$ $Ce(\text{IV})+e \rightleftharpoons Ce(\text{III})$	1.927 1.70 1.61 1.44 1.28	4mol/L HNO_3 1mol/L $HClO_4$ 1mol/L HNO_3 0.5mol/L H_2SO_4 1mol/L HCl
$Co^{3+}+e \rightleftharpoons Co^{2+}$ $Co(\text{乙二胺})_3^{3+}+e \rightleftharpoons Co(\text{乙二胺})_3^{2+}$	1.85 −0.2	4mol/L HNO_3 0.1mol/L KNO_3 0.1mol/L 乙二胺
$Cr(\text{III})+e \rightleftharpoons Cr(\text{II})$ $Cr_2O_7^{2-}+14H^++6e \rightleftharpoons 2Cr^{3+}+7H_2O$	−0.40 1.00 1.025 1.08 1.05 1.15	5mol/L HCl 1mol/L HCl 1mol/L $HClO_4$ 3mol/L HCl 2mol/L HCl 4mol/L H_2SO_4
$Cr_2O_4^{2-}+2H_2O+3e \rightleftharpoons CrO_2^-+4OH^-$	−0.12	1mol/L NaOH
$Fe(\text{III})+e \rightleftharpoons Fe(\text{II})$	0.73 0.71 0.68 0.68 0.46 0.51	1mol/L $HClO_4$ 0.5mol/L $HClO_4$ 1mol/L H_2SO_4 mol/L HCl 2mol/L H_3PO_4 1mol/L HCl+0.25mol/L H_3PO_4
$H_3AsO_4+2H^++2e \rightleftharpoons H_3AsO_3+H_2O$	0.557 0.557	1mol/L HCl 1mol/L $HClO_4$
$Fe(EDTA)^-+e \rightleftharpoons Fe(EDTA)^{2-}$	0.12	0.1mol/L EDTA pH 为 4～6
$[Fe(CN)_6]^{3-}+e \rightleftharpoons Fe(CN)_6^{4-}$	0.48 0.56 0.71 0.72	0.01mol/L HCl 0.1mol/L HCl 1mol/L HCl 1mol/L $HClO_4$
$I_2(\text{水})+2e \rightleftharpoons 2I^-$ $I_3+2e \rightleftharpoons 3I^-$ $MnO_4^-+8H^++5e \rightleftharpoons Mn^{2+}+4H_2O$	0.628 0.545 1.45 1.27	1mol/LH^+ 1mol/LH^+ 1mol/L $HClO_4$ 8mol/L H_3PO_4
$Os(\text{VIII})+4e \rightleftharpoons Os(\text{IV})$ $SnCl_6^{2-}+2e \rightleftharpoons SnCl_4^{2-}+2Cl^-$ $Sn^{2+}+2e \rightleftharpoons Sn$ $Sb(\text{V})+2e \rightleftharpoons Sb(\text{III})$ $[Sb(OH)_6]^-+2e \rightleftharpoons SbO_2^-+2OH^-+2H_2O$ $SbO_2^-+2H_2O+3e \rightleftharpoons Sb+4OH^-$ $Ti(\text{IV})+e \rightleftharpoons Ti(\text{III})$	0.79 0.14 −0.16 −0.75 −0.428 −0.675 −0.01 0.12 −0.04 −0.05	5mol/L HCl 1mol/L HCl 1mol/L $HClO_4$ 3.5mol/L HCl 3mol/L NaOH 10mol/L KOH 0.2mol/L H_2SO_4 2mol/L H_2SO_4 1mol/L HCl 1mol/L H_3PO_4
$Pb(\text{II})+2e \rightleftharpoons Pb$	−0.32 −0.14	1mol/L NaAc 1mol/L $HClO_4$
$UO_2^{2+}+4H^++2e \rightleftharpoons U(\text{IV})+2H_2O$	0.41	0.5mol/L H_2SO_4

附录五 配合物的稳定常数（25℃）

配离子生成反应	$K^{\ominus}_{稳}$	配离子生成反应	$K^{\ominus}_{稳}$
$Au^{3+}+2Cl^{-} \rightleftharpoons [AuCl_2]^{+}$	6.3×10^{9}	$Co^{3+}+3en \rightleftharpoons [Co(en)_3]^{3+}$	4.90×10^{48}
$Cd^{2+}+4Cl^{-} \rightleftharpoons [CdCl_4]^{2-}$	6.33×10^{2}	$Cr^{2+}+2en \rightleftharpoons [Cr(en)_2]^{2+}$	1.55×10^{9}
$Cu^{+}+3Cl^{-} \rightleftharpoons [CuCl_3]^{2-}$	5.0×10^{5}	$Cu^{+}+2en \rightleftharpoons [Cu(en)_2]^{+}$	6.33×10^{10}
$Cu^{+}+2Cl^{-} \rightleftharpoons [CuCl_2]^{2-}$	3.1×10^{5}	$Cu^{2+}+3en \rightleftharpoons [Cu(en)_3]^{2+}$	1.0×10^{21}
$Fe^{2+}+Cl^{-} \rightleftharpoons [FeCl]^{+}$	2.29	$Fe^{2+}+3en \rightleftharpoons [Fe(en)_3]^{2+}$	5.00×10^{9}
$Fe^{3+}+4Cl^{-} \rightleftharpoons [FeCl_4]^{-}$	1.02	$Hg^{2+}+2en \rightleftharpoons [Hg(en)_2]^{2+}$	2.00×10^{23}
$Hg^{2+}+4Cl^{-} \rightleftharpoons [HgCl_4]^{2-}$	1.17×10^{15}	$Mn^{2+}+3en \rightleftharpoons [Mn(en)_3]^{2+}$	4.67×10^{5}
$Pb^{2+}+4Cl^{-} \rightleftharpoons [PbCl_4]^{2-}$	39.8	$Ni^{2+}+3en \rightleftharpoons [Ni(en)_3]^{2+}$	2.14×10^{18}
$Pt^{2+}+4Cl^{-} \rightleftharpoons [PtCl_4]^{2-}$	1.0×10^{16}	$Zn^{2+}+3en \rightleftharpoons [Zn(en)_3]^{2+}$	1.29×10^{14}
$Sn^{2+}+4Cl^{-} \rightleftharpoons [SnCl_4]^{2-}$	30.2	$Al^{3+}+6F^{-} \rightleftharpoons [AlF_6]^{3-}$	6.94×10^{19}
$Zn^{2+}+4Cl^{-} \rightleftharpoons [ZnCl_4]^{2-}$	1.58	$Fe^{3+}+6F^{-} \rightleftharpoons [AlF_6]^{3-}$	1.00×10^{16}
$Ag^{+}+2CN^{-} \rightleftharpoons [Ag(CN)_2]^{-}$	1.3×10^{21}	$Ag^{+}+3I^{-} \rightleftharpoons [AgI_3]^{2-}$	4.78×10^{13}
$Ag^{+}+4CN^{-} \rightleftharpoons [Ag(CN)_4]^{3-}$	4.0×10^{20}	$Ag^{+}+2I^{-} \rightleftharpoons [AgI_2]^{-}$	5.49×10^{11}
$Au^{+}+2CN^{-} \rightleftharpoons [Au(CN)_2]^{-}$	2.0×10^{38}	$Cd^{2+}+4I^{-} \rightleftharpoons [CdI_4]^{2-}$	2.57×10^{5}
$Ad^{2+}+4CN^{-} \rightleftharpoons [Cd(CN)_4]^{2-}$	6.02×10^{18}	$Cu^{+}+2I^{-} \rightleftharpoons [CuI_2]^{-}$	7.09×10^{8}
$Cu^{+}+2CN^{-} \rightleftharpoons [Cu(CN)_2]^{-}$	1.0×10^{16}	$Pb^{2+}+4I^{-} \rightleftharpoons [PbI_4]^{2-}$	2.95×10^{4}
$Cu^{+}+4CN^{-} \rightleftharpoons [Cu(CN)_4]^{3-}$	2.00×10^{30}	$Hg^{2+}+4I^{-} \rightleftharpoons [HgI_4]^{2-}$	6.76×10^{29}
$Fe^{2+}+6CN^{-} \rightleftharpoons [Fe(CN)_6]^{4-}$	1.0×10^{35}	$Ag^{+}+2NH_3 \rightleftharpoons [Ag(NH_3)_2]^{+}$	1.70×10^{7}
$Fe^{3+}+6CN^{-} \rightleftharpoons [Fe(CN)_6]^{3-}$	1.0×10^{42}	$Cd^{2+}+6NH_3 \rightleftharpoons [Cd(NH_3)_6]^{2+}$	1.38×10^{5}
$Hg^{2+}+4CN^{-} \rightleftharpoons [Hg(CN)_4]^{2-}$	2.5×10^{41}	$Cd^{2+}+4NH_3 \rightleftharpoons [Cd(NH_3)_4]^{2+}$	1.32×10^{7}
$Ni^{2+}+4CN^{-} \rightleftharpoons [Ni(CN)_4]^{2-}$	2.0×10^{31}	$Co^{2+}+6NH_3 \rightleftharpoons [Co(NH_3)_6]^{2+}$	1.29×10^{5}
$Zn^{2+}+4CN^{-} \rightleftharpoons [Zn(CN)_4]^{2-}$	5.0×10^{16}	$Co^{2+}+6NH_3 \rightleftharpoons [Co(NH_3)_6]^{3+}$	1.58×10^{35}
$Ag^{+}+4SCN^{-} \rightleftharpoons [Ag(SCN)_4]^{3-}$	1.20×10^{10}	$Cu^{+}+2NH_3 \rightleftharpoons [Cu(NH_3)_2]^{+}$	7.25×10^{10}
$Ag^{+}+2SCN^{-} \rightleftharpoons [Ag(SCN)_2]^{-}$	3.72×10^{7}	$Cu^{2+}+4NH_3 \rightleftharpoons [Cu(NH_3)_4]^{2+}$	2.09×10^{13}
$Au^{+}+4SCN^{-} \rightleftharpoons [Au(SCN)_4]^{3-}$	1.0×10^{42}	$Fe^{2+}+2NH_3 \rightleftharpoons [Fe(NH_3)_2]^{2+}$	1.6×10^{2}
$Au^{+}+2SCN^{-} \rightleftharpoons [Au(SCN)_2]^{-}$	1.0×10^{23}	$Hg^{2+}+4NH_3 \rightleftharpoons [Fe(NH_3)_4]^{2+}$	1.90×10^{19}
$Cd^{2+}+4SCN^{-} \rightleftharpoons [Cd(SCN)_4]^{2-}$	3.98×10^{3}	$Mg^{2+}+2NH_3 \rightleftharpoons [Mg(NH_3)_2]^{2+}$	20
$Co^{2+}+4SCN^{-} \rightleftharpoons [Cr(SCN)_4]^{2-}$	1.00×10^{5}	$Ni^{2+}+6NH_3 \rightleftharpoons [Ni(NH_3)_6]^{2+}$	5.49×10^{8}
$Cr^{3+}+2SCN^{-} \rightleftharpoons [Cd(NCS)_2]^{+}$	9.52×10^{2}	$Ni^{2+}+4NH_3 \rightleftharpoons [Ni(NH_3)_4]^{2+}$	9.09×10^{7}
$Cu^{+}+2SCN^{-} \rightleftharpoons [Cu(SCN)_2]^{-}$	1.51×10^{5}	$Pt^{2+}+6NH_3 \rightleftharpoons [Pt(NH_3)_6]^{2+}$	2.00×10^{35}
$Fe^{3+}+2SCN^{-} \rightleftharpoons [Fe(NCS)_2]^{+}$	2.29×10^{3}	$Zn^{2+}+4NH_3 \rightleftharpoons [Zn(NH_3)_4]^{2+}$	2.88×10^{9}
$Hg^{2+}+4SCN^{-} \rightleftharpoons [Hg(SCN)_4]^{2-}$	1.70×10^{21}	$Al^{3+}+4OH^{-} \rightleftharpoons [Al(OH)_4]^{-}$	1.07×10^{33}
$Ni^{2+}+3SCN^{-} \rightleftharpoons [Ni(SCN)_3]^{-}$	64.5	$Bi^{3+}+4OH^{-} \rightleftharpoons [Bi(OH)_4]^{-}$	1.59×10^{35}
$Ag^{+}+EDTA \rightleftharpoons [AgEDTA]^{3-}$	2.09×10^{5}	$Cd^{2+}+4OH^{-} \rightleftharpoons [Cd(OH)_4]^{2-}$	4.17×10^{8}
$Al^{3+}+EDTA \rightleftharpoons [AlEDTA]^{-}$	1.29×10^{16}	$Cr^{3+}+4OH^{-} \rightleftharpoons [Cr(OH)_4]^{-}$	7.94×10^{29}
$Ca^{2+}+EDTA \rightleftharpoons [CaEDTA]^{2-}$	1.0×10^{11}	$Cu^{2+}+4OH^{-} \rightleftharpoons [Cu(OH)_4]^{2-}$	3.16×10^{18}
$Cd^{2+}+EDTA \rightleftharpoons [CdEDTA]^{2-}$	2.5×10^{7}	$Fe^{2+}+4OH^{-} \rightleftharpoons [Fe(OH)_4]^{2-}$	3.80×10^{8}
$Co^{2+}+EDTA \rightleftharpoons [CoEDTA]^{2-}$	2.04×10^{16}	$Ca^{2+}+P_2O_7^{4-} \rightleftharpoons [Ca(P_2O_7)]^{2-}$	4.0×10^{4}
$Co^{3+}+EDTA \rightleftharpoons [CoEDTA]^{-}$	1.0×10^{36}	$Cd^{2+}+P_2O_7^{4-} \rightleftharpoons [Cd(P_2O_7)]^{2-}$	4.0×10^{5}
$Cu^{2+}+EDTA \rightleftharpoons [CuEDTA]^{2-}$	5.0×10^{18}	$Cu^{2+}+P_2O_7^{4-} \rightleftharpoons [Cu(P_2O_7)]^{2-}$	1.0×10^{8}
$Fe^{2+}+EDTA \rightleftharpoons [FeEDTA]^{2-}$	2.14×10^{14}	$Pb^{2+}+P_2O_7^{4-} \rightleftharpoons [Pb(P_2O_7)]^{2-}$	2.0×10^{5}
$Fe^{3+}+EDTA \rightleftharpoons [FeEDTA]^{-}$	1.70×10^{24}	$Ni^{2+}+2P_2O_7^{4-} \rightleftharpoons [Ni(P_2O_7)_2]^{6-}$	2.5×10^{2}
$Hg^{2+}+EDTA \rightleftharpoons [HgEDTA]^{2-}$	6.33×10^{21}	$Ag^{+}+S_2O_3^{2-} \rightleftharpoons [Ag(S_2O_3)]^{-}$	6.62×10^{8}
$Mg^{2+}+EDTA \rightleftharpoons [MgEDTA]^{2-}$	4.37×10^{8}	$Ag^{+}+2S_2O_3^{2-} \rightleftharpoons [Ag(S_2O_3)_2]^{3-}$	2.88×10^{13}
$Mn^{2+}+EDTA \rightleftharpoons [MnEDTA]^{2-}$	6.3×10^{13}	$Cd^{2+}+2S_2O_3^{2-} \rightleftharpoons [Cd(S_2O_3)_2]^{2-}$	2.75×10^{6}
$Ni^{2+}+EDTA \rightleftharpoons [NiEDTA]^{2-}$	3.64×10^{18}	$Cu^{+}+2S_2O_3^{2-} \rightleftharpoons [Cu(S_2O_3)_2]^{3-}$	1.66×10^{12}
$Zn^{2+}+EDTA \rightleftharpoons [ZnEDTA]^{2-}$	2.5×10^{16}	$Pb^{2+}+2S_2O_3^{2-} \rightleftharpoons [Pb(S_2O_3)_2]^{2-}$	1.35×10^{5}
$Ag^{+}+2en \rightleftharpoons [Ag(en)_2]^{+}$	5.0×10^{7}	$Hg^{2+}+4S_2O_3^{2-} \rightleftharpoons [Hg(S_2O_3)_4]^{6-}$	1.74×10^{33}
$Cd^{2+}+3en \rightleftharpoons [Cd(en)_3]^{2+}$	1.20×10^{12}	$Hg^{2+}+2S_2O_3^{2-} \rightleftharpoons [Hg(S_2O_3)_2]^{2-}$	2.75×10^{29}
$Co^{2+}+3en \rightleftharpoons [Co(en)_3]^{2+}$	8.69×10^{13}		

注：配位体的简写符号乙二胺（en，NH_2CH_2 CH_2NH_2），乙二胺四乙酸（EDTA）。

参 考 文 献

[1] 天津大学普通化学教研室编．无机化学．北京：高等教育出版社，1983.
[2] 董敬芳主编．无机化学．第 4 版．北京：化学工业出版社，2007.
[3] 高职高专化学教材编写组编．无机化学．北京：高等教育出版社，2000.
[4] 朱裕贞，顾达，黑恩成编．现代基础化学．第 2 版．北京：化学工业出版社，2006.
[5] 林俊杰主编．无机化学实验．第 2 版．北京：化学工业出版社，2007.
[6] 潘道皑，赵成大，郑载兴等．结构化学．北京：高等教育出版社，1989.
[7] 北京师范大学，华中师范大学，南京师范大学无机化学教研室．无机化学．北京：高等教育出版社，1992.
[8] 浙江大学普通化学教研室，普通化学．人民教育出版社，1998.
[9] 倪静安主编．无机及分析化学．北京：化学工业出版社，1998.
[10] 姜洪文主编．分析化学．第 4 版．北京：化学工业出版社，2017.
[11] 蔡增俐主编．分析化学．第 2 版．北京：化学工业出版社，1998.
[12] 俞斌主编．无机与分析化学教程．第 3 版．北京：化学工业出版社，2014.
[13] 柯以侃主编．大学化学实验．北京：化学工业出版社，2001.
[14] 武汉大学分析化学教研室编．化学分析（上）．北京：人民教育出版社，1975.
[15] 胡伟光主编．无机化学（三年制）．第 3 版．北京：化学工业出版社，2012.
[16] 傅献彩编．大学化学．北京：高等教育出版社，1999.
[17] 北京师范大学、华中师范大学、南京师范大学无机化学教研室编．无机化学．第 2 版．北京：高等教育出版社，1986.
[18] 古国榜，李朴编．无机化学．第 4 版．北京：化学工业出版社，2015.
[19] 林俊杰，王静主编．无机化学．第 3 版．北京：化学工业出版社，2013.
[20] 董元彦主编．无机及分析化学．北京：科学出版社，2000.
[21] 曹锡章主编．无机化学．北京：高等教育出版社，1994.
[22] 古国榜，李朴主编．华南理工大学无机化学教研室编．无机化学．第 2 版．北京：化学工业出版社，2007.
[23] 傅献彩编．物理化学．北京：高等教育出版社，1990.

元素周期表

IUPAC 2013

氧化态(单质的氧化态为0，未列入；常见的为红色)

以 $^{12}C=12$ 为基准的原子量(注✦的是半衰期最长同位素的原子量)

示例：+2 +3 +4 +5 +6 | 95 — 原子序数 | Am — 元素符号(红色的为放射性元素) | 镅▲ — 元素名称(注▲的为人造元素) | $5f^7 7s^2$ — 价层电子构型 | 243.06138(2)✦

s区元素 | p区元素 | d区元素 | ds区元素 | f区元素 | 稀有气体

族 / 周期	1 ⅠA	2 ⅡA	3 ⅢB	4 ⅣB	5 ⅤB	6 ⅥB	7 ⅦB	8	9 ⅧB(Ⅷ)	10	11 ⅠB	12 ⅡB	13 ⅢA	14 ⅣA	15 ⅤA	16 ⅥA	17 ⅦA	18 ⅧA(0)	电子层
1	−1 +1 **1** **H** 氢 $1s^1$ 1.008																	**2** **He** 氦 $1s^2$ 4.002602(2)	K
2	+1 **3** **Li** 锂 $2s^1$ 6.94	+2 **4** **Be** 铍 $2s^2$ 9.0121831(5)											+3 **5** **B** 硼 $2s^2 2p^1$ 10.81	−4 +2 +4 **6** **C** 碳 $2s^2 2p^2$ 12.011	−3 −2 −1 +1 +2 +3 +4 +5 **7** **N** 氮 $2s^2 2p^3$ 14.007	−2 −1 **8** **O** 氧 $2s^2 2p^4$ 15.999	−1 **9** **F** 氟 $2s^2 2p^5$ 18.998403163(6)	**10** **Ne** 氖 $2s^2 2p^6$ 20.1797(6)	L K
3	−1 +1 **11** **Na** 钠 $3s^1$ 22.98976928(2)	+2 **12** **Mg** 镁 $3s^2$ 24.305											+3 **13** **Al** 铝 $3s^2 3p^1$ 26.9815385(7)	−4 +2 +4 **14** **Si** 硅 $3s^2 3p^2$ 28.085	−3 −2 +1 +3 +5 **15** **P** 磷 $3s^2 3p^3$ 30.973761998(5)	−2 +2 +4 +6 **16** **S** 硫 $3s^2 3p^4$ 32.06	−1 +1 +3 +5 +7 **17** **Cl** 氯 $3s^2 3p^5$ 35.45	**18** **Ar** 氩 $3s^2 3p^6$ 39.948(1)	M L K
4	−1 +1 **19** **K** 钾 $4s^1$ 39.0983(1)	+2 **20** **Ca** 钙 $4s^2$ 40.078(4)	+3 **21** **Sc** 钪 $3d^1 4s^2$ 44.955908(5)	−1 0 +2 +3 +4 **22** **Ti** 钛 $3d^2 4s^2$ 47.867(1)	0 ±1 +2 +3 +4 +5 **23** **V** 钒 $3d^3 4s^2$ 50.9415(1)	−3 0 ±1 ±2 +3 +4 +5 +6 **24** **Cr** 铬 $3d^5 4s^1$ 51.9961(6)	−2 0 ±1 +2 ±3 +4 +5 +6 +7 **25** **Mn** 锰 $3d^5 4s^2$ 54.938044(3)	−2 0 ±1 +2 +3 +4 +5 +6 **26** **Fe** 铁 $3d^6 4s^2$ 55.845(2)	0 ±1 +2 +3 +4 +5 **27** **Co** 钴 $3d^7 4s^2$ 58.933194(4)	0 ±1 +2 +3 +4 **28** **Ni** 镍 $3d^8 4s^2$ 58.6934(4)	+1 +2 +3 +4 **29** **Cu** 铜 $3d^{10} 4s^1$ 63.546(3)	+1 +2 **30** **Zn** 锌 $3d^{10} 4s^2$ 65.38(2)	+1 +3 **31** **Ga** 镓 $4s^2 4p^1$ 69.723(1)	+2 +4 **32** **Ge** 锗 $4s^2 4p^2$ 72.630(8)	−3 +3 +5 **33** **As** 砷 $4s^2 4p^3$ 74.921595(6)	−2 +2 +4 +6 **34** **Se** 硒 $4s^2 4p^4$ 78.971(8)	−1 +1 +3 +5 +7 **35** **Br** 溴 $4s^2 4p^5$ 79.904	+2 +4 **36** **Kr** 氪 $4s^2 4p^6$ 83.798(2)	N M L K
5	−1 +1 **37** **Rb** 铷 $5s^1$ 85.4678(3)	+2 **38** **Sr** 锶 $5s^2$ 87.62(1)	+3 **39** **Y** 钇 $4d^1 5s^2$ 88.90584(2)	+1 +2 +3 +4 **40** **Zr** 锆 $4d^2 5s^2$ 91.224(2)	0 ±1 +2 +3 +4 +5 **41** **Nb** 铌 $4d^4 5s^1$ 92.90637(2)	0 ±1 ±2 +3 +4 +5 +6 **42** **Mo** 钼 $4d^5 5s^1$ 95.95(1)	0 ±1 +2 +3 +4 +5 +6 +7 **43** **Tc** 锝▲ $4d^5 5s^2$ 97.90721(3)✦	0 +1 ±2 +3 +4 +5 +6 +7 +8 **44** **Ru** 钌 $4d^7 5s^1$ 101.07(2)	0 ±1 +2 +3 +4 +5 +6 **45** **Rh** 铑 $4d^8 5s^1$ 102.90550(2)	0 +1 +2 +3 +4 **46** **Pd** 钯 $4d^{10}$ 106.42(1)	+1 +2 +3 **47** **Ag** 银 $4d^{10} 5s^1$ 107.8682(2)	+1 +2 **48** **Cd** 镉 $4d^{10} 5s^2$ 112.414(4)	+1 +3 **49** **In** 铟 $5s^2 5p^1$ 114.818(1)	+2 +4 **50** **Sn** 锡 $5s^2 5p^2$ 118.710(7)	−3 +3 +5 **51** **Sb** 锑 $5s^2 5p^3$ 121.760(1)	−2 +2 +4 +6 **52** **Te** 碲 $5s^2 5p^4$ 127.60(3)	−1 +1 +3 +5 +7 **53** **I** 碘 $5s^2 5p^5$ 126.90447(3)	+2 +4 +6 +8 **54** **Xe** 氙 $5s^2 5p^6$ 131.293(6)	O N M L K
6	−1 +1 **55** **Cs** 铯 $6s^1$ 132.90545196(6)	+2 **56** **Ba** 钡 $6s^2$ 137.327(7)	**57~71** **La~Lu** 镧系	+1 +2 +3 +4 **72** **Hf** 铪 $5d^2 6s^2$ 178.49(2)	0 ±1 +2 +3 +4 +5 **73** **Ta** 钽 $5d^3 6s^2$ 180.94788(2)	0 ±1 ±2 +3 +4 +5 +6 **74** **W** 钨 $5d^4 6s^2$ 183.84(1)	0 ±1 +2 +3 +4 +5 +6 +7 **75** **Re** 铼 $5d^5 6s^2$ 186.207(1)	0 +1 +2 +3 +4 +5 +6 +7 +8 **76** **Os** 锇 $5d^6 6s^2$ 190.23(3)	0 ±1 +2 +3 +4 +5 +6 **77** **Ir** 铱 $5d^7 6s^2$ 192.217(3)	0 +2 +3 +4 +5 +6 **78** **Pt** 铂 $5d^9 6s^1$ 195.084(9)	+1 +2 +3 +5 **79** **Au** 金 $5d^{10} 6s^1$ 196.966569(5)	+1 +2 +3 **80** **Hg** 汞 $5d^{10} 6s^2$ 200.592(3)	+1 +3 **81** **Tl** 铊 $6s^2 6p^1$ 204.38	+2 +4 **82** **Pb** 铅 $6s^2 6p^2$ 207.2(1)	−3 +3 +5 **83** **Bi** 铋 $6s^2 6p^3$ 208.98040(1)	−2 +2 +3 +4 +6 **84** **Po** 钋 $6s^2 6p^4$ 208.98243(2)✦	±1 +5 +7 **85** **At** 砹 $6s^2 6p^5$ 209.98715(5)✦	+2 **86** **Rn** 氡 $6s^2 6p^6$ 222.01758(2)✦	P O N M L K
7	+1 **87** **Fr** 钫▲ $7s^1$ 223.01974(2)✦	+2 **88** **Ra** 镭 $7s^2$ 226.02541(2)✦	**89~103** **Ac~Lr** 锕系	**104** **Rf** 𬬻▲ $6d^2 7s^2$ 267.122(4)✦	**105** **Db** 𬭊▲ $6d^3 7s^2$ 270.131(4)✦	**106** **Sg** 𬭳▲ $6d^4 7s^2$ 269.129(3)✦	**107** **Bh** 𬭛▲ $6d^5 7s^2$ 270.133(2)✦	**108** **Hs** 𬭶▲ $6d^6 7s^2$ 270.134(2)✦	**109** **Mt** 鿏▲ $6d^7 7s^2$ 278.156(5)✦	**110** **Ds** 𫟼▲ 281.165(4)✦	**111** **Rg** 𬬭▲ 281.166(6)✦	**112** **Cn** 鿔▲ 285.177(4)✦	**113** **Nh** 鿭▲ 286.182(5)✦	**114** **Fl** 𫓧▲ 289.190(4)✦	**115** **Mc** 镆▲ 289.194(6)✦	**116** **Lv** 𫟷▲ 293.204(4)✦	**117** **Ts** 石田▲ 293.208(6)✦	**118** **Og** 气奥▲ 294.214(5)✦	Q P O N M L K

	57	58	59	60	61	62	63	64	65	66	67	68	69	70	71
★ 镧系	+3 **57** **La**★ 镧 $5d^1 6s^2$ 138.90547(7)	+2 +3 +4 **58** **Ce** 铈 $4f^1 5d^1 6s^2$ 140.116(1)	+3 +4 **59** **Pr** 镨 $4f^3 6s^2$ 140.90766(2)	+2 +3 +4 **60** **Nd** 钕 $4f^4 6s^2$ 144.242(3)	+3 **61** **Pm** 钷▲ $4f^5 6s^2$ 144.91276(2)✦	+2 +3 **62** **Sm** 钐 $4f^6 6s^2$ 150.36(2)	+2 +3 **63** **Eu** 铕 $4f^7 6s^2$ 151.964(1)	+3 **64** **Gd** 钆 $4f^7 5d^1 6s^2$ 157.25(3)	+3 +4 **65** **Tb** 铽 $4f^9 6s^2$ 158.92535(2)	+3 +4 **66** **Dy** 镝 $4f^{10} 6s^2$ 162.500(1)	+3 **67** **Ho** 钬 $4f^{11} 6s^2$ 164.93033(2)	+3 **68** **Er** 铒 $4f^{12} 6s^2$ 167.259(3)	+2 +3 **69** **Tm** 铥 $4f^{13} 6s^2$ 168.93422(2)	+2 +3 **70** **Yb** 镱 $4f^{14} 6s^2$ 173.045(10)	+3 **71** **Lu** 镥 $4f^{14} 5d^1 6s^2$ 174.9668(1)
★ 锕系	+3 **89** **Ac**★ 锕 $6d^1 7s^2$ 227.02775(2)✦	+3 +4 **90** **Th** 钍 $6d^2 7s^2$ 232.0377(4)	+3 +4 +5 **91** **Pa** 镤 $5f^2 6d^1 7s^2$ 231.03588(2)	+2 +3 +4 +5 +6 **92** **U** 铀 $5f^3 6d^1 7s^2$ 238.02891(3)	+3 +4 +5 +6 +7 **93** **Np** 镎 $5f^4 6d^1 7s^2$ 237.04817(2)✦	+3 +4 +5 +6 +7 **94** **Pu** 钚 $5f^6 7s^2$ 244.06421(4)✦	+2 +3 +4 +5 +6 **95** **Am** 镅▲ $5f^7 7s^2$ 243.06138(2)✦	+3 +4 **96** **Cm** 锔▲ $5f^7 6d^1 7s^2$ 247.07035(3)✦	+3 +4 **97** **Bk** 锫▲ $5f^9 7s^2$ 247.07031(4)✦	+2 +3 +4 **98** **Cf** 锎▲ $5f^{10} 7s^2$ 251.07959(3)✦	+2 +3 **99** **Es** 锿▲ $5f^{11} 7s^2$ 252.0830(3)✦	+2 +3 **100** **Fm** 镄▲ $5f^{12} 7s^2$ 257.09511(5)✦	+2 +3 **101** **Md** 钔▲ $5f^{13} 7s^2$ 258.09843(3)✦	+2 +3 **102** **No** 锘▲ $5f^{14} 7s^2$ 259.1010(7)✦	+3 **103** **Lr** 铹▲ $5f^{14} 6d^1 7s^2$ 262.110(2)✦